Handbuch

der

Kugelfunctionen,

Theorie und Anwendungen,

von

Dr. E. Heine,
ordentlichem Professor der Mathematik an der vereinigten
Friedrichs-Universität Halle-Wittenberg.

Zweiter Band.

Zweite umgearbeitete und vermehrte Auflage.

Berlin.
Druck und Verlag von G. Reimer.
1881.

Anwendungen

der

Kugelfunctionen

und

der verwandten Functionen,

von

E. Heine.

Zweite umgearbeitete und vermehrte Auflage.

Berlin.

Druck und Verlag von G. Reimer.

1881.

Inhalt.

I. Theil.

Mechanische Quadratur.

II. Theil.

Das Potential.

Erstes Kapitel.

Allgemeines über das Potential. Die Kugel.

Zweites Kapitel.

Das Rotationsellipsoid. Der Kreis.

Drittes Kapitel.

Das dreiaxige Ellipsoid.

Viertes Kapitel.

Der Cylinder.

Fünftes Kapitel.

Der Kegel.

Sechstes Kapitel.

Die Methode der reciproken Radii vectores. Zwei Kugeln. Rotirendes Kreissegment.

Siebentes Kapitel.

Der Ring. Kugelkalotte.

III. Theil.

Analytische Theorie der Wärme.

Erstes Kapitel.

Allgemeines.

Zweites Kapitel.

Der Cylinder.

Drittes Kapitel.

Die Kugel.

Viertes Kapitel.

Ueber das Rotationsellipsoid.

IV. Theil.

Zur Hydrodynamik.

Druckfehler im zweiten Bande.

S. 32 Zeile 10 v. o. statt über l. m. unter. — S. 185 Gleichung (22) statt $\mathfrak{f}_\iota$ l. m. $\mathfrak{f}_\nu$. — S. 219 Zeile 5 v. o. statt $\mathfrak{K}^\mu(0)$ l. m. $\mathfrak{K}^\mu(1)$. — S. 224 Formel (25) in der Summe nach ν füge man den Faktor $\cos\nu\pi$ hinzu, streiche ihn auf Seite 241 Formel (29), und auf S. 244 in den Ausdrücken für G_ι und G_α. — S. 240 Z. 7 v. u. statt wenn man setzt l. m. wenn man $(1-x)^{\frac{1}{2}}$, wegen S. 224, das Zeichen von x giebt und setzt. — S. 251 am Schluss der letzten Gleichung im Zusatze statt $\cos nx$ l. m. $\sin nx$. — S. 336 in dem Ausdruck für h auf Zeile 13 v. o. statt $3xc^3$ l. m. $3c^3$. —

I. Theil.

Mechanische Quadratur.

§ 1. Unter den verschiedenen Methoden zur genäherten Bestimmung der Integrale, oder wie es in der Sprache der älteren Analysten hiess, zur genäherten Quadratur krummliniger Figuren*) nennt Gauss die Newton-Cotesische, welche sich auf die Interpolationsmethode gründet, eine der brauchbarsten.**)

Um das Integral einer continuirlichen Function $\psi(x)$ zwischen gegebenen Grenzen g und h angenähert zu berechnen, wenn der Werth von $\psi(x)$ für Abscissen $x = \alpha_1$, α_2, etc., α_n, die in dem Intervalle von g bis h liegen, bekannt ist, sucht Newton eine ganze Function $n-1^{\text{ten}}$ Grades $\varphi(x)$ auf, welche für die betreffenden Abscissen mit $\psi(x)$ übereinstimmt.***) Das leicht auszuführende genaue Integral von $\varphi(x)$, zwischen denselben Grenzen g und h, vertritt dann näherungsweise die Stelle der Quadratur der

*) Newton, Methodus differentialis, in der Ausgabe von Horsley, London 1779, T. I. auf S. 521—528, prop. VI: Figuram quamcunque curvilineam quadrare quamproxime, cujus Ordinatae aliquot inveniri possunt. Jacobi giebt im 1. Bde. v. Crelle's Journ. S. 302 an, dass dieser Methodus etc. zuerst in der Amsterdamer Ausgabe der Principia phil. nat. erschienen sei, welche auf Kosten von Bentley veranstaltet wurde.

**) Göttingische gelehrte Anzeigen. 1814 September 26, Werke III, S. 202 bis 206, auf S. 202. Ich habe mir erlaubt, an einigen Stellen die Wortfassung von Gauss beizubehalten, z. B. an der, welche Cotes betrifft, dessen Verdienste Gauss scharf zeichnet.

***) Prop. IV. Si recta aliqua in partes quotcunque inaequales ... dividatur, et ad puncta divisionum erigantur parallelae ..., invenire Curvam Geometricam generis Parabolici, quae per omnium erectarum terminos transibit.

vorgegebenen Function, und zwar bis zu jedem beliebigen Grade von Genauigkeit, wenn man eine hinreichend grosse Zahl n der Ordinaten $\psi(x)$ in Anwendung bringt.

Newton empfiehlt (Scholium) die Construction von Tafeln, wobei man die α in arithmetischer Reihe auf einander folgen lassen solle, und giebt selbst das Resultat der Rechnung für $n = 4$ an: Wenn A die Summe aus der ersten und letzten Ordinate (für $\alpha_1 = g$ und $\alpha_4 = h$), B aus der zweiten und dritten bezeichnet, so sei angenähert das Integral, der gesuchte Flächeninhalt, gleich

$$\frac{g-h}{8}(A+3B).$$

Cotes, welcher für sich, und ehe noch Newton's Schrift Methodus differentialis erschienen war, schon im Jahre 1707, ähnliche Untersuchungen angestellt hatte, wurde durch die zierliche Form, in welcher Newton das Endresultat in obigem Beispiele dargestellt hatte (pulcherrima et utilissima regula nennt es Cotes) bewogen, diese Vorschriften weiter und bis auf den Fall von 11 Ordinaten auszudehnen. Das Resultat, mit Einschluss der von Newton gewünschten Tafeln, giebt er bis $n = 11$ (S. u. § 4) am Schluss der Abhandlung de methodo differentiali, welche einen Theil der Harmonia mensurarum ausmacht, ohne sich über das Verfahren, wodurch er sie berechnet hat, weiter zu erklären.

Das Folgende enthält zunächst eine Darstellung der Newton-Cotesischen Methode in der Sprache der heutigen Analysis. Hierauf wird gezeigt, wie Gauss *) eine grössere Annäherung erreicht, indem er die n Abscissen α in $\varphi(x)$ nicht mehr in einer arithmetischen Reihe auf einander folgen lässt, sondern für sie die Wurzeln einer gewissen Gleichung n^{ten} Grades setzt. Einen Platz in diesem Handbuche erhält die Darstellung der Näherungsmethode von Gauss, weil jene Gleichung zur Bestimmung der α in $P^n(x) = 0$ übergeht sobald $g = -1$, $h = 1$ gesetzt wird. Dies soll bei den folgenden Untersuchungen immer geschehen; der allgemeinere Fall lässt sich auf diesen specielleren durch die Substitution

$$x = \frac{h+g}{2} + u\frac{h-g}{2}$$

*) Methodus nova integralium valores per approximationem inveniendi. Comment. soc. reg. scient. Gottingensis rec. Vol. III, 1816 (Soc. reg. scient. exhibita 1814 Sept. 16. Werke III, S. 163—196.

zurückführen, indem man offenbar hat

$$\int_g^h \psi(x)dx = \frac{h-g}{2}\int_{-1}^1 \psi\left[\frac{h+g}{2} + u\frac{h-g}{2}\right]du.$$

Z. B. besteht zwischen einem Integrale in den Grenzen 0 und 1, und einem solchen in den Grenzen -1 und 1 die Beziehung

$$\int_0^1 \psi(x)dx = \tfrac{1}{2}\int_{-1}^1 \psi\left(\frac{1+x}{2}\right)dx.$$

Bleibt $\psi(x)$ unverändert, wenn man x in $-x$ verwandelt, so hat man

$$\int_{-1}^1 \psi(x)dx = \int_{-1}^1 \psi\left(\frac{1+x}{2}\right)dx.$$

§ 2. Von den verschiedenen Functionen der Veränderlichen x, welche für n gegebene Werthe von x, die durch α_1, α_2, etc., α_n bezeichnet werden, willkürlich gegebene Werthe c_1, c_2, etc., c_n annehmen, ist eine ganz und vom Grade $n-1$; man kann hinzufügen, dass es auch nur eine solche giebt. Setzt man

$$(1) \ldots \quad N(x) = (x-\alpha_1)(x-\alpha_2)\ldots(x-\alpha_n)$$

so ist diese Function

$$N(x)\left[\frac{c_1}{(x-\alpha_1)N'(\alpha_1)} + \frac{c_2}{(x-\alpha_2)N'(\alpha_2)} + \text{etc.} + \frac{c_n}{(x-\alpha_n)N'(\alpha_n)}\right].$$

Da nämlich $N(\alpha_\nu)$ Null, also $N(x)$ gleich $N(x)-N(\alpha_\nu)$ wird und daher durch $x-\alpha_\nu$ getheilt werden kann, so hat der Factor von c_ν in dem vorstehenden Aggregat den Grad $n-1$. Für $x=\alpha_\nu$ verwandelt er sich in 1, während zugleich die Factoren der übrigen Constanten c verschwinden. Gäbe es ferner noch eine zweite Function mit denselben Eigenschaften, so wäre die Differenz dieser und der ersten eine ganze Function, höchstens vom Grade $n-1$, die für $x=\alpha_1$, α_2, etc., α_n verschwindet, also durch die Function $N(x)$ von höherem, dem n^{ten} Grade theilbar sein müsste.

Setzt man statt c_1, c_2, etc. die Werthe, welche $\psi(x)$ für n verschiedene Abscissen $x=\alpha_1$, α_2, etc. annimmt, die in dem Intervalle von -1 bis 1 oder auch zum Theil auf den Grenzen liegen mögen, so ist

$$(2) \ldots \quad \varphi(x) = N(x)\sum_{\nu=1}^{n} \frac{\psi(\alpha_\nu)}{(x-\alpha_\nu)N'(\alpha_\nu)}$$

die ganze Function, höchstens vom Grade $n-1$, welche für jene

n Abscissen mit $\psi(x)$ übereinstimmt, und auch im ganzen Verlaufe, von $x = -1$ bis $x = 1$, der Function ψ beliebig nahe bleibt, wenn man n gross genug nimmt, und die Abscissen nach einem solchen Gesetze wählt, dass die Differenz zwischen je zwei auf einander folgenden $\alpha_\nu - \alpha_{\nu+1}$, entweder $\frac{1}{n}$ ist, wie bei der unten folgenden Methode von Cotesius, oder doch, mit n multiplicirt, für $n = \infty$ gleich 1 wird.

Das Integral der ganzen Function $\varphi(x)$ lässt sich ausführen, und stellt einen angenäherten Werth des gesuchten Integrales von $\psi(x)$ vor. Bildet man also aus den n Abscissen α_1, α_2, etc. α_n, die zwischen -1 und $+1$, oder zum Theil auf ± 1 liegen, nach (1), die ganze Function

$$N(x) = (x - \alpha_1)(x - \alpha_2)\dots(x - \alpha_n)$$

und setzt

$$(3) \dots \quad \frac{1}{N'(\alpha_\nu)} \int_{-1}^{1} \frac{N(x)dx}{x - \alpha_\nu} = A_\nu,$$

so wird ein Näherungswerth von $\int_{-1}^{1} \psi(x)dx$ gleich

$$(4) \dots \quad \int_{-1}^{1} \varphi(x)dx = A_1\psi(\alpha_1) + A_2\psi(\alpha_2) + \dots + A_n\psi(\alpha_n).$$

Setzt man $\psi(x) = 1$, so wird $\varphi(x) = 1$, woraus sich ergiebt, dass die Summe der n Zahlen A gleich 2 ist.

Ein Beweis dafür, dass φ ein Näherungswerth von ψ sei, ist mir nicht bekannt, weshalb ich unten (§ 11) einen solchen hinzufügen werde. Man scheint es in der That bisher für selbstverständlich gehalten zu haben, dass eine ganze Function $n-1^{\text{ten}}$ Grades φ, welche n Punkte mit einer vorliegenden continuirlichen ψ gemein hat, ihr im ganzen Verlaufe, auch in den Punkten, welche zwischen den n Punkten liegen, sehr nahe bleibt, wenn n sehr gross ist. Setzt man die Summe der ersten n Glieder aus der Reihe für $\psi(x)$ gleich $f(x)$, so ist diese Function $n-1^{\text{ten}}$ Grades in der That als Näherungswerth von $\psi(x)$ zu bezeichnen, da sie sich mit wachsendem n dem ψ beliebig nähert. Daher ist der Ausdruck

$$(a) \dots \quad N(x)\sum_{\nu=1}^{n} \frac{f(\alpha_\nu)}{(x - \alpha_\nu)N'(\alpha_\nu)},$$

welcher genau $f(x)$ wird, ein Näherungswerth von $\psi(x)$. Ersetzt man in (a) die $f(\alpha_\nu)$ durch $\psi(\alpha_\nu)$, so dass aus (a) die rechte Seite von (2) entsteht, so hat man den Zähler jedes ν^{ten} Gliedes zwar nur um die kleine Grösse $\psi(\alpha_\nu) - f(\alpha_\nu)$ verändert; nichts desto weniger könnte aber der so entstehende Ausdruck, das $\varphi(x)$ in (2), für grosse Werthe von n eine erhebliche Aenderung gegen den früheren Werth $f(x)$ aufweisen, und sich daher weit von der Summe der ersten n Glieder in der Reihe für ψ entfernen.

Für die numerische Rechnung freilich lässt sich das Bedenken, ob wirklich die rechte Seite von (4) als Näherungswerth des Integrals von ψ anzusehen sei, leicht beseitigen. Aus den unten folgenden Tafeln ersieht man nämlich, dass die A, deren algebraische Summe für jedes n genau 2 ist, Zahlwerthe besitzen, deren Summe, wenigstens für alle Werthe von n die man factisch bei der Interpolation benutzt (bei der Methode von Cotes nimmt man $n \leqq 11$, bei der von Gauss $n \leqq 7$), entweder genau 2 ist oder, wo sie grösser wird, doch noch nicht 10 erreicht. Unterscheidet sich ψ von $f(x)$, jener Summe der ersten n Glieder der Reihe für $\psi(x)$, höchstens um eine kleine Grösse ε, so wird daher die rechte Seite von (4) sich von

$$(b) \ldots \quad A_1 f(\alpha_1) + A_2 f(\alpha_2) + \cdots + A_n f(\alpha_n)$$

um weniger als 10ε unterscheiden, und ist andrerseits genau gleich dem Integral von $f(x)$ zwischen den Grenzen ± 1. Dieses unterscheidet sich von dem gesuchten Integrale der Function ψ höchstens um 2ε, so dass die rechte Seite von (4), wenn die Reihe für ψ schnell convergirt, in der That als Näherungswerth des Integrals von ψ angesehen werden darf.

Der Ausdruck (b) ist ebenso gut ein Näherungswerth unseres Integrals; man darf aber nicht übersehen, dass ψ, und nicht f, als gegeben angenommen wird. Liegt eine solche Reihe für ψ vollständig vor, so wird es sich oft empfehlen, dieselbe Glied für Glied zu integriren, und so das Integral von ψ durch Annäherung zu ermitteln.

§ 3. Wir fassen die Vereinfachungen in's Auge die entstehen, sobald man die α so wählt, dass neben jedem positiven α_ν, ein gleiches aber mit dem negativen Zeichen versehenes vorkommt, dass man also hat $\alpha_{n+1-\nu} = -\alpha_\nu$, wenn man die α der Grösse nach ordnet, was so geschehen soll, dass $\alpha_1 > \alpha_2 >$ etc. $> \alpha_n$. Diese Vereinfachungen treten bei der Anwendung der beiden Methoden ein, die wir hier behandeln, sowohl der Newton-Cotesischen als auch der von Gauss, und sind bei den numerischen Rechnungen besonders zu berücksichtigen. Zunächst ist klar, dass für ein ungerades n in diesem Falle auch die Abscisse $\alpha = 0$ vorkommt. Ferner reicht es hin, die A_ν für alle Indices zu berechnen, welche $\frac{1}{2}n$ nicht übersteigen, indem diejenigen A einander gleich sind, welche zu gleichen aber entgegengesetzten α gehören. Da nämlich $N(x)$ eine gerade oder eine ungerade Function ist, so hat man

$$N(-x) = (-1)^n N(x), \quad N'(x) = (-1)^{n-1} N'(x),$$

und hieraus

$$A_{n+1-\nu} = \frac{(-1)^{n-1}}{N'(\alpha_\nu)} \int_{-1}^{1} \frac{N(x)}{x+\alpha_\nu}\, dx.$$

Führt man unter dem Integrale $-x$ als Veränderliche statt x ein, so geht die rechte Seite in den Ausdruck für A_ν über, und man hat in der That $A_{n+1-\nu} = A_\nu$.

§ 4. Cotes lässt die Abscissen α in arithmetischer Reihe auf einander folgen; man setzt dazu

$$\alpha_1 = \frac{n-1}{n-1}, \quad \alpha_2 = \frac{n-3}{n-1}, \quad \alpha_3 = \frac{n-5}{n-1}, \quad \text{etc.}$$

und findet die Werthe der A, nach der Rechnung von Cotes, aus der folgenden Tafel:

Für $n = 2$, $[\alpha_1 = 1,\ \alpha_2 = -1]$

$A_1 = 1 = A_2$.

Für $n = 3$, $[\alpha_1 = 1,\ \alpha_2 = 0,\ \alpha_3 = -1]$

$A_1 = \frac{1}{3} = A_3, \quad A_2 = \frac{4}{3}$.

Für $n = 4$, $[\alpha_1 = 1,\ \alpha_2 = \frac{1}{3},\ \alpha_3 = -\frac{1}{3},\ \alpha_4 = -1]$

$A_1 = \frac{1}{4} = A_4, \quad A_2 = \frac{3}{4} = A_3$.

Für $n = 5$,

$A_1 = \frac{7}{45}, \quad A_2 = \frac{32}{45}, \quad A_3 = \frac{4}{15}$.

Für $n = 6$,

$A_1 = \frac{19}{144}, \quad A_2 = \frac{25}{48}, \quad A_3 = \frac{25}{72}$.

Für $n = 7$,

$A_1 = \frac{41}{420}, \quad A_2 = \frac{18}{35}, \quad A_3 = \frac{9}{140}, \quad A_4 = \frac{68}{105}$.

Für $n = 8$,

$A_1 = \frac{751}{8640}, \quad A_2 = \frac{3577}{8640}, \quad A_3 = \frac{49}{320}, \quad A_4 = \frac{2989}{8640}$.

Für $n = 9$,

$A_1 = \frac{989}{14175}, \quad A_2 = \frac{5888}{14175}, \quad A_3 = -\frac{928}{14175}, \quad A_4 = \frac{10496}{14175},$

$A_5 = -\frac{908}{2835}$.

Für $n = 10$,

$A_1 = \frac{2857}{44800}, \quad A_2 = \frac{15741}{44800}, \quad A_3 = \frac{27}{1120}, \quad A_4 = \frac{1209}{2800},$

$A_5 = \frac{2889}{22400}$.

Für $n = 11$,

$A_1 = \frac{16067}{299376}, \quad A_2 = \frac{26575}{74844}, \quad A_3 = -\frac{16175}{99792}, \quad A_4 = \frac{5675}{6237},$

$A_5 = -\frac{4825}{5544}, \quad A_6 = \frac{17807}{12474}$.

§ 5. Der Ausdruck (4) giebt einen genauen Werth für das Integral von ψ, wenn ψ nur auf den $n-1^{\text{ten}}$ Grad steigt. Wir werden nun den Fehler aufsuchen, welchen die zunächst folgenden Glieder der Reihe

$$(5) \ldots \quad \psi(x) = \lambda_0 + \lambda_1 x + \lambda_2 x^2 + \cdots$$

verursachen. Zur Abkürzung wollen wir den Fehler, den man dadurch begeht, dass man die rechte Seite von (4) statt des Integrales von ψ setzt, mit $D\psi(x)$ bezeichnen, wobei man n und die einmal gewählten α festhält, sie mögen, wie im § 4, in einer arithmetischen Reihe oder in anderer Art auf einander folgen. Man hat also

$$(6) \ldots \quad D\psi(x) = \int_{-1}^{1} \psi(x)dx - \sum_{\nu=1}^{n} A_\nu \psi(\alpha_\nu).$$

Ueber diesen Fehler also wird hier gehandelt.

Stellt man hinter den Buchstaben D eine andere Function, z. B. $\psi_1 + \psi_2$, so ist dies so zu verstehen, dass auch hier noch das früher gewählte n und die einmal gewählten n Abscissen α_1, α_2, etc. festgehalten werden. Man hat also die Gleichungen

$$D[\psi_1(x) + \psi_2(x)] = D\psi_1(x) + D\psi_2(x); \quad D[c\psi(x)] = cD\psi(x),$$

wenn c eine Constante vorstellt.

Setzt man statt $\psi(x)$ eine ganze Function, deren Grad $n-1$ nicht übersteigt, so wird $\varphi(x)$, aus (2) gebildet, genau gleich $\psi(x)$ während $\varphi(x)$ nicht $\psi(x)$ selbst, sondern nur den bei der Division von $\psi(x)$ durch $N(x)$ entstehenden Rest darstellt, sobald ψ von höherem Grade ist. Im ersten Falle ist daher $D\psi(x) = 0$. Hieraus folgt die Gleichung $Dx^\nu = 0$ so lange $\nu < n$, wenn man durch ν eine nicht negative ganze Zahl bezeichnet.

Zertheilt man $\psi(x)$ in die Summe einer ganzen Function $n-1^{\text{ten}}$ Grades und von

$$\lambda_n x^n + \lambda_{n+1} x^{n+1} + \cdots + \lambda_p x^p$$

so wird daher

$$(7) \ldots \quad D\psi(x) = \lambda_n Dx^n + \lambda_{n+1} Dx^{n+1} + \cdots + \lambda_p Dx^p,$$

also unabhängig von λ_0, λ_1, etc., λ_{n-1}.

Der Fehler, den man bei der angenäherten Berechnung des Integrals von x^ν begeht, ist nach (6)

$$(8) \ldots \quad Dx^\nu = \int_{-1}^{1} x^\nu dx - A_1 \alpha_1^\nu - A_2 \alpha_2^\nu - \cdots - A_n \alpha_n^\nu.$$

Da dieser Ausdruck für die n Werthe $\nu = 0, 1, 2$, etc., $n-1$ Null ist, so liefert er zunächst n lineare Gleichungen, die zur Bestimmung der A dienen können. Diese sind übrigens schon aus (3) bekannt; die directe Auflösung der vorstehenden Gleichungen giebt keine neue Form für die A sondern nur die bekannte (3).

Sind die Coefficienten λ_n, λ_{n+1}, etc. bekannt, so lässt sich bei der Interpolation aus n Werthen von $\psi(x)$ eine grössere Annäherung dadurch erreichen, dass man die Fehler Dx^ν für die entsprechenden Werthe $\nu = n$, $n+1$, etc. aus (8) berechnet, und hierauf die Correction (7)

$$\lambda_n Dx^n + \lambda_{n+1} Dx^{n+1} + \cdots$$

zu dem angenäherten Werthe

$$A_1 \psi(\alpha_1) + A_2 \psi(\alpha_2) + \cdots + A_\nu \psi(\alpha_\nu)$$

hinzufügt.

§ 6. Für die weitere Ausführung betrachten wir den Fall dass, wie bei der Newton-Cotesischen Methode, neben jedem positiven α eine gleiche und entgegengesetzte Abscisse $-\alpha$ zur Interpolation verwandt wird (S. 5). Dann sind sämmtliche Fehler Dx^ν, es möge n ungerade oder gerade sein, Null, sobald ν ungerade ist. Für ein gerades ν und für $\nu = 0$ hat man ferner, nach (8),

$$Dx^\nu = \frac{2}{\nu+1} - A_1 \alpha_1^\nu - A_2 \alpha_2^\nu - \cdots - A_n \alpha_n^\nu = 0$$

so lange $\nu < n$, im ganzen $n-1$ oder $n-2$ Gleichungen je nachdem n ungerade oder gerade ist. Da im ersten Falle noch Dx^n, im zweiten Dx^{n-1} verschwindet, so hat man statt (7) die einfacheren Ausdrücke der Correction, für ein ungerades n

$$(7, a) \ldots \quad D\psi(x) = \lambda_{n+1} Dx^{n+1} + \lambda_{n+3} Dx^{n+3} + \cdots$$

und für ein gerades n

$$(7, b) \ldots \quad D\psi(x) = \lambda_n Dx^n + \lambda_{n+2} Dx^{n+2} + \cdots.$$

Man erkennt hieraus, dass es vortheilhaft ist, bei der Berechnung des Integrales bis zu einem ungeraden n vorzugehen.

Bei der Berechnung der Correctur wird sich die vorstehende Formel für Dx^ν zu

$$(8, a) \ldots \quad \tfrac{1}{2} Dx^{2\nu} = \frac{1}{2\nu+1} - A_1 \alpha_1^{2\nu} - A_2 \alpha_2^{2\nu} - \cdots - A_\mu \alpha_\mu^{2\nu}$$

abkürzen, wo μ für ein ungerades n die Zahl $\frac{1}{2}(n-1)$, für ein gerades n aber $\frac{1}{2}n$ vorstellt; man wendet sie an für Werthe von ν die $\geqq \frac{1}{2}n$ sind.

Bei der Berechnung, in dem Falle von Cotes, wenn man also setzt

$$\alpha_1 = \frac{n-1}{n-1}, \quad \alpha_2 = \frac{n-3}{n-1}, \quad \alpha_3 = \frac{n-5}{n-1}, \quad \text{etc.},$$

ergeben sich, in Folge der Rechnung von **Gauss**, folgende Werthe welche, in die Ausdrücke (7, *a*—*b*) eingesetzt, die ersten Glieder der Correction verschaffen:

Für $n = 2$ ist $Dx^2 = -\frac{4}{3}$, $Dx^4 = -\frac{8}{5}$, $Dx^6 = -\frac{12}{7}$.
Für $n = 3$ ist $Dx^4 = -\frac{4}{15}$, $Dx^6 = -\frac{8}{21}$.
Für $n = 4$ ist $Dx^4 = -\frac{16}{135}$.
Für $n = 5$ ist $Dx^6 = -\frac{1}{21}$.
Für $n = 6$ ist $Dx^6 = -\frac{352}{13125}$.
Für $n = 7$ ist $Dx^8 = -\frac{16}{1215}$.
Für $n = 8$ ist $Dx^8 = -\frac{42752}{5294205}$.
Für $n = 9$ ist $Dx^{10} = -\frac{37}{8448}$.
Für $n = 10$ ist $Dx^{10} = -\frac{442880}{157837977}$.
Für $n = 11$ ist $Dx^{12} = -\frac{861664}{533203125}$.

Anmerkung. Die von **Gauss** gegebene Tafel für die Correction bezieht sich zunächst auf den Fall von Integralen zwischen den Grenzen 0 und 1, nicht wie bei uns zwischen -1 und $+1$. Man erreicht aber durch die obige, der hier vorliegenden Form der Aufgabe angepasste Tafel dieselbe Näherung wie durch die Tafel von **Gauss**, in welcher für jeden Werth von n eine grössere Anzahl von Constanten, die k genannt werden, aufgeführt ist, welche bei Berechnung der Correction in Betracht kommen. Die Beziehung zwischen den k von **Gauss** und unseren Constanten wird durch die Gleichung gegeben

$$k^{(\nu)} = \frac{1}{2^{\nu+1}}\left[Dx^\nu + \frac{\nu}{1}Dx^{\nu+1} + \frac{\nu(\nu-1)}{1.2}Dx^{\nu+2} + \text{etc.}\right];$$

man beachte, dass die Glieder auf der rechten Seite theilweise 0 sind, indem $Dx^\nu = 0$, wenn ν ungerade ist. Daher wird für ein gerades n

$$2^{n+1}k^{(n)} = Dx^n,\quad k^{(n+1)} = 0,\quad 2^{n+3}k^{(n+2)} = Dx^{n+2} + \tfrac{1}{2}(n+1)(n+2)Dx^n,$$

und für ein ungerades n

$$k^{(n)} = 0,\quad 2^{n+2}k^{(n+1)} = Dx^{n+1},\quad 2^{n+3}k^{(n+2)} = (n+2)Dx^{n+1}.$$

Im III. Bde von **Gauss** Werken, Göttingen 1866, sind in den Zeilen, die sich dort auf $n = 5$ und $n = 8$ beziehen, die Nenner von $k^{(6)}$ und $k^{(10)}$ resp. in 52500 und 17301504 zu verbessern.

§ 7. Der Grad der Annäherung, welchen man erreicht, wird durch die Wahl von n, d. i. durch die Anzahl der Werthe, aus denen man interpolirt, bedingt, ferner durch die Beschaffenheit von

$\psi(x)$, und endlich durch die Auswahl der Abscissen α. Je nachdem die Curve $n-1^{\text{ten}}$ Grades $\varphi(x)$ durch diese oder jene Punkte von $\psi(x)$ gelegt wird, kann der Fehler ein verschiedener sein. Zwar hängt die zweckmässigste Wahl der Abscissen von der Beschaffenheit der Function ψ ab; will man aber Tafeln für die A berechnen, wie sie Newton im Auge hatte, die für jedes gegebene continuirliche ψ brauchbar sein sollen, so ist festzuhalten, dass nur solche α zu Grunde gelegt werden dürfen, welche unabhängig von der Art von ψ, also von den Coefficienten λ in (7) sind. Gauss zeigt, dass bei geeigneter Wahl der n Abscissen α der Fehler Dx^ν nicht nur dann (wie bei Anwendung der Methode von Cotesius) Null ist, wenn $\nu < n$, sondern sogar immer wenn $\nu < 2n$. Der Fehler bei dieser Art der Interpolation aus n Werthen wird also unabhängig von den ersten $2n$ Coefficienten λ, und ist Null, wenn $\psi(x)$ nur auf den Grad $2n-1$ steigt. Da man auch bei dieser Auswahl der Abscissen hat $\alpha_\nu = -\alpha_{n+1-\nu}$, so findet man, nach § 3 S. 5, aus (7, a—b) für den Fehler folgenden Ausdruck, der als Correction benutzt werden kann, wenn man die Constanten λ_{2n}, λ_{2n+2}, etc. kennt:

$$(7, c) \ldots \quad D\psi(x) = \lambda_{2n} Dx^{2n} + \lambda_{2n+2} Dx^{2n+2} + \lambda_{2n+4} Dx^{2n+4} + \text{etc.},$$

der, wie es nothwendig sein muss, Null ist, wenn ψ nicht auf den Grad $2n$ steigt.

In der Sprache der Geometrie lässt sich dies Resultat folgendermassen ausdrücken: Bestimmt man auf geeignete Weise n Abscissen zwischen -1 und 1, und wählt auf den zu ihnen gehörenden Ordinaten n beliebige Punkte, so bleibt für alle verschiedenen Curven $\psi(x)$ von einem Grade, der $2n-1$ nicht übersteigt, welche durch diese n Punkte gelegt werden, der Flächenraum unverändert, der durch die jedesmalige Curve, das Stück der Abscissenaxe von -1 bis 1, und die beiden Ordinaten in den Punkten ± 1 begrenzt wird.

§ 8. Um solche α aufzufinden, welche auch den Gleichungen genügen

$$Dx^n = Dx^{n+1} = Dx^{n+2} = \text{etc.} = Dx^{2n-1} = 0,$$

bilden wir*) eine erzeugende Function der Fehler Dx^ν, indem wir

*) M. vergl. hierüber auch Scheibner, Berichte der Kön. sächsischen Gesellschaft der Wissenschaften, math. phys. Classe, Sitzung vom 31. Mai 1856, S. 65–76. Zu den $2n$ Gleichungen $Dx^\nu = 0$ für $\nu = 0$ bis $\nu = 2n-1$ gelangt Herr Schellbach,

nämlich (8) mit $z^{-\nu-1}$ multipliciren, wenn z eine hinlänglich grosse, sonst willkürliche Zahl bezeichnet, und die so entstehende Gleichung über alle ν, von 0 bis ∞, summiren. Da, wie oben bemerkt wurde, neben α auch jedesmal $-\alpha$ zur Abscisse genommen wird, woraus $Dx^\nu = 0$ für jeden ungeraden Exponenten ν folgt, so erhält man als erzeugende Function der Fehler

$$\sum_{\nu=0}^{\infty} \frac{D(x^\nu)}{z^{\nu+1}} = \log \frac{z+1}{z-1} - z \sum_{m=1}^{n} \frac{A_m}{z^2 - \alpha_m^2},$$

einen Ausdruck, der sich noch weiter umformen lässt. Setzt man

$$\int_{-1}^{1} \frac{N(x) - N(z)}{x - z} dx = \eta(z),$$

so ist offenbar $\eta(z)$ eine ganze Function $n-1^{\text{ten}}$ Grades von z, die sich, nach (3), in $A_m . N'(\alpha_m)$ verwandelt sobald man für z einen Werth α_m setzt, welcher $N(z)$ zu Null macht. Setzt man noch

$$\frac{2z}{z^2 - \alpha^2} = \frac{1}{z - \alpha} + \frac{1}{z + \alpha},$$

so wird daher die erzeugende Function der Fehler gleich

$$\log \frac{z+1}{z-1} - \tfrac{1}{2} \sum_{m=1}^{n} \frac{\eta(\alpha_m)}{N'(\alpha_m)(z - \alpha_m)} - \tfrac{1}{2} \sum_{m=1}^{n} \frac{\eta(\alpha_m)}{N'(\alpha_m)(z + \alpha_m)}.$$

Da $\eta(\alpha)$ und $N'(\alpha)$ durch Vertauschung von α mit $-\alpha$ entweder unverändert bleiben oder gleichzeitig ihr Zeichen, nicht aber den Zahlwerth ändern, so sind die beiden vorstehenden Summen Σ einander gleich; ihre Summe ist, nach der bekannten Interpolationsformel (2), gleich

$$\frac{\eta(z)}{N(z)} = \frac{1}{N(z)} \int_{-1}^{1} \frac{N(x) - N(z)}{x - z} dx,$$

---

in der Abhandlung über mechanische Quadratur im Programm des Friedrich-Wilhelms Gymn. zu Berlin, (1877. Progr. No. 46) ohne direkte Anwendung der Lagrange'schen Interpolationsformel, indem er annimmt, man könne $\int_{-1}^{1} f(xz)\,dx$, für alle z, angenähert gleich

$$A_1 f(\alpha_1 z) + A_2 f(\alpha_2 z) + \cdots + A_n f(\alpha_n z)$$

setzen, wo A und α von z unabhängige Constante vorstellen. Entwickelt man $f(xz)$ im Integrale, und in dem Näherungswerthe $f(\alpha z)$ nach dem MacLaurin'schen Satze, so ist in der Differenz zwischen dem Integrale und dem Näherungswerthe mit $\frac{z^\nu}{\Pi \nu}$ genau der Ausdruck Dx^ν aus (8) multiplicirt. Will man, dass z^ν aus der Reihe verschwinde, so hat man also die Constanten A und α so zu wählen, dass Dx^ν gleich Null wird.

und dies, offenbar, gleich

$$\frac{1}{N(x)}\int_{-1}^{1}\frac{N(x)dz}{x-z}+\log\frac{z+1}{z-1}.$$

Wählt man die n Abscissen α so, dass $\alpha_\nu = -\alpha_{n+1-\nu}$, im übrigen beliebig, und setzt

$$N(z) = (z-\alpha_1)(z-\alpha_2)\dots(z-\alpha_n),$$

so ist also eine erzeugende Function der Fehler Dx^ν

$$(9)\ \dots\ \sum_{\nu=0}^{\infty}\frac{Dx^\nu}{z^{\nu+1}} = \frac{1}{N(z)}\int_{-1}^{1}\frac{N(x)dx}{z-x}.$$

Es kommt darauf an, N so zu bestimmen, dass die ganze rechte Seite von (9), oder, was auf dasselbe hinaus kommt, das Integral auf derselben, nach absteigenden Potenzen von z entwickelt, mit einer möglichst hohen Potenz von z^{-1} beginnt. Die Entwickelung des Integrals giebt

$$\sum_{\nu=0}^{\infty}\frac{1}{z^{\nu+1}}\int_{-1}^{1}x^\nu N(x)dx.$$

Man weiss aus S. 276—278 des I. Bandes dieses Handbuchs*), dass die ersten Glieder dieser Summe, von $\nu=0$ bis $\nu=n-1$, verschwinden, wenn man $N(x)=P^n(x)$ macht, so dass dann die Entwickelung der erzeugenden Function der Fehler mit der $-2n^{\text{ten}}$ Potenz von z beginnt, und alle Fehler Dx^ν von $\nu=0$ bis $\nu=2n-1$, diese Grenzen eingeschlossen, verschwinden. Wählt man also die Wurzeln der Gleichung $P^n(x)=0$, die sämmtlich verschieden, reell und <1, ferner paarweise, eventuell mit Ausschluss der Wurzel 0, gleich und entgegengesetzt sind (I. 48 u. 21), zu Abscissen α, so wird in der That (7, c) auf S. 10 den Ausdruck des Fehlers geben, so dass die Methode von Gauss bei einer Interpolation aus n Abscissen dieselbe Näherung verschafft, wie eine Interpolation aus $2n$ Abscissen bei Cotes: beide geben das Integral von $\psi(x)$ genau, wenn $\psi(x)$ eine Function des Grades $2n-1$ von x ist.

Wie früher so kann man auch hier die ersten Glieder des Ausdrucks für den Rest als Correction benutzen. Um die Fehler

*) In der Folge werde ich in der Regel auf Seiten des I. Bandes verweisen, indem ich die Zahl welche die Seite trägt, unmittelbar dem I. folgen lasse; z. B. werde ich das obige Citat zu I. 276—278 kürzen, während I, (21) oder I, (21, a) auf die Formel (21) oder (21, a) des I. Bandes hinweist.

Dx^ν, wenn $\nu > 2n-1$, zu diesem Zwecke leicht zu berechnen, bedient man sich der Gleichung (11) auf I. 78 oder der Gleichung (21) auf I. 141. Nach denselben ist

$$\int_{-1}^{1} \frac{P^n(x)dx}{z-x} = 2Q^n(z),$$

und man findet schliesslich die erzeugende Function der Fehler für die Methode von Gauss in der Form

$$\Sigma \frac{1}{z^{\nu+1}} Dx^\nu = 2\frac{Q^n(z)}{P^n(z)}.$$

Setzt man für P und Q die hypergeometrischen Reihen, die ihnen nach I. 79 gleich sind, so wird die rechte Seite

$$\frac{2}{2n+1}\cdot\left[\frac{1.2.3...n}{1.3.5...(2n-1)}\right]^2\cdot\frac{z^{-2n-1}F\left(\frac{1}{2}+\frac{1}{2}n,\ 1+\frac{1}{2}n,\ \frac{3}{2}+n,\ \frac{1}{zz}\right)}{F\left(\frac{1}{2}-\frac{1}{2}n,\ -\frac{1}{2}n,\ \frac{1}{2}-n,\ \frac{1}{zz}\right)},$$

woraus man zunächst wieder erkennt, dass $Dx^\nu = 0$ sobald $\nu < 2n$ und immer wenn ν ungerade ist. Da der Quotient der beiden hypergeometrischen Reihen, bei der Entwickelung in eine Reihe, mit 1 beginnt, so werden die ersten Glieder des Fehlers

$$\frac{2}{2n+1}\left[\frac{1.2.3...n}{1.3.5...(2n-1)}\right]^2\cdot\left[\lambda_{2n}+\frac{1}{2}\left(\frac{(n+1)(n+2)}{2n+3}+\frac{n(n-1)}{2n-1}\right)\lambda_{2n+2}\right].$$

Benutzt man diese zur Correction, so tritt also kein früherer Coefficient λ als λ_{2n+4} im Fehler auf.

§ 9. Die hauptsächlichen Resultate, welche im § 8 erhalten wurden, gewinnt man sehr leicht durch ein Verfahren, welches Jacobi im I. Bde*) des Crelle'schen Journals anwandte, um die Näherungsmethode von Gauss darzustellen.

Vorausgesetzt wird, es sei gestattet $\psi(x)$ als eine ganze Function vom Grade $2n-1$ zu betrachten. Behält man die frühere Bezeichnung bei, so verschwindet $\psi(x)-\varphi(x)$, wie man auch die Abscissen α wählt, für $x=\alpha_1$, α_2, etc., α_n, ist also durch $N(x)$ theilbar. Man hat demnach

$$\psi(x) = \varphi(x) + N(x)(a_0 + a_1 x + \cdots + a_{n-1}x^{n-1}),$$

wenn die a Constante bezeichnen welche, ausser von den α, auch

*) Ueber Gauss neue Methode, die Werthe der Integrale näherungsweise zu finden: S. 301—308.

noch von der Beschaffenheit von $\psi(x)$ abhängen. Soll nun das Integral von $\psi(x)dx$ zwischen den Grenzen -1 und 1 mit dem von $\varphi(x)dx$, d. i. mit der rechten Seite von (4), und zwar für alle ψ, vertauscht werden können, soll also

$$D\psi(x) = \int_{-1}^{1} N(x)(a_0 + a_1 x + \cdots + a_{n-1}x^{n-1})dx$$

für beliebige a Null werden, so muss N so beschaffen sein, dass man von $\nu = 0$ bis $\nu = n-1$ hat

$$\int_{-1}^{1} x^\nu N(x)dx = 0.$$

Das die Function $N(x) = P^n(x)$ diese Eigenschaft besitzt, zeigte sich schon I. 76, die Function N wurde I. 276—278 aus dieser Eigenschaft aufgefunden. Zugleich zeigte sich dort, dass $P^n(x)$, abgesehen von constanten Factoren, die einzige Function sei, welche jenen n Gleichungen genügt. Man hat also, um $D\psi(x)$ zu Null zu machen, zu Abscissen α die n Wurzeln von $P^n(x) = 0$ zu nehmen.

§ 10. Gauss hat eine Tafel berechnet, welche für die Werthe $n = 1$ bis $n = 7$ die n Abscissen α giebt, aus deren Ordinaten $\psi(\alpha)$ das Integral von $\psi(x)$ zwischen den Grenzen -1 und 1 am vortheilhaftesten berechnet wird; ferner fügt er die A und die Correction hinzu. Es mag daran erinnert werden (I. 278 u. I. 142, (21, a)), dass $N(x) = P^n(x)$ in Bezug auf den Kettenbruch für

$$\log \frac{x+1}{x-1}$$

der n^{te} Näherungsnenner ist, und A_ν aus dem n^{ten} Näherungszähler $2Z_n(x)$ für $x = \alpha_\nu$ entsteht. In der That stimmt der Ausdruck von $\eta(z)$ auf S. 11 mit dem von $2Z_n$ überein, während A_ν nach § 8 aus der Division von η durch N' erhalten wird. Man hat also

$$A_\nu = \frac{2Z_n(\alpha_\nu)}{N'(\alpha_\nu)}, \quad N(x) = P^n(x).$$

Den Zähler Z kann man entweder direkt aus dem Kettenbruch für die logarithmische Reihe berechnen, oder sich der Formel I, (20, b) bedienen

$$Z_n(x) = \frac{2n-1}{1.n} P^{n-1}(x) + \frac{2n-3}{3.(n-1)} P^{n-3}(x) + \cdots.$$

Nach der Rechnung von Gauss gebe ich folgende Zusammenstellung:

I. Formeln.

Angenäherter Werth von $\int_{-1}^{1} \psi(x)dx$ bei der Berechnung aus n Ordinaten:

$$A_1\psi(\alpha_1)+A_2\psi(\alpha_2)+\cdots+A_n\psi(\alpha_n).$$

Setzt man $\psi(x)=\lambda_0+\lambda_1 x+\lambda_2 x^2+$ etc., so ist der Fehler

$$D\psi(x)=\lambda_{2n}Dx^{2n}+\lambda_{2n+2}Dx^{2n+2}+\cdots,$$

$$Dx^{2n}=\frac{2}{2n+1}\left[\frac{1.2.3\ldots n}{1.3.5\ldots(2n-1)}\right]^2.$$

II. Numerische Werthe.

n = 1.

$\alpha_1=0,\quad \frac{1}{2}A_1=1,\quad Dx^2=\frac{2}{3}.$

n = 2.

$\alpha_1=-\alpha_2=0{,}5773502691\ 896258,$

$\frac{1}{2}A_1=\frac{1}{2}A_2=\frac{1}{2},\quad Dx^4=\frac{8}{45}.$

n = 3.

$\alpha_1=-\alpha_3=0{,}7745966692\ 414834,$

$\alpha_2=0,$

$\frac{1}{2}A_1=\frac{1}{2}A_3=\frac{5}{18},$

$\frac{1}{2}A_2=\frac{4}{9},$

$Dx^6=\frac{8}{175}.$

n = 4.

$\alpha_1=-\alpha_4=0{,}8611363115\ 940492,$

$\alpha_2=-\alpha_3=0{,}3399810435\ 848646,$

$\frac{1}{2}A_1=\frac{1}{2}A_4=0{,}1739274225\ 687284\quad \log=9{,}2403680612,$

$\frac{1}{2}A_2=\frac{1}{2}A_3=0{,}3260725774\ 312716\quad 9{,}5133142764,$

$Dx^8=\frac{128}{11025}.$

n = 5.

$\alpha_1=-\alpha_5=0{,}9061798459\ 386640,$

$\alpha_2=-\alpha_4=0{,}5384693101\ 056830,$

$\alpha_3=0,$

$\frac{1}{2}A_1=\frac{1}{2}A_5=0{,}1184634425\ 280945\quad \log=9{,}0735843490,$

$\frac{1}{2}A_2=\frac{1}{2}A_4=0{,}2393143352\ 496832\quad 9{,}3789687142,$

$\frac{1}{2}A_3=\frac{64}{225}=0{,}2844444444\ 444444\quad 9{,}4539974559,$

$Dx^{10}=\frac{128}{43659}.$

n = 6.

$$\alpha_1 = \alpha_6 = 0{,}9324695142\ 031520,$$
$$\alpha_2 = \alpha_5 = 0{,}6612093864\ 662644,$$
$$\alpha_3 = \alpha_4 = 0{,}2386191860\ 831970,$$
$$\tfrac{1}{2}A_1 = \tfrac{1}{2}A_6 = 0{,}0856622461\ 895852 \quad \log = 8{,}9327894580,$$
$$\tfrac{1}{2}A_2 = \tfrac{1}{2}A_5 = 0{,}1803807865\ 240693 \quad 9{,}2561902763,$$
$$\tfrac{1}{2}A_3 = \tfrac{1}{2}A_4 = 0{,}2339569672\ 863455 \quad 9{,}3691359831,$$
$$Dx^{12} = \tfrac{512}{693693}.$$

n = 7.

$$\alpha_1 = \alpha_7 = 0{,}9491079123\ 427596,$$
$$\alpha_2 = \alpha_6 = 0{,}7415311855\ 993944,$$
$$\alpha_3 = \alpha_5 = 0{,}4058451513\ 773970,$$
$$\alpha_4 = 0,$$
$$\tfrac{1}{2}A_1 = \tfrac{1}{2}A_7 = 0{,}0647424830\ 844348 \quad \log = 8{,}8111893529,$$
$$\tfrac{1}{2}A_2 = \tfrac{1}{2}A_6 = 0{,}1398526957\ 446384 \quad 9{,}1456708421,$$
$$\tfrac{1}{2}A_3 = \tfrac{1}{2}A_5 = 0{,}1909150252\ 525595 \quad 9{,}2808401093,$$
$$\tfrac{1}{2}A_4 = \tfrac{256}{1225} = 0{,}2089795918\ 367347 \quad 9{,}3201038766,$$
$$Dx^{14} = \tfrac{512}{2760615}.$$

§ 11. Es folgt nun der Beweis des Satzes, welcher im § 2 aufgestellt wurde, dass eine Function $\psi(x)$ sich in irgend welchen Grenzen g und h von x durch die Interpolationsformel, d. i. durch die rechte Seite von (2), mit beliebiger Näherung darstellen lässt, wenn man n hinreichend gross nimmt (und die α über das Integrations-Intervall gehörig vertheilt). Statt der Grenzen g und h nehme ich, ohne die Allgemeinheit zu beschränken, -1 und $+1$, um die früheren Bezeichnungen beibehalten zu können.

Wir haben zu zeigen, dass

$$\psi(x) - N(x) \sum_{\nu=1}^{n} \frac{\psi(\alpha_\nu)}{(x-\alpha_\nu)N'(\alpha_\nu)}$$

mit wachsendem n der Grenze 0 zustrebt. Dazu transformiren wir diesen Ausdruck, mit Hülfe eines fruchtbaren Satzes von Cauchy, in

$$(a) \ldots \quad \frac{N(x)}{2\pi i} \int \frac{\psi(z)\,dz}{(z-x)N(z)},$$

wenn dies Integral sich über alle Punkte z erstreckt, welche sich auf der Peripherie eines Kreises mit dem Radius r befinden, der so gross genommen wird, dass er die Punkte α_1, α_2, etc., α_n und x umschliesst. Hierin liegt also die Annahme, $\psi(x)$ sei so beschaffen, dass diese Function in eine Potenzreihe entwickelt werden kann, die, wenn auch noch so wenig, über $x=1$ hinaus convergirt. Es ist dies nicht etwa eine neue Forderung, welche ich hier für die Möglichkeit der näherungsweisen Berechnung stelle, sondern eine solche welche bei Gauss im § 2 seiner mehrfach erwähnten Abhandlung Methodus nova vorkommt: Quodsi igitur y, in seriem secundum potestates ipsius t progredientem evoluta, ante terminum qui implicat t^{n+1} omnino abrumpitur, cum Y identica erit; si vero tam cito convergit ut terminos sequentes spernere liceat, functio Y inter limites $t=0$, $t=1$, ... ipsius y vice fungi poterit.

Der Ausdruck (a) wird für $n=\infty$ die Grenze 0 haben, sobald der Quotient

$$\frac{N(x)}{\mathfrak{M}N(z)}$$

für $n=\infty$ Null zur Grenze hat. Ich zeige, dass dies der Fall sei zunächst wenn die Abscissen α so wie bei der Newton-Cotesischen Methode aufeinander folgen. Des bequemeren Ausdrucks halber scheide ich die Fälle eines geraden Stellenzeigers n und den eines ungeraden, behandele aber nur einen von ihnen — ich wähle den letzten — und vertausche deshalb das frühere n mit $2n+1$.

1) Den grössten Werth den der Zähler $N(x)$, also

$$\left(x-\frac{n}{n}\right)\left(x-\frac{n-1}{n}\right)\left(x-\frac{n-2}{n}\right)\cdots\left(x+\frac{n-1}{n}\right)\left(x+\frac{n}{n}\right),$$

von $x=-1$ bis $x=1$ für ein festgehaltenes n annimmt, möge diese Function für $x=c+\frac{\mu}{n}$ erreichen, wenn die ganze Zahl μ von $-n$ incl. bis an n, und $c<\frac{1}{n}$ und positiv genommen wird. Offenbar kann man jede Zahl x von -1 bis 1 so darstellen. Dann ist der Zahlwerth von $N(x)$ gleich

$$c\left(c+\frac{1}{n}\right)\left(c+\frac{2}{n}\right)\cdots\left(c+\frac{n+\mu}{n}\right)\cdot\left(\frac{1}{n}-c\right)\left(\frac{2}{n}-c\right)\cdots\left(\frac{n-\mu}{n}-c\right),$$

und wenn man $nc=\gamma$ setzt wo $\gamma<1$, gleich

$$(b)\ \dots\quad n^{-2n-1}.\gamma(\gamma+1)(\gamma+n+\mu).(1-\gamma)(2-\gamma)\dots(n-\mu-\gamma).$$

Bei festgehaltenem γ erreicht (b) seinen grössten Werth für $\mu=-n$, oder für $\mu = n-1$. Im ersten Fall, $\mu = -n$, giebt (*b*) nämlich

$$n^{-2n-1}.\gamma(1-\gamma)(2-\gamma)\ldots(2n-\gamma),$$

während (*b*) für die folgenden Werthe $\mu = 1-n,\ 2-n$, etc. aus dem Vorhergehenden durch Multiplication mit

$$\frac{(\gamma+1)}{(2n-\gamma)},\quad \frac{(\gamma+1)(\gamma+2)}{(2n+\gamma)(2n-1-\gamma)},\quad \text{etc.}$$

entsteht. Diese Glieder nehmen bis $\mu = 0$, je nach der Grösse von γ exclus. oder incl., ab, dann wieder zu, bis (*b*) für $\mu = n-1$ schliesslich gleich wird

$$n^{-2n-1}.(1-\gamma)\gamma(\gamma+1)\ldots(\gamma+2n-1).$$

Jedenfalls ist also, wenn x zwischen -1 und 1 bleibt, $N(x)$ kleiner als

$$n^{-2n-1}\gamma(\gamma+1)\ldots(\gamma+2n),$$

und da dieser Ausdruck für keinen Werth, den γ annehmen darf, grösser ist als für $\gamma = 1$, so ist sicher

$$N(x) < n^{-2n-1}.1.2.3\ldots(2n+1).$$

2) Andrerseits suchen wir den kleinsten Werth für den Modulus des Nenners $N(z)$ auf. Dazu bringen wir die complexen Zahlen z, die auf der Peripherie des Kreises liegen, in die Form $r(\cos\varphi + i\sin\varphi)$ und haben dann

$$\mathcal{M}N(z) = n^{-2n-1}\prod_{\nu=-n}^{n}\sqrt{r^2n^2 - 2rn\nu\cos\varphi + \nu^2}.$$

Dies Produkt verwandelt sich, wenn man je zwei Glieder zusammenfasst, in

$$rn^{-2n}\prod_{\nu=1}^{n}\sqrt{(r^2n^2+\nu^2)^2 - 4r^2n^2\nu^2\cos^2\varphi},$$

ist also am kleinsten für den Fall $\varphi = 0$, folglich nicht kleiner als

$$rn^{-2n}\prod_{\nu=1}^{n}(r^2n^2-\nu^2).$$

3) Stellt man dies mit dem für $N(x)$ gewonnenen Resultate zusammen, so erhält man

$$\mathcal{M}\frac{N(x)}{N(z)} < \frac{1.2.3\ldots(2n+1)}{(rn-n)(rn-n+1)\ldots(rn+n)}.$$

Die rechte Seite wird in der That für $n = \infty$ gleich Null, sobald r die Einheit überschreitet. Setzt man nämlich $rn = n + \eta$, so wird

η, wie wenig auch r über 1 genommen ist, von einer gewissen Grösse von n an grösser als 1. Es nimmt aber die rechte Seite,

$$\frac{1.2.3\ldots(2n+1)}{\eta(\eta+1)(\eta+2)\ldots(\eta+2n)},$$

sobald $\eta > 1$, mit wachsendem n nicht nur fortwährend, sondern auch bekanntlich*) zu Null ab.

Hierdurch ist bewiesen, dass der Ausdruck $\varphi(x)$ in (2) sich mit wachsendem n, von $x = -1$ bis $x = 1$, der Function $\psi(x)$ beliebig nähert, sobald dieselbe sich in eine Potenzreihe

$$\psi(x) = \lambda_0 + \lambda_1 x + \lambda_2 x^2 + \cdots$$

entwickeln lässt, welche für einen Werth von x, der beliebig, wenig über 1 liegt convergirt.

Man erhält durch geringe selbstverständliche Modificationen dieses Beweises dasselbe Resultat, wenn man solche Abscissen α wählt, für die $n(\alpha_\nu - \alpha_{\nu+1})$ zwar nicht, wie oben, für jedes ν constant bleibt, aber doch so beschaffen ist, dass dieser Ausdruck sich mit wachsendem n einer Constanten nähert, also z. B. die Summe einer Constanten und eines Gliedes ist, welches sich der 0 zur Ordnung 1 nähert, das heisst, zu derselben Ordnung wie $\frac{1}{n}$. Diese Eigenschaft besitzen aber (Hdb. I, Gl. 28, c) für wachsende n die α, welche $P^n(\alpha)$ zu Null machen, die man bei der Methode von Gauss (§ 8) anwendet. Somit ist der obige Satz auch bei der Wahl dieser Abscissen bewiesen.

§ 12. Aus dem I. Bd. I. Theil, 5. Kap. S. 271—273 kennt man die Beziehungen zwischen gewissen linearen Gleichungen und den Näherungsnennern des Kettenbruchs für die logarithmische Reihe, aus I. 276 die Beziehungen, welche zwischen den ersteren und Gleichungen

$$\int_{-1}^{1} x^\nu N(x)\,dx = 0$$

bestehen. S. 273—274, 275—276, 279—280 wird gezeigt, wie diese Untersuchungen sich auf die hypergeometrische Reihe $F(\alpha, 1, \gamma, x)$ und die durch ein Element q verallgemeinerte φ übertragen lassen. Der 2. Zusatz zum 5. Kapitel, S. 286—297 liefert Resultate für noch

*) Man vergl. I. 108 unter 2).

allgemeinere Functionen. Die Gleichartigkeit der in diesem Zusatze gewonnenen Formeln mit denen, welche sich auf die logarithmische Reihe bezogen, gestattet, wie bereits I. 297 in Aussicht gestellt wurde, eine Anwendung auch der allgemeineren Resultate auf die Quadratur.

Wir handeln über die näherungsweise Berechnung des Integrals

$$(10) \ldots \int_g^h \psi(x) f(x) dx,$$

wenn durch g und h gegebene Constante bezeichnet werden, $\psi(x)$ eine continuirliche Function vorstellt, die noch für einen hinlänglich grossen Werth von x in eine Reihe $\Sigma \lambda_n x^n$ entwickelt werden kann, und $f(x)$ eine andere gegebene Function, die auch innerhalb der Grenzen g und h unendlich werden darf, wenn nur ihr Integral und das obige (10) endlich bleiben. Setzt man, nach Analogie des Verfahrens im § 2

$$N(x) = (x - \alpha_1)(x - \alpha_2) \ldots (x - \alpha_n),$$

und vertheilen sich α_1, α_2, etc. über die Axe der X von g bis h, so wird

$$N(x) \sum_{\nu=1}^{n} \frac{\psi(\alpha_\nu)}{(x - \alpha_\nu) N'(\alpha_\nu)}$$

ein Näherungswerth der Function $\psi(x)$, und wenn man setzt

$$(11) \ldots \quad A_\nu = \frac{1}{N'(\alpha_\nu)} \int_g^h \frac{N(x) f(x) dx}{x - \alpha_\nu},$$

so ist daher

$$(12) \ldots \quad A_1 \psi(\alpha_1) + A_2 \psi(\alpha_2) + \cdots + A_n \psi(\alpha_n)$$

ein Näherungswerth des vorliegenden Integrales (10). Zur praktischen Anwendung wird diese Methode sich in der Regel nur dann eignen, wenn die A sich leicht berechnen lassen. Macht man, wie im § 8, die ganze Function von z vom Grade $n-1$

$$\int_g^h \frac{N(x) - N(z)}{x - z} f(x) dx = \eta(z),$$

so ist $A_m N'(\alpha_m)$ gleich $\eta(\alpha_m)$.

Wir versuchen den Fehler bei der Berechnung des Integrals (10),

$$\int_g^h \psi(x) f(x) dx - \sum_{m=1}^{n} A_m \psi(\alpha_m) = D\psi(x),$$

möglichst klein zu machen, in demselben Sinne wie früher. Es wird in der That wiederum gelingen, die α so zu wählen, dass bei der Interpolation aus n Abscissen der Fehler Null ist, wenn $\psi(x)$ nur auf den Grad $2n-1$ steigt.

Man hat nämlich als erzeugende Function der Fehler Dx^ν den Ausdruck

$$\sum_{\nu=0}^{\infty} \frac{Dx^\nu}{z^{\nu+1}} = \int_g^h \frac{f(x)dx}{z-x} - \sum_{\nu=1}^{n} \frac{\eta(\alpha_m)}{N'(\alpha_m)(z-\alpha_m)}.$$

Da das abzuziehende Glied auf der Rechten sich in den Quotienten

$$\frac{\eta(z)}{N(z)} = \int_g^h \frac{N(x)-N(z)}{(x-z)N(z)} f(x)dx$$

verwandeln lässt, so wird diese erzeugende Function der Fehler schliesslich

$$= \frac{1}{N(z)} \int_g^h \frac{N(x)f(x)dx}{z-x}.$$

Kann man nun die ganze Function n^{ten} Grades N so bestimmen, dass für alle ganzen ν von 0 bis $n-1$ das Integral

$$\int_g^h x^\nu N(x) f(x) dx$$

verschwindet, so würde die nach absteigenden Potenzen von z geordnete Reihe, in welche man den obigen Ausdruck für die erzeugende Function der Fehler entwickeln kann, erst mit der $-2n^{\text{ten}}$ beginnen. Daher verschwindet dann der Fehler $D\psi(x)$ so lange $\psi(x)$ nur auf den Grad $2n-1$ steigt.

Eine solche Function N findet man, wie aus dem erwähnten 2. Zusatz zum 5. Kapitel hervorgeht, aus dem Kettenbruche für

$$(13) \ldots \quad \sigma = \int_g^h \frac{f(z)dz}{x-z},$$

dessen Partialnenner sämmtlich vom ersten Grade sind (S. 291). Sein Näherungsnenner vom n^{ten} Grade ist die gesuchte Function $N(x)$. Die Werthe α, für die sie verschwindet und welche als Abscissen dienen, sind sämmtlich ungleich und reell, und liegen zwischen g und h. Aus S. 288 geht hervor, dass $\eta(z)$, welches zur Berechnung der A dient, der entsprechende (n^{te}) Näherungszähler $Z(z)$ ist, während die erzeugende Function der Fehler sich aus dem Reste $R(x)$, welcher nach S. 288 durch die Gleichung

$$\sigma N(x) - Z(x) = R(x) = \int_g^h \frac{N(z) f(z) dz}{x - z}$$

gefunden wird, durch Division mit $N(x)$ ergiebt. Der angenäherte Werth des Integrals (10) ist demnach

$$\sum_{\nu=1}^{n} \frac{Z(\alpha_\nu)}{N'(\alpha_\nu)} \psi(\alpha_\nu),$$

wenn $Z(x)$ und $N(x)$ den n^{ten} Näherungszähler und Nenner des Kettenbruchs für σ bezeichnen, und α_1, α_2, etc. die Wurzeln von $N(x) = 0$ sind.

Durch Entwickelung von

$$\frac{R(z)}{N(z)}$$

nach absteigenden Potenzen von z erhält man eine Reihe von der Form

$$\frac{Dx^{2n}}{z^{2n+1}} + \frac{Dx^{2n+1}}{z^{2n+2}} + \cdots.$$

Die ersten Glieder kann man auch hier, ähnlich wie am Schluss des § 8, durch Einsetzen in den Ausdruck des Fehlers

$$\lambda_{2n} Dx^{2n} + \lambda_{2n+1} Dx^{2n+1} + \cdots$$

zur Correction verwenden.

§ 13. Als Beispiel für das Vorhergehende behandeln wir die näherungsweise Berechnung des Integrals

$$(14) \ldots \int_0^1 \psi(x) x^{\beta-1} (1-x)^{\gamma-\beta-1} dx,$$

wenn β und $\gamma - \beta$ positiv sind. Man hat dann die Functionen N, Z und R zu betrachten, welche sich auf den Kettenbruch für

$$\sigma = \int_0^1 \frac{z^{\beta-1}(1-z)^{\gamma-\beta-1} dz}{x - z}$$

beziehen, d. h. auf

$$\sigma = \frac{1}{x} \cdot \frac{\Gamma\beta \, \Gamma(\gamma-\beta)}{\Gamma\gamma} \cdot F\left(1, \beta, \gamma, \frac{1}{x}\right),$$

dessen Nenner, Zähler und Rest man der Zusammenstellung auf S. 280 d. I. Bd. entnehmen kann. Die Abscissen α, welche man zur Interpolation verwendet, sind dann die Wurzeln der Gleichung

$$N(x) = x^n F\left(-n, -\beta - n + 1, -\gamma - 2n + 2, \frac{1}{x}\right).$$

Den Zähler, welchen man zur Berechnung des Näherungswerthes benutzt, entnimmt man entweder dem an der citirten Stelle angegebenen Kettenbruche, oder bedient sich der Formel

$$Z(x) = \int_0^1 y^{\beta-1}(1-y)^{\gamma-\beta-1} \frac{N(x)-N(y)}{x-y} dy.$$

Man findet ferner

$$R(x) = \frac{\Gamma(\beta+n)\Gamma(\gamma+n-\beta)\Gamma(\gamma+n-1)\Gamma(n+1)}{\Gamma(\gamma+2n)\Gamma(\gamma+2n-1)}$$
$$\cdot \frac{1}{x^{n+1}} F\left(n+1,\ \beta+n,\ \gamma+2n,\ \frac{1}{x}\right).$$

Die multiplicirende Constante in dieser Function ist daher genau das zur Correctur zu verwendende Dx^{2n}.

Herr Mehler, welcher die Formeln dieses Paragraphen, im wesentlichen, gegeben hat*) bestimmt die geeignete Function N mit Hülfe der Gleich. (24) in I. 158. Da nämlich die erzeugende Function der Fehler wesentlich von dem Integrale

$$\int_0^1 y^{\beta-1}(1-y)^{\gamma-\beta-1} \frac{N(y)dy}{x-y}$$

abhängt, dessen Entwickelung in eine nach Potenzen von x absteigende Reihe mit einer möglichst hohen Potenz von x^{-1} anfangen soll, so wird dies erreicht, wenn man für N die oben angegebene hypergeometrische Reihe einführt, weil man dann nach I, (24) erhält

$$ky^{\beta-1}(1-y)^{\gamma-\beta-1}N(y) = \frac{d^n}{dy^n}\left[y^{n+\beta-1}(1-y)^{n+\gamma-\beta-1}\right],$$

wenn k eine gewisse Constante bezeichnet.

Der praktischen Anwendbarkeit dieser Formeln würde hier im allgemeinen der Mangel an Tafeln nach dem Muster derer von Gauss, die für verschiedene β und γ berechnet sein müssten, entgegenstehen. In einem einfachen Falle, den Herr Mehler erwähnt, für $\beta = \frac{1}{2}$, $\gamma = 1$ lässt aber die Methode eine Anwendung zu. Setzt man noch

$$x = \sin^2\tfrac{1}{2}\theta \quad \text{wenn} \quad x < 1,$$
$$x = \sin^2\tfrac{1}{2}(\pi + ui) \quad \text{wenn} \quad x > 1,$$

und nimmt im letzten Falle u positiv, so wird

*) Borchardt, Journal f. M. Bd. 63, S. 152—157: Bemerkungen zur Theorie der mechanischen Quadraturen.

$$N_n x = (-1)^n \frac{\cos n\theta}{2^{2n-1}} \quad \text{event.} \quad N(x) = \frac{\cos nui}{2^{2n-1}},$$

$$Z(x) = \frac{(-1)^{n-1}\pi}{2^{2n-2}} \frac{\sin n\theta}{\sin \theta} \quad \text{event.} \quad Z(x) = \frac{\pi}{2^{2n-1}} \frac{\sin nui}{\sin ui},$$

$$R(x) = \frac{\pi}{2^{2n-2}} \frac{ie^{-nu}}{\sin ui} = \frac{2\pi}{4^{2n}} \cdot \frac{1}{x^{n+1}} + \text{etc.} \quad \text{wenn} \quad x > 1.$$

Die Abscissen α entstehen daher aus den Wurzeln der Gleichung $\cos n\theta = 0$ und sind

$$\alpha_\nu = \sin^2 \frac{(2\nu-1)\pi}{4n}$$

während $Z(x):N'(x)$ von x unabhängig, gleich $\frac{\pi}{n}$ wird. Man hat daher mit Annäherung

$$\int_0^1 \frac{\psi(x)dx}{\sqrt{x(1-x)}} = \frac{\pi}{n} \sum_{\nu=1}^{n} \psi\left(\sin^2 \frac{(2\nu-1)\pi}{4n}\right).$$

Die erzeugende Function der Fehler ist

$$\frac{R(x)}{N(x)} = \frac{2\pi i . e^{-nu}}{\sin ui . \cos nui} = \frac{2\pi}{4^{2n}} x^{-2n-1} + \text{etc.}$$

Setzt man $\psi(x) = \chi(1-2x)$, so nehmen diese Resultate eine etwas einfachere Form an und man findet, dass mit Annäherung sei

$$\int_{-1}^1 \chi(x) \frac{dx}{\sqrt{1-x^2}} = \frac{\pi}{n} \sum_{\nu=1}^{n} \chi\left(\cos \frac{(2\nu-1)\pi}{2n}\right).$$

Indem man unter dem Integrale die Substitution $x = \cos\varphi$ macht und $\chi(\cos\varphi)$ als Function von φ betrachtet, erhält man das einfache Resultat, welches in I. 331 durch elementare Hülfsmittel abgeleitet wurde, dass mit Annäherung sei

$$\int_0^\pi f(\varphi)d\varphi = \frac{\pi}{n} \sum_{\nu=1}^{n} f \frac{(2\nu-1)\pi}{2n}$$

und zwar wird der Fehler, welcher als Correction auf der rechten Seite hinzuzufügen wäre, bei dieser Interpolation aus n Werthen gleich

$$\pi(a_{2n} - a_{4n} + a_{6n} - \cdots),$$

wenn $f(\varphi)$ in die Cosinusreihe

$$f(\varphi) = \sum_{\nu=0}^{\infty} a_\nu \cos\nu\varphi$$

entwickelt ist, so dass auch in diesem Falle die ersten $2n$ Glieder der Reihe nicht in den Fehler eingehen.

§ 14. Noch für einen anderen speciellen Fall, für die Quadratur der Integrale

$$\int_0^a \frac{\psi(x)dx}{\sqrt{x(x-\alpha)(x-\beta)}},$$

habe ich I. 294 die Functionen N betrachtet, deren Coefficienten dann ganze Functionen von dem Quotienten aus einem ganzen elliptischen Integrale erster und einem zweiter Gattung werden; die N genügen dann auch einer linearen Differentialgleichung zweiter Ordnung.

Ich schliesse die Anwendungen der Methode des § 12 mit der Ableitung der hauptsächlichen Resultate ab, welche Herr Christoffel im 55. Bde von Borchardt's Journal mitgetheilt hat.*) Er stellt die Aufgabe, wenn zur näherungsweisen Berechnung des Integrals $\int_g^h \varphi(x)dx$ für einige gegebene Abscissen a_1, a_2, etc., a_m die Ordinaten bekannt sind, noch n andere Abscissen α_1, α_2, etc., α_n aufzusuchen, aus deren Ordinaten, verbunden mit den m anderen, sich das Integral möglichst vortheilhaft bestimmen lässt. Es zeigt sich, dass man eine Näherung erreichen kann, bei welcher man erst dann einen Fehler begeht, wenn φ über den Grad $m+2n-1$ steigt.

Man setze, um die Aufgabe zu lösen, wie früher,

$$(x-\alpha_1)(x-\alpha_2)\ldots(x-\alpha_n) = N(x),$$

mache ferner

$$(x-a_1)(x-a_2)\ldots(x-a_m) = f(x).$$

Die erzeugende Function der Fehler Dx^ν, wenn man aus den Ordinaten in den $m+n$ Punkten α und a interpolirt, ist dann nach (9) im § 8 gleich

$$\frac{1}{N(z)f(z)}\int_g^h \frac{N(x)f(x)dx}{z-x}.$$

Es kommt also darauf an, $N(x)$ als Function n^{ten} Grades so zu bestimmen, dass das Integral, welches das $R(z)$ des § 12 ist, bei der Entwickelung nach aufsteigenden Potenzen von z^{-1} mit einer möglichst hohen, der $n+1^{\text{ten}}$ Potenz beginnt. Dann ist $Dx^\nu = 0$ so lange $\nu < m+2n$ bleibt. Wie N zu wählen sei, weiss man aus § 12;

*) S. 61—82: Ueber die Gaussische Quadratur und eine Verallgemeinerung derselben.

man hat N gleich dem n^{ten} Näherungsnenner des Kettenbruchs für

$$\sigma = \int_g^h \frac{f(x)dx}{z-x}$$

zu setzen und damit habe ich die Lösung der Aufgabe gegeben.

Man erhält dann, ähnlich wie in (4), mit Annäherung

$$\int_g^h \psi(x)dx = A_1\psi(\beta_1) + A_2\psi(\beta_2) + \cdots + A_{m+n}\psi(\beta_{m+n}),$$

wenn die $m+n$ Grössen β den Complex der m Grössen a und der n Grössen α bedeuten. Macht man $N(x)f(x) = M(x)$, so sind die A nach der Art von Gleich. (3) zu bilden, indem man setzt

$$A_\nu = \frac{1}{M'(\beta_\nu)} \int_g^h \frac{M(x)dx}{x-\beta_\nu}.$$

Man hätte auch, nach dem Verfahren von Jacobi, über welches im § 9 gehandelt wurde, die Aufgabe dieses Paragraphen lösen können, indem man eine Function n^{ten} Grades N aufsucht, welche so beschaffen ist, dass

$$(a) \ldots \quad \int_g^h N(x)f(x)x^\nu\, dx$$

für alle ganzen ν, die unter n liegen, Null ist. Man findet dann, wie bereits I. 291 bemerkt wurde,

$$N(x)f(x) = \frac{d^n}{dx^n}[(x-g)^n(x-h)^n L(x)],$$

wo die ganze Function m^{ten} Grades L so zu bestimmen ist, dass die rechte Seite für $x = a_1$, a_2, etc., a_m verschwindet. Dadurch ist L und dann auch N bestimmt.

Herr Christoffel wendet zur Bestimmung verschiedene Methoden an. Ich hebe hervor, dass er, S. 77, indem er $g=-1$, $h=1$ setzt, $N.f$ in eine Reihe von Kugelfunctionen entwickelt, in welchen aber, wegen des Verschwindens von (a), kein oberer Index unter n vorkommen kann. Setzt man

$$N(x)f(x) = c_0 P^n(x) + c_1 P^{n+1}(x) + \cdots + c_m P^{n+m}(x),$$

so sind die Verhältnisse der Constanten c zu einander dadurch bestimmt, dass die rechte Seite für $x = a_1$, a_2, etc., a_m verschwinden muss. Die Determinante, welche man hierdurch für $N.f$ erhält, nämlich

$$\Sigma \pm P^{n+m}(x) P^{n+m-1}(a_1) P^{n+m-2}(a_2) \ldots P^n(a_m) = N(x)f(x),$$

dividirt Herr Christoffel, vermittelst eines eigenthümlichen Verfahrens, durch $f(x)$ und erhält schliesslich

$$N(x) = \frac{1}{2n+1} \cdot \frac{(2n+1)(2n+3)\dots(2n+2m-1)}{(n+1)(n+2)\dots(n+m)} \times$$

$$\sum_{\nu=0}^{n} (2\nu+1) P^{\nu}(x) \Sigma \pm P^{n+m-1}(a_1)\dots P^{n+1}(a_{m-1}) P^{\nu}(a_m).$$

§. 15. Der ganzen Function $\varphi(x)$, die im §. 2 auftrat, hat Herr Tchebychef*) eine merkwürdige Form gegeben. Ich leite sie auf folgende Art ab:

Der Kettenbruch

$$\sigma = \cfrac{1}{\lambda_1 - \cfrac{1}{\lambda_2 - \text{etc.}}}$$

sei so beschaffen, dass seine sämmtlichen Partialnenner Functionen ersten Grades nach x sind. Es ist dies (I. 291) ein häufig vorkommender Fall. Man hat dann

$$\lambda_1 = a_1 x + b_1, \quad \lambda_2 = a_2 x + b_2, \quad \text{etc.}$$

Die Näherungs-Zähler und Nenner werden durch $Z_1(x)$ und $N_1(x)$, etc. bezeichnet. Bedeutet α einen besonderen Werth von x, so geben die bekannten Recursionsformeln (I. 261, (c)) zunächst

$$\frac{N_n(x)N_{n-1}(\alpha) - N_n(\alpha)N_{n-1}(x)}{x-\alpha}$$

$$= a_n N_{n-1}(x) N_{n-1}(\alpha) + \frac{N_{n-1}(x)N_{n-2}(\alpha) - N_{n-1}(\alpha)N_{n-2}(x)}{x-\alpha},$$

und durch wiederholte Anwendung, ähnlich wie I. 197—198, schliesslich

$$\frac{N_n(x)N_{n-1}(\alpha) - N_n(\alpha)N_{n-1}(x)}{x-\alpha}$$

$$= a_1 + a_2 N_1(x) N_1(\alpha) + \dots + a_n N_{n-1}(x) N_{n-1}(\alpha).$$

Es sei nunmehr α ein Werth der $N_n(x)$ zu Null macht; da für jeden Index n und jedes x die Gleichung

$$Z_n N_{n-1} - N_n Z_{n-1} = 1$$

*) Borchardt, J. f. M. Bd. 53, S. 286: Sur une formule d'Analyse (Lu à l'académie de St. Petersbourg le $\frac{20 \text{ octobre}}{1 \text{ novembre}}$ 1854). Der Beweis der Formel folgte erst in einer grösseren Arbeit, welche Herr Tchebychef am 12. Januar 1855 der Petersburger Akademie überreichte. Diese ist in der französischen Uebersetzung des Herrn Bienaymé im Liouville'schen Journal erschienen II. Série, T. III, 1858, S. 289 bis 323: Sur les fractions continues.

besteht, so wird für $x = \alpha$ zunächst

$$Z_n(\alpha) N_{n-1}(\alpha) = 1$$

erhalten, und daraus

$$\frac{N_n(x)}{(x-\alpha) Z_n(\alpha)} = a_1 + a_2 N_1(x) N_1(\alpha) + \cdots + a_n N_{n-1}(x) N_{n-1}(\alpha).$$

Ferner sei $N(x)$ eine ganze Function n^{ten} Grades, die für n Werthe von x, die α_1, α_2, etc., α_n sein mögen, verschwindet. Entwickelt man

$$\sigma = \frac{N'(x)}{N(x)} = \frac{1}{x-\alpha_1} + \cdots + \frac{1}{x-\alpha_n}$$

in einen Kettenbruch von der vorgeschriebenen Form (m. vergl. I. 261)

$$\sigma = \left| \begin{matrix} & -1 & 1 & 1 & \ldots & 1 \\ 0 & a_1 x + b_1 & a_2 x + b_2 & a_3 x + b_3 & \ldots & a_n x + b_n \end{matrix} \right|,$$

so unterscheidet sich N nur durch einen constanten Factor von dem n^{ten} Näherungsnenner dieses Bruches, d. i. von N_n, und den obenstehenden Ausdruck $Z_n(x) : N_n(x)$ kann man genau mit $N'(x) : N(x)$ vertauschen. Daher wird auch

$$\frac{N(x)}{(x-\alpha) N'(\alpha_\nu)} = a_1 + a_2 N_1(x) N_1(\alpha_\nu) + \cdots + a_n N_{n-1}(x) N_{n-1}(\alpha_\nu).$$

Substituirt man diese Gleichung in (2), so erhält man den Satz:

Sind α_1, α_2, etc., α_n beliebige ungleiche Constante, ist ferner σ der Kettenbruch für

$$\frac{1}{x-\alpha_1} + \frac{1}{x-\alpha_2} + \cdots + \frac{1}{x-\alpha_n}$$

in der vorgeschriebenen Form, und N_ν sein ν^{ter} Näherungsnenner, so wird

$$\varphi(x) = a_1 \sum_{\nu=1}^{n} \psi(\alpha_\nu) + a_2 N_1(x) \sum_{\nu=1}^{n} N_1(\alpha_\nu) \psi(\alpha_\nu) + \cdots$$
$$+ a_n N_{n-1}(x) \sum_{\nu=1}^{n} N_{n-1}(\alpha_\nu) \psi(\alpha_\nu)$$

die ganze Function $n-1^{\text{ten}}$ Grades, welche sich für $x = \alpha_\nu$ in $\psi(\alpha_\nu)$ verwandelt. Dies ist die Formel des Herrn Tchebychef.

Es liegt hier die Voraussetzung zu Grunde, dass wirklich sämmtliche Partialnenner λ vom ersten Grade sind, oder, was auf dasselbe hinauskommt, dass der Nenner N_ν, für jedes ν von 1 bis n, vom ν^{ten} Grade ist. Um die Berechtigung derselben nachzuweisen, entwickele ich σ in die Reihe

$$\frac{s_0}{x} + \frac{s_1}{x^2} + \frac{s_2}{x^3} + \text{etc.},$$

wo s_ν die Summe der ν^{ten} Potenzen der n Grössen α bezeichnet; aus Bd. I, S. 288—290 folgt, dass ein Nenner ν^{ten} Grades wirklich existirt, und gleich ist

$$k_0 x_\nu + k_1 x^{\nu-1} + \cdots + k_{\nu-1} x + k_\nu,$$

wenn das System linearer Gleichungen

$$\begin{aligned} s_0 k_n + s_1 k_{n-1} + \cdots + s_n k_0 &= 0, \\ s_1 k_n + s_2 k_{n-1} + \cdots + s_{n+1} k_0 &= 0, \\ s_2 k_n + s_3 k_{n-1} + \cdots + s_{n+2} k_0 &= 0, \\ \cdot \quad \cdot \quad \cdot \quad \cdot \quad \cdot \quad \cdot \quad \cdot \quad \cdot \quad \cdot \quad \cdot \quad \cdot \end{aligned}$$

welches von der Art ist wie die Systeme Bd. I, S. 272 u. f., einen von Null verschiedenen Werth für k_0 liefert. Dies ist aber der Fall, da die Determinante mit dem Diagonalgliede $s_0 s_2 s_4 \ldots s_{2n-2}$, bekanntlich das Quadrat eines Produktes von Differenzen je zweier α, und daher von Null verschieden ist.

Herr T. erwähnt den Fall, dass man

$$\alpha_1 = \frac{n-1}{n-1}, \quad \alpha_2 = \frac{n-3}{n-1}, \quad \alpha_4 = \frac{n-5}{n-1} \quad \text{etc.}$$

setzt und n unendlich nimmt. Die Function $\varphi(x)$, welche für die n Abscissen α mit $\psi(x)$ übereinstimmt, lässt sich dann mit $\psi(x)$ selbst verwechseln, während $2\sigma : n-1$ in $\log(x+1) - \log(x-1)$ übergeht. Die Näherungsnenner N sind dann die Kugelfunctionen, und die Enwickelung von φ nach den N verwandelt sich also in die Entwickelung von ψ nach Kugelfunctionen.

§ 16. Es möge sich eine Function $\psi(x)$ nach solchen ganzen Functionen $N_\nu(x)$ entwickeln lassen, wie sie im Bd. I, 2. Zusatz z. 5. Kapitel, S. 287 u. f. vorkamen, die also so beschaffen sind, dass wenn $f(x)$ eine gegebene Function bezeichnet, N_ν vom ν^{ten} Grade ist, und

$$\int_g^h N_\mu(x) N_\nu(x) f(x) dx$$

verschwindet so lange die ganzen nicht negativen Zahlen μ und ν verschieden bleiben. Diese Reihe sei

$$\psi(x) = \sum_{\nu=0}^{\infty} c_\nu N_\nu(x).$$

Alsdann kann man zeigen, dass diejenige ganze Function

n^{ten} Grades y, welche bewirkt dass

$$\int_g^h [y-\psi(x)]^2 f(x)dx$$

ein Minimum sei, der Anfang der Entwickelung von $\psi(x)$ wird, nämlich

$$y = \sum_{\nu=0}^{n} c_\nu N_\nu(x).$$

In der That, wenn man setzt

$$y = a_0 + a_1 x + \cdots + a_n x^n,$$

so muss, damit y das Integral zum Minimum machen kann, die Bedingung erfüllt werden

$$\int_g^h [y-\psi(x)](\delta a_0 + x\delta a_1 + \cdots + x^n \delta a_n) f(x)dx = 0$$

und zwar für willkürliche Verrückungen δa. Dieses geschieht nur, wenn von $\nu = 0$ bis $\nu = n$ immer ist

$$\int_g^h [y-\psi(x)] x^\nu f(x)dx = 0;$$

folglich erfüllt diejenige Function n^{ten} Grades, y, welche das verlangte Minimum hervorbringt, wirklich die vorstehende Gleichung.

Entwickelt man $y-\psi(x)$ in eine nach den N geordnete Reihe

$$\varkappa_0 + \varkappa_1 N_1(x) + \varkappa_2 N_2(x) + \cdots,$$

so kann in derselben kein N_μ vorkommen, dessen Index μ kleiner als n wäre (I. 291—292). Käme nämlich als Glied mit dem niedrigsten Index N_μ vor, wo $\mu < n$, so würde, wenn man x^μ nach Functionen N in die Reihe

$$x^\mu = bN_\mu + b_1 N_{\mu-1} + \cdots$$

entwickelt, was immer geschehen kann, da N_λ für jedes ganze λ eine Function des Grades λ ist, der Ausdruck

$$\int_g^h [y-\psi(x)][bN_\mu + b_1 N_{\mu-1} + \cdots] f(x)dx = b\int_g^h [y-\psi(x)] N_\mu f(x)dx$$

nicht verschwinden, während er doch Null sein musste. Daher enthält also die Differenz kein Glied $N_\nu(x)$, wo $\nu < n$, d. i. es haben sich in der Differenz $y-\psi(x)$, durch die Subtraction, aus $\psi(x)$ alle Glieder N_ν fortgehoben von $\nu = 0$ bis $\nu = n$. Dies ist der oben angegebene Satz.

Für den Fall $g = -1$, $h = 1$, $f(x) = 1$, in welchem N_n sich in P^n verwandelt, hat Herr Plarr*) denselben ausgesprochen. Diejenige ganze Function n^{ten} Grades y, welche eine solche Beziehung zu einer gegebenen Function $\psi(x)$ hat, dass der mittlere Werth des Quadrates der Abweichung, $[y - \psi(x)]^2$, zwischen $x = -1$ und $x = 1$ möglichst klein wird, ist demnach der Anfang der Entwickelung von $\psi(x)$ nach Kugelfunctionen bis zu dem Gliede incl., welches den Factor $P^n(x)$ enthält.

II. Theil.
Das Potential.

Erstes Kapitel.
Allgemeines über das Potential. Die Kugel.

§ 17. Die mathematische Physik löst kein einziges Problem, welches die Natur darbietet genau, da die Annahmen, welche als Grundlage für die mathematische Behandlung dienen in keinem Falle zutreffen; man setzt vielmehr statt der wirklichen Aufgaben mathematische Probleme, indem man Grundsätze, die Gesetze, aufstellt, die allerdings nicht willkürlich erdacht sind, sondern die den Vorgängen in der Natur angenähert zu entsprechen scheinen. Eine Aehnlichkeit zwischen den aus der Rechnung sich ergebenden Resultaten und den wirklichen Erscheinungen bestimmt uns die Grundsätze festzuhalten; ein Abweichen oder Widerspruch veranlasst uns die Annahme zu modificiren oder ganz zu verwerfen.

In diesem zweiten Theile handelt es sich um solche Erscheinungen, welche sich auf die Anziehung von Massen beziehen, und die für Entfernungen, welche nicht unmessbar klein sind, durch das Newton'sche Gesetz erklärt werden. Um dieses für jede Ent-

---

*) Comptes rendus de l'Académie des Sciences, 11 Mai 1857.

fernung der Massen verwenden zu können, werden wir den Ausdruck desselben modificiren, nämlich statt der materiellen Punkte homogene, beliebig kleine Kugeln einführen. Wir nehmen als Grundsatz an*), dass die Mittelpunkte zweier solcher Kugeln sich geradlinig gegen einander bewegen; um sie zurückzuhalten muss man in den Mittelpunkten Kräfte, in selbstverständlicher Richtung, anbringen, welche proportional sind (oder gleich) dem Produkte ihrer Massen, dividirt durch das Quadrat der Entfernung der beiden Mittelpunkte. Dieses soll also für alle Kugeln gelten, deren Radien über einer beliebig klein gegebenen Grösse bleiben.

Unter Kraft hat man hier nichts anderes zu verstehen als eine gewisse Zahl; man setzt statt derselben das Gewicht, welches man, event. mit Hülfe einer Rolle, bei unserer Abstraction in den Mittelpunkten, im Versuch in möglichst kleinen Entfernungen von denselben, anzubringen hätte um sie festzuhalten, unter Masse das Produkt des Volumens mit einer dem Stoffe eigenthümlichen Constanten, der Dichtigkeit. Jedem Stoffe wird bei der mathematischen Behandlung diejenige Zahl als Dichtigkeit beigelegt, welche sich durch die für die Bestimmung des specifischen Gewichts üblichen Methoden für dasselbe ergiebt, obwohl homogene Körper nicht existiren. Aehnliches wie von den Dichtigkeiten gilt für das Mass der Entfernung der beiden Mittelpunkte von einander.

Das Newton'sche Gesetz, so aufgefasst, soll gelten, wie nahe die Kugeln auch einander kommen mögen. Sind ihre Dichtigkeiten δ und δ', ihre Radien r und r', so ist die Kraft, mit der sie auf einander wirken, wegen der Undurchdringlichkeit der Masse, am grössten wenn die Kugeln sich berühren, ist also kleiner als

$$\frac{16\pi^2}{9} \cdot \frac{\delta\delta' r^3 r'^3}{(r+r')^2}.$$

Dieses ist sehr klein wenn r und r' sehr klein sind, obgleich die Mittelpunkte alsdann sehr nahe an einander rücken, und nicht un-

*) M. vergl. Newtoni Principia philosophiae naturalis T. I, Definitio VIII, S. 11, 2. Ausg. v. Le Seur u. Jacquier. Genf 1760. „Voces autem Attractionis, Impulsus, vel Propensionis cuiuscunque in centrum, indifferenter et pro se mutuo promiscue usurpo; has vires non Physice sed Mathematice tantum considerando. Unde caveat lector, ne per hujusmodi voces cogitet me speciem vel modum actionis causamve aut rationem Physicam alicubi definire, vel centris (quae sunt puncta Mathematica) vires vere et Physice tribuere; si forte aut centra trahere, aut vires centrorum esse dixero."

endlich, wie man glauben könnte, wenn man von der Anziehung sehr naher materieller Punkte gehandelt hätte *).

Man weiss, dass nicht nur sehr kleine sondern auch beliebig grosse Kugeln, welche mit der ideellen Eigenschaft der Homogeneität ausgestattet sind, nach demselben Gesetze auf einander wirken, welches oben für sehr kleine Kugeln als Grundsatz aufgestellt wurde. Als Grundlage reicht aber dieser letztere Fall völlig aus, indem sich aus demselben die Wirkung von beliebig gestalteten, homogenen oder nicht homogenen Körpern durch eine ähnliche Rechnung ableiten lässt wie das gleiche Resultat wenn man, wie gewöhnlich, von materiellen Punkten ausgeht. Beim Nachweise kommt erstens ein Satz und zweitens ein Grundsatz in Betracht.

Nach dem Satze lässt sich jeder Körper mit beliebiger Annäherung ebensowohl in Kugeln zerlegen wie man ihn in Parallelepipeda zerlegt **). Zertheilt man den Körper, dessen kubischer Inhalt K sei, zunächst in Würfel, was so geschehen kann, dass nur ein beliebig kleiner Theil von K übrig bleibt, legt ferner in jeden

---

*) Die beschleunigende Kraft, welche die eine Kugel in einem Punkte O ihrer Oberfläche ausübt, ist $\frac{4\pi}{3} r\delta$. In den Principia gen. theoriae fig. fluid. etc. (Werke V, 31) sagt Gauss: Constat, maximam attractionem, quam massa homogenea data in punctum datum secundum illam legem exercere potest, esse ad attractionem, quam eadem massa in figuram sphaericam redacta exercet in punctum in superficie positum, ut 3 ad $\sqrt[3]{25}$; posterior vero attractio cum gravitate facile comparatur. Die Grenzfläche des Maximal-Körpers entsteht durch Rotation einer ebenen Curve um die Richtung der Anziehung in O. Befindet sich nämlich der Körper in der Gestalt, dass die Anziehung in einem Punkte O der Oberfläche ein Maximum, also grösser ist als diejenige, welche die Masse, in eine andere Gestalt gebracht, auf O ausüben werde, so ziehe man von O aus einen Radiusvector r nach einem Punkte μ der Oberfläche. Der Winkel den r mit der Richtung der Anziehung in O bildet sei φ. Dann ist der Beitrag zur Anziehung auf O, welchen μ liefert (weil die Variation der Anziehung bei Aenderung der Gestalt des Körpers Null sein muss), also $\mu \cos\varphi . r^{-2}$, für jedes φ und r constant und zwar gleich $\mu . a^{-2}$, wenn a den Radiusvector bezeichnet der von O aus nach dem Punkte der Oberfläche gezogen wird, in welchem die Richtung der Anziehung auf O die Oberfläche schneidet, so dass also $r = a$ für $\varphi = 0$ ist. Man findet daher als Gleichung der rotirenden erzeugenden Curve $a^2 \cos\varphi = r^2$, als Anziehung des Körpers in O den Werth $\frac{4}{5} a\pi$, als Volumen desselben $\frac{4}{15} a^3 \pi$, woraus sich sofort das von Gauss mitgetheilte Resultat ergiebt.

**) Diese Art der Behandlung habe ich in der kleinen Schrift angedeutet: Das Newton'sche Gesetz, Halle, 1864, Buchh. des Waisenhauses, S. 17 u. f. Den folgenden einfachen Beweis verdanke ich dem talentvollen früh verstorbenen Dr. Theodor Berner aus Berlin († 1866).

Würfel eine berührende Kugel, deren Inhalt $\frac{4}{3}a^3\pi$ ist, wenn der Würfel die Seite $2a$ also den Inhalt $8a^3$ besitzt, so wird der Inhalt jeder einzelnen Kugel etwas grösser als die Hälfte des betr. Würfels, und der Inhalt aller Kugeln zusammen grösser als $\frac{1}{2}K$. Von dem Körper bleibt also weniger als das Volumen $\frac{1}{2}K$ übrig, welches noch nicht in Kugelform gefasst ist. Zerlegt man diesen Rest in Kugeln, so wird wiederum ein Theil, weniger als die Hälfte desselben, d. i. als $\frac{1}{4}K$ übrig bleiben. Fährt man so fort, so ist die Masse K in Kugeln zerlegt mit Ausnahme eines Stückes, welches kleiner ist als K, getheilt durch eine beliebig hohe Potenz von 2. Dieses ist der Beweis des Satzes.

Zweitens nimmt man in unserer ideellen Mechanik an, dass die Anziehungskraft, welche ein nicht homogener Körper auf eine homogene Kugel ausübt, dieselbe ist wie die Grenze von den (nach dem Parallelogramm der Kräfte zusammengesetzten) Wirkungen der gesammten unendlich kleinen, als homogen betrachteten Theilchen des Körpers, denen man als Dichtigkeit die Dichtigkeit in einem beliebigen Punkte des Theilchens beilegt. Dass diese Ausdrücke sich einer Grenze nähern und dass diese Grenze, ein dreifaches Integral, von der Art der Theilung wesentlich unabhängig, ist beweist man leicht und gründet darauf die Erklärung des dreifachen Integrals. Einige hierbei zu Grunde liegende Voraussetzungen über die Art des Theilungsgesetzes werden unten erwähnt. — Dies ist der Grundsatz.

Es mögen kleine Kugeln vorliegen mit Massen μ_1, μ_2, etc. Die Coordinaten des Mittelpunktes der ι^{ten} seien a_ι, b_ι, c_ι, und die Entfernung desselben von einem Punkte O mit den rechtwinkligen Coordinaten x, y, z sei

$$R_\iota = \sqrt{(a_\iota - x)^2 + (b_\iota - y)^2 + (c_\iota - z)^2}.$$

Man nennt die Summe

$$V = \frac{\mu_1}{R_1} + \frac{\mu_2}{R_2} + \frac{\mu_3}{R_3} + \cdots,$$

welche für Massen die im Endlichen liegen immer endlich bleibt da nach unseren Festsetzungen keine Grösse R Null ist, das Potential der Massen μ im Punkte O.

Die Anziehung, welche diese Massen auf eine kleine Kugel mit der Masse m ausüben, deren Mittelpunkt O, wegen der Undurchdringlichkeit, nicht in μ_1, μ_2, etc. fallen kann, lässt sich in drei Kräfte $m\Xi$, mH, mZ zerlegen, die in O, parallel den Axen, wirken. Man hat

$$\Xi = \Sigma\mu_\iota \frac{a_\iota - x}{R_\iota^3}, \quad H = \Sigma\mu_\iota \frac{b_\iota - y}{R_\iota^3}, \quad Z = \Sigma\mu_\iota \frac{c_\iota - z}{R_\iota^3},$$

wenn die Summation sich auf so viele Werthe von ι bezieht als anziehende Kugeln μ vorhanden sind. Nach Lagrange*) lassen sich die Componenten Ξ, H, Z durch partielle Differentialquotienten des Potentials vermittelst der Formeln darstellen

$$\Xi = \frac{\partial V}{\partial x}, \quad H = \frac{\partial V}{\partial y}, \quad Z = \frac{\partial V}{\partial z}.$$

Bilden die anziehenden Massen einen zusammenhängenden Körper von beliebiger Gestalt, so heisst Potential desselben im Punkte O, der ihm nicht angehört, die Grenze, welcher der obige Ausdruck von V zustrebt, wenn die Masse, im Sinne unseres Satzes, in Kugeln μ_ι zerschnitten wird. Diese Summe geht, wie oben erwähnt wurde, in ein Integral über, welches sich über die ganze anziehende Masse erstreckt. Sind a, b, c die Coordinaten eines unbestimmten Punktes derselben, setzt man ferner

$$R^2 = (x-a)^2 + (y-b)^2 + (z-c)^2,$$

so bleibt die Art in welcher man die Zerschneidung der Masse in unendlich kleine Theile vornimmt, für die Integration gleichgültig. Heisst das Massenelement, welchem der Punkt a, b, c angehört $d\mu$, so ist daher das Potential der anziehenden Masse in einem Punkte O der sich ausserhalb derselben befindet

$$(1) \ldots \quad V = \iiint \frac{d\mu}{R}.$$

Anmerk. 1. Wir betrachten einen Raum W. Die rechtwinkligen Coordinaten der Punkte desselben seien a, b, c; ferner sei $f(a, b, c)$ eine gegebene endliche und zunächst continuirliche Function. Aus dem Raume W scheidet man n Stücke $w_1, w_2, \ldots, w_\iota, \ldots, w_n$ aus, die man nach einem von vorn herein gewählten Gesetze begrenzt, sei es durch Parallelepipeda, Kugeln, oder andere Flächen. Das Gesetz sei folgendermassen beschaffen:

a) Mit wachsendem n werden die Volumina w unendlich klein, und zwar werden sowohl die bei wachsender Stellenzahl hinzutretenden als die etwa fortfallenden Räume für sich unendlich klein. Ebenso wird $W - \Sigma w_\iota$ unendlich klein.

b) Die grösste Schwankung, welche f in einem Volumen w erleidet, wird mit wachsendem n unendlich klein.

---

*) Nouveaux Mémoires de l'Académie royale des Sciences et belles Lettres, de Berlin, année 1777. M. vergl. die am Schlusse dieses Bandes befindlichen Zusätze zu S. 1—2 des vorigen Bandes.

Sind nun a_ι, b_ι, c_ι die Coordinaten eines Punktes welcher dem Raum w_ι angehört, so setze man bei der Theilzahl n

$$S_n = \sum_{\iota=1}^{n} w_\iota f(a_\iota, b_\iota, c_\iota);$$

es ist zu zeigen, dass mit wachsendem n sich S_n einer Grenze nähert.

Man hat dazu nur nachzuweisen (I. 65, α), dass $S_{n+\nu} - S_n$ mit wachsendem n, welche ganze positive Zahl man auch für ν nimmt, beliebig klein wird. Es möge der Raum, welcher dem zuerst ausgeschiedenen hinzutritt wenn n in $n+\nu$ übergeht, durch die Zahl ε_1 gemessen werden, der, welcher wieder fortfällt, durch ε_2. Ist m der grösste Werth von f im Raume W, so können die Summen S_n und $S_{n+\nu}$ wegen der Verschiedenheit des ausscheidenden und hinzutretenden Raumes sich höchstens um $m(\varepsilon_1 + \varepsilon_2)$ unterscheiden. Ist η grösser als die grösste Schwankung von f in einem Theile w der ersten Summe S_n und auch der zweiten Summe $S_{n+\nu}$, so wird der Theil in der Differenz zwischen den Summen S_n und $S_{n+\nu}$, welcher sich auf die in beiden gleichzeitig vorkommenden Volumina bezieht, $< \eta . W$, also die Differenz $S_{n+\nu} - S_n$ absolut $< m(\varepsilon_1 + \varepsilon_2) + \eta W$. Da m und η mit wachsendem n beliebig klein gemacht werden können, so wird wirklich $S_{n+\nu} - S_n$ beliebig klein.

In ähnlicher Art zeigt man, dass eine Theilung in Volumina von verschiedener Form, z. B. das erste Mal in Parallepipeda das andere Mal in Kugeln, auf dieselbe Grenze führt. In der That, führt eine neue Art der Theilung in n Volumina auf eine Summe s_n statt S_n, so erkennt man bald, dass $S_n - s_n$ mit wachsendem n unendlich klein wird.

Ferner erkennt man durch dieselbe Betrachtungsweise, dass S_n auch dann noch eine Grenze besitzt, wenn f zwar endlich bleibt aber discontinuirlich ist, und die Discontinuitätspunkte keinen körperlichen Raum erfüllen.

Die Grenze der Summe nennt man bekanntlich dreifaches Integral von f über den Raum W und bezeichnet sie durch

$$\iiint f(a, b, c)\,dt,$$

indem man durch dt auf ein unendliches kleines Volumen w deutet*). In dem vorliegenden besondern Falle des Potentials, wo $f(a, b, c)$ gleich der Dichtigkeit getheilt durch R zu setzen ist, wird durch $d\mu$, wie üblich, das Produkt der Dichtigkeit und des Volumens w angedeutet, und man sagt, dass man nach μ über die ganze Masse integrire.

Des bei weitem kürzer zu fassenden Ausdrucks halber habe ich mich bei dem Beweise der Existenz des dreifachen Integrals einer geometrischen Einkleidung bedient, während der Beweis durch Zurückführung auf die Beschaffenheit von Zahlenreihen wesentlich ein analytischer ist; ebenso wie bei der Einführung des einfachen Integrales kann man diese Einkleidung aber auch für das vielfache entbehren, und das Ganze lässt sich rein analytisch darstellen, wenn nur das Vorstehende etwas modificirt wird.

Was oben von der Existenz des dreifachen Integrales gesagt wurde, gilt selbstverständlich auch von solchen zweifachen Integralen die über eine Fläche zu nehmen sind.

Für einfache bestimmte Integrale ist, vorzugsweise durch Dirichlet's Vorträge, der Weg festgelegt und geebnet, auf welchem man von dem als Grenze

*) Häufig fügt man nicht drei sondern nur ein Integralzeichen hinzu.

definirten Werthe zu den Eigenschaften gelangt, die ein solches bestimmtes Integral als besonderen Werth eines unbestimmten, als Lösung einer einfachen Differentialgleichung erster Ordnung charakterisiren. Für vielfache Integrale ist dieses, wie mir scheint, noch nicht in gleichem Grade geschehen. Wenn ich gleich im allgemeinen die bekannten Sätze, die sich hierauf beziehen, im Texte benutze, so schien es mir doch zweckmässig, einige fundamentale Sätze, z. B. von der Differentiation unter dem Integrale, in der unten folgenden mit kleinerem Druck versehenen Anmerkung unmittelbar auf die obige Erklärung des dreifachen Integrals zurückzuführen. Im wesentlichen geschieht dasselbe bei der üblichen Art die Green'schen Sätze abzuleiten, wobei man nur, zur Abkürzung, die wesentlichen Eigenschaften der einfachen Integrale zu Grunde zu legen pflegt.

Potential für einen inmitten der Masse gelegenen Punkt nennt man die Grenze eines so eben definirten Potentials. Schneidet man um einen Punkt O, der inmitten einer Masse liegt, ein Stück ε der O einschliessenden Masse heraus, so nähert sich das Potential im Punkte O, welches zu der übrig bleibenden Masse gehört, mit abnehmenden ε, einer Grenze. Diese Grenze heisst das Potential in O. Dasselbe ist also die Grenze des obigen Integrals, welches über die um ε verkleinerte Masse genommen wird, aus der das Stück ausgeschnitten ist, in welchem R Null, und daher die zu integrirende Function unendlich wird. Integral einer discontinuirlichen Function heisst aber, nach der üblichen Definition, gerade die Grenze eines Integrales über ein Gebiet, aus welchem der Theil ausgeschnitten ist, in dem die zu integrirende Function unstetig wird. Daher giebt derselbe Ausdruck (1) das Potential einer Masse im Punkte O, er möge der Masse angehören oder nicht. Dass das Integral eine Bedeutung hat, wenn die Dichtigkeit endlich bleibt, zeigt man leicht. Auch das so definirte Potential hat eine Beziehung zu der Anziehung, welche O erleidet.

Die Frage nach der Anziehung, welche die Masse die einen Raum erfüllt in einem Punkt im Innern der Masse ausübt, kann zwar wegen der Undurchdringlichkeit nicht gestellt werden. Man schneidet aber, wenn O in der Masse liegt, ein kleines Stück ε um O aus, berechnet die Componenten Ξ, etc. der Anziehung in O auf welche, wie man unseren Untersuchungen S. 32 über die Wirkung unendlich naher Kugeln aufeinander entnimmt, das Ausfallen eines kleinen Massentheiles einen nur geringen Einfluss ausüben kann und versteht unter Componenten der ganzen Anziehung die Grenzen jener Componenten für abnehmende ε. Berücksichtigt man noch, wie oben, die Definition des Integrales einer discontinuirlichen Function, so findet man: Die Componenten der Anziehung einer Masse, im Punkte O, er möge der Masse angehören oder nicht, sind

$$\Xi = \iiint \frac{(a-x)d\mu}{R^3}, \quad H = \iiint \frac{(b-y)d\mu}{R^3},$$

$$Z = \iiint \frac{(c-z)d\mu}{R^3},$$

wenn die Integration über die ganze Masse ausgedehnt wird.

Wir werden im Folgenden nur über Massen handeln, die durch eine geschlossene oder durch zwei getrennte und geschlossene Flächen begrenzt sind, obgleich die Theorie uns eine solche Beschränkung nicht auferlegt und kaum zu modificiren ist, wenn noch mehr Flächen vorhanden sind, welche Körper begrenzen. Wir nennen unter den der Masse nicht angehörenden Punkten O diejenigen, welche im hohlen Raume liegen, die man also nicht in's Unendliche führen kann ohne sie durch die Masse selbst zu führen, innere, die anderen äussere. Wo eine Unterscheidung nothwendig ist hängen wir den Buchstaben V, O, Ξ, etc. den Index μ, α, ι an, je nachdem es sich um inmitten der Massen gelegene, äussere odere innere Punkte O handelt.

Dass das Potential und die Componenten einer endlichen Masse, welche sich auf Punkte O_α und O_ι beziehen, einen Werth besitzen folgt ohne weiteres aus der oben gegebenen Erklärung des dreifachen Integrals von $f(a, b, c)\,dt$ für ein endlich bleibendes f. Das Gleiche beweist man bekanntlich für dieselben Functionen, wenn sie sich auf O_μ beziehen, durch Einführung von Polarcoordinaten statt der rechtwinkligen a, b, c auf S. 35. Man setzt nämlich

$$a = x + R\cos\alpha, \quad b = y + R\sin\alpha\cos\beta, \quad c = z + R\sin\alpha\sin\beta,$$

wo α und β von 0 bis π, resp. 2π wachsen. Ist k die (endlich gedachte) Dichtigkeit des Elements $d\mu$ vom Volumen dt, also

$$d\mu = k\,dt = kR\sin\alpha\,\partial\alpha\,\partial\beta\,\partial R,$$

so wird erhalten

$$V_\mu = \iiint kR\sin\alpha\,\partial\alpha\,\partial\beta\,\partial R, \qquad \Xi_\mu = \iiint k\sin\alpha\cos\alpha\,\partial\alpha\,\partial\beta\,\partial R,$$

$$H_\mu = \iiint k\sin^2\alpha\cos\beta\,\partial\alpha\,\partial\beta\,\partial R, \quad Z_\mu = \iiint k\sin^2\alpha\sin\beta\,\partial\alpha\,\partial\beta\,\partial R.$$

In dieser Form bleiben die vier Functionen, welche zu integriren sind, endlich; also sind die Integrale endlich und bestimmt.

Anmerk. 2. Direct aus der Erklärung des Integrales in Anmerk. 1 konnte man den Beweis führen, dass Potential und Kraftcomponenten noch in einem Punkte O_μ, welcher der Masse angehört, existiren. Man geht hierzu davon aus, dass jene Grenzen von Summen wirklich vorhanden sind, welche wir abgekürzt durch

$$\int \frac{k\,dt}{R}, \quad \int k\frac{a-x}{R^3}\,dt$$

bezeichnen, wenn die Integration über ein Volumen W erfolgt, welches nach aussen willkürlich begrenzt wird, nach innen durch eine Kugelfläche mit dem Mittelpunkte O oder $[x, y, z]$. Hier wird k als endliche, wenn auch nicht als überall continuirliche Function von a, b, c vorausgesetzt, so dass der Fall eingeschlossen ist, in welchem man statt einer Kugelfläche eine andere Begrenzung wählen will. In der That hat man eine solche, wenn man in einigen Theilen des Kugelraumes k gleich Null setzt.

Wir müssen zeigen, dass die obigen Integrale einer Grenze zustreben, wenn der Radius der Kugel um den Mittelpunkt O sich der Null nähert. Nach den in Anmerk. 1 angewandten Prinzipien hat man zu diesem Zwecke nur zu beweisen, dass dieselben Integrale beliebig klein werden, wenn sie sich auf den Raum zwischen zwei Kugeln mit dem Mittelpunkte $O = [x, y, z]$ beziehen und der Radius α der grösseren hinlänglich klein ist, während der der kleineren β irgend eine Grösse zwischen 0 und α erhält. Man führt den Beweis, indem man darauf hinweist, dass die Integrale kleiner sind als das Produkt je eines Integrales über dieselbe Schale

$$\int \frac{dt}{R}, \quad \int \frac{dt}{R^2},$$

dieses multiplicirt mit K, dem grössten Werthe der Dichtigkeit in der Schale. Die letzteren Integrale sind aber resp.

$$2\pi(\alpha^2-\beta^2), \quad 4\pi(\alpha-\beta),$$

wie man findet, wenn man die Schalen durch Kegel, welche O zum Scheitel haben, und durch concentrische Kugeln in unendlich kleine Theile zerlegt. Bei hinlänglich klein gewähltem Radius α sind also die Integrale beliebig klein.

Zugleich hat man den Zusatz: Ist eine Masse und in derselben ein Punkt O_μ gegeben, so kann man von der Masse so viel fortnehmen, dass das Potential und die Anziehung in O_μ, selbst wenn dieser Punkt noch immer mit Masse umgeben ist, beliebig klein werden.

Dieses vorausgesetzt komme ich jetzt zum Beweise des Satzes über die Differentiation unter dem Integrale, welchen man in der nachfolgenden Zusammenstellung auf S. 42 unter 3) findet, dass man nämlich hat

$$\frac{\partial V}{\partial x} = \Xi = \int k\frac{a-x}{R^3}\,dt,$$

dass also die Anziehungscomponente, wenn auch der Punkt x, y, z der Masse selbst angehört, durch Differentiation des Potentials erhalten wird, während sie doch ursprünglich, auf S. 38, durch das Integral auf der rechten Seite der vorstehenden Gleichung definirt war.

Zum Beweise dieses Satzes geht man von der Erklärung des Differentialquotienten aus. Setzt man

$$\operatorname*{Lim}_{n=\infty} \sum_{\iota=1}^{n} \frac{k_\iota w_\iota}{\sqrt{(x-a_\iota)^2+(y-b_\iota)^2+(z-c_\iota)^2}} = V(x),$$

so hat man aus derselben

$$\frac{\partial V(x)}{\partial x} = \operatorname*{Gr}_{h=0} \frac{V(x+h)-V(x)}{h}.$$

Es liege zunächst der Punkt O ausserhalb der Massen (sei also ein Punkt O_a oder O_ι).

Dann wird $V(x+h)-V(x)$, für jedes h, die Grenze für $n=\infty$ einer Summe deren ι^{tes} Glied ist

$$w_\iota k_\iota \left[\frac{1}{\sqrt{(x+h-a_\iota)^2+(y-b_\iota)^2+(z-c_\iota)^2}} - \frac{1}{\sqrt{(x-a_\iota)^2+(y-b_\iota)^2+(z-c_\iota)^2}}\right],$$

d. i., nach dem Taylor'schen Lehrsatze, wenn ε eine Zahl unter 1 bedeutet, gleich

$$h k_\iota w_\iota \frac{a_\iota - x - \varepsilon h}{\sqrt{(x+\varepsilon h-a_\iota)^2+(y-b_\iota)^2+(z-c_\iota)^2}^{\,3}}.$$

Dieser Ausdruck verschafft uns die Gleichung

$$\frac{V(x+h)-V(x)}{h} = \operatorname*{Lim}_{n=\infty} \sum_{\iota=1}^{n} w_\iota k_\iota \frac{a_\iota - x}{R_\iota^3}$$

$$+ \operatorname*{Lim}_{n=\infty} \sum_{\iota=1}^{n} w_\iota k_\iota \left[\frac{a_\iota - x - \varepsilon h}{\sqrt{(x+\varepsilon h-a_\iota)^2+(y-b_\iota)^2+(z-c_\iota)^2}^{\,3}} - \frac{a_\iota - x}{R_\iota^3}\right].$$

Die erste Grenze ist von h unabhängig und gerade Ξ; das mit $w_\iota k_\iota$ multiplicirte Glied der zweiten Reihe wird für sehr kleine h selbst sehr klein, daher auch der Lim. der Summe für $n=\infty$. Daher kann der Differentialquotient von V nach x sich vom ersten Gliede der rechten Seite, d. i. von Ξ, nicht unterscheiden.

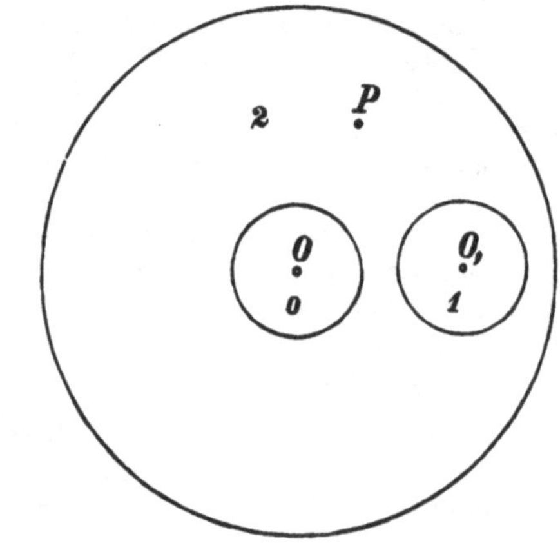

Wir beweisen hieraus dieselbe Gleichung für den Fall dass O inmitten der Massen liegt. Nach dem Vorhergehenden genügt es hierzu, wenn der Nachweis für ein beliebig kleines Massenstück, in dem O liegt, geführt wird, oder endlich, da, nach dem Zusatze, Ξ für ein solches sehr klein wird, dass man beweist, es könne $\frac{\partial V}{\partial x}$ beliebig klein gemacht werden, wenn man nur das Massenstück, in dem der Punkt

$$O = [x, y, z]$$

liegt und auf welches sich das

Potential V bezieht, hinlänglich klein nimmt. Wir nehmen als solches, ohne der Allgemeinheit zu schaden (da k, wie schon oben bemerkt wurde, in einzelnen Stücken Null sein kann) des bequemeren Ausdrucks halber eine Kugel, die mit dem Radius α um den Punkt O beschrieben ist, und setzen für h zunächst einen bestimmten Werth unter α. Von O als Mittelpunkt aus lege man eine Kugel mit einem Radius β, welcher ein aliquoter Theil, der m^{te} von h sein möge, ebenso um den Punkt $O_1 = [x+h, y, z]$. Den Raum, welchen diese beiden Kugeln einschliessen, bezeichnen wir als Raum 0 resp. 1, den Raum, welcher von der Kugel mit dem Radius α übrig bleibt wenn die ersten beiden ausgeschlossen sind, durch 2. Ferner bedeute P irgend einen Punkt im Raume 0, 1 oder 2 mit den Coordinaten a, b, c. Es ist also

α der Radius der grössten Kugel um O,
β „ „ „ Kugel 0 um O,
β „ „ „ „ 1 „ O_1;

$$OO_1 = h, \quad \beta = \frac{h}{m}.$$

Alsdann hat man nach der Erklärung des bestimmten Integrals für den Fall, dass die zu integrirende Function, wie bei uns, unendlich wird, wenn man das Potential der ganzen Masse, in O mit $V(x)$, also in O_1 mit $V(x+h)$ bezeichnet,

$$V(x) = \underset{m=\infty}{\mathrm{Gr}} \int \frac{k\,dt}{PO}, \quad V(x+h) = \underset{m=\infty}{\mathrm{Gr}} \int \frac{k\,dt}{PO_1},$$

wo das erste Integral über die Räume 1 und 2, das zweite über 0 und 2 zu nehmen ist. Daher wird die Differenz $V(x+h) - V(x)$ die Grenze für $m = \infty$ von folgendem Ausdruck

$$\int \left(\frac{1}{P_2 O_1} - \frac{1}{P_2 O}\right) k_2\,dt_2 + \int \frac{k_0\,dt_0}{P_0 O_1} - \int \frac{k_1\,dt_1}{P_1 O}.$$

Hier bezeichnet der an P, k und t angehängte Index 0, 1 oder 2 den Raum zu dessen Punkten $[a, b, c]$ sie gehören, und über den also integrirt wird.

Das zweite und dritte von diesen drei Integralen werden, selbst noch durch h dividirt, mit h zugleich Null. Z. B. bei der Untersuchung des dritten geht man davon aus, dass ist

$$OP_1 > OO_1 - \beta, \quad h = m\beta, \quad \int \frac{k_1\,dt_1}{OP_1} < \frac{1}{h-\beta} \int k_1\,dt_1.$$

Ist wiederum K der grösste Werth von k, so hat man also

$$\frac{1}{h} \int \frac{k_1\,dt_1}{OP_1} < \tfrac{4}{3}\pi K \frac{\beta^3}{h(h-\beta)}.$$

Setzt man für β seinen Werth, so ist klar, dass die rechte Seite, selbst wenn man m nicht unendlich nimmt, mit h zugleich zu Null convergirt.

Bei der Untersuchung des ersten Integrales von den dreien geht man von der Relation aus

$$\frac{1}{P_2 O_1} - \frac{1}{P_2 O} = \frac{h}{P_2 O + P_2 O_1} \left[\frac{a-x}{OP_2} \cdot \frac{1}{O_1 P_2} + \frac{a-x-h}{O_1 P_2} \cdot \frac{1}{OP_2}\right]$$
$$< \frac{h}{P_2 O + P_2 O_1} \left(\frac{1}{O_1 P_2} + \frac{1}{OP_2}\right).$$

Das erste Integral getheilt durch h ist demnach

$$< K \int \frac{dt_2}{O_1P_2 . OP_2}.$$

In einem Theile des Raumes 2 ist $OP_2 > O_1P_2$, in dem andern $OP_2 < O_1P_2$; jedenfalls wird der vorstehende Ausdruck kleiner als

$$K \int \frac{dt_2}{(O_1P_2)^2} + K \int \frac{dt_2}{(OP_2)^2}.$$

Das letzte Integral ist kleiner als $4\alpha\pi$, das erste als $4(\alpha + h)\pi$, so dass die Summe beider, und gleichfalls ihr Kfaches beliebig klein ist, wenn α klein genug genommen wird.

Von den Eigenschaften des Potentials in einfach zusammenhängenden Räumen, die zum grössten Theil in den von Herrn Grube herausgegebenen Vorlesungen*) von Dirichlet entwickelt sind, hebe ich hier die folgenden hervor, die sich auf Potentiale von körperlichen Massen beziehen, gleichviel ob O ihnen angehört oder nicht angehört:

1) Das Potential in O, welches sich auf mehrere Massen bezieht, ist gleich der Summe aus den Potentialen in O von den einzelnen Massen.

2) V und, wenn ϱ die Entfernung des Punktes O von irgend einem festen in der Endlichkeit liegenden Punkte vorstellt, ϱV sind continuirliche und endliche Functionen der Coordinaten x, y, z des Punktes O. Für $\varrho = \infty$ wird ϱV gleich der anziehenden Masse.

Dass der Ausdruck $\frac{\mu}{R}$ für $R = 0$ unendlich wird, steht nicht im Widerspruch mit der Eigenschaft der Endlichkeit des Potentials, da derselbe, nach unserer Einführung des Newton'schen Gesetzes und der Definition des Potentials, in der That nicht ein Potential im ganzen Raume ist, sondern ein solches nur mit Ausschluss eines, wenn auch beliebig kleinen, Raumes.

3) Die Componenten der Anziehung in O findet man aus V durch Differentiation; man hat nämlich (s. S. 39)

$$\Xi = \frac{\partial V}{\partial x}, \quad H = \frac{\partial V}{\partial y}, \quad Z = \frac{\partial V}{\partial z}.$$

4) Diese, sowie der Differentialquotient von V nach jeder Rich-

*) Vorlesungen über die im umgekehrten Verhältniss des Quadrats der Entfernung wirkenden Kräfte. Leipzig, 1876.

tung*) ϱ bleiben selbst und multiplicirt mit ϱ^2, auch im Unendlichen, continuirlich und endlich.

5) In Punkten O, welche der Masse nicht angehören (O_a und O_i), wird

$$\Delta V = \frac{\partial^2 V}{\partial x^2} + \frac{\partial^2 V}{\partial y^2} + \frac{\partial^2 V}{\partial z^2} = 0;$$

in Punkten O_μ, die der Masse angehören, in welche die Dichtigkeit der Masse k ist, wird

$$\Delta V = -4\pi k,$$

wenn in ihrer Umgebung die Dichtigkeit k, welche differentiirbar vorausgesetzt wird, sich continuirlich ändert. An der Begrenzung des Körpers selbst lässt sich ΔV ein bestimmter Werth nicht zuschreiben.

6) Die Eigenschaften des Potentials, welche unter 5) angegeben sind, könnte man in sofern bestimmende nennen, als sich V aus der Dichtigkeit der Masse bestimmen lässt; sie sind jedoch in sofern nicht bestimmend, als es mehrere Functionen giebt, die in ΔV für V gesetzt dasselbe $-4\pi k$ liefern. Man beweist aber, dass eine Function V in einem Raume, dass daher auch das Potential V im ganzen Raume in dem sich die anziehenden Massen nicht befinden, bestimmt ist durch die Eigenschaften 2), 4) durch $\Delta V = 0$, und endlich durch den Werth, welchen V an der Begrenzung annimmt.

§ 18. Das dreifache Integral (1), welches das Potential eines jeden Körpers ausdrückt, lässt sich für einige Körper, wie Kugeln, Ellipsoide, Cylinder, Kegel, mit Hülfe der Functionen, welche im I. Bd. behandelt wurden, in andere Formen bringen, in denen verschiedene Eigenschaften des Potentials hervortreten, unter denen

---

*) Ist ein fester Punkt P und eine in P beginnende Gerade PR gegeben, ist ferner Q ein (beweglicher) Punkt auf derselben, f irgend eine Function des Ortes in jedem Punkte, so heisst Differentialquotient von f im Punkte P nach der Richtung PR die Grenze, welcher sich ein Quotient nähert, dessen Zähler der Werth von f im Punkte Q weniger dem Werthe von f im Punkte P, dessen Nenner die Zahl PQ ist, wenn Q sich P nähert. War z. B. f als Function der rechtwinkligen Coordinaten x, y, z gegeben, und bildet die Richtung PR mit den positiven Richtungen der Axen Winkel α, β, γ, so ist der Differentialquotient von f nach der Richtung PR, die Continuität von f nach jeder Richtung vorausgesetzt, gleich

$$\cos\alpha . f'(x) + \cos\beta . f'(y) + \cos\gamma . f'(z),$$

also endlich und continuirlich, wenn es $f'(x)$, $f'(y)$ und $f'(z)$ sind.

diejenigen hervorzuheben sind, welche unten zur Auffindung einer Function aus bestimmenden Eigenschaften dienen, oder in solche Formen, die sich für eine angenäherte Berechnung eigenen, oder welche auf einfache Ausdrücke für V führen, wenn geeignete Annahmen über die Beschaffenheit der Masse, d. i. über die Aenderung der Dichtigkeit von Punkt zu Punkt gemacht werden. In diesem Kapitel handeln wir über die Kugel.

Festsetzungen und Bezeichnung:

Der Radius der Kugel ist $\mathfrak{r}$; ihr Mittelpunkt zugleich der Anfangspunkt der Coordinaten.

x, y, z sind die rechtwinkligen Coordinaten des Punktes O; a, b, c zunächst solcher Punkte, welche den anziehenden Massen angehören. Man setzt

$$\begin{aligned} x &= r\cos\theta & a &= s\cos\eta \\ y &= r\sin\theta\cos\psi & b &= s\sin\eta\cos\omega \\ z &= r\sin\theta\sin\psi & c &= s\sin\eta\sin\omega; \end{aligned}$$

$$0<\theta<\pi,\quad 0<\psi<2\pi;\qquad 0<\eta<\pi,\quad 0<\omega<2\pi;$$

$$\cos\gamma = \cos\theta\cos\eta + \sin\theta\sin\eta\cos(\psi-\omega).$$

Die Dichtigkeit im Punkte a, b, c ist $k[a, b, c]$ oder $k(s, \eta, \omega)$ oder schlechtweg k. Daher ist k eine solche einwerthige Function von s, η, ω, die für $s = 0$ von η und ω, für $\eta = 0$ von ω unabhängig wird.

$$R^2 = (x-a)^2 + (y-b)^2 + (z-c)^2 = r^2 - 2rs\cos\gamma + s^2;$$

$$\partial a\,\partial b\,\partial c = s^2\sin\eta\,\partial\eta\,\partial\omega\,\partial s;\quad TR = 1.$$

Einen bestimmten Werth von r oder s bezeichnen wir durch $\mathfrak{r}$; treten zwei solcher Werthe zugleich auf, so heissen sie $\mathfrak{r}_0$ und $\mathfrak{r}_1$ und zwar ist $\mathfrak{r}_1 < \mathfrak{r}_0$. Unten führt man statt r den Logarithmus ein durch die Gleichungen

$$r = e^{\sigma},\quad \mathfrak{r}_0 = e^{\sigma_0},\quad \mathfrak{r}_1 = e^{\sigma_1}.$$

Der Ausdruck (1) für V verwandelt sich durch Einführung der Polarcoordinaten in

$$(1, a) \ldots\quad V = \int_0^{\pi}\sin\eta\,\partial\eta\int_0^{2\pi}\partial\omega\int_0^{\mathfrak{r}}\frac{k(s, \eta, \omega)s^2 ds}{\sqrt{r^2 - 2rs\cos\gamma + s^2}}.$$

Wir betrachten das Potential bei gegebener Dichtigkeit gesondert in jedem der drei Räume α, ι, μ.

1) Das Potential V_a der Kugel im äussern Punkte O_α, und zwar zunächst einer vollen Kugel, nachher der Kugelschale. In

diesem Falle ist $r > s$, so dass T sich (I. 11) nach absteigenden Potenzen von r in eine bis in die Grenze der Convergenz $r = \mathfrak{r}$ convergirende Reihe entwickeln lässt. Man hat daher

$$(2) \ldots \quad V_a = \sum_{n=0}^{\infty} \frac{1}{r^{n+1}} X^{(n)}, \quad (r > \mathfrak{r}),$$

$$(3) \ldots \quad X^{(n)} = \int_0^{\mathfrak{r}} s^{n+2} \partial s \int_0^{\pi} \sin\eta\, \partial\eta \int_0^{2\pi} k(s, \eta, \omega) P^{(n)}(\cos\gamma) \partial\omega.$$

Die Functionen $X^{(n)}$, nach denen V durch (2) entwickelt wird, sind Kugelfunctionen n^{ten} Grades in Bezug auf die Veränderlichen θ und ψ, da die Functionen $P^n(\cos\gamma)$ solche Functionen sind. Aus letzteren entsteht nämlich X^n, wie (3) zeigt, durch Multiplication mit Constanten, und durch eine Addition derartiger Produkte, nämlich durch Integration derselben nach Constanten in Bezug auf θ und ψ.

Verschiedene Umformungen von $X^{(n)}$. Wir setzen an die Stelle der Dichtigkeit k ihre Entwickelung nach Kugelfunctionen, die hier durch K bezeichnet werden. Um hieraus einen Nutzen ziehen zu können muss man annehmen, k sei so beschaffen, dass diese Reihe für alle s von 0 bis $\mathfrak{r}$ in gleichem Grade convergirt. Die Entwickelung geschieht nach I. 433, (a) u. (b); man erhält

$$k(s, \eta, \omega) = \sum_{n=0}^{\infty} K^{(n)}(s, \eta, \omega),$$

$$K^{(n)}(s, \eta, \omega) = \frac{2n+1}{4\pi} \int_0^{\pi} \sin\theta\, \partial\theta \int_0^{2\pi} k(s, \theta, \psi) P^{(n)}(\cos\gamma) \partial\psi,$$

und hieraus nach I. 327, (e)

$$(a) \ldots \quad X^{(n)} = \frac{4\pi}{2n+1} \int_0^{\mathfrak{r}} K^{(n)}(s, \theta, \psi) s^{n+2} ds.$$

Diese Formel ist dann zur Verwendung bequem, wenn man aus k ohne grosse Mühe die K in einfacher Form aufstellen kann. Im allgemeinen formt man aber (a) mit Hülfe des Additionstheorems I. 312 noch weiter um. Setzt man nämlich in den vorstehenden Ausdruck von K durch ein Doppelintegral statt P die Reihe aus (52) ein, so erhält man

$$K^{(n)}(s, \eta, \omega) = \frac{2n+1}{4\pi} \sum^{n}{}' \alpha_\nu^{(n)} C_\nu^{(n)}(\eta, \omega) + \mathfrak{a}_\nu^{(n)} S_\nu^{(n)}(\eta, \omega),$$

$$\alpha_\nu^{(n)} = (-1)^\nu a_\nu^{(n)} \int_0^{\pi} \sin\eta\, \partial\eta \int_0^{2\pi} k(s, \eta, \omega) C_\nu^{(n)}(\eta, \omega) \partial\omega,$$

$$\mathfrak{a}_\nu^{(n)} = (-1)^\nu a_\nu^{(n)} \int_0^{\pi} \sin\eta\, \partial\eta \int_0^{2\pi} k(s, \eta, \omega) S_\nu^{(n)}(\eta, \omega) \partial\omega.$$

Hier ist Σ' so zu verstehen wie in der Anm. zu I. 201, d. i. so dass das $\nu = 0$ entsprechende Glied halb genommen wird; ferner sind a, C, S die Ausdrücke I. 312 und 320, also

$$a_\nu^{(n)} = 2 \cdot \frac{[1.3\ldots(2n-1)]^2}{\Pi(n+\nu)\,\Pi(n+\nu)},$$

$$C_\nu^{(n)}(\eta, \omega) = P_\nu^{(n)}(\cos\eta)\cos\nu\omega, \quad S_\nu^{(n)}(\eta, \omega) = P_\nu^{(n)}(\cos\eta)\sin\nu\omega.$$

Durch Einsetzen dieser Werthe in (a) entsteht schliesslich

$$(3, a) \ldots \quad X^{(n)} = \sum^{n}{}' C_\nu^{(n)}(\theta, \psi)\int_0^{\mathfrak{r}} a_\nu^{(n)} s^{n+2} ds + S_\nu^{(n)}(\theta, \psi)\int_0^{\mathfrak{r}} \mathfrak{a}_\nu^{(n)} s^{n+2} ds.$$

Bisher haben wir das Potential einer vollen Kugel betrachtet. Wird aus derselben eine concentrische mit dem Radius $\mathfrak{r}_1$ herausgeschnitten, so ergiebt sich das Potential der übrig bleibenden, von zwei concentrischen Kugeln begrenzten Schale, nach § 17, S. 42, No. 1, durch Subtraction der beiden Potentiale, in demselben Punkte O_a, die sich das erste auf die grössere das zweite auf die kleinere Kugel beziehen. Für eine solche, aus zwei concentrischen Kugeln gebildete Schale gelten also noch immer die Formeln (3), (a), (3, a), wenn die sämmtlichen Integrale nach s, statt von 0 an, von $\mathfrak{r}_1$ an bis $\mathfrak{r}$ oder bis $\mathfrak{r}_0$, wie wir wegen der Symmetrie sagen, genommen werden.

2) Das Potential der Schale im Punkte O_ι. In diesem Falle ist $r < \mathfrak{r}_1 < \mathfrak{r}_0$ zu nehmen, so dass sich V aus (1, a) nach aufsteigenden Potenzen von r entwickeln lässt. Man erhält dadurch die Gleichungen

$$(4) \ldots \quad V_\iota = \sum_{n=0}^{\infty} r^n X_\iota^{(n)},$$

$$X_\iota^{(n)} = \frac{4\pi}{2n+1}\int_{\mathfrak{r}_1}^{\mathfrak{r}_0} K^{(n)}(s, \theta, \psi) s^{1-n} ds$$

$$= \sum^{n}{}' C_\nu^{(n)}(\theta, \psi)\int_{\mathfrak{r}_1}^{\mathfrak{r}_0} a_\nu^{(n)} s^{1-n} ds + S_\nu^{(n)}(\theta, \psi)\int_{\mathfrak{r}_1}^{\mathfrak{r}_0} \mathfrak{a}_\nu^{(n)} s^{1-n} ds.$$

Auch diese Formel gilt bis in die Grenze, d. i. bis $r = \mathfrak{r}_1$.

Der Ausdruck für C und S aus I. 321, (54, a) zeigt sofort dass

$$r^n C_\nu^{(n)}(\theta, \psi) \pm i r^n S_\nu^n(\theta, \psi)$$

eine ganze Function n^{ten} Grades von x, y und z ist. Hieraus und aus (4) folgt der Satz:

Ist die Dichtigkeit in jedem Punkte der Masse eine ganze

Function m^{ten} Grades der rechtwinkligen Coordinaten desselben, so ist das Potential V in O_ι gleichfalls eine ganze Function m^{ten} Grades der Coordinaten x, y, z von O_ι. Ferner zieht man aus (2) und (3): In demselben Falle ist V in O_α eine ganze Function m^{ten} Grades von x, y, z dividirt durch r^{2m+1}. Ersetzt man x, y, z durch r, θ, ψ so kommt im Nenner keine höhere als die $n+1^{\text{te}}$ Potenz von r vor.

3) Das Potential der Schale im Punkte O_μ. In diesem Falle befindet sich r zwischen $\mathfrak{r}_1$ und $\mathfrak{r}_0$; legt man durch O_μ eine den gegebenen concentrische Kugel, so zerfällt man die gegebene zusammenhängende Masse in zwei, nämlich in eine Schale begrenzt von Kugeln mit den Radien $\mathfrak{r}_1$ und r, und eine zweite auf die sich r und $\mathfrak{r}_0$ beziehen. V_μ ist die Summe der Potentiale beider Schalen im Punkte O_μ, der für die erstere als ein äusserer (in der Grenzlage) für die zweite als ein innerer gilt. Man erhält, durch Anwendung der Gleichungen für V im 1. und 2. Falle, schliesslich

$$(5) \ldots \quad V_\mu = \sum_{n=0}^{\infty} \frac{4\pi}{2n+1} \left[r^{-1-n} \int_{\mathfrak{r}_1}^{r} K s^{n+2} ds + r^n \int_{r}^{\mathfrak{r}_0} K s^{1-n} ds \right]$$

oder, in weiter ausgeführter Form,

$$V_\mu = \sum_{n=0}^{\infty} \sum^{n}{}' C_\nu^{(n)}(\theta, \psi) \left[r^{-1-n} \int_{\mathfrak{r}_1}^{r} \alpha_\nu^{(n)} s^{2+n} ds + r^n \int_{r}^{\mathfrak{r}_0} \alpha_\nu^{(n)} s^{1-n} ds \right]$$
$$+ S_\nu^{(n)}(\theta, \psi) \left[r^{-1-n} \int_{\mathfrak{r}_1}^{r} \mathfrak{a}_\nu^{(n)} s^{2+n} ds + r^n \int_{r}^{\mathfrak{r}_0} \mathfrak{a}_\nu^{(n)} s^{1-n} ds \right].$$

Anmerkung. Durch Zusammensetzung der unter 1) und 2) gewonnenen Resultate ergiebt sich auch das Potential in einem Punkte O des hohlen Raumes der entsteht, wenn man aus einer vollen Kugel durch zwei ihr concentrische Kugelflächen das zwischen diesen beiden liegende Massenstück herausschneidet. Ein solches Potential wird im § 21, No. 3 betrachtet.

§ 19. Wir suchen das Potential in einigen speciellen Fällen auf, in welchen der Dichtigkeit k besonders einfache Werthe ertheilt werden.

1) Es sei $k=1$. Die Entwickelung von k nach Kugelfunctionen reducirt sich dann auf ein einziges Glied $K^{(0)} = 1$ und man erhält aus § 18, 1—3 die bekannten Sätze

$$V_\alpha = \frac{4\pi}{3} \cdot \frac{\mathfrak{r}_0^3 - \mathfrak{r}_1^3}{r}, \quad V_\iota = 2\pi(\mathfrak{r}_0^2 - \mathfrak{r}_1^2), \quad V_\mu = 2\pi\left(\mathfrak{r}_0^2 - \tfrac{1}{3} r^2 - \tfrac{2}{3} \frac{\mathfrak{r}_1^3}{r}\right),$$

nach denen also V_a so gross ist wie das Potential einer beliebig kleinen homogenen Kugel mit demselben Mittelpunkt und derselben Masse wie die gegebene, während V_ι in allen Punkten O_ι constant bleibt.

2) Es sei $k = f(s)$, d. i. die Dichtigkeit im Punkte (a, b, c) sei nur eine Function seines Abstandes vom Mittelpunkte. Man hat wiederum $K^{(n)} = 0$ wenn $n > 0$, und $K^{(0)} = f(s)$, also

$$V_a = \frac{4\pi}{r}\int_{r_1}^{r_0} f(s) s^2 ds, \quad V_\iota = 4\pi \int_{r_1}^{r_0} f(s) s ds,$$

$$V_\mu = \frac{4\pi}{r}\int_{r_1}^{r} f(s) s^2 ds + 4\pi \int_{r}^{r_0} f(s) s ds.$$

3) Es sei k eine ganze Function der Coordinaten a, b, c. In diesem Falle kennt man bereits das hauptsächliche Resultat im allgemeinen (S. § 18, No. 2 am Schluss). Man gelangt aber einfacher zum fertigen Resultate als nach den allgemeinen Methoden, indem sich hier die Entwickelung von k nach Kugelfunctionen K verhältnissmässig leicht ausführen lässt. Denn jede ganze Function der Coordinaten zerfällt in eine Summe von homogenen Functionen derselben; das Potential, welches der Summe entspricht, ist aber die Summe der Potentiale, welche den einzelnen Summanden entsprechen, und dadurch unsere Aufgabe auf die speciellere reducirt, das Potential V aufzusuchen, wenn die Dichtigkeit $k[a, b, c]$ als homogene ganze Function m^{ten} Grades von a, b, c gegeben ist.

Aus I. 324—325 kennt man eine einfache Methode zur Entwickelung solcher Function k nach Kugelfunctionen. Setzt man in die ganze Function k statt a, b, c die Coordinaten x, y, z so findet man durch mehrfache Differentiationen nach x, y, z, wie dort angegeben wurde, eine Reihe von Kugelfunctionen der Veränderlichen θ und ψ, nämlich $Y^{(m)}$, $Y^{(m-2)}$, etc., schliesslich $Y^{(1)}$ oder $Y^{(0)}$ je nachdem m eine ungerade oder gerade Zahl bezeichnet, von der Beschaffenheit, dass identisch ist

$$(\alpha) \ldots \quad k(x, y, z) = Y^{(m)} + r^2 Y^{(m-2)} r^4 Y^{(m-4)} + \cdots,$$

wo jede Kugelfunction $Y^{(n)}$ zugleich eine ganze homogene Function n^{ten} Grades der Coordinaten x, y, z wird. Die Dichtigkeit im Punkte $[a, b, c]$ findet man selbstverständlich aus (α), wenn man in den Y statt x, y, z setzt a, b, c und s statt r.

Die in § 18, (a) S. 45 und die in (4) vorkommende Function K ergiebt sich leicht aus Y. In der That wird identisch

$$K^{(n)}(r, \theta, \psi) = r^{m-n} Y^{(n)},$$

wenn $m-n$ eine gerade positive Zahl vorstellt, sonst Null. Da ferner $Y^{(n)}$ gleich r^n mal einer von r unabhängigen ganzen Function ist, so wird

$$K^{(n)}(s, \theta, \psi) = s^m r^{-n} Y^{(n)};$$

auf der rechten Seite kommt s nur in s^m vor, so dass die Integrale (a) und (4) im § 18, für X_a und X_ι, sofort ausgeführt werden können. Man findet dann als Entwickelung von V nach Kugelfunctionen die endlichen Reihen

$$(\beta) \ldots \quad V_a = \sum_n \frac{4\pi}{(2n+1)(m+n+3)} \cdot \frac{\mathfrak{r}_0^{m+n+3} - \mathfrak{r}_1^{m+n+3}}{r^{2n+1}} Y^{(n)},$$

$$(\gamma) \ldots \quad V_\iota = \sum_n \frac{4\pi}{(2n+1)(m+2-n)} (\mathfrak{r}_0^{m+2-n} - \mathfrak{r}_1^{m+2-n}) Y^{(n)},$$

wenn die Summation nach n sich auf die Werthe m, $m-2$, $m-4$, etc. bis 1 oder 0 bezieht. Dies ist das fertige Resultat, welches im § 18 No. 2 angedeutet wurde.

Eine Entwickelung von V_μ nach Kugelfunctionen übergehe ich; man stellt sie aus (β) und (γ) ebenso her wie (5) aus (3) und (4) gebildet wurde.

Als Beispiele lasse ich die Ausdrücke für das Potential, oder vielmehr für die Werthe der Y folgen, aus denen V nach (β) und (γ) gebildet wird, wenn für k die allgemeinste homogene Function des Grades $m = 1$, 2 oder 3 genommen wird. Der Fall $m = 0$ ist bereits durch No. 1 in diesem Paragraphen, d. i. durch Behandlung des Falles $k = 1$, erledigt. Zur Abkürzung der Formeln werde ich für a, b, c und x, y, z setzen a_1, a_2, a_3; x_1, x_2, x_3, und durch das vor einem Gliede stehende $\mathfrak{S}$ die Summe der drei Glieder bezeichnen, welche aus ihm durch cyklische Vertauschung der Indices, in der Ordnung 1, 2, 3, 1, etc. entstehen. Die Buchstaben α, β, γ sind irgend welche Constante.

a) **m = 1.**

Die Dichtigkeit der Masse im Punkte $[a_1, a_2, a_3]$, nach der bisherigen Bezeichnung im Punkte $[a, b, c]$, ist

$$k = \mathfrak{S}\gamma_1 a_1,$$

vollständig geschrieben

$$k = \gamma_1 a + \gamma_2 b + \gamma_3 c.$$

Es giebt nur ein Y, nämlich

$$Y^{(1)} = \mathfrak{S}\gamma_1 x_1 = \gamma_1 x + \gamma_2 y + \gamma_3 z.$$

Bei dieser Art von Vertheilung der Masse im Körper ist (offenbar) die Dichtigkeit in jedem Punkte gleich, oder proportional, seiner Entfernung e von einer durch den Mittelpunkt der Kugel gelegten Ebene, wenn die Entfernung nach der einen Richtung mit dem positiven, nach der anderen mit dem negativen Zeichen versehen wird. Unsere Formel (β) zeigt, dass bei dieser Vertheilung der Masse die Kugel nach aussen hin dieselbe Wirkung ausübt wie ein Magnet auf einen entfernten Magnetpol, nämlich eine solche, dass das Potential V_a gleich einer Constanten mal er^{-3} ist; für einen innern Punkt hat man nach (γ) die Gleichung

$$V_i = e.\text{const.}$$

b) $\mathrm{m} = 2.$

$$k = \mathfrak{S}\gamma_1 a_1^2 + \alpha_1 a_2 a_3.$$

$$Y^{(0)} = \tfrac{1}{3}\mathfrak{S}\gamma_1,$$

$$Y^{(2)} = \mathfrak{S}\tfrac{1}{3}\gamma_1(2x_1^2 - x_2^2 - x_3^2) + \alpha_1 x_2 x_3.$$

c) $\mathrm{m} = 3.$

$$k = \mathfrak{S}\gamma_1 a_1^3 + \alpha_1 a_2 a_3^2 + \beta_1 a_3 a_2^2.$$

$$Y^{(1)} = \tfrac{1}{5}\mathfrak{S}(3\gamma_1 + \alpha_3 + \beta_2)x_1$$

$$Y^{(3)} = \tfrac{1}{5}\mathfrak{S}(2\gamma_1 - \alpha_3 - \beta_2)x_1^3 + (4\alpha_1 - \beta_3 - 3\gamma_2)x_2 x_3^2$$
$$+ (4\beta_1 - \alpha_2 - 3\gamma_3)x_3 x_2^2.$$

Will man diese Ausdrücke in die gewöhnliche Form der Kugelfunctionen bringen I. 323, b, so führt man statt x, y, z, d. i. statt x_1, x_2, x_3 die Polarcoordinaten ein, und erhält im Falle (a)

$$r^{-1}Y^{(1)} = \gamma_1 \cos\theta + \sin\theta(\gamma_2 \cos\psi + \gamma_3 \sin\psi),$$

im Falle (b)

$$r^{-2}Y^{(2)} = (\cos^2\theta - \tfrac{1}{3})\mathfrak{S}\gamma_1 - \sin\theta\cos\theta(\alpha_3 \cos\psi + \alpha_2 \sin\psi)$$
$$+ \tfrac{1}{2}\sin^2\theta[(\gamma_2 - \gamma_3)\cos 2\psi + \alpha_1 \sin 2\psi],$$

und im Falle (c)

$$5r^{-1}Y^{(1)} = (3\gamma_1 + \alpha_3 + \beta_2)\cos\theta$$
$$+\sin\theta[(3\gamma_2 + \alpha_1 + \beta_3)\cos\psi + (3\gamma_3 + \alpha_2 + \beta_1)\sin\psi],$$
$$r^{-3}Y^{(3)} = (\gamma_1 - \tfrac{1}{2}\alpha_3 - \tfrac{1}{2}\beta_3)\mathfrak{P}_0^{(3)}$$
$$-\tfrac{1}{4}\sin\theta\,\mathfrak{P}_{-1}^{(3)}[(\alpha_1 + 3\gamma_2 - 4\beta_3)\cos\psi + (\beta_1 + 3\gamma_3 - 4\alpha_2)\sin\psi]$$
$$+\tfrac{1}{10}\sin^2\theta\,\mathfrak{P}_{-2}^{(3)}[(4\alpha_3 - 3\gamma_1 - \beta_2)\cos 2\psi - (4\beta_2 - 3\gamma_1 - \alpha_3)\sin 2\psi]$$
$$+\tfrac{1}{4}\sin^3\theta\,\mathfrak{P}_{-3}^{(3)}[(\gamma_2 - \alpha_1)\cos 3\psi - (\gamma_3 - \beta_1)\sin 3\psi],$$

wenn man wie I. 202 setzt

$$\mathfrak{P}_{-\nu}^{n} = \cos^{n-\nu}\theta - \frac{(n-\nu)(n-\nu-1)}{2(2n-1)}\cos^{n-\nu-2}\theta + \text{etc.}$$

§ 20. Aus den Ausdrücken für V im § 18 lässt sich auch das Potential einer Schale herleiten, welche durch beliebig gelegene, nicht mehr concentrische Kugeln gebildet wird. Im Zusammenhang hiermit handeln wir allgemein über die Bestimmung des Potentials einer Schale, welche nach aussen durch eine gegebene zusammenhängende Fläche $\mathfrak{C}$, nach innen durch eine zweite gegebene $\mathfrak{E}$ begrenzt wird, aus der Dichtigkeit.

Einen analytischen Ausdruck für das Potential besitzt man auch für diesen Fall, indem man nämlich das dreifache Integral (1) über alle Punkte ausdehnt, welche der Schale angehören. Es giebt aber noch einen zweiten Weg, indem man das Potential des einzigen vollen Körpers $\mathfrak{C}$ bestimmt, dem man eine Dichtigkeit giebt, welche zwischen den Flächen $\mathfrak{C}$ und $\mathfrak{E}$ mit der gegebenen der Schale übereinstimmt, die aber innerhalb des Raumes $\mathfrak{E}$ verschwindet, oder eine solche die dort imaginär wird, so dass man im letzten Falle nur den reellen Theil des Integrals beizubehalten hat um das Resultat zu gewinnen. Dieses Verfahren würde jedoch die analytische Schwierigkeit, welche die Forderung einer Vereinfachung des dreifachen Integrals darbietet, nur auf eine andere Stelle übertragen, nämlich auf die Herstellung eines einfachen Ausdrucks für die nunmehr discontinuirliche Dichtigkeit. Zu einer einfachen analytischen Bestimmung des Potentials führt ein solches Verfahren in der Regel nicht wenn es nicht gelingt, passende Coordinaten einzuführen, durch welche nämlich die Dichtigkeit in dem gegebenen Raume sich einfach ausdrücken lässt. Indem wir hier von Methoden handeln, welche mit Erfolg zur Vereinfachung der Ausdrücke angewandt werden, denken wir uns die Dichtigkeit in jedem Punkte der Schale als Function des Ortes so analytisch gegeben, dass diese Function zwar nur für Punkte der Schale die wirkliche Dichtigkeit vorstellt, aber für alle Punkte im Innern von 𝔈 noch eine Bedeutung behält, wie es z. B. der Fall wäre, wenn die Dichtigkeit der Schale constant oder auch als ganze Function der Coordinaten a, b, c gegeben ist. Die Aufgabe der Aufsuchung des Potentials der von zwei beliebig gegebenen Flächen begrenzten Schale ist dann durch S. 42, No. 1 auf zwei des vollen, von je einer beliebig gegebenen Fläche begrenzten Körpers zurückgeführt. Man hat nämlich aufzusuchen:

1) das Potential des vollen Körpers 𝔖,

2) das Potential des vollen Körpers 𝔈

in dem gegebenen Punkte O, der für jeden von den beiden vollen Körpern ein äusserer O_α, oder ein inmitten der Masse gelegener O_μ sein kann; ein anderer Fall kann nicht eintreten. Ist O für 𝔖 ein äusserer, so ist er es auch für 𝔈; liegt O in der Masse der Schale, so liegt er auch in der Masse des Körpers 𝔖, ist aber für den Körper 𝔈 ein äusserer; liegt er in dem von 𝔈 umschlossenen Raum, so liegt er inmitten der Masse der beiden Körper 𝔖 und 𝔈. Beziehen wir die Buchstaben v, w, V auf die Potentiale resp. des vollen Körpers 𝔖, oder des vollen Körpers 𝔈, oder der Schale, so hat man also

$$V_\alpha = v_\alpha - w_\alpha, \quad V_\mu = v_\mu - w_\alpha, \quad V_\iota = v_\mu - w_\mu.$$

Somit ist die Bestimmung des Potentials der Schale in den drei Fällen V_α, V_μ, V_ι auf die Bestimmung des Potentiales eines vollen Körpers in zwei Fällen v_α und v_μ und eines zweiten vollen in zwei Fällen, w_α und w_μ zurückgeführt.

Die Bestimmung eines Potentiales in einem Punkt O_μ kann zuweilen leichter ausgeführt, d. i. das Potential kann leichter in eine einfache Form gebracht werden als im Punkte O_α; im allgemeinen gilt sie aber für die schwierigere, und daher zerlegt man sie weiter. Um z. B. v_μ zu finden, legt man durch O_μ eine geschlossene Fläche 𝔉, die man, was wohl zu beachten ist, nach Gutdünken wählt. Dann hat man das Potential der von 𝔖 und 𝔉 begrenzten Schale, und ausserdem des von 𝔉 umschlossenen Körpers, in einem Punkte, der auf der Grenzfläche 𝔉 liegt, zu suchen. Für die Schale ist ein solcher Punkt als Grenzfall (S. 42, No. 2) eines inneren O_ι, für den Körper 𝔉 als Grenzfall eines äusseren O_α

zu betrachten. Die Aufgabe, das Potential der eben erwähnten Schale zu bilden ist aber leichter als die ursprüngliche, weil ihre eine Begrenzung gewählt, also möglichst bequem angenommen werden kann. Aehnlich verfährt man mit dem Körper, dessen Potential w ist.

War 𝔈 oder 𝔈 eine Kugelfläche, so nimmt man für 𝔉 eine concentrische, war 𝔈 oder 𝔈 ein Ellipsoid, so wählt man für 𝔉 ein confocales, auch wohl ein concentrisches ähnliches und ähnlich liegendes Ellipsoid. Die Bestimmung des Potentials einer Schale, die von zwei beliebigen Kugeln, oder Ellipsoiden, oder einer Kugel und einem Ellipsoid begrenzt wird, ist hiermit zurückgeführt auf die Bestimmung des Potentials von Schalen, die begrenzt sind allein von zwei concentrischen Kugeln oder von zwei concentrischen Ellipsoiden.

Beispiel. Mit Hülfe der Ausdrücke (β) und (γ) S. 49 lässt sich das Potential einer homogenen Schale, welche von zwei beliebig liegenden Kugeln begrenzt wird fertig, ohne dass noch Integrationen auszuführen bleiben, angeben, wenn die Dichtigkeit der Masse in jedem Punkte eine ganze Function seiner Coordinaten ist. Wir behandeln z. B. den Fall, in dem die Kugelschale die Dichtigkeit 1 hat. Aus einer Kugel von der Dichtigkeit 1, mit dem Mittelpunkt C und dem Radius $\mathfrak{r}_0$ wird also eine Kugel mit dem Mittelpunkte D und dem Radius $\mathfrak{r}_1$ herausgeschnitten. Das Potential der Schale im Punkte O wird gesucht.

Aus dem Vorhergehenden und § 19, No. 1 folgt: Ein äusserer Punkt bewegt sich unter dem Einfluss der Anziehung dieser hohlen Kugel so, als ob er nach einem festen Centrum (nämlich nach C) nach dem Newton'schen Gesetze angezogen, von einem zweiten (nämlich von D) nach demselben Gesetze abgestossen würde. Die in C und D concentrirten Massen sind gleich $\frac{4\pi}{3}\mathfrak{r}_0^3$, resp. $\frac{4\pi}{3}\mathfrak{r}_1^3$ zu setzen.

Das Potential V_a ist

$$V_a = \frac{4\pi}{3}\left(\frac{\mathfrak{r}_0^3}{OC} - \frac{\mathfrak{r}_1^3}{OD}\right).$$

Setzt man die Centrale $CD = c$, ferner die Länge der Projection des Punktes O auf die Centrale CD, von C an gerechnet, gleich x, so wird das Potential der Schale in dem innern hohlen

Raume

$$V_\iota = 2\pi[\mathfrak{r}_0^2 - \mathfrak{r}_1^2 + \tfrac{1}{3}c(c - 2x)].$$

Daher wirkt auf einen in dieser Höhlung befindlichen Punkt eine Kraft die ähnlich der Schwerkraft ist, d. i. eine Kraft, die parallel der Centrale DO ist und gleich einer Constanten, nämlich $\frac{4}{3}c\pi$.

Vorgreifend bemerke ich (m. vergl. § 46), dass man ein ähnliches Resultat wie das für den Punkt O_ι der Kugelhöhlung geltende, auch für eine aus ähnlichen Ellipsoiden gebildete Schale erhält. Das Potential eines vollen homogenen Ellipsoides mit der Dichtigkeit 1 und den halben Hauptaxen α, β, γ ist nämlich, wenn diese Axen zugleich die Coordinatenaxen sind, im Punkte O

$$V = \alpha\beta\gamma\pi\int_\sigma^\infty \left(1 - \frac{x^2}{\alpha^2+s} - \frac{y^2}{\beta^2+s} - \frac{z^2}{\gamma^2+s}\right)\frac{ds}{\sqrt{(\alpha^2+s)(\beta^2+s)(\gamma^2+s)}},$$

wenn σ für den äusseren Punkt den positiven Werth bezeichnet welcher, statt s gesetzt, das Element des Integrals zu Null macht, aber Null vorstellt, wenn O in der Masse oder auf der Begrenzung des Ellipsoides liegt. Daher hat V_μ die Form

$$m\alpha^2 - px^2 - qy^2 - rz^2,$$

wenn m, p, q, r Constante bezeichnen, deren Bedeutung die Vergleichung dieser Formel mit der unmittelbar vorhergehenden zeigt. Ein ähnliches Ellipsoid mit demselben Mittelpunkt, gleicher Lage der Axen, und Halbaxen von der Länge $\alpha_1, \beta_1, \gamma_1$ giebt als Potential in demselben Punkte, wenn es ihn in sich enthält,

$$m\alpha_1^2 - px^2 - qy^2 - rz^2,$$

so dass dieser Ausdruck sich nur durch das erste Glied von dem vorhergehenden für V_μ unterscheidet.

Das Potential eines Ellipsoides, wenn die Axen parallel mit sich selbst verlegt werden, so dass der Anfangspunkt (a, b, c) wird, ist also

$$m\alpha_1^2 - p(x-a)^2 + q(y-b)^2 + r(z-c)^2.$$

Folglich ist das Potential der Schale, welche nach aussen durch das Ellipsoid mit den Halbaxen α, β, γ und dem Mittelpunkte $(0, 0, 0)$, nach innen durch das ähnliche und ähnlich liegende mit den Halbaxen $\alpha_1, \beta_1, \gamma_1$ und dem Mittelpunkte (a, b, c) begrenzt wird, in dem Punkte des hohlen Raumes $O_\iota = (x, y, z)$

$$V_\iota = m(\alpha^2 - \alpha_1^2) + pa^2 + qb^2 + rc^2 - 2(apx + bqy + crz),$$

so dass für die Wirkung der ellipsoidischen excentrischen Schale auf einen im hohlen Raume liegenden Punkt O_ι dasselbe gilt wie für die excentrische Kugelschale; für beide ist das Potential eine lineare Function der Coordinaten des Punktes.

§. 21. Bisher wurde das Potential im massenerfüllten und im leeren Raume aus der Dichtigkeit abgeleitet; hier wird sein Werth im leeren Raume (V_a oder V_ι, aber nicht V_μ) gefunden, wenn V auf den Kugelflächen gegeben ist, welche die Masse begrenzen. Hier wird also für Kugelflächen das wirklich ausgeführt, dessen Möglichkeit für alle Flächen auf S. 43 unter 6) angegeben wurde.

1) Nach aussen seien die Massen durch eine Kugelfläche mit dem Radius $\mathfrak{r}$ begrenzt; auf der Grenzfläche, also für $r = \mathfrak{r}$, sei V im Punkte $(\mathfrak{r}, \theta, \psi)$ eine gegebene Function $f(\theta, \psi)$. Man entwickele $f(\theta, \psi)$ in eine Reihe von Kugelfunctionen, und setze

$$(a) \ldots \quad f(\theta, \psi) = Y^{(0)} + Y^{(1)} + Y^{(2)} + \text{etc.}$$

Nach der Gleich. (2) muss diese Reihe mit

$$\frac{1}{\mathfrak{r}} X^{(0)} + \frac{1}{\mathfrak{r}^2} X^{(1)} + \frac{1}{\mathfrak{r}^3} X^{(2)} + \text{etc.}$$

übereinstimmen, so dass man erhält $X^{(n)} = \mathfrak{r}^{n+1} Y^{(n)}$, und hieraus das Potential in jedem äussern Punkte (r, θ, ψ)

$$(b) \ldots \quad V_a = \sum_{n=0}^{\infty} \left(\frac{\mathfrak{r}}{r}\right)^{n+1} Y^{(n)}, \qquad (r > \mathfrak{r}).$$

Setzt man für Y den Werth ein, welcher ihm nach I. 433, b zukommt und führt die Summation nach n aus, so entsteht

$$(b') \ldots \quad V_a = \frac{\mathfrak{r}(r^2 - \mathfrak{r}^2)}{4\pi} \int_0^\pi \sin\eta \, \partial\eta \int_0^{2\pi} \frac{f(\eta, \omega)\partial\omega}{(r^2 - 2r\mathfrak{r}\cos\gamma + \mathfrak{r}^2)^{\frac{3}{2}}}.$$

2) Die Masse sei nach innen durch eine Kugelfläche mit dem Radius $\mathfrak{r}_1$ begrenzt. Heisst in dem Punkte $(\mathfrak{r}_1, \theta, \psi)$ das Potential dieser Schale $f_1(\theta, \psi)$ und ist

$$(a') \ldots \quad f_1(\theta, \psi) = Y_1^{(0)} + Y_1^{(1)} + Y_1^{(2)} + \text{etc.}$$

seine Entwickelung nach Kugelfunctionen, so geben die Gleichungen (4)

$$(c) \ldots \quad V_\iota = \sum_{n=0}^{\infty} \left(\frac{r}{\mathfrak{r}_1}\right)^n Y_1^{(n)}, \qquad (r < \mathfrak{r}_1)$$

woraus man, wie oben, durch Summation erhält

$$(c') \ldots \quad V_i = \frac{\mathfrak{r}_1(\mathfrak{r}_1^2 - r^2)}{4\pi}\int_0^{\pi}\sin\eta\,\partial\eta\int_0^{2\pi}\frac{f_1(\eta,\omega)\partial\omega}{(r^2 - 2r\mathfrak{r}_1\cos\gamma + \mathfrak{r}_1^2)^{\frac{3}{2}}}.$$

3) Aus einer vollen Kugel sei eine Schale durch zwei concentrische Kugeln ausgeschnitten, so dass jetzt gerade der Raum zwischen den Kugeln mit den Radien $\mathfrak{r}_0$ und $\mathfrak{r}_1$ leer bleibt, welcher in den beiden vorhergehenden Fällen die Masse enthielt. Das Potential der ganzen vorhandenen Masse sei $f_0(\theta,\psi)$ für $r = \mathfrak{r}_0$ und $f_1(\theta,\psi)$ für $r = \mathfrak{r}_1$; wir suchen das Potential V_i der Masse in dem leeren Raume. Der Theil derselben welcher, vom Mittelpunkt aus gerechnet, jenseits der grösseren Kugel liegt, giebt zu demselben einen Beitrag, dessen n^{tes} Glied nach (4) die Form hat $r^n X_0^{(n)}$, der Theil, welcher diesseits der kleineren liegt, nach (2), ein n^{tes} Glied von der Form $r^{-n-1}X_1^{(n)}$. Man hat also, wenn man f_0 und f_1 nach (a) und (a') entwickelt und r einmal gleich $\mathfrak{r}_0$, einmal gleich $\mathfrak{r}_1$ setzt, zur Bestimmung von $X_0^{(n)}$ und $X_1^{(n)}$ die linearen Gleichungen

$$\mathfrak{r}_0^n X_0^{(n)} + \mathfrak{r}_0^{-n-1}X_1^{(n)} = Y_0^{(n)},$$
$$\mathfrak{r}_1^n X_0^{(n)} + \mathfrak{r}_1^{-n-1}X_1^{(n)} = Y_1^{(n)}.$$

Die Werthe von X_0 und X_1, welche man durch Auflösung derselben erhält, hat man schliesslich in die Gleichung zu setzen

$$V_i = \sum_{n=0}^{\infty} r^n X_0^{(n)} + r^{-n-1}X_1^{(n)}, \qquad (\mathfrak{r}_1 < r < \mathfrak{r}_0).$$

Dadurch entsteht folgender Ausdruck für V_i durch die aus f_0 und f_1 bekannten Functionen Y_0 und Y_1:

$$V_i = \sum_{n=0}^{\infty}\frac{(r^n\mathfrak{r}_1^{-n-1} - \mathfrak{r}_1^n r^{-n-1})Y_0^{(n)} + (\mathfrak{r}_0^n r^{-n-1} - r^n\mathfrak{r}_0^{-n-1})Y_1^{(n)}}{\mathfrak{r}_0^n\mathfrak{r}_1^{-n-1} - \mathfrak{r}_1^n\mathfrak{r}_0^{-n-1}}.$$

Man kann denselben noch transformiren, indem man für r eine neue Veränderliche σ einführt und setzt (s. S. 44)

$$r = e^{\sigma}, \quad \mathfrak{r}_0 = e^{\sigma_0}, \quad \mathfrak{r}_1 = e^{\sigma_1}.$$

Wenn σ alle Werthe von σ_1 bis σ_0 durchläuft, so erhält r alle Werthe die dieser Veränderlichen zukommen, nämlich von $\mathfrak{r}_1$ bis $\mathfrak{r}_0$. Durch diese Substitution nimmt V in dem leeren Raume, wo $\sigma_1 < \sigma < \sigma_0$ ist, wenn man noch $n + \frac{1}{2} = \nu$ setzt, die Form an

$$(d) \ldots \quad V_i\sqrt{r} = \sqrt{\mathfrak{r}_0}\sum_{n=0}^{\infty}\frac{\sin\nu i(\sigma - \sigma_1)}{\sin\nu i(\sigma_0 - \sigma_1)}Y_0^{(n)} + \sqrt{\mathfrak{r}_1}\sum_{n=0}^{\infty}\frac{\sin\nu i(\sigma_0 - \sigma)}{\sin\nu i(\sigma_0 - \sigma_1)}Y_1^{(n)}.$$

Ist z. B. das Potential auf jeder der beiden Flächen constant, gleich c_0 für $r = \mathfrak{r}_0$, gleich c_1 für $r = \mathfrak{r}_1$, so wird $Y_0^{(0)} = c_0$ und

$Y_1^{(0)} = c_1$, also in dem leeren Raume zwischen den beiden Kugelflächen

$$rV_i = c_0 \mathfrak{r}_0 \frac{r - \mathfrak{r}_1}{\mathfrak{r}_0 - \mathfrak{r}_1} + c_1 \mathfrak{r}_1 \frac{\mathfrak{r}_0 - r}{\mathfrak{r}_0 - \mathfrak{r}_1}.$$

Auch in diesem dritten Falle kann man die für das Potential gefundene Formel, hier (*d*), noch weiter umformen, indem man statt der Y, wie es früher in (*b*) und (*c*) geschah, die ursprünglich gegebenen Functionen f einführt. Dann findet man

$$V_i \sqrt{r} = \frac{1}{4\pi} \int_0^{\pi} \sin\eta \, \partial\eta \int_0^{2\pi} [\sqrt{\mathfrak{r}_0} f_0(\eta, \omega) A_0 + \sqrt{\mathfrak{r}_1} f_1(\eta, \omega) A_1] \partial\omega,$$

wenn man setzt, wie oben, $\nu = n + \frac{1}{2}$, und

$$A_0 = \sum_{n=0}^{\infty} (2n+1) \frac{\sin\nu i(\sigma - \sigma_1)}{\sin\nu i(\sigma_0 - \sigma_1)} P^{(n)}(\cos\gamma);$$

$$A_1 = \sum_{n=0}^{\infty} (2n+1) \frac{\sin\nu i(\sigma_0 - \sigma)}{\sin\nu i(\sigma_0 - \sigma_1)} P^{(n)}(\cos\gamma).$$

Die ziemlich einfache Reihe A_0 und die aus ihr durch Vertauschung von σ_0 und σ_1 untereinander sofort entstehende A_1 lassen sich übrigens durch das Integral aus einer elliptischen Function summiren. Ersetzt man nämlich P durch das zweite der Integrale I. (7, *b*), welche H. Mehler aus den Dirichlet'schen abgeleitet hat, setzt also, wenn man für γ den positiven Werth unter π nimmt,

$$P^{(n)}(\cos\gamma) = \frac{2}{\pi} \int_{\gamma}^{\pi} \frac{\sin\nu\chi \, d\chi}{\sqrt{2(\cos\gamma - \cos\chi)}},$$

so wird

$$A_0 = \frac{1}{\pi} \int_{\gamma}^{\pi} \frac{B_0 \, d\chi}{\sqrt{2(\cos\gamma - \cos\chi)}},$$

wenn man die Bezeichnung einführt

$$B_0 = 2 \sum_{n=0}^{\infty} (2n+1) \frac{\sin\nu i(\sigma - \sigma_1) \sin\nu\chi}{\sin\nu i(\sigma_0 - \sigma_1)}.$$

Man setze

$$e^{\sigma_1 - \sigma_0} = \frac{\mathfrak{r}_1}{\mathfrak{r}_0} = q,$$

so dass q kleiner als 1 ist; alsdann geht B_0 in den Differentialquotienten nach σ von

$$4 \sum_{n=0}^{\infty} \frac{q^{\nu}}{1 - q^{2\nu}} [\sin\nu((\sigma - \sigma_1)i + \chi) - \sin\nu((\sigma - \sigma_1)i - \chi)]$$

über, d. h. nach Jacobi'scher Bezeichnung in den reellen Theil von

$$\frac{4kK}{\pi}\frac{d}{d\sigma}\Big(\sin\operatorname{am}\frac{K}{\pi}(\chi+i(\sigma-\sigma_1))\Big).$$

Die Ausführung der Differentiation, und die Darstellung des ganzen Ausdrucks durch die elliptischen Functionen von

$$\frac{K}{\pi}\chi \quad \text{und} \quad \frac{K}{\pi}(\sigma-\sigma_1)$$

hat keine Schwierigkeiten. Man erhält also statt der Summe, welche sich auf der rechten Seite von (*d*) befindet, ein dreifaches Integral. Dieselben Resultate findet man, wenn man B nicht auf den Differentialquotienten von dem Sinus der Amplitude, sondern auf das Quadrat eines solchen Sinus zurückführt; dies geschieht durch die Gleichung

$$\Big(\frac{kK}{2\pi}\Big)^2\Big[\sin^2\operatorname{am}\frac{K}{\pi}(x+\chi)-\sin^2\operatorname{am}\frac{K}{\pi}(x-\chi)\Big]$$
$$=\frac{q}{1-q^2}\sin\chi\sin x+\frac{2q^2}{1-q^4}\sin 2\chi\sin 2x+\frac{3q^3}{1-q^6}\sin 3\chi\sin 3x+\text{etc.}$$

Während man seit Jacobi weiss, dass Reihen wie die für B, deren allgemeines m^{tes} Glied wesentlich der Quotient von Sinus der gleichen Vielfachen der verschiedenen Veränderlichen x und y, also wesentlich $\sin mx:\sin my$ ist, durch die elliptischen Functionen summirt sind, z. B. wenn m alle ungeraden positiven Zahlen durchläuft durch $\sin\operatorname{am}\frac{2Kx}{\pi}$, wobei y in die Constante q oder K eingeht, habe ich seit vielen Jahren vergeblich versucht solche analoge Reihen einfach zu summiren, deren allgemeines Glied der Quotient $P^m(x):P^m(y)$ ist. Die Analogie der trigonometrischen mit den Kugelfunctionen, die ich oft hervorgehoben habe, z. B. in der Darstellung beider durch vielfache Differentialquotienten (I. § 6), führte bis jetzt noch nicht auf einen Summenausdruck, den ich hätte bei den Untersuchungen über das Potential des Rotationsellipsoides verwerthen können. Vergl. § 41.

Ein besonderes Interesse kommt, wie sich im § 29 zeigen wird, dem Falle zu, in welchem die gegebenen Functionen $f_0(\theta, \psi)$ und $f_1(\theta, \psi)$ die reciproken Entfernungen T_0 und T_1 eines beliebig gegebenen festen Punktes (unten heisst dieser Punkt der Pol) von den Punkten (θ, ψ) sind, welche auf den Kugelflächen $r = \mathfrak{r}_0$ und $r = \mathfrak{r}_1$ liegen, zumal wenn dieser feste Punkt sich in dem Raume befindet, welcher von den beiden Flächen eingeschlossen wird. In diesem Falle lassen sich zwei von den drei Integrationen ausführen, welche in dem Ausdruck (*d*) für V_ι vorkommen und man erhält für V_ι einen Ausdruck der wie A_0 beschaffen ist, der nämlich nur eine einfache Integration einer elliptischen Function verlangt.

Um dies zu zeigen bezeichnen wir die Coordinaten des festen Punktes, des Poles, mit s, η, ω, wo $\mathfrak{r}_1 < s < \mathfrak{r}_0$, und setzen $\log s = \tau$. Alsdann ist

$$f_0(\theta, \psi) = [\mathfrak{r}_0^2 - 2s\mathfrak{r}_0\cos\gamma + s^2]^{-\frac{1}{2}},$$

also die Entwickelung von f_0 nach Kugelfunctionen

$$f_0(\theta, \psi) = \sum_{n=0}^{\infty} \frac{s^n}{\mathfrak{r}_0^{n+1}} P^n(\cos\gamma).$$

Aehnlich wird die Entwickelung von f_1. Setzt man die hieraus hervorgehenden Werthe der Y in (*d*) ein, so findet man für diesen Fall

$$\sqrt{rs}\,V_\iota = \sum_{n=0}^{\infty} e^{-\nu(\sigma_0-\tau)} \frac{\sin\nu i(\sigma-\sigma_1)}{\sin\nu i(\sigma_0-\sigma_1)} P^{(n)}(\cos\gamma)$$

$$+ e^{-\nu(\tau-\sigma_1)} \frac{\sin\nu i(\sigma_0-\sigma)}{\sin\nu i(\sigma_0-\sigma_1)} P^{(n)}(\cos\gamma).$$

Die rechte Seite transformirt man durch die Gleichungen

$$e^{-x}\sin y = (\cos ix + i\sin ix)\sin y$$

$$= \tfrac{1}{2}\sin(y+ix) + \tfrac{1}{2}\sin(y-ix) + \frac{i}{2}\cos(y-ix) - \frac{i}{2}\cos(y+ix).$$

Diese Gleichung multiplicirt man mit $P^{(n)}(\cos\gamma)$ und setzt auf der rechten Seite hierfür das Integral aus der ersten Gleichung in I. (7, *b*) in den ersten beiden Gliedern, das Integral aus der zweiten Gleichung im dritten und vierten Gliede. Vorher verändert man aber die Grenzen 0 und γ, resp. γ und π der beiden Integrale in $-\gamma$ und γ resp. γ und $2\pi-\gamma$. Dadurch entsteht

$$2\pi e^{-x}\sin y\, P^{(n)}(\cos\gamma) = \int_{-\gamma}^{\gamma} \frac{\sin(y+\nu\chi+ix)+\sin(y+\nu\chi-ix)}{\sqrt{2(\cos\chi-\cos\gamma)}}\,d\chi$$

$$-i\int_{\gamma}^{2\pi-\gamma} \frac{\sin(y+ix+\nu\chi)-\sin(y+\nu\chi-ix)}{\sqrt{2(\cos\gamma-\cos\chi)}}\,d\chi.$$

Um das erste Glied auf der rechten Seite des Ausdrucks von V_ι umzugestalten macht man

$$x = \nu(\sigma_0-\tau),\quad y = i\nu(\sigma-\sigma_1),\quad \frac{\mathfrak{r}_1}{\mathfrak{r}_0} = q;$$

für das zweite macht man

$$x = \nu(\tau - \sigma_1), \quad y = i\nu(\sigma_0 - \sigma).$$

Setzt man noch

$$\chi + i(\sigma + \sigma_0 - \sigma_1 - \tau) = \frac{\pi}{K} u, \quad \chi + i(\sigma - \sigma_0 - \sigma_1 + \tau) = \frac{\pi}{K} u_1,$$

$$\chi - i(\sigma - \sigma_0 + \sigma_1 - \tau) = \frac{\pi}{K} u_2, \quad \chi - i(\sigma - \sigma_0 - \sigma_1 + \tau) = \frac{\pi}{K} u_3,$$

so erhält man endlich

$$-V_\iota = \frac{kK}{2\pi^2\sqrt{rs}}\left\{\int_\gamma^{2\pi-\gamma} \frac{\operatorname{sn} u - \operatorname{sn} u_1 + \operatorname{sn} u_2 - \operatorname{sn} u_3}{\sqrt{2(\cos\gamma - \cos\chi)}} d\chi \right.$$
$$\left. + i\int_{-\gamma}^{\gamma} \frac{\operatorname{sn} u + \operatorname{sn} u_1 + \operatorname{sn} u_2 + \operatorname{sn} u_3}{\sqrt{2(\cos\chi - \cos\gamma)}} d\chi\right\},$$

wenn man sinam abgekürzt durch sn bezeichnet.

Nach Herrn Mehler *), der durch ein ganz verschiedenes Verfahren V_ι gleichfalls in dieser Form findet ohne den Ausdruck (*d*) von V_ι, also die Reihe für V_ι, zu gebrauchen, bemerke ich dass man, um V_ι für den speciellen Fall $\gamma = 0$ oder $\gamma = \pi$ zu erhalten, nicht diese Werthe in die Formel zu substituiren hat, sondern die Grenzwerthe des obigen Ausdrucks für $\gamma = 0$ oder π nehmen muss. Dies stammt aus dem Umstande, dass die Integrale, welche Herr Mehler für $P^n(\cos\gamma)$ gefunden hat (7, *b*), in den gleichen Fällen durch ihre Grenzwerthe ersetzt werden müssen.

§ 22. Die Erscheinungen der Anziehung und Abstossung bei elektrischen Körpern leitet man durch Rechnung ab, indem man elektrische Massen (Fluida) von zwei Arten einführt, ein Fluidum mit positiver, eines mit negativer Dichtigkeit ($\varkappa$). Die Dichtigkeit ändert sich bei elektrischen (nicht bei magnetischen s. u.) Körpern nach der Stetigkeit; also kann $\varkappa$ vom Positiven zum Negativen nur so gelangen, dass es durch Null geht. Die Fluida wirken auf einander nach dem Newton'schen Gesetze, so dass man ihnen ein Potential zuschreiben kann, gleichnamige abstossend, ungleichnamige anziehend, und diese Kraft tritt als ponderomotorische auf, d. i. ihre Wirkung zeigt sich an den Massen, die Träger der Fluida sind. Ausserdem ist die Kraft eine elektro-

*) Zur Theorie der Vertheilung der Elektricität in leitenden Körpern, Jahresbericht des Elbinger Gymnasiums, Ostern 1879; § 4.

motorische oder vielmehr scheidende, indem sie im Innern eines Leiters Fluida, da wo sie gemischt sind, auf welche man sie wirken lässt, sofort trennt. Wenn in dem elektrischen Zustand eines Leiters, mag dieser Zustand durch Mittheilung von Elektricität, (Berührung eines Körpers durch einen anderen der mit freier Elektricität geladen ist) oder durch Influenz, oder durch Beides hervorgebracht sein, keine Aenderung eintritt (Elektrostatik), so müssen wir daher annehmen, dass elektrische Kräfte, welche nach dem Vorhergehenden eine Zersetzung veranlassen würden, auf keinen Punkt des Innern wirken. Daher sind die Componenten Ξ, H, Z gleich Null und man hat (§ 17, No. 3) für jeden Punkt O_μ, wenn V das Potential aller wirkenden elektrischen, nicht der körperlichen, Masse bezeichnet,

$$\frac{\partial V}{\partial x} = \frac{\partial V}{\partial y} = \frac{\partial V}{\partial z} = 0.$$

Daher erhält man für den ganzen Raum in dem sich raumerfüllende Massen befinden, $\Delta V_\mu = 0$. Weil aber $\Delta V = -4\pi\varkappa$ (s. § 17, 5), so folgt hieraus, dass auch im Innern $\varkappa = 0$ sei; die Wirkung elektrischer Massen verhält sich also so, als ob die anziehende oder abstossende Masse sich nur auf der Oberfläche des Leiters befindet. Um den elektrischen Zustand eines Leiters zu finden, hat man also die Dichtigkeit der Elektricität auf der Oberfläche gegebener Leiter aufzusuchen, welche bewirkt, dass das Gesammt-Potential d. i. das Potential der Masse, die sich auf der Fläche befindet, addirt zu der Summe der Potentiale, welche durch die Elektricität auf den Nichtleitern hervorgebracht werden, in jedem Punkte der Oberfläche (und im Innern, s. u.) eine constante Zahl giebt. Ausserdem ist zu berücksichtigen, dass die ganze auf den Leitern vertheilte elektrische Masse gleich ist der den Leitern direkt mitgetheilten Elektricität; die durch Influenz geschiedenen Massen geben nämlich gleiche Mengen entgegengesetzter Fluida, so dass sie keinen Beitrag zur gesammten Elektricitätsmenge liefern.

Diese Anwendungen führen uns auf die Betrachtung der Potentiale von Flächen.

Anmerkung. Um die Menge der Elektricität, welche ein gegebener Nichtleiter enthält zu messen, kann man sich einer leitenden Kugel bedienen, die isolirt und deren Inneres ausgehöhlt ist. In den hohlen Raum schliesst man den Nichtleiter ein, so dass er die Kugel nicht berührt. Der Nichtleiter wirkt dann, wie sich aus der Theorie zeigen lässt, nach aussen auf jeden Punkt gerade so, als ob die ganze elektrische Masse des Nichtleiters in dem Mittelpunkt der Kugel vereinigt wäre und dort direkt, d. i. von der Kugel befreit, auf den äussern Punkt, nach dem Newtonschen Gesetze, wirkte.

Man nennt Potential einer Fläche im Punkte O das Doppelintegral

$$\mathrm{v} = \iint \frac{\varkappa\, do}{R},$$

wenn die Integration über eine Fläche ausgedehnt wird, deren Element do sei; $\varkappa$ heisst die Dichtigkeit der Flächenbelegung in einem beliebigen Punkte $[a, b, c]$ der Fläche, welcher auf do liegt. Diese Dichtigkeit *) kann gleichförmig (in allen Punkten dieselbe) oder ungleichförmig sein, und in letzterem Falle sich nach der Stetigkeit ändern, oder es kann die ganze Fläche in zwei oder mehrere Stücke zerfallen, in deren jedem eine stetige Aenderung stattfindet, während beim Uebergange aus einem in das andere die Aenderung sprungweise geschieht. Uebrigens kann auch eine solche Vertheilung gedacht werden, wo unbeschadet der Endlichkeit der ganzen Masse, die Dichtigkeit in einzelnen Punkten oder Linien unendlich gross wird. (Z. B. bei der Vertheilung der Elektricität auf der Kegelfläche im Scheitel.) Der Fläche selbst wird eine im allgemeinen stetige Krümmung beigelegt ohne darum eine Unterbrechung in einzelnen Punkten oder Linien auszuschliessen. Ist $\varkappa$ überall positiv, so heisst **) die Vertheilung der Masse gleichartig, und ungleichartig, wenn $\varkappa$ an einigen Stellen positiv, an anderen negativ ist.

Für eine Kugelfläche $r = \mathfrak{r}$ sei die Dichtigkeit $\varkappa$ im Punkte $[a, b, c]$ als Function von η und ω gegeben. Alsdann wird für v ein Ausdruck wie (1, a) auf S. 44 erhalten, nämlich

$$\mathrm{v} = \mathfrak{r}^2 \int_0^{\pi} \sin\eta\, \partial\eta \int_0^{2\pi} \frac{\varkappa(\eta, \omega)\partial\omega}{\sqrt{r^2 - 2r\mathfrak{r}\cos\gamma + \mathfrak{r}^2}}.$$

Man kann $\varkappa$ nach Kugelfunctionen K entwickeln, und zwar in dem speciellen Falle, dass $\varkappa$ eine ganze Function von a, b, c ist, wie

*) Gauss, Allgemeine Lehrsätze etc. art. 12.

**) art. 29.

§ 19, No. 3, während man sich im allgemeinen der Methoden des § 18 bedient. Setzt man

$$\varkappa(\eta, \omega) = \sum_{n=0}^{\infty} K^{(n)}(\eta, \omega),$$

so erhält man für das Potential v im Punkte $O = (r, \theta, \psi)$, je nachdem $r < \mathfrak{r}$ oder $r > \mathfrak{r}$ ist, die erste oder zweite der Gleichungen

$$\mathrm{v} = 4\mathfrak{r}\pi \sum_{n=0}^{\infty} \frac{K^{(n)}(\theta, \psi)}{2n+1} \left(\frac{r}{\mathfrak{r}}\right)^n, \quad \mathrm{v} = 4\mathfrak{r}\pi \sum_{n=0}^{\infty} \frac{K^{(n)}(\theta, \psi)}{2n+1} \left(\frac{\mathfrak{r}}{r}\right)^{n+1}.$$

Man zieht hieraus ähnliche Schlüsse für specielle Fälle wie im § 19. Z. B. erhält man für $\varkappa = 1$ die bekannten Ausdrücke

$$\mathrm{v}_i = 4\mathfrak{r}\pi, \quad (r < \mathfrak{r}); \qquad \mathrm{v}_a = \frac{4\mathfrak{r}^2\pi}{r}, \quad (r > \mathfrak{r}).$$

Ist die Dichtigkeit $\varkappa$ eine homogene lineare Function der rechtwinkligen Coordinaten des Ortes auf der Oberfläche, also

$$\varkappa = \gamma_1 a + \gamma_2 b + \gamma_3 c,$$

so wird je nachdem $r < \mathfrak{r}$ oder $r > \mathfrak{r}$ der erste oder zweite Ausdruck erhalten

$$\mathrm{v}_i = \frac{4\mathfrak{r}\pi}{3}(\gamma_1 x + \gamma_2 y + \gamma_3 z), \quad \mathrm{v}_a = \frac{4}{3} \cdot \frac{\mathfrak{r}^4\pi}{r^3}(\gamma_1 x + \gamma_2 y + \gamma_3 z).$$

Allgemein, wenn die Dichtigkeit $\varkappa$ eine ganze Function m^{ten} Grades der rechtwinkligen Coordinaten des Orts auf der Oberfläche ist, so wird das Potential v im Punkte O, dessen Entfernung vom Mittelpunkte gleich r ist, wenn $r < \mathfrak{r}$, eine ganze Function m^{ten} Grades der rechtwinkligen Coordinaten x, y, z von O, und wenn $r > \mathfrak{r}$ eine solche dividirt durch die $2m+1^{\text{te}}$ Potenz der Entfernung r des Punktes O vom Mittelpunkte der Kugel.

Eine Entwickelung von $\varkappa$ nach Kugelfunctionen giebt als angenäherten Werth von $\varkappa$ die Summe der ersten m Glieder, d. i. eine ganze Function der Coordinaten a, b, c der Punkte, welche auf der Oberfläche liegen, so dass für den angenäherten Werth des Potentials v bei einer beliebigen Dichtigkeit dasselbe gilt, was soeben von dem Potential bei einer Dichtigkeit gesagt wurde, die eine ganze Function von a, b, c ist. Das Potential v_i in einem Punkte O wird angenähert eine ganze Function der rechtwinkligen Coordinaten von O, und v_a eine solche, die nur noch durch eine Potenz der Entfernung dividirt ist.

Von den Eigenschaften des Flächenpotentials hebe ich folgende hervor: (M. vergl. § 17, S. 42—43, No. 1—6)

1) Das Potential v selbst und ϱv bleiben im ganzen Raume einwerthig, stetig und endlich. (In der Unendlichkeit ist ϱv gleich der gesammten Masse $\iint \varkappa do$.)

2) $\frac{\partial \mathrm{v}}{\partial \varrho}$, sowie dieser Differentialquotient mit ϱ^2 multiplicirt, bleiben überall endlich und ansserhalb der mit Masse belegten Flächen stetig.

3) Wenn der Punkt O in den Körper hineinrückte, so blieben die ersten Differentialquotienten von V nach jeder Richtung continuirlich, während die ersten Differentialquotienten von v sich beim Durchgang durch die Fläche sprungweise ändern. Errichtet man in dem Punkte der Fläche durch den O hindurchgehen soll eine Normale, oder vielmehr die beiden Normalen, die wir mit n und n_1 bezeichnen und zwar jede nach der Richtung als wachsend betrachtet, in welcher man sich von der Fläche entfernt, so wird

$$\frac{\partial \mathrm{v}}{\partial n} + \frac{\partial \mathrm{v}}{\partial n_1} = -4\pi\varkappa,$$

wenn $\varkappa$ die Dichtigkeit in dem Punkte der Fläche bezeichnet. Die beiden Differentialquotienten kann man als solche betrachten, die nicht im Punkte der Fläche O selbst genommen werden, sondern in Punkten P und P_1, die demselben unendlich nahe, der eine auf n, der andere auf n_1 liegen. Die Punkte P und P_1 lässt man dann in O zusammenfallen.

A n m e r k u n g. Ist $f(x, y, z) = 0$ die Gleichung einer Fläche, und nennt man den Raum den innern, in welchem f kleiner als 0 ist, so haben die Cosinus der Winkel, welche die von innen nach aussen gerichtete Normale mit den positiven Richtungen der Axen X, Y, Z bildet, die Vorzeichen resp. von $f'(x)$, $f'(y)$, $f'(z)$.

Die unter 3) aufgeführte Eigenschaft benutzt man zu einem kurzen, allerdings in Bezug auf Strenge nicht ausreichenden Beweise des im 5. Kapitel des II. Theils im I. Bande bewiesenen Satzes, dass eine continuirliche Function des Orts auf der Kugel mit dem Radius 1, $f(\theta, \psi)$, sich nach Kugelfunctionen $X^{(m)}$ so entwickeln lasse, dass man hat

$$X^{(m)} = \frac{2m+1}{4\pi}\int_0^\pi \sin\eta\,\partial\eta \int_0^{2\pi} f(\eta, \omega) P^n(\cos\gamma)\,\partial\omega.$$

(M. vergl. I. 433 (*a*) u. (*b*).) V o r a u s g e s e t z t wird hierbei nämlich, dass die X eine convergirende Reihe bilden.

Man denkt sich eine Kugel mit dem Radius 1 so mit Masse belegt, dass ihre Dichtigkeit im Punkte (η, ω) der Oberfläche gleich $f(\eta, \omega)$ sei. Ihr Potential im Punkte (r, θ, ψ) des Raumes ist daher

$$\mathrm{v} = \int_0^{\pi}\int_0^{2\pi} \frac{f(\eta, \omega)\sin\eta\,\partial\eta\,\partial\omega}{\sqrt{1-2r\cos\gamma+r}}.$$

Je nachdem $r > 1$ oder $r < 1$ entwickelt man v nach ab- oder aufsteigenden Potenzen von r und erhält demnach v resp. gleich

$$\Sigma \frac{4\pi}{2m+1} r^{-m-1} X^{(m)}, \quad \Sigma \frac{4\pi}{2m+1} r^m X^{(m)}.$$

Sind die beiden Reihen mit dem m^{ten} Gliede

$$\frac{4m\pi}{2m+1} X^{(m)}, \quad \frac{4(m+1)\pi}{2m+1} X^{(m)}$$

convergent, so sind sie, nach einem bekannten Satze über die Convergenz der Potenzreihen (von Abel; man findet ihn unten im Zusatz zu I. 67) die negativen innern oder äussern Differentialquotienten des Potentials an der Kugelfläche nach den Normalen n und n_1. Ihre Summe ist daher 4π multiplicirt mit der Dichtigkeit im Punkte $(1, \theta, \psi)$, d. i. mit $f(\theta, \psi)$.

4) Im ganzen Raume mit Ausnahme der belegten Flächen wird

$$\Delta\mathrm{v} = \frac{\partial^2\mathrm{v}}{\partial x^2} + \frac{\partial^2\mathrm{v}}{\partial y^2} + \frac{\partial^2\mathrm{v}}{\partial z^2} = 0.$$

Eindeutig bestimmt ist eine Function v im ganzen Raume durch folgende Bedingungen:

a) Sie genügt der Bed. 1) und $\varrho\frac{\partial\mathrm{v}}{\partial\varrho}$ sowie $\varrho^2\frac{\partial\mathrm{v}}{\partial\varrho}$ bleibt überall endlich und mit Ausschluss einer oder mehrerer gegebener Flächen stetig und einwerthig.

b) $\Delta\mathrm{v}$ ist im ganzen Raume im allgemeinen Null, d. h. wenn höchstens irgend welche Punkte, Linien und Flächen ausgenommen werden.

c) Auf den unter *a*) erwähnten Flächen ist

$$\frac{\partial\mathrm{v}}{\partial n} + \frac{\partial\mathrm{v}}{\partial n_1}$$

gegeben. Diese Bedingung kann aber mit der folgenden vertauscht werden:

c') Auf den unter *a*) erwähnten Flächen ist der Werth der Function v gegeben.

Da wenn v selbst bestimmt ist auch $\partial\mathrm{v}:\partial n$ und $\partial\mathrm{v}:\partial n_1$ bestimmt sind, so folgt, dass die durch *a*), *b*), *c'*) bestimmte Function zugleich das Potential einer Belegung jener

Flächen ist. Das Doppelintegral

$$-\frac{1}{4\pi}\iint\left(\frac{\partial \mathrm{v}}{\partial n}+\frac{\partial \mathrm{v}}{\partial n_1}\right)\frac{do}{R},$$

die Integration über die Flächen ausgedehnt, ist nämlich offenbar ein Flächenpotential, und stimmt zugleich mit der durch *a*), *b*), *c*) bestimmten Function überein.

Da eine Function durch jene Bedingungen eindeutig bestimmt ist, so folgt, dass eine Function v, welche den Bedingungen *a*), *b*) genügt und auf einer geschlossenen Fläche constant ist, auch im Innern derselben constant bleibt. Das Potential nimmt ferner ab, wenn *O* von der Begrenzung in den äusseren Raum rückt.

Es entsteht die Frage, ob jede auf einer Fläche gegeben continuirliche und einwerthige Function auch als Werth des Potentials einer geeigneten Belegung dieser Fläche mit Masse, in Punkten *O* der Fläche angesehen werden kann, oder ob, was dasselbe ist, immer eine Function v der Coordinaten von *O* existirt, welche den Bedingungen *a*) und *b*) genügt und ausserdem sich in eine willkürlich gegebene continuirliche Function des Orts auf der Fläche verwandelt, wenn *O* auf dieselbe rückt. Eine geraume Zeit glaubte man die Frage bejahen zu müssen (m. vergl. in „Gauss, Allgemeine Lehrsätze etc.“ § 33 und Dirichlet's Vorlesungen von Grube § 32) bis man bemerkte, dass den Beweisen unbewiesene Voraussetzungen zu Grunde liegen. So fordert Dirichlet's Beweis, dass man die auf der Oberfläche gegebene Function in's Innere nach der Bedingung *a*) fortsetzen kann, was allerdings in vielen Fällen geschehen kann, z. B. wenn die Function das Potential einer Körpermasse ist oder die reciproke Entfernung eines Punktes von den Punkten der Fläche (s. unten die Green'sche Function). Im allgemeinen ist aber die Möglichkeit unbewiesen. Es lässt sich beweisen, dass unendlich viele Fortsetzungen existiren, wenn eine möglich ist. Ferner ist die Voraussetzung unbewiesen, dass unter allen möglichen unendlich vielen Fortsetzungen eine existire, welche

$$\iiint\left[\left(\frac{\partial \mathrm{v}}{\partial x}\right)^2+\left(\frac{\partial \mathrm{v}}{\partial y}\right)^2+\left(\frac{\partial \mathrm{v}}{\partial z}\right)^2\right]dt,$$

das Integral über das ganze Innere genommen, zu einem Minimum macht. M. vergl. meine Arbeit in den Göttinger Nachrichten vom 16. August 1861 oder im IV. Bde der Mathematischen Annalen.

Unsere hauptsächliche Aufgabe wird es sein, für eine Reihe von Flächen solche Functionen v wirklich aufzusuchen, die den Bedingungen *a*) und *b*) genügen und auf der Fläche gegebene Werthe annehmen. Wenn wir im Folgenden allgemeine Sätze aufstellen, so haben wir nur solche begrenzende Flächen im Auge, bei welchen eine dort gegebene Function wirklich ein Potential v ist, sollte man dasselbe auch nicht für den leeren Raum ermitteln können.

Da nach § 17, No. 6 das Potential V eines Körpers in Punkten des leeren Raumes (V_a und V_ι) denselben bestimmenden Bedingungen unterworfen ist wie (nach *a*, *b*, *c'*) ein Flächenpotential v bis an die begrenzende Fläche, so lässt sich (wie Gauss zuerst zeigte) das Potential V_a oder V_ι eines Körpers mit Masse von gegebener Dichtigkeit durch Belegung seiner Grenzflächen mit Masse als Flächenpotential darstellen. Die Dichtigkeit $\varkappa$ der dazu erforderlichen Belegung ist durch die vorhergehenden Sätze bestimmt. Man kennt, wenn zunächst nur eine Begrenzung vorhanden ist, da k gegeben ist, das Körperpotential im äusseren Raume V_a und auf der Fläche. Es existiren ferner zwei Functionen, welche den letzteren Werth auf der Fläche annehmen und von denen die eine im äusseren Raume den Bedingungen *a*) und *b*) genügt, die andere in dem von der Fläche umschlossenen (ursprünglich Masse von der Dichtigkeit k enthaltenden) Raume. Die erste ist offenbar V_a selbst. Diese beiden Functionen, welche sich durch die Fläche hindurch continuirlich fortsetzen, bilden zusammen eine continuirliche Function, die wir v nennen, welche im ganzen Raume den beiden Bedingungen *a*) und *b*) genügt, also ein Flächenpotential ist. Die gesuchte Belegung der Fläche hat die Dichtigkeit

$$\varkappa = -\frac{1}{4\pi}\left(\frac{\partial \mathrm{v}}{\partial n} + \frac{\partial \mathrm{v}}{\partial n_1}\right),$$

wo man statt des Differentialquotienten von v nach der äusseren Normalen den gleichen von V_a nehmen kann.

Ganz ähnlich verhält es sich, wenn mehrere Begrenzungen, z. B. zwei, $\mathfrak{C}$ und $\mathfrak{E}$, vorhanden sind, zwischen denen die Masse k liegt. $\mathfrak{C}$ mag $\mathfrak{E}$ einschliessen. Man könnte dann durch eine Belegung von $\mathfrak{C}$ allein die Wirkung der Massen in den äusseren Raum α, durch eine Belegung von $\mathfrak{E}$ allein in den inneren Raum ι ersetzen. Dazu würde man zwei Functionen v und w aufsuchen, von denen die erste auf $\mathfrak{C}$ und im Raume α mit V_a übereinstimmt, ferner im ganzen Raume, welcher 𝔈 umschliesst, den Bedingungen *a*) und *b*) genügt. Durch Differentiation nach den Normalen ergiebt sich aus v die Dichtigkeit der Belegung von 𝔈. Eine zweite Function w wird aufgesucht, die im Raume, den 𝔈 umschliesst, gleich der Function V_i ist, und diese wird in den unendlichen Raum, welcher 𝔈 umschliesst, nach den Bedingungen *a*) und *b*) fortgesetzt. Sie liefert diejenige Belegung von 𝔈, die ein Flächenpotential gleich V_i im Raume, den 𝔈 umschliesst, hervorbringt. Will man aber beide Flächen zugleich mit Masse bekleiden, und dadurch für Punkte O_a und O_i zugleich die Wirkung der Masse k ersetzen, so sucht man eine Function v, die an den beiden Flächen mit den Werthen von V daselbst übereinstimmt, ausserhalb der Flächen, d. h. in jedem einzelnen von den drei Räumen, ausserhalb 𝔈, zwischen 𝔈 und 𝔈, im Innern von 𝔈, aber den Bedingungen *a*) und *b*) genügt. Durch Differentiation dieser Functionen nach den Normalen in einem Punkte je einer von den Flächen 𝔈 und 𝔈 findet man die Dichtigkeit $\varkappa$ daselbst. M. vergl. die Beispiele § 23.

Den wichtigen Satz, dass sich die Wirkung von Körpermassen auf jeden Punkt O des leeren Raumes durch die Wirkung von anziehenden Flächen auf die gleichen Punkte ersetzen lässt, hat Gauss schon in der Intensitas *) vis magneticae art. 2, S. 10 angekündigt. Die Ableitung findet sich in der oft erwähnten Arbeit von Gauss, Resultate etc. i. J. 1839 art. 36. Die Masse, welche auf der Fläche vertheilt werden muss, ist, wenn es sich um äussere Punkte handelt, genau gleich der Masse des Körpers $\int k dt$. Denn im äusseren Raume ist $V_a = \mathrm{v}_a$, also $\varrho V_a = \varrho \mathrm{v}_a$; nach S. 42, 2 und S. 64, 1 sind diese Ausdrücke für $\varrho = \infty$ die anziehenden Massen. Ersetzt man aber das Potential im Innern durch ein Flächenpotential, so können die Massen verschieden sein. Will man jedoch nur die Anziehung des Körpers durch die Anziehung einer Fläche ersetzen, so lässt sich dazu die ganze Körpermasse verwenden, indem dann nicht erforderlich ist, dass V und v selbst, sondern nur dass $\frac{\partial V}{\partial x}$ und $\frac{\partial \mathrm{v}}{\partial x}$, etc. in den Punkten O_i übereinstimmen, dass also V_i und v sich im Innern, also (S. 66) dass sie auf der inneren Begrenzung sich nur um eine beliebige Constante unterscheiden. Man kann aber in der That eine gegebene, von 0 ver-

*) Werke, V. S. 87.

schiedene Masse, auf einer Fläche immer so vertheilen, dass das Potential in der Fläche constant wird. Um dies zu beweisen, denke man sich eine Function v so bestimmt, dass sie *a*) und *b*) genügt und auf der Fläche sich in v = 1 verwandelt. Eine solche Function existirt (S. 67), und ist im Innern der Begrenzung constant 1, giebt also nach der inneren Normalen differentiirt Null. Hiernach wird die Dichtigkeit der erforderlichen Flächenbelegung

$$\varkappa = -\frac{1}{4\pi}\frac{\partial \mathrm{v}}{\partial n},$$

wenn n die äussere Normale bezeichnet. Der Differentialquotient hat aber in jedem Punkte der Fläche das gleiche Zeichen, indem v absolut abnimmt oder constant bleibt, wenn man sich von der Fläche nach aussen zu entfernt. Ueberall kann es aber nicht constant sein, weil sonst $\varkappa = 0$ also $\mathrm{v} = 0$ und nicht gleich 1 wäre. Daher hat $\varkappa$ auf der ganzen Fläche dasselbe Zeichen, und die gesammte Masse die zu dem constanten Potentiale $\mathrm{v} = 1$ gehört, ist positiv und nicht Null, woraus unmittelbar folgt, dass man eine beliebige Masse so auf der Grenzfläche vertheilen kann, dass v dort und im Innern constant bleibt.

In diesem und den folgenden Kapiteln dieses II. Theiles werden wir, mit Hülfe der Kugelfunctionen und der verwandten Functionen für verschiedene gegebene Körper, Kugeln, Ellipsoide, etc. die Aufgabe lösen, die Begrenzung so mit Masse zu belegen, dass die Belegung dieselbe Wirkung oder dasselbe Potential in Punkten O_a oder O_i besitzt wie der Körper selbst, dessen Dichtigkeit k gegeben ist. Fassen wir das oben Entwickelte zusammen so ist dazu

1) das Körperpotential V in dem ganzen Raume aufzusuchen ausser dem durch einen Index μ angedeuteten, (der die anziehende Masse enthält);

2) in dem letzteren Gebiete μ eine Function v zu finden, welche dort den Bedingungen *a*) und *b*) dieses Paragraphen genügt, und auf der Begrenzung denselben Werth wie V besitzt.

3) in jedem Punkt der Begrenzung $\frac{\partial \mathrm{v}}{\partial n} + \frac{\partial V}{\partial n_1}$ zu bestimmen, wenn n die in den Raum μ gerichtete, n_1 die entgegengesetzte Normale bezeichnet. Dieser Ausdruck, durch -4π differentiirt, ist die dem Punkte beizulegende Dichtigkeit $\varkappa$.

In den folgenden Kapiteln werden wir den Gegenstand weniger ausführlich behandeln als in diesem; um Wiederholungen zu vermeiden auch nicht überall die fertige Lösung der einzelnen Aufgaben bringen sondern mehrfach nur die Hülfsmittel zu ihrer Lösung zusammenstellen.

Die Aufgabe 1) ist durch Aufstellung des Integrales (1) im § 17 gelöst, und es kommt nur darauf an, dasselbe für jeden gegebenen Körper möglichst zu vereinfachen; 3) erfordert nur eine Differentiation. Die eigentliche Schwierigkeit bei dem Aufsuchen der Vertheilung von Masse für gegebene Körper besteht in der Lösung von Aufg. 2). Statt dieser werden wir die allgemeinere stellen, die auch in der (Fourier'schen) Wärmetheorie von grosser Bedeutung ist:

2') Eine Function v aufzusuchen, die für jede Lage von O den Bedingungen a) und b) genügt und **sich auf den gegebenen Flächen in eine willkürlich gegebene continuirliche Function des Orts verwandelt.** Ist sie gelöst, so wird durch

$$-4\pi\varkappa = \frac{\partial v}{\partial n} + \frac{\partial v}{\partial n_1}$$

die Dichtigkeit $\varkappa$ einer Masse bestimmt; bekleidet man die Grenzfläche mit derselben, so wird ihr Flächenpotential genau v.

Eine besondere Bedeutung kommt dem Falle zu, dass der auf der Grenze gegebene Werth eine Constante ist.

Die Aufgaben 2 oder 2' lösen wir zunächst nach zwei verschiedenen Methoden. Nach der einen betrachten wir die in 2' auf der Begrenzung $\mathfrak{C}$ gegebene Function noch als Potential V auf $\mathfrak{C}$, erstens einer nur diesseits, zweitens einer nur jenseits $\mathfrak{C}$ vertheilten Körpermasse und bilden die Fortsetzungen in den Raum jenseits resp. diesseits $\mathfrak{C}$. (Für Kugelflächen $\mathfrak{C}$ sind die beiden Fortsetzungen einzeln im § 21 gefunden.) Die beiden Fortsetzungen fassen wir zusammen als **eine** Function auf; diese ist das gesuchte v. Die zweite Methode (§ 26) besteht darin, dass man die partielle Differentialgleichung $\Delta v = 0$ integrirt, und zwar so dass die Lösung v auf $\mathfrak{C}$ den gegebenen Werth annimmt.

§ 23. Für Kugeln lösen wir hier die Aufgabe 2' des vorigen Paragraphen nach der ersten Methode, mit Hülfe des § 21 in den dort hervorgehobenen drei Fällen, indem wir die dortige Bezeichnung beibehalten:

a) Eine Kugelfläche mit dem Radius $\mathfrak{r}_0$ oder $\mathfrak{r}_1$ begrenzt eine Schale nach aussen oder innen. Das Körperpotential ist in dieser Fläche gegeben $= f(\theta, \psi)$. Man soll erstens im ganzen Raum ein solches Flächenpotential $\mathfrak{v}$ finden, welches in der Begrenzung mit V übereinstimmt, d. i. gleich $f(\theta, \psi)$ wird, zweitens die Dichtigkeit $\varkappa$ der zur Belegung der Grenzfläche erforderlichen Masse ermitteln. Die Werthe von V und $\mathfrak{v}$ stimmen in dem durch die Fläche begrenzten leeren Raum überein.

In dem Raume, in welchem $r > \mathfrak{r}$ ist, erhält man nach § 21, *b*, wenn das Potential, woher es auch stammt, an der Oberfläche $f(\theta, \psi)$ ist, und $Y^{(n)}$ hier, wie dort, die n^{te} in der Reihe der Kugelfunctionen bedeutet, in welche sich $f(\theta, \psi)$ entwickeln lässt,

$$\mathfrak{v} = \sum_{n=0}^{\infty} \left(\frac{\mathfrak{r}}{r}\right)^{n+1} Y^{(n)},$$

oder gleich dem Doppelintegral § 21, *b'*. In dem Raume, in welchem $r < \mathfrak{r}$ ist, hat man

$$\mathfrak{v} = \sum_{n=0}^{\infty} \left(\frac{r}{\mathfrak{r}}\right)^{n} Y^{(n)},$$

oder gleich dem Doppelintegral § 21, *c'*, wenn man darin $\mathfrak{r}_1$ mit $\mathfrak{r}$ und f_1 mit f vertauscht. Hieraus findet man nach S. 70 die Dichtigkeit der Belegung auf der Oberfläche durch Differentiation nach den Normalen r, wenn man $r = \mathfrak{r}$ setzt. Im allgemeinen hat man also

$$\varkappa = \sum_{n=0}^{\infty} \frac{2n+1}{4\mathfrak{r}\pi} Y^{(n)},$$

darf aber nicht vergessen, dass die nach r zu nehmende Grenze der Summe einer Reihe nur dann gleich der Summe der Grenzen gesetzt werden darf, wenn letztere Reihe convergirt. Da die Dichtigkeit der Belegung in Punkten und Linien unendlich sein kann (S. 62), so wird es sich in Fällen der Divergenz fragen, ob die Dichtigkeit wirklich unendlich ist oder ob nur die Convergenz der Reihe aufhörte und es also nicht gestattet war, die beiden Grenzen von $d\mathfrak{v} : dr$ für $r = \mathfrak{r}$ mit der Summe der Grenzen der einzelnen Glieder zu vertauschen. M. vergl. hierüber § 28.

Beispiel. Der Werth des Potentials an der Oberfläche sei eine homogene Function der Coordinaten x, y, z vom m^{ten} Grade, die wir, wie $k(x, y, z)$ im § 19, in eine Reihe von Kugelfunctionen nach der dort benutzten besonderen Methode entwickeln. Wir erhalten dann

$$f(\theta, \psi) = Y^{(m)} + \mathfrak{r}^2 Y^{(m-2)} + \mathfrak{r}^4 Y^{(m-4)} + \cdots,$$

und es wird, wenn man in die Y die Coordinaten r, θ, ψ des Punktes O einsetzt,

$$\mathrm{v} = Y^{(m)} + \mathrm{r}^2 Y^{(m-2)} + \mathrm{r}^4 Y^{(m-4)} + \cdots, \qquad (r < \mathrm{r}),$$

$$\mathrm{v} = \left(\frac{\mathrm{r}}{r}\right)^{2m+1}\left(Y^{(m)} + \frac{r^4}{\mathrm{r}^2} Y^{(m-2)} + \frac{r^8}{\mathrm{r}^4} Y^{(m-4)} + \cdots\right), \qquad (r > \mathrm{r}),$$

$$4\mathrm{r}\varkappa\pi = (2m+1)Y^{(m)} + (2m-3)Y^{(m-2)} + (2m-7)Y^{(m-4)} + \cdots, \qquad (r = \mathrm{r}).$$

Specielle Fälle. Um an der Oberfläche der Kugel das Potential $\mathrm{v} = 1$ zu erhalten, hat man $Y^{(0)}$ gleich 1 zu nehmen und findet die Dichtigkeit der dazu erforderlichen Flächenbelegung

$$\varkappa = \frac{1}{4\mathrm{r}\pi}.$$

In den drei speciellen Fällen, in denen $f(\theta, \psi)$ eine homogene Function von x, y, z und $m = 1, 2, 3$ ist, findet man die Werthe der Y am Schluss des § 19. Man hat daher in den beiden ersten Fällen, wenn man den Buchstaben $\dot{\mathfrak{S}}$ wie S. 49 verwendet:

α) im Falle $m = 1$, wenn $\mathrm{v} = \gamma_1 x + \gamma_2 y + \gamma_3 z$ für $r = \mathrm{r}_0$ ist:

$$4\mathrm{r}\pi\varkappa = 3(\gamma_1 x + \gamma_2 y + \gamma_3 z) = 3\mathrm{r}[\gamma_1 \cos\theta + \sin\theta(\gamma_2 \cos\psi + \gamma_3 \sin\psi)],$$

β) im Falle $m = 2$, wenn $\mathrm{v} = \mathfrak{S}[\gamma_1 x_1^2 + \alpha_1 x_2 x_3]$ für $\mathrm{r} = \mathrm{r}_0$ ist:

$$12\mathrm{r}\pi\varkappa = \mathfrak{S}[\gamma_1 + 5\gamma_1(2x_1^2 - x_2^2 - x_3^2) + 15\alpha_1 x_2 x_3].$$

b) Auf der Fläche $r = \mathrm{r}_0$ sei $V = f_0(\theta, \psi)$, auf der kleineren Fläche $r = \mathrm{r}_1$ sei $V = f_1(\theta, \psi)$ gegeben. Man soll v so bestimmen, dass diese Function den bekannten Bedingungen genügt und für $r = \mathrm{r}_0$ resp. $r = \mathrm{r}_1$ in f_0 und f_1 übergeht.

Man hat dann offenbar

$$\text{für } r < \mathrm{r}_1, \quad \mathrm{v} = \Sigma\left(\frac{r}{\mathrm{r}_1}\right)^n Y_1^{(n)};$$

$$\text{„} \quad r > \mathrm{r}_0, \quad \mathrm{v} = \Sigma\left(\frac{\mathrm{r}_0}{r}\right)^{n+1} Y_0^{(n)};$$

für den Raum, in welchem $\mathrm{r}_1 < r < \mathrm{r}_0$ ist, findet man, nach § 21, indem man wieder setzt

$$\log r = \sigma, \quad \log \mathrm{r}_0 = \sigma_0, \quad \log \mathrm{r}_1 = \sigma_1, \quad n + \tfrac{1}{2} = \nu,$$

die Gleichung

$$\mathrm{v}\sqrt{r} = \sqrt{\mathrm{r}_0} \sum_{n=0}^{\infty} \frac{\sin \nu i(\sigma - \sigma_1)}{\sin \nu i(\sigma_0 - \sigma_1)} Y_0^{(n)} + (1, 0),$$

wenn $(1, 0)$ den Ausdruck bedeutet, welcher aus dem ersten Gliede durch Vertauschung der unteren Indices 0 und 1 entsteht.

Hieraus erhält man für die Dichtigkeit der Massenbelegung $\varkappa_0$ und $\varkappa_1$ in Punkten (θ, ψ) der Kugelflächen $r = \mathfrak{r}_0$ und $r = \mathfrak{r}_1$, welche im Innern der Schale dieselbe Wirkung hervorruft wie die wirkliche Massenvertheilung, die Ausdrücke

$$4\pi\mathfrak{r}_0\varkappa_0 = \sum_{n=0}^{\infty} \frac{2n+1}{1-q^{2\nu}} (Y_0^{(n)} - Y_1^{(n)} q^{\nu+\frac{1}{2}}),$$

$$4\pi\mathfrak{r}_1\varkappa_1 = \sum_{n=0}^{\infty} \frac{2n+1}{1-q^{2\nu}} (Y_1^{(n)} - Y_0^{(n)} q^{\nu-\frac{1}{2}}),$$

wenn wiederum $\mathfrak{r}_1 = q\mathfrak{r}_0$ ist. Zieht man auf beiden Seiten der ersten resp. der zweiten Gleichung die Summen resp.

$$\Sigma(2n+1)Y_0^{(n)}, \quad \Sigma(2n+1)Y_1^{(n)}$$

ab, deren Bedeutung die Formel für $\varkappa$ unter a) auf S. 71 zeigt, so bleiben convergente Reihen auf den rechten Seiten der vorigen Gleichungen übrig. Die rechte Seite der ersten Differenz ist dann

$$\Sigma(2n+1)\frac{q^{2\nu}}{1-q^{2\nu}} Y_0^{(n)} - \sqrt{q}\,\Sigma(2n+1)\frac{q^{\nu}}{1-q^{2\nu}} Y_1^{(n)}.$$

Führt man für Y wiederum nach I. 433 die P ein, so lässt sich die Summation des Ausdrucks welcher $P^{(n)}$ statt $Y_0^{(n)}$, resp. $P^{(n)}$ statt $Y_1^{(n)}$ enthält, durch die Formeln

$$\frac{2K}{\pi \sin \operatorname{am} \frac{2Kx}{\pi}} = \frac{1}{\sin x} + \sum_{n=0}^{\infty} \frac{4q^{2\nu}\sin 2\nu x}{1-q^{2\nu}},$$

$$\frac{kK}{\pi} = \sum_{n=0}^{\infty} \frac{2q^{\nu}\sin 2\nu x}{1-q^{2\nu}}$$

ausführen. Auf dieselben Formeln kommt man, wenn man von dem Ausdruck für $V_\iota\sqrt{r}$ auf S. 57 ausgeht, indem man unter dem Integrale, nämlich A_0 und A_1 differentiirt. Es ist selbstverständlich wie man dann den Ausdruck B, welcher bereits durch den Differentialquotienten nach σ von einer elliptischen Function summirt war, zur Auffindung von $\varkappa$ verwerthen kann.

Ist z. B. das Potential f_0 auf der grösseren Kugel eine Constante $= a_0$, und f_1 auf der kleineren eine zweite Constante $= a_1$, also $Y_0^{(0)} = a_0$, $Y_1^{(0)} = a_1$, so wird

$$\varkappa_0 = \frac{a_0\mathfrak{r}_0 - a_1\mathfrak{r}_1}{4\mathfrak{r}_0\pi(\mathfrak{r}_0 - \mathfrak{r}_1)}, \quad \varkappa_1 = \frac{\mathfrak{r}_0(a_1 - a_0)}{4\mathfrak{r}_1\pi(\mathfrak{r}_0 - \mathfrak{r}_1)}.$$

§ 24. Wenn nicht, wie im vorigen Paragraphen, der Werth von v auf den belegten Kugelflächen sondern die Dichtigkeit k der

Masse im Körper gegeben ist, so lässt sich eine ideale Vertheilung der Masse auf der Oberfläche, d. i. die Dichtigkeit $\varkappa$ der Masse, mit welcher die Kugelflächen belegt werden können um dieselbe Wirkung wie der Körper hervorzubringen, direkt durch k ausdrücken.

1) Eine volle Kugel mit dem Radius $\mathfrak{r}$, oder was auf dasselbe hinauskommt, die durch zwei concentrische Kugeln mit den Radien $\mathfrak{r}_0$ und $\mathfrak{r}_1$ (wo $\mathfrak{r}_0 > \mathfrak{r}_1$) gebildete Schale giebt in Punkten $\mathfrak{r}_0$, θ, ψ auf der grösseren Begrenzung, nach S. 45, das Potential

$$\sum_{n=0}^{\infty}\frac{1}{\mathfrak{r}_0^{n+1}}\int_{\mathfrak{r}_1}^{\mathfrak{r}_0} s^{n+2}\partial s\int_0^{\pi}\sin\eta\,\partial\eta\int_0^{2\pi} k(s,\eta,\omega)P^{(n)}(\cos\gamma)\partial\omega.$$

Wie man aus § 23, unter a) ersieht wirkt also die Kugel nach aussen so, als ob man die Fläche $r=\mathfrak{r}$ mit Masse belegt von der Dichtigkeit

$$\varkappa=\Sigma\left(\frac{2n+1}{4\pi}\right)\int_{\mathfrak{r}_1}^{\mathfrak{r}_0}\partial s\int_0^{\pi}\sin\eta\,\partial\eta\int_0^{2\pi}k(s,\eta,\omega)\left(\frac{s}{\mathfrak{r}_0}\right)^{n+2}P^{(n)}(\cos\eta)\partial\omega.$$

Führt man die Summation aus so entsteht

$$\varkappa=\frac{1}{4\mathfrak{r}_0\pi}\int_{\mathfrak{r}_1}^{\mathfrak{r}_0}s^2(\mathfrak{r}_0^2-s^2)\partial s\int_0^{\pi}\sin\eta\,\partial\eta\int_0^{2\pi}\frac{k(s,\eta,\omega)\partial\omega}{(\mathfrak{r}_0^2-2\mathfrak{r}_0 s^2\cos\gamma+s^2)^{\frac{3}{2}}}.$$

2) Aus S. 46 unter 2) findet man als Dichtigkeit der Masse, mit der man die innere Kugelfläche $r=\mathfrak{r}_1$ zu bekleiden hat, um die Wirkung des Körpers nach innen (d. i. in den durch ι charakterisirten Theil des leeren Raumes) zu ersetzen

$$\varkappa=\sum_{n=0}^{\infty}\frac{2n+1}{4\pi}\int_{\mathfrak{r}_1}^{\mathfrak{r}_0}\partial s\int_0^{\pi}\sin\eta\,\partial\eta\int_0^{2\pi}k(s,\eta,\omega)\left(\frac{\mathfrak{r}_1}{s}\right)^{n-1}P^n(\cos\gamma)\partial\omega$$

$$=\frac{1}{4\mathfrak{r}_1\pi}\int_{\mathfrak{r}_1}^{\mathfrak{r}_0}s^2(s^2-\mathfrak{r}_1^2)\partial s\int_0^{\pi}\sin\eta\,\partial\eta\int_0^{2\pi}\frac{k(s,\eta,\omega)\partial\omega}{(\mathfrak{r}_1^2-2\mathfrak{r}_1 s\cos\gamma+s^2)^{\frac{3}{2}}}.$$

3) Durch Belegung beider Flächen, der Fläche $r=\mathfrak{r}_0$ und $r=\mathfrak{r}_1$ kann man die Wirkung der Schale zugleich auf den äusseren Raum α, wie auf den inneren Raum ι ersetzen. Aus (5) im § 18 kennt man die Werthe des Körperpotentials für $r=\mathfrak{r}_0$ und $r=\mathfrak{r}_1$; setzt man dieselben in die Ausdrücke von § 23, b für $\varkappa_0$ und $\varkappa_1$ ein so erhält man, wenn man $k(s,\eta,\omega)$ in k abkürzt,

$$\varkappa_0=\sum_{n=0}^{\infty}\frac{\nu}{2\pi}\int_0^{\pi}\sin\eta\,\partial\eta\int_0^{2\pi}P^n(\cos\gamma)\partial\omega\int_{\mathfrak{r}_1}^{\mathfrak{r}_0}k\frac{\sin(\sigma-\sigma_1)\nu i}{\sin(\sigma_0-\sigma_1)\nu i}\left(\frac{s}{\mathfrak{r}_0}\right)^{\frac{3}{2}}ds,$$

wo $\nu=n+\frac{1}{2}$ und $\sigma=\log s$ gesetzt ist. Hieraus entsteht $\varkappa_1$ durch

Vertauschung der Indices 0 und 1 unter dem Integral. Ueber die Summirung dieser Reihen durch elliptische Functionen gilt Aehnliches wie bei den früheren Ausdrücken dieser Form.

§ 25. Die „allgemeine Theorie *) des Erdmagnetismus" von Gauss ist eine der bedeutendsten Anwendungen des Vorhergehenden. Die Grundlage der Untersuchungen von Gauss (s. daselbst art. 2) ist die Voraussetzung, dass die erdmagnetische Kraft die Gesammtwirkung der magnetischen Theile des Erdkörpers sei; später (art. 36) fragt Gauss, welche Erscheinungen sich zeigen würden, wenn der Sitz der magnetischen Kräfte ausserhalb der Erde, jenseits einer die Erde umgebenden ihr concentrischen Kugelfläche wäre, (eine Annahme die unstatthaft ist art. 39) und drittens, wenn ihr Sitz sowohl im Innern der Erde, als auch theilweise sich jenseits einer die Erde umgebenden concentrischen Kugelfläche (art. 40) befände.

Man nimmt an, dass magnetische Massen nach dem Newton'schen Gesetze wirken, gleichartige einander abstossend, ungleichartige anziehend.

Man denkt sich, dass in jedem messbaren Theile sich positive und negative Masse zugleich befinden (art. 35), und zwar bestimmen uns die Versuche, jedem messbaren Körper gleiche Theile von beiden d. i. die magnetische Masse Null zuzuschreiben, eine Annahme, deren Zulässigkeit, für die Erde wenigstens, die Theorie des Erdmagnetismus, wenn erst eine grössere Anzahl von Beobachtungen vorhanden ist, bestätigen oder widerlegen wird. Diese beiden Annahmen, welche sich von den am Anfang des § 22 für die elektrischen Zustände aufgestellten wesentlich unterscheiden, geben der mathematischen Theorie des Magnetismus einen anderen Charakter als der Elektrostatik, obgleich beide Theorien Erscheinungen behandeln, welche unter der Herrschaft des Newton'schen Gesetzes stehen.

Das Potential der magnetischen Massen ist streng genommen nicht ein Integral wie (1) sondern eine Summe von Gliedern, wie auf S. 34, die aber in sehr

---

*) Resultate aus den Beobachtungen des magnetischen Vereins i. J. 1838, Leipzig 1839 S. 1—57 (Werke V, 119—193). M. vergl. auch, als Hülfsmittel zum Studium der Theorie von Gauss, die Karten und vorzugsweise die Erklärung der Karten und Zahlentafeln im Atlas des Erdmagnetismus von Gauss und Weber. Leipzig, 1840 bei Weidmann.

grosser Anzahl auftreten, und in zwei verschiedene Gruppen zerfallen, deren eine nur positive die andere nur negative, jede einzelne durch unendlich kleine Stufen wachsende Glieder enthält. Die Erscheinungen weisen darauf hin, dass jede Summe für sich über alle Grenzen wächst, und erst die algebraische Summe, d. i. die arithmetische Differenz der zwei Summen, endlich bleibt. Sie lässt sich daher nicht als Körperpotential darstellen, und gestattet deshalb nicht eine direkte Verwendung der Resultate des § 21. Es wird sich aber zeigen, dass sie sich in die Summe eines Körper- und eines Flächenintegrales umsetzen lässt, weshalb die Masse wie eine Flächenbelegung allein in den leeren Raum wirkt und die Verwendung der Ausdrücke des § 23 angezeigt ist.

Um für die Kräftefunction einen Ausdruck der endliche Glieder enthält, ein Integral, zu erhalten, fasst man die magnetische Wirkung je zweier unendlich nahen entgegengesetzten Theilchen (Pole) zusammen, die zu dem messbaren Elemente gehören, welches um je einen Punkt $[a, b, c]$ liegt. Sind die Coordinaten des positiven und des negativen Poles im Elemente $a \pm h$, $b \pm l$, $c \pm n$, und ist die Dichtigkeit der magnetischen Massen k und $-k$ (s. d. Bezeichnung auf S. 44), so wird die magnetische Kräftefunction je eines von ihnen, in der von Gauss gewählten Einheit*),

$$-k\left[T \pm h\frac{\partial T}{\partial a} \pm l\frac{\partial T}{\partial b} \pm n\frac{\partial T}{\partial c}\right]\partial a\partial b\partial c,$$

also beider Pole gemeinsam

$$-\left(2hk\frac{\partial T}{\partial a} + 2lk\frac{\partial T}{\partial b} + 2nk\frac{\partial T}{\partial c}\right)\partial a\partial b\partial c.$$

Man denkt sich die Produkte $2hk$, $2lk$, $2nk$ endlich, und bezeichne sie mit α, β, γ. Dann ist die Kräftefunction, d. i. eine Function, die nach den Coordinaten x, y, z differentiirt, die Anziehung auf eine positive Masse 1, die sich in O befindet, giebt

$$W = -\iiint\left(\alpha\frac{\partial T}{\partial a} + \beta\frac{\partial T}{\partial b} + \gamma\frac{\partial T}{\partial c}\right)\partial a\partial b\partial c,$$

wo $\alpha\partial a\partial b\partial c$, $\beta\partial a\partial b\partial c$, $\gamma\partial a\partial b\partial c$ die Elementar-Momente in Bezug auf die Axen sind und die Integration sich über den ganzen Magnet erstreckt.

Der Ausdruck W hat nicht die Form eines Potentiales, indem T nicht selbst, sondern differentiirt in W auftritt. Man integrirt durch Theile und findet

$$W = \iiint\left(\frac{\partial\alpha}{\partial a} + \frac{\partial\beta}{\partial b} + \frac{\partial\gamma}{\partial c}\right)\frac{\partial a\partial b\partial c}{R} + \iint N\frac{do}{R}.$$

Der Buchstabe N in dem Flächenintegrale nach do, welches sich über die Begrenzung des Magnets erstreckt, bedeutet die Summe der Projectionen von α, β und γ auf die nach innen gerichtete Normale.

Daher ist die Kräftefunction W die Summe des Potentials, welches zu einer Körpermasse mit der Dichtigkeit

$$k = \frac{\partial\alpha}{\partial a} + \frac{\partial\beta}{\partial b} + \frac{\partial\gamma}{\partial c}$$

*) Intensitas vis magneticae etc. No. 1: ... unitas quantitatis fluidi borealis ea erit, cujus vis repulsiva in aliam ipsi aequalem in distantia = 1 positam aequivalet vi motrici = 1, etc. M. vergl. auch Gauss, Allgemeine Theorie des Erdmagnetismus No. 3.

gehört, und eines Flächenpotentials mit einer Belegung von der Dichtigkeit N. Wäre die magnetische Masse nicht in jedem endlichen Theile Null, sondern der Ueberschuss der positiven über die negative Masse eine positive oder negative Grösse μ gewesen, so würde noch ein Körperpotential $-\int \mu T \partial a \partial b \partial c$ hinzukommen. In jedem Falle lässt sich die Wirkung des Magnets in den leeren, nicht mit magnetischer Masse angefüllten Raum durch eine ideale Vertheilung der ganzen Masse auf die Oberfläche ersetzen.

Kommen Fälle vor in denen

$$\frac{\partial \alpha}{\partial a} + \frac{\partial \beta}{\partial b} + \frac{\partial \gamma}{\partial c}$$

Null ist, so würde auch die Wirkung in den mit magnetischer Masse angefüllten Raum selbst, zugleich mit der in den leeren Raum, sich durch eine Belegung der Fläche mit Masse von der Dichtigkeit N ersetzen lassen. Nach der Theorie von Poisson, die aber zu Bedenken Anlass giebt, würde dies der Fall sein wenn der Magnet durch Induction entstanden ist.

Nach § 23 lässt sich auf den magnetischen Zustand ausserhalb des Raumes, in dem die magnetische Masse sich befindet, schliessen, wenn man auf der Begrenzung das Potential kennt, welches die auf derselben vertheilte magnetische Masse (ideale Vertheilung, nach Gauss) hervorbringt. Unsere Beobachtungen auf der Erdoberfläche geben aber nicht direkt das Potential daselbst, sondern zunächst die Declination, Inclination und horizontale Intensität, aus denen wir vorerst die Kräftefunction *) auf der Erdoberfläche ermitteln werden.

Die Erde betrachten wir als Kugel, ihr Radius sei $\mathfrak{r}$. Die Kräftefunction, deren Differentialquotienten nach den rechtwinkligen Coordinaten x, y, z die Componenten der Kraft in Punkten des äusseren Raumes sind, möge mit V bezeichnet werden, wo

$$V = -\int \frac{d\mu}{R}$$

ist. Drei rechtwinklige Componenten, die ersten beiden horizontal gerichtet, die erste nach den abnehmenden θ, die zweite nach

*) In der Allgemeinen Theorie des Erdmagnetismus führt Gauss $V = -\int \frac{d\mu}{\varrho}$ ein. In den Allgemeinen Lehrsätzen setzt er im art. 2. $V = \Sigma \frac{\mu}{r}$, und die Componenten gleich den Differentialquotienten von εV, wo $\varepsilon = +1$ oder -1 sein soll, je nachdem die Kraft anziehend oder abstossend wirkt. Im Artikel 3 bezeichnet er mit V „das Aggregat aller wirkenden Massentheilchen", jedes mit seiner Entfernung dividirt, wobei „nach den jedesmaligen Bedingungen der Untersuchung negative Massentheilchen entweder ausgeschlossen oder als zulässig betrachtet werden".

abnehmenden ψ, die dritte nach innen, nach dem Mittelpunkte der Erde gerichtet heissen ξ, η, ζ. Diese drei Componenten kennt man auf der Oberfläche der Erde ($r = \mathfrak{r}$) an jedem Punkte, da man ξ und η aus der beobachteten Declination und horizontalen Intensität leicht berechnen kann, und ζ wenn noch ausserdem die Inclination gegeben ist. Nach unserer Bezeichnung I. 302, § 71 ist in jedem Punkte (r, θ, ψ)

$$\xi = -\frac{1}{r}\frac{\partial V}{\partial \theta}, \quad \eta = -\frac{1}{r\sin\theta}\frac{\partial V}{\partial \psi}, \quad \zeta = -\frac{\partial V}{\partial r}.$$

Setzt man $r = \mathfrak{r}$, so erhält man schon allein aus der nördlichen Intensität ξ die Kräftefunction V auf der Oberfläche bis auf einen constanten Werth, nämlich

$$V + \mathfrak{r}\int_0^\theta \xi \partial\theta = V^*,$$

wenn V^* den Werth dieser Function im Nordpol bezeichnet, also eine (ausser von θ auch) von ψ unabhängige Grösse, da der Nordpol jedem Meridian angehört. Setzt man diesen Ausdruck des Potentials durch die nördliche Componente ξ in die Gleichung für η, so wird diese westliche Componente durch ξ allein gegeben, indem die Constante V^* bei der Differentiation nach ψ fortfällt.

Wir behandeln

1) Den Fall, dass die magnetische Masse, welche die Kräftefunction V hervorbringt, sich im Innern der Erde befindet.

An der Oberfläche der Erde denke man sich, ähnlich wie § 21 und 23, die Function V in eine Reihe von Kugelfunctionen entwickelt

$$(a) \ldots \quad \frac{V}{\mathfrak{r}} = Y_0 + Y_1 + Y_2 + \cdots, \quad (r = \mathfrak{r}),$$

deren Glieder bis auf die Constante Y_0 aus der nördlichen Componente ξ gefunden werden können. Dann wird, nach § 23, in Punkten (r, θ, ψ) das Potential

$$V = \mathfrak{r}\sum_{n=0}^{\infty}\left(\frac{\mathfrak{r}}{r}\right)^{n+1} Y_n.$$

Durch Differentiation nach r ergiebt sich hieraus die Componente ζ, durch Differentiation nach ψ die Componente η. Macht man noch $r = \mathfrak{r}$, so findet man auf der Erdoberfläche ausser (a) noch

$$-\xi = \frac{\partial}{\partial\theta}(Y_1 + Y_2 + Y_3 + \cdots)$$

$$(b) \ldots \quad -\sin\theta.\eta = \frac{\partial}{\partial\psi}(Y_1+Y_2+Y_3+\cdots),$$

$$(c) \ldots \quad \zeta = Y_0+2Y_1+3Y_2+4Y_3+\cdots.$$

Eine Vergleichung der aus den Beobachtungen direkt berechneten (s. u.) Werthe von η mit denen welche Gauss aus den in (a) auftretenden Y nach (b) berechnet, zeigt eine hinreichende Uebereinstimmung. Y_0 ist der Werth von rV für $r=\infty$, also die vertheilte Masse, muss daher gleich Null gesetzt werden, wenn in jedem Körper die magnetische Masse Null ist. Darüber, ob dies wirklich der Fall sei, wird also einst, wenn eine hinreichende Anzahl von Beobachtungen vorliegt, ξ entscheiden können (s. S. 75). Man bemerke ferner, in Bezug auf das Aufsuchen von η durch (b), dass Y_n die Form hat (I. 323)

$$Y_n = \sum_{\nu=0}^{n} c_\nu C_\nu^{(n)}(\theta, \psi) + k_\nu S_\nu^{(n)}(\theta, \psi),$$

dass der Differentialquotient dieser Kugelfunction nach ψ also gleich ist

$$\sum_{\nu=0}^{n} \nu[k_\nu C_\nu^{(n)}(\theta, \psi) - c_\nu S_\nu^{(n)}(\theta, \psi)].$$

Aus den vorliegenden Beobachtungen lassen sich die Glieder Y nur in einer beschränkten Anzahl angeben. Gauss bedient sich bei seinen Berechnungen (art. 22 u. f.) der vier Glieder Y_1, Y_2, Y_3, Y_4, welche der Reihe nach 3, 5, 7, 9, zusammen 24 Constante k und c enthalten.

2) Befindet sich der Sitz des Magnetismus ausserhalb der Erde, so wird das Potential im Innern nach § 23

$$V = \mathfrak{r}\Sigma\left(\frac{r}{\mathfrak{r}}\right)^n Y_n,$$

wenn die Y dieselbe Bedeutung wie unter 1) haben. Man findet hieraus für die Componente ξ auf der Erde

$$-\xi = 1.Y_1+2.Y_2+3.Y_3+\cdots,$$

eine Gleichung, die Y_0 nicht enthält, also unentschieden lässt, ob wirklich die magnetische Masse die Summe Null giebt.

3) Es sei endlich der Magnetismus sowohl in der Erde als auch in dem Raume jenseits einer der Erde concentrischen, grösseren Kugelfläche vertheilt. Die Kräftefunction des ersten Theils sei wie oben V, die des zweiten Theils von magnetischen Massen sei $\mathfrak{V}$. Man

entwickele den Werth von $\mathfrak{V}$ an der Erdoberfläche nach Kugelfunctionen $\mathfrak{Y}$ und setze

$$\frac{\mathfrak{V}}{\mathfrak{r}} = \mathfrak{Y}_0 + \mathfrak{Y}_1 + \mathfrak{Y}_2 + \cdots, \quad (r = \mathfrak{r}),$$

so wird die gesammte Kräftefunction in einem Punkte r, θ, ψ des leeren Raumes, der zwischen den concentrischen Kugeln liegt,

$$\mathfrak{r} \sum_{n=0}^{\infty} \left(\frac{\mathfrak{r}}{r}\right)^{n+1} Y_n + \left(\frac{r}{\mathfrak{r}}\right)^n \mathfrak{Y}_n.$$

Die Beobachtung giebt uns daher sowohl die ganze Kräftefunction an der Erdoberfläche bis auf eine Constante, also

$$\sum_{n=1}^{\infty} (Y_n + \mathfrak{Y}_n),$$

als auch die Componente ζ daselbst, mithin

$$Y_0 + (2Y_1 - \mathfrak{Y}_1) + (3Y_1 - 2\mathfrak{Y}_2) + \cdots.$$

Da hier Reihen von Kugelfunctionen vorliegen, so kennt man auch die einzelnen Glieder. Sind a und b gegebene Grössen, so hat man also

$$\begin{array}{ll}
Y_0 \qquad = b_0, & \\
2Y_1 - \mathfrak{Y}_1 = b_1, & Y_1 + \mathfrak{Y}_1 = a_1, \\
3Y_2 - 2\mathfrak{Y}_2 = b_2, & Y_2 + \mathfrak{Y}_2 = a_2, \\
4Y_3 - 3\mathfrak{Y}_3 = b_3, & Y_3 + \mathfrak{Y}_3 = a_3, \\
\text{etc.} & \text{etc.}
\end{array}$$

Hieraus folgt

$$\begin{array}{ll}
Y_0 = b_0, & \\
3Y_1 = a_1 + b_1, & \mathfrak{Y}_1 = a_1 - Y_1, \\
5Y_2 = 2a_2 + b_2, & \mathfrak{Y}_2 = a_2 - Y_2, \\
7Y_3 = 3a_3 + b_3, & \mathfrak{Y}_3 = a_3 - Y_3, \\
\text{etc.} & \text{etc.}
\end{array}$$

so dass auch hier alle Stücke bis auf eine Constante $\mathfrak{Y}_0$ bekannt sind, und sich einst wird entscheiden lassen, in wie weit die magnetischen Einwirkungen äusseren und inneren Kräften zuzuschreiben sind, und ob sich im Innern der Erde eben so viel positiver wie negativer Magnetismus befinde, ob also Y_0 Null sei.

§ 26. Die Aufgabe 2′ im § 23 lösen wir noch durch eine zweite Methode (s. d. Schluss des § 22): Wir integriren ganz direkt die partielle Differentialgleichung $\Delta \mathrm{v} = 0$, indem wir unter den möglichen Lösungen diejenigen ausscheiden, welche den Nebenbedingungen der Endlichkeit und Stetigkeit nicht genügen. Unter den übrig bleibenden Formen wählen wir den Ausdruck, welcher sich an den gegebenen Kugelflächen in gegebene Functionen verwandelt. Es ist dies die Methode durch welche die Potentialaufgabe oder die entsprechende Aufgabe der Wärmetheorie zuerst gelöst wurde; sie ist besonders hervorzuheben als heuristische Methode, insofern sie auch auf die Lösung der Aufgaben führte, welche sich auf Ellipsoide statt auf Kugeln beziehen, und sich z. B. auch bei Kegelflächen (m. vergl. d. 5. Kapitel) anwenden lässt. Dagegen stösst man auf Schwierigkeiten, wenn es auf völlige Strenge gleich bei der Ableitung ankommt, indem bei dieser Methode die Existenz eines Integrales, welches allen Forderungen genügt, vorausgesetzt wird. Es muss daher als Ergänzung der Nachweis hinzukommen, dass die gefundenen Ausdrücke allen Bedingungen genügen.

Wir gehen zur Integration der Differentialgleichung $\Delta \mathrm{v} = 0$ über. Diese lässt sich nach I. 303 in die Form

$$(a) \ldots \quad \frac{r\partial^2(r\mathrm{v})}{\partial r^2} + \frac{1}{\sin\theta}\frac{\partial}{\partial\theta}\left(\sin\theta\frac{\partial \mathrm{v}}{\partial\theta}\right) + \frac{1}{\sin^2\theta}\frac{\partial^2 \mathrm{v}}{\partial\psi^2} = 0$$

bringen, und soll so integrirt werden, dass v sich für $r = \mathfrak{r}$ in eine gegebene Function $f(\theta, \psi)$ verwandelt.

Man entwickele die Function v in eine Reihe, die nach Kugelfunctionen in Bezug auf θ und ψ fortschreitet. Diese Reihe sei

$$\mathrm{v} = Z^{(0)} + Z^{(1)} + Z^{(2)} + \text{etc.};$$

setzt man diesen Werth in (a) ein, und beachtet, dass $Z^{(n)}$ der Gleichung der n^{ten} Kugelfunction I. 309

$$\frac{1}{\sin\theta}\frac{\partial}{\partial\theta}\left(\sin\theta\frac{\partial f}{\partial\theta}\right) + \frac{1}{\sin^2\theta}\frac{\partial^2 f}{\partial\psi^2} + n(n+1)f = 0$$

genügt, so findet man

$$\sum_{n=0}^{\infty} \frac{r\partial^2(rZ^{(n)})}{\partial r^2} - n(n+1)Z^{(n)} = 0.$$

Eine Kugelfunction Z von θ und ψ nach r, einer Constanten in Bezug auf diese Veränderlichen, differentiirt bleibt offenbar eine Kugelfunction; daher ist der Ausdruck unter dem Σ selbst eine Kugelfunction, muss also, wenn die ganze Summe Null werden soll, für sich Null sein. $Z^{(n)}$ genügt der dadurch entstehenden Differentialgleichung

$$\frac{r\partial^2(rZ)}{\partial r^2} - n(n+1)Z = 0$$

nur und immer wenn es die Form hat

$$(b)\ \ldots\quad Z^{(n)} = r^n X^{(n)} + r^{-n-1}\mathfrak{X}^{(n)},$$

wo die Kugelfunctionen X und $\mathfrak{X}$ nur θ und ψ enthalten. Dies lehrt die I. 322 unter (b) angegebene Form für die Function Z, nämlich

$$\sum_{\nu=0}^{n} c_\nu C_\nu^{(n)}(\theta,\psi) + k_\nu S_\nu^{(n)}(\theta,\psi),$$

welche der Differentialgleichung nach r genügt, sobald jedes c und k ihr genügt. Soll nun

1) Allein auf der einen Kugelfläche $r = \mathfrak{r}$ das Potential einen vorgeschriebenen Werth $f(\theta, \psi)$ annehmen, wo f eine einwerthige continuirliche Function des Orts ist, so entwickele man diese Function nach Kugelfunction, indem man, wie auf S. 55, setzt

$$f(\theta,\psi) = Y^{(0)} + Y^{(1)} + Y^{(2)} + \text{etc.}$$

Für $r = \mathfrak{r}$ muss daher $Z^{(n)}$ in $Y^{(n)}$ übergehen. Da ferner Z überall, daher auch für $r = 0$ einen endlichen Werth haben soll, so muss man für $r < \mathfrak{r}$ in (b) $\mathfrak{X}$ Null setzen. Endlich soll, so lange $r < \mathfrak{r}$, nicht nur jedes Z sondern auch sein Differentialquotient nach r

$$nr^{n-1}X^{(n)} - (n+1)r^{-n-2}\mathfrak{X}^{(n)}$$

continuirlich sein; daher muss $\mathfrak{X}$ von $r = 0$ bis $r = \mathfrak{r}$ auch Null bleiben, und man findet aus (b)

$$\mathfrak{r}^n X^{(n)} = Y^{(n)},\quad \mathfrak{X}^{(n)} = 0;\quad \text{wenn}\quad r \leqq \mathfrak{r}.$$

Da aber Z für $r = \infty$ nicht unendlich werden darf, so findet man

$$\mathfrak{r}^{-n-1}\mathfrak{X}^{(n)} = Y^{(n)},\quad X^{(n)} = 0;\quad \text{wenn}\quad r \geqq \mathfrak{r}.$$

Durch Einsetzen dieser Werthe in Z und dann in v erhält man endlich Gleichungen wie im § 21, b, b', c, c', nämlich das Resultat: Die Function v, welche der Gleichung $\Delta\mathrm{v} = 0$ sowie den Bedingungen der Continuität und Endlichkeit genügt, und sich für $r = \mathfrak{r}$ in $f(\theta, \psi)$ verwandelt, ist

$$\mathrm{v} = \sum_{n=0}^{\infty}\left(\frac{r}{\mathfrak{r}}\right)^n Y^{(n)}\quad \text{wenn}\quad r < \mathfrak{r},$$

$$\mathrm{v} = \Sigma\left(\frac{\mathfrak{r}}{r}\right)^{n+1} Y^{(n)}\quad \text{wenn}\quad r > \mathfrak{r},$$

wo, nach I. 328, f gesetzt wird

$$Y^{(n)} = \frac{2n+1}{4\pi}\int_0^{\pi}\sin\eta\,\partial\eta\int_0^{2\pi} f(\eta,\omega)\,P^{(n)}(\cos\gamma)\,\partial\omega.$$

Summirt man die vorstehenden Reihen, so **erhält** man schliesslich, je nachdem $r \gtrless \mathfrak{r}$

$$(c) \ldots \quad \mathrm{v} = \pm \frac{\mathfrak{r}(r^2 - \mathfrak{r}^2)}{4\pi} \int_0^{\pi} \sin\eta \partial\eta \int_0^{2\pi} \frac{f(\eta, \omega)\partial\omega}{(r^2 - 2r\mathfrak{r}\cos\gamma + \mathfrak{r}^2)^{\frac{3}{2}}}.$$

2) Soll ferner v an zwei concentrischen Kugelflächen, für $r = \mathfrak{r}_0$ und $r = \mathfrak{r}_1$, sich in gegebene Functionen $f_0(\theta, \psi)$ und $f_1(\theta, \psi)$ verwandeln, so sind drei Räume zu unterscheiden, in denen v verschiedene Formen annimmt. In dem einen, wo $r > \mathfrak{r}_0$, wird v wie in 1) durch (c) dargestellt; da wo $r < \mathfrak{r}_1$ durch dieselbe Form, wenn man nur $\mathfrak{r}$ und f resp. durch $\mathfrak{r}_0$ und f_0 oder durch $\mathfrak{r}_1$ und f_1 ersetzt. Endlich da wo $\mathfrak{r}_1 < r < \mathfrak{r}_0$ muss man X und $\mathfrak{X}$ in (b) solche Werthe ertheilen, welche denselben Gleichungen wie im § 21 unter 3) genügen, und findet daher denselben Ausdruck wie dort unter (d) für V_t. Die in demselben explicite vorkommenden Y und $\mathfrak{Y}$ können wir, wie dort, entfernen und durch die erzeugenden Functionen f_0 und f_1 ersetzen.

Die Dichtigkeit der Masse, $\varkappa$ resp. $\varkappa_0$ und $\varkappa_1$, mit der man im 1. Fall die Fläche, im 2. Falle die Flächen zu belegen hat um v zum Flächenpotential zu machen, ist im § 23 unter $a)$ resp. $b)$ angegeben, die erstere durch die Formel

$$\varkappa = \sum_{n=0}^{\infty} \frac{2n+1}{4\mathfrak{r}\pi} Y^{(n)}.$$

§ 27. Die für v gefundene Formel bedarf noch einer Verification (vergl. § 23). Hat man sie nach der ersten Methode abgeleitet, so genügt es, den Beweis nachzutragen, dass v bis in die Begrenzung continuirlich bleibt, und zwar nicht nur beim Uebergange durch Punkte, welche auf demselben Radius liegen, sondern auch in jeder Richtung. Für die Formel (c) gelingt der Nachweis, wenigstens wenn f eine stetige Function des Ortes auf der Kugel ist, durch die Grenzuntersuchung, welche Poisson*) anstellt, die man freilich durch ein Verfahren vervollständigen muss, wie das, welches Herr Schwarz bei einer ähnlichen Aufgabe **) angewandt hat; wie dort, ist auch hier die zu untersuchende Function durch

*) Théorie mathématique de la chaleur n. 106—107.

**) Borchardt, J. f. M. Bd. 74: Zur Integration der partiellen Differentialgleichung $\frac{\partial^2 u}{\partial x^2} + \frac{\partial^2 u}{\partial y^2} = 0$, S. 218—253.

ein Integral von einfacher Gestalt ausgedrückt. Den Nachweis für die Aufgabe des § 26 unter 2), bei der die Lösung eine Function höherer Gattung und eine dreifache Integration enthält, wenn man die ursprünglich gefundene Reihe durch die in § 21 angegebenen Mittel summirt, habe ich noch nicht durchgeführt.

Der Kürze wegen behandeln wir von den beiden Fällen des Ueberganges von einem Punkte $p = (r, \theta, \psi)$ zu einem Punkte $p_0 = (\mathfrak{r}, \theta_0, \psi_0)$, nur den einen, wo $r < \mathfrak{r}$ und setzen ausserdem $\mathfrak{r} = 1$. Um die Continuität von

$$\mathfrak{v} = \frac{1-r^2}{4\pi}\int_0^{\pi} \sin\eta\,\partial\eta \int_0^{2\pi} \frac{f(\eta, \omega)\partial\omega}{(1-2r\cos\gamma+r^2)^{\frac{3}{2}}},$$

wo, wie oben, $\cos\gamma$ gleich $\cos\theta\cos\eta + \sin\theta\sin\eta\cos(\psi-\omega)$ ist, bis in die Fläche $r = 1$ zu beweisen, und zugleich nachzuweisen, dass sich $\mathfrak{v}$ dort im Punkte $p_0 = (\theta_0, \psi_0)$ in $f(\theta_0, \psi_0)$ verwandelt, beschreibe man um p_0 mit einem (kleinen) sphärischen Radius ε, und auch mit 2ε, je einen Kreis auf der Kugelfläche $r = 1$, ziehe vom Mittelpunkt der Kugel Radien nach der Peripherie des ersten Kreises, die von einer der gegebenen concentrischen Kugelfläche mit einem kleineren Radius ϱ, wo ϱ eine später zu bestimmende Grösse bezeichnet, gleichfalls einen Kreis ausschneiden. Durch die zwei Kugelflächen und die Geraden (die Kugelradien) wird ein Raum begrenzt. Ich werde zeigen, und dies ist ausreichend zur Continuität, dass das Integral $\mathfrak{v}$, wenn man $1-\varrho$ und ε hinlänglich klein nimmt, für die Coordinaten r, θ, ψ aller Punkte p in diesem Raume beliebig nahe $f(\theta_0, \psi_0)$ wird, oder vielmehr, was auf das Gleiche hinauskommt, dass in demselben Raume

$$(1-r^2)\int_0^{\pi} \sin\eta\,\partial\eta \int_0^{2\pi} \frac{f(\theta_0, \psi_0)-f(\eta, \omega)}{(1-2r\cos\gamma+r^2)^{\frac{3}{2}}}\,\partial\omega$$

beliebig klein wird. Es ist nämlich, nach I. 310, (c) der Factor von $f(\theta_0, \psi_0)$ gleich 4π.

Man zerlege dies Integral nach η und ω in eines über den kleinen Theil der Kugelfläche (für $r = 1$), welcher durch den Kreis mit dem Radius 2ε begrenzt wird und eines über den übrigen Theil der Kugelfläche.

Das erste ist kleiner als das Produkt des grössten Unterschiedes, welchen zwei Werthe von $f(\eta, \omega)$ in diesem kleinen Flächentheile haben können und des Integrales

$$(a) \ldots \quad (1-r^2)\int \sin\eta\,\partial\eta \int \frac{\partial\omega}{(1-2r\cos\gamma+r^2)^{\frac{3}{2}}}$$

über den Flächentheil. Der erste Factor wird mit ε beliebig klein, der zweite bleibt endlich, ist nämlich kleiner als dasselbe Integral über die ganze Kugel genommen, d. i. $< 4\pi$. Das ganze Produkt wird also mit ε zugleich unendlich klein.

Das zweite ist kleiner als das Produkt des grössten Unterschiedes zwischen zwei Werthen von $f(\eta, \omega)$ auf der ganzen Kugel, d. i. einer endlichen Grösse, mal dem Integrale (a) über den ausserhalb des Kreises mit dem Radius 2ε liegenden Theil der Fläche. Nach unseren Festsetzungen über die Lage der Punkte p trifft ein vom Mittelpunkt der Kugel nach p gezogener Strahl die Kugelfläche $r = 1$ in einem Punkte p_1, der offenbar innerhalb des kleinen Flächentheils fällt, welcher durch den kleinen Kreis mit dem sphärischen Radius ε um p_0 begrenzt wird. Ein Kreis um p_1 mit demselben Radius schneidet daher ein Stück der Kugelfläche $r = 1$ heraus, welches ganz in dem kleinen Stücke liegt, das durch den Kreis um p_0 mit dem Radius 2ε begrenzt wird. Der zu untersuchende Werth des zweiten Factors, des Integrales, ist daher kleiner als (a) genommen über den Theil der Kugelfläche $r = 1$, welcher ausserhalb des Kreises um p_1 mit dem sphärischen Radius ε liegt, also

$$< 2(1-r^2)\pi \int_{\varepsilon}^{\pi} \frac{\sin\gamma\, d\gamma}{(1-2r\cos\gamma+r^2)^{\frac{3}{2}}}.$$

Dieser Ausdruck ist gleich

$$\frac{2\pi}{r}\left(r-1+\frac{1-r^2}{1-2r\cos\varepsilon+r^2}\right).$$

Setzt man die Grösse ϱ, bis zu welcher r, von $r = 1$ an, herabsinken kann, gleich $\cos\varepsilon^\alpha$, wo α eine positive Zahl bezeichnet, die grösser als 1 ist, so sinkt der vorstehende Ausdruck, wenn ε klein genug genommen wird, unter jeden Grad der Kleinheit hinab. In der That findet man für $r = \cos\varepsilon^\alpha$ und für unendlich kleine ε

$$\frac{1-r^2}{1-2r\cos\varepsilon+r^2} = \frac{\varepsilon^{2(\alpha-1)}}{\cos\varepsilon^\alpha}.$$

§ 28. Als Ausdruck für die Dichtigkeit der Masse, mit der man (1. Fall des § 26) die Kugelfläche $r = \mathfrak{r}_0$ zu belegen hat, damit das Potential v auf ihr gleich $f(\theta, \psi)$ sei, wurde

$$(a) \ldots \quad \varkappa = \sum_{n=0}^{\infty} \frac{2n+1}{4r\pi} Y^{(n)}$$

gefunden, wenn diese Reihe convergirt. Dirichlet untersucht die Convergenz dieser Reihe nach der Methode*), deren er sich bei den Untersuchungen über die Entwickelung von Functionen nach Kugelfunctionen (I. 433) bediente. Er findet dabei das Resultat, dass, obwohl die Reihe im allgemeinen convergirt, die Convergenz an einigen Stellen aufhören kann, auch an solchen, an denen die Dichtigkeit $\varkappa$ endlich bleibt; dort wird also die (endliche) Dichtigkeit nicht durch die Reihe dargestellt. M. vergl. S. 71, unter *a*.

Eine unendliche Dichtigkeit in einzelnen Punkten oder Linien ist übrigens sehr wohl verträglich mit einer völlig bestimmten Massenvertheilung. Setzt man z. B. $f(\theta, \psi)$ gleich einer positiven Potenz von $\cos\theta$, gleich $\cos^\nu\theta$, so lange θ zwischen 0 und $\frac{1}{2}\pi$ liegt, aber gleich 0 wenn θ zwischen $\frac{1}{2}\pi$ und π, so divergirt die Reihe für $\theta = 0$ und $\theta = \pi$ so lange $\nu \leqq \frac{1}{2}$ ist, während doch die Dichtigkeit $\varkappa$ an diesen Stellen endlich bleibt. Ferner divergirt noch ausserdem die Reihe, so lange $\nu \leqq 1$ genommen wird, für $\theta = \frac{1}{2}\pi$. Aber an dieser Stelle ist die Dichtigkeit wirklich unendlich. In Bezug auf die Durchführung dieser Untersuchung verweise ich auf Dirichlet's Abhandlung mit dem Bemerken, dass der dort im Art. 4 und 5 vorkommende Ausdruck

$$A_n = \int_0^{\frac{1}{2}\pi} P^{(n)}(\cos\theta)\cos^\nu\theta\sin\theta\,d\theta$$

schon I. 73 durch sehr einfache Hülfsmittel in die erforderliche Form gebracht ist.

Statt durch die Reihe (a) kann man die Dichtigkeit $\varkappa$ auch durch ein Doppelintegral ausdrücken, welches sich auf folgende Art herleiten lässt: Man macht wie I. 434

$$\frac{1}{2\pi}\int_0^{2\pi} f(\theta, \psi)\partial\psi = F(\theta);$$

betrachtet man jedesmal den Punkt (θ, ψ) der Kugelflächen, für

---

*) Abhandl. d. Akad. d. Wissensch. in Berlin, gel. 28. Nov. 1850: Ueber einen neuen Ausdruck zur Bestimmung der Dichtigkeit einer unendlich dünnen Kugelschale, wenn der Werth des Potentials derselben in jedem Punkte ihrer Oberfläche gegeben ist.

welchen man die Dichtigkeit aufsucht, als Nordpol (I. 302), so wird nach § 26, c das Potential in ihm, wenn $r \gtrless \mathfrak{r}$ ist,

$$\mathrm{v} = \pm\tfrac{1}{2}\mathfrak{r}(r^2-\mathfrak{r}^2)\int_0^\pi \frac{F(\gamma)\sin\gamma\,\partial\gamma}{(r^2-2r\mathfrak{r}\cos\gamma+\mathfrak{r}^2)^{\frac{3}{2}}}.$$

Unter der Voraussetzung, dass F differentiirt werden kann, erhält man nach einer Integration durch Theile bei Fortlassung der Grenzen

$$\pm\frac{r^2-\mathfrak{r}^2}{2r}\left[-\frac{F(\gamma)}{\sqrt{r^2-2r\mathfrak{r}\cos\gamma+\mathfrak{r}^2}}+\int\frac{F'(\gamma)\partial\gamma}{\sqrt{r^2-2r\mathfrak{r}\cos\gamma+r^2}}\right],$$

also in den Grenzen

$$\pm\frac{r^2-\mathfrak{r}^2}{2r}\left[-\frac{F(\pi)}{r+\mathfrak{r}}\pm\frac{F(0)}{r-\mathfrak{r}}\int_0^\pi\frac{F'(\gamma)\partial\gamma}{\sqrt{r^2-2r\mathfrak{r}\cos\gamma+\mathfrak{r}^2}}\right].$$

Um die Dichtigkeit $\varkappa$ zu finden hat man den Ausdruck mit dem obern Zeichen nach der äussern Normalen n, d. i. nach r, den mit dem untern nach n_1, d. i. nach $-r$ zu differentiiren, (§ 22, S. 64) r gleich $\mathfrak{r}$ zu setzen, und die Summe durch -4π zu dividiren. Dadurch entsteht für die gesuchte Dichtigkeit die Gleichung

$$4\mathfrak{r}\pi\varkappa = F(\pi)-\int_0^\pi\frac{F'(\gamma)}{\sin\frac{1}{2}\gamma}d\gamma.$$

Das Element des Integrals bleibt nicht etwa, wie es den Anschein hat, für $\theta = 0$ nur a u s n a h m s w e i s e endlich; man darf nicht übersehen, dass $f(\theta, \psi)$ eine Function des Ortes auf der Kugel, daher für $\theta = 0$ von ψ unabhängig ist. Entwickelt man sie nach Kugelfunctionen, so hat man

$$f(\theta,\psi) = t_0+\sin\theta(t_1\cos\psi+\mathfrak{t}_1\sin\psi)+\sin^2\theta(t_2\cos 2\psi+\mathfrak{t}_2\sin 2\psi)+\cdots,$$

wo t_0, t_1, $\mathfrak{t}_1$, etc. Functionen von $\cos\theta$ sind. Es wird also $F(\theta) = t_0$ für $\theta = 0$, und $F'(\theta)$ das Produkt von $\sin\theta$ und einer Function von $\cos\theta$, kann also sehr wohl, durch $\sin\frac{1}{2}\theta$ getheilt, für $\theta = 0$ endlich bleiben.

Als Beispiel behandelt D i r i c h l e t den Fall, dass $f(\theta, \psi)$ gleich $\cos\theta$ ist wenn $\theta < \frac{1}{2}\pi$, aber Null wenn $\theta > \frac{1}{2}\pi$. In diesem Falle lässt sich $\varkappa$ durch ein elliptisches Integral der beiden ersten Gattungen darstellen; man findet

$$\varkappa = \frac{1}{\pi^2 2\sqrt{2}}\int_{-1}^{1}\left[\frac{2-z\sin\theta}{1-z^2\sin^2\theta}\cos^2\theta - z\sin\theta\right]\cdot\frac{dz}{\sqrt{1-z^2}\sqrt{1-z\sin^2\theta}}.$$

§ 29. Einem speciellen Falle der Aufgabe des § 22 kommt eine hervorragende Bedeutung zu, dem nämlich in welchem das Potential eines einzelnen Massenpunktes, wie man sich auszudrücken pflegt, der sich im Innern oder Aeussern eines begrenzten Raumes befindet, in dem äusseren (α) oder resp. inneren Raume (ι) durch das Potential einer Belegung der die beiden Räume α und ι scheidenden Fläche ersetzt werden soll. Indem wir es vermieden (§ 17, S. 32) von der Anziehung der Punkte zu reden, die ein Potential geben würden, welches der Natur eines Potentials entgegen unendlich werden kann (S. 42, 2)), ersetzen wir, beim Aufstellen der physikalischen Aufgabe, wie früher, den Massenpunkt durch den Mittelpunkt einer homogenen mit der Masse 1 erfüllten Kugel. Diesen Punkt nennen wir den Pol, vollständiger den Pol der Green'schen Function, um ihn unter den vielen verschiedenen Punkten, die in diesem Bande nebeneinander auftreten, kurz bezeichnen zu können.

Wir bezeichnen hier einen Punkt mit den rechtwinkligen Coordinaten a, b, c oder x, y, z abgekürzt als Punkt a oder x; die reciproke Entfernung der Punkte a und x heisst T oder $T(a, x)$. Dem Buchstaben x und allen von ihm abhängenden Functionen wird der Index 0 angehängt, wenn derselbe auf die Grenzfläche rückt.

Um die Dichtigkeit $\varkappa$ der gesuchten Massenvertheilung auf der Grenzfläche zu finden muss man zunächst, wenn a der Pol ist, das Potential der Kugelmasse 1 in Punkten x_0, die auf der Fläche liegen, aufsuchen. Dies, als Potential der Kugelmasse 1 in einem äussern Punkte wird aber $T(a, x_0)$. Liegt der Pol a im Innern oder Aeussern der durch die Begrenzung geschiedenen Räume, so wird die Fortsetzung des Potentials, wenn der Punkt x von x_0 in den äusseren oder inneren Raum rückt, $V = T(a, x)$ sein, da $\Delta T(a, x) = 0$, und T in dem betreffenden Raume den Bedingungen der Endlichkeit und Stetigkeit genügt. Nicht so einfach gestaltet sich das Aufsuchen einer Fortsetzung von $T(a, x_0)$ in den inneren resp. äusseren Raum mit den Forderungen 2) des § 22; man hat dazu im allgemeinen nach einer der beiden Methoden die allgemeine Aufgabe des § 22 zu lösen, mit dem Unterschiede, dass man die auf der Begrenzung gegebene Function, im § 23 die Function $f(\theta, \psi)$, mit der besonderen $T(a, x_0)$ vertauscht, wodurch das Resultat oft eine sehr einfache Gestalt annimmt. Diese aufzusuchende Fortsetzung nennt Herr Carl Neumann*) die Green'sche Function; wir bezeichnen sie, wesentlich nach ihm, durch $G(a, x)$.

Um bei den folgenden allgemeinen Untersuchungen nicht unterscheiden zu müssen, ob der Punkt a (der Pol) im inneren oder äusseren Raume liegt, nennen wir in diesem Paragraphen den zusammenhängenden Raum, welchem der Pol a angehört, den inneren, indem wir ihn als begrenzt durch gegebene Flächen ansehen, diese mögen sämmtlich endlich oder auch unendlich sein. So ist z. B. der Raum ausserhalb einer Kugel als der begrenzte Raum zu betrachten, der zwischen der Begrenzung der Kugel und einer concentrischen unendlichen Kugel liegt.

Die Green'sche Function $G(a, x)$ ist also diejenige Function, welche für alle Punkte O mit den Coordinaten x, y, z, die demselben zusammenhängenden Raume angehören, in welchem sich der Pol a befindet, den Bedingungen $a)$ und $b)$ des § 22, S. 65 genügt (d. i. der Endlichkeit, der Stetigkeit, $\Delta G = 0$), und die sich, wenn $O = [x, y, z]$ auf die Begrenzungen nach $O_0 = [x_0, y_0, z_0]$ rückt, in

$$T(a, x_0) = \frac{1}{\sqrt{(x_0 - a)^2 + (y_0 - b)^2 + (z_0 - c)^2}}$$

verwandelt, wo der Pol (a, b, c) ein Punkt im Innern des begrenzten Raumes ist.

Die Dichtigkeit der Masse, mit der man die Begrenzung zu belegen hat um die Wirkung des Poles a (der kugelförmigen, im Innern liegenden Kugel mit der Masse 1 und dem Mittelpunkt $[a, b, c]$) in den äusseren Raum zu ersetzen, ist

$$\varkappa_0 = -\frac{1}{4\pi}\left(\frac{\partial G(a, x_0)}{\partial n_1} + \frac{\partial T(a, x_0)}{\partial n}\right) = \frac{1}{4\pi}\frac{\partial}{\partial n_1}(T - G),$$

*) Allgemeine Lösung des Problems über den stationären Temperaturzustand eines homogenen Körpers, welcher von irgend zwei nicht concentrischen Kugelflächen begrenzt wird. Halle, 1862, S. 82. Die Function U, welche Green im 44. Bd. des Crelle'schen Journals S. 366 einführt, ist $G(a, x) - T(a, x)$, verwandelt sich also an der Begrenzung in Null, und bleibt im Innern nicht endlich sondern wird im Punkte $x = a$ unendlich. In Riemann's Schwere, Elektricität und Magnetismus herausg. von Hattendorff, Hannover, 1876, § 23 wird der Function U der von Herrn Neumann für G eingeführte Name gegeben. Man betrachtet häufig G als den elektrischen Zustand, welchen der Pol auf der geschlossenen Grenzfläche erregt, wenn er ausserhalb des umschlossenen Raumes liegt und mit elektrischer Masse 1 geladen ist, die Fläche aber mit der Erde in leitende Verbindung gesetzt wird. Dies ist aber nicht genau und nur an einzelnen Stellen als Annäherung anzusehen. M vergl. § 71.

wo wiederholend bemerkt wird, dass n_1 die Richtung der Normalen im Punkte $[x_0, y_0, z_0]$ in den umgrenzten inneren Raum ist, welcher den Pol $[a, b, c]$ enthält.

Nach den Sätzen von Green s. u. findet man aus $\varkappa$, dieser Function von a, b, c und x_0, y_0, z_0 ganz allgemein das Potential v in dem Punkte $[a, b, c]$ des inneren Raumes, wenn es in den begrenzenden Flächen nicht mehr die besondere Function $T(a, x_0)$ sondern eine beliebig gegebene Function v_0 der Coordinaten x_0, y_0, z_0 der Flächen ist, und dies ist die grosse Bedeutung der Green'schen Function. Man erhält nämlich (s. S. 93)

$$(6) \ldots \quad v = \iint \varkappa_0 v_0 \, do,$$

d. i. den gesuchten Werth von v im Pole, wenn $\varkappa_0$ die oben gefundene Dichtigkeit im Flächenelemente do, und v_0 die gegebene Function ebendaselbst bezeichnet, die Integration endlich sich auf alle Punkte x_0 der Begrenzung bezieht.

Wir stellen die Resultate zusammen: Um die Aufgabe 2' des § 22 zu lösen, d. i. das Potential v in jedem gegebenen Punkte $[a, b, c]$ im ganzen Raume zu finden, wenn es in allen Punkten $[x_0, y_0, z_0]$ der Begrenzung eines zusammenhängenden endlichen oder unendlichen Raumes gegeben ist, nämlich auf einer etwa im Unendlichen liegenden Begrenzung gleich Null, auf dem im Endlichen liegenden Theile aber (im allgemeinen) beliebig gegeben — diese gegebene Function sei v_0 im Flächenelemente do — suche man erstens die Green'sche Function $G(a, x)$ für den Pol a in dem inneren Raume, d. h. in demjenigen von den beiden Räumen, welche durch die gegebene Fläche geschieden werden, der zugleich den Pol enthält; bilde zweitens

$$\varkappa_0 = \frac{1}{4\pi} \frac{\partial}{\partial n_1} (T(a, x_0) - G(a, x_0));$$

drittens bilde man

$$v = \iint \varkappa_0 v_0 \, do,$$

wo v_0 nur von den Coordinaten x_0, y_0, z_0 des Punktes, der dem Flächenelement do angehört, abhängt, $\varkappa$ von diesen und den Coordinaten a, b, c des Poles. Dann ist v das gesuchte Potential im Pole.

Um endlich die Dichtigkeit derjenigen Flächenbelegung, welche dies Potential erzeugen würde, in einem beliebig gegebenen Punkte der Fläche zu ermitteln, sucht man v für die beiden Räume auf, welche die Fläche scheidet, lässt den Pol in beiden in den gegebenen Punkt rücken, differentiirt jedes der beiden v, die v und v_1 heissen mögen, nach der inneren Normalen n resp. n_1, und findet schliesslich die Dichtigkeit der Belegung gleich

$$-\frac{1}{4\pi}\left(\frac{\partial v}{\partial n}+\frac{\partial v_1}{\partial n_1}\right).$$

Es ist somit nicht mehr erforderlich, um für eine Begrenzung die Aufgabe 2′ zu lösen, dieselbe für jeden willkürlich auf der Begrenzung vorgeschriebenen Werth v_0 von v selbständig zu behandeln, sondern nur für den einen bestimmten Werth $v_0 = T(a, x_0)$.

Die wirkliche Auflösung der speciellen Aufgabe, die Green'sche Function zu finden, ist im allgemeinen, zumal man dieselbe für jede Lage des Poles kennen muss, nicht wesentlich leichter als die der allgemeinen, v aus dem Werthe an der Oberfläche v_0 zu ermitteln. Letztere verlangt nur die Zusammenstellung eines etwas grösseren Apparates, nämlich die Hinzuziehung der continuirlichen Function v_0 des Ortes, welche mit der Green'schen Function durch eine doppelte Integration über die Fläche verbunden wird. Aus (6) ist ersichtlich, wie man umgekehrt, wenn v in dem allgemeinen Falle bekannt ist, $\varkappa$ ermitteln kann. In der That, wenn das Potential v, das sich auf der Begrenzung in v_0 verwandelt, gleichgültig welche continuirliche Function des Orts auch v_0 sei, sich immer durch einen Ausdruck wie (6), nämlich

$$\iint \lambda v_0 \, do,$$

mit gleichbleibendem λ darstellen lässt, so muss λ gleich $\varkappa$ sein. Wir werden daher, sobald einmal die allgemeine Aufgabe in der vorliegenden Form gelöst ist, — und in solcher wird die Lösung bei uns auftreten —, durch Absonderung von $v_0 do$ sofort die Function $\varkappa_0$, welche die Dichtigkeit der Belegung für die Green'sche Function ist, erhalten.

Die Green'sche Function für die Kugel ermitteln wir unten (§ 30) durch ein sehr einfaches Verfahren.

Das Aufsuchen der Green'schen Function für eine Fläche lässt sich übrigens, wie sich sofort durch Anwendung einer Methode zeigt, welche man Methode der reciproken Radii Vectores (M. vergl. § 66.) nennt, mit der anderen vertauschen, ein Potential v so zu bestimmen, dass es auf einer, im allgemeinen von der ersten verschiedenen, Fläche constant bleibt.

Eine Reihe von Aufgaben aus der Elektrodynamik erfordert die Bestimmung einer Function u, welche die Eigenschaften eines Potentials besitzt (Endlichkeit, Stetigkeit, $\Delta u = 0$), die aber nicht selbst, sondern deren Differentialquotient nach der Normalen an der Begrenzung gegeben ist. Diese Aufgabe wird in ähnlicher Art auf eine Fundamentalaufgabe reducirt *), nämlich auf das Aufsuchen einer Function $\Gamma(a, x_0)$ die im übrigen dieselben Eigenschaften wie G besitzt, die aber an der Begrenzung nicht der früheren Bedingung sondern der Gleichung

$$\frac{\partial T}{\partial n_1} = \frac{\partial \Gamma(a, x_0)}{\partial n_1}$$

genügt. (S. u.)

Um die Gleich. (6) abzuleiten, bezeichne man in einem zusammenhängenden endlichen oder unendlichen Raume zwei endlich bleibende Functionen von rechtwinkligen Coordinaten x, y, z durch U und V. Vermittelst einer Integration durch Theile beweist man die Gleichung

$$(c) \ldots \quad \iiint (V \Delta U - U \Delta V) dt + \iint \left(V \frac{\partial U}{\partial n_1} - U \frac{\partial U}{\partial n_1} \right) do = 0,$$

in der dn_1 das Element der nach innen gerichteten Normale in einem Punkte der Begrenzung, dt das Körperelement des Raumes über den integrirt wird, do das Flächenelement der Begrenzungen vorstellt. Um einen Punkt $[a, b, c]$ im Innern lege man eine Kugel mit einem kleinen Radius α, wodurch ein Theil des Raumes ausgeschieden und die Kugelfläche als neue Begrenzung der früheren hinzugefügt wird. Setzt man dann $U = T(a, x)$, so wird die linke Seite von (c), da $\Delta T = 0$,

$$-\iiint T(a, x) \Delta V dt_1 + \iint \left(V \frac{\partial T}{\partial n_1} - T \frac{\partial V}{\partial n_1} \right) do,$$

wenn das Integral nach dt_1 über den verkleinerten Körperraum, nach do über dieselbe Begrenzung wie früher genommen wird, nicht mehr gleich 0, sondern gleich dem über die Kugelfläche genom-

---

*) Borchardt, J. f. M. Bd. 58: Lipschitz, Beiträge zur Vertheilung der statischen und der dynamischen Elektricität in leitenden Körpern S. 1—53.

menen Integral

$$\iint\left(T\frac{\partial V}{\partial \alpha}-V\frac{\partial T}{\partial \alpha}\right)do_1.$$

Ist $\partial\Sigma$ der Winkel am Mittelpunkt der Kugel, welcher zu do_1 gehört, also $do_1=\alpha^2\partial\Sigma$, so wird dies Integral

$$=\iint\left(\alpha\frac{\partial V}{\partial \alpha}+V\right)\partial\Sigma,$$

und wenn man α unendlich klein nimmt und $V(a, b, c)$ den Werth von V im Punkte $[a, b, c]$ bezeichnet, gleich $4\pi V(a, b, c)$. Das Integral nach dt_1 erstreckt sich nun, wo α unendlich klein ist, wieder über den ganzen Raum, auf den es sich ursprünglich bezog. Setzt man noch V gleich einer endlichen continuirlichen Function v, die der Gleichung $\Delta \mathrm{v}=0$ genügt, so hat man

$$4\pi \mathrm{v}(a, b, c)=\iint\left(\mathrm{v}\frac{\partial T(a, x_0)}{\partial n_1}-T(a, x_0)\frac{\partial \mathrm{v}}{\partial n_1}\right)do.$$

Macht man in (c) wiederum $V=\mathrm{v}$ oder $U=G(a, x_0)$, so wird

$$(d)\ \ldots\quad 0=\iint\left(\mathrm{v}\frac{\partial G(a, x_0)}{\partial n_1}-G(a, x_0)\frac{\partial \mathrm{v}}{\partial n_1}\right)do.$$

Zieht man diese Gleichung von der früheren ab, so entsteht

$$4\pi \mathrm{v}(a, b, c)=\iint \mathrm{v}\cdot\frac{\partial}{\partial n_1}(T(a, x_0)-G(a, x_0))\,do,$$

d. i. die Gleich. (6).

Man wird die Formel (6) übrigens nicht als mit völliger Strenge bewiesen, sondern nur als eine heuristische ansehen können, indem manche Punkte in der Ableitung einen genauen Beweis vermissen lassen. Es ist z. B. noch nicht bewiesen, dass G sich continuirlich ändert, wenn der Pol bis in die Begrenzung fortrückt.

Hätte man statt der Green'schen Function G die oben erwähnte Γ aufgesucht, die im Uebrigen dieselben Eigenschaften besitzt wie G, an der Begrenzung aber giebt

$$\frac{\partial \Gamma(a, x_0)}{\partial n_1}=\frac{\partial T(a, x_0)}{\partial n_1},$$

so würde eine Subtraction von

$$(e)\ \ldots\quad o=\iint\left(\mathrm{v}\frac{\partial \Gamma(a, x_0)}{\partial n_1}-\Gamma(a, x_0)\frac{\partial \mathrm{v}}{\partial n_1}\right)do$$

statt von (*d*) geben

$$4\pi\mathfrak{v}(a, b, c) = \iint [\Gamma(a, x_0) - T(a, x_0)] \frac{\partial \mathfrak{v}}{\partial n_1}\, do,$$

eine Formel, die $\mathfrak{v}$ in's Innere fortsetzt, wenn diese Function nicht selbst sondern ihr Differentialquotient nach der Normalen an der Begrenzung gegeben ist.

§ 30. Wir suchen die Green'sche Function für die Kugel auf, d. i. für den Fall, dass die Begrenzung eine Kugelfläche mit dem Radius $\mathfrak{r}$ ist. Um uns der Ausdrucksweise, deren wir uns bei der Stellung der Aufgabe (S. 89) bedienten, ganz anzuschliessen, müssen wir, je nachdem der Pol $[a, b, c]$ sich im Innern der Kugel oder ausserhalb befindet, als Begrenzung des zusammenhängenden Raumes in dem der Pol liegt das erste Mal die Kugelfläche $\mathfrak{r}$, das zweite Mal zugleich diese Fläche und eine unendliche Kugel betrachten. Der bequemeren Ausdrucksweise wegen spreche ich das Resultat zunächst nur im zweiten Falle aus, wenn also $[a, b, c]$ in dem Raume liegt, wo $r > \mathfrak{r}$ ist:

Der Pol $[a, b, c]$ liege in $\mathfrak{a}$; man zieht von $\mathfrak{a}$ durch den Mittelpunkt $\mathfrak{m}$ der Kugel eine Gerade $\mathfrak{abcd}$, welche die Kugel in $\mathfrak{b}$ und $\mathfrak{d}$ schneidet. Der vierte zu $\mathfrak{abd}$ harmonische $\mathfrak{a}$ zugeordnete Punkt sei $\mathfrak{c}$. Alsdann ist die Green'sche Function in dem Punkte O oder $[x, y, z]$

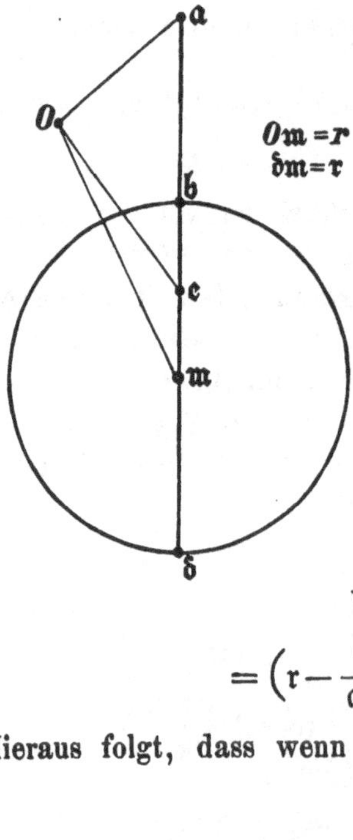

$O\mathfrak{m} = r$
$\mathfrak{d}\mathfrak{m} = \mathfrak{r}$

$$(a) \ldots \quad G = \frac{\mathfrak{r}}{\mathfrak{am}} \cdot \frac{1}{O\mathfrak{c}}, \quad (O\mathfrak{m} > \mathfrak{r}).$$

Beweis. Selbstverständlich kann man sich der allgemeinen Methode des § 26 bedienen; eine geometrische Betrachtung führt aber leichter zum Ziel.

Rückt O in die Kugelfläche nach O_0, so ist bekanntlich

$$\mathfrak{c}O_0 : \mathfrak{a}O_0 = \mathfrak{bc} : \mathfrak{ba} = \mathfrak{r} - \mathfrak{cm} : \mathfrak{am} - \mathfrak{r}.$$

Da ferner $\mathfrak{mc}.\mathfrak{ma} = \mathfrak{r}^2$, so ist dasselbe Verhältniss wie oben

$$= \left(\mathfrak{r} - \frac{\mathfrak{r}^2}{\mathfrak{am}}\right) : (\mathfrak{am} - \mathfrak{r}) = \mathfrak{r} : \mathfrak{am}.$$

Hieraus folgt, dass wenn O in O_0 fällt, die rechte Seite von (*a*) in die Reciproke der Entfernung $\mathfrak{a}O_0$ übergeht. Denselben Werth muss aber G in O_0 erhalten.

Ferner bleibt $O\mathfrak{a}$, wenn O in dem Raume ausserhalb der Kugel liegt, endlich.

Schliesslich genügt die rechte Seite von (a), für G gesetzt, der Gleich. $\Delta G = 0$, da sie das Produkt einer Constanten in Bezug auf die Lage von O und von der Reciproken der Entfernung

$$O\mathfrak{c} = \sqrt{(x-a_1)^2 + (y-b_1)^2 + (z-c_1)^2}$$

ist, wo x, y, z die rechtwinkligen Coordinaten von O, und a_1, b_1, c_1 von $\mathfrak{c}$ sind.

Wenn der Punkt $[a, b, c]$ im Innern der Kugel, in $\mathfrak{c}$ liegen würde, so wäre die Green'sche Function

$$(b) \ldots \quad G = \frac{\mathfrak{r}}{\mathfrak{cm}} \cdot \frac{1}{O\mathfrak{a}}.$$

Um einen bequemen analytischen Ausdruck für die Green'sche Function und daraus $\varkappa_0$ in (6), d. h. die Dichtigkeit der Belegung, welche dem Pol entspricht, zu erhalten, bestimme man O durch Polarcoordinaten r, θ, ψ, und den Pol, also im ersten Falle $\mathfrak{a}$, im zweiten $\mathfrak{c}$, durch s, η, ψ. Es ist also

$$O\mathfrak{m} = r, \quad O\mathfrak{ma} = \gamma, \quad \mathfrak{ma} = s \quad \text{resp.} \quad \mathfrak{mc} = s;$$

man hat dann im ersten Falle, wenn nämlich $s > \mathfrak{r}$ ist,

$$O\mathfrak{a} = \sqrt{r^2 - 2rs\cos\gamma + s^2}, \quad O\mathfrak{c} = \sqrt{r^2 - 2r\frac{\mathfrak{r}^2}{s}\cos\gamma + \frac{\mathfrak{r}^4}{s^2}},$$

und hieraus, nach (a),

$$G = \frac{\mathfrak{r}}{s} \cdot \frac{1}{\sqrt{r^2 - 2r\frac{\mathfrak{r}^2}{s}\cos\gamma + \frac{\mathfrak{r}^4}{s^2}}}.$$

Hiernach wird die in (6) vorkommende Dichtigkeit $\varkappa_0$

$$\varkappa_0 = \frac{1}{4\pi}\frac{\partial}{\partial r}\left[\frac{1}{\sqrt{r^2 - 2rs\cos\gamma + s^2}} - \frac{\mathfrak{r}}{s} \cdot \frac{1}{\sqrt{r^2 - 2r\frac{\mathfrak{r}^2}{s}\cos\gamma + \frac{\mathfrak{r}^4}{s^2}}}\right]$$

für $r = \mathfrak{r}$, und wenn man zusammenzieht

$$\varkappa_0 = \frac{1}{4\mathfrak{r}\pi} \cdot \frac{s^2 - \mathfrak{r}^2}{(\mathfrak{r}^2 - 2\mathfrak{r}s\cos\gamma + s^2)^{\frac{3}{2}}}.$$

Setzt man diesen Werth in (6) ein und beachtet, dass das Flächenelement do gleich $\mathfrak{r}^2 \sin\theta\,\partial\theta\,\partial\psi$ ist, setzt auch, wie früher, den gegebenen Werth von v auf der Oberfläche, dort v_0, gleich $f(\theta, \psi)$, so erhält man als Ausdruck des Potentials v im Pole (s, η, ω)

$$v = \mathfrak{r}^2 \int_0^\pi \int_0^{2\pi} f(\theta, \psi) \varkappa_c \sin\theta \,\partial\theta \,\partial\psi,$$

d. i. den im § 26 gefundenen Ausdruck (c) für v, wenn man dort nur r, θ, ψ mit s, η, ω vertauscht. Den zweiten Werth für v, welcher dem Falle $s < r$ entspricht, findet man auf ganz ähnliche Art.

Die Bestimmung der im § 29 erwähnten Function Γ gestaltet sich so: Behandelt man den Fall, den unsere Figur andeutet, so muss $\Gamma(a, x)$ als Potentialfunction im Raume $r > \mathfrak{r}$, die Form haben

$$\Gamma(a, x) = \sum_{n=0}^{\infty} c_n P^{(n)}(\cos\gamma) r^{-n-1},$$

wo c eine Constante nach r und γ bezeichnet. Andererseits giebt T für Punkte O, die nicht zu entfernt von der Begrenzung oder in derselben liegen $(\mathfrak{r} \leqq r < s)$ die Entwickelung

$$T(a, x) = \sum_{n=0}^{\infty} \frac{r^n}{s^{n+1}} P^{(n)}(\cos\gamma).$$

Differentiirt man Γ und T nach r, macht dann $r = \mathfrak{r}$ und setzt diese Differentialquotienten einander gleich, so ergiebt sich

$$c_n = -\frac{n}{n+1} \cdot \frac{\mathfrak{r}^{2n+1}}{s^{n+1}}$$

und damit

$$\Gamma(a, x) = -\frac{\mathfrak{r}}{rs} \sum_{n=0}^{\infty} \frac{n}{n+1} \left(\frac{\mathfrak{r}^2}{rs}\right)^n P^{(n)}(\cos\gamma).$$

Diese Reihe lässt sich leicht summiren; wenn man ϱ durch die Gleichung $rs\varrho = \mathfrak{r}^2$ einführt, findet man

$$\mathfrak{r}\Gamma(a, x) = -\frac{\varrho}{\sqrt{1 - 2\varrho\cos\gamma + \varrho^2}} - \log \frac{\varrho - \cos\gamma + \sqrt{1 - 2\varrho\cos\gamma + \varrho^2}}{2\sin^2\frac{1}{2}\gamma}.$$

Setzt man $r = \mathfrak{r}$, so erhält man schliesslich

$$\mathfrak{r}\Gamma(a, x_0) = -\frac{\mathfrak{r}}{\sqrt{\mathfrak{r}^2 - 2\mathfrak{r}s\cos\gamma + s^2}} - \log \frac{\mathfrak{r} - s\cos\gamma + \sqrt{\mathfrak{r}^2 - 2\mathfrak{r}s\cos\gamma + s^2}}{2s\sin^2\frac{1}{2}\gamma}.$$

§ 31. Im Art. 35 seiner mehrerwähnten *) allgemeinen Lehrsätze etc. behandelt Gauss die Frage, wie die Masse auf einer Fläche vertheilt sein müsse, um dort ein vorgeschriebenes Potential zu geben, welche im Vorhergehenden (§ 23 u. § 28) für eine Kugel gelöst wurde, für eine Fläche, die von einer Kugelfläche sehr wenig abweicht, wenn Grössen von höherer Ordnung als die Abweichung selbst vernachlässigt werden dürfen. Er bedient sich dazu der Ent-

*) Werke, V, 237—240.

wickelung des Potentials in Reihen, während Dirichlet am Schluss seiner vorerwähnten Abhandlung *) das Resultat von Gauss etwa in folgender Art ableitet:

Die Kugelfläche, von welcher eine andere Fläche wenig abweicht, habe den Radius r, die geradlinige Entfernung der Punkte (θ, ψ) auf der Kugelfläche von einem anderen (θ', ψ') auf derselben, welcher während des Beweises festgehalten wird, sei q. Man ziehe vom Mittelpunkte der Kugel nach den Punkten (θ, ψ) Gerade, welche die Fläche in der Entfernung $\mathfrak{r}(1+\gamma z)$, vom Mittelpunkte aus gerechnet, schneiden, wo γ eine kleine Constante, z eine Function von θ und ψ vorstellt, die durch z' bezeichnet wird, wenn θ, ψ in θ', ψ' übergehen. Jeder Schnittpunkt heisst der entsprechende desjenigen auf der Kugel, der mit ihm auf demselben vom Mittelpunkte aus gezogenen Strahl liegt. Die Entfernung der Punkte, welche (θ, ψ) und (θ', ψ') entsprechen, sei p. Alsdann ist

$$q^2 = 4\mathfrak{r}^2 \sin^2 \tfrac{1}{2}(\theta - \theta'),$$

$$p^2 = \mathfrak{r}^2[(1+\gamma z)^2 + (1+\gamma z')^2 - 2(1+\gamma z)(1+\gamma z')\cos(\theta - \theta')],$$

also, wenn man die Glieder der zweiten und höheren Ordnung nach γ vernachlässigt,

$$p^2 = q^2[1+\gamma(z+z')], \qquad p = q[1+\tfrac{1}{2}\gamma(z+z')].$$

Dem Element $d\sigma$ der Kugelfläche entspreche do auf der gegebenen, so dass man hat

$$do = (1+\gamma z)^2 d\sigma;$$

die gesuchte Dichtigkeit der Masse auf dieser Fläche sei $\varkappa$.

Das Potential im Punkte $(\mathfrak{r}(1+\gamma z'), \theta', \psi')$ der gegebenen Fläche bei dieser Belegung ist nach der Erklärung des Potentials

$$\mathrm{v}' = \iint \frac{\varkappa\, do}{p},$$

wenn das Integral über die ganze gegebene Fläche genommen wird. Setzt man für do und p die Stücke $d\sigma$ und q ein, so findet man

$$\mathrm{v}' = \iint \frac{\varkappa(1+\gamma z)^2 d\sigma}{q[1+\frac{1}{2}\gamma(z+z')]} = \iint \varkappa(1+\tfrac{3}{2}\gamma z - \tfrac{1}{2}\gamma z')\frac{d\sigma}{q},$$

und hieraus

$$\mathrm{v}' + \tfrac{1}{2}\gamma z' \iint \frac{\varkappa\, d\sigma}{q} = \iint \varkappa(1+\tfrac{3}{2}\gamma z)\frac{d\sigma}{q}.$$

*) Abh. der Akademie v. 1850.

Das Integral auf der Linken der letzten Gleichung unterscheidet sich, wie die vorhergehende zeigt, von v′ nur um Grössen erster Ordnung, so dass man, mit Fortlassung von Grössen zweiter Ordnung erhält

$$(1+\tfrac{1}{2}\gamma z')v' = \iint \varkappa(1+\tfrac{3}{2}\gamma z)\frac{d\sigma}{q}.$$

Die Function v′ hat auf der gegebenen Fläche einen vorgeschriebenen Werth. Multiplicirt man diesen mit $1+\frac{1}{2}\gamma z'$, so hat man dies Produkt als einen vorgeschriebenen Werth für das Potential unserer Kugel in ihrer Oberfläche anzusehen und die Dichtigkeit aufzusuchen, welche eine auf der Kugel vertheilte Masse haben muss um auf der Kugelfläche das erwähnte Potential zu liefern. Diese Dichtigkeit, durch $1+\frac{3}{2}\gamma z$ dividirt, ist die gesuchte Dichtigkeit $\varkappa$ für die Belegung der gegebenen Fläche mit Masse.

Zweites Kapitel.

Das Rotationsellipsoid. Der Kreis.

§ 32. In diesem Kapitel werden Aufgaben für das Rotationsellipsoid gelöst, welche den im vorigen Kapitel für die Kugel behandelten entsprechen. Es ist dazu vortheilhaft, statt der rechtwinkligen Coordinaten elliptische einzuführen (I. 350).

Die rechtwinkligen Coordinaten zweier Punkte seien x, y, z und a, b, c. Bedeutet h eine Constante, nämlich die Excentricität, reell oder imaginär genommen, eines vorgegebenen Rotationsellipsoides, so setzt man in diesem Kapitel

$$\begin{aligned} x &= hr\cos\theta, & a &= hs\cos\eta, \\ y &= h\sqrt{r^2-1}\sin\theta\cos\psi, & b &= h\sqrt{s^2-1}\sin\eta\cos\omega, \\ z &= h\sqrt{r^2-1}\sin\theta\sin\psi, & c &= h\sqrt{s^2-1}\sin\eta\sin\omega, \end{aligned}$$

$$0<\theta<\pi,\quad 0<\psi<2\pi,\quad 0<\eta<\pi,\quad 0<\omega<2\pi,$$

und $\psi-\omega=\varphi$. Behandeln wir abgeplattete Ellipsoide (wie die Erde), so werden h und r imaginäre Werthe ertheilt. Wo es darauf ankommt, dieses hervorzuheben, setzen wir

$$r = i\varrho,\quad s = i\sigma,\quad h = -i\mathfrak{h}.$$

Einen besondern Werth von r oder s werden wir mit $\mathfrak{r}$, und wenn deren zwei auftreten mit $\mathfrak{r}_0$ und $\mathfrak{r}_1$ bezeichnen, wo $\mathfrak{r}_0 > \mathfrak{r}_1$ angenommen wird, endlich $\mathfrak{r}$, wenn es imaginär ist, mit $i\mathfrak{r}$ vertauschen. Man findet

$$\begin{aligned} R^2 &= (x-a)^2+(y-b)^2+(z-c)^2 \\ &= h^2[r^2-\sin^2\theta+s^2-\sin^2\eta-2rs\cos\theta\cos\eta \\ &\quad -2\sqrt{r^2-1}\sqrt{s^2-1}\sin\theta\sin\eta\cos(\psi-\omega), \end{aligned}$$

so dass R sich nicht ändert, wenn r mit s, θ mit η, ψ mit ω vertauscht wird. Die Entfernung R der Punkte des Punktenpaares (r, θ, ψ) und (s, η, ω) ist also dieselbe wie z. B. die von (s, θ, ψ) und (r, η, ω).

Wir beginnen mit der Entwickelung von T nach Kugelfunctionen. Diese aufzufinden ist die einzige Aufgabe dieses Kapitels, zu deren Lösung die Methoden des vorigen nicht ganz ausreichen; bei der Kugel war die Entwickelung von T schon durch die Definition der Kugelfunctionen und durch das Additionstheorem derselben gegeben.

Von den verschiedenen Punktepaaren, welche dieselbe Entfernung R haben, nennt man ein solches $[x, y, z]$ und $[a, b, c]$, für welches $Mr > Ms$ ist; die hier folgende erste Methode setzt ferner voraus, dass auch θ und η nicht willkürlich, sondern so gewählt werden, dass $x-a$ positiv sei.

Erste Methode.

Aus der Gleich. (4, b) in I. 27 hat man unmittelbar

$$\frac{2\pi h}{R} = \int_0^{2\pi} \frac{h\,dv}{x-a+i(y-b)\cos v+i(z-c)\sin v},$$

weil $x-a$ positiv ist. Setzt man

$$\begin{aligned} x+iy\cos\eta+iz\sin\eta &= \alpha h, \\ a+ib\cos\eta+ib\sin\eta &= \beta h, \end{aligned}$$

so lässt die unter dem Integralzeichen auf der rechten Seite stehende Function, vorausgesetzt dass

$$(a) \ldots \quad M(\alpha-\sqrt{\alpha^2-1}) < M(\beta-\sqrt{\beta^2-1}),$$

nach (I, 11) sich in eine Reihe von Produkten aus Kugelfunctionen erster und zweiter Art entwickeln, und man erhält

$$\frac{2\pi h}{R} = \sum_{n=0}^{\infty}(2n+1)\int_0^{2\pi} P^{(n)}(\beta)Q^{(n)}(\alpha)\,dv = 2\pi hT,$$

wo α und β in $r, \theta, \psi, s, \eta, \omega$ und v durch die Gleichungen

$$\alpha = r\cos\theta + i\sqrt{r^2-1}\sin\theta\cos(\psi-v),$$
$$\beta = s\cos\eta + i\sqrt{s^2-1}\sin\eta\cos(\omega-v)$$

ausgedrückt werden. Um zur schliesslichen Form zu gelangen, setzt man für $P^{(n)}(\beta)$ und $Q^{(n)}(\alpha)$ ihre Entwickelungen nach Cosinus der Vielfachen von $\omega-v$ resp. $\psi-v$. Man kennt diese aus den Additionstheoremen I. (52) und I. (55), 2. und 4. Fall auf S. 336 und 337; man setzt demgemäss

$$P^{(n)}(\beta) = \sum^{n}{}' a_\nu^{(n)} P_\nu^{(n)}(s) P_\nu^{(n)}(\cos\eta)\cos\nu(\omega-v),$$
$$(2n+1)Q^n(\alpha) = 2\sum^{\infty}{}'(-1)^\nu Q_\nu^{(n)}(r) P_\nu^{(n)}(\cos\theta)\cos\nu(\psi-v).$$

Durch Multiplikation der beiden Reihen und eine Integration nach v in den Grenzen 0 und 2π, bei der diejenigen Vielfachen von $\psi-v$ fortfallen, welche höher als das n^{te} sind, erhält man unmittelbar die gesuchte Entwickelung

$$(7) \ldots \quad hT = \sum_{n=0}^{\infty} \mathfrak{T}^{(n)}, \quad (Mr > Ms),$$
$$\mathfrak{T}^{(n)} = \sum^{n}{}'(-1)^\nu a_\nu^{(n)} P_\nu^{(n)}(\cos\theta) P_\nu^{(n)}(\cos\eta) P_\nu^{(n)}(s) Q_\nu^{(n)}(r)\cos\nu(\psi-\omega),$$

wenn $a_\nu^{(n)}$ die durch I. (46, a) gegebene Constante

$$a_\nu^{(n)} = 2\frac{[1.3.5\ldots(2n-1)]^2}{\Pi(n+\nu).\Pi(n-\nu)}$$

bezeichnet. Setzt man $s=0$ in (7), so entstehen offenbar die I. 82 am Schlusse des § 17 angegebenen Entwickelungen. Aus der letzten von ihnen,

$$\frac{1}{\sqrt{1-\varkappa^2\sin^2\theta}} = \sum^{\infty}(-1)^n \frac{1.3\ldots(2n-1)}{2.4\ldots 2n}\cdot\frac{4n+1}{\varkappa}P^{(2n)}(\cos\theta)Q^{(2n)}\left(\frac{1}{\varkappa}\right),$$

findet man also für das elliptische Integral erster Gattung u eine Entwickelung nach Kugelfunctionen von $\cos\operatorname{am} u$, nämlich mit Hülfe von I. 93

$$\int_0^\theta \frac{d\theta}{\sqrt{1-\varkappa^2\sin^2\theta}} = \frac{1}{\varkappa}\sum(-1)^{n+1}\frac{1.3\ldots(2n-1)}{2.4\ldots 2n}\left[Q^{(2n)}\left(\frac{1}{\varkappa}\right)\right.$$
$$\left. + \frac{2n+1}{2n+2}Q^{(2n+2)}\left(\frac{1}{\varkappa}\right)\right]P^{(2n+1)}(\cos\theta),$$

mit der man die von Jacobi gegebene *) desselben Integrals ver-

*) Fundamenta nova theor. funct. ellipt. art. 45, S. 127.

gleichen kann, welche nach ganzen Potenzen von $\varkappa \sin\theta$ und zugleich nach Kugelfunctionen $P^{(n)}(\cos x)$ geordnet ist, wenn man $x = i \log \varkappa$ setzt.

Die Gleichungen (7) gelten, so lange nur $Mr > Ms$ ist, für alle Werthe von r, s, θ, η, ψ und ω, während ihre Ableitung diesen Grössen gewisse Grenzen vorschrieb, nämlich das Bestehen der Ungleichheit (a) verlangte. Genügt wird dieser Bedingung bei verlängerten Ellipsoiden, wenn θ nicht zu gross ist. Um dies zu zeigen bringe man α in die Form $p\cos q + i\sqrt{p^2-1}\sin q$, wozu nach I. 16 für p die grössere Wurzel p der Gleichung

$$\frac{r^2\cos^2\theta}{p^2} + \frac{(r^2-1)\sin^2\theta\cos^2(\psi - v)}{p^2-1} = 1,$$

geometrisch aufgefasst, die grosse Axe einer gewissen Ellipse mit der Excentricität 1, zu setzen ist. Nach I. 40 wird dann

$$M(\alpha + \sqrt{\alpha^2-1}) = p + \sqrt{p^2-1}.$$

Bestimmt man noch eine Zahl p_1, welche sich auf β ähnlich bezieht wie p auf α, so wird die Bedingung (a) mit der Bedingung $p > p_1$ übereinstimmen. Den grössten und kleinsten Werth für alle v erreicht aber p, wie man sofort durch Auflösen der quadratischen Gleichung oder durch eine geometrische Betrachtung ersieht, für $\cos(\psi - v)$ gleich 1 resp. 0; diese beiden Werthe von p sind, wenn θ so klein genommen wird, dass $r\cos\theta$ über 1 liegt, r und $r\cos\theta$. Aehnliches gilt für p_1. Hieraus ersieht man, dass (a) erfüllt ist, wenn man θ so klein nimmt, dass $r\cos\theta > s$ wird.

Dass die Gleichungen (7) noch, unabhängig von diesen Beschränkungen, für alle reellen und imaginären r und s, und alle θ, η, ψ, ω, welche in Frage kommen, gültig bleiben, lässt sich nach den allgemeinen Principien darthun, deren man sich häufig bedient, um die Gleichheit von Functionen auch über die Grenzen der Veränderlichen hinaus, für die sie ursprünglich bewiesen ist, nachzuweisen.

Drückt man $\sin\theta$ und $\cos\theta$, $\sin\eta$ und $\cos\eta$, r und $\sqrt{r^2-1}$, s und $\sqrt{s^2-1}$, resp. durch

$$u = \tan\tfrac{1}{2}\theta, \quad u_1 = \tan\tfrac{1}{2}\eta, \quad w = r + \sqrt{r^2-1}, \quad w_1 = s + \sqrt{s^2-1}$$

aus, so wird T die Quadratwurzel einer rationalen Function von u, u_1, w und w_1, und bleibt nach diesen Veränderlichen monodrom und monogen, wenn θ und η von 0 bis π wachsen, oder auch, wenn u und u_1 nicht aus einem unendlichen schmalen Streifen heraustreten der die unendliche positive Axe des Reellen umgiebt. Sie bleibt auch monodrom und monogen, wenn r und s auf geeigneten Wegen von reellen Werthen zu rein imaginären übergehen, oder, in der Sprache der Geometrie, wenn man die verlängerten Ellipsoide in abgeplattete übergehen lässt, vorausgesetzt, dass der Uebergang durch solche Werthe von w und w_1 erfolgt, welche in dem Quadranten liegen, dessen Punkte einen positiven reellen und imaginären Theil besitzen, aus dem man aber ein Stück durch einen Kreis mit dem Radius 1 ausgeschnitten hat, dessen Mittelpunkt im Punkte 0 liegt.

Die rechte Seite von (7) ist eine unendliche Reihe, deren n^{tes} Glied eine ganze Function n^{ten} Grades nach $\sin\theta$ und $\cos\theta$, und nach $\sin\eta$ und $\cos\eta$ ist, die ferner, wegen der Produkte $P_\nu^{(n)}(s)Q_\nu^{(n)}(r)$, selbst ebenso wie ihre Differentialquotienten nach w und w_1, absolut convergent ist, so lange nur $Ms < Mr$. Hieraus schliesst man, dass dies auch der Gültigkeitsbereich für (7) sei.

Uebrigens kann man auch die rechte Seite der Gleichung für $\mathfrak{T}$ durch Integrale ausdrücken, dann summiren und die Integration ausführen. Auf diese Art lässt sich die Formel (7) verificiren. Dies wäre der umgekehrte Weg von dem, auf welchem wir im § 33 zur Entwickelung von T gelangen werden.

Ich lasse nun eine Methode zur Ableitung von (7) folgen, die etwas weitläufiger als die erste ist, welche aber die Fälle des verlängerten und abgeplatteten Ellipsoides so behandelt, dass es nicht mehr einer nachträglichen Verifikation bedarf.

§ 33. Zweite Methode.

1) Das verlängerte Ellipsoid ($r > s > 1$). Die Grundlage für die zweite Methode bildet eine von der früheren verschiedene Zerlegung von R^2. Man hat offenbar ($\psi - \omega = \varphi$)

$$R^2 = h^2[(rs - \cos\theta\cos\eta)^2 - (\sqrt{r^2-1}\sqrt{s^2-1} + \sin\theta\sin\eta\cos\varphi)^2 - \sin^2\theta\sin^2\eta\sin^2\varphi],$$

woraus sich, mit Anwendung von I. 27, ergiebt

$$2\pi h T = \int_0^{2\pi} \frac{dv}{\gamma - \delta},$$

wenn man zur Abkürzung setzt

$$\gamma = rs - \sqrt{r^2-1}\sqrt{s^2-1}\cos v,$$
$$\delta = \cos\theta\cos\eta - \sin\theta\sin\eta\cos(v-\varphi).$$

Die Function γ ist am kleinsten für $v = 0$; es wird also, die Grenzfälle ausgeschlossen, $\gamma > 1$, $\delta < 1$ und man hat wie oben

$$hT = \sum_{n=0}^{\infty} \mathfrak{T}^{(n)},$$

wenn man setzt

$$2\pi\mathfrak{T}^{(n)} = (2n+1)\int_0^{2\pi} Q^{(n)}(\gamma)P^{(n)}(\delta)\,dv.$$

Zur weiteren Vereinfachung bedient man sich der Additionstheoreme für die Kugelfunctionen, I. 312 u. 333 (m. vergl. auch I. 338, 5. Fall), d. i. der Formeln

$$P^{(n)}(\delta) = \sum^{n}{}'(-1)^{\nu} a_{\nu}^{(n)} P_{\nu}^{(n)}(\cos\theta) P_{\nu}^{(n)}(\cos\eta)\cos\nu(v-\varphi),$$

$$(n+\tfrac{1}{2})Q^{(n)}(\gamma) = \sum^{\infty}{}' P_{\nu}^{(n)}(s) Q_{\nu}^{(n)}(r)\cos\nu v.$$

Die Multiplikation dieser beiden Gleichungen und eine Integration nach v verschafft sofort die frühere Formel (7).

Diesen ersten Fall, der sich auf das verlängerte Ellipsoid bezieht, habe ich bereits in der ersten Auflage erledigt; ich füge nunmehr den zweiten Fall hinzu:

2) Das abgeplattete Ellipsoid

$$(r = i\varrho,\ s = i\sigma,\ h = -i\mathfrak{h};\quad \varrho > \sigma > 0).$$

Um T in diesem Falle durch ein bestimmtes Integral auszudrücken, bedient man sich nicht der Gleichung I. 27 wie bisher, sondern der entsprechenden I. 171, erster Fall. Macht man

$$\begin{aligned} A &= \mathfrak{h}(\varrho\sigma + \cos\theta\cos\eta),\\ B &= \mathfrak{h}(\sqrt{\varrho^2+1}\sqrt{\sigma^2+1} - \sin\theta\sin\eta\cos\varphi),\\ C &= \mathfrak{h}\sin\theta\sin\eta\sin\varphi, \end{aligned}$$

so sind A, B, C reell und die erwähnte Gleichung giebt

$$2\pi T = \int_{-\infty}^{\infty} \frac{du}{A + B\cos iu + C\sin iu} - \int_{-\infty}^{\infty} \frac{du}{A - B\cos iu + C\sin iu};$$

setzt man für A, B, C ihre Werthe ein, so giebt sie

$$2\pi\mathfrak{h} T = \int_{-\infty}^{\infty} \frac{du}{\alpha - \beta} - \int_{-\infty}^{\infty} \frac{du}{\alpha_1 - \beta_1},$$

wenn α, β, α_1 und β_1 an dieser Stelle folgende Bedeutung haben:

$$\begin{aligned} \alpha &= \varrho\sigma + \sqrt{\varrho^2+1}\sqrt{\sigma^2+1}\cos iu\\ -\beta &= \cos\theta\cos\eta - \sin\theta\sin\eta\cos(\varphi + iu),\\ \alpha_1 &= \varrho\sigma - \sqrt{\varrho^2+1}\sqrt{\sigma^2+1}\cos iu\\ -\beta_1 &= \cos\theta\cos\eta + \sin\theta\sin\eta\cos(\varphi - iu). \end{aligned}$$

Wie im vorigen Falle so dient auch hier (I, 11) dazu, die Ausdrücke die unter dem Integralzeichen stehen, nach Kugelfunctionen zu entwickeln. An einer späteren Stelle, bei einer Untersuchung über das Potential eines Kreises (§ 41), entwickeln wir das erste Integral allein, oder vielmehr summiren wir eine Reihe, welche (wesentlich) das erste Integral zur Summe hat, während wir hier im weiteren Verlaufe beide Integrale zusammenfassen.

Erstens ist sowohl α (offenbar) als auch α_1 absolut grösser als $\cos iu$; es bleibt nämlich

$$\sqrt{\varrho^2+1}\sqrt{\sigma^2+1}\cos iu-\varrho\sigma-\cos iu \equiv (\sqrt{\varrho^2+1}\sqrt{\sigma^2+1}-1)\cos iu-\varrho\sigma$$

selbst dann noch positiv, wenn $\cos iu$ seinen kleinsten Werth 1 annimmt, da

$$[\sqrt{\varrho^2+1}\sqrt{\sigma^2+1}-(1+\varrho\sigma)][\sqrt{\varrho^2+1}\sqrt{\sigma^2+1}+(1+\varrho\sigma)] = (\varrho-\sigma)^2$$

positiv ist. Daher sind $M(\alpha+\sqrt{\alpha^2-1})$ und $M(\alpha_1+\sqrt{\alpha_1^2-1})$, wenn das Zeichen der Quadratwurzeln, wie festgesetzt wurde (I. 40), gleich dem von α resp. α_1 genommen wird, grösser als e^u, wo unter u der positive Werth für jedes gegebene $\cos iu$ verstanden wird. Zweitens sind $M(\beta+\sqrt{\beta^2-1})$ und $M(\beta_1+\sqrt{\beta_1^2-1})$ kleiner als diese Zahl. Zum Beweise setze man, ähnlich wie S. 101,

$$\cos\theta\cos\eta-\sin\theta\sin\eta\cos\varphi\cos iu = p\cos q,$$
$$\sin\theta\sin\eta\sin\varphi\sin iu = i\sqrt{p^2-1}\sin q,$$

so wird $M(\beta+\sqrt{\beta^2-1}) = p+\sqrt{p^2-1}$. Man findet aber dass p kleiner als $\cos iu$ sei. Wäre nämlich $p > \cos iu$, so würden die beiden Gleichungen, durch welche p und q eingeführt wird, geben

$$\left(\frac{\cos\theta\cos\eta}{\cos iu}-\sin\theta\sin\eta\cos\varphi\right)^2 > \cos^2 q,$$
$$\sin^2\theta\sin^2\eta\sin^2\varphi > \sin^2 q.$$

Aus der ersten von den beiden vorhergehenden Gleichungen folgt nämlich die erste von den Ungleichheiten durch Division mit $\cos iu$; aus der zweiten Gleichung gewinnt man zunächst

$$-\sin^2\theta\sin^2\eta\sin^2\varphi\sin^2 iu = (p^2-1)\sin^2 q,$$

und da $p > \cos iu$ angenommen war

$$-\sin^2\theta\sin^2\eta\sin^2\varphi\sin^2 iu > -\sin^2 iu\sin^2 q.$$

Dies ist die zweite Ungleichheit.

Setzt man

$$\cos\theta\cos\eta = a\cos iu, \qquad \sin\theta\sin\eta = b,$$

so ist sowohl a als auch b kleiner als 1; die Addition der beiden Ungleichheiten würde also ergeben, dass

$$a^2-2ab\cos\varphi+b^2$$

grösser als 1 bleibt. Wenn aber selbst $\varphi = \pi$ gesetzt wird kann dieser Ausdruck, der dann das Quadrat von $a+b$ ist, doch nicht grösser als 1 sein. Selbst im günstigsten Falle, für $u = 0$, würde $a+b$, ein Ausdruck von der Form

$$\cos\theta\cos\eta + \sin\theta\sin\eta,$$

höchstens 1 erreichen. Daher war unsere Voraussetzung über p unrichtig und es muss $p < \cos iu$ sein.

Man findet also

$$M(\beta + \sqrt{\beta^2 - 1}) = p + \sqrt{p^2 - 1} < \cos iu - i \sin iu < M(\alpha + \sqrt{\alpha^2 - 1}),$$
$$M(\beta_1 + \sqrt{\beta_1^2 - 1}) < M(\alpha_1 + \sqrt{\alpha_1^2 - 1}).$$

Man darf daher setzen

$$2\pi\mathfrak{h}T = \sum_{n=0}^{\infty}(2n+1)\left[\int_{-\infty}^{\infty} P^{(n)}(\beta)Q^{(n)}(\alpha)du - \int_{-\infty}^{\infty} P^{(n)}(\beta_1)Q^{(n)}(\alpha_1)du\right].$$

Wir setzen für $P^n(\beta)$ und $P^n(\beta_1)$ ihre Werthe aus I. 312

$$(-1)^n \sum^{n}{}' a_\nu^{(n)} P_\nu^{(n)}(\cos\theta) P_\nu^{(n)}(\cos\eta)\cos\nu(\varphi + iu),$$
$$(-1)^n \sum^{n}{}'(-1)^\nu a_\nu^{(n)} P_\nu^{(n)}(\cos\theta) P_\nu^{(n)}(\cos\eta)\cos\nu(\varphi - iu),$$

und erhalten dann

$$2\pi\mathfrak{h}T = \sum_{n=0}^{\infty}(2n+1)\sum^{n}{}' a_\nu^{(n)} P_\nu^{(n)}(\cos\theta) P_\nu^{(n)}(\cos\eta)\cos\nu\varphi . \tau,$$

wenn man setzt

$$\tau = (-1)^n \int_{-\infty}^{\infty} [Q^{(n)}(\alpha) - (-1)^\nu Q^{(n)}(\alpha_1)] \cos i\nu u\, du,$$

In I. 339 wurde gezeigt, dass $\cos n\pi . Q^{(n)}(\alpha)$ das arithmetische Mittel aus den beiden Werthen sei

$$\tfrac{1}{2}\int_0^{\operatorname{arc\,cotg}\varrho} \frac{[\varrho - \cos\chi . \sqrt{\varrho^2 - 1})^n d\chi}{[\sigma + \cos(\chi \pm iu)\sqrt{\sigma^2 + 1}]^{n+1}},$$

und durch dasselbe Verfahren würde man $\cos n\pi . Q^{(n)}(\alpha_1)$ als arithmetisches Mittel gefunden haben, hätte man $\sqrt{\sigma^2+1}$ mit $-\sqrt{\sigma^2+1}$ vertauscht. Man setze in τ diese Ausdrücke ein; da dort nach u von $-\infty$ bis ∞ integrirt wird, so ist es nur erforderlich eines von den beiden Zeichen in $\chi \pm iu$ beizubehalten und dafür das Integral doppelt zu nehmen. Dadurch entsteht

$$\tau = \int_0^{\operatorname{arc\,cotg}\varrho} (\varrho - \cos\chi . \sqrt{\varrho^2 + 1})^n \partial\chi \int_{-\infty}^{\infty} \{[\sigma + \cos(\chi + iu) . \sqrt{\sigma^2 + 1}]^{-n-1}$$
$$- (-1)^\nu [\sigma - \cos(\chi + iu)\sqrt{\sigma^2 + 1}]^{-n-1}\} \cos i\nu u\, \partial u.$$

Reducirt man mit Hülfe der Gleich. (39, a) in I. 231, so wird das nach u zu nehmende Integral, da die Functionen Q bei der Subtraction sich fortheben, gleich

$$2\pi\cos\nu\pi\cos\nu\chi\,\frac{1.3\ldots(2n-1)}{1.2\ldots n}\,i^n P_\nu^{(n)}(i\sigma),$$

und setzt man diesen Werth ein, so findet man nach I. 224 Gleichung (38, b)

$$\tau = 2\pi i\cos\nu\pi P_\nu^{(n)}(i\sigma)Q_\nu^{(n)}(i\varrho),$$

und somit für das abgeplattete Ellipsoid wiederum den Ausdruck (7), aber in der Form

$$(8)\ \ldots\quad \mathfrak{h}T = \sum_{n=0}^{\infty}\mathfrak{T}^{(n)},$$

$$\mathfrak{T}^{(n)} = \sum^{n}{}'(-1)^\nu a_\nu^{(n)}P_\nu^{(n)}(\cos\theta)P_\nu^{(n)}(\cos\eta)P_\nu^{(n)}(i\sigma)Q_\nu^{(n)}(i\varrho)\cos\nu(\psi-\omega),$$

in welcher statt der imaginären Grössen h, r, s ihre Module $\mathfrak{h}, \varrho, \sigma$ vorkommen.

§ 34. Wir gehen nun zu der **Bestimmung des Potentials** V **im Punkte** O **über, wenn die Dichtigkeit** $k(s,\eta,\omega)$ **in jedem Punkte eines Rotationsellipsoides gegeben ist.** M. vergl. im § 18 die Lösung der entsprechenden Aufgabe für die Kugel.

Das Quadrat des Linearelementes, welches von einem Punkte $[a, b, c]$ nach $[a+\partial a, b+\partial b, c+\partial c]$ gezogen ist, wurde I. 308 allgemein durch orthogonale und speciell durch Polarcoordinaten, I. 354 durch verwandte Coordinaten ausgedrückt. In unseren Coordinaten ist es

$$\partial a^2+\partial b^2+\partial c^2 = h^2\left[\frac{s^2-\cos^2\eta}{s^2-1}\,\partial s^2+(s^2-\cos^2\eta)\partial\eta^2+(s^2-1)\sin^2\eta\,\partial\omega^2\right],$$

so dass man für das Körperelement den Ausdruck erhält

$$\partial a\,\partial b\,\partial c = h^3(s^2-\cos^2\eta)\sin\eta\,\partial\eta\,\partial\omega\,\partial s.$$

Jeder Punkt des Raumes stellt sich in diesen Coordinaten s, η, ω als Durchschnitt dreier Flächen (m. vergl. I. 351) dar, eines Rotationsellipsoides, welches entsteht, wenn man s festhält und η und ω alle möglichen Werthe giebt; eines Rotationshyperboloides, welches bei festgehaltenem η und veränderlichen s, ω gebildet wird; einer Meridianebene für ein festgehaltenes ω und bewegliche s, η. Diese drei Flächen schneiden sich in drei Linien, deren Längen, gerechnet vom Punkte (s, η, ω) aus bis zu den drei Punkten $(s+\partial s, \eta, \omega)$, $(s, \eta+\partial\eta, \omega)$, $(s, \eta, \omega+\partial\omega)$, in diesem Zusammenhange, resp. $\partial n, \partial o, \partial p$ genannt werden mögen. Daher ist

$$\partial n = h\partial s\sqrt{\frac{s^2-\cos^2\eta}{s^2-1}},\quad \partial o = h\partial\eta\sqrt{s^2-\cos^2\eta},\quad \partial p = h\partial\omega\sin\eta\sqrt{s^2-1}.$$

Beweis. Die Winkel, welche die Linie von der Länge ∂n mit den rechtwinkligen Coordinatenaxen bilden, seien α, β, γ; ∂o und ∂p bilden mit denselben Axen Winkel, die durch α', β', γ'; $\alpha'', \beta'', \gamma''$ bezeichnet werden. Dann ist

$$\partial n \cos\alpha = \frac{\partial a}{\partial s}\partial s, \quad \partial n \cos\beta = \frac{\partial b}{\partial s}\partial s, \quad \partial n \cos\gamma = \frac{\partial c}{\partial s}\partial s,$$

$$\partial o \cos\alpha' = \frac{\partial a}{\partial \eta}\partial \eta, \quad \partial o \cos\beta' = \frac{\partial b}{\partial \eta}\partial \eta, \quad \partial o \cos\gamma' = \frac{\partial c}{\partial \eta}\partial \eta,$$

$$\partial p \cos\alpha'' = \frac{\partial a}{\partial \omega}\partial \omega, \quad \partial p \cos\beta'' = \frac{\partial b}{\partial \omega}\partial \omega, \quad \partial p \cos\gamma'' = \frac{\partial c}{\partial \omega}\partial \omega,$$

Diese drei Linien $\partial n, \partial o, \partial p$ stehen senkrecht auf einander; setzt man nämlich in die drei ähnlich gebildeten Ausdrücke für die Cosinus ihrer Neigungswinkel, von denen der eine ist

$$\cos(\partial n, \partial o) = \cos\alpha\cos\alpha' + \cos\beta\cos\beta' + \cos\gamma\cos\gamma',$$

statt der $\cos\alpha$, $\cos\beta$, etc. ihre vorstehenden Werthe, so erhält man für diese drei Ausdrücke identisch Null.

Da die Cosinus der Winkel, welche eine Normale der Fläche $f(a, b, c) = 0$ mit den Axen bildet, sich wie $f'(a) : f'(b) : f'(c)$ verhalten, so hat man

$$\cos\alpha : \cos\beta : \cos\gamma = \frac{a}{s^2} : \frac{b}{s^2 - 1} : \frac{c}{s^2 - 1},$$

woraus ersichtlich ist, dass ∂n mit den Axen dieselben Winkel bildet, wie die Linie, welche im Punkte $[a, b, c]$ auf dem durch diesen Punkt gelegten Rotationsellipsoide senkrecht steht, dass ∂n also ein Stück dieser Normalen ist. Aehnliches hat man für ∂o und ∂p in Bezug auf die zwei anderen Gattungen von Flächen.

Das gesuchte Potential wird daher, wenn die Masse durch zwei Ellipsoide begrenzt wird, die $r = \mathfrak{r}_0$ und $r = \mathfrak{r}_1$ entsprechen:

$$V = h^3 \int_{\mathfrak{r}_1}^{\mathfrak{r}_0} \partial s \int_0^{\pi} (s^2 - \cos^2\eta) \sin\eta \, \partial\eta \int_0^{2\pi} k(s, \eta, \omega) T \partial\omega.$$

Man entwickelt V in eine Reihe von Kugelfunctionen; dies geschieht, indem man erstens die Dichtigkeit k, oder noch besser diese mit $(s^2 - \cos^2\eta)$ multiplicirt, durch eine solche Reihe darstellt. Man setze also

$$(a) \ldots \quad (s^2 - \cos^2\eta) k(s, \eta, \omega) = \sum_{n=0}^{\infty} K^{(n)}(s, \eta, \omega),$$

wo die K Kugelfunctionen in Bezug auf η und ω bedeuten, in deren constanten Coefficienten s als Parameter vorkommt.

In besonderen Fällen wird man mehrfach bequeme Methoden entdecken können um die K zu finden, im allgemeinen aber diese Functionen, welche ganze in Bezug auf die drei Aggregate $\cos\eta$, $\sin\eta\cos\omega$, $\sin\eta\sin\omega$ sind, durch Integrale darstellen: Diese und ihre verschiedenen Umformungen findet man auf S. 45 u. f., wenn man dort k durch das Produkt $(s^2-\cos^2\eta)k$ ersetzt. So erhält man

$$K^n(s,\eta,\omega)=\frac{2n+1}{4\pi}\sum^{n}{}'\alpha_\nu^{(n)}C_\nu^{(n)}(\eta,\omega)+\mathfrak{a}_\nu^{(n)}S_\nu^{(n)}(\eta,\omega),$$

wenn von den Ausdrücken α und $\mathfrak{a}$, die keine andere Veränderliche als s enthalten, die erstere durch die Gleichung

$$\alpha_\nu^{(n)}=(-1)^\nu a_\nu^{(n)}\int_0^\pi(s^2-\cos^2\eta)\sin\eta\,\partial\eta\int_0^{2\pi}k(s,\eta,\omega)C_\nu^{(n)}(\eta,\omega)\partial\omega$$

gegeben wird, die zweite aber aus der rechten Seite derselben durch Vertauschung von C mit S hervorgeht. $C_\nu^{(n)}$ und $S_\nu^{(n)}$ sind die abkürzenden Bezeichnungen aus I. 320 für das Produkt aus $P_\nu^n(\cos\eta)$ und dem Cosinus resp. Sinus von $\nu\omega$, und $a_\nu^{(n)}$ die numerische Constante aus I. 312.

Man entwickelt zweitens T nach Kugelfunctionen. Hierbei hat man die verschiedenen Räume zu betrachten, in denen O liegen kann.

1) Das Potential im äusseren Punkte O_a. Setzt man für hT seinen Werth aus (7), so wird V_a zunächst gleich

$$h^2\int_{\mathfrak{r}_1}^{\mathfrak{r}_0}ds\int_0^\pi\int_0^{2\pi}\sum_{n=0}^{\infty}\mathfrak{T}^{(n)}.\sum_{m=0}^{\infty}K^{(m)}(s,\eta,\omega)\sin\eta\,\partial\eta\,\partial\omega.$$

Da aber die $\mathfrak{T}$ wie die K Kugelfunctionen sind, so fallen (I. 327 (e)) aus den Produkten der Summen diejenigen Glieder fort, in welchen die Indices m und n verschieden sind, und der vorstehende Ausdruck wird gleich dem, welcher entsteht, wenn man das Produkt der beiden Summen

$$\frac{2n+1}{4\pi}\sum^{n}{}'(\alpha_\nu^{(n)}\cos\nu\omega+\mathfrak{a}_\nu^{(n)}\sin\nu\omega)P_\nu^{(n)}\cos\eta),$$

$$h^2\sum^{n}{}'(-1)^\nu a_\nu^{(n)}P_\nu^{(n)}(\cos\eta)P_\nu^{(n)}(\cos\theta)P_\nu^{(n)}(s)Q_\nu^{(n)}(r)\cos\nu(\psi-\omega),$$

mit $\sin\eta\,\partial\eta\,\partial\omega$ multiplicirt, in den Grenzen 0 und 2π resp. π integrirt, endlich von $n=0$ bis ∞ summirt. Nach I. 326—327 entsteht dadurch als Entwickelung von V_a nach Kugelfunctionen:

$$(9)\ \dots\quad V_a=\sum_{n=0}^{\infty}\sum^{n}{}'(p_\nu^{(n)}\cos\nu\psi+\mathfrak{p}_\nu^{(n)}\sin\nu\psi)P_\nu^{(n)}(\cos\theta)Q_\nu^{(n)}(r),$$

wenn man die Buchstaben p und $\mathfrak{p}$ für folgende Constanten einführt

$$p_\nu^{(n)}=h^2\int_{\mathfrak{r}_1}^{\mathfrak{r}_0}\alpha_\nu^{(n)}P_\nu^{(n)}(s)\,ds,\qquad \mathfrak{p}_\nu^{(n)}=h^2\int_{\mathfrak{r}_1}^{\mathfrak{r}_0}\mathfrak{a}_\nu^{(n)}P_\nu^{(n)}(s)\,ds.$$

2) Das Potential im innern Punkte O_ι. Die Rechnung bleibt dieselbe wie oben, bis dahin, wo der Ausdruck für $\mathfrak{T}$ eingeführt wurde. Bei der Entwickelung (7) dachte man sich $Mr > Ms$, während nunmehr der Werth s, welcher sich auf die Punkte der Masse bezieht, einen grösseren Modulus hat als der Werth von r, welcher zu O_ι gehört. So erhält man, statt (9), die Entwickelung:

$$(9, a) \ldots \quad V_\iota = \sum_{n=0}^{\infty} \sum^{n}{}' (q_\nu^{(n)} \cos\nu\psi + \mathfrak{q}_\nu^{(n)} \sin\nu\psi) P_\nu^{(n)}(\cos\theta) P_\nu^{(n)}(r),$$

$$q_\nu^{(n)} = h^2 \int_{\mathfrak{r}_1}^{\mathfrak{r}_0} \alpha_\nu^{(n)} Q_\nu^{(n)}(s)\, ds, \qquad \mathfrak{q}_\nu^{(n)} = h^2 \int_{\mathfrak{r}_1}^{\mathfrak{r}_0} \mathfrak{a}_\nu^{(n)} Q_\nu^{(n)}(s)\, ds.$$

3) Das Potential im Punkte O_μ. Liegt die Coordinate r des Punktes O zwischen $\mathfrak{r}_1$ und $\mathfrak{r}_0$, so wird

$$(9, b) \ldots \quad V_\mu = (V_a) + (V_\iota),$$

wo (V_a) der Werth von V_a unter 1) ist, nachdem man dort r für $\mathfrak{r}_0$ gesetzt hat, und (V_ι) der Werth von V_ι unter 2) wenn dort r für $\mathfrak{r}_1$ gesetzt wird.

Anmerkung 1. Wie hier das Potential V gefunden wurde, wenn die Dichtigkeit k des Körpers bekannt ist, so lässt sich auch das Flächenpotential v angeben, wenn die Dichtigkeit $\varkappa$ der Flächenbelegung bekannt ist. (M. vergl. § 22, S. 65). In einem Punkt der Fläche $(\mathfrak{r}, \eta, \omega)$ wird das Flächenelement $(\partial o . \partial p$ auf S. 106)

$$h^2 \sqrt{\mathfrak{r}^2 - 1} \sqrt{\mathfrak{r}^2 - \cos^2\eta} \sin\eta\, \partial\eta\, \partial\omega.$$

Entwickelt man also nicht wie oben den Ausdruck auf der linken Seite von (a) nach Kugelfunctionen, sondern setzt statt dessen

$$\varkappa . \sqrt{\mathfrak{r}^2 - \cos^2\eta} = \sum_{n=0}^{\infty} K^{(n)}(\eta, \omega),$$

und löst die Kugelfunction $K^{(n)}$, die hier η und ω, aber die Constante $\mathfrak{r}$ statt der Veränderlichen s enthält, in die Reihe auf

$$\frac{2n+1}{4\pi} \sum^{n}{}' \alpha_\nu^{(n)} C_\nu^{(n)}(\eta, \omega) + \mathfrak{a}_\nu^{(n)} S_\nu^{(n)}(\eta, \omega),$$

so wird, wenn $Mr > M\mathfrak{r}$ ist, erhalten

$$v = h\sqrt{\mathfrak{r}^2 - 1} \sum_{n=0}^{\infty} \sum^{n}{}' P_\nu^{(n)}(\cos\theta) P_\nu^{(n)}(\mathfrak{r}) Q_\nu^{(n)}(r) (\alpha_\nu^{(n)} \cos\nu\psi + \mathfrak{a}_\nu^{(n)} \sin\nu\psi).$$

Ist $Mr < M\mathfrak{r}$, so hat man $P(\mathfrak{r})Q(r)$ mit $P(r)Q(\mathfrak{r})$ zu vertauschen.

Anmerkung 2. Das n^{te} Glied in der Entwickelung von V_i oder v_i ist, welches auch die Dichtigkeit sei, eine ganze Function n^{ten} Grades der Coordinaten x, y, z des Punktes O. Denn dies Glied lässt sich offenbar als Integral

$$\int_0^{2\pi} P^{(n)}[r\cos\theta + i\sqrt{r^2-1}\sin\theta\cos(\psi-\omega)]f(\omega)d\omega$$

darstellen, wo f eine ganze Function n^{ten} Grades von $\cos\omega$ und $\sin\omega$, mit $(2n+1)$ gehörig gewählten Constanten b und $\mathfrak{b}$ bezeichnet, man also hat

$$\begin{aligned} f = b_0 + b_1\cos\omega + b_2\cos 2\omega + \cdots + b_n\cos n\omega \\ + \mathfrak{b}_1\sin\omega + \mathfrak{b}_2\sin 2\omega + \cdots + \mathfrak{b}_n\sin n\omega. \end{aligned}$$

Da $P^{(n)}$ eine ganze Function n^{ten} Grades vom Argumente

$$r\cos\theta + i\sqrt{r^2-1}\sin\theta\cos(\psi-\omega),$$

dieses aber gleich

$$x + iy\cos\omega + iz\sin\omega$$

ist, so wird das obige Integral selbst, ganz allgemein eine ganze Function der rechtwinkligen Coordinaten x, y und z.

§ 35. Specielle Fälle. Die Dichtigkeit k sei eine ganze Function m^{ten} Grades der drei Aggregate $\cos\eta$, $\sin\eta\cos\omega$, $\sin\eta\sin\omega$. Alsdann wird die Reihe (a) des § 34 eine Summe von $m+2$ Kugelfunctionen K. Hieraus folgt für das Potential im inneren Raume, dass V_i eine ganze Function $m+2^{ten}$ Grades der rechtwinkligen Coordinaten x, y, z ist.

Im äusseren Raume ist das Potential noch immer eine ganze Function von $\cos\theta$, $\sin\theta\cos\psi$, $\sin\theta\sin\psi$, erhält aber in Bezug auf die Veränderliche r die Form $g(r)+h(r)Q^0(r)$, wo g und h rationale Functionen von r und $\sqrt{r^2-1}$ vorstellen, die keinen anderen Nenner als die $m+2^{te}$ Potenz von $\sqrt{r^2-1}$ enthalten. Die Kugelfunction Q^0 hat, je nachdem r reell oder imaginär, gleich $i\varrho$ ist, resp. den Ausdruck

$$Q^{(0)}(r) = \tfrac{1}{2}\log\frac{r+1}{r-1}, \quad Q^{(0)}(i\varrho) = -i\,\mathrm{arc.cotg}\,\varrho.$$

Da eine Function von η und ω, die für $\eta = 0$ von ω unabhängig ist, sich ganz allgemein mit Annäherung durch eine endliche Summe von Kugelfunctionen darstellen lässt, so gilt das über die Form von V Gesagte von dem Näherungswerthe des Potentials bei irgend welcher Dichtigkeit.

Das Vorstehende wird durch die Gleichungen (9, a) und (9) bewiesen. Die Summation nach n in beiden Fällen erstreckt sich nicht in's Unendliche sondern nur auf eine endliche Anzahl, auf $m+2$ Glieder. Ferner ist oben in Anmerkung 2. gezeigt worden, dass das allgemeine Glied von (9, a) eine ganze Function n^{ten} Grades der rechtwinkligen Coordinaten x, y, z sei. Hiermit ist bewiesen, was über V_i gesagt wurde.

Ferner haben die in (9) vorkommenden Functionen Q die oben angegebenen Formen. Dies zeigt sich aus I. 258. Zunächst geht nämlich, durch die Gleichung für die $Q(x)$, welche (a) daselbst entspricht, $Q_\nu^{(n)}$ in die Form

$$\frac{AQ_1^{(n)}}{\sqrt{x^2-1}^{\,n-1}} + \frac{BQ_0^{(n)}}{(\sqrt{x^2-1})^{n-2}}$$

über, wo A und B ganze Functionen von x bedeuten, dieser Ausdruck dann durch die Gleichung

$$\sqrt{x^2-1}\,Q_{\nu+1}^{(n)} = xQ_\nu^{(n)} - \frac{\nu-n}{2n+1}\,Q_\nu^{(n+1)},$$

welche (b) daselbst entspricht, in die Form

$$(x^2-1)^{-\frac{1}{2}\nu}\left[AQ^{(n)}+BQ^{(n+1)}\right].$$

Setzt man für $Q^{(n)}$ und $Q^{(n+1)}$ ihren Ausdruck (20, c) aus I. 141, so erhält man für $Q_\nu^{(n)}$ schliesslich den Ausdruck

$$(x^2-1)^{-\frac{1}{2}\nu}\left[A+B\log\frac{x+1}{x-1}\right].$$

Es wäre leicht, noch Bemerkungen über den Grad, den die ganzen Functionen A und B besitzen, hinzuzufügen.

Man hätte dasselbe, von I. 210 ausgehend, zeigen können. Nach dieser Gleichung ist

$$Q_\nu^{(n)} = (x^2-1)^{\frac{1}{2}\nu}\mathfrak{Q}_{-\nu}^{(n)}(x);$$

die letzte Function aber, nach I. 153, bis auf eine Constante der ν^{te} Differentialquotient nach x von $Q^{(n)}(x)$, das sich nach I. 141 von

$$\tfrac{1}{2}P^{(n)}(x)\log\frac{x+1}{x-1}$$

nur um eine ganze Function $n-1^{\text{ten}}$ Grades unterscheidet. Der ν^{te} Differentialquotient des letzten Ausdrucks wird aber gleich dem Quotienten, dessen Zähler von der Form

$$A+B\log\frac{x+1}{x-1},$$

dessen Nenner $(x^2-1)^\nu$ ist. Man hat durch diese Betrachtung das frühere Resultat wiedergefunden.

Schliesslich muss man, um dasselbe unseren Untersuchungen über das Potential anzupassen, x durch r ersetzen.

Dieses Resultat ist unabhängig von der Art wie s in die Dichtigkeit eingeht. Im allgemeinen werden die Constanten p, $\mathfrak{p}$, q, $\mathfrak{q}$, weil α und $\mathfrak{a}$ die Grösse s in der mannigfaltigsten Art enthalten können, transcendente Functionen der Axen $\mathfrak{r}_0$ und $\mathfrak{r}_1$ sein; sie vereinfachen sich aber, z. B. in dem speciellen Falle, dass k eine ganze Function der rechtwinkligen Coordinaten a, b, c ist. Für diesen Fall kann man nämlich die Integrale p, $\mathfrak{p}$, q, $\mathfrak{q}$ ausführen, und es kommen in dem Potentiale V_a nur ganze Potenzen von $\mathfrak{r}_0$ und $\mathfrak{r}_1$ vor, und zwar ist in Bezug auf diese Constanten V_a von der Form $f(\mathfrak{r}_0)-f(\mathfrak{r}_1)$, wenn f eine ganze Function bezeichnet. Dagegen hat V_i in Bezug auf $\mathfrak{r}_0$ und $\mathfrak{r}_1$ die Form $f(\mathfrak{r}_0)-f(\mathfrak{r}_1)$, wenn $f(\mathfrak{r}_0)$ die Form hat

$$g(\mathfrak{r}_0)+h(\mathfrak{r}_0)\log(\mathfrak{r}_0+1)+l(\mathfrak{r}_0)\log(\mathfrak{r}_0-1),$$

und g, h, l rationale Functionen von $\mathfrak{r}_0$ bezeichnen. Es hängen also V_a und V_i wesentlich in derselben Art von r ab, wie resp. V_i und V_a von $\mathfrak{r}_0$ und von $\mathfrak{r}_1$.

Um dies nachzuweisen, geht man davon aus, dass k, als ganze Function von a, b, c ein Aggregat aus Constanten und Gliedern $a^\lambda b^\mu c^\tau$ ist; ein solches Glied in s, η, ω umgesetzt giebt

$$s^\lambda \cos^\lambda \eta (\sqrt{s^2-1})^{\mu+\tau} \sin^{\mu+\tau}\eta \cos^\mu \omega \sin^\tau \omega.$$

Verwandelt man das Produkt der Potenz von $\cos\omega$ und von $\sin\omega$ in eine Reihe, die nach Cosinus oder Sinus der Vielfachen von ω geordnet ist, je nachdem τ eine gerade oder ungerade Zahl bezeichnet, so enthält diese Reihe nur solche Vielfache von ω, welche mit $\mu+\tau$ zugleich gerade oder zugleich ungerade sind. Dies gilt auch für das Produkt von k und $(s^2-\cos^2\eta)$; daher enthalten die Glieder $a_\nu^{(n)}$ und $\mathfrak{a}_\nu^{(n)}$, welche (S. 108) in den Kugelfunctionen K mit $\cos\nu\omega$ und $\sin\nu\omega$ multiplicirt sind, ausser ganzen Potenzen von s nur noch mit ν zugleich gerade oder mit ν zugleich ungerade ganze Potenzen von $\sqrt{s^2-1}$ deren Exponent wenigstens ν ist. Setzt man für $P_\nu^{(n)}$ und $Q_\nu^{(n)}$ ihre Ausdrücke als Produkte von $\sqrt{s^2-1}^\nu$ mal dem ν^{ten} Differentialquotienten nach s, von $P^{(n)}$ oder $Q^{(n)}$ (abgesehen von einer Constanten) in die Integrale der Formeln (9) ein, so werden p und $\mathfrak{p}$ Integrale einer ganzen Function von s nach s, und q nebst $\mathfrak{q}$ von einem Ausdruck der Form

$$g+h\log(s+1)+l\log(s-1),$$

wo g, h, l ganze Functionen von s bezeichnen. Die Integrale nach s von $\mathfrak{r}_1$ bis $\mathfrak{r}_0$ haben also die angegebene Form.

Nimmt man die Dichtigkeit constant und setzt $k=1$, so findet man für das Potential eines vollen Ellipsoides

$$V_a = \tfrac{4}{3}\mathfrak{r}(\mathfrak{r}^2-1)\pi h^2[Q^{(0)}(r)-P^{(2)}(\cos\theta)Q^2(r)].$$

Setzt man für die P und Q ihre Werthe ein, so erhält man demnach, je nachdem es verlängert oder abgeplattet ist, die erste oder die zweite von den folgenden Formen

$$V_a = \mathfrak{r}(\mathfrak{r}^2-1)\pi h^2\left\{(3\cos^2\theta-1)r+\tfrac{1}{2}[1+\cos^2\theta-(3\cos^2\theta-1)r^2]\log\frac{r+1}{r-1}\right\},$$

$$V_a = \mathfrak{x}(\mathfrak{x}^2+1)\pi\mathfrak{h}^2\{(1-3\cos^2\theta)\varrho+[1+\cos^2\theta+(3\cos^2\theta-1)\varrho^2]\operatorname{arccotg}\varrho\},$$

Durch Subtraction findet man hieraus sofort (§ 20) das Potential für eine durch zwei beliebige Rotationsellipsoide begrenzte homogene Schale im Punkte O_a. Der Kürze halber setze ich nicht den Werth von V_i für eine Schale hierher, sondern den von V_μ für das volle Ellipsoid; man findet ihn nach § 18, No. 3 durch Addition des Potentials V_a für ein volles durch O_μ hindurchgehendes, dem gegebenen confocales Ellipsoid und des Potentials der übrig bleibenden Schale in demselben anziehenden Punkte. Man findet im Falle des verlängerten resp. abgeplatteten Ellipsoides im Punkte $O_\mu = (r, \theta, \psi)$ resp. (ϱ, θ, ψ)

$$V_\mu = \mathfrak{r}^2 h^2\pi[\sin^2\theta + r^2(3\cos^2\theta-1)]$$
$$+\tfrac{1}{2}\mathfrak{r}(\mathfrak{r}^2-1)\pi h^2[1+\cos^2\theta-r^2(3\cos^2\theta-1)]\log\frac{\mathfrak{r}+1}{\mathfrak{r}-1}-2r^2h^2\pi\cos^2\theta,$$

$$V_\mu = \mathfrak{x}^2\mathfrak{h}^2\pi[\sin^2\theta-\varrho^2(3\cos^2\theta-1)]$$
$$+\mathfrak{x}(\mathfrak{x}^2+1)\mathfrak{h}^2\pi[1+\cos^2\theta+\varrho^2(3\cos^2\theta-1)]\operatorname{arccotg}\mathfrak{x}-2\varrho^2\mathfrak{h}^2\pi\cos^2\theta.$$

Hieraus ergeben sich sofort die bekannten Sätze über die Anziehung, z. B. von Schalen die durch ähnliche Ellipsoide begrenzt werden. Setzt man $\frac{r}{h}$ für r und dann $h = 0$, so entsteht wieder die bekannte Formel für das Potential der Kugel.

§ 36. Wenn nicht mehr die Dichtigkeit der Masse in der Schale, sondern das Potential selbst auf den begrenzenden Ellipsoiden gegeben ist, so kann man es in dem leeren Raume finden. (Cf. § 21.)

1) Die Masse möge nach aussen (dem unendlichen Raume) zu durch ein Rotationsellipsoid $r = \mathfrak{r}$ begrenzt sein; der auf demselben gegebene Werth des Potentials sei $f(\theta, \psi)$. Man entwickelt diese Function in eine Reihe von Kugelfunctionen, indem man setzt

$$(a) \ldots \quad f(\theta, \psi) = \sum_{n=0}^{\infty} Y^{(n)};$$

aus (9) erhält man als Werth von V eine Reihe von Kugelfunctionen, deren n^{tes} Glied für $r = \mathfrak{r}$,

$$\sum^{n}{}'(p_\nu^{(n)}\cos\nu\psi + \mathfrak{p}_\nu^{(n)}\sin\nu\psi)P_\nu^{(n)}(\cos\theta)Q_\nu^{(n)}(\mathfrak{r}),$$

mit $Y^{(n)}$ übereinstimmen muss. Bringt man das Letztere nach I. 327 u. 328, (c) u. (f) in die Form

$$(b) \ldots \quad Y^{(n)} = \sum_{}^{n}{}'(g_\nu^{(n)} \cos\nu\psi + \mathfrak{g}_\nu^{(n)} \sin\nu\psi) P_\nu^{(n)}(\cos\theta),$$

wo die Constanten g und $\mathfrak{g}$ bekannt, nämlich durch die Gleichungen

$$(c) \ldots \quad g_\nu^{(n)} = (-1)^\nu a_\nu^{(n)} \frac{2n+1}{4\pi} \int_0^\pi \int_0^{2\pi} f(\theta, \psi) C_\nu^{(n)}(\theta, \psi) \sin\theta \partial\theta \partial\psi,$$

$$\mathfrak{g}_\nu^{(n)} = (-1)^\nu a_\nu^{(n)} \frac{2n+1}{4\pi} \int_0^\pi \int_0^{2\pi} f(\theta, \psi) S_\nu^{(n)}(\theta, \psi) \sin\theta \partial\theta \partial\psi$$

ausgedrückt sind, so wird daher

$$V_a = \sum_{n=0}^{\infty} \sum^{n}{}'(g_\nu^{(n)} \cos\nu\psi + \mathfrak{g}_\nu^{(n)} \sin\nu\psi) P_\nu^{(n)}(\cos\theta) \frac{Q_\nu^{(n)}(r)}{Q_\nu^{(n)}(\mathfrak{r})}.$$

2) Ist aber $f(\theta, \psi)$ der Werth des Potentials der Schale für die Punkte der inneren Begrenzung — sie sei durch die Gleichung $r = \mathfrak{r}$ bestimmt — so giebt (9, a) vermittelst desselben Verfahrens

$$V_i = \sum_{n=0}^{\infty} \sum^{n}{}'(g_\nu^{(n)} \cos\nu\psi + \mathfrak{g}_\nu^{(n)} \sin\nu\psi) P_\nu^{(n)}(\cos\theta) \frac{P_\nu^{(n)}(r)}{P_\nu^{(n)}(\mathfrak{r})}.$$

Man zieht hieraus, ähnlich wie im § 35, den Schluss, dass das Potential V_i eine ganze Function der rechtwinkligen Coordinaten von O bleibt, wenn es eine solche an der Oberfläche ist.

3) Man kann auch das Potential in einem leeren Raume betrachten, der durch zwei Ellipsoide $r = \mathfrak{r}_0$ und $r = \mathfrak{r}_1$ aus einer Masse herausgeschnitten wird. Die Lösung setzt sich aus den beiden vorhergehenden, No. 1 u. 2, durch dasselbe Verfahren zusammen, welches § 21 No. 3, bei der Untersuchung über das Potential der Kugel, angewandt wurde.

Ist der für $r = \mathfrak{r}_0$ und $r = \mathfrak{r}_1$ gegebene Werth des Potentials resp. $f_0(\theta, \psi)$ und $f_1(\theta, \psi)$, so entwickele man f_0 und f_1 nach Kugelfunctionen in die Reihen

$$f_0(\theta, \psi) = \sum_{n=0}^{\infty} Y_0^{(n)}, \qquad f_1(\theta, \psi) = \sum_{n=0}^{\infty} Y_1^{(n)},$$

und stelle $Y_0^{(n)}$ durch die Formel (b), $Y_1^{(n)}$ durch dieselbe mit den Constanten b und $\mathfrak{b}$ statt g und $\mathfrak{g}$ dar. Wie g und $\mathfrak{g}$ nach (c) aus f, so werden sie jetzt aus f_0, und b und $\mathfrak{b}$ aus f_1 gefunden. Im leeren Raume μ zwischen den Flächen $r = \mathfrak{r}_0$ und $r = \mathfrak{r}_1$ hat man dann

$$V_\mu = \sum_{n=0}^{\infty} \sum^{n}{}' P_\nu^{(n)}(\cos\theta) \{(p_\nu^{(n)} \cos\nu\psi + \mathfrak{p}_\nu^{(n)} \sin\nu\psi) P_\nu^{(n)}(r)$$
$$+ (q_\nu^{(n)} \cos\nu\psi + \mathfrak{q}_\nu^{(n)} \sin\nu\psi) Q_\nu^{(n)}(r)\}.$$

Dieser Ausdruck soll für $r = \mathfrak{r}_0$ resp. $= \mathfrak{r}_1$ in f_0 resp. f_1 übergehen. Dadurch sind die vier Gruppen von Constanten p, $\mathfrak{p}$, q, $\mathfrak{q}$ bestimmt: man findet sie aus den Gleichungen

$$p_\nu^{(n)} P_\nu^{(n)}(\mathfrak{r}_0) + q_\nu^{(n)} Q_\nu^{(n)}(\mathfrak{r}_0) = g_\nu^{(n)},$$
$$p_\nu^{(n)} P_\nu^{(n)}(\mathfrak{r}_1) + q_\nu^{(n)} Q_\nu^{(n)}(\mathfrak{r}_1) = b_\nu^{(n)},$$
$$\mathfrak{p}_\nu^{(n)} P_\nu^{(n)}(\mathfrak{r}_0) + \mathfrak{q}_\nu^{(n)} Q_\nu^{(n)}(\mathfrak{r}_0) = \mathfrak{g}_\nu^{(n)},$$
$$\mathfrak{p}_\nu^{(n)} P_\nu^{(n)}(\mathfrak{r}_1) + \mathfrak{q}_\nu^{(n)} Q_\nu^{(n)}(\mathfrak{r}_1) = \mathfrak{b}_\nu^{(n)}.$$

Die ziemlich weitläufige nach der Elimination entstehende Formel übergehe ich hier, da man sofort ihren Charakter erkennt und sie nur geringes Interesse darbietet.

§ 37. Die Hauptaufgabe in der Theorie des Potentials 2′ des § 22, welche im § 23 für die Kugel gelöst wurde, findet hier, mit Hülfe der Ausdrücke des § 36 ihre Lösung für das Rotationsellipsoid.

Wir haben also die Function v aufzusuchen, welche für Punkte O auf der Grenzfläche sich in $f(\theta, \psi)$ verwandelt und im ganzen übrigen Raum den Bedingungen eines Flächenpotentials genügt. Eine solche, also die gesuchte Function v, ist offenbar die obenstehende V_a so lange wie $r > \mathfrak{r}$ bleibt, und ist V_i für $r < \mathfrak{r}$.

Wir übergehen hier die Aufgabe, welche auf den 3. Fall des § 36 führt, v so zu bestimmen, dass diese Function sich für $r = \mathfrak{r}_0$ und $r = \mathfrak{r}_1$ in gegebene Functionen verwandelt.

Die Dichtigkeit $\varkappa$ der Masse, mit welcher man die Fläche $r = \mathfrak{r}$ zu belegen hat, damit v als ihr Flächenpotential angesehen werden kann, findet man (§ 22, S. 70) mit Hülfe der Differentiation des Werthes von $\mathrm{v} = V_a$ in einem Punkte der Oberflächen nach der äusseren (∂n) und von $\mathrm{v} = V_i$ nach der inneren Normalen $(\partial n_1 = -\partial n)$, und zwar ist (S. 106)

$$\partial n = h \partial r \sqrt{\frac{\mathfrak{r}^2 - \cos^2\theta}{\mathfrak{r}^2 - 1}} = -\partial n_1.$$

Ferner folgt aus I, (36) nach der Methode I. 137

$$P_\nu^{(n)}(r) \frac{\partial Q_\nu^{(n)}(r)}{\partial r} - Q_\nu^{(n)}(r) \frac{\partial P_\nu^{(n)}(r)}{\partial r} = -\frac{2n+1}{r^2 - 1},$$

so dass man zur Bestimmung der Dichtigkeit $\varkappa$ die Gleichung erhält

$$4\pi h\sqrt{\mathfrak{r}^2-1}\sqrt{\mathfrak{r}^2-\cos^2\theta}.\varkappa$$
$$=\sum_{n=0}^{\infty}(2n+1)\sum^{n}{}' \frac{(g_\nu^{(n)}\cos\nu\psi+\mathfrak{g}_\nu^{(n)}\sin\nu\psi)P_\nu^{(n)}(\cos\theta)}{P_\nu^{(n)}(\mathfrak{r})Q_\nu^{(n)}(\mathfrak{r})}.$$

Dieses Resultat giebt dieselbe Beziehung, welche man in der Anm. 1 zu § 34 findet. S. u.

Beispiel. Man findet für $f(\theta,\psi)=1$, $Y^0=1$ und daraus

$$\frac{1}{\varkappa}=2\pi h\sqrt{\mathfrak{r}^2-1}\sqrt{\mathfrak{r}^2-\cos^2\theta}.\log\frac{\mathfrak{r}+1}{\mathfrak{r}-1},$$

resp. wenn $\mathfrak{r}$ und h imaginär sind

$$\frac{1}{\varkappa}=2\pi\mathfrak{h}\sqrt{\mathfrak{x}^2+1}\sqrt{\mathfrak{x}^2+\cos^2\theta}.\operatorname{arccotg}\mathfrak{x}.$$

In der ersten Anmerkung zu § 34 wurde gezeigt, wie man den Ausdruck des Potentials $\mathfrak{v}$ findet, wenn $\varkappa$ bekannt ist. Hat man die Dichtigkeit $\varkappa$ in Punkten (θ,ψ) in eine Reihe von Kugelfunctionen entwickelt

$$\varkappa=\sum_{n=0}^{\infty}\sum^{n}{}'(a_\nu^{(n)}\cos\nu\psi+\mathfrak{a}_\nu^{(n)}\sin\nu\psi)P_\nu^{(n)}(\cos\theta),$$

so erhält man für den inneren Raum

$$\mathfrak{v}_i=4\pi h\sqrt{\mathfrak{r}^2-1}\sqrt{\mathfrak{r}^2-\cos^2\theta}$$
$$\cdot\sum_{n=0}^{\infty}\frac{1}{2n+1}\sum^{n}{}'(a_\nu^{(n)}\cos\nu\psi+\mathfrak{a}_\nu^{(n)}\sin\nu\psi)P_\nu^{(n)}(r)Q_\nu^{(n)}(\mathfrak{r})P_\nu^{(n)}(\cos\theta),$$

wenn $Mr<M\mathfrak{r}$; man hat aber für den äusseren Raum, wenn $Mr>M\mathfrak{r}$ ist, unter dem Summenzeichen $\mathfrak{r}$ mit r zu vertauschen.

Die Lösung dieser Aufgabe verbinden wir mit der des § 34, und suchen, ähnlich wie es im § 24 geschah, die Dichtigkeit $\varkappa$ der idealen Belegung der Grenzfläche mit Masse auf, welche für den leeren Raum dasselbe Potential giebt, wie die wirkliche Massenvertheilung im Innern $k[a,b,c]$. Dazu machen wir in (9) und (9, a) die Veränderliche r gleich $\mathfrak{r}$ resp. gleich $\mathfrak{r}_0$ und $\mathfrak{r}_1$; der entstehende Ausdruck ist gleich $f(\theta,\psi)$ zu setzen, und die Formel dieses Paragraphen für $\varkappa$ giebt die gesuchte Dichtigkeit der idealen Belegung. Diese wird demnach durch die Gleichung ausgedrückt

$$\varkappa\sqrt{\mathfrak{r}^2-1}\sqrt{\mathfrak{r}^2-\cos^2\theta}=h\int_{\mathfrak{r}_1}^{\mathfrak{r}_0}\partial s\int_0^{\pi}(s^2-\cos^2\eta)\sin\eta\,\partial\eta\int_0^{2\pi}Ak(s,\eta,\omega)\partial\omega,$$

wenn man für den Fall, dass das Potential in dem Raume $r>\mathfrak{r}_0$ durch die Flächenbelegung auf $r=\mathfrak{r}_0$ erzeugt werden soll, setzt

$$A = \sum_{n=0}^{\infty} \frac{2n+1}{4\pi} \sum_{\nu}^{n}{}'(-1)^{\nu} a_{\nu}^{(n)} P_{\nu}^{(n)}(\cos\eta) P_{\nu}^{(n)}(\cos\theta) \frac{P_{\nu}^{(n)}(s)}{P_{\nu}^{(n)}(\mathfrak{r}_0)} \cos\nu(\omega-\psi),$$

aber wenn man das Potential in dem Raume $r < \mathfrak{r}_1$ durch die Flächenbelegung von $r = \mathfrak{r}_1$ erzeugen soll

$$A = \sum_{n=0}^{\infty} \frac{2n+1}{4\pi} \sum_{\nu}^{n}{}'(-1)^{\nu} a_{\nu}^{(n)} P_{\nu}^{(n)}(\cos\eta) P_{\nu}^{(n)}(\cos\theta) \frac{Q_{\nu}^{(n)}(s)}{Q_{\nu}^{(n)}(\mathfrak{r}_1)} \cos\nu(\omega-\psi).$$

Den dritten Fall, in welchem die beiden Flächen $r = \mathfrak{r}_0$ und $r = \mathfrak{r}_1$ so mit Masse belegt werden sollen, dass sie im äusseren und inneren Raume (α, i, aber nicht μ) dieselbe Wirkung hervorbringen wie die gegebene Masse von der Dichtigkeit k in der Schale, übergehe ich, indem seine Behandlung keine neue Schwierigkeit darbietet und die Formeln ziemlich complicirt werden.

Beispiel. Man findet im äusseren Raume dasselbe Potential, welches ein volles homogenes Rotationsellipsoid mit einer Masse von der Dichtigkeit $k = 1$ hervorbringt, wenn man die Masse über seine Oberfläche so vertheilt, dass die Dichtigkeit im Punkte $(\mathfrak{r}, \theta, \psi)$ derselben (die selbstverständlich unabhängig von ψ ist) wird

$$\varkappa = \frac{h\mathfrak{r}\sqrt{\mathfrak{r}^2-1}\sqrt{\mathfrak{r}^2-\cos^2\theta}}{3\mathfrak{r}^2-1}.$$

§ 38. Wir suchen jetzt die Function v des § 37 durch eine zweite Methode auf, nämlich durch die Methode, über deren Bedeutung im § 26 gehandelt wurde, vermittelst deren in der That für die Aufgabe über das Rotationsellipsoid die Lösung zuerst in der einfachen oben angegebenen Form gefunden wurde *). Wir werden also v durch Integration der Gleichung $\Delta \mathrm{v} = 0$ ermitteln, und suchen das Integral v auf, welches mit seinen ersten Differentialquotienten überall, resp. bis an eine Fläche $r = \mathfrak{r}$, den oft erwähnten Bedingungen der Stetigkeit genügt und sich für $r = \mathfrak{r}$ in die gegebene Function $f(\theta, \psi)$ verwandelt. Endlich behandeln wir den Fall, dass auch v auf einer zweiten Fläche $r = \mathfrak{r}_1$ gegeben wird.

Zunächst führt man in die Gleichung $\Delta \mathrm{v} = 0$ statt der rechtwinkligen Coordinaten x, y, z die neuen r, θ, ψ des § 32 ein. Sie geht dann über in

$$(10)\ldots \quad \frac{\partial}{\partial r}\left((r^2-1)\frac{\partial \mathrm{v}}{\partial r}\right) + \frac{1}{\sin\theta}\frac{\partial}{\partial\theta}\left(\sin\theta\frac{\partial \mathrm{v}}{\partial\theta}\right) + \frac{(r^2-\cos^2\theta)}{(r^2-1)\sin^2\theta}\frac{\partial^2 \mathrm{v}}{\partial\psi^2} = 0.$$

*) Crelle, Journal f. Math. Bd. 26, S. 185—216: Ueber einige Aufgaben, welche auf partielle Differentialgleichungen führen.

Diese Umformung gestaltet sich ziemlich einfach nach der dritten Methode des § 71 in I. 307 u. f. Der Ausdruck für das Quadrat des Linienelements in den Coordinaten für das Rotationsellipsoid, der schon am Anfange des § 34 gegeben ist (dort $\partial a^2+\partial b^2+\partial a$ oder $\partial n^2+\partial o^2+\partial p^2$),

$$\partial x^2+\partial y^2+\partial z^2=h^2\left[\frac{r^2-\cos^2\theta}{r^2-1}\partial r^2+(r^2-\cos^2\theta)\partial\theta^2+(r^2-1)\sin^2\theta\,\partial\psi^2\right],$$

verglichen mit der an jener Stelle (I. 308) gegebenen Form

$$\partial x^2+\partial y^2+\partial z^2=\mathfrak{L}^2\partial\lambda^2+\mathfrak{M}^2\partial\mu^2+\mathfrak{N}^2\partial\nu^2,$$

giebt

$$\partial\lambda=h\partial r,\quad \partial\mu=h\partial\theta,\quad \partial\nu=h\partial\psi,$$

$$\mathfrak{L}^2=\frac{r^2-\cos^2\theta}{r^2-1},\quad \mathfrak{M}^2=(r^2-\cos^2\theta),\quad \mathfrak{N}^2=(r^2-1)\sin^2\theta;$$

das Einsetzen in die dort (irrthümlich statt mit (h)) mit (g) bezeichnete Differentialgleichung liefert sofort die oben angegebene Form (10).

Wir haben von (10) eine mit ihren ersten Differentialquotienten continuirliche Lösung 1) für $r > \mathfrak{r}$ und 2) für $r < \mathfrak{r}$ aufzusuchen. Die erste bezieht sich auf v_a, die zweite auf v_i.

Dazu entwickele man v im ersten und ebenso im zweiten Raume nach Kugelfunctionen in Bezug auf θ und ψ. Die Entwickelung sei

$$\mathrm{v}=\sum_{n=0}^{\infty} Z^{(n)}.$$

Dieser Ausdruck wird in (10) eingesetzt; reducirt man dann vermittelst der Differentialgleichung I. 309, (51) der Kugelfunctionen, so entsteht

$$(a)\;\ldots\quad \sum_{n=0}^{\infty}\frac{\partial}{\partial r}\left((r^2-1)\frac{\partial Z^{(n)}}{\partial r}\right)+\frac{1}{(r^2-1)}\frac{\partial^2 Z^{(n)}}{\partial\psi^2}-n(n+1)Z^{(n)}=0.$$

Das n^{te} Glied dieser unendlichen, unter dem Summenzeichen stehenden Reihe ist wiederum eine Kugelfunction nach θ und ψ. Denn eine Kugelfunction $Z^{(n)}$ ist von der Form

$$(b)\;\ldots\quad Z^{(n)}=\sum^{n}{}'(u_\nu\cos\nu\psi+\mathfrak{u}_\nu\sin\nu\psi)P_\nu^{(n)}(\cos\theta),$$

wenn u und $\mathfrak{u}$ Constante nach ψ und θ, hier also Functionen nur von r bedeuten. Dieselbe Form behält $Z^{(n)}$ nach Differentiation in Bezug auf ψ oder r, von denen die erstere nur die Cosinus und Sinus der Vielfachen von ψ, die zweite nur die Constanten u und $\mathfrak{u}$ berührt. Da die Kugelfunctionen auch nach Multiplication mit Constanten diesen Character behalten, auch die Summe von Kugelfunctionen eine Kugelfunction bleibt, so ist die obige Behauptung gerechtfertigt: Wird die Summe von Kugelfunctionen verschiedenen

Grades Null, so muss jedes Glied von einem bestimmten Grade für sich Null sein. Daher erhält man eine Gleichung für jedes Glied $Z^{(n)}$ selbst, wenn man das Summenzeichen in (*a*) fortlässt.

In die dadurch entstehende partielle Differentialgleichung zwischen $Z^{(n)}$, r und ψ setzt man den Werth von $Z^{(n)}$ aus (*b*) ein. Dadurch zeigt sich sofort, dass die Summe zweier Ausdrücke Null sei, nämlich des Ausdrucks

$$\sum^{n}{}' P_\nu^{(n)}(\cos\theta)\cos\nu\psi\left[(r^2-1)\frac{d}{dr}\left((r^2-1)\frac{du_\nu}{dr}\right)-[n(n+1)(r^2-1)+\nu^2]u_\nu\right],$$

vermehrt um einen Ausdruck, welcher aus diesem durch Vertauschung von $\cos\nu\psi$ mit $\sin\nu\psi$ und gleichzeitig von u mit $\mathfrak{u}$ entsteht. Diese in Bezug auf ψ trigonometrische Reihe kann nur Null sein, wenn jedes Glied für sich Null ist. Daher muss sowohl u_ν als $\mathfrak{u}_\nu$, für y gesetzt, der Differentialgleichung genügen

$$(r^2-1)\frac{d}{dr}\left((r^2-1)\frac{dy}{dr}\right)=[n(n+1)(r^2-1)+\nu^2]y.$$

Dies ist aber die Gleich. I, (36); ihre Lösungen sind die Zugeordneten $P_\nu^{(n)}(r)$ und $Q_\nu^{(n)}(r)$, so dass sowohl u als $\mathfrak{u}$ nur lineare Verbindungen dieser Zugeordneten werden können. Bezeichnen p, q, $\mathfrak{p}$, $\mathfrak{q}$ numerische Constanten, die auch von n und ν abhängen können, so hat man also

$$u_\nu = p_\nu^{(n)}P_\nu^{(n)}(r)+q_\nu^{(n)}Q_\nu^{(n)}(r),$$
$$\mathfrak{u}_\nu = \mathfrak{p}_\nu^{(n)}P_\nu^{(n)}(r)+\mathfrak{q}_\nu^{(n)}Q_\nu^{(n)}(r),$$

und man findet für Z den Ausdruck

$$(c)\ \ldots\quad Z^{(n)}=\sum^{n}{}'(p_\nu^{(n)}\cos\nu\psi+\mathfrak{p}_\nu^{(n)}\sin\nu\psi)P_\nu^{(n)}(\cos\theta)P_\nu^{(n)}(r)$$
$$+\sum^{n}{}'(q_\nu^{(n)}\cos\nu\psi+\mathfrak{q}_\nu^{(n)}\sin\nu\psi)P_\nu^{(n)}(\cos\theta)Q_\nu^{(n)}(r).$$

Wir haben nun zu unterscheiden, ob v für den Raum $r>\mathfrak{r}$ oder für $r<\mathfrak{r}$ dargestellt werden soll.

1) Man sucht v im Raume $r>\mathfrak{r}$. Da v, also auch jede von den Functionen $Z^{(n)}$ für sich, im Unendlichen verschwinden soll, während doch $P(r)$ für $r=\infty$ nicht Null wird, so müssen die Constanten p und $\mathfrak{p}$ gleich Null gesetzt werden. Man hat also für Z die Form

$$Z^{(n)}=(q_\nu^{(n)}\cos\nu\psi+\mathfrak{q}_\nu^{(n)}\sin\nu\psi)P_\nu^{(n)}(\cos\theta)Q_\nu^{(n)}(r),$$

d. i. dieselbe Form, welche im § 36, 1. Fall, zu Grunde gelegt wurde. Indem man von hier an genau dem dort angegebenen Verfahren folgt, erhält man für v den dortigen Ausdruck V_α.

2) Man sucht v im Raume $r < \mathfrak{r}$. In diesem Falle hat man q und $\mathfrak{q}$ gleich Null zu setzen, so dass Z die Form hat

$$Z^{(n)} = \sum^{n}{}'(p_\nu^{(n)}\cos\nu\psi + \mathfrak{p}_\nu^{(n)}\sin\nu\psi)P_\nu^{(n)}(\cos\theta)P_\nu^{(n)}(r).$$

Ist das Verschwinden von q und $\mathfrak{q}$ einmal nachgewiesen, was unten, in diesem Paragraphen, geschieht, so ergiebt sich v unmittelbar, und zwar als der Werth V_ι im § 36, 2. Fall.

Stellen wir die gewonnenen Resultate zusammen, so erhalten wir: Die Function v, welche der Gleich. $\Delta v = 0$, ferner den bekannten Bedingungen der Endlichkeit und Stetigkeit genügt, und für $r = \mathfrak{r}$ in $f(\theta, \psi)$ übergeht, lässt sich in eine Reihe von Kugelfunctionen $v = \sum_{n=0}^{\infty} Z^{(n)}$ entwickeln, wo

$$Z^{(n)} = \sum^{n}{}'(g_\nu^{(n)}\cos\nu\psi + \mathfrak{g}_\nu^{(n)}\sin\nu\psi)P_\nu^{(n)}(\cos\theta)\frac{Q_\nu^{(n)}(r)}{Q_\nu^{(n)}(\mathfrak{r})}, \quad (r > \mathfrak{r}),$$

$$Z^{(n)} = \sum^{n}{}'(g_\nu^{(n)}\cos\nu\psi + \mathfrak{g}_\nu^{(n)}\sin\nu\psi)P_\nu^{(n)}(\cos\theta)\frac{P_\nu^{(n)}(r)}{P_\nu^{(n)}(\mathfrak{r})}, \quad (r < \mathfrak{r}),$$

wenn $\mathfrak{g}$ und g die bei der Entwickelung der gegebenen Function $f(\theta, \psi)$ nach Kugelfunctionen auftretenden Constanten bezeichnen. Es sei daran erinnert, dass diese Constanten durch die Gleichung gefunden werden

$$g_\nu^{(n)}\cos\nu\psi + \mathfrak{g}_\nu^{(n)}\sin\nu\psi$$
$$= (-1)^\nu a_\nu^{(n)}\frac{2n+1}{4\pi}\int_0^\pi P_\nu^{(n)}(\cos\eta)\sin\eta\,\partial\eta\int_0^{2\pi} f(\eta, \omega)\cos\nu(\psi - \omega)\,\partial\omega.$$

Bei der hier gelösten Aufgabe war das Potential v auf einer einzigen Fläche vorgeschrieben; ist aber nicht nur als Werth des Potentials v für $r = \mathfrak{r}_0$ die Function $f_0(\theta, \psi)$, sondern auch für $r = \mathfrak{r}_1$ eine zweite $f_1(\theta, \psi)$ vorgeschrieben, so zeigt § 36, 3. Fall sofort, welchen Werth v ausserhalb der beiden Flächen besitzt. Im Raume $r > \mathfrak{r}$ wird er durch den ersten der beiden oben stehenden Ausdrücke gegeben; im Raume $\mathfrak{r} < \mathfrak{r}_1$ durch den zweiten (wenn man $\mathfrak{r}$ mit $\mathfrak{r}_0$ resp. $\mathfrak{r}_1$, f mit f_0 resp. f_1 vertauscht). Im Raume $\mathfrak{r}_1 < r < \mathfrak{r}_0$ endlich hat man für v den Werth von V_μ, welcher sich auf den 3. Fall des § 36 bezieht, zu nehmen. Wie man in dem vorliegenden Falle, durch Differentiation von V_α, V_μ und V_ι

nach der Normalen, auf je einer der beiden Flächen $r = \mathfrak{r}_0$ und $r = \mathfrak{r}_1$, die Massenbelegung derselben findet, deren Potential eine solche Function v giebt, ersieht man aus § 23. Man vergl. § 37.

Noch bleibt nachzuweisen, dass im Falle 2) dieses Paragraphen die Constanten q und $\mathfrak{q}$ gleich Null zu setzen sind. Im Falle eines verlängerten Ellipsoides ist der Nachweis unmittelbar aus dem Ausdruck von Z selbst zu führen, da man in diesem Falle $r = 1$ setzen darf. In den Punkten $r = 1$, d. i. der Rotationsaxe, muss v und Z noch endlich bleiben, was nicht der Fall sein könnte, wenn die Functionen $Q_\nu^{(n)}(r)$, welche für $r = 1$ unendlich werden, nicht aus dem Ausdruck (c) herausfallen, d. i. wenn die q und $\mathfrak{q}$ in demselben nicht gleich Null gesetzt werden. Bei einem abgeplatteten Ellipsoid erhält aber r nie den Werth 1, sondern nimmt nur die rein imaginären Werthe von 0 bis $i\mathfrak{r}$ ein.

Das Verschwinden der erwähnten Constanten folgt aber in diesem Falle aus der Bedingung, dass die Differentialquotienten von v nach jeder Richtung (hier genügen die zwei Richtungen ∂n und ∂o), für alle Werthe, die r und θ annimmt, endlich bleiben sollen. Würden die Constanten q und $\mathfrak{q}$ in (c) nicht Null sein, so würden in $\frac{\partial \mathrm{v}}{\partial n}$ und $\frac{\partial \mathrm{v}}{\partial o}$ resp. die Glieder vorkommen

$$P_\nu^{(n)}(\cos\theta)\cdot\frac{\partial Q_\nu^{(n)}(r)}{\partial r}\sqrt{\frac{r^2-1}{r^2-\cos^2\theta}},\quad Q_\nu^{(n)}(r)\frac{\partial P_\nu^{(n)}(\cos\theta)}{\partial\theta}\frac{1}{\sqrt{r^2-\cos^2\theta}},$$

wo ν die Werthe von o bis n und n von o bis ∞ annimmt. Ist erstens $n-\nu$ gerade, so wird der erste Ausdruck in Punkten $r = 0$, $\theta = \frac{1}{2}\pi$ unendlich. Denn in diesem Falle enthält $P_\nu^{(n)}(\cos\theta)$ ein von $\cos\theta$ unabhängiges, Glied wird also, durch $\cos\theta$ dividirt, für $\theta = \frac{1}{2}\pi$ unendlich, während $\partial Q_\nu^{(n)} : \partial r$ für $r = 0$ von Null verschieden bleibt. Denn für die Q gilt eine ähnliche Gleichung wie die I. 259 für die P abgeleitete (Z. 15 v. o., in der man aber auf der linken Seite $2.\sqrt{x^2-1}$ statt $\sqrt{x^2-1}$ setzen muss), nämlich

$$-2\sqrt{x^2-1}\frac{\partial Q_\nu^{(n)}(x)}{\partial x} = (n+\nu+1)Q_{\nu+1}^{(n)}(x)+(n-\nu+1)Q_{\nu-1}^{(n)}(x).$$

Die rechte Seite wird für $x = 0$ nicht Null, da man hat ($n-\nu$ ist gerade!)

$$Q_\nu^{(n)}(o) = (-i)^{n+1}\pi.(n+\tfrac{1}{2})\frac{1.3\ldots(2n-1)}{2.4\ldots(n+\nu).2.4\ldots(n-\nu)}.$$

Ist zweitens $n-\nu$ ungerade, so setze man in den oben angegebenen Gliedern von $\partial \mathrm{v} : \partial o$ für r und θ resp. o und $\frac{1}{2}\pi$. Der Differentialquotient von $P_\nu^{(n)}(\cos\theta)$ nach θ verschwindet nicht. Denn nach I. 259 erhält man für $\theta = \frac{1}{2}\pi$

$$-2i\frac{\partial P_\nu^{(n)}(\cos\theta)}{\partial\theta} = (n+\nu)P_{\nu-1}^{(n)}(o) + (n-\nu)P_{\nu+1}^{(n)}(o)$$

und nach I. 207, da $n-\nu-1$ gerade ist,

$$P_{\nu+1}^{(n)}(o) = i^n \frac{1.3\ldots(n+\nu).1.3\ldots(n-\nu-2)}{1.3\ldots(2n-1)}.$$

Folglich ist der Differentialquotient gleich

$$2i^n\frac{1.3\ldots(n+\nu).1.3\ldots(n-\nu)}{1.3.5\ldots(2n-1)},$$

und wird mit $Q_\nu^{(n)}(r)$ multiplicirt und durch $\cos\theta$ dividirt für $r=0$, $\theta = \frac{1}{2}\pi$, unendlich.

Um die Convergenz der Reihe der Z, in welche v auf S. 120 entwickelt wurde, nachweisen zu können, beachte man erstens den einen Factor des ν^{ten} Gliedes, das Aggregat

$$(g_\nu^{(n)}\cos\nu\psi + \mathfrak{g}_\nu^{(n)}\sin\nu\psi)P_\nu^{(n)}(\cos\theta).$$

Dieses besteht aus zwei ähnlich gebildeten Theilen; der eine ist

$$\frac{2n+1}{4\pi}\int_0^\pi \sin\eta\,\partial\eta\int_0^{2\pi} f(\eta,\omega)P^{(n)}(\cos\gamma)\cos\nu\omega\,\partial\omega$$

und bleibt kleiner als das Produkt von $2n+1$ mit dem grössten Werthe von $f(\theta,\psi)$ auf der Fläche $r=\mathfrak{r}$. Dasselbe gilt vom zweiten Theile des Aggregates.

Der ungefähre Werth des zweiten Factors, welcher das eine Mal der Quotient zweier Kugelfunctionen erster Art, das andere Mal von solchen zweiter Art ist, lässt sich gleichfalls in einfacher Art angeben, wie wir hier zeigen. Setzt man die Werthe, welche man hier findet, ein, so ist sofort klar, dass die eine Reihe convergirt, wenn $r<\mathfrak{r}$, die andere, wenn $r>\mathfrak{r}$.

Um den ungefähren Werth von $P(r):P(\mathfrak{r})$ zu finden, geht man nunmehr von I. 258 (a) aus. Man findet daselbst

$$(n+\nu-1)P_{\nu-2}^{(n)}(r) = \frac{2(\nu-1)r}{\sqrt{r^2-1}}P_{\nu-1}^{(n)}(r) + (n-\nu+1)P_\nu^{(n)}(r).$$

Wir nehmen, des bequemeren Ausdrucks halber, an, dass r und $\mathfrak{r}$ reell, also grösser als 1 seien, und führen für den Quotienten zweier

Functionen P die Buchstaben q und $\mathfrak{q}$ ein, indem wir setzen

$$P_{\nu-1}^{(n)}(r) = q_\nu P_\nu^{n}(r), \quad P_{\nu-1}^{(n)}(\mathfrak{r}) = \mathfrak{q}_\nu P_\nu^{(n)}(\mathfrak{r}).$$

Aus der vorstehenden Recursionsformel folgt die Gleichung

$$(n+\nu-1)q_{\nu-1} = \frac{2(\nu-1)r}{\sqrt{r^2-1}} + \frac{(n-\nu+1)}{q_\nu},$$

und hieraus ergeben sich die beiden Recursionsformeln

$$(n+\nu-1)\frac{\sqrt{r^2-1}}{r} q_{\nu-1} = 2(\nu-1) + \frac{(n-\nu+1)}{\frac{r}{\sqrt{r^2-1}} q_\nu},$$

$$(n+\nu-1)\frac{r}{\sqrt{r^2-1}} q_{\nu-1} = \frac{2(\nu-1)r^2}{(r^2-1)} + \frac{(n-\nu+1)}{\frac{\sqrt{r^2-1}}{r} q_\nu}.$$

Man hat nun zunächst

$$q_n = \frac{r}{\sqrt{r^2-1}},$$

also

$$\frac{\sqrt{r^2-1}}{r} q_n = \frac{\sqrt{\mathfrak{r}^2-1}}{\mathfrak{r}} \mathfrak{q}_n, \qquad \frac{r}{\sqrt{r^2-1}} q_n > \frac{\mathfrak{r}}{\sqrt{\mathfrak{r}^2-1}} \mathfrak{q}_n.$$

Hieraus folgen, mit Hülfe der beiden Relationen zwischen q_ν und $q_{\nu-1}$, zunächst für $\nu = n-1$ die Ungleichheiten

$$\frac{\sqrt{r^2-1}}{r} q_\nu < \frac{\sqrt{\mathfrak{r}^2-1}}{\mathfrak{r}} \mathfrak{q}_\nu, \qquad \frac{r}{\sqrt{r^2-1}} q_\nu > \frac{\mathfrak{r}}{\sqrt{\mathfrak{r}^2-1}} \mathfrak{q}_\nu,$$

dann aber, durch wiederholte Anwendung der beiden Recursionsformeln, dieselben Ungleichheiten für jedes ν. Aus denselben ergiebt sich unmittelbar

$$\frac{\mathfrak{r}}{r}\sqrt{\frac{r^2-1}{\mathfrak{r}^2-1}}\, \frac{P_{\nu+1}^{(n)}(r)}{P_{\nu+1}^{(n)}(\mathfrak{r})} < \frac{P_\nu^{(n)}(r)}{P_\nu^{(n)}(\mathfrak{r})} < \frac{r}{\mathfrak{r}}\sqrt{\frac{\mathfrak{r}^2-1}{r^2-1}}\, \frac{P_{\nu+1}^{(n)}(r)}{P_{\nu+1}^{(n)}(\mathfrak{r})}.$$

Berücksichtigt man, dass $P_\nu^{(n)}(r) = (r^2-1)^{\frac{1}{2}n}$, so wird daher

$$\left(\frac{r}{\mathfrak{r}}\right)^n \left(\sqrt{\frac{1-\frac{1}{r^2}}{1-\frac{1}{\mathfrak{r}^2}}}\right)^{2n-\nu} < \frac{P_\nu^{(n)}(r)}{P_\nu^{(n)}(\mathfrak{r})} < \left(\frac{r}{\mathfrak{r}}\right)^{n-\nu}\left(\sqrt{\frac{r^2-1}{\mathfrak{r}^2-1}}\right)^\nu.$$

Um schliesslich die Convergenz der Reihe zeigen zu können, deren allgemeines Glied $Z^{(n)}$ ist, multiplicirt man das eben gewonnene Resultat mit demjenigen, welches sich oben für jedes Glied

$$(g_\nu^{(n)}\cos\nu\psi + \mathfrak{g}_\nu^{(n)}\sin\nu\psi)P_\nu^{(n)}(\cos\theta)$$

ergeben hatte. Nach demselben ist das ν^{te} von den $n+1$ Gliedern von $Z^{(n)}$, die $\mathfrak{v}_i$ angehören, kleiner als $(2n+1)$, multiplicirt mit dem doppelten grössten Werthe von $f(\theta,\psi)$ und ausserdem mit dem Verhältnisse $P_\nu^{(n)}(r):P_\nu^{(n)}(\mathfrak{r})$, d. h. $Z^{(n)}$ ist kleiner als

$$2\mu(2n+1)\left(\frac{r}{\mathfrak{r}}\right)^{n-\nu}\left(\sqrt{\frac{r^2-1}{\mathfrak{r}^2-1}}\right)^\nu,$$

wenn μ jenen grössten Werth von f bezeichnet. Für $\nu=0$ hat man aber die Hälfte zu nehmen. Daher ist

$$Z^{(n)} < \mu.(2n+1)\left(\frac{r}{\mathfrak{r}}\right)^n \frac{r\sqrt{\mathfrak{r}^2-1}+\mathfrak{r}\sqrt{r^2-1}}{r\sqrt{\mathfrak{r}^2-1}-\mathfrak{r}\sqrt{r^2-1}}.$$

Hieraus folgt, dass die Reihe der $Z^{(n)}$ convergirt.

Aehnliche Resultate erhält man für die Z welche $\mathfrak{v}_a$ angehören und für den Fall eines imaginären r.

§ 39. Die Methode des vorigen Paragraphen ist auch insofern von Wichtigkeit, als sich durch dieselbe die grundlegende Entwickelung (7) von T in eine Reihe gleichfalls auffinden lässt. Man konnte daher den umgekehrten Weg einschlagen, nämlich mit der Lösung der Aufgabe des § 38 beginnen, und mit dem Aufsuchen von T schliessen.

Man nehme, um (7) nochmals, nämlich im Sinne dieser Methode, zu beweisen, wiederum an, es sei $s<\mathfrak{r}$ und $r>\mathfrak{r}$. Die Function T genügt nicht nur der partiellen Differentialgleichung (10) sondern auch der, welche aus ihr durch Vertauschung von r mit s, oder von ψ mit ω oder mit $\psi-\omega$, oder endlich von θ mit η entsteht. Entwickelt man T in eine Reihe von Kugelfunctionen $Z^{(n)}$ in Bezug auf θ und ψ, so ist zunächst aus § 38, c klar, dass das ν^{te} Glied in $Z^{(n)}$ die Form haben muss

$$[g_\nu\cos\nu(\psi-\omega)+\mathfrak{g}_\nu\sin\nu(\psi-\omega)]P_\nu^{(n)}(\cos\theta)P_\nu^{(n)}(\cos\eta)P_\nu^{(n)}(s)Q_\nu^{(n)}(r),$$

wo g und $\mathfrak{g}$ numerische Constante sind. Die letztere ist aber Null, da T seinen Werth nicht ändert, wenn man $\psi-\omega$ mit $\omega-\psi$ vertauscht. Es bleibt nur noch übrig g zu bestimmen. Dazu setzt man δr und δs für r und s, wenn δ einen beliebigen Factor bezeichnet. Alsdann wird

$$\delta T = \sum_{n=0}^{\infty}\sum_{\nu=0}^{n}{}' \delta g_\nu P_\nu^{(n)}(\cos\theta)P_\nu^{(n)}(\cos\eta)P_\nu^{(n)}(\delta s)Q_\nu^{(n)}(\delta r)\cos\nu(\psi-\omega).$$

Lässt man δ in's Unendliche wachsen, so wird die linke Seite

$$\frac{1}{h}\cdot(r^2-2rs\cos\gamma+s^2)^{-\frac{1}{2}},$$

während auf der rechten $\delta P_\nu^{(n)}(\delta s)Q_\nu^{(n)}(\delta r)$ sich in $s^n : r^{n+1}$ verwandelt. Es muss daher g so bestimmt werden, dass man hat

$$P^{(n)}(\cos\gamma) = h\sum_{\nu=0}^{\infty} g_\nu P_\nu^{(n)}(\cos\theta)P_\nu^{(n)}(\cos\eta)\cos\nu(\psi-\omega).$$

Dies giebt nach I. (52) für g, in Uebereinstimmung mit (7), die Gleichung

$$hg_\nu = (-1)^\nu a_\nu^{(n)}.$$

§ 40. Wir suchen nun die Green'sche Function für das Rotationsellipsoid auf (M. vergl. § 30, vorzugsweise den Schluss jenes Paragraphen).

Der Pol (s, η, ω) liege erstens im äusseren Raume, so dass $s > \mathfrak{r}$ ist. Man sucht also die Function $G(a, x)$ von den Coordinaten r, θ, ψ des Punktes O_α, wo $r > \mathfrak{r}$ ist (da sich O_α mit dem Pole in demselben Theile des Raumes befinden soll), die sich in die Reciproke der Entfernung des Punktes O_a vom festen Pole (s, η, ω) verwandelt, wenn O_a auf die Begrenzung rückt $(r = \mathfrak{r})$.

Diese Function G muss, da sie ein Flächenpotential in dem Raume ist, in welchem $r > \mathfrak{r}$ bleibt, (§ 38, 1) die Form haben

$$G(a, x) = \sum_{n=0}^{\infty}\sum_{\nu=0}^{n}(q_\nu^{(n)}\cos\nu\psi + \mathfrak{q}_\nu^{(n)}\sin\nu\psi)P_\nu^{(n)}(\cos\theta)Q_\nu^{(n)}(r).$$

Sie muss sich für $r = \mathfrak{r}$ in $T(a, x_0)$ verwandeln; diese Function giebt aber nach (7), da hier s grösser als r bleibt, eine Reihe, deren n^{tes} Glied ist

$$\frac{1}{h}\cdot\sum^{n}{}'(-1)^\nu a_\nu^{(n)}P_\nu^{(n)}(\cos\theta)P_\nu^{(n)}(\cos\eta)P_\nu^{(n)}(\mathfrak{r})Q_\nu^{(n)}(s)\cos\nu(\psi-\omega).$$

Die Vergleichung dieser Reihe mit der obigen für $G(a, x)$, wenn man in letzterer $r = \mathfrak{r}$ macht, liefert die Werthe der Constanten q und $\mathfrak{q}$. Setzt man diese in $G(a, x)$ ein, so findet man als fertigen Ausdruck der Green'schen Function, für den Pol (s, η, ω), im Punkte (r, θ, ψ), wo $r > \mathfrak{r}$ und $s > \mathfrak{r}$ ist,

$$G(a, x) = \frac{1}{h}\sum_{n=0}^{\infty}\sum^{n}{}'(-1)^\nu a.P(\cos\theta)P(\cos\eta)P(\mathfrak{r})Q(s)\frac{Q(r)}{Q(\mathfrak{r})}\cos\nu(\psi-\omega),$$

wenn den Buchstaben a, P, Q die oberen Indices n, die unteren ν

gegeben werden. Dieselbe Abkürzung wenden wir auch im Folgenden an, wenn ein Missverständniss unmöglich ist.

Will man die in (6) auftretende Dichtigkeit $\varkappa_0$ aufsuchen, so hat man den Ausdruck $T-G$ nach der äusseren Normalen (S. 106)

$$\partial n = h\partial r(r^2-\cos^2\theta)^{\frac{1}{2}}(r^2-1)^{-\frac{1}{2}}$$

zu differentiiren, und dann $r=\mathfrak{r}$ zu setzen (§ 29). Dieser Differentialquotient reducirt sich wesentlich, indem sich das zweite, aus G entstehende Glied gegen einen Theil des ersten, aus T hervorgehenden, forthebt. Das in G vorkommende Glied $P(\mathfrak{r})Q(r)$ giebt nämlich, wenn die Differentiation nach r ausgeführt ist, für $r=\mathfrak{r}$, nach S. 115,

$$P(\mathfrak{r})Q'(\mathfrak{r}) = -\frac{2n+1}{\mathfrak{r}^2-1}+Q(\mathfrak{r})P'(\mathfrak{r}).$$

Dadurch zerfällt das ganze erste Aggregat in zwei Theile; der, welcher aus dem obigen Gliede mit positivem Vorzeichen entsteht, hebt sich gegen $-\partial T:\partial n$, und man findet als Resultat

$$\varkappa_0 . \sqrt{\mathfrak{r}^2-1}\sqrt{\mathfrak{r}^2-\cos^2\theta}$$
$$= \sum_{n=0}^{\infty}\frac{2n+1}{4\pi h^2}\sum^{n}{}'(-1)^\nu a P(\cos\theta)P(\cos\eta)\frac{Q(s)}{Q(\mathfrak{r})}\cos\nu(\psi-\omega).$$

Nach (6) erhält man hieraus sofort das Potential v im Punkte (s,η,ω), wenn es in Punkten der Fläche $(\mathfrak{r},\theta,\psi)$ gegeben, gleich $f(\theta,\psi)$ ist, indem man für das Flächenelement do das Produkt der Normalen (S. 106) $\partial o . \partial p$ setzt; in Uebereinstimmung mit § 36, 1, findet man nämlich

$$\mathrm{v}_a = \sum_{n=0}^{\infty}\frac{2n+1}{4\pi}$$
$$\cdot\sum^{n}{}'(-1)^\nu a P(\cos\eta)\frac{Q(s)}{Q(\mathfrak{r})}\int_0^\pi\int_0^{2\pi} f(\theta,\psi)P(\cos\theta)\cos\nu(\psi-\omega)\sin\theta\,\partial\theta\,\partial\psi$$

als Potential im Pole (s,η,ω).

Ist zweitens der Pol (s,η,ω) ein innerer Punkt $(s<\mathfrak{r})$, so findet man aus den im ersten Falle gewonnenen Formeln die diesem zweiten Falle entsprechenden, wenn man die Buchstaben P und Q, welche sich auf $r, s, \mathfrak{r}$ beziehen, in Q resp. P umändert, so dass man z. B. erhält

$$G(a,x) = \frac{1}{h}\sum_{n=0}^{\infty}\sum^{n}{}'(-1)^\nu a P(\cos\theta)P(\cos\eta)Q(\mathfrak{r})P(s)\frac{P(r)}{P(\mathfrak{r})}\cos\nu(\psi-\omega).$$

Auch die Function Γ (§ 29, S. 92) lässt sich in ähnlicher Art bestimmen. Ist der feste Pol (s, η, ω) ein äusserer, so hat Γ dieselbe allgemeine Form wie oben G. Man ermittelt in derselben die Coefficienten q und $\mathfrak{q}$ durch die Bedingung, dass der Differentialquotient von $T - \Gamma$ nach r für $r = \mathfrak{r}$ Null sein soll. Dadurch erhält man zunächst

$$h\Gamma(a, x_0) = \Sigma\Sigma(-1)^\nu a P(\cos\theta) P(\cos\eta) Q(r) Q(s) \frac{P'(r)}{Q'(\mathfrak{r})} \cos\nu(\psi - \omega)$$

und wenn man reducirt

$$\Gamma(a, x_0) - T(a, x_0)$$
$$= \sum_{n=0}^{\infty} \frac{(2n+1)}{(\mathfrak{r}^2 - 1)h} \sum^{n}{}'(-1)^\nu a P(\cos\theta) P(\cos\eta) \frac{Q(s)}{Q'(\mathfrak{r})} \cos\nu(\psi - \omega).$$

Die Function $\mathfrak{v}$, deren Differentialquotient nach r an der Begrenzung gegeben, gleich $f(\theta, \psi)$ ist, wird also (S. 94) im Punkte (s, η, ω) ausgedrückt durch

$$\mathfrak{v} = \sum_{n=0}^{\infty} \frac{2n+1}{4\pi}$$
$$\cdot \sum^{n}{}'(-1)^\nu a P(\cos\eta) \frac{Q(s)}{Q'(\mathfrak{r})} \int_0^\pi \int_0^{2\pi} f(\theta, \psi) P(\cos\theta) \cos\nu(\psi - \omega) \sin\theta \, d\theta \, \partial\psi.$$

§ 41. Es ist bisher nicht gelungen, solche Reihen wie die des § 38 für $\mathfrak{v}$, oder wie die des vorigen Paragraphen für G und $\varkappa_0$, etwa durch bestimmte Integrale oder ihre Umkehrung zu summiren, so lange $\mathfrak{r}$ allgemein bleibt. Ich habe über diesen Gegenstand bereits im § 21 gehandelt, S. 58 und mehrfach auf die Analogie der hier vorkommenden Reihen mit der Reihe

$$\frac{i \sin x}{\sin iy} + \frac{i \sin 3x}{\sin 3iy} + \frac{i \sin 5x}{\sin 5iy} + \cdots$$

hingewiesen, welche durch

$$\frac{kK}{\pi} \sin\mathrm{am} \frac{2Kx}{\pi}$$

summirt wird, wenn K und k aus y durch die Gleichung $yK = \frac{1}{2}\pi K'$ bestimmt werden, d. i. wo man q gleich e^{-2y} zu setzen hat. In dem Grenzfalle, wenn nämlich die kleinere Axe eines abgeplatteten Ellipsoides Null wird ($\mathfrak{r} = 0$), das Ellipsoid also in einen Kreis übergeht, lassen sich indessen derartige Summationen ausführen.

Wir beschäftigen uns hier mit einem solchen Falle, und zwar mit der Reduction der Formel des § 38, suchen also das Potential eines mit Masse belegten Kreises in dem Punkte O ausserhalb desselben auf, wenn es in allen Punkten O der Kreisfläche gegeben (gleich $f(\theta, \psi)$) ist.

Nach der im § 32 gewählten Bezeichnung ist der Radius des Kreises $\mathfrak{h}$; sein Mittelpunkt ist der Anfangspunkt unseres rechtwinkligen Coordinatensystems, seine Ebene die Ebene YZ. Um die Formeln ein wenig zu vereinfachen, ändern wir die Längeneinheit, indem wir den Radius $\mathfrak{h}$ gleich 1 setzen; der Werth, welchen wir nunmehr für das Potential im Punkte $[x, y, z]$ finden, ist daher derselbe, welchen das Potential, ehe die Einheit geändert war, im Punkte $[\mathfrak{h}x, \mathfrak{h}y, \mathfrak{h}z]$ besass. Die rechtwinkligen Coordinaten eines Punktes O im Raume sind nunmehr

$$x = \varrho\cos\theta, \quad y = \sqrt{\varrho^2+1}\sin\theta\cos\psi, \quad z = \sqrt{\varrho^2+1}\sin\theta\sin\psi,$$

die eines Punktes der Kreisfläche

$$a = 0, \quad b = \sin\eta\cos\omega, \quad c = \sin\eta\sin\omega.$$

Da η sämmtliche Werthe von 0 bis π durchläuft, so wird jeder Punkt des Kreises zweimal erhalten, einmal als Grenze von Punkten auf der positiven Seite des Kreises, einmal von solchen auf der negativen Seite; denn den Coordinaten η entsprechen dieselben b und c wie den Coordinaten $\pi - \eta$.

Nach § 38 ist das gesuchte Potential im Punkte O

$$\mathrm{V} = \int_0^\pi \sin\eta\,\partial\eta \int_0^{2\pi} f(\eta, \omega)\, S\,\partial\omega,$$

wenn gesetzt wird (wie oben $\psi - \omega = \varphi$ und)

$$S = \sum_{n=0}^{\infty} S^{(n)},$$

$$S^{(n)} = \frac{2n+1}{4\pi} \sum^{n}{}' (-1)^\nu a P(\cos\theta) P(\cos\eta) \frac{Q(\varrho i)}{Q(0)} \cos\nu\varphi.$$

Die Ausführung der Summation gelingt in Folge des Umstandes, dass*) statt des Bruches $1 : Q_\nu^{(n)}(0)$ die Function $Q_{\nu+1}^{(n)}(0)$ in den Zähler eingeführt, und diese wiederum durch den Differentialquotienten von $Q_\nu^{(n)}(\sigma)$ nach σ ersetzt wurde. Man hat nämlich (M. vergl. I, (38))

$$Q_\nu^{(n)}(0) = \frac{2\pi}{(4i)^{n+1}} \frac{\Pi(2n+1)}{\Pi n\, \Pi\frac{1}{2}(n+\nu)\, \Pi\frac{1}{2}(n-\nu)},$$

*) Monatsbericht der K. Akademie der Wissensch. zu Berlin, 1854, S. 566.

woraus sich unmittelbar ergiebt

$$Q_\nu^{(n)}(0)Q_{\nu+1}^{n}(0) = (-1)^{n+1}\cdot\frac{[1.3\ldots(2n+1)]^2}{\Pi(n+\nu+1)\Pi(n-\nu)}\frac{\pi}{2}.$$

Ferner hat man eine Gleichung, welche der Gleich. (*d*) in I. 259, die sich auf die P bezieht, entspricht:

$$\frac{\partial Q_\nu^{(n)}(x)}{\partial x} = -\frac{(n+\nu+1)}{\sqrt{x^2-1}}Q_{\nu+1}^{(n)}(x)+\frac{\nu x}{x^2-1}Q_\nu^{(n)}(x).$$

Aus ihr folgt für $x = i\sigma$ und $\sigma = 0$

$$(n+\nu+1)Q_{\nu+1}^{n}(0) = -\frac{\partial Q^n(i\sigma)}{\partial\sigma} \quad \text{für} \quad \sigma = 0.$$

Hierdurch verwandelt sich $S^{(n)}$ in den Differentialquotienten nach σ für $\sigma = 0$ des folgenden Ausdrucks:

$$\mathfrak{S}^{(n)} = \sum^{n}{}' \frac{(-1)^{n+\nu}}{(2n+1)\pi^2}P_\nu^{(n)}(\cos\theta)P_\nu^{(n)}(\cos\eta)Q_\nu^{(n)}(i\varrho)Q_\nu^{(n)}(i\sigma)\cos\nu\varphi.$$

Ich zeige, dass die Summation sich ausführen lässt und dass man findet (M. vergl. § 33, S. 103)

$$\sum_{n=0}^{\infty}\mathfrak{S}^{(n)}$$

$$= -\frac{1}{4\pi^2}\int_{-\infty}^{\infty}\frac{du}{\varrho\sigma+\cos iu\sqrt{\varrho^2+1}\sqrt{\sigma^2+1}-[\cos\theta\cos\eta+\sin\theta\sin\eta\cos(\varphi+iu)]}.$$

Man hat nämlich nach I. 231, (39, *a*), wenn χ irgend einen Bogen zwischen 0 und ψ_0 bezeichnet, ψ_0 zwischen 0 und π liegt und zwar nach I. 169 durch die Gleichung

$$\cos\psi_0 = -\frac{\varrho}{\sqrt{\varrho^2+1}}$$

bestimmt wird,

$$\int_{-\infty}^{\infty}\frac{\cos i\nu u\,\partial u}{[i\varrho+i\cos(iu-\chi).\sqrt{\varrho^2+1}]^{n+1}} = \frac{2.\Pi(n+\nu)\Pi(n-\nu)}{\Pi n.1.3\ldots(2n+1)}Q_\nu^{(n)}(i\varrho)\cos\nu\chi.$$

Diese Gleichung multiplicire man mit

$$(\cos\chi.\sqrt{\sigma^2+1}-\sigma)^n\partial\chi$$

und integrire von 0 bis arccotgσ. Da σ eine nicht negative Grösse ist, welche weiter unten gleich Null gesetzt wird, so bleibt χ unter $\frac{1}{2}\pi$, also sicher unter ψ_0. Nach I. 224 ist

$$\int_0^{\operatorname{arccotg}\sigma}(\cos\chi.\sqrt{\sigma^2+1}-\sigma)^n\cos\nu\chi\,\partial\chi = i(2i)^n\frac{\Pi n\,\Pi n}{\Pi(2n+1)}Q_\nu^{(n)}(i\sigma);$$

man hat daher

$$\int_{-\infty}^{\infty} \cos i\nu u \partial u \int_0^{\operatorname{arc\,cotg}\sigma} \frac{(\cos\chi . \sqrt{\sigma^2+1}-\sigma)^n}{[i\varrho + i\cos(iu-\chi).\sqrt{\varrho^2+1}]^{n+1}} \partial\chi$$
$$= 2i^{n+1} . \frac{\Pi(n+\nu)\Pi(n-\nu)}{[1.3\ldots(2n+1)]^2} Q_\nu^n(i\varrho) Q^n(i\sigma).$$

Nach I. 339 verwandelt sich die linke Seite dieser Gleichung in

$$(-i)^{n+1} \int_{-\infty}^{\infty} Q^n(\varrho\sigma + \cos iu . \sqrt{\varrho^2+1}\sqrt{\sigma^2+1}) \cos i\nu u\, du.$$

Indem man den Werth für das Produkt der beiden Functionen Q in $\mathfrak{S}^{(n)}$ einsetzt, entsteht

$$\mathfrak{S}^{(n)} = -\frac{2n+1}{4\pi^2} \int_{-\infty}^{\infty} Q^{(n)}(\varrho\sigma + \cos iu . \sqrt{\varrho^2+1}\sqrt{\sigma^2+1})$$
$$\times P^n(\cos\theta\cos\eta + \sin\theta\sin\eta\cos(\varphi+iu))\, du.$$

Nach I. 78 (M. vergl. auch II. 103) erhält man sofort für die Summe der $\mathfrak{S}$ das oben angegebene Integral.

Dieses Integral lässt sich ausführen und giebt keine höhere Transcendente als arctang. Man findet seinen Werth I. 171 (erster Fall). Da aber S, d. i. der Werth seines Differentialquotienten nach σ für $\sigma = 0$ aufzusuchen ist, so ist es bequemer, vor der Ausführung der Integration nach σ zu differentiiren. Dadurch erhält man

$$S = \frac{\varrho}{4\pi^2} \int_{-\infty}^{\infty} \frac{du}{(\cos\theta\cos\eta + \sin\theta\sin\eta\cos(\varphi+iu) - \cos iu\sqrt{\varrho^2+1})^2}.$$

Ueber diese Art von Integralen wurde im I. Bde ausführlich gehandelt. Man setze die Entfernung des Punktes O mit den Coordinaten x, y, z von einem Punkte $[0, b, c]$ der Kreisfläche wiederum gleich R, hat also

$$x^2 + (y-b)^2 + (z-c)^2 = R^2 = \varrho^2 + \sin^2\eta + \sin^2\theta$$
$$-2\sqrt{\varrho^2+1}\,\sin\eta\sin\theta\cos(\psi-\omega).$$

Alsdann findet man aus der vorigen Gleichung für S zunächst

$$S = \frac{\varrho}{4\pi^2} \int_{-\infty}^{\infty} \frac{du}{(\cos\eta\cos\theta - \cos iu . \sqrt{R^2 + \cos^2\eta\cos^2\theta})^2}.$$

Zunächst hat man nämlich (M. vergl. I. 169) zu setzen

$$A = \cos\eta\cos\theta,$$
$$B = \sin\eta\sin\theta\cos\varphi - \sqrt{\varrho^2+1},$$
$$C = -\sin\eta\sin\theta\sin\varphi.$$

Dann erhält man (S. 170)

$$S = \frac{\varrho}{4\pi^2} \int_{-\infty}^{\infty} \frac{du}{[a + b\cos(iu-\psi)]^2}.$$

wo gesetzt ist

$$a = \cos\eta\cos\theta, \qquad b\cos\psi = B,$$
$$b = \sqrt{R^2+a^2}, \qquad b\sin\psi = C,$$

und b die positive Wurzel vorstellt. Um den kritischen Winkel ψ_0 zu finden (S. 166—167), hat man $\sqrt{a^2-b^2}$ ein solches Zeichen zu geben, dass diese imaginäre Grösse negativ wird, also zu setzen

$$\sqrt{a^2-b^2} = -iR.$$

Dann wird ψ_0 zwischen 0 und π so bestimmt, dass

$$\frac{-a+iR}{\sqrt{R^2+a^2}} = \sigma(\cos\psi_0 + i\sin\psi_0)$$

ist. Da der Modulus der linken Seite 1 wird, so hat man $\sigma = 1$.

Es sei a positiv. Dann wird $\cos\psi_0$ ebenso wie $\cos\psi$ negativ; ψ_0 und ebenso entweder ψ oder $-\psi$ liegen daher im zweiten Quadranten. Zugleich ergiebt sich für ψ ein Werth, der absolut grösser als ψ_0 wird, indem man hat

$$\cos\psi_0 = -\frac{a}{b}, \quad \cos\psi = \frac{B}{b},$$

und B absolut über a liegt. In der That hat man

$$\sqrt{\varrho^2+1} > \sin\eta\sin\theta\cos\varphi + \cos\eta\cos\theta,$$

da $\varrho > 0$ und nur im Grenzfall gleich Null ist, während die rechte Seite höchstens 1 sein kann.

Wenn a negativ ist, so wird $\cos\psi_0$ positiv, so dass ψ_0 im ersten Quadranten liegt, also jedenfalls kleiner als ψ ist. Nach dem VI. Satz an der erwähnten Stelle (S. 167) kann man ψ mit π vertauschen, ohne den Werth des Integrals zu ändern, und man hat in der That, wie oben angegeben wurde,

$$S = \frac{\varrho}{4\pi^2}\int_{-\infty}^{\infty}\frac{du}{(a-b\cos iu)^2}.$$

Aus I. 163 (erster Fall) findet man, durch Differentiation nach a, wenn α und β positive Grössen bezeichnen

$$\int_{-\infty}^{\infty}\frac{du}{(\alpha+\beta\cos iu)^2} = \frac{2}{\beta^2-\alpha^2}\left(1-\frac{\alpha}{\sqrt{\beta^2-\alpha^2}}\operatorname{arctang}\frac{\sqrt{\beta^2-\alpha^2}}{\alpha}\right),$$
$$\int_{-\infty}^{\infty}\frac{du}{(\alpha-\beta\cos iu)^2} = \frac{2}{\beta^2-\alpha^2}\left(1-\frac{\alpha}{\sqrt{\beta^2-\alpha^2}}\operatorname{arctang}\frac{\sqrt{\beta^2-\alpha^2}}{\alpha}+\frac{\alpha\pi}{\sqrt{\beta^2-\alpha^2}}\right),$$

wo der arc zwischen 0 und $\frac{1}{2}\pi$ zu nehmen ist, hat also für das Integral S je nachdem $\cos\theta\cos\eta$ positiv oder negativ ist, die erste oder die zweite Form zu nehmen. Wir denken uns die Axe der X so gewählt, dass O auf der positiven (nördlichen) Seite des Kreises liegt, so dass $\theta < \frac{1}{2}\pi$ ist. Ferner theilt man das Integral für v (S. 128) in eines von $\eta = 0$ bis $\frac{1}{2}\pi$ und eines von $\frac{1}{2}\pi$ bis π, bringt das letztere durch die Substitution $\pi-\eta$ für η auf die Grenzen 0 und $\frac{1}{2}\pi$. Dann findet man als Lösung der Aufgabe dieses Paragraphen

$$v = \frac{\varrho\cos\theta}{2\pi}\int_0^{\frac{1}{2}\pi}\sin\eta\cos\eta\,\partial\eta\int_0^{2\pi}\frac{f(\eta,\omega)}{R^3}\,\partial\omega$$
$$+\frac{\varrho}{2\pi^2}\int_0^{\frac{1}{2}\pi}\sin\eta\,\partial\eta\int_0^{2\pi}\frac{[f(\eta,\omega)+f(\pi-\eta,\omega)]}{R^2}$$
$$\times\left(1-\frac{\cos\eta\cos\theta}{R}\operatorname{arc\,cotg}\frac{\cos\eta\cos\theta}{R}\right)\partial\omega.$$

Wiederholt wird, dass der arccotg zwischen 0 und $\frac{1}{2}\pi$ genommen wird, der Radius des Kreises gleich 1 ist, der Punkt $(0, \eta, \omega) = [0, b, c]$ dem Kreise, $(\varrho, \theta, \psi) = (x, y, z)$ dem Raume angehört in welchem $\theta < \frac{1}{2}\pi$ ist, und R die Entfernung der Punkte $[x, y, z]$ und $[0, b, c]$ bezeichnet.

Wir haben hier den allgemeinen Fall behandelt, in welchem die Grenze von v aufgesucht wird, während das Ellipsoid sich einem Kreise nähert, und so die Belegung des Kreises als Doppelbelegung gedacht die auf der negativen Seite des Kreises eine andere als auf der positiven sein kann. Die Assimilirung der Aufgabe über das Potential einer mit Masse von geringer Höhe belegten Kreisscheibe mit einer mathematischen, führt auf die Aufgabe dieses Paragraphen, wenn $f(\pi-\eta, \omega)$ gleich $f(\eta, \omega)$ gesetzt wird. In diesem Falle vereinfacht sich die obige Formel zu

$$(11)\ \ldots\quad v = \frac{\varrho}{\pi^2}\int_0^{\frac{1}{2}\pi}\sin\eta\,\partial\eta\int_0^{2\pi}f(\eta,\omega)$$
$$\times\left(1+\frac{\cos\eta\cos\theta}{R}\operatorname{arc\,tang}\frac{\cos\eta\cos\theta}{R}\right)\frac{\partial\omega}{R^2}.$$

Ein zweiter Fall, wenn man nämlich den Kreis auf der positiven Seite willkürlich mit Masse belegt, auf der negativen mit einer solchen von gleicher aber entgegengesetzter Dichtigkeit, führt auf eine elektrodynamische Aufgabe — wenigstens wenn man der Masse auf derselben Seite des Kreises überall gleiche Dichtigkeit giebt — nämlich auf die Aufgabe über die Wirkung eines linearen Kreisstroms. Da dann $f(\eta, \omega)+f(\pi-\eta, \omega)$ Null ist, so erhält man

$$v = \frac{\varrho\cos\theta}{4\pi}\int_0^{\frac{1}{2}\pi}\sin 2\eta\,\partial\eta\int_0^{2\pi}f(\eta,\omega)\frac{\partial\omega}{R^3}.$$

§ 42. In der erwähnten Abhandlung v. J. 1854 habe ich den Ausdruck (11) für v unter der Annahme, dass f von ω unabhängig,

d. h. nur eine Function $f(\eta)$ der Entfernung des Punktes $[0, b, c]$ vom Mittelpunkte des Kreises sei, noch weiter umgestaltet. In diesem Falle tritt $f(\eta)$ vor das Integral nach ω, und dieses lässt sich in ein elliptisches erster und zweiter Gattung umwandeln.

Die nach ω zu integrirende Function in (11) kann man dann (offenbar) durch

$$\frac{1}{R^2+\alpha^2}+2\alpha\int_0^\alpha \frac{du}{(R^2+u^2)^2}$$

ausdrücken, wenn man $\alpha=\cos\theta\cos\eta$ setzt. Wegen der bekannten Gleichungen

$$\int_0^{2\pi}\frac{d\varphi}{a-b\cos\varphi}=\frac{2\pi}{\sqrt{a^2-b^2}},\quad \int_0^{2\pi}\frac{d\varphi}{(a-b\cos\varphi)^2}=\frac{2a\pi}{(\sqrt{a^2-b^2})^3}$$

wird daher, mit Berücksichtigung des Ausdrucks

$$R^2=\varrho^2+\sin^2\eta+\sin^2\theta-2\sqrt{\varrho^2+1}\sin\eta\sin\theta\cos(\psi-\omega)$$

das nach ω zwischen 0 und 2π zu nehmende Integral in (11)

$$\frac{2\pi}{\sqrt{\varrho^2+1-\sin^2\eta\sin^2\theta}}$$

$$+4\alpha\pi\int_0^\alpha\frac{(u^2+\varrho^2+\sin^2\eta+\sin^2\theta)du}{\sqrt{(u^2+\varrho^2+\sin^2\eta+\sin^2\theta)^2-4(\varrho^2+1)\sin^2\eta\sin^2\theta}^{\,3}}.$$

Nun ist, wenn γ und δ Constante bezeichnen,

$$\int\frac{(2u^2+\gamma+\delta)du}{(\sqrt{u^2+\gamma}\sqrt{u^2+\delta})^3}=\frac{u}{\delta.\sqrt{u^2+\gamma}\sqrt{u^2+\delta}}$$

$$+\frac{1}{\delta}\int\frac{du}{\sqrt{u^2+\gamma}\sqrt{u^2+\delta}}+\left(1-\frac{\gamma}{\delta}\right)\int\frac{du}{\sqrt{u^2+\delta}(\sqrt{u^2+\gamma})^3};$$

führt man noch für u eine neue Veränderliche λ durch die Gleichung

$$u^2+\gamma=\frac{\gamma}{\lambda^2}$$

ein, und setzt

$$k^2=\frac{\gamma-\delta}{\gamma},$$

so wird die rechte Seite

$$=\frac{1}{\delta\sqrt{\gamma}}\left(\lambda\sqrt{\frac{1-\lambda^2}{1-k^2\lambda^2}}-\int\sqrt{\frac{1-k^2\lambda^2}{1-\lambda^2}}\,d\lambda\right).$$

Indem wir γ und δ die geeigneten Werthe geben, deren geometrische Bedeutung man sofort erkennen wird, erhalten wir das Resultat:

Setzt man

$$\begin{aligned}\gamma &= x^2+(\sqrt{y^2+z^2}+\sqrt{b^2+c^2})^2\\ &= (\sqrt{\varrho^2+1}-\cos(\eta+\theta))(\sqrt{\varrho^2+1}+\cos(\eta-\theta)),\\ \delta &= x^2+(\sqrt{y^2+z^2}-\sqrt{b^2+c^2})^2\\ &= (\sqrt{\varrho^2+1}+\cos(\eta+\theta))(\sqrt{\varrho^2+1}-\cos(\eta-\theta)),\\ \varepsilon &= \frac{\sqrt{\gamma}}{\sqrt{\varrho^2+1}+\sin\eta\sin\theta},\\ k^2 &= \frac{4\sqrt{\varrho^2+1}\sin\eta\sin\theta}{\gamma},\end{aligned}$$

(wo $k^2=(\gamma-\delta):\gamma$ unter 1 liegt, da δ positiv und $<\gamma$), so wird das Potential der mit Masse belegten Kreisfläche, welches sich im Punkte $(0, \eta, \omega)$ in $f(\eta)$ verwandelt,

$$\begin{aligned}\mathrm{v} = \frac{2\varrho}{\pi}\int_0^{\frac{1}{2}\pi} f(\eta)\sin\eta\Big[&\frac{\sqrt{\varrho^2+1}-\sin\eta\sin\theta}{\sqrt{\varrho^2+1}+\sin\eta\sin\theta}\\ &+\frac{\cos\eta\cos\theta}{\sqrt{\gamma}}\int_\varepsilon^1\sqrt{\frac{1-k^2\lambda^2}{1-\lambda^2}}\,d\lambda\Big]\frac{d\eta}{\delta}.\end{aligned}$$

Im 4. Bd. des Liouville'schen Journals 1839 hat Lamé für die ungleichaxigen Ellipsoide eine Aufgabe aus der Wärmetheorie *) gelöst, welche mit der im § 36 behandelten übereinstimmt: das Potential v der Flächenbelegung, wenn es an der Oberfläche gegeben ist, für den inneren Raum zu finden. Auf diese Abhandlung, aus deren reichem Inhalte bereits im I. Bd. Manches mitgetheilt wurde, und auf den wir im folgenden Kapitel zurückkommen, liess er in demselben Bande eine zweite folgen **), in welcher er zeigt, wie die allgemeine Methode sich für den speciellen Fall des Rotationsellipsoides gestaltet, wie die im allgemeinen Falle auftretenden Produkte der Functionen E sich in Produkte aus trigonometrischen Grössen mit fertig gebildeten endlichen Reihen verwandeln. Somit ist die erste Lösung dieser Aufgabe auch für die Rotationsellipsoide von Lamé geliefert.

In meiner Inaugural-Dissertation (April 1842) ***), darauf in einer deutschen Umarbeitung derselben aus dem Sommer desselben

*) Sur l'équilibre des Températures dans un ellipsoide à trois axes inégaux; p. 126—163.

**) Sur l'équilibre des Températures dans les corps solides homogènes de forme ellipsoidale concernant particulièrement les ellipsoides de révolution p. 351—385.

***) De aequationibus nonnullis differentialibus p. 1—26.

Jahres, gedruckt im 26. Bd. des Crelle'schen Journals *) (1843) habe ich dieselbe Aufgabe für das Rotationsellipsoid nach der Methode des § 38 behandelt, und gezeigt, dass die vorerwähnten bei Lamé auftretenden endlichen Reihen nichts anderes sind als die Kugelfunctionen $P_\nu^{(n)}$. Dadurch war es möglich, die bei Lamé im Nenner vorkommenden Integrale auszuführen und durch die ihnen gleichen numerischen Werthe zu ersetzen, so dass ich der Lösung der Aufgabe die einfache Form geben konnte, deren man sich jetzt bedient und welche man oben (S. 120) findet. Zu derselben Form gelangt Lamé in seinem viel später erschienenen Werk **). Liouville bemerkt in seiner Arbeit aus dem Jahre 1846, im 11. Bde seines Journals p. 217—236 u. 261—290, gleichfalls dass die betreffenden Functionen die $P_m^{(n)}$ sind. Dieselbe Aufgabe für den äusseren Raum habe ich in den erwähnten Arbeiten durch Einführung der Kugelfunctionen zweiter Art und ihrer Zugeordneten zuerst gelöst.

Herr F. Neumann (Königsberg) hat die Lösung der beiden Aufgaben, der Aufgabe für den inneren und für den äusseren Raum, benutzt ***) um, wie im § 39, T nach Kugelfunctionen zu entwickeln; er hat ferner gezeigt, dass man im Falle 2) des § 38 den Beweis für das Verschwinden der Constanten q und q führen könne, indem man die Endlichkeit der Differentialquotienten von v berücksichtigt.

In allen Arbeiten, die bisher erwähnt wurden, wird die Methode des § 38, die Integration einer partiellen Differentialgleichung zu Grunde gelegt; die Entwickelung von T im § 32 habe ich im 42. Bde des Crelle'schen Journals bei einer allgemeineren Untersuchung kurz mitgetheilt †); der § 33 giebt ein bei manchen Untersuchungen vortheilhafteres Verfahren an.

Die Aufgabe der Kreisscheibe habe ich, wie oben angegeben wurde, im Monatsbericht der Berl. Akad. v. 1854, S. 564—572 gelöst; in einer Zwischenrechnung, die dort S. 568 nur beschrieben, nicht ausgeführt wurde, einer Summation, — hier ist sie S. 129—130, in kleinerem Drucke, ausgeführt — kam aber ein Rechenfehler

*) Ueber einige Aufgaben, welche auf partielle Differentialgleichungen führen. S. 185—216.

**) Sur les fonctions inverses, 1857.

***) Entwickelung der in elliptischen Coordinaten ausgedrückten reciproken Entfernung etc. Crelle, J. f. M. 1848 Bd. 37, S. 21—50; datirt August 1847.

†) Theorie der Anziehung eines Ellipsoids, S. 70—82.

vor, der zwar nicht die wesentliche Form des Resultates (11) im § 41 veränderte, aber eine Unrichtigkeit in dem Ausdruck für v im § 41 verursachte, die jedoch im Falle des § 42, in dem $f(\eta, \omega)$ von ω unabhängig wird, ohne Folgen bleibt, so dass die dort S. 570 u. f. gegebenen Entwickelungen und Resultate keiner Modifikation bedürfen. Herr Lipschitz hatte bemerkt, dass meine Endformel für v unrichtig sei, indem er mein Resultat nach Dirichlet's Methode*) verificiren wollte, gab mir durch eine freundliche Mittheilung hiervon Nachricht und dadurch Gelegenheit den Fehler zu verbessern, der in der 1. Auflage des Handbuchs (1861) berichtigt ist. Herr Lipschitz selbst hat aber**) die richtige Formel mitgetheilt, die er fand, indem er die Summation durch ein Doppelintegral ausführte, dessen Werth er für eine besondere Lage des Punktes O bestimmt. Er erräth darauf den Werth des Integrals in dem allgemeinen Falle, und beweist die Richtigkeit des Resultates durch eine Verifikation.

Drittes Kapitel.

Das dreiaxige Ellipsoid.

§ 43. In diesem Kapitel werden für das Ellipsoid mit drei ungleichen Axen unter den Aufgaben, deren Lösung man in den beiden vorigen Kapiteln für die Kugel und das Rotationsellipsoid findet, diejenigen behandelt, welche man insofern die wichtigsten nennen kann, weil die übrigen ihre Lösung aus ihnen durch dieselben Methoden finden, welche in den früheren Fällen angewandt wurden.

Die Bezeichnung entspricht der I. 352 eingeführten; ich setze $(c > b)$

$$x = \varrho\cos\theta, \qquad \mathfrak{a} = \sigma\cos\eta,$$
$$y = \sqrt{\varrho^2 - b^2}\sin\theta\cos\psi, \qquad \mathfrak{b} = \sqrt{\sigma^2 - b^2}\sin\eta\cos\omega,$$
$$z = \sqrt{\varrho^2 - c^2}\sin\theta\sin\psi, \qquad \mathfrak{c} = \sqrt{\sigma^2 - c^2}\sin\eta\sin\omega,$$

*) Crelle, J. f. M. Bd. 32 S. 80—84: Sur un moyen général de vérifier l'expression du potentiel relatif à une masse quelconque, homogène ou hétérogène.

**) Beiträge zur Theorie der Vertheilung der statischen und der dynamischen Elektricität in leitenden Körpern, Borchardt, J. f. M. Bd. 58, S. 1—53; 1861.

und entwickele T, wie*) im § 32, nach Kugelfunctionen von θ und ψ.

Dazu dient die Formel

$$2\pi T = \int_0^{2\pi} \frac{dv}{(x + iy\cos v + iz\sin v) - (\mathfrak{a} + i\mathfrak{b}\cos v + i\mathfrak{c}\sin v)},$$

bei deren Anwendung $x - \mathfrak{a}$ positiv vorauszusetzen ist; ich benutze bei den Entwickelungen die folgende abkürzende Bezeichnung, die in dem schliesslichen Resultate § 44, Gleich. (12) wegfällt:

$$\tau = \sqrt{b^2\cos^2 v + c^2\sin^2 v},$$

$$\varrho = \tau r, \qquad \sigma = \tau s,$$

$$\sqrt{\varrho^2 - b^2}\cos v = \tau\sqrt{r^2 - 1}\cos\zeta, \qquad \sqrt{\sigma^2 - b^2}\cos v = \tau\sqrt{s^2 - 1}\cos\xi,$$

$$\sqrt{\varrho^2 - c^2}\sin v = \tau\sqrt{r^2 - 1}\sin\zeta, \qquad \sqrt{\sigma^2 - c^2}\sin v = \tau\sqrt{s^2 - 1}\sin\xi,$$

$$\alpha = r\cos\theta + i\sqrt{r^2 - 1}\sin\theta\cos(\psi - \zeta),$$

$$\beta = s\cos\eta + i\sqrt{s^2 - 1}\sin\eta\cos(\omega - \xi).$$

Dadurch verwandelt sich die Gleichung für T in die folgende:

$$2\pi T = \int_0^{2\pi} \frac{\partial v}{\tau(\alpha - \beta)}.$$

Lässt man v von 0 bis 2π wachsen, so nehmen ζ und ξ mit v zugleich die Werthe 0, $\frac{1}{2}\pi$, π, $\frac{3}{2}\pi$ und 2π an. Sind v, ζ, ξ zusammengehörige Werthe, so werden zu $\pi - v$, $\pi + v$, $2\pi - v$ die Bogen $\pi - \zeta$, $\pi + \zeta$, $2\pi - \zeta$, resp. $\pi - \xi$, $\pi + \xi$, $2\pi - \xi$, zu allen diesen Bogen aber dieselben r und s, bei festgehaltenem ϱ und σ, gehören.

Den Ausdruck $(\alpha - \beta)^{-1}$ entwickelt man, vermittelst I, (11) nach Kugelfunctionen erster Art von β. Vorausgesetzt wird hier, es sei $\varrho > \sigma$, bei der Ableitung des Resultates allerdings noch mehr, nämlich es sei ϱ gross genug, damit die für solche Entwickelung erforderliche Ungleichheit

$$M(\alpha - \sqrt{\alpha^2 - 1}) < M(\beta - \sqrt{\beta^2 - 1})$$

erfüllt sei. Man findet alsdann für T eine Reihe von Kugelfunctionen

$$T = \sum_{n=0}^{\infty} \mathfrak{T}^{(n)}, \qquad \mathfrak{T}^{(n)} = \frac{2n+1}{2\pi} \int_0^{2\pi} P^{(n)}(\beta) Q^{(n)}(\alpha) \frac{\partial v}{\tau}.$$

Es handelt sich zunächst darum, den Ausdruck, welcher mit ∂v multiplicirt ist, zu transformiren.

---

*) Statt der dort vorkommenden Coordinaten a, b, c treten hier $\mathfrak{a}$, $\mathfrak{b}$, $\mathfrak{c}$ auf

Die Transformation erfolgt, indem man $P^{(n)}(\beta)$ und $Q^{(n)}(\alpha)$ einzeln, wie S. 100, durch die Additionstheoreme entwickelt. Man hat

$$P^{(n)}(\beta) = \sum_{\iota=0}^{n}{}' a_\iota^{(n)} P_\iota^{(n)}(\cos\eta) P_\iota^{(n)}(s)\cos\iota(\omega-\xi),$$

$$(2n+1)Q^{(n)}(\alpha) = 2\sum_{\varkappa=0}^{\infty}(-1)^\varkappa P_\varkappa^{(n)}(\cos\theta) Q_\varkappa^{(n)}(r)\cos\varkappa(\psi-\zeta).$$

Hieraus folgt

$$\mathfrak{T}^{(n)} = \frac{1}{\pi}\sum_{\iota=0}^{n}\sum_{\varkappa=0}^{\infty}(-1)^\varkappa a_\iota^{(n)} P_\iota^{(n)}(\cos\eta) P_\varkappa^{(n)}(\cos\theta)[\iota,\varkappa],$$

wenn man, nur in diesem Paragraphen, setzt

$$[\iota,\varkappa] = \int_0^{2\pi} P_\iota^{(n)}(s) Q_\varkappa^{(n)}(r)\cos\iota(\omega-\xi)\cos\varkappa(\psi-\zeta)\frac{\partial v}{\tau}.$$

In diesen Ausdruck führen wir statt s, ξ, r, ζ nunmehr die Coordinaten ϱ, σ, v ein. Dies geschieht unten in No. 1—4. Bei der Umformung lassen wir, zur Bequemlichkeit, den oberen Index der überall n ist, fort.

1) Die endliche Reihe, auf welche sich der Summationsindex ι bezieht, wird nach I. 321, (54, a) umgestaltet. Man erhält nach dieser Formel

$$P_\iota(s)\cos\iota(\omega-\xi) = \frac{2^{n-1}\Pi(n+\iota)\Pi(n-\iota)}{\pi\,\Pi(2n)}\times$$
$$\int_0^{2\pi}(s+\sqrt{s^2-1}\cos\xi\cos\chi+\sqrt{s^2-1}\sin\xi\sin\chi)^n\cos\iota(\omega-\chi)\partial\chi,$$

und wenn man σ und v statt s und ξ einführt,

$$P_\iota(s)\cos\iota(\omega-\xi) = \frac{2^{n-1}\Pi(n+\iota)\Pi(n-\iota)}{\pi\,\Pi(2n)\tau^n}\int_0^{2\pi}B^n\cos\iota(\omega-\chi)\partial\chi,$$

wo zur Abkürzung gesetzt ist

$$B = \sigma+\sqrt{\sigma^2-b^2}\cos v\cos\chi+\sqrt{\sigma^2-c^2}\sin v\sin\chi.$$

Der transformirte Ausdruck, abgesehen von dem Factor τ^n, lässt sich demnach in eine nach Cosinus und Sinus der Vielfachen von v fortschreitende Reihe entwickeln, welche mit dem n-fachen von v schliesst.

2) Die in $\mathfrak{T}$ auftretende Summe nach $\varkappa$ zerfälle man in zwei Theile, nämlich in die Summe von 0 bis n und die Summe von $n+1$ bis ∞; die letztere ist aber Null. Dies kann man aus der Symmetrie von T in Bezug auf θ und η schliessen, aber direct auf folgende Art nachweisen:

Man hat I. 212

$$Q_\varkappa(r) = (r^2-1)^{-\frac{1}{2}\varkappa}\mathfrak{Q}_\varkappa(r),$$

wo die Function $\mathfrak{Q}$ nach I. 217 durch

$$\mathfrak{Q}_\varkappa(r) = r^{\varkappa-n-1}F\Big(\frac{n+1-\varkappa}{2},\ \frac{n+2-\varkappa}{2},\ \frac{2n+3}{2},\ \frac{1}{r^2}\Big)$$

ausgedrückt wird, also hier, wo $\varkappa > n$ genommen wird, auf eine endliche hypergeometrische Reihe führt. Bei der Einführung von ϱ und v statt r und ζ beachte man die Identität

$$(r^2-1)^{-\frac{1}{2}\varkappa}(\cos\varkappa\zeta \pm i\sin\varkappa\zeta) = \frac{\tau^\varkappa}{(\sqrt{\varrho^2-b^2}\cos v \mp i\sqrt{\varrho^2-c^2}\sin v)^\varkappa}.$$

Es verwandelt sich dann

$$Q_\varkappa(r)(\cos\varkappa\zeta \pm i\sin\varkappa\zeta)$$

in das Produkt von drei Factoren; der erste ist τ^{n+1}, der zweite

$$(\sqrt{\varrho^2-b^2}\cos v \mp i\sqrt{\varrho^2-c^2}\sin v)^{-\varkappa}\varrho^{\varkappa-n-1},$$

der dritte eine endliche hypergeometrische Reihe, welche nach geraden Potenzen von $\frac{\tau}{\varrho}$ aufsteigt und keine höhere Potenz hiervon als die $\varkappa-n-1^{\text{te}}$ enthält. Nach Cosinus der Vielfachen von v geordnet wird also dieser dritte Factor kein höheres Vielfaches als das $\varkappa-n-1^{\text{te}}$ enthalten.

Setzt man

$$2\sqrt{\varrho^2-b^2} = \sqrt{c^2-b^2}(e^\lambda+e^{-\lambda}),\quad 2\sqrt{\varrho^2-c^2} = \sqrt{c^2-b^2}(e^\lambda-e^{-\lambda}),$$

so dass λ eine positive Zahl ist, so wird

$$\sqrt{\varrho^2-b^2}\cos v \mp i\sqrt{\varrho^2-c^2}\sin v = \tfrac{1}{2}\sqrt{c^2-b^2}(e^{\lambda\mp iv}+e^{-\lambda\pm iv}).$$

Die $-\varkappa^{\text{te}}$ Potenz dieses Ausdrucks lässt sich daher nach dem binomischen Lehrsatz in eine Fourier'sche Reihe entwickeln, welche kein niedrigeres Vielfaches von v als das $\varkappa$-fache enthält. Da $\varkappa > n$, so giebt also das Produkt des zweiten mit dem dritten Factor eine trigonometrische Reihe, die kein niedrigeres Vielfaches von v als das $n+1^{\text{te}}$ enthält.

Der Theil von $[\iota, \varkappa]$ welcher hier, in No. 2, betrachtet wird, besteht also aus dem Integral nach v von 0 bis 2π eines Produktes, dessen einer Factor, abgesehen von einer Potenz von ϱ und anderen Constanten in Bezug auf v, den reellen und den mit i multiplicirten Theil der eben erwähnten Reihe linear enthält, dessen anderer Factor die Reihe unter No. 1 ist. Der eine enthält den Cosinus und Sinus keines höheren als des n^{ten} Vielfachen von v, der andere nur höhere Vielfache. Das Integral ist also Null, und um $\mathfrak{T}$ zu finden ist es hinreichend, wenn man die Summation nach $\varkappa$ von 0 nur bis n ausdehnt.

3) Es bleibt noch übrig, die Umformung von

$$Q_\nu(r)\cos\varkappa(\psi-\zeta)$$

vorzunehmen so lange $\varkappa < n+1$. Ist $\zeta < \frac{1}{2}\pi$, so kann man dies Glied nach I, (39, a) in

$$\tfrac{1}{2}\cdot\frac{1.3\ldots(2n+1)\Pi n}{\Pi(n+\varkappa)\Pi(n-\varkappa)}\int_{-\infty}^{\infty}\frac{\cos\varkappa(iu-\psi)\partial u}{[r+\cos(iu-\zeta)\sqrt{r^2-1}]^{n+1}}$$

verwandeln; also hat man, so lange $v < \frac{1}{2}\pi$ ist, die Gleichung

$$Q_\varkappa(r)\cos\varkappa(\psi-\zeta) = \tfrac{1}{2}\cdot\frac{1.3\ldots(2n+1)\Pi n}{\Pi(n+\varkappa)\Pi(n-\varkappa)}\tau^{n+1}\int_{-\infty}^{\infty}\frac{\cos\varkappa(iu-\psi)\partial u}{A^{n+1}},$$

wo zur Abkürzung gesetzt ist

$$A = \varrho + \sqrt{\varrho^2-b^2}\cos\psi\cos iu + \sqrt{r^2-c^2}\sin\psi\sin iu.$$

4) Aus den Bemerkungen über die Veränderungen, welche ξ beim Wachsen von v erleidet (S. 137, am Eingang dieses Kapitels), ist klar, dass

$$\tau^n P_\iota(s)\cos\iota\xi,$$

wenn statt v der Reihe nach $\pi-v$, $\pi+v$, $2\pi-v$ gesetzt wird, denselben absoluten Werth behält, aber mit resp. $\cos\iota\pi$, $\cos\iota\pi$, 1 zu multipliciren ist. Entwickelt man diesen Ausdruck in eine trigonometrische Reihe

$$\Sigma a_m\cos mv + b_m\sin mv,$$

so ist daher

$$a_m = \frac{4}{\pi}\int_0^{\frac{1}{2}\pi}\tau^n P_\iota(s)\cos\iota\xi\cos mv\,\partial v,$$

wenn ι und m gleichartig sind, d. i. wenn $m+\iota$ eine gerade Zahl ist, sonst Null. Ferner ist jedes b gleich Null.

Aehnliches gilt von $\tau^n P_\iota(s)\sin\iota\xi$, so dass man findet: Wird $\tau^n P_\iota(s)\cos\iota(\omega-\xi)$ in eine trigonometrische Reihe in Bezug auf v entwickelt, so ist diese

$$\cos\iota\omega\,\Sigma' a_m\cos mv + \sin\iota\omega\,\Sigma' b_m\sin mv,$$

wenn m nur solche Werthe ertheilt werden, die mit ι gleichartig sind, und wenn gesetzt wird

$$a_m = \frac{4}{\pi}\int_0^{\frac{1}{2}\pi}\tau^n P_\iota(s)\cos\iota\xi\cos mv\,\partial v,\quad b_m = \frac{4}{\pi}\int_0^{\frac{1}{2}\pi}\tau^n P_\iota(s)\sin\iota\xi\sin mv\,\partial v.$$

Dasselbe Verfahren zeigt, dass man eine Entwickelung erhält

$$\tau^{-n-1}Q_\varkappa(r)\cos\varkappa(\psi-\zeta) = \cos\varkappa\psi\,\Sigma'\,\alpha_m\cos mv + \sin\varkappa\psi\,\Sigma\beta_m\sin mv,$$

wenn gesetzt wird

$$\alpha_m = \frac{4}{\pi}\int_0^{\frac{1}{2}\pi}\tau^{-n-1}Q_\varkappa(r)\cos\varkappa\zeta\cos mv\,\partial v,$$

$$\beta_m = \frac{4}{\pi}\int_0^{\frac{1}{2}\pi}\tau^{-n-1}Q_\varkappa(r)\sin\varkappa\zeta\sin mv\,\partial v,$$

und die Summation sich über alle mit $\varkappa$ gleichartigen m erstreckt.

Nach diesen Umformungen erhält man endlich, wenn ι und $\varkappa$ gleichartig sind

$$[\iota, \varkappa] = \pi\cos\iota\omega\cos\varkappa\psi\sum_{m=0}^{n}{}' a_m\alpha_m + \pi\sin\iota\omega\sin\varkappa\psi\sum_{m=0}^{n} b_m\beta_m,$$

wo die Summation sich über alle mit ι und $\varkappa$ gleichartigen m bezieht. Sind aber ι und $\varkappa$ ungleichartig, so ist $[\iota, \varkappa] = 0$.

§ 44. Der vorstehende Ausdruck für $[\iota, \varkappa]$ ist in $\mathfrak{T}$ einzusetzen, und verschafft sofort die gesuchte Entwickelung. Indem man Buchstaben U, W, u, w einführt, um gewisse Functionen von ϱ und σ, welche wesentlich die am Schluss des § 43 auftretenden Coefficienten a, b, α, β sind, zu bezeichnen, findet man folgendes Resultat der Untersuchung im § 43: Man setze

$$A = \varrho + \sqrt{\varrho^2 - b^2}\cos v\cos iu + \sqrt{\varrho^2 - c^2}\sin v\sin iu,$$

$$B = \sigma + \sqrt{\sigma^2 - b^2}\cos v\cos\chi + \sqrt{\sigma^2 - c^2}\sin v\sin\chi,$$

$$U_\varkappa^{(m)}(\varrho) = \frac{1}{\pi}\int_0^{\frac{1}{2}\pi}\cos mv\,\partial v\int_{-\infty}^{\infty}\frac{\cos i\varkappa u\,\partial u}{A^{n+1}},$$

$$u_\varkappa^{(m)}(\varrho) = \frac{1}{\pi}\int_0^{\frac{1}{2}\pi}\sin mv\,\partial u\int_{-\infty}^{\infty}\frac{\sin i\varkappa u\,\partial u}{A^{n+1}},$$

$$W_\iota^{(m)}(\sigma) = \frac{1}{\pi^2}\int_0^{\frac{1}{2}\pi}\cos mv\,\partial v\int_0^{2\pi}B^n\cos\iota\chi\,\partial\chi,$$

$$w_\iota^{(m)}(\sigma) = \frac{1}{\pi^2}\int_0^{\frac{1}{2}\pi}\sin mv\,\partial u\int_0^{2\pi}B^n\sin\iota\chi\,\partial\chi,$$

$$a_\varkappa^{(n)} = \frac{2[1.3.5\ldots(2n-1)]^2}{\Pi(n+\varkappa)\Pi(n-\varkappa)}.$$

Alsdann wird die Entwickelung von T nach Kugelfunctionen von θ und ψ, die zugleich Kugelfunctionen von η und ω sind, durch die Gleichungen gefunden

$$(12)\ \ldots\quad T=\frac{1}{R}=\sum_{n=0}^{\infty}\mathfrak{T}^{(n)},\quad \mathfrak{T}^{(n)}=\frac{8n+4}{\pi}(\mathfrak{C}+\mathfrak{S}),$$

$$\mathfrak{C}=\sum_{\varkappa=0}^{n}{}'(-1)^{\varkappa}a_{\varkappa}^{(n)}P_{\varkappa}^{(n)}(\cos\theta)\cos\varkappa\psi\sum_{\iota=0}^{n}{}'P_{\iota}^{(n)}(\cos\eta)\cos\iota\omega\sum_{m=0}^{n}{}'U_{\varkappa}^{(m)}(\varrho)\,W_{\iota}^{(m)}(\sigma),$$

$$\mathfrak{S}=\sum_{\varkappa=1}^{n}(-1)^{\varkappa}a_{\varkappa}^{(n)}P_{\varkappa}^{(n)}(\cos\theta)\sin\varkappa\psi\sum_{\iota=1}^{n}P_{\iota}^{(n)}(\cos\eta)\sin\iota\omega\sum_{m=1}^{n}u_{\varkappa}^{(m)}(\varrho)w_{\iota}^{(m)}(\sigma),$$

wenn die Summationen zuerst über alle geraden ι, $\varkappa$, m, dann über alle ungeraden ausgeführt werden, so dass $\mathfrak{C}$ und eben so $\mathfrak{S}$ in die Summe von zwei, also $\mathfrak{T}^{(n)}$ von vier Aggregaten zerfällt. Das eine enthält Kugelfunctionen

$$P_{\varkappa}(\cos\theta)\cos\varkappa\psi$$

mit geraden, das andere mit ungeraden $\varkappa$, das dritte

$$P_{\varkappa}(\cos\theta)\sin\varkappa\psi$$

mit geraden, das vierte mit ungeraden $\varkappa$.

Ebenso wie in Bezug auf θ und ψ verhält sich $\mathfrak{T}^{(n)}$ in Bezug auf η und ω; dagegen tritt ϱ in einer anderen Art auf als σ. Die Functionen W und w, in welchen σ vorkommt, also auch $\mathfrak{T}^{(n)}$, sind nämlich offenbar ganze Functionen n^{ten} Grades von σ, $\sqrt{\sigma^2-b^2}$, $\sqrt{\sigma^2-c^2}$. Die W und w enthalten überhaupt (offenbar) keine irrationale Zahl ausser ganzen Potenzen dieser drei Grössen, und $\mathfrak{T}^{(n)}$ ist sogar eine ganze Function n^{ten} Grades der rechtwinkligen Coordinaten $\mathfrak{a}$, $\mathfrak{b}$, $\mathfrak{c}$ des inneren Punktes. Dagegen sind die $U^{(n)}$, $u^{(n)}$ und daher $\mathfrak{T}^{(n)}$ von ϱ transcendente Functionen; sie enthalten nämlich ein elliptisches Integral dieser Veränderlichen, und zwar nur von der ersten und zweiten, nicht aber der dritten Gattung. Z. B. findet man

$$U_0^{(0)}=\frac{1}{\pi}\int_0^{\frac{1}{2}\pi}\partial v\int_{-\infty}^{\infty}\frac{\partial u}{(\varrho+\sqrt{\varrho^2-b^2}\cos v\cos iu+\sqrt{\varrho^2-c^2}\sin v\sin iu}$$

$$=\int_{\varrho}^{\infty}\frac{\partial s}{\sqrt{s^2-b^2}\sqrt{s^2-c^2}}.$$

Ich zeige nun, wie man $U^{(n)}$ und $u^{(n)}$ für jedes n, und dadurch zugleich, wie man $\mathfrak{T}^{(n)}$ in die Form $A+BJ$ bringen kann, wo J ein elliptisches Integral erster und zweiter Gattung ist, A und B rationale Functionen von ϱ, $\sqrt{\varrho^2-b^2}$, $\sqrt{\varrho^2-c^2}$ sind.

Alle Operationen zur Ermittelung von A, B, und der Function, deren Integral J ist, lassen sich vollständig ausführen:

Da man offenbar hat (§ 43, S. 137)

$$\beta\tau = \mathfrak{a} + i\mathfrak{b}\cos\xi + i\mathfrak{c}\sin\xi,$$

so ist $P^{(n)}(\beta)$, als ganze Function n^{ten} Grades von β, auch eine solche von $\mathfrak{a}$, $\mathfrak{b}$, $\mathfrak{c}$ von der Form

$$\Sigma C . \mathfrak{a}^p \mathfrak{b}^q \mathfrak{c}^t,$$

wo p, q, t ganze Zahlen bezeichnen, und C eine Constante in Bezug auf $\mathfrak{a}$, $\mathfrak{b}$, $\mathfrak{c}$, die ausser v nur noch ξ enthält. Setzt man diese endliche Reihe in den Ausdruck für $\mathfrak{T}$ auf S. 137 ein, so verwandelt er sich in

$$\frac{2n+1}{2\pi}\,\Sigma \mathfrak{a}^p \mathfrak{b}^q \mathfrak{c}^t \int_0^{2\pi} C Q^{(n)}(\alpha)\frac{\partial v}{\tau},$$

d. i. in eine ganze Function n^{ten} Grades von $\mathfrak{a}$, $\mathfrak{b}$, $\mathfrak{c}$.

Ich lasse hier die Werthe sämmtlicher von 0 verschiedenen W und w für $n = 0$, 1 und 2 folgen:

$n = 0$; $W_0^0 = 1$.

$n = 1$; $W_0^0 = \sigma$, $W_1^1 = \frac{1}{4}\sqrt{\sigma^2 - b^2}$, $w_1^1 = \frac{1}{4}\sqrt{\sigma^2 - c^2}$.

$n = 2$; $W_0^0 = \frac{1}{4}(6\sigma - b^2 - c^2)$, $W_2^0 = W_0^2 = \frac{1}{8}(c^2 - b^2)$, $W_2^2 = \frac{1}{16}(2\sigma^2 - b^2 - c^2)$,

$W_1^1 = \frac{1}{2}\sigma\sqrt{\sigma^2 - b^2}$, $w_2^2 = \frac{1}{8}\sqrt{\sigma^2 - b^2}\sqrt{\sigma^2 - c^2}$, $w_1^1 = \frac{1}{2}\sigma\sqrt{\sigma^2 - c^2}$.

Man berechnet die W und w für jeden gegebenen Werth von n, indem man die n^{te} Potenz von B nach dem trinomischen Lehrsatz entwickelt; die Integrale, welche dann auszuführen bleiben, lassen sich sämmtlich in solche von der Form ($p \geqq n$)

$$\frac{1}{\pi}\int_0^{\frac{1}{2}\pi} \cos^p\chi \cos\nu\chi\,\partial\chi = 2^{-p-1}\frac{\Pi p}{\Pi\frac{1}{2}(p+\nu)\,\Pi\frac{1}{2}(p-\nu)}$$

zerlegen. Soviel über die Integrale W und w.

Die Doppelintegrale U und u bringt man auf die Form der elliptischen Integrale, indem man zunächst die inneren Integrale transformirt, welche den Integrationsbuchstaben v enthalten. Des einfacheren Ausdrucks wegen behandle ich hier einen bestimmten Fall, und wähle dazu die Function U mit einem geraden Index $\varkappa$, folglich auch einem geraden Index m. Führt man statt der trigonometrischen Functionen von iu die Exponentialgrössen ein und setzt

$$p = \sqrt{\varrho^2 - b^2}\cos v - i\sqrt{\varrho^2 - c^2}\sin v,$$
$$q = \sqrt{\varrho^2 - b^2}\cos v + i\sqrt{\varrho^2 - c^2}\sin v,$$

so findet man

$$\int_{-\infty}^{\infty}\frac{\cos i\varkappa u\,\partial u}{A^{n+1}} = 2^n\int_{-\infty}^{\infty}\frac{e^{(n+1-\varkappa)u}\,\partial u}{(p+2\varrho e^u+q e^{2u})^{n+1}} + 2^n\int_{-\infty}^{\infty}\frac{e^{(n+1-\varkappa)u}\,\partial u}{(q+2\varrho e^u+p e^{2u})^{n+1}}.$$

Berücksichtigt man, dass p und q, wenn man i mit $-i$ vertauscht, in q und p übergehen, und führt statt u die Veränderliche $z = \log u$ ein, so wird die rechte Seite der reelle Theil von $2^{n-\varkappa}(n-\varkappa, n)$, wenn wir setzen

$$(\lambda, n) = \int_0^\infty \frac{z^\lambda \partial z}{(p+2\varrho z+qz^2)^{n+1}}.$$

Ganz bekannte Recursionsformeln geben den Werth von (λ, n) ausgedrückt durch $(0, 0)$; man hat nämlich die Gleichungen

$$(0, n) = \frac{1}{2n}\cdot\frac{\varrho}{\tau^2 p^n} - \frac{2n-1}{2n}\cdot\frac{q}{\tau^2}\cdot(0, n-1),$$

$$(1, n) = \frac{1}{2n}\cdot\frac{1}{qp^n} - \frac{\varrho}{q}\cdot(0, n),$$

$$(\lambda, n) = -\frac{n+1-\lambda}{2n+1-\lambda}\cdot\frac{2\varrho}{q}\cdot(\lambda-1, n) + \frac{\lambda-1}{2n+1-\lambda}\cdot\frac{p}{q}\cdot(\lambda-2, n),$$

wenn, wie im vorigen Paragraphen,

$$\tau^2 = b^2\cos^2 v + c^2\sin^2 v$$

gesetzt wird und in der letzten von den drei vorhergehenden Formeln $\lambda > 1$ ist.

Das Integral $(0, 0)$ lässt sich auf die Form bringen

$$(0, 0) = \int_\varrho^\infty \frac{\partial s}{(s^2-b^2)\cos^2 v + (s^2-c^2)\sin^2 v};$$

man hat nämlich

$$(0, 0) = \int_0^\infty \frac{\partial z}{p+2\varrho z+qz^2} = \frac{1}{2\tau}\log\frac{\varrho+\tau}{\varrho-\tau},$$

also, indem man noch ϱ differentiirt,

$$\frac{\partial(0, 0)}{\partial\varrho} = -\frac{1}{\varrho^2-\tau^2}.$$

Hieraus erkennt man die allgemeine Form, welche (λ, n) besitzt; man findet nämlich

$$(\lambda, n) = \frac{A+B.(0, 0)}{\tau^{2\mu}(\varrho^2-\tau^2)^\nu},$$

wenn μ und ν ganze positive Zahlen bezeichnen, A und B aber ganze Functionen von p und q mit Gliedern nur von gerader oder nur von ungerader Dimension, je nachdem $\lambda+n$ gerade oder ungerade ist. Ausserdem enthalten sie nur noch rationale Zahlen, und ϱ, als einzige auch schon in p und q auftretende Veränderliche, rational; es ist unerheblich, dass sogar nur ganze Potenzen von ϱ auftreten.

Zum Beweise bemerke man, dass man hat

$$pq = r^2 - \tau^2,$$

so dass man in der That keine anderen als den angegebenen Nenner erhält wenn man die Brüche in den Recursionsformeln, da wo sie Potenzen von p oder q enthalten, mit denselben Potenzen von q oder p erweitert. Hieraus sieht man sofort, dass der Satz für $(0, 1)$ und $(0, 2)$, dann allgemein für $(0, n)$ gilt. Von da steigt man zu $(1, n)$, dann zu $(2, n)$, und dann zu (λ, n) auf.

Angewandt auf unseren Ausdruck $(n-\varkappa, n)$ zeigt der Satz, dass hier A und B die Aggregate p und q nur in gerader Dimension enthalten, da hier der Fall eines geraden $\varkappa$ und m vorliegt. Hieraus folgt endlich, dass (S. 143)

$$C = \int_{-\infty}^{\infty} \frac{\cos i\varkappa v\,\partial v}{A^{n+1}}$$

von derselben Form ist, nachdem sich noch dazu die Glieder herausgehoben haben, welche i, also welche ungerade Potenzen von $\sin v$, daher auch von $\cos v$ enthalten. Es ist also schliesslich C eine ganze Function nach ϱ, nach v eine ganze Function von $\cos^2 v$ und $\sin^2 v$. Auch in τ^2, $\varrho^2-\tau^2$ und $s^2-\tau^2$, welches in $(0, 0)$ vorkommt, tritt v nur in $\cos^2 v$ und $\sin^2 v$ auf. Um schliesslich U zu erhalten, wozu man das betrachtete Integral, abgesehen von Constanten, mit $\cos mv$ zu multipliciren und dann von 0 bis $\frac{1}{2}\pi$ zu integriren hat, darf man also nach v von 0 bis π integriren. So erhält man, wenn A und B Functionen derselben Form wie die obigen bezeichnen, nämlich ganze Functionen von ϱ und $\cos 2v$,

$$U_\varkappa^{(m)} = \int_0^\pi \frac{A\,\partial v}{\tau^{2\mu}(\varrho^2-\tau^2)^\nu} + \int_\varrho^s \partial s \int_0^\pi \frac{B\,\partial v}{(s^2-\tau^2)\tau^{2\mu}(\varrho^2-\tau^2)^\nu}.$$

Von den beiden vorstehenden Integralen lässt sich das erste ausführen und giebt eine rationale Function von ϱ, $\sqrt{\varrho^2-b^2}$ und $\sqrt{\varrho^2-c^2}$. Mit Vortheil wird man bei der wirklichen Ausführung die Recursionsformel

$$\frac{1}{\tau^{2\mu}(\varrho^2-\tau^2)^\nu} = \frac{1}{\varrho^2}\left[\frac{1}{\tau^{2\mu}(\varrho^2-\tau^2)^{\nu-1}} + \frac{1}{\tau^{2\mu-2}(\varrho^2-\tau^2)^\nu}\right]$$

anwenden, vermittelst deren sich das Integral in eine endliche Anzahl solcher von der Form

$$\int_0^\pi \frac{A\partial v}{\tau^{2\nu}}, \int_0^\pi \frac{A\partial v}{(\varrho^2-\tau^2)^\nu}$$

zerlegen lässt. Hier ist A gleich

$$a_0 + a_1 \cos 2v + \cdots + a_\lambda \cos 2\lambda v,$$

wobei die a rational nach ϱ sind und keine andere Veränderliche enthalten. Man hat also nur Integrale von der Form

$$\int_0^\pi \frac{\cos 2nv\partial v}{[b^2+c^2+(b^2-c^2)\cos 2v]^\nu}, \int_0^\pi \frac{\cos 2nv\partial v}{[2\varrho^2-b^2-c^2+(c^2-b^2)\cos 2v]^\nu}$$

auszuführen. Diese sind aber keine anderen als Kugelfunctionen, nämlich, mit Fortlassung eines rein numerischen Factors, gleich

$$\left(\frac{1}{\sqrt{c^2-b^2}}\right)^\nu P_{2n}^{\nu-1}\left(\frac{b^2+c^2}{2bc}\right), \left(\frac{1}{\sqrt{\varrho^2-b^2}\sqrt{\varrho^2-c^2}}\right)^\nu P_{2n}^{\nu-1}\left(\frac{2\varrho^2-b^2-c^2}{2\sqrt{\varrho^2-b^2}\sqrt{\varrho^2-c^2}}\right).$$

Es kommt daher in Bezug auf ϱ keine andere Irrationalität vor als der Factor $\sqrt{\varrho^2-b^2}\sqrt{\varrho^2-c^2}$.

Wir kommen zu dem Doppelintegral. Das innere, nach v zu nehmende Integral lässt sich durch die obige Recursionsformel auf solche zurückführen:

$$\int_0^\pi \frac{B\partial v}{(s^2-\tau^2)\tau^{2\mu}}, \int_0^\pi \frac{B\partial v}{(s^2-\tau^2)(\varrho^2-\tau^2)^\nu}.$$

Da man hat

$$\frac{1}{(s^2-\tau^2)\tau^{2\mu}} = \frac{1}{s^2}\left[\frac{1}{(s^2-\tau^2)\tau^{2\mu-2}} + \frac{1}{\tau^{2\mu}}\right],$$

$$\frac{1}{(s^2-\tau^2)(\varrho^2-\tau^2)^\nu} = \frac{1}{(\varrho^2-s^2)}\left[\frac{1}{(\varrho^2-\tau^2)(\varrho^2-\tau^2)^{\nu-1}} - \frac{1}{(\varrho^2-\tau^2)^\nu}\right],$$

so bleibt nur noch übrig, Integrale nach v und s auszuführen, deren Zähler eine Function B von der Beschaffenheit von A ist, also eine rationale Function von ϱ und von v von der Form

$$B = a_0 + a_1 \cos 2v + \cdots + a_\lambda \cos 2\lambda v,$$

während der Nenner eine von den folgenden Formen besitzt:

$$s^{2\nu}\tau^{2\mu}, \quad s^{2\nu}(s^2-\tau^2), \quad (\varrho^2-s^2)^\mu(\varrho^2-\tau^2)^\nu, \quad (s^2-\tau^2)(\varrho^2-s^2)^\nu.$$

In jedem Nenner kommt v nur in einem Factor vor; führt man die Integration nach v aus (s. o.) und bemerkt, dass

$$\int_0^\pi \frac{\cos 2nv\partial v}{s^2-\tau^2}$$

einen Ausdruck von der Form

$$R(s^2) + R_1(s^2) . \sqrt{s^2 - b^2}\sqrt{s^2 - c^2}$$

giebt, wo R und R_1 ganze Functionen von s^2 bedeuten, so ist schliesslich die Integration nach s von ϱ bis ∞ auszuführen von folgenden Formen

$$S . s^{-2\nu}, \quad S . (\varrho^2 - s^2)^{-\nu}.$$

Hier bedeutet S eine Function von ϱ, die entweder kein s, oder dies nur in der oben angegebenen Form enthält. Die Coefficienten der verschiedenen ganzen Potenzen von s^2 in S, oder vielmehr in R und R_1, enthalten nur noch die Veränderliche ϱ, und zwar sind dieselben rationale Functionen von ϱ, $\sqrt{\varrho^2 - b^2}$ und $\sqrt{\varrho^2 - c^2}$, so dass die Integration nach s in der That keine höhere Transcendente als ein elliptisches Integral schafft.

In dem speciellen Falle, dass $\varrho = 0$ ist, vereinfachen sich die Integrale U und u. Setzt man dann bi und ci statt b und c, so wird

$$\pi U_\varkappa^{(m)} = \int_0^{\frac{1}{2}\pi} \cos mv\, \partial v \int_{-\infty}^{\infty} \frac{\cos i\varkappa u\, \partial u}{(b \cos v \cos iu + c \sin v \sin iu)^{n+1}}.$$

Man setze, wenn τ dieselbe Grösse ist wie oben,

$$b \cos v = \tau \cos \delta, \quad c \sin v = \tau \sin \delta,$$

wo $\delta < \frac{1}{2}\pi$. Das innere Integral verwandelt sich dadurch in

$$\tau^{-n-1} \int_{-\infty}^{\infty} \frac{\cos i\varkappa u\, \partial u}{\cos^{n+1}(\delta - iu)};$$

da $\delta < \frac{1}{2}\pi$, so ist hier, nach I. 231, (39, a) eine imaginäre Substitution gestattet und man erhält

$$U_\varkappa^{(m)} = \frac{1}{\pi} \int_{-\infty}^{\infty} \frac{\cos i\varkappa u\, \partial u}{\cos^{n+1} iu} . \int_0^{\frac{\pi}{2}} \frac{\cos mv \cos \varkappa\delta\, \partial u}{\tau^{n+1}}.$$

Führt man das erste Integral, ein Euler'sches erster Art, aus und setzt für δ seinen Werth ein, so findet man

$$U_\varkappa^{(m)} = 2^{n-1} \frac{\Pi \frac{1}{2}(n + \varkappa - 1) \Pi \frac{1}{2}(n - \varkappa - 1)}{\pi \Pi n} \times$$

$$\int_{-\frac{1}{2}\pi}^{\frac{1}{2}\pi} \frac{(b \cos v + ic \sin v)^\varkappa \cos mv\, \partial v}{\sqrt{(b^2 \cos^2 v + c^2 \sin^2 v)^{n+\varkappa+1}}};$$

also ein elliptisches Integral erster und zweiter Gattung. Einen ähnlichen Ausdruck giebt u für $\varrho = 0$.

§ 45. Die Ausdrücke (12) liefern sofort die Auflösung der hauptsächlichen Aufgaben für das ungleichaxige Ellipsoid, welche den für das Rotationsellipsoid im § 34 behandelten entsprechen. Es soll nämlich das Potential im Punkte O, welcher sich im leeren Raum befindet, aufgesucht werden, wenn man die Dichtigkeit der Masse kennt I) mit der ein Ellipsoid erfüllt ist (k), oder II) mit der seine Oberfläche belegt ist $(\varkappa)$. (S. § 34, Anm. 1.)

I) Das Element der Masse im Punkte (σ, η, ω) ist

$$kA \cdot \frac{\sin\eta\,\partial\eta\,\partial\omega\,\partial\sigma}{\sqrt{\sigma^2-b^2}\sqrt{\sigma^2-c^2}},$$

wenn man setzt

$$(13)\ldots\quad A=(\sigma^2-b^2)(\sigma^2-c^2)\cos^2\eta+\sigma^2\sin^2\eta[\sigma^2-b^2\sin^2\omega-c^2\cos^2\omega].$$

Der Ausdruck dieses Massenelementes ist übrigens besonders einfach in Lamé'schen Coordinaten. Führt man für σ, η, ω die drei Lamé'schen Coordinaten ϱ, μ, ν und ε, ζ, ξ aus I. 352—354 ein, so wird es nämlich gleich

$$k(\varrho^2-\mu^2)(\varrho^2-\nu^2)(\mu^2-\nu^2)\partial\varepsilon\,\partial\zeta\,\partial\xi.$$

Man entwickele nun die (bekannte) Function kA nach Kugelfunctionen, in Bezug auf η, ω, in eine Reihe

$$kA=\sum_{n=0}^{\infty}K^{(n)}(s,\eta,\omega),$$

in der also K die Form hat

$$K^{(n)}=\frac{2n+1}{4\pi}\sum_{\iota=0}^{n}{}'P_\iota^{(n)}(\cos\eta)(\alpha_\iota^{(n)}\cos\iota\omega+\mathfrak{a}_\iota^{(n)}\sin\iota\omega),$$

wo die Functionen α und $\mathfrak{a}$, welche nur die Veränderliche s enthalten, durch Integrale ausgedrückt werden; z. B. ist die erste (m. vergl. § 34, S. 108)

$$\alpha_\iota^{(n)}=(-1)^\iota a_\iota^{(n)}\int_0^\pi \sin\eta\,\partial\eta\,P_\iota^{(n)}(\cos\eta)\int_0^{2\pi}kA\cos m\omega\,\partial\omega.$$

Man entwickelt ferner T nach (12) in eine Reihe von Kugelfunctionen $\mathfrak{T}^{(n)}$, multiplicirt mit dem oben angegebenen Ausdruck des Massenelements und integrirt über die ganze Masse, welche durch das Ellipsoid, oder allgemeiner, welche durch zwei confocale Ellipsoide mit den Axen $\varrho=\mathfrak{r}_0$ und $\varrho=\mathfrak{r}_1$ begrenzt wird.

Das gesuchte Potential denke man sich in die Reihe von Kugelfunctionen in Bezug auf θ, ψ

$$V = 4\sum_{n=0}^{n} \frac{2n+1}{\pi} Z^{(n)}$$

entwickelt.

1) Das Potential im äusseren Punkte O_a. Man findet dieses durch die Formeln

$$g_m = \sum_{\iota=0}^{n}{}' \frac{1}{a_\iota^{(n)}} \int_{\mathfrak{r}_0}^{\mathfrak{r}_1} \frac{\alpha_\iota^{(n)} W_\iota^{(m)}(\sigma)\partial\sigma}{\sqrt{\sigma^2-b^2}\sqrt{\sigma^2-c^2}},$$

$$\mathfrak{g}_m = \sum_{\iota=0}^{n}{}' \frac{1}{a_\iota^{(n)}} \int_{\mathfrak{r}_1}^{\mathfrak{r}_0} \frac{\mathfrak{a}_\iota^{(n)} w_\iota^{(m)}(\sigma)\partial\sigma}{\sqrt{\sigma^2-b^2}\sqrt{\sigma^2-c^2}},$$

$$Z^{(n)} = \sum_{\varkappa=0}^{n}{}' a_\varkappa^{(n)} P_\varkappa^{(n)}(\cos\theta) \sum_{m=0}^{n}{}' [g_m \cos\varkappa\psi\, U_\varkappa^{(m)}(\varrho) + \mathfrak{g}_m \sin\varkappa\psi\, u_\varkappa^{(m)}(\varrho)].$$

Die Summen nach ι, $\varkappa$ und m sind nur über die gleichartigen Zahlen zu nehmen, einmal über alle nicht negativen geraden, dann über die positiven ungeraden.

2) Das Potential im inneren Punkte O_ι. Man erhält in diesem Falle die Formeln

$$h_m = \sum_{\iota=0}^{n}{}' \frac{1}{a_\iota^{(n)}} \int_{\mathfrak{r}_1}^{\mathfrak{r}_0} \frac{\alpha_\iota^{(n)} U_\iota^{(m)}(\sigma)\partial\sigma}{\sqrt{\sigma^2-b^2}\sqrt{\sigma^2-c^2}},$$

$$\mathfrak{h}_m = \sum_{\iota=0}^{n}{}' \frac{1}{a_\iota^{(n)}} \int_{\mathfrak{r}_1}^{\mathfrak{r}_0} \frac{\mathfrak{a}_\iota^{(n)} u_\iota^{(m)}(\sigma)\partial\sigma}{\sqrt{\sigma^2-b^2}\sqrt{\sigma^2-c^2}},$$

$$Z^{(n)} = \sum_{\varkappa=0}^{n}{}' a_\varkappa^{(n)} P_\varkappa^{(n)}(\cos\theta) \sum_{m=0}^{n}{}' [h_m \cos m\psi\, W_\varkappa^{(m)}(\varrho) + \mathfrak{h}_m \sin m\psi\, w_\varkappa^{(m)}(\varrho)].$$

II) Wird die ellipsoidische Fläche, deren halbe Axen $\mathfrak{r}$, $\sqrt{\mathfrak{r}^2-b^2}$, $\sqrt{\mathfrak{r}^2-c^2}$ sind, mit Masse von der Dichtigkeit $\varkappa$ belegt, so hat man

$$\mathsf{v} = \iint T\varkappa\, do$$

zu bilden, wenn do das Flächenelement auf der Oberfläche des Ellipsoides vorstellt. Dieses ist aber

$$do = \frac{\mathfrak{r}\sqrt{\mathfrak{r}^2-b^2}\sqrt{\mathfrak{r}^2-c^2}}{e} \sin\eta\,\partial\eta\,\partial\omega,$$

wo e die Reciproke der Entfernung des Mittelpunktes von der Tangentialebene im Punkte ($\mathfrak{r}$, η, ω) bezeichnet, wo also gesetzt wird

$$\frac{1}{e^2} = \frac{\cos^2\eta}{\mathfrak{r}^2} + \frac{\sin^2\eta\cos^2\omega}{\mathfrak{r}^2-b^2} + \frac{\sin^2\eta\sin^2\omega}{\mathfrak{r}^2-c^2}.$$

Entwickelt man $\frac{\varkappa}{e}$ nach Kugelfunctionen in Bezug auf η und ω, wie oben kA, indem man setzt

$$\frac{\varkappa}{e} = \sum_{n=0}^{n} K^{(n)}, \quad K^{(n)} = \frac{2n+1}{4\pi} \sum_{\iota=0}^{n}{}' P_\iota^{(n)}(\cos\eta)(\alpha_\iota^{(n)} \cos\iota\omega + \mathfrak{a}_\iota^{(n)} \sin\iota\omega),$$

so wird erhalten

$$\mathfrak{v}_\alpha = \frac{4}{\pi} \mathfrak{r} \sqrt{\mathfrak{r}^2 - b^2} \sqrt{\mathfrak{r}^2 - c^2} \sum_{n=0}^{\infty} (2n+1) Z^{(n)},$$

$$Z^{(n)} = \Sigma' \frac{a_\varkappa^{(n)}}{a_\iota^{(n)}} P_\varkappa^{(n)}(\cos\theta) [\alpha_\iota \cos\varkappa\psi\, U_\varkappa^{(m)}(\varrho) W_\iota^{(m)}(\mathfrak{r})$$
$$+ \mathfrak{a}_\iota \sin\varkappa\psi\, u_\varkappa^{(m)}(\varrho)\, w_\iota^{(m)}(\mathfrak{r})],$$

wo das Zeichen Σ eine dreifache Summe nach $\iota, \varkappa, m$ andeutet, die, wie oben, nur über gleichartige Werthe zu nehmen ist.

Um $\mathfrak{v}_\iota$ zu erhalten, hat man nur U mit W und u mit w zu vertauschen.

Anmerkung. Hier ist, ebenso wie bei dem Potential des Rotationsellipsoides, das n^{te} Glied $Z^{(n)}$ in der Entwickelung von V_ι oder $\mathfrak{v}_\iota$ nach Kugelfunctionen eine ganze Function n^{ten} Grades der Coordinaten von O_ι. Denn das n^{te} Glied $\mathfrak{T}^{(n)}$ in der Entwickelung von T nach Kugelfunctionen ist eine solche Function (§ 44, S. 137), also auch die hieraus durch Integration nach Constanten (in Bezug auf die Coordinaten von O_ι) entstehende Function $Z^{(n)}$.

Gauss hat sich in einer Vorlesung aus dem Sommersemester 1840 zur Ableitung des Ausdrucks für das Flächenelement *do* eines sehr einfachen Verfahrens bedient, welches schon deshalb Interesse erregen wird, weil es von ihm herstammt. Ich theile es hier in dem Zusammenhang mit, in welchem Gauss es vortrug. Die Buchstaben erhalten hier eine andere Bedeutung als im Vorhergehenden.

a) (Die Gleichung der Ebene wird aufgesucht.) Man fälle vom Anfangspunkte eines rechtwinkligen Coordinatensystems ein Loth von der Länge e auf eine Ebene; die Coordinaten des Fusspunktes seien a, b, c. Ferner seien X, Y, Z die Coordinaten eines beliebigen Punktes der Ebene, r seine Entfernung vom Anfangspunkt. Die Cosinus der Winkel, die e und r mit den Axen bilden, sind resp.

$$\frac{a}{e}, \quad \frac{b}{e}, \quad \frac{c}{e}; \qquad \frac{X}{r}, \quad \frac{Y}{r}, \quad \frac{Z}{r}.$$

Man erhält also den Cosinus des Winkels (e, r), den die Linien e

und r mit einander bilden, durch die Gleichung

$$\cos(e, r) = \frac{a}{e}\frac{X}{r} + \frac{b}{e}\frac{Y}{r} + \frac{c}{e}\frac{Z}{r}.$$

Multiplicirt man diese Gleichung mit r, und bemerkt, dass die Ebene der geometrische Ort derjenigen Punkte ist, deren Projection auf die Richtung des Lothes e in den Endpunkt desselben fallen, so muss $r\cos(e, r)$ gleich e sein, und man findet für alle Punkte $[X, Y, Z]$, welche in der Ebene liegen, die vom Anfangspunkte um e entfernt ist

$$\frac{a}{e}X + \frac{b}{e}Y + \frac{c}{e}Z = e.$$

Hieraus folgt unmittelbar, dass

$$\mathfrak{a}X + \mathfrak{b}Y + \mathfrak{c}Z = \mathfrak{d}$$

die Gleichung einer Ebene ist, die vom Anfangspunkte um die Länge

$$\frac{\mathfrak{d}}{\sqrt{\mathfrak{a}^2 + \mathfrak{b}^2 + \mathfrak{c}^2}}$$

entfernt ist. Ein Perpendikel auf derselben bildet mit den Axen Winkel, deren Cosinus sind

$$\frac{\mathfrak{a}}{\sqrt{\mathfrak{a}^2 + \mathfrak{b}^2 + \mathfrak{c}^2}}, \quad \frac{\mathfrak{b}}{\sqrt{\mathfrak{a}^2 + \mathfrak{b}^2 + \mathfrak{c}^2}}, \quad \frac{\mathfrak{c}}{\sqrt{\mathfrak{a}^2 + \mathfrak{b}^2 + \mathfrak{c}^2}}.$$

b) Die Tangentialebene an eine Fläche $f(x, y, z) = \text{const.}$ im Punkte x, y, z ist

$$Xf'(x) + Yf'(y) + Zf'(z) = xf'(x) + yf'(y) + zf'(z).$$

Wenn $f(x, y, z)$ eine homogene Function vom Grade p bezeichnet, so verwandelt sich die rechte Seite, nach dem Euler'schen Satze von den homogenen Functionen, in $p.f(x, y, z)$ d. i. $p.\text{const.}$ Daher ist die Gleichung der Tangentialebene eines Ellipsoides mit den Halbaxen A, B, C im Punkte x, y, z

$$\frac{xX}{A^2} + \frac{yY}{B^2} + \frac{zZ}{C^2} = 1;$$

die Länge e des Lothes, welches vom Mittelpunkte des Ellipsoides auf die Tangentialebene gefällt wird, findet man durch die Gleichung

$$\frac{1}{e^2} = \frac{x^2}{A^4} + \frac{y^2}{B^4} + \frac{z^2}{C^4}.$$

c) Man setze

$$x = A\xi, \quad y = B\eta, \quad z = C\zeta.$$

Betrachten wir ξ, η, ζ als Coordinaten eines Punktes in Bezug auf das Coordinatensystem der x, y, z, so entspricht jedem Punkte $[x, y, z]$ ein Punkt $[\xi, \eta, \zeta]$ eindeutig; dem Ellipsoide, welches soeben, unter *b*, behandelt wurde, das dem ersten Systeme, dem Systeme der x, y, z, angehört, entspricht im zweiten eine Kugel mit dem Radius 1, deren Mittelpunkt mit dem des Ellipsoides zusammenfällt. Es entsprechen Ebenen in dem einen System auch Ebenen des anderen, daher Durchschnitten von Ebenen oder Geraden wiederum Gerade. Der Ebene $\xi =$ const. entpricht die Ebene $x = A.\mathrm{const.}$, daher einem solchen Parallelepipedum im Systeme der ξ, η, ζ, dessen Seiten den Coordinatenebenen parallel sind, ein ebensolches, dessen Volumen das ABC-fache des ersten ist. Indem man mit beliebiger Näherung jedes Volumen in solche Parallelepipeda zerlegen kann, deren Kanten den Axen parallel sind, hat man daher: Der Inhalt eines beliebigen Körperstücks im Systeme der ξ, η, ζ verhält sich zu dem entsprechenden im Systeme der x, y, z wie $1 : ABC$.

d) Man zeichne auf der Oberfläche des Ellipsoides ein beliebiges Flächenelement do im Punkte x, y, z, dem ein Element $d\varpi$ auf der Kugel mit dem Radius 1 im Punkte $[\xi, \eta, \zeta]$ entspricht. Dem Kegel mit der Basis do und dem Mittelpunkte als Scheitel wird daher der Kegel mit der Basis $d\varpi$ und mit demselben Scheitel entsprechen. Also verhält sich das Volumen des ersten Kegels zu dem des zweiten wie $ABC : 1$. Der erste Kegel hat die Höhe e, der zweite 1, so dass man findet

$$do = \frac{ABC}{e} d\varpi,$$

was mit dem Ausdruck S. 149 für das Flächenelement übereinstimmt. Man hat hier nur $\mathfrak{r}$, $\sqrt{\mathfrak{r}^2 - b^2}$, $\sqrt{\mathfrak{r}^2 - c^2}$ statt A, B, C, und für $d\varpi$ seinen Werth $\sin\eta\, \partial\eta\, \partial\omega$ zu setzen.

§ 46. **Als Beispiel für die Anwendung der Methode des vorigen Paragraphen** zur Auffindung des Potentials von dreiaxigen Ellipsoiden berechnen wir das Potential eines homogenen Ellipsoides, mit der Dichtigkeit $k = 1$, im äussern Punkte O_a. Entwickelt man kA, d. i. A (vergl. (13)) nach Kugelfunctionen K, so bricht die Reihe beim zweiten Gliede ab, und man erhält

$$A = K^{(0)} + K^{(2)},$$

$$K^{(0)} = \tfrac{1}{3}\sqrt{s^2 - b^2}\sqrt{s^2 - c^2}\,\frac{d}{ds}\left(s\sqrt{s^2 - b^2}\sqrt{s^2 - c^2}\right),$$

$$K^{(2)} = \tfrac{1}{2}[2b^2c^2 - s^2(b^2 + c^2)]P_0^{(2)}(\cos\eta) + \tfrac{1}{4}(b^2 - c^2)P_2^{(2)}(\cos\eta)\cos 2\omega.$$

a) Man findet $Z^{(0)}$ aus $K^{(0)}$. Die Vergleichung dieser Function K mit ihrem Ausdruck auf S. 148 zeigt, dass $\alpha_0^{(0)} = 4\pi K^{(0)}$ sei, und dass die übrigen α und alle $\mathfrak{a}$ mit dem oberen Index 0 Null sind. Man hat also nach der Formel in I, No. 1 des vorigen Paragraphen

$$Z^{(0)} = \frac{4\pi\mathfrak{r}}{3}\sqrt{\mathfrak{r}^2-b^2}\sqrt{\mathfrak{r}^2-c^2}\,U_0^{(0)},$$

und wenn man für U seinen Werth setzt

$$Z^{(0)} = \frac{4\pi\mathfrak{r}}{3}\sqrt{\mathfrak{r}^2-b^2}\sqrt{\mathfrak{r}^2-c^2}\int_r^\infty \frac{\partial s}{\sqrt{s^2-b^2}\sqrt{s^2-c^2}}.$$

b) Es bleibt noch übrig $Z^{(2)}$ aus $K^{(2)}$ zu ermitteln. Man hat

$$\frac{4\pi}{5}[b^2c^2-\tfrac{1}{2}s^2(b^2+c^2)] = \tfrac{1}{2}\alpha_0^{(2)},$$

$$\frac{2\pi}{5}(b^2-c^2) = \alpha_2^{(2)}.$$

Mit Hülfe der Werthe von $W_0^{(0)}$, $W_2^{(0)} = W_0^{(2)}$ und $W_2^{(2)}$, die man für $n = 2$ auf S. 143 findet, erhält man die Ausdrücke g_0 und g_2; g_1 und alle $\mathfrak{g}$ sind Null. So findet man

$$Z^{(2)} = -\pi\mathfrak{r}\sqrt{\mathfrak{r}^2-b^2}\sqrt{\mathfrak{r}^2-c^2}\Big[P_0^{(2)}(\cos\theta)\int_r^\infty \frac{(3r^2-s^2)\partial s}{s^2\sqrt{s^2-b^2}\sqrt{s^2-c^2}}$$

$$+P_2^{(2)}(\cos\theta)\cos 2\psi\int_r^\infty\Big(\frac{r^2-c^2}{s^2-c^2}-\frac{r^2-b^2}{s^2-b^2}\Big)\frac{\partial s}{\sqrt{s^2-b^2}\sqrt{s^2-c^2}}.$$

Durch Addition von $Z^{(0)}$ und $Z^{(2)}$ erhält man V; in den entstehenden Ausdruck führt man für $P_0^{(2)}$ und $P_2^{(2)}$ ihre Werthe

$$\cos^2\theta-\tfrac{1}{3}, \quad -\sin^2\theta$$

ein, und wendet die identische Gleichung

$$(p-q)\cos 2\psi = p+q-2(p\sin^2\psi+q\cos^2\psi)$$

auf den Fall

$$p = \frac{r^2-c^2}{s^2-c^2}, \quad q = \frac{r^2-b^2}{s^2-b^2}$$

an. Reducirt man gehörig, so findet man den Dirichlet'schen Ausdruck für das Potential eines homogenen Ellipsoides von der Dichtigkeit 1

$$V_a = 2\pi\mathfrak{r}\sqrt{\mathfrak{r}^2-b^2}\sqrt{\mathfrak{r}^2-c^2}\times$$

$$\int_r^\infty\Big(1-\frac{x^2}{s^2}-\frac{y^2}{s^2-b^2}-\frac{z^2}{s^2-c^2}\Big)\frac{\partial s}{\sqrt{s^2-b^2}\sqrt{s^2-c^2}},$$

nämlich zunächst auf der rechten Seite das dort stehende vermehrt um das Produkt der Masse des Ellipsoides mal

$$\sin^2\theta\int_r^\infty\left(\frac{r^2-b^2}{s^2-b^2}+\frac{r^2-c^2}{s^2-c^2}+\frac{r^2}{s^2}-1\right)\frac{\partial s}{\sqrt{s^2-b^2}\sqrt{s^2-c^2}}.$$

Der Ausdruck unter dem vorstehenden Integrale ist aber das vollständige Differential nach s von

$$\frac{s^2-r^2}{s\sqrt{s^2-b^2}\sqrt{s^2-c^2}},$$

das Integral selbst also Null.

Die Entwickelung von T nach Kugelfunctionen, welche in den Gleichungen (12) enthalten ist, habe ich im 42. Bande des Crelle'schen Journals *) mitgetheilt; man findet dort auch im wesentlichen den übrigen Inhalt der § 43—46.

In der Vorlesung, auf welche im § 45, S. 150 hingewiesen wurde, gab Gauss folgende Methode an, um die Anziehung eines homogenen Ellipsoides zu ermitteln:

Wir bedienen uns hier der Bezeichnung, welche an der erwähnten Stelle eingeführt wurde. Belegt man die Oberfläche der dort erwähnten Kugel, deren Gleichung $\xi^2+\eta^2+\zeta^2=1$ ist, gleichmässig mit Masse von der Dichtigkeit 1, also im ganzen mit der Masse 4π, und legt dann auf das Element do der Oberfläche eines Ellipsoids mit den Halbaxen A, B, C so viel Masse wie auf dem entsprechenden Element der Kugel $d\varpi$ liegt, so wird in einem irgendwo liegenden Punkte $[a, b, c]=0$ das Potential

$$\mathrm{v}=\iint\frac{d\varpi}{r},\quad r^2=(A\xi-a)^2+(B\eta-b)^2+(C\zeta-c)^2.$$

Das über die ganze Kugelfläche genommene Integral lässt sich vereinfachen. Man vergleicht zu diesem Zwecke unter einander die Potentiale confocaler Ellipsoide, welche nach demselben Gesetze mit der Masse 4π belegt werden, in demselben Punkte O. Sind A_1, B_1, C_1, wo $A_1>B_1>C_1$ sei, die Halbaxen irgend eines bestimmten unter ihnen, so hat man

$$A^2-B^2=A_1^2-B_1^2,\quad A^2-C^2=A_1^2-C_1^2,$$

*) Theorie der Anziehung eines Ellipsoides.

oder, was dasselbe ist,

$$A^2 - A_1^2 = B^2 - B_1^2 = C^2 - C_1^2.$$

Setzt man die obenstehenden Differenzen gleich u, also

$$A = \sqrt{A_1^2 + u}, \quad B = \sqrt{B_1^2 + u}, \quad C = \sqrt{C_1^2 + u},$$

so erhält man alle dem gegebenen confocalen Ellipsoide, wenn man u alle Werthe von $-C_1^2$ an bis ∞ durchlaufen lässt. Dem gegebenen Ellipsoid mag der Werth $u = u_1$ entsprechen.

Wir gehen nun von dem gegebenen Ellipsoid mit den Axen A, B, C zu einem unendlich nahen über, variiren also v, oder differentiiren v nach u. Alsdann hat man zu setzen

$$A \frac{\partial A}{\partial u} = B \frac{\partial B}{\partial u} = C \frac{\partial C}{\partial u} = \tfrac{1}{2},$$

und erhält

$$\frac{\partial \mathrm{v}}{\partial u} = -\tfrac{1}{2} \iint \frac{d\varpi}{r^3} \left[(A\xi - a) \cdot \frac{\xi}{A} + (B\eta - b) \cdot \frac{\eta}{B} + (C\zeta - c) \cdot \frac{\zeta}{C} \right]$$

$$= -\tfrac{1}{2} \iint \frac{d\varpi}{r^2} \left[\frac{x}{A^2} \cdot \frac{x-a}{r} + \frac{y}{B^2} \cdot \frac{y-b}{r} + \frac{z}{C^2} \cdot \frac{z-c}{r} \right].$$

Integrirt man anstatt über die Kugelfläche wieder über die Fläche des Ellipsoides, führt also do statt $d\varpi$ ein, so entsteht

$$\frac{\partial \mathrm{v}}{\partial u} = -\frac{1}{2ABC} \iint \cos(r, N) \frac{do}{r^2},$$

wo (r, N) den Winkel bezeichnet, welchen der von $O = [a, b, c]$ nach $[x, y, z]$ gezogene Radiusvector mit der äusseren Normalen N in $[x, y, z]$ bildet. Durch sehr bekannte einfache Mittel weist man nach, dass der Werth des Doppelintegrales 0 oder 4π sei, je nachdem O ausserhalb oder innerhalb des Ellipsoides liegt, so dass man im ersten und resp. im zweiten Falle hat

$$\frac{\partial \mathrm{v}_\alpha}{\partial u} = 0, \quad \frac{\partial \mathrm{v}_\iota}{\partial u} = -\frac{2\pi}{ABC}.$$

Hieraus folgt zunächst, dass v_ι unabhängig von den Coordinaten a, b, c ist. Da nämlich v_ι Null sein muss, wenn die Masse 4π über ein Ellipsoid mit unendlichen Axen vertheilt wird (weil v_ι dann das Potential einer endlichen Masse ist, die unendlich entfernt von O liegt), also Null ist für $u = \infty$, so giebt eine Integration von $u = u_1$ bis $u = \infty$

$$\mathrm{v}_\iota = 2\pi \int_{u_1}^{\infty} \frac{du}{\sqrt{(u + A_1^2)(u + B_1^2)(u + C_1^2)}}.$$

Wenn man die unmittelbar gegebenen Axen A, B, C einführt, so erhält man daher als Ausdruck für das Potential v_ι einer Masse 4π, mit der die Oberfläche des Ellipsoides

$$\frac{x^2}{A^2}+\frac{y^2}{B^2}+\frac{z^2}{C^2}=1$$

nach der Vorschrift belegt ist, im inneren Punkte $[a, b, c]$

$$\mathrm{v}_\iota = 2\pi \int_0^\infty \frac{\partial u}{\sqrt{A^2+u}\sqrt{B^2+u}\sqrt{C^2+u}},$$

also einen von a, b, c unabhängigen Werth.

Als Resultat der bisherigen Untersuchungen findet man die beiden Sätze, welche unsere Aufgabe wesentlich erledigen:

a) Das Potential v_ι eines festen in der vorgeschriebenen Art mit Masse belegten Ellipsoides ist in allen inneren Punkten O_ι dasselbe.

b) Das Potential v_a ist für alle confocalen, nach dem angegebenen Gesetze mit Masse belegten Ellipsoide in demselben festen äusseren Punkte dasselbe.

Aus *a*) folgt, dass v_ι dasselbe bleibt, wenn auch O in den Mittelpunkt des Ellipsoides rückt. Daher ist

$$\mathrm{v}_\iota = \iint \frac{d\varpi}{\sqrt{x^2+y^2+z^2}} = \iint \frac{d\varpi}{\sqrt{A^2\xi^2+B^2\eta^2+C^2\zeta^2}},$$

wo man auch setzen kann $d\varpi = \sin\theta\,\partial\theta\,\partial\psi$.

Aus *b*) folgt, dass v_a dasselbe ist, wie das Potential eines durch den Punkt O_a gehenden, dem ersten confocalen Ellipsoides. Die Halbaxen desselben seien $\mathfrak{A}$, $\mathfrak{B}$, $\mathfrak{C}$. Indem für dieses der Punkt O_a als Grenze des inneren Punktes O_ι angesehen werden kann, da ferner das Potential v im Raume überall continuirlich bleibt, so ist v_a in O_a gleich dem Werth des Potentials des Ellipsoides mit den Axen $\mathfrak{A}$, $\mathfrak{B}$, $\mathfrak{C}$ in einem beliebigen Punkte seines Innern. Daher ist das Potential der ellipsoidischen Fläche mit den Halbaxen A, B, C, im äusseren Punkte $[a, b, c]$

$$\mathrm{v}_a = \iint \frac{d\varpi}{\sqrt{\mathfrak{A}^2\xi^2+\mathfrak{B}^2\eta^2+\mathfrak{C}^2\zeta^2}},$$

wenn $\mathfrak{A}$, $\mathfrak{B}$, $\mathfrak{C}$ aus A, B, C durch die Gleichungen

$$\mathfrak{A} = \sqrt{A^2+u},\quad \mathfrak{B} = \sqrt{B^2+u},\quad \mathfrak{C} = \sqrt{C^2+u},$$

$$(\alpha)\ \ldots\quad \frac{a^2}{A^2+u}+\frac{b^2}{B^2+u}+\frac{c^2}{C^2+u}=1$$

berechnet werden*). Das Integral nach ϖ ist wie oben über die ganze Kugelfläche zu nehmen.

Gauss sucht aus diesen Formeln nicht das Potential selbst auf, sondern eine Componente der Anziehung. Die Rechnung gestaltet sich in dem letzteren Falle viel einfacher, indem sich in demselben die doppelte Integration ausführen lässt. Um das Potential eines vollen Ellipsoides direkt zu finden, könnte man allerdings noch weiter dem Wege folgen, den Gauss einschlägt, um die Componente zu finden (mit selbstverständlichen Modificationen), wobei man nur, statt des vorstehenden Doppelintegrals, für v_a den Werth

$$\int_0^\infty \frac{\partial u}{\sqrt{\mathfrak{A}^2+u}\sqrt{\mathfrak{B}^2+u}\sqrt{\mathfrak{C}^2+u}} = \int_u^\infty \frac{\partial u}{\sqrt{A^2+u}\sqrt{B^2+u}\sqrt{C^2+u}}$$

setzt, wenn die Grenze u die grösste Wurzel der obigen kubischen Gleichung (α) bezeichnet. Im weiteren Verlauf, wenn es sich nicht um die Anziehung sondern um das Potential des ganzen, vollen Ellipsoides handelt, hat man die Grenzen nach der Formel

$$\int_a^b \partial y \int_0^y f(x,y)\partial x = \int_a^h \partial x \int_x^h f(x,y)\partial y$$

umzukehren.

Wir folgen aber Gauss, und suchen die Anziehung auf. Wir schliessen dazu aus dem Vorhergehenden, dass die Anziehung der Fläche auf einen inneren Punkt Null ist; die Componente X der Anziehung im äusseren Punkte $O_a = [a, b, c]$ nach der Richtung der X wird aber durch die Formel gegeben

$$X = \frac{\partial \mathrm{v}_a}{\partial a} = -\tfrac{1}{2}\iint \left[\xi^2 \frac{\partial \mathfrak{A}^2}{\partial a} + \eta^2 \frac{\partial \mathfrak{B}^2}{\partial a} + \zeta^2 \frac{\partial \mathfrak{C}^2}{\partial a}\right] \frac{d\varpi}{(\mathfrak{A}^2\xi^2 + \mathfrak{B}^2\eta^2 + \mathfrak{C}^2\zeta^2)^{\frac{3}{2}}}.$$

Bei der Differentiation nach a ist, wie (α) zeigt, nur u mit a veränderlich, nicht A, B, C. Daher ist

$$\frac{\partial \mathfrak{A}^2}{\partial a} = \frac{\partial \mathfrak{B}^2}{\partial a} = \frac{\partial \mathfrak{C}^2}{\partial a} = \frac{\partial u}{\partial a}.$$

Der Factor unter dem Integral, welcher sich in den eckigen Klammern befindet, ist also $\frac{\partial u}{\partial a}$ und tritt vor das Integral als Constante.

---

*) Man hat für u die grösste der drei Wurzeln der cubischen Gleichung zu nehmen. Die beiden anderen würden Hyperboloiden entsprechen, welche durch $[a, b, c]$ gelegt werden. M. vergl. I. 17.

Ferner giebt die Differentiation von (α)

$$\frac{2a\partial a}{\mathfrak{A}^2} = \left[\frac{a^2}{\mathfrak{A}^4} + \frac{b^2}{\mathfrak{B}^4} + \frac{c^2}{\mathfrak{C}^4}\right]\partial u;$$

man findet also

$$X = -\frac{a}{\mathfrak{A}^2}\cdot\frac{1}{\frac{a^2}{\mathfrak{A}^4} + \frac{b^2}{\mathfrak{B}^4} + \frac{c^2}{\mathfrak{C}^4}}\iint\frac{d\varpi}{(\mathfrak{A}^2\xi^2 + \mathfrak{B}^2\eta^2 + \mathfrak{C}^2\zeta^2)^{\frac{3}{2}}}.$$

Der vor dem Integrale stehende Ausdruck ist, abgesehen vom Vorzeichen, nichts anderes als das Produkt aus der Entfernung e des Mittelpunktes von der Tangentialebene im Punkte $[a, b, c]$ an das Ellipsoid mit den Axen $\mathfrak{A}$, $\mathfrak{B}$, $\mathfrak{C}$, und aus dem Cosinus des Winkels, den die im Punkte $[a, b, c]$ nach innen gezogene Normale mit der Axe der X bildet, d. i. $-\cos(N, X)$, wenn N die nach aussen gerichtete Normale bezeichnet. Das Integral selbst ist 4π dividirt durch $\mathfrak{A}\mathfrak{B}\mathfrak{C}$.

Zum Beweise beschreibe man einen unendlich kleinen Kegel vom Mittelpunkte des Ellipsoides als Scheitel. Dieser schneide auf der Oberfläche des Ellipsoides ein Element ds heraus, auf der Kugel $d\varpi$. Dem Elemente ds gehöre ein Punkt $[\mathfrak{x}, \mathfrak{y}, \mathfrak{z}]$ an, dem Elemente $d\varpi$, wie früher, ein Punkt $[\xi, \eta, \zeta]$. Man setze

$$\mathfrak{x}^2 + \mathfrak{y}^2 + \mathfrak{z}^2 = r^2.$$

Der körperliche Inhalt des Kegels mit der Basis $d\varpi$ auf der Kugel resp. mit der Basis ds auf dem Ellipsoid ist resp.

$$\tfrac{1}{3}d\varpi.1, \quad \tfrac{1}{3}d\varpi.r^3;$$

der kubische Inhalt des ganzen Ellipsoides ferner gleich $\mathfrak{A}\mathfrak{B}\mathfrak{C}$ mal dem der Kugel, d. i. gleich $\frac{4\pi}{3}\mathfrak{A}\mathfrak{B}\mathfrak{C}$; also

$$\iint r^3 d\varpi = 4\pi\mathfrak{A}\mathfrak{B}\mathfrak{C}.$$

Man hat

$$\mathfrak{x} = r\xi, \quad \mathfrak{y} = r\eta, \quad \mathfrak{z} = r\zeta,$$

woraus folgt

$$r^2\left(\frac{\xi^2}{\mathfrak{A}^2} + \frac{\eta^2}{\mathfrak{B}^2} + \frac{\zeta^2}{\mathfrak{C}^2}\right) = 1.$$

Setzt man den hieraus sich ergebenden Werth für r in das Doppelintegral ein, und vertauscht $\mathfrak{A}$, $\mathfrak{B}$, $\mathfrak{C}$ mit ihren Reciproken, setzt also $\mathfrak{A}^{-1}$ statt $\mathfrak{A}$, etc., so erhält man

$$\iint\frac{d\varpi}{(\mathfrak{A}^2\xi^2 + \mathfrak{B}^2\eta^2 + \mathfrak{C}^2\zeta^2)^{\frac{3}{2}}} = \frac{4\pi}{\mathfrak{A}\mathfrak{B}\mathfrak{C}}.$$

Man hat also das Resultat: Belegt man eine ellipsoidische Fläche, deren Halbaxen A, B, C sind, auf die vorgeschriebene Art mit Masse 4π, so ist die Anziehung der Masse auf den Punkt $[a, b, c]$ Null, wenn er ein innerer ist. Ist er ein äusserer, so wird die Anziehung auf denselben

$$\frac{4e\pi}{\mathfrak{A}\mathfrak{B}\mathfrak{C}},$$

wenn man setzt (S. 151, b)

$$\frac{1}{e^2} = \frac{a^2}{\mathfrak{A}^4} + \frac{b^2}{\mathfrak{B}^4} + \frac{c^2}{\mathfrak{C}^4}.$$

Für die X-Componente der Anziehung erhält man also

$$X = -\frac{4a\pi}{\mathfrak{A}^3\mathfrak{B}\mathfrak{C}} \cdot \frac{1}{\frac{a^2}{\mathfrak{A}^4} + \frac{b^2}{\mathfrak{B}^4} + \frac{c^2}{\mathfrak{C}^4}}.$$

Hier ist

$$\mathfrak{A}^2 - A^2 = \mathfrak{B}^2 - B^2 = \mathfrak{C}^2 - C^2 = u,$$

$$\frac{a^2}{A^2+u} + \frac{b^2}{B^2+u} + \frac{c^2}{C^2+u} = 1.$$

Legt man zu dem Ellipsoid mit den Axen A, B, C ein unendlich nahes ähnliches mit den Axen $A + dA$, $B + dB$, $C + dC$, wo also

$$dA : dB : dC = A : B : C,$$

und füllt den Raum zwischen den beiden mit homogener Masse, so ist das Potential dasselbe als ob man die gegebene Fläche nach dem früheren Princip mit Masse belegt, aber nicht, wie früher, die Masse 4π sondern $4\pi d \log A$ über die Hülfskugel ausbreitet. Es liegt nämlich auf dem Elemente do der Oberfläche des Ellipsoides mit den Axen A, B, C nicht wie früher die Masse $d\varpi$, sondern $\varrho\, do$, wenn ϱ das Stück der Normalen auf dem Elemente do bezeichnet, welches durch das Ellipsoid $A + dA$, $B + dB$, $C + dC$ von ihr abgeschnitten wird. Sind x, y, z die Coordinaten eines Punktes von do, so sind

$$x + \varrho \cos(X, N), \quad y + \varrho \cos(Y, N), \quad z + \varrho \cos(Z, N)$$

die Coordinaten des Endpunktes des Perpendikels, welche auf dem zweiten Ellipsoid liegen; man hat also

$$\left(\frac{x + \varrho\cos(X, N)}{A + dA}\right)^2 + \left(\frac{y + \varrho\cos(Y, N)}{B + dB}\right)^2 + \left(\frac{z + \varrho\cos(Z, N)}{C + dC}\right)^2 = 1,$$

und wenn man die unendlich kleinen Grössen zweiter Ordnung vernachlässigt

$$\varrho\left[\frac{x\cos(X, N)}{A^2} + \frac{y\cos(Y, N)}{B^2} + \frac{z\cos(Z, N)}{C^2}\right] = \frac{dA}{A}.$$

Setzt man für die Cosinus ihre Werthe und reducirt, so wird erhalten

$$\varrho = \frac{1}{\sqrt{\frac{x^2}{A^4}+\frac{y^2}{B^4}+\frac{z^2}{C^4}}}\cdot\frac{dA}{A},$$

also nach § 45

$$\varrho do = \frac{dA}{A}\cdot d\varpi ABC.$$

Daher wird die X-Componente der Anziehung der homogenen Schale mit der Dichtigkeit 1, welche durch zwei unendlich nahe ähnliche Ellipsoide mit den Axen A, B, C und $A+dA$, etc. begrenzt ist, auf einen äusseren Punkt gleich dem Produkte des obenstehenden Werthes X mit $ABCd\log A$, auf einen inneren Punkt aber Null.

Es liege ein homogenes Ellipsoid mit den Halbaxen α, β, γ vor; die Anziehung desselben auf einen äusseren Punkt a, b, c soll bestimmt werden.

Man theile dazu das Ellipsoid in unendlich viele ähnliche, deren Halbaxen A, B, C sich zu einander verhalten wie $\alpha:\beta:\gamma$. Nach dem Obigen wird dann die Componente Ξ der Anziehung des ganzen Ellipsoides, welche parallel der Axe der X gerichtet ist,

$$\Xi = \int_0^\alpha XABCd\log A.$$

Um dieses Integral in eine übersichtliche Form zu bringen, drücke man sämmtliche Veränderlichen durch eine neue s aus, indem man setzt

$$\frac{u}{A^2} = \frac{s}{\alpha^2}.$$

Die neue Veränderliche s hängt dann mit A durch die Gleichung

$$(\beta)\ldots\quad \frac{a^2}{\alpha^2+s}+\frac{b^2}{\beta^2+s}+\frac{c^2}{\gamma^2+s}=\frac{A^2}{\alpha^2}$$

zusammen, in welche sich (α) verwandelt, wenn man berücksichtigt, dass man hier durch ähnliche Ellipsoide hindurchgeht, dass sich also verhält

$$A:B:C=\alpha:\beta:\gamma.$$

Ferner hat man dann

$$\mathfrak{A}^2=(\alpha^2+s)\frac{A^2}{\alpha^2},\quad \mathfrak{B}^2=(\beta^2+s)\frac{B^2}{\beta^2},\quad \mathfrak{C}^2=(\gamma^2+s)\frac{C^2}{\gamma^2},$$

und durch Differentiation von (β)

$$-2\frac{d\log A}{ds} = \frac{\alpha^2}{A^2}\left[\frac{a^2}{(\alpha^2+s)^2} + \frac{b^2}{(\beta^2+s)^2} + \frac{c^2}{(\gamma^2+s)^2}\right].$$

Berücksichtigt man noch, dass für $A = 0$ man wegen (β) zu setzen hat $s = \infty$, für $A = \alpha$ aber s gleich der grössten Wurzel σ der Gleichung

$$(\gamma) \ldots \quad \frac{a^2}{\alpha^2+\sigma} + \frac{b^2}{\beta^2+\sigma} + \frac{c^2}{\gamma^2+\sigma} = 1,$$

so giebt die Einführung von s in den Ausdruck für Ξ das Resultat: Die Componente Ξ der Anziehung eines Ellipsoides mit den Halbaxen α, β, γ, welche parallel der Axe a ist, auf den äusseren Punkt $[a, b, c]$ wird durch die Gleichung gegeben

$$\Xi = -2a\alpha\beta\gamma\pi\int_\sigma^\infty \frac{ds}{(\alpha^2+s)^{\frac{3}{2}}\sqrt{\beta^2+s}\sqrt{\gamma^2+s}},$$

wenn die Dichtigkeit des Ellipsoides gleich 1 gesetzt ist.

Bis hierher folgte ich dem Vortrage von Gauss.

Da die Anziehung einer Fläche, die in der S. 154 vorgeschriebenen Art mit Masse belegt wär, also auch einer unendlich dünnen homogenen Schale, die von ähnlichen Ellipsoiden begrenzt wird, auf einen inneren Punkt Null ist, so gilt dasselbe für eine solche Schale von endlichen Dimensionen. Berücksichtigt man, dass σ in (γ) Null wird, wenn $[a, b, c]$ auf dem anziehenden Ellipsoid selbst liegt, so ist klar, dass der obige Ausdruck für Ξ auch dann noch die Anziehungscomponente eines vollen (homogenen) Ellipsoides darstellt, wenn der Punkt $[a, b, c]$ nicht ausserhalb, sondern auf der Oberfläche oder im Innern des vollen Ellipsoides liegt, vorausgesetzt, dass man dann $\sigma = 0$ setzt.

In diesem Falle findet man leicht Dirichlet's Ausdruck für das Potential V des Ellipsoides in $[a, b, c]$. Setzt man

$$\alpha\beta\gamma\pi\int_0^\infty \frac{ds}{(\alpha^2+s)^{\frac{3}{2}}\sqrt{\beta^2+s}\sqrt{\gamma^2+s}} = \lambda,$$

so ist die Anziehungscomponente Ξ des homogenen Ellipsoides mit den Halbaxen α, β, γ im Punkte $[a, b, c]$, der inmitten der Massen liegt, gleich $-2a\lambda$. Aehnliche Ausdrücke $-2b\mu$ und $-2c\nu$ findet man für die beiden anderen Componenten H und Z. Da λ, μ, ν

die Buchstaben a, b, c nicht mehr enthalten, so ergiebt die Integration dieser drei Gleichungen

$$\frac{\partial V}{\partial a} = -2a\lambda, \quad \frac{\partial V}{\partial b} = -2b\mu, \quad \frac{\partial V}{\partial c} = -2c\nu,$$

für V den Ausdruck

$$V = \varepsilon - \lambda a^2 - \mu b^2 - \nu c^2,$$

wo ε eine Constante bezeichnet, welche man bestimmt, indem man $a = b = c = 0$ setzt. Hieraus folgt, dass ε das Potential des vollen Ellipsoides im Punkte [0, 0, 0], d. i. im Mittelpunkte ist. Theilt man das Ellipsoid in unendlich viele ähnliche, so ist (S. 160) das Potential einer unendlich dünnen Schale, welche durch Ellipsoide mit den Halbaxen A, B, C und $A+dA, B+dB, C+dC$ begrenzt wird, gleich dem Produkte von $BCdA$ mal dem Potential der Oberfläche des kleineren Ellipsoides, welche auf die früher angegebene Art mit Masse belegt wird. Dies Potential in dem inneren Punkte [0, 0, 0] war aber auf S. 156 gefunden; man nannte es dort v_i. Setzt man den Werth ein, so findet man sofort

$$\varepsilon = 2\pi \int_0^\alpha \partial A \int_0^\infty \frac{BC\partial u}{\sqrt{A^2+u}\sqrt{B^2+u}\sqrt{C^2+u}},$$

wenn $A : B : C = \alpha : \beta : \gamma$. Setzt man $\alpha^2 u = A^2 s$, so geht die vorige Gleichung über in

$$\varepsilon = 2\pi \frac{\beta\gamma}{\alpha} \int_0^\infty \frac{ds}{\sqrt{\alpha^2+s}\sqrt{\beta^2+s}\sqrt{\gamma^2+s}} \int_0^\alpha A\,dA.$$

Man hat also als Potential des inneren Punktes die bekannte Formel

$$V = \alpha\beta\gamma\pi \int_0^\infty \left(1 - \frac{a^2}{\alpha^2+s} - \frac{b^2}{\beta^2+s} - \frac{c^2}{\gamma^2+s}\right) \frac{ds}{\sqrt{\alpha^2+s}\sqrt{\beta^2+s}\sqrt{\gamma^2+s}}.$$

Vertauscht man die untere Grenze 0 mit σ, so ist der vorstehende Ausdruck gleichfalls das Potential, aber im äusseren Punkte a, b, c, da er, nach a, b, c differentiirt, offenbar die früher gefundenen Werthe der Componenten Ξ, H, Z giebt und sich in 0 verwandelt, wenn der Punkt $[a, b, c]$ in's Unendliche rückt.

§ 47. Aus dem Werthe, welchen das Potential eines beliebig mit Masse erfüllten Ellipsoides resp. seiner mit Masse belegten Oberfläche auf der Fläche selbst annimmt, kann man das Potential im massenfreien Raum ermitteln. In der That zeigen die Formeln für $Z^{(n)}$ im § 45 S. 149—150, dass im n^{ten} Gliede in der Entwickelung des Potentials nach Kugelfunctionen, zunächst im äusseren Raum, der Factor von $P_\varkappa^{(n)}(\cos\theta)\cos\varkappa\psi$ die Form annimmt

$$a_\varkappa^{(n)} \sum_{m=0}^{n} p_m U_\varkappa^{(m)}(\varrho),$$

wenn die p Constante (nach ϱ, θ, ψ) bezeichnen. Diese sind so zu bestimmen, dass der vorstehende Ausdruck für $\varrho = \mathfrak{r}$ mit dem Werthe übereinstimmt, den der Factor von $P_\varkappa^{(n)}(\cos\theta)\cos\varkappa\psi$ aus der Entwickelung des gegebenen Potentials in der Oberfläche erhält. Aehnlich verhält es sich mit dem Gliede, welches $\sin\varkappa\psi$ und u statt $\cos\varkappa\psi$ und U enthält. Stellt man die Formeln zusammen, so erhält man das Resultat:

Das Potential der Masse eines mit Masse erfüllten Ellipsoides oder derjenigen Masse, welche auf seiner Oberfläche ausgebreitet ist, sei in dem Punkte $(\mathfrak{r}, \theta, \psi)$ auf der Fläche selbst gleich $f(\theta, \psi)$ gegeben. Nach Kugelfunctionen entwickelt sei

$$f(\theta, \psi) = \sum_{n=0}^{\infty} \sum_{\varkappa=0}^{n}{}' a_\varkappa^{(n)} P_\varkappa^{(n)}(\cos\theta)\cos\varkappa\psi(g_\varkappa \cos\varkappa\psi + \mathfrak{g}_\varkappa \sin\varkappa\psi),$$

wo g und $\mathfrak{g}$ (bekannte) Constante bezeichnen (die auch den Index n enthalten). Alsdann ist das Potential im Punkte $O_a = (\varrho, \theta, \psi)$ des äusseren Raumes

$$(14) \ldots \quad \mathrm{V} = \sum_{n=0}^{\infty} Z^{(n)},$$

$$Z^{(n)} = \sum_{\varkappa=0}^{n} a_\varkappa^{(n)} P_\varkappa^{(n)}(\cos\theta) \left[\cos\varkappa\psi \sum_{m=0}^{n}{}' p_m U_\varkappa^{(m)}(\varrho) + \sin\varkappa\psi \sum_{m=0}^{n} \mathfrak{p}_m u_\varkappa^{(m)}(\varrho)\right].$$

Hier hat man die Summen nach m nur über solche m zu nehmen, welche dem $\varkappa$ gleichartig sind. Die p und $\mathfrak{p}$ sind solche $2n+1$ Constante, welche durch vier Systeme von linearen Gleichungen bestimmt werden. Sind nämlich m und $\varkappa$ solche Indices, dass

$$m \leqq n, \quad \varkappa \leqq n,$$

so hat man die Systeme

$$\Sigma p_m U_\varkappa^{(m)}(\mathfrak{r}) = g_\varkappa, \quad \Sigma \mathfrak{p}_m u_\varkappa^{(m)}(\mathfrak{r}) = \mathfrak{g}_\varkappa,$$

wenn für einen geraden Index $\varkappa$ nur über gerade m, von $m = 0$ incl. an ($\mathfrak{g}_0$ ist offenbar Null), für ein ungerades $\varkappa$ nur über ungerade m summirt wird.

Für das Potential im Punkte $O_\iota = (\varrho, \theta, \psi)$ des inneren Raumes, wenn die Fläche mit Masse belegt oder der äussere Raum erfüllt ist, findet man die Formeln, welche aus den vorstehenden sich ergeben, wenn in ihnen überall U und u mit W und w vertauscht werden. Jedes Glied $Z^{(n)}$ des Ausdrucks ist eine ganze Function der rechtwinkligen Coordinaten von O_ι (§ 45, Anmerk.).

Ist im speciellen Falle das Potential v in jedem Punkte O_0 der Oberfläche eine ganze Function eines gegebenen, des n^{ten} Grades, der rechtwinkligen Coordinaten von O_0, so bleibt es in den Punkten O_ι eine solche der Coordinaten von O_ι, die sich vollständig angeben lässt, und in der keine Integration unausgeführt bleibt. In den Punkten O_a kommt allerdings daneben eine transcendente Function von ϱ vor; es wird v_a von der Form $A+BJ$, wenn A, B ganze Functionen n^{ten} Grades von $\cos\theta$, $\sin\theta\cos\psi$, $\sin\theta\sin\psi$, rationale von ϱ, $\sqrt{\varrho^2-b^2}$, $\sqrt{\varrho^2-c^2}$ sind, die sich fertig berechnen lassen, J ein elliptisches Integral erster und zweiter Art in Bezug auf ϱ ist.

Die Methode und die wesentlichen Resultate der § 43—47 habe ich im 42. Bd. des Crelle'schen Journals *) mitgetheilt.

§ 48. Wir lösen dieselbe Aufgabe, welche hier behandelt wurde, durch eine zweite Methode, nämlich diejenige, welche im § 38 angewandt wurde, d. i. mit Hülfe der Integration von $\Delta v = 0$. Statt der rechtwinkligen Coordinaten führt man wie früher ϱ, θ, ψ, und statt θ, ψ nach I, (58, a) andere μ, ν ein, indem man setzt

$$\cos\theta = \frac{\mu\nu}{bc},$$

$$\sin\theta\cos\psi = \frac{\sqrt{\mu^2-b^2}\sqrt{c^2-\mu^2}}{b\sqrt{c^2-b^2}},$$

$$\sin\theta\sin\psi = \frac{\sqrt{c^2-\mu^2}\sqrt{c^2-\nu^2}}{c\sqrt{c^2-b^2}}.$$

Für das Linienelement auf dem Ellipsoid erhält man in diesen elliptischen Coordinaten

$$\partial x^2+\partial y^2+\partial z^2 = \mathfrak{L}^2\partial\varrho^2+\mathfrak{M}^2\partial\mu^2+\mathfrak{N}^2\partial\nu^2;$$

die Normalen auf den drei confocalen sich im Punkte ϱ, μ, ν schneidenden Flächen (I. 351) sind

$$\partial n = \mathfrak{L}\partial\varrho, \quad \partial o = \mathfrak{M}\partial\mu, \quad \partial p = \mathfrak{N}\partial\nu,$$

wo man zu setzen hat

---

*) S. 70—82: Theorie der Anziehung eines Ellipsoids

$$\mathfrak{L}^2 = \frac{(\varrho^2-\mu^2)(\varrho^2-\nu^2)}{(\varrho^2-b^2)(\varrho^2-c^2)},$$
$$\mathfrak{M}^2 = \frac{(\varrho^2-\mu^2)(\mu^2-\nu^2)}{(\mu^2-b^2)(c^2-\mu^2)},$$
$$\mathfrak{N}^2 = \frac{(\varrho^2-\nu^2)(\mu^2-\nu^2)}{(b^2-\nu^2)(c^2-\nu^2)}.$$

Wendet man die Bezeichnung von I, § 87 an, so erhält man nach der dritten Methode I, § 71, S. 307 sofort die transformirte Gleichung für das Potential

$$(15) \ldots \quad (\varrho^2-\nu^2)\frac{\partial^2 \mathrm{v}}{\partial \varepsilon^2} + (\varrho^2-\mu^2)\frac{\partial^2 \mathrm{v}}{\partial \zeta^2} + (\mu^2-\nu^2)\frac{\partial^2 \mathrm{v}}{\partial \xi^2} = 0,$$

wo also ε, ζ, ξ elliptische Integrale der ersten Gattung sind. Die Aufgabe besteht darin, (15) so zu integriren, dass sich v für $\varrho = \mathfrak{r}$ in eine gegebene Function $f(\theta, \psi)$ verwandelt, die man auch als Function von μ und ν durch eine Function $f[\mu, \nu]$ dargestellt denken kann.

Die gesuchte Function wird, wie im § 47, nach Kugelfunctionen von θ und ψ in die Reihe

$$\mathrm{v} = \sum_{n=0}^{\infty} Z^{(n)}$$

entwickelt. Z, als Kugelfunction, genügt der bekannten Differentialgleichung nach θ und ψ, und diese, nach I. 354 in μ und ν transformirt, giebt

$$(a) \ldots \quad \frac{\partial^2 Z^{(n)}}{\partial \varepsilon^2} + \frac{\partial^2 Z^{(n)}}{\partial \zeta^2} + n(n+1)(\mu^2-\nu^2)Z^{(n)} = 0.$$

Multiplicirt man (a) mit $\varrho^2-\mu^2$, summirt das Produkt nach n und zieht die Summe von (15) ab, nachdem man daselbst v mit ΣZ vertauscht hat, so erhält man, zur Bestimmung der Art wie ϱ in Z eingeht,

$$(b) \ldots \quad \Sigma \frac{\partial^2 Z^{(n)}}{\partial \varepsilon^2} + \frac{\partial^2 Z^{(n)}}{\partial \xi^2} + n(n+1)(\mu^2-\varrho^2)Z^{(n)} = 0.$$

Das n^{te} Glied des Ausdrucks unter dem Summationszeichen ist selbst eine n^{te} Kugelfunction nach θ und ψ, oder nach ε und μ. Der Ausdruck zerfällt nämlich in zwei Theile, deren jeder, in (a) für $Z^{(n)}$ gesetzt, dieser Differentialgleichung genügt. Dies ist sofort klar für den Theil

$$\frac{\partial^2 Z^{(n)}}{\partial \xi^2} - n(n+1)\varrho^2 Z^{(n)},$$

da die Differentiation sich nur auf eine Constante (nach θ und ψ), auf ϱ

nämlich, bezieht. Den anderen Theil

$$\frac{\partial^2 Z^{(n)}}{\partial \varepsilon^2} + n(n+1)\mu^2 Z^{(n)}$$

setze man gleich u, und bilde

$$\frac{\partial^2 u}{\partial \varepsilon^2} + \frac{\partial^2 u}{\partial \zeta^2} + n(n+1)(\mu^2 - \nu^2)u.$$

Berücksichtigt man, dass man hat

$$\frac{\partial^2 u}{\partial \zeta^2} = \frac{\partial^2}{\partial \varepsilon^2}\left(\frac{\partial^2 Z}{\partial \zeta^2}\right) + n(n+1)\mu^2 \frac{\partial^2 Z}{\partial \zeta^2},$$

so reducirt man den zu untersuchenden Ausdruck auf

$$n(n+1)\mu^2\left[\frac{\partial^2 Z}{\partial \varepsilon^2} + \frac{\partial^2 Z}{\partial \zeta^2} + n(n+1)(\mu^2 - \nu^2)\right],$$

d. i. auf Null. Fast ohne Rechnung erhält man dasselbe, wenn man berücksichtigt, dass Z^n nach I. 376 eine Summe von Lamé'schen Produkten, nämlich von der Form

$$(c) \ldots \sum_{s=0}^{2n} t_s E_s^{(n)}(\mu) E_s^{(n)}(\nu)$$

ist, wo die t Constante nach μ, ν bezeichnen, welche ϱ enthalten. Dies setzt man in u ein, dass sich nun, nach I. 359, in

$$u = (b^2 + c^2)\Sigma t_s v_s E_s(\mu) E_s(\nu)$$

verwandelt; dieser Ausdruck lässt sich nach I. 376 in eine Summe von Kugelfunctionen C und S umsetzen.

Die Gleichung (b) muss daher noch gelten, wenn man das Summenzeichen fortlässt. Wie ϱ in Z eingeht, finden wir

1) Nach Lamé*) auf folgende Art. Setzt man für Z die Summe (c), so giebt die aus (b) hervorgehende Gleichung,

$$\sum_s E_s(\mu) E_s(\nu)\left(\frac{\partial^2 t_s}{\partial \xi^2} + [(b^2 + c^2)v_s - n(n+1)\nu^2] t_s\right) = 0,$$

dass der Factor von $E_s(\mu) E_s(\nu)$ für jedes einzelne s Null, dass daher t von der Form sein muss

$$t_s = p_s E_s(\varrho) + q_s F_s(\varrho).$$

Da v im Unendlichen Null ist, selbst und mit seinen Differentialquotienten nach jeder Richtung im leeren Raume continuirlich bleibt, so schliesst man wie im § 38, je nachdem $\varrho < \mathfrak{r}$ oder $\varrho > \mathfrak{r}$ ist, müsse resp. $q = 0$ oder $p = 0$ gesetzt werden. Zur schliesslichen Bestimmung der Constanten p resp. q dient, wie in jenem Paragraphen, die Vergleichung der allgemeinen Function Z mit der,

*) Liouville, Journal de M. T. IV, 126—163.

welche sie auf der Fläche annehmen soll. So ergiebt sich das **Resultat:**

Man entwickelt den gegebenen Werth $f(\theta, \psi)$ des Potentials in der Fläche nach Kugelfunctionen in die Reihe

$$(16)\ \ldots\quad f(\theta, \psi) = f[\mu, \nu] = \sum_{n=0}^{\infty} X^{(n)},$$

und verwandelt jede Kugelfunction $X^{(n)}$ in eine Reihe von Lamé'schen Produkten

$$(16, a)\ \ldots\quad X^{(n)} = \sum_{s=0}^{2n} g_s^{(n)} E_s^{(n)}(\mu) E_s^{(n)}(\nu).$$

Das Potential im leeren Raume ist dann $v = \Sigma Z^{(n)}$, wo je nachdem $\varrho < \mathfrak{r}$ oder $\varrho > \mathfrak{r}$ ist, $Z^{(n)}$ durch die erste oder zweite der folgenden Formeln ausgedrückt wird:

$$Z_i^{(n)} = \sum_{s=0}^{2n} g_s^{(n)} E_s^{(n)}(\mu) E_s^{(n)}(\nu) \frac{E_s^{(n)}(\varrho)}{E_s^{(n)}(\mathfrak{r})},$$

$$Z_a^{(n)} = \sum_{s=0}^{2n} g_s^{(n)} E_s^{(n)}(\mu) E_s^{(n)}(\nu) \frac{F_s^{(n)}(\varrho)}{F_s^{(n)}(\mathfrak{r})},$$

Aus I. § 98 weiss man, wie eine Entwickelung von $f[\mu, \nu]$ nach Lamé'schen Produkten vorgenommen wird. Unwesentlich ist, dass man f zuerst, wie oben, nach Kugelfunctionen entwickelt, und diese darauf nach den Produkten; hier geschah dieses nur, um darauf hinzuweisen, dass die Glieder, von f sowohl als auch von v, sich zu Kugelfunctionen sammeln, und zwar nicht nur um im allgemeinen eine klarere Einsicht in das Resultat zu gewinnen, sondern auch, weil durch diese Art der Darstellung klar ist, dass Lamé nicht genöthigt war, ausdrücklich zu beweisen, v lasse sich nach den Produkten entwickeln.*) Die fertigen Ausdrücke für die g durch bestimmte Integrale findet man I. 380—381. Man theilt nämlich f in eine Summe von acht gleichartigen Ausdrücken (I. 377); ist einer derselben, wie dort, $F(\mu, \nu)$, so findet man als Coefficienten g eines dem F gleichartigen Lamé'schen Produktes

$$g_s^{(n)} = \int_0^{\varpi} \partial\zeta \int_0^{\omega} F(\mu, \nu) E_s^{(n)}(\mu) E_s^{(n)}(\nu)(\mu^2 - \nu^2)\partial\varepsilon,$$

*) In den Comptes rendus XX, 1386 sagt Liouville: Non seulement cette solution est bien plus simple que celle de M. Lamé, mais, en outre, on peut aisément démontrer la convergence des séries employées, ce que M. Lamé n'a pas même essayé de faire, sans doute à cause de la complication de sa formule finale, qui pourtant au fond doit revenir et revient en effet à la nôtre.

wenn der constante in E vorkommende Factor so bestimmt wird (was auch im weiteren Verlaufe dieses Kapitels geschehen soll), dass das Doppelintegral für $F(\mu, \nu) = E_s^{(n)}(\mu) E_s^{(n)}(\nu)$ gleich 1 wird.

Diese Form der gewonnenen Lösung für unsere Aufgabe ist von überraschender Einfachheit; bei Anwendungen auf bestimmte Fälle wird man aber nur in den einfachsten Fällen fertige Resultate gewinnen, nicht einmal dann, wenn f eine ganze Function der rechtwinkligen Coordinaten in der Oberfläche von irgend einem in Zahlen gegebenen Grade über 7 ist. Denn der Grad der Gleichungen, deren Auflösung zur Aufstellung der E erforderlich ist, überschreitet in diesem Falle schon 4. Man weiss aber aus der oben im § 47 gefundenen Form der Lösung, dass diese Wurzeln aus dem Resultate entfernt werden können und dass es genügt, Systeme nur von linearen Gleichungen aufzulösen. Dies ist der Vorzug der allerdings weniger eleganten Form (14) der Lösung.

2) Wir wollen schliesslich auch die frühere Form der Lösung (§ 47) durch die Methode dieses Paragraphen, durch die Integration von $\Delta v = 0$ ableiten, wie es zuerst ausführlich im 29. Bde des Crelle'schen Journals geschah. *) In den wiederholt vorgekommenen Ausdruck

$$z = \cos\theta\cos\eta + \sin\theta\sin\eta\cos(\psi - \omega)$$

führe man, wie I. 379, statt θ, ψ die elliptischen Coordinaten μ, ν, statt η und ω aber ϱ und eine neue Grösse σ ein, welche zwischen b und c liegt, durch die Gleichungen

$$\cos\eta = \frac{\varrho\sigma}{bc}, \quad \sin\eta\cos\omega = i\frac{\sqrt{\varrho^2 - b^2}\sqrt{\sigma^2 - b^2}}{b\sqrt{c^2 - b^2}},$$

$$\sin\eta\sin\omega = i\frac{\sqrt{\varrho^2 - c^2}\sqrt{c^2 - \sigma^2}}{c\sqrt{c^2 - b^2}},$$

so dass $\cos\eta$ grösser als 1, und ω reell ist. Beide Functionen $P^{(n)}(z)$ und $Q^{(n)}(z)$ genügen der Gleichung (a), zugleich aber, weil z nach ν und ϱ symmetrisch ist, auch (b). Die Function mit $2n+1$ willkürlichen Constanten, welche den beiden Gleichungen (a) und (b) gleichzeitig, ferner überall den Bedingungen der Stetigkeit und Endlichkeit genügt, ist wie aus 1) hervorgeht

$$(d) \ldots \quad \sum_{s=0}^{2n} g_s^{(n)} E_s^{(n)}(\varrho) E_s^{(n)}(\mu) E_s^{(n)}(\nu),$$

*) S. 185—208: Beitrag zur Theorie der Anziehung und der Wärme.

während die Function mit ebenso vielen Constanten, die für ein endliches ϱ unendlich wird, im Unendlichen Null ist, aus der vorstehenden durch Vertauschung von $E(\varrho)$ mit $F(\varrho)$ entsteht. Um die früheren Resultate hier wieder zu gewinnen, haben wir daher nur zu zeigen, dass je eine Function mit denselben Eigenschaften dieselbe Form hat, welche § 47 aufweist. Wir suchen nun die im Endlichen endliche Function auf. Dazu setzt man $P^{(n)}(z)$ in die Form

$$\sum_{\iota=0}^{n}{}'(-1)^{\iota} a_{\iota}^{(n)}(C_{\iota}^{(n)}(\theta,\psi)C_{\iota}^{(n)}[\varrho,\sigma]+S_{\iota}^{(n)}(\theta,\psi)S_{\iota}^{(n)}[\varrho,\sigma]).$$

Man mache

$$\cos v = \frac{c\sqrt{\sigma^2-b^2}}{\sigma\sqrt{c^2-b^2}},\quad \sin v = \frac{b\sqrt{c^2-\sigma^2}}{\sigma\sqrt{c^2-b^2}};$$

der Ausdruck I. 355 von $C_{\iota}^{(n)}[\varrho, s]$ wird dann, bis auf einen constanten Factor, (cf. § 44, S. 141) gleich

$$\sigma^n \sum_{m=0}^{n}{}'\cos mv\, W_{\iota}^{(m)}(\varrho).$$

Bildet man also das Integral

$$\int_0^{2\pi} P^{(n)}(z)\,\Theta(v)\,\frac{\partial v}{\sigma^n},$$

wo $\Theta(v)$ eine Function von der Form

$$\begin{aligned}\alpha_0+\alpha_1\cos v+\cdots+\alpha_n\cos nv\\ +\beta_1\sin v+\cdots+\beta_n\sin nv\end{aligned}$$

mit $2n+1$ willkürlichen Constanten α und β ist, so wird dasselbe die gleichen Bedingungen wie (d) erfüllen und von der Form sein wie der Ausdruck $Z^{(n)}$ im entsprechenden Falle des § 47, nämlich von der Form

$$Z^{(n)} = \sum_{\iota=0}^{n} P_{\iota}^{(n)}(\cos\theta)[\cos\iota\psi\,\Sigma p_m W_{\iota}^{(m)}(\varrho)+\sin\iota\psi\,\Sigma \mathfrak{p}_m \mathfrak{w}_{\iota}^{(m)}(\varrho)].$$

Dies ist also die Lösung mit $2n+1$ Constanten, in der die Constanten (§ 47) so bestimmt werden, dass die Function für $\varrho=\mathfrak{r}$ den gegebenen Werth annimmt.

Durch ein ähnliches Verfahren ermittelt man in dem Falle $\varrho>\mathfrak{r}$ die im § 47 aufgefundene Form von $Z^{(n)}$, indem man den Ausdruck von $Q^{(n)}(z)$ zu Grunde legt.

§ 49. Die Integration der Differentialgleichung $\Delta \mathrm{v}=0$ mit der noch Nebenbedingungen zu verbinden sind, geschah für alle drei

Körper, über welche in diesen drei Kapiteln gehandelt wurde, auf ähnliche Weise, nachdem einmal die geeigneten particulären Integrale, erster und zweiter Art, gefunden waren. Diese sind für die Kugel:

$$\varrho^n P_s^{(n)}(\cos\theta)\cos s\psi, \quad \varrho^n P_s^{(n)}(\cos\theta)\sin s\psi,$$
$$\varrho^{-n-1} P_s^{(n)}(\cos\theta)\cos \nu\psi, \quad \varrho^{-n-1} P_s^{(n)}(\cos\theta)\sin \nu\psi;$$

für das Rotationsellipsoid

$$P_s^{(n)}(\varrho)P_s^{(n)}(\cos\theta)\cos s\psi, \quad P_s^{(n)}(\varrho)P_s^{(n)}(\cos\theta)\sin s\psi,$$
$$Q_s^{(n)}(\varrho)P_s^{(n)}(\cos\theta)\cos s\psi, \quad Q_s^{(n)}(\varrho)P_s^{(n)}(\cos\theta)\sin s\psi;$$

für das ungleichaxige Ellipsoid, wenn man sich der Lamé'schen Functionen bedient,

$$E_s^{(n)}(\varrho)E_s^{(n)}(\mu)E_s^{(n)}(\nu); \quad F_s^{(n)}(\varrho)E_s^{(n)}(\mu)E_s^{(n)}(\nu).$$

Im letzten Falle herrscht also bei einer Gruppe vollständige Symmetrie, indem nur eine Art von Functionen auftritt; jedenfalls kommt in diesem Falle nur eine Gattung von Functionen, die Lamé'sche Function vor, während in den vorhergehenden bei jedem Gliede zwei oder drei verschiedene Functionsgattungen, Grenzwerthe der E, auftreten. Da wo man bei dem Falle des dreiaxigen Ellipsoides es zweckmässiger findet, statt der E und F (welche die Wurzeln höherer Gleichungen enthalten, s. o.) die Functionen U, u, W, w aus § 44 einzuführen, muss man auch für die Lösung des letzten Falles die Symmetrie aufgeben, und hat dann, für jedes n, folgende $2n+1$ particulären Integrale:

$$\sum_{s=0}^{n} W_s^{(m)}(\varrho)P_s^{(n)}(\cos\theta)\cos s\psi, \quad \sum_{s=0}^{n} w_s^{(m)}(\varrho)P_s^{(n)}(\cos\theta)\sin s\psi;$$
$$\sum_{s=0}^{n} U_s^{(m)}(\varrho)P_s^{(n)}(\cos\theta)\cos s\psi, \quad \sum_{s=0}^{n} u_s^{(m)}(\varrho)P_s^{(n)}(\cos\theta)\sin s\psi,$$

in denen m Werthe von 0 bis n annimmt.

Liouville deutet in seiner obenerwähnten Arbeit aus den Comptes rendus, die etwa gleichzeitig *) mit meiner im 29. Bd. von Crelle's Journal veröffentlichen Arbeit erschien, ein Verfahren zur Integration von $\Delta v = 0$, wenn $\varrho < r$ ist, an ohne es aber weiter durchzuführen; das Verfahren ist nur auf diesen Fall berechnet und nicht mehr anwendbar für das Potential des äusseren Punktes $\varrho > r$. Liouville will nämlich unser $Z^{(n)}$ als die ganze Function der recht-

---

*) M. vergl. die Bemerkung im I. Bd. des Handbuchs S. 384.

winkligen Coordinaten vom Grade n, aufsuchen, welche der Gleichung $\Delta \mathrm{v} = 0$ genügt und an der Begrenzung in eine gegebene ganze Function übergeht, und zwar in die Kugelfunction vom Grade n, welche der Entwickelung von $f(\theta, \psi)$ nach Kugelfunctionen angehört. Eine Regel für die Ausführung der Operationen, also eine bestimmte Methode um diese Function zu finden, welche bereits im 29. Bd. d. Crelle'schen Journals entwickelt wurde, ist in den Comptes rendus nicht angegeben.

Mit Hülfe der Functionen E und F nimmt die Entwickelung der reciproken Entfernung zweier Punkte T, in elliptischen Coordinaten, eine einfachere Gestalt an als im § 44, eine ähnliche wie sie im vorigen Kapitel, bei den Untersuchungen über das Rotationsellipsoid, für die dort benutzten Coordinaten erhielt. Auch für die Green'sche Function, für die bei derselben auftretende Dichtigkeit, dort $\varkappa_0$ genannt und für die mit G verwandte Function, die im ersten Kapitel S. 92 durch den Buchstaben Γ bezeichnet war, findet man ähnliche Formeln wie im § 40, deren Aufstellung nicht den geringsten Schwierigkeiten begegnet. Die letzteren Entwickelungen übergehe ich hier und handele nur noch über T, die reciproke Entfernung der Punkte (ϱ, θ, ψ) und (σ, η, ω) von einander.

Wie statt θ und ψ elliptische Coordinaten μ, ν eingeführt werden, so führt man hier noch μ_1, ν_1 für η und ω ein; ferner sei $\sigma < \varrho$, und $\cos\gamma = \cos\theta\cos\eta + \sin\theta\sin\eta\cos(\psi-\omega)$. Man entwickelt T nach Kugelfunctionen von θ und ψ in die Reihe

$$T = \sum_{n=0}^{\infty} Z^{(n)},$$

wo $Z^{(n)}$ von der Form ist

$$\sum_{s=0}^{2n} \Psi_s^{(n)} E_s^{(n)}(\mu) E_s^{(n)}(\nu),$$

und Ψ nur ϱ, σ, μ_1 und ν_1 aber nicht μ und ν enthält. Diese Summe setze man in die Gleichung $\Delta T = 0$ ein, welche man in die Coordinaten μ, ν, ϱ transformirt hat, also in die Gleichung (15), nachdem dort v mit T vertauscht ist. Dadurch erhält man nach einer einfachen Transformation (I. 361)

$$\Sigma\left\{\frac{d^2\Psi_s^{(n)}}{d\xi^2} - [n(n+1)\varrho^2 - (b^2+c^2)\nu_0]\Psi_s^{(n)}\right\} E_s^{(n)}(\mu) E_s^{(n)}(\nu) = 0.$$

Hieraus folgt, dass diese Gleichung auch ohne das Zeichen Σ, d. i. für jedes n und s bestehen muss; daher muss der in der Parenthese {} stehende Ausdruck für sich Null sein. Ψ muss daher die Form haben

$$\Psi_s^{(n)} = aE_s^{(n)}(\varrho) + bF_s^{(n)}(\varrho),$$

darf aber E nicht enthalten, weil T, folglich Z, folglich Ψ für $\varrho = \infty$ Null sein muss. Daher hat man a gleich Null zu setzen, und man findet, dass $Z^{(n)}$ in Bezug auf μ, ν, ϱ die Form hat

$$Z^{(n)} = \sum_{s=0}^{2n} b_s^{(n)} E_s^{(n)}(\mu) E_s^{(n)}(\nu) F_s^{(n)}(\varrho).$$

Es ist T symmetrisch in Bezug auf μ und μ_1, auf ν und ν_1, auf ϱ und σ; in der Differentialgleichung für T lässt sich also ϱ mit σ vertauschen, und Z erhält daher die Form

$$\Sigma E_s^{(n)}(\mu) E_s^{(n)}(\nu)[aE_s^{(n)}(\sigma) + bF_s^{(n)}(\sigma)],$$

in der aber b Null zu setzen ist, weil T für $\sigma = c$ endlich bleiben muss. Aus der Symmetrie von T in Bezug auf μ und μ_1, auf ν und ν_1 beweist man endlich, wie in den ähnlichen Fällen in den vorigen Kapiteln, es müsse Z die Form haben

$$Z^{(n)} = \sum_{s=0}^{2n} g_s^{(n)} E_s^{(n)}(\mu) E_s^{(n)}(\mu_1) E_s^{(n)}(\nu) E_s^{(n)}(\nu_1) E_s^{(n)}(\sigma) F_s^{(n)}(\varrho),$$

wenn g eine numerische Constante vorstellt. Um diese zu bestimmen, lässt man ϱ und σ zugleich unendlich werden, aber so, dass ihr Verhältniss $\varrho : \sigma$ endlich bleibt und gleich ist $1 : r$. Alsdann wird

$$\sigma T = \frac{1}{\sqrt{1 - 2r\cos\gamma + r^2}}, \quad \varrho E(\sigma) F(\varrho) = r^{n+1}.$$

Hieraus ergiebt sich

$$P^n(\cos\gamma) = \sum_{s=0}^{2n} g_s E_s^{(n)}(\mu) E_s^{(n)}(\nu) E_s^{(n)}(\mu_1) E_s^{(n)}(\nu_1).$$

Vergleicht man hiermit die Formel I, (73), so findet man

$$g_s = \frac{\pi}{2n+1}.$$

Man hat also das **Resultat**: Die reciproke Entfernung der beiden Punkte (ϱ, μ, ν) und (σ, μ_1, ν_1) lässt sich in eine Reihe von Kugelfunctionen entwickeln, die man im § 44, Gleich. (12) findet, und die, in Lamé'sche Functionen umgesetzt, giebt

$$T = \frac{1}{2} \sum_{n=0}^{\infty} \frac{\pi}{2n+1} \sum_{s=0}^{2n} E_s^{(n)}(\mu) E_s^{(n)}(\nu) E_s^{(n)}(\mu_1) E_s^{(n)}(\nu_1) E_s^{(n)}(\sigma) F_s^{(n)}(\varrho),$$

wenn $\sigma < \varrho$, und der constante Factor von E so bestimmt ist, dass man hat (I. 380)

$$\int_0^{\varpi} d\zeta \int_0^{\omega} (\mu^2 - \nu^2)[E_s^{(n)}(\mu) E_s^{(n)}(\nu)]^2 d\varepsilon = 1.$$

Will man diese Formel anwenden, um das Potential zu finden, wenn die Dichtigkeit gegeben ist, die Masse moge den Körper erfüllen oder auf der Oberfläche ausgebreitet sein, so verfährt man wesentlich wie im § 45, I und II. Man hat das Element der Masse dann nicht nur nach Kugelfunctionen zu entwickeln, sondern diese in Lamé'sche Functionen umzusetzen. So würde man unter I, weil das Element des Volumens im Punkte (ϱ, θ, ψ) oder (ϱ, μ, ν) ist

$$\partial x \partial y \partial z = (\varrho^2 - \mu^2)(\varrho^2 - \nu^2)(\mu^2 - \nu^2) \partial \varepsilon \partial \zeta \partial \xi,$$

statt des dortigen Ausdrucks, für das Massenelement setzen

$$kB(\mu^2 - \nu^2) \partial \varepsilon \partial \zeta, \quad B = (\varrho^2 - \mu^2)(\varrho^2 - \nu^2),$$

und dann kB in die Reihe der K entwickeln. In dem speciellen Falle des § 46, wo die Dichtigkeit constant, nämlich $k = 1$ gesetzt ist, reducirt diese Reihe sich selbstverständlich auf zwei Glieder $K^{(0)}$ und $K^{(2)}$, so dass der bekannte Ausdruck für das Potential eines homogenen Ellipsoides im äusseren Raum bei dieser Art der Darstellung sich aus drei Functionen $E^{(n)}$ und eben so vielen $F^{(n)}$, nämlich je einer für $n = 0$ und je zweien für $n = 2$, zusammensetzt. Der Ausdruck des Potentials im inneren hohlen Raume enthält nur die drei Lamé'schen Functionen der ersten, nicht die der zweiten Art. Wir unterlassen es, die Rechnung auszuführen, die hier vorkommenden Functionen $E^{(0)}$, $F^{(0)}$, $E^{(2)}$, $F^{(2)}$ zusammenzustellen und das Resultat dann so zu transformiren, dass es in den schon früher (S. 153 u. 162) gewonnenen Ausdruck für das Potential eines homogenen Ellipsoides übergeht.

Viertes Kapitel.

Der Cylinder.

§ 50. Bei der Uebertragung der Untersuchungen aus den vorigen drei Kapiteln auf solche Cylinder, deren Directrix ein Kreis oder eine Ellipse ist, auf denen die erzeugende Gerade senkrecht steht, treten statt der Kugelfunctionen, oder allgemeiner statt der Lamé'schen Functionen, die Functionen auf, zu welchen man von ihnen durch einen Uebergang zur Grenze gelangte, *) nämlich die Cylinder-Functionen, im speciellen Falle die durch J und K bezeichneten (I. § 42), im allgemeinen die des elliptischen Cylinders $\mathfrak{E}$ und $\mathfrak{F}$ (I. § 103).

Wir behandeln zunächst den Kreiscylinder und beginnen mit der Entwickelung von T, der reciproken Entfernung zweier Punkte $[x, y, z]$ und $[a, b, c]$. Für die rechtwinkligen Coordinaten b, c, y, z führen wir andere s, ω, r, ψ ein und bedienen uns folgender Bezeichnungen:

$$y = r\cos\psi, \qquad b = s\cos\omega,$$
$$z = r\sin\psi, \qquad c = s\sin\omega,$$
$$\mathfrak{R}^2 = (y-b)^2+(z-c)^2 = r^2-2rs\cos(\psi-\omega)+s^2,$$
$$R^2 = \mathfrak{R}^2+(x-a)^2, \quad TR = 1.$$

Nach dem Fourier'schen Satze hat man

$$T = \frac{2}{\pi}\int_0^\infty \cos\lambda(x-a)\,\partial\lambda \int_0^\infty \frac{\cos\alpha\lambda\,\partial\alpha}{\sqrt{\alpha^2+\mathfrak{R}^2}}.$$

Aus I. 192 folgt, dass das Integral nach α die Cylinderfunction zweiter Art $K(i\mathfrak{R}\lambda)$ ist.

Denn man hat

$$\frac{1}{\sqrt{\alpha^2+\mathfrak{R}^2}} = \frac{2}{\pi}\int_0^\infty \frac{du}{\alpha^2+u^2+\mathfrak{R}^2}.$$

Nach Multiplikation beider Seiten mit $\cos\alpha\lambda\,\partial\alpha$ und Integration von 0 bis ∞ wird die rechte

$$\frac{2}{\pi}\int_0^\infty \partial u \int_0^\infty \frac{\cos\alpha\lambda\, d\alpha}{\alpha^2+u^2+\mathfrak{R}^2} = \int_0^\infty e^{-\lambda\sqrt{u^2+\mathfrak{R}^2}} \frac{du}{\sqrt{u^2+\mathfrak{R}^2}}.$$

Setzt man hier noch $u = -i\mathfrak{R}\sin iv$, so verwandelt sich das Integral auf der Rechten in $K(i\mathfrak{R}\lambda)$.

Entwickelt man diese Function K nach dem Additionstheorem I. 340, so findet man schliesslich, vorausgesetzt, dass $s < r$ ist,

$$(17) \ldots \quad T = \frac{4}{\pi}\sum_0^\infty{}' \cos\nu(\psi-\omega)\int_0^\infty J_\nu(i\lambda s)K_\nu(i\lambda r)\cos\lambda(x-a)\,\partial\lambda.$$

---

*) Diese Functionen treten auch, nach Herrn Mehler's Bemerkung, bei den Untersuchungen über das Rotationsparaboloid auf. Vergl. das Osterprogramm, Elbing 1870.

Für manche Anwendungen, bei denen r zuweilen grösser, zuweilen kleiner zu nehmen ist als s, vertauscht man diese Formel besser mit der folgenden

$$(18) \ldots \quad T = 2\sum_{}^{\infty}{}' \cos\nu(\psi-\omega)\int_0^\infty e^{\mp(x-a)\lambda} J_\nu(\lambda r) J_\nu(\lambda s)\, d\lambda,$$

wo das doppelte Zeichen hier und weiter unten so zu verstehen ist, dass $\pm(x-a)$ positiv wird. Diese Formel gilt, im Gegensatz zur vorhergehenden, für jede Grösse von r und s, wird aber bei solchen Anwendungen unbequem, bei welchen $x-a$ das Vorzeichen wechselt.

Man beweist (18), indem man von den Gleichungen ausgeht

$$T = \frac{1}{\pi}\int_0^\pi \frac{d\varphi}{\pm(x-a)+i\Re\cos\varphi} = \frac{1}{\pi}\int_0^\pi \partial\varphi \int_0^\infty e^{\mp\lambda(x-a)-i\lambda\Re\cos\varphi}\,\partial\lambda.$$

Kehrt man die Integrationsfolge um und setzt dann für das Integral von 0 bis π seinen Werth $J(\lambda\Re)$ nach I. 192, wendet endlich hierauf das Additionstheorem I. 340 an, so erhält man (18) unmittelbar.

Man könnte auch (17) direkt in (18) überführen, indem man $K(i\lambda\Re)$ in der Gleichung

$$T = \frac{2}{\pi}\int_0^\infty K(i\lambda\Re)\cos\lambda(x-a)\,d\lambda,$$

welche nach I. 340 mit (17) übereinstimmt, nach (ε) in I. 197 (π ist dort auf der rechten Seite zu streichen) durch

$$\int_0^\infty \frac{\mu J(\mu)\,d\mu}{\mu^2+\Re^2\lambda^2}$$

ersetzt. Dadurch verwandelt sich T in

$$\frac{2}{\pi}\int_0^\infty J(z\Re)\,z\,\partial z \int_0^\infty \frac{\cos\lambda(x-a)\,\partial\lambda}{z^2+\lambda^2},$$

und dieser Ausdruck verschafft sofort (18), wenn man für das innere Integral, welches nach λ genommen wird, seinen bekannten Werth setzt

$$\frac{\pi}{2z}\,e^{\mp(x-a)}.$$

§ 51. Wir beschäftigen uns hier mit dem Potentiale eines geraden Cylinders, dessen Directrix ein Kreis ist. Seine Axe sei die Axe der X. Der Cylinder kann **erstens** in der Richtung der Axe sich nach beiden Seiten ins Unendliche, d. i. von $x = -\infty$ sich bis $x = \infty$, erstrecken, **zweitens** von endlicher Höhe $2h$ sein, nämlich sich von $x = -h$ bis $x = h$, und **drittens** sich von einem endlichen Werthe von x, er sei $x = 0$, bis $x = \infty$ erstrecken. Die

Dichtigkeit der anziehenden Masse im Elemente dt, die k heisse, sei eine Function der Coordinaten; diese Masse soll entweder ganz im Cylinder oder ganz ausserhalb desselben liegen. Das Potential im Punkte O wird dann

$$V = \iiint Tk\,dt,$$

wo die Integration über den ganzen Raum nur innerhalb des Cylinders oder nur ausserhalb desselben auszuführen ist.

Das Potential in dem Falle, dass die anziehende Masse nach aussen und nach innen durch je einen Cylinder begrenzt wird, behandle ich nicht, da es sich aus den Potentialen voller Cylinder durch Subtraction zusammensetzt, gleichgültig, ob die beiden Cylinder concentrisch sind oder nicht. Ein Interesse gewinnen die Resultate erst dann, wenn man die Aufgabe specialisirt, nämlich besondere Annahmen über die gegenseitige Lage der Cylinder oder über die Beschaffenheit der Masse macht.

I. Die anziehende Masse liegt innerhalb des Cylinders. Die Coordinaten a, b, c oder a, s, ω sollen der anziehenden Masse, x, y, z oder x, r, ψ dem Punkte O angehören. Der Radius der Directrix sei $\mathfrak{r}$. Um die Convergenz der nachfolgenden Ausdrücke zu beurtheilen, bedient man sich der Formeln I. 247—248 für $J_\nu(\varkappa)$ und $K_\nu(\varkappa)$.

Erster Fall: Die Axe des Cylinders erstreckt sich von $-\infty$ bis ∞.

Berücksichtigt man, dass das Körperelement dt durch $s\partial s\partial\omega\partial a$ ausgedrückt wird, so findet man, wenn $r > \mathfrak{r}$, also O ein äusserer Punkt ist, aus (17)

$$V_a = \frac{4}{\pi}\int_{-\infty}^{\infty}\partial a\int_0^{\mathfrak{r}} s\partial s\int_0^{2} k\,\partial\omega \times$$

$$\sum_0^{\infty}{}'\cos\nu(\psi-\omega)\int_0^{\infty} J_\nu(i\lambda s)K_\nu(i\lambda\mathfrak{r})\cos\lambda(x-a)\partial\lambda.$$

Man entwickele k im Punkte (a, s, ω) in eine trigonometrische Reihe

$$(19)\;\ldots\quad k = \sum_0^{\infty}{}'\cos\nu\omega\,.\,C_\nu(a, s) + \sin\nu\omega\,.\,\mathfrak{C}_\nu(a, s),$$

wo C und $\mathfrak{C}$ mit k zugleich bekannte Functionen von a und s bezeichnen. Setzt man diesen Ausdruck in die Gleichung für V_a ein, so zerfällt V_a in die Summe zweier Potentiale; es ist nämlich

$$(20)\ \dots\quad V_a = U_a + \mathfrak{U}_a, \qquad (r > \mathfrak{r}),$$

$$U_a = 4\sum_{}^{\infty}{}'\cos\nu\psi\int_{-\infty}^{\infty}\partial a\int_0^{\infty}\cos\lambda a\cos\lambda x\, W\,\partial\lambda,$$

$$W = K_\nu(i\lambda r)\int_0^{\mathfrak{r}} J_\nu(i\lambda s)C_\nu(a,s)s\,\partial s,$$

wenn $\mathfrak{U}$ einen Ausdruck bedeutet, der aus U durch Vertauschung der Cosinus mit Sinus und der gleichzeitigen von C mit $\mathfrak{C}$ entsteht. Einer ähnlichen abkürzenden Bezeichnung bedienen wir uns im Folgenden.

Man übersieht leicht, welche Abänderungen diese Formeln erleiden, wenn O innerhalb der Masse des Cylinders liegt (O_μ). Alsdann ist

$$(20, a)\ \dots\quad V_\mu = U_\mu + \mathfrak{U}_\mu, \qquad (r < \mathfrak{r}),$$

wenn U_μ ebenso aus W gebildet wird wie oben, man aber setzt

$$W = K_\nu(\lambda ri)\int_0^{r} J_\nu(i\lambda s)C_\nu(a,s)s\,\partial s + J_\nu(\lambda ri)\int_r^{\mathfrak{r}} K_\nu(i\lambda s)C_\nu(a,s)s\,\partial s,$$

und $\mathfrak{U}$ wie oben aus U entsteht.

Zweiter Fall: Der Cylinder wird durch die beiden Ebenen $x = h$ und $x = -h$ begrenzt.

Nimmt man in der Gleichung für U das Integral nach a von $-h$ bis h, statt von $-\infty$ bis ∞, so geben die beiden Formeln (20) das Potential für den vorliegenden Fall, nämlich die rechte Seite von (20) selbst giebt V_a so lange $r > \mathfrak{r}$ ist, und die von (20, a) giebt V_a, so lange zwar $r < \mathfrak{r}$ aber x absolut grösser als h ist. Wird $r < \mathfrak{r}$ und $-h < x < h$, so liegt der Punkt im Cylinder, und dann giebt die letztgedachte Formel das Potential V_μ, wenn auch hier nach a von $-h$ bis h statt von $-\infty$ bis ∞ integrirt wird.

Eine andere Form für das Potential erhält man durch Anwendung von (18). Verfährt man wie im ersten Falle und setzt, wenn $\pm x$ positiv und $> h$ ist,

$$W = e^{\mp\lambda x}\int_{-h}^{h} e^{\pm\lambda a}C_\nu(a,s)\partial a,$$

wenn aber $-h < x < h$ ist,

$$W = e^{-\lambda x}\int_{-h}^{x} e^{\lambda a}C_\nu(a,s)\partial a + e^{\lambda x}\int_x^{h} e^{-\lambda a}C_\nu(a,s)\partial a,$$

macht man ferner

$$U = 2\pi \sum_{0}^{\infty}{}' \cos\nu\psi \int_0^{\mathfrak{r}} s\partial s \int_0^{\infty} J_\nu(\lambda r) J_\nu(\lambda s) W \partial\lambda,$$

und wiederum

$$V = U + \mathfrak{U},$$

so wird V das Potential im äusseren Punkte O_a erstens immer, wenn $\pm x > h$, zweitens, wenn zwar $-h < x < h$, aber zugleich $r > \mathfrak{r}$ ist. Hat man $-h < x < h$ und zugleich $r < \mathfrak{r}$, so geht V in V_μ über.

Dritter Fall. Die Axe des Cylinders erstreckt sich von $x = 0$ bis ∞.

Hat der Punkt O eine positive Coordinate x, so kann man sich der Formeln des ersten Falles bedienen um V_a und V_μ zu finden, hat in denselben nach a nur von 0, statt von $-\infty$ an, bis ∞ zu integriren. Ist aber x negativ, in welchem Falle O immer ein äusserer Punkt wird, so liefern die Formeln, welche für den zweiten Fall, am Schlusse, angegeben wurden, das Potential V_a, nämlich

$$V_a = U_a + \mathfrak{U}_a, \qquad (x < 0);$$

$$U_a = 2\pi \sum{}' \cos\nu\psi \int_0^{\mathfrak{r}} s\partial s \int_0^{\infty} J_\nu(\lambda r) J_\nu(\lambda s) e^{\lambda x} \partial\lambda \int_0^{\infty} e^{-\lambda a} C_\nu(a, s) \partial a.$$

§ 52. **Beispiel.** Wir wenden die im vorigen Paragraphen gewonnenen Ausdrücke auf den Fall an, dass die Dichtigkeit k der Masse constant, gleich 1 ist. Ein endliches Potential kann man in diesem Falle nicht erhalten, wenn die Axe des Cylinders unendlich ist, sondern nur im zweiten Falle, nämlich für einen Cylinder von der endlichen Höhe $2h$.

Es liege ein Cylinder vor, dessen Directrix eine beliebig gegebene in der Ebene YZ oder BC liegende Curve ist, dessen Erzeugende sich parallel der Axe X bewegt, der durch die Ebenen $x = h$ und $x = -h$ begrenzt wird. Die Masse, die ihn erfüllt, sei von der Dichtigkeit k, und k eine Function von b und c, aber nicht von a. Alsdann ist das Potential in einem Punkte y, z der Ebene der YZ, also z. B. im Punkte $[0, y, z]$

$$V = 2\iint k \log(h + \sqrt{h^2 + (b-y)^2 + (c-z)^2})\, do$$
$$-2\iint k \log\sqrt{(b-y)^2 + (c-z)^2}\, do,$$

wenn do das Element der Ebene YZ bezeichnet. Für ein unendliches h hat man daher

$$V - 2\log h . \iint k\, do = -2\iint k \log\sqrt{(b-y)^2 + (c-z)^2}\, do.$$

Diese Grenzbetrachtung ist der Ursprung für die Einführung des logarithmischen Potentials — denn so nennt man die rechte Seite der vorstehenden Gleichung nach Fortlassung des Factors 2 — geworden. Sucht man nämlich die Componenten der Anziehung, Ξ, H, Z eines solchen unendlichen Cylinders auf, so ist die erste (offenbar) Null, die zweite

$$2\iint \frac{k(b-y)do}{\sqrt{(b-y)^2+(c-z)^2}},$$

und ähnlich die dritte. Man erhält dieselben also durch Differentiation des doppelten logarithmischen Potentials nach x, y und z.

Da $k=1$, so sind nach (19) alle C und $\mathfrak{C}$ Null, ausser C_0, welches wir gleich 2 zu setzen haben. Nimmt man, um die doppelten Vorzeichen aus den Formeln zu entfernen, x positiv, und ist **erstens** $x > h$, so wird

$$V = 2\pi \int_0^\infty J(\lambda r) e^{-\lambda x}(e^{\lambda h} - e^{-\lambda h}) \frac{\partial \lambda}{\lambda} \int_0^{\mathfrak{r}} J(\lambda s) s\, \partial s.$$

Wegen der Differentialgleichung I. 189 für die J ist das letzte Integral nach s, unbestimmt genommen,

$$= -\frac{s}{\lambda^2}\frac{\partial J(\lambda s)}{\partial s}.$$

Nach I. 243 wird also

$$V = 2\mathfrak{r}\pi \int_0^\infty e^{-\lambda x}(e^{\lambda h} - e^{-\lambda h}) J(\lambda r) J_1(\lambda \mathfrak{r}) \frac{d\lambda}{\lambda^2}, \qquad (x > h),$$

und zwar ist dies Potential selbstverständlich V_a; wenn aber **zweitens** O so liegt, dass $-h < x < h$ ist, der Punkt mag ein äusserer oder innerer sein, so findet man

$$V = 2\mathfrak{r}\pi \int_0^\infty [2 - e^{-\lambda h}(e^{\lambda x} + e^{-\lambda x})] J(\lambda r) J_1(\lambda \mathfrak{r}) \frac{d\lambda}{\lambda^2}.$$

Man bemerkt, dass ΔV für diesen Werth von V Null oder -4π ist, je nachdem O der Masse nicht angehört oder ihr angehört, d. i. je nachdem $r > \mathfrak{r}$ oder $r < \mathfrak{r}$. In der That verwandelt man nach I. 340, wenn man die Differentialgleichung der J benutzt, ΔV in

$$-4\mathfrak{r}\pi \int_0^\infty J(\lambda r) J_1(\lambda \mathfrak{r}) d\lambda.$$

Dies Integral ist aber, wie Herr Weber (Koenigsberg) bemerkt hat*), gleich 0, wenn $r > \mathfrak{r}$, gleich -4π, wenn $r < \mathfrak{r}$, endlich -2π für $r = \mathfrak{r}$.

*) Borchardt, J. f. Math. Bd. 75, S. 80: Ueber die Bessel'schen Functionen und ihre Anwendung auf die Theorie der elektrischen Ströme.

Den Werth dieses Integrals kann man auch, ohne grosse Rechnung, aus der Formel I. 443, (74) ableiten, die dazu dient, eine Function zweier Veränderlichen $\chi(r, \psi)$ durch ein Integral auszudrücken, nämlich aus der Gleichung

$$\chi(r, \psi) = \frac{1}{2\pi} \int_0^\infty \lambda \partial\lambda \int_0^\infty s \partial s \int_0^{2\pi} \chi(s, \omega) J(\lambda \mathfrak{R}) \partial\omega.$$

In derselben setze man $\chi = 0$, wenn $r > \mathfrak{r}$, und $\chi = 1$, wenn $r < \mathfrak{r}$ ist. Die rechte Seite dieser Formel, welche durch Transformation des Fourier'schen Integrales entstanden ist, stellt selbstverständlich an den Sprungstellen von χ — es wurde dies an der so eben citirten Stelle nicht ausdrücklich erwähnt, — das arithmetische Mittel aus den Werthen der beiden Ordinaten in jedem Punkte vor. Es wird also

$$\int_0^\infty \lambda J(\lambda r) \partial\lambda \int_0^{\mathfrak{r}} J(\lambda s) s \partial s,$$

je nachdem $r > \mathfrak{r}$, $= \mathfrak{r}$, $< \mathfrak{r}$ ist, resp. 0, $\frac{1}{2}$, 1. Setzt man für das letzte Integral, das Integral nach s, seinen schon S. 179 angegebenen Werth, so geht das Doppelintegral in

$$\int_0^\infty J(\lambda r) J_1(\lambda \mathfrak{r}) \frac{d\lambda}{\lambda}$$

über, dessen Werth demnach der oben angegebene ist.

Wird h unendlich klein, so verwandelt sich der Cylinder in eine Kreisfläche, die in der Ebene YZ liegt, deren Mittelpunkt der Anfangspunkt, deren Radius $\mathfrak{r}$ ist. Die Dichtigkeit der Massenbelegung ist $2h$; dividirt man denjenigen Ausdruck dieses Paragraphen für V, welcher gilt, wenn $\pm x$ positiv und grösser als h ist, durch $2h$, und geht zur Grenze ($h = 0$) über, so findet man das Potential der Kreisfläche, welche mit Masse von der Dichtigkeit 1 belegt ist,

$$\mathrm{v} = 2\mathfrak{r}\pi \int_0^\infty e^{\mp \lambda x} J(\lambda r) J_1(\lambda \mathfrak{r}) \frac{d\lambda}{\lambda}.$$

Diesen Ausdruck hat Herr Weber in seiner oben erwähnten Abhandlung S. 88 angegeben. Er genügt offenbar der Gleichung $\Delta \mathrm{v} = 0$, und wenn man nach den Normalen, d. i. nach $\pm x$ differentiirt und dann $x = 0$ setzt, so findet man (M. vergl. S. 64, No. 3)

$$\frac{\partial v}{\partial n} + \frac{\partial v}{\partial n_1} = -4\mathfrak{r}\pi \int_0^\infty J(\lambda r) J_1(\lambda \mathfrak{r}) \partial\lambda,$$

d. i. (s. oben) Null oder -4π oder -2π, wodurch dieser Ausdruck verificirt ist.

Der Ausdruck für das Potential eines homogenen Kreises tritt gewöhnlich in einer einfacheren Form auf, nämlich als elliptisches Integral, so dass also unter dem Integralzeichen eine einfache algebraische, und nicht wie oben, eine transcendente Function vorkommt. Ich leite die Formel durch ein Verfahren ab *), welches, wie sich hier zeigen wird, noch anwendbar bleibt, wenn die Anziehung nicht nach den Quadraten der Entfernungen, sondern nach den $n+1^{\text{ten}}$ Potenzen derselben erfolgt, vorausgesetzt, dass n positiv und kleiner als 2 ist. Den besonderen Fall, dass $x = 0$ und zugleich $r < \mathfrak{r}$ ist, d. h. der Punkt O in den Kreis fällt, erledigt man, indem man ihn als Grenzfall des allgemeinen betrachten kann.

Man hat bekanntlich

$$\frac{\pi}{R^n} = 2\sin\tfrac{1}{2}n\pi \int_0^\infty \frac{\lambda^{1-n} d\lambda}{\lambda^2 + R^2};$$

wir zeigen, wie man mit Hülfe dieser Gleichung

$$v = \int_0^{\mathfrak{r}} s\,\partial s \int_0^{2\pi} \frac{\partial\omega}{R^n},$$

wenn R^2, da hier a Null wird, gleich $x^2 + \mathfrak{R}^2$ ist, in ein einfaches Integral transformirt.

Man erhält

$$\pi v = 2\sin\tfrac{1}{2}n\pi \int_0^\infty \lambda^{1-n}\partial\lambda \int_0^{\mathfrak{r}} s\,\partial s \int_0^{2\pi} \frac{\partial\omega}{\lambda^2 + x^2 + r^2 + s^2 - 2rs\cos(\psi - \omega)};$$

die beiden letzten Integrale geben

$$2\pi \int_0^{\mathfrak{r}} \frac{s\,\partial s}{\sqrt{(\lambda^2 + x^2 + r^2 + s^2)^2 - 4r^2 s^2}}.$$

Dies Integral bleibt selbst für $\lambda = 0$ endlich, da der Fall ausgeschlossen war, dass zugleich $x = 0$ und $r < \mathfrak{r}$ ist; es lässt sich bekanntlich, selbst zwischen beliebigen Grenzen, ausführen und giebt

*) Borchardt, J. f. Math. Bd. 76 S. 271—272: Ueber das Potential eines homogenen Kreises

$\pi \log(1+u)$, wenn man setzt

$$u = \frac{\mathfrak{r}^2 - r^2 - \lambda^2 - x^2 + \sqrt{(\mathfrak{r}^2 - r^2 - \lambda^2 - x^2)^2 + 4\mathfrak{r}^2(\lambda^2 + x^2)}}{2(\lambda^2 + x^2)}.$$

Daher ist u die nicht negative Wurzel der Gleichung

$$(\lambda^2 + x^2)u^2 + (\lambda^2 + x^2 + r^2 - \mathfrak{r}^2)u - \mathfrak{r}^2 = 0,$$

und man findet für v den Ausdruck

$$\mathrm{v} = 2\sin\tfrac{1}{2}n\pi \int_0^\infty \lambda^{1-n} \log(1+u)\,d\lambda.$$

Man integrire durch Theile, und beachte, dass $\log(1+u).\lambda^{2-n}$ für $\lambda = 0$ und auch für $\lambda = \infty$ Null wird. Denn $2-n$ ist positiv und u endlich für $\lambda = 0$. Für $\lambda = \infty$ wird u unendlich klein, nämlich $\lambda^2 u = \mathfrak{r}^2$, also

$$\lambda^{2-n}\log(1+u) = u\lambda^{2-n} = \mathfrak{r}^2\lambda^{-n} = 0.$$

Man hat also

$$\mathrm{v} = -\frac{2\sin\frac{1}{2}n\pi}{2-n}\int_0^\infty \frac{\lambda^{2-n}}{1+u}\frac{\partial u}{\partial \lambda}\,\partial\lambda,$$

und drückt hier, mit Hülfe der quadratischen Gleichung zwischen u und λ, sehr bequem λ durch u, noch besser beide durch eine Veränderliche s aus, wenn $us = \mathfrak{r}^2$ gesetzt wird. Dann wird s die nicht negative Wurzel von

$$s^2 - (\lambda^2 + x^2 + r^2 - \mathfrak{r}^2)s - (\lambda^2 + x^2)\mathfrak{r}^2 = 0.$$

Diese ist im allgemeinen positiv; wenn aber der oben erwähnte Grenzfall eintritt, d. i. der angezogene Punkt in den mit Masse belegten Theil der Ebene des Kreises fällt ($x = 0$, $r < \mathfrak{r}$), so wird sie für $\lambda = 0$ gleichfalls Null.

Die vorstehende Gleichung setzt man in die Form

$$(\alpha) \ldots \quad \frac{x^2 + \lambda^2}{s} + \frac{r^2}{s + \mathfrak{r}^2} = 1,$$

die zeigt, dass s für $\lambda = \infty$ gleichfalls unendlich wird. Für $\lambda = 0$ mag s gleich σ sein, so dass man hat

$$(\beta) \ldots \quad \frac{x^2}{\sigma} + \frac{r^2}{\sigma + \mathfrak{r}^2} = 1,$$

und für σ die positive Wurzel dieser Gleichung (β) nehmen muss, aber 0, wenn der Punkt O in die Belegung des Kreises fällt. Drückt man u, und nach (α) auch λ, durch s aus, so findet man schliesslich

$$v = \frac{2\mathfrak{r}^2 \sin\frac{1}{2}n\pi}{2-n} \int_0^\infty \sqrt{1 - \frac{x^2}{s} - \frac{\mathfrak{r}^2}{\mathfrak{r}^2+s}}^{\,2-n} \frac{ds}{(\mathfrak{r}^2+s)\sqrt{s}^{-n}}.$$

Für den Fall des Newton'schen Anziehungsgesetzes hat man n gleich 1 zu setzen; die Formel giebt dann das Potential v des homogenen Kreises, der mit Masse von der Dichtigkeit 1 belegt, und dessen Radius $\mathfrak{r}$ ist, in den Punkten, deren Projection auf den Kreis von seinem Mittelpunkte die Entfernung r besitzt, und welche von der Ebene des Kreises den Abstand x haben.

Anmerkung. Man kennt auch einen einfachen Ausdruck für das Potential einer homogenen Ellipse *), mit den Halbaxen $\mathfrak{r}$ und $\mathfrak{s}$, im Punkte $[x, y, z]$, nämlich

$$v = 2\mathfrak{r}\mathfrak{s} \int_\sigma^\infty \sqrt{1 - \frac{x^2}{s} - \frac{y^2}{\mathfrak{r}^2+s} - \frac{z^2}{\mathfrak{s}^2+s}} \frac{ds}{\sqrt{s(\mathfrak{r}^2+s)(\mathfrak{s}^2+s)}},$$

wenn σ durch die Gleichung

$$\frac{x^2}{\sigma} + \frac{y^2}{\mathfrak{r}^2+\sigma} + \frac{z^2}{\mathfrak{s}^2+\sigma} = 1$$

bestimmt wird. Zur Ableitung dieser Formel genügen nicht die einfachen Mittel, welche nach dem obigen Verfahren bei dem Aufsuchen des Potentials für den Kreis ausreichten; die üblichen Methoden für die Ellipse **) vereinfachen sich auch nicht wesentlich, wenn, wie in dem Falle des Kreises, die Axen $\mathfrak{r}$ und $\mathfrak{s}$ gleich werden. Aus diesem Grunde habe ich oben den Kreis nach einer besonderen Methode behandelt. Herr Grube findet das Potential

*) Schwere, Elektricität und Magnetismus, nach den Vorlesungen von Bernhard Riemann bearbeitet von Hattendorff, Hannover 1876, § 27 u. 28, Gleich. (4).

**) M. vergl. z. B. Grube, Ueber die Anziehung eines homogenen Ellipsoides, in Borchardt's Journal Bd. 69, S. 359 – 364. Er findet das Potential mit Hülfe des Satzes, dass

$$\int_0^{2\pi} \frac{d\psi}{\sqrt{x^2 + (\mathfrak{r}\cos\psi - y)^2 + (\mathfrak{s}\sin\psi - z)^2}}$$

gleich dem Integrale

$$2\int_\sigma^\infty \frac{ds}{\sqrt{1 - \frac{x^2}{s} - \frac{y^2}{\mathfrak{r}^2+s} - \frac{z^2}{\mathfrak{s}^2+s}}\,\sqrt{s(\mathfrak{r}^2+s)(\mathfrak{s}^2+s)}}$$

ist, wenn σ, für s gesetzt, den ersten von den beiden Factoren des Nenners zu Null macht.

eines homogenen Ellipsoides, indem er dieses durch parallele Ebenen in unendlich dünne Cylinder mit elliptischer Basis zerlegt, deren Potentiale, die Potentiale von Ellipsen, die mit Masse von constanter Dichtigkeit belegt sind, er summirt. Da man das Potential des Kreises nach der im Obigen entwickelten Methode unschwer findet, so war es angezeigt, das Ellipsoid durch die Kreisschnitte zu zerlegen, den Ausdruck für das Potential des Kreisschnittes nach der obigen Methode zu finden und dieses nach der Methode des Herrn Grube zu verwenden. Herr Züge hat auf diesem Wege, den ich ihm vorschlug, die bekannte Formel für das Potential eines Ellipsoides abgeleitet. *)

§ 53. Es ist noch der Fall zu erledigen (M. vergl. S. 176)

II. Die anziehende Masse liegt ausserhalb des Cylinders. Die Coordinaten von Punkten derselben seien noch immer a, b, c oder, statt der letzteren, s und ω, die von O wieder x, y, z oder x, r, ψ. Es wird, nur der Kürze halber, allein der Fall betrachtet, dass O nicht der anziehenden Masse angehört, sondern im Cylinder selbst liegt.

Erster Fall: Die Axe des Cylinders erstreckt sich von $-\infty$ bis ∞.

Man erhält dann, entsprechend den Gleichungen (20),

$$V_\iota = U_\iota + \mathfrak{U}_\iota, \qquad (r < \mathfrak{r}),$$

wo U_ι und $\mathfrak{U}_\iota$ dieselben Ausdrücke sind wie U_a und $\mathfrak{U}_a$, wenn man den dortigen Werth von W mit dem neuen

$$W = J_\nu(\lambda r i)\int_{\mathfrak{r}}^{\infty} K_\nu(i\lambda s) C_\nu(a, s) s\, ds$$

vertauscht.

Zweiter Fall: Der Cylinder erstreckt sich auf der positiven Seite der x nicht in's Unendliche, sondern nur bis $x = h$.

Dann wird der Theil des Raumes von $x = h$ bis $x = \infty$, in welchem $r < \mathfrak{r}$ ist, welcher früher leer war, jetzt mit Masse erfüllt sein, deren Dichtigkeit k man nach (19) in eine Reihe entwickelt. Man hat dann das im ersten Falle gefundene Potential noch um das Potential dieser Masse im Punkte O zu vermehren. Bezieht

*) Ueber die Anziehung eines homogenen Ellipsoides, Inaugural-Dissertation, Halle 1875; später im 10. Bd. der math. Annalen erschienen.

sich auf dieses Potential der Index so hat man

$$V'_\iota = U'_\iota + \mathfrak{U}'_\iota,$$

wo U' eine ähnliche Gestalt annimmt wie U im zweiten Falle unter I, nämlich

$$U'_\iota = 2\pi \sum_{}^{\infty}{}' \cos\nu\psi \int_0^{\mathfrak{r}} s\partial s \int_0^{\infty} J_\nu(\lambda r) J_\nu(\lambda s) W \partial\lambda,$$

$$W = e^{\lambda x} \int_h^{\infty} e^{-\lambda a} C_\nu(a, s) \partial a.$$

Wird aber der Cylinder noch durch eine zweite Ebene $x = -h$ begrenzt, so ist der Summe $V + V'$ noch ein Potential V'' hinzuzufügen, für welches man U'' nach derselben Formel wie U' bildet, wenn man in letzterer W vertauscht mit

$$W = e^{-\lambda x} \int_{-\infty}^{-h} e^{\lambda a} C_\nu(a, s) \partial a.$$

§ 54. Ich komme nun zu den Aufgaben, die sich, wie in den früheren Kapiteln, auch hier darbieten, wenn das Potential von körperlichen Massen oder von der mit Masse belegten Begrenzung auf der Begrenzung selbst gegeben ist. Es handelt sich um eine solche Fortsetzung v dieser Function in den leeren Raum, dass v den bekannten Bedingungen der Stetigkeit und Endlichkeit, und ausserdem der Gleichung genügt $\Delta \mathrm{v} = 0$, d. i. in Cylindercoordinaten, der Gleichung (I. 340)

$$(21) \ldots \quad \frac{\partial^2 \mathrm{v}}{\partial x^2} + \frac{\partial^2 \mathrm{v}}{\partial r^2} + \frac{1}{r}\frac{\partial \mathrm{v}}{\partial r} + \frac{1}{r^2}\frac{\partial^2 \mathrm{v}}{\partial \psi^2} = 0.$$

Partikuläre Integrale derselben sind, wenn a und ω willkürliche Constante bezeichnen,

$$J_\nu(\lambda r i)\cos\lambda(x-a)\cos\nu(\psi-\omega), \quad K_\nu(\lambda r i)\cos\lambda(x-a)\cos\nu(\psi-\omega);$$
$$e^{-\lambda x} J_\nu(\lambda r)\cos\nu(\psi-\omega), \quad e^{-\lambda x} K_\nu(\lambda r)\cos\nu(\psi-\omega).$$

Wir lösen zunächst für einen unendlichen Cylinder, dessen Axe in die X-Axe fällt und sich von $x = -\infty$ bis $x = \infty$ erstreckt, die Aufgabe, das Potential v im inneren und im äusseren Raume zu finden, wenn es auf dem Mantel eine gegebene Function $F(x, \psi)$ ist.

Man entwickele $F(x, \psi)$ in eine trigonometrische Reihe

$$(22) \ldots \quad F(x, \psi) = \sum^{\infty}{}' f_\nu(x)\cos\nu\psi + \mathfrak{f}_\iota(x)\sin\nu\psi.$$

Die Lösung der Aufgabe gelingt, wenn die Functionen f und $\mathfrak{f}$ so beschaffen sind, dass sie durch das Fourier'sche Doppelintegral dargestellt werden können. Dann hat man z. B.

$$f_\nu(x) = \frac{1}{2\pi}\int_{-\infty}^{\infty}\partial\lambda\int_{-\infty}^{\infty} f_\nu(\alpha)\cos\lambda(\alpha - x)\partial\alpha.$$

Hieraus ergeben sich die Werthe von v. Setzt man, ähnlich wie im vorigen Paragraphen,

$$\mathrm{v} = U + \mathfrak{U},$$

$$U_i = \frac{1}{2\pi}\sum_0^\infty{}' \cos\nu\psi\int_{-\infty}^{\infty}\frac{J_\nu(\lambda ri)}{J_\nu(\lambda \mathfrak{r} i)}\partial\lambda\int_{-\infty}^{\infty} f_\nu(a)\cos\lambda(a-x)\partial a,$$

$$U_a = \frac{1}{2\pi}\sum_0^\infty{}' \cos\nu\psi\int_{-\infty}^{\infty}\frac{K_\nu(\lambda ri)}{K_\nu(\lambda \mathfrak{r} i)}\partial\lambda\int_{-\infty}^{\infty} f_\nu(a)\cos\lambda(a-x)\partial a,$$

und für $\mathfrak{U}$ die Werthe, welche durch Vertauschung von f mit $\mathfrak{f}$, ferner von $\cos\nu\psi$ mit $\sin\nu\psi$ entstehen, so sind v_a und v_i die gesuchten Potentiale im äusseren oder inneren Raume des Cylinders.

Dies sind im wesentlichen die Formeln, welche Herr Kirchhoff gegeben hat.*) Ich füge noch den Ausdruck für die Green'sche Function (§ 29, § 40) hinzu: Liegt der Pol, von dem die Anziehung ausgeht, ausserhalb des Cylinders und sind seine Coordinaten a, s, ω, so wird die Green'sche Function im Punkte (x, r, ψ) des äusseren Raumes

$$G = \frac{4}{\pi}\sum_0^\infty{}' \cos\nu(\psi-\omega)\int_0^\infty J_\nu(\lambda ri)K_\nu(\lambda si)\frac{K_\nu(\lambda ri)}{K_\nu(\lambda\mathfrak{r}i)}\cos\lambda(x-a)\,d\lambda.$$

Die Function $\varkappa_0$, welche nach (6) durch Multiplication mit dem Werthe des Potentials auf der Begrenzung und des Flächenelements do (hier ist $do = \mathfrak{r}\partial\psi\partial x$) und darauf folgender Integration über den Mantel des Cylinders das Potential v im Punkte (a, s, ω) erzeugt, wird

$$\varkappa_0 = \frac{1}{2\mathfrak{r}\pi^2}\sum_0^\infty{}' \cos\nu(\psi-\omega)\int_0^\infty\frac{K_\nu(\lambda si)}{K_\nu(\lambda\mathfrak{r}i)}\cos\lambda(x-a)\,d\lambda.$$

Aehnlich verhält es sich mit den Formeln, die sich auf einen im Innern des Cylinders gelegenen Punkt (a, s, ω) beziehen.

Anmerkung. In dem Falle, dass die Function $F(x, \psi)$ von x unabhängig ist, wird auch v von x unabhängig und daher ver-

*) Crelle, Journal f. M., Bd. 48, S. 348—376: Ueber den inducirten Magnetismus eines unbegrenzten Cylinders von weichem Eisen.

wandelt sich (21) in die Gleichung

$$\frac{\partial^2 v}{\partial r^2} + \frac{1}{r}\frac{\partial v}{\partial r} + \frac{1}{r^2}\frac{\partial^2 v}{\partial \psi^2} = 0.$$

Diese hat statt der oben angegebenen partikulären Lösungen, welche die Cylinderfunctionen von r enthielten, solche von der Form

$$r^\nu \cos\nu\psi, \quad r^{-\nu}\cos\nu\psi, \quad r^\nu \sin\nu\psi, \quad r^{-\nu}\sin\nu\psi,$$

und ausserdem die Lösung $\log r$. Soll v für $r = \mathfrak{r}$ sich in eine gegebene Function $f(\psi)$ verwandeln, die wir uns durch die Fourier'sche Reihe

$$\sum_{\nu=0}^{\infty} a_\nu \cos\nu\psi + \mathfrak{a}_\nu \sin\nu\psi$$

gegeben denken, so ist der Werth v_a der von $r = \mathfrak{r}$ bis ∞, resp. v_i der von $r = 0$ bis $\mathfrak{r}$ endlich bleiben soll

$$v_a = \sum_{\nu=0}^{\infty} (a_\nu \cos\nu\psi + \mathfrak{a}_\nu \sin\nu\psi)\left(\frac{\mathfrak{r}}{r}\right)^\nu,$$

$$v_i = \sum_{\nu=0}^{\infty} (a_\nu \cos\nu\psi + \mathfrak{a}_\nu \sin\nu\psi)\left(\frac{r}{\mathfrak{r}}\right)^\nu.$$

Drückt man die a und $\mathfrak{a}$ als Integrale durch die gegebene Function aus, in welche sich v für $r = \mathfrak{r}$ verwandeln soll, so lassen sich bekanntlich die Ausdrücke mit Hülfe der Summenformel für die geometrische Reihe summiren und geben

$$v = \pm \frac{r^2 - \mathfrak{r}^2}{2\pi} \int_{-\pi}^{\pi} \frac{f(\omega)\,d\omega}{r^2 - 2r\mathfrak{r}\cos(\psi - \omega) + \mathfrak{r}^2},$$

wo das Vorzeichen + oder − ist, je nachdem $r > \mathfrak{r}$ oder $r < \mathfrak{r}$.

Denkt man sich aber die Function v an zwei Flächen $r = \mathfrak{r}_0$ und $r = \mathfrak{r}_1$ gegeben ($\mathfrak{r}_0 > \mathfrak{r}_1$) durch $f^0(\psi)$ und $f'(\psi)$, die in Fourier'sche Reihen mit den Coefficienten a^0 und $\mathfrak{a}^0$, resp. a' und $\mathfrak{a}'$ entwickelt sind, so findet man, wie früher in dem ähnlichen Falle bei der Kugel, auch die den Bedingungen entsprechende Function v, welche von $r = \mathfrak{r}_1$ bis $\mathfrak{r}_0$ endlich bleibt. Um sie bequemer darzustellen, setzen wir

$$\log r = \sigma, \quad \log \mathfrak{r}_0 = \sigma_0, \quad \log \mathfrak{r}_1 = \sigma_1,$$

und finden

$$v = \frac{a_0^0 \sigma_1 + (a_0' - a_0^0)\sigma - a_0' \sigma_0}{\sigma_1 - \sigma_0}$$

$$+ \sum_{\nu=1}^{\infty} \frac{a_\nu^0 \sin i\nu(\sigma - \sigma_1) + a_\nu' \sin i\nu(\sigma_0 - \sigma)}{\sin i\nu(\sigma_0 - \sigma_1)} \cos\nu\psi + \mathfrak{w}_\nu,$$

wo $\mathfrak{w}_\nu$ aus dem ersten Gliede unter dem Summenzeichen durch Vertauschung von a mit $\mathfrak{a}$ und von $\cos\nu\psi$ mit $\sin\nu\psi$ entsteht.

Nachdem man die a und $\mathfrak{a}$, wie oben, vermittelst des bekannten Integrales durch f ausgedrückt hat, kann man die unendlichen Reihen durch elliptische Functionen (M. vergl. Jacobi, Fundamenta § 51, S. 143) summiren, wie es bei dem entsprechenden Probleme der Kugelschale geschah.

In dem vorliegenden Falle erzeugt man zwar noch immer die Anziehungscomponenten durch Differentiation von v nach x, y, z; man darf aber nicht übersehen, dass v hier nicht das Potential des Cylinders im eigentlichen Sinne ist, sondern jener Grenzfall, über welchen im § 52 gehandelt wurde, das logarithmische Potential. Für dasselbe existirt, wie bekannt, auch leicht durch Betrachtungen nachzuweisen ist, welche den unserigen analog sind, eine Function, welche die Green'sche vertritt, die nämlich der Differentialgleichung des Problems, den Bedingungen der Endlichkeit und Stetigkeit genügt und sich, wenn der unbestimmte Punkt (hier (r, ψ)) auf die Begrenzung rückt (hier $r = \mathfrak{r}_0$ oder $\mathfrak{r}_1$ wird) in den Logarithmus seiner Entfernung von einem gegebenen Punkte mit den Coordinaten s und ω (eines Poles, wie wir uns ausdrücken können), welcher mit ihm dieselbe x-Coordinate hat, verwandelt, d. h. resp. in

$$\log\sqrt{\mathfrak{r}_0^2 - 2\mathfrak{r}_0 s\cos(\psi-\omega) + \mathfrak{r}_0^2}, \quad \log\sqrt{\mathfrak{r}_1^2 - 2\mathfrak{r}_1 s\cos(\psi-\omega) + \mathfrak{r}_1^2}.$$

In diesem besonderen Falle vereinfacht sich das Resultat dadurch, dass die a und $\mathfrak{a}$ einfache Werthe erhalten, welche keine Integration erfordern; denn man hat für die beiden vorstehenden Logarithmen, wenn man $\log s = \tau$ setzt, die convergenten Reihen, resp.

$$\sigma_0 - \sum_{\nu=1}^{\infty} e^{\nu(\tau-\sigma_0)} \frac{\cos\nu(\psi-\omega)}{\nu}, \quad \tau - \sum_{\nu=1}^{\infty} e^{\nu(\sigma_1-\tau)} \frac{\cos\nu(\psi-\omega)}{\nu}.$$

Die Function, welche der Green'schen entspricht, ist demnach für den Pol mit den Coordinaten (s, ω), wenn

$$\log s = \tau, \quad \log r = \sigma, \quad \log \mathfrak{r}_0 = \sigma_0, \quad \log \mathfrak{r}_1 = \sigma_1,$$
$$\mathfrak{r}_1 < r < \mathfrak{r}_0, \quad \mathfrak{r}_1 < s < \mathfrak{r}_0$$

gesetzt wird:

$$\mathrm{v} = \frac{\sigma_0(\sigma_1-\tau) + (\tau-\sigma_0)\sigma}{\sigma_1-\sigma_0}$$
$$+ \sum_{\nu=1}^{\infty} \frac{\cos\nu(\psi-\omega)}{\nu}\left[e^{\nu(\tau-\sigma_0)} \frac{\sin i\nu(\sigma-\sigma_1)}{\sin i\nu(\sigma_0-\sigma_1)} + e^{\nu(\sigma_1-\tau)} \frac{\sin i\nu(\sigma_0-\sigma)}{\sin i\nu(\sigma_0-\sigma_1)}\right].$$

Die Reihe führt, mit Hülfe der Formeln Fundamenta § 51, S. 144 auf die elliptischen Functionen der drei Gattungen und die Reihe

$$\sum_{\nu=0}^{\infty} \frac{\sin \nu x}{\nu \sin i\nu y}.$$

Diese Reihe führt aber nicht auf die elliptischen Integrale dritter Gattung selbst, also nicht auf den Logarithmus von den Functionen Θ, sondern derjenigen Functionen, aus denen die Θ in ähnlicher Art zusammengesetzt werden, wie der Sinus eines Bogens aus dem Produkte zweier Γ; sie stellt sich nämlich sofort als Differenz zweier Functionen $\log O(q, \xi)$ dar, wo O das I. 109, in dem Zusatz über hypergeometrische Reihen, unter (9) definirte unendliche Produkt bezeichnet.

Für die Behandlung derselben Aufgabe bei dem unendlichen Cylinder mit elliptischer Basis benutze man den Ausdruck von $\mathfrak{R}$, den man am Anfange des § 58 findet.

§ 55. Wir behandeln hier die Aufgabe des vorigen Paragraphen für einen Cylinder, dessen Axe endlich (nicht unendlich gross) ist, und betrachten zunächst zwei Grenzfälle, in denen r unendlich wird, suchen nämlich

a) das Potential v im ganzen Raum, wenn es auf einer unendlichen Ebene gegeben ist.

Wir verlangen, es solle für $x = 0$ sein $\mathrm{v} = \chi(r, \psi)$. Indem wieder $\pm x$ positiv genommen wird, stelle man aus den im § 54 aufgeführten partikulären Lösungen der zweiten Zeile zuerst eine solche

$$e^{\mp \lambda x} J(\lambda \mathfrak{R})$$

zusammen. Nach dem Additionstheorem für die Cylinderfunctionen I, (56) zerfällt dieser Ausdruck nämlich in eine Summe nach ν von Gliedern

$$e^{\mp \lambda x} J_\nu(\lambda r) \cos \nu(\psi - \omega) \times J_\nu(\lambda s),$$

in denen $J(\lambda s)$ als Constante nach x, r, ψ auftritt. Es wird daher

$$\mathrm{v} = \frac{1}{2\pi} \int_0^\infty e^{\mp \lambda x} \lambda \partial \lambda \int_0^\infty s \partial s \int_0^{2\pi} J(\lambda \sqrt{r^2 + s^2 - 2rs\cos(\psi - \omega)}) \chi(s, \omega) \partial \omega$$

ein partikuläres Integral, welches sich nach I, (74) für $x = 0$ in $\chi(r, \psi)$ verwandelt. Man hat hieraus den Satz:

Das Potential einer mit Masse belegten unendlichen Ebene $x = 0$, welches sich auf der Ebene in eine gegebene Function

$\chi(s, \omega)$ verwandelt, kann man als Anziehungscomponente in der Richtung der Axe der X darstellen, nämlich von der Belegung der Ebene mit Masse von der Dichtigkeit $-\frac{1}{2\pi}\chi(s, \omega)$.

Denn da man mit Herrn Lipschitz findet

$$\int_0^\infty e^{-\lambda x} J(\lambda \mathfrak{R}) \partial \lambda = \frac{1}{\pi}\int_0^\pi \partial \varphi \int_0^\infty e^{-\lambda(x+i\cos\varphi)} \partial \lambda = \frac{1}{\sqrt{x^2+\mathfrak{R}^2}},$$

so verwandelt sich der obige Ausdruck in

$$2\pi \mathrm{v} = -\frac{\partial}{\partial x}\int_0^\infty s \partial s \int_0^{2\pi} \chi(s, \omega) \frac{\partial \omega}{\sqrt{x^2+\mathfrak{R}^2}}.$$

Dieselbe Gleichung findet man sehr leicht durch die bekannte Methode der Spiegelung. Wir suchen die Green'sche Function für einen Pol (a, s, ω) im Punkte $O = (x, r, \theta)$. Es sei a, also auch x positiv. Der Punkt $(-a, s, \omega)$, das Spiegelbild von (a, s, ω), wenn man sich die unendliche Ebene spiegelnd denkt, ist von einem Punkte O auf der unendlichen Ebene ebenso weit entfernt wie (a, s, ω). Daher ist die Green'sche Function

$$G = \frac{1}{\sqrt{(x+a)^2+\mathfrak{R}^2}}.$$

Um die Gleichung (6) des § 29 anwenden zu können, beachte man, dass man hat

$$T = \frac{1}{\sqrt{(x-a)^2+\mathfrak{R}^2}},$$

dass auf der Ebene x Null und dass die Richtung von n_1 mit der Richtung der positiven x übereinstimmt. Daher ist

$$\varkappa_0 = \frac{1}{2\pi} \frac{a}{\sqrt{a^2+\mathfrak{R}^2}^3}.$$

Beachtet man, dass für do zu setzen ist $r \partial r \partial \omega$, so erhält man demnach aus (6) für v das Potential im Punkte (a, s, ω)

$$\mathrm{v} = \frac{a}{2\pi}\int_0^\infty r \partial r \int_0^{2\pi} \frac{\chi(r, \psi)}{\sqrt{a^2+\mathfrak{R}^2}^3};$$

diese Gleichung stimmt mit der obigen für v überein, wenn man nur r und ψ mit s und η vertauscht.

Dieselbe Methode liesse sich auch auf die Bestimmung des Potentials in dem folgenden Falle b) anwenden; es bedarf dazu einer unendlichen Reihe von Spiegelungen gegen die beiden dort vorkommenden Ebenen.

b) Das Potential sei auf zwei parallelen unendlichen Ebenen gegeben, und zwar sei $\mathrm{v} = \zeta(r, \psi)$ für $x = h$ und $\mathrm{v} = \eta(r, \psi)$ für $x = -h$.

Aus denselben Lösungen wie im ersten Falle setze man die Lösung

$$2\pi \mathrm{v} = \int_0^\infty s\partial s \int_0^{2\pi} \eta(s, \omega)\partial\omega \int_0^\infty \frac{\sin i\lambda(h - x)}{\sin 2i\lambda h} J(\lambda\mathfrak{R})\lambda\partial\lambda$$

$$+ \int_0^\infty s\partial s \int_0^{2\pi} \zeta(s, \omega)\partial\omega \int_0^\infty \frac{\sin i\lambda(h + x)}{\sin 2i\lambda h} J(\lambda\mathfrak{R})\lambda\partial\lambda$$

zusammen, die in dem Raume von $x = -h$ bis $x = h$ allen Bedingungen genügt. Die Fortsetzungen von $x = h$ bis $x = \infty$ und von $x = -h$ bis $x = -\infty$ findet man aus der Formel für v unter *a*) durch eine Coordinatentransformation, indem man im ersten Falle in derselben den Exponenten $\mp\lambda x$ von e mit $-\lambda(x-h)$, im zweiten mit $\lambda(h+x)$ vertauscht.

Für die Dichtigkeit $\varkappa_0$, welche in (6) auftritt und sich zunächst auf die Green'sche Function bezieht, in den beiden Ebenen $x = \pm h$ findet man aus der vorstehenden Formel für v nach der Methode von S. 91

$$\frac{1}{2\pi} \int_0^\infty \frac{\sin i\lambda(h \pm x)}{\sin 2i\lambda h} J(\lambda\mathfrak{R})\lambda d\lambda.$$

§ 56. Die Axe des Cylinders sei, wie im Falle *b*), gleich $2h$, der Radius $\mathfrak{r}$ der Directrix aber endlich. Wir suchen das Potential v in dem vom Cylinder eingeschlossenen hohlen Raume ($0 < r < \mathfrak{r}$; $-h < x < h$) auf, wenn der Werth von v auf dem Mantel und den beiden begrenzenden Kreisen vorgeschrieben ist, nämlich

$$\begin{aligned} \mathrm{v} &= \zeta(r, \psi) \quad \text{für} \quad x = h, \\ \mathrm{v} &= \eta(r, \psi) \quad \text{"} \quad x = -h, \\ \mathrm{v} &= F(x, \psi) \quad \text{"} \quad r = \mathfrak{r}. \end{aligned}$$

Damit die Punkte, welche auf der Peripherie eines Kreises liegen, sowohl dem Mantel als der Ebene angehören können, müssen diese Functionen so beschaffen sein, dass man hat

$$F(h, \psi) = \zeta(\mathfrak{r}, \psi), \quad F(-h, \psi) = \eta(\mathfrak{r}, \psi).$$

Herr H. Weber hat in seiner erwähnten Arbeit in Borchardt's Journal Bd. 75, S. 87 den Ausdruck für das Potential eines Kreises mit dem Radius

$\mathfrak{r}$ gefunden, welches sich auf dem Kreise selbst (für $x = 0$) in 1 verwandelt. Er erhält, wenn wieder $\pm x$ eine positive Zahl bedeutet,

$$\mathrm{v} = \frac{2}{\pi}\int_0^\infty e^{\mp\lambda x}\sin\lambda\mathfrak{r}\, J(\lambda r)\frac{\partial\lambda}{\lambda}\,.$$

Es ist klar, dass dies in der That der Ausdruck für das Potential ist; denn erstens genügt diese Function der Gleichung $\Delta\mathrm{v} = 0$. Ferner, für $x = 0$ verwandelt sie sich (I. 184) in

$$\frac{2}{\pi}\int_0^\infty \sin\lambda\mathfrak{r}\, J(\lambda r)\frac{\partial\lambda}{\lambda} = \frac{4}{\pi^2}\int_0^{\frac{1}{2}\pi}\partial\varphi\int_0^\infty \cos(\lambda r\cos\varphi)\sin\lambda\mathfrak{r}\,\frac{\partial\lambda}{\lambda}\,.$$

Bekanntlich wird das innere Integral, nach λ, gleich $\frac{1}{2}\pi$, $\frac{1}{4}\pi$ oder 0, je nachdem $r\cos\varphi$ kleiner, gleich oder grösser ist als $\mathfrak{r}$. Daher wird v in der That auf der Ebene des Kreises, wo $r < \mathfrak{r}$ ist, gleich 1, auf der Peripherie desselben gleich $\frac{1}{2}$.

Die Dichtigkeit der Masse, mit welcher der Kreis belegt werden muss, um dies Potential zu geben, ist nach Herrn Clausius *)

$$\varkappa = \frac{1}{\pi^2}\cdot\frac{1}{\sqrt{\mathfrak{r}^2 - r^2}}\,.$$

Da nämlich die Normalen auf den Kreis die Richtung der positiven und negativen x haben, so ist (m. vergl. S. 91) für $x = 0$

$$4\pi\varkappa = -2\frac{\partial\mathrm{v}}{\partial x} = \frac{4}{\pi}\int_0^\infty \sin\lambda\mathfrak{r}\, J(\lambda r)\partial\lambda.$$

Setzt man für $J(\lambda r)$ seinen Werth aus I, (30, f), so wird erhalten

$$\varkappa = \frac{2}{\pi^3}\int_0^\infty \sin\lambda\mathfrak{r}\,\partial\lambda\int_1^\infty \sin(r\beta\lambda)\frac{\partial\beta}{\sqrt{\beta^2 - 1}}\,.$$

Nach dem Fourier'schen Lehrsatz ist die rechte Seite gleich 0, wenn $r > \mathfrak{r}$, und gleich dem oben angegebenen Werth, wenn $r < \mathfrak{r}$ genommen wird. An der Grenze $r = \mathfrak{r}$ wird der Ausdruck von $\varkappa$ unendlich. Denn er wird gleich der Grenze von

$$\frac{4}{\pi}\int_0^\infty e^{-\lambda x}\sin\lambda\mathfrak{r}\, J(\lambda\mathfrak{r})d\lambda$$

für ein unendlich kleines positives x. Man kann, ähnlich wie I, § 61, S. 242 auch dies Integral ausführen und dann x abnehmen lassen. Man findet dann, dass der Ausdruck zu ∞ wächst.

Erste Methode. Das gesuchte Potential zerfälle man in die Summe von zweien, indem man setzt $\mathrm{v} = \mathrm{v}_1 + \mathrm{v}_2$. Man bestimmt v_2 so dass es den ersten beiden von den obigen drei Bedingungen für v genügt; dies leistet z. B. der Ausdruck v' im § 55 unter b), wenn man dort nach s, statt bis ∞, nur bis $\mathfrak{r}$ integrirt. Wir

---

*) Ueber die Anordnung der Elektricität etc. Poggendorff's Annalen, Bd. 86.

setzen deshalb

$$2\pi \mathfrak{v}_2 = \int_0^{\mathfrak{r}} s\partial s \int_0^{2\pi} \partial\omega \int_0^{\infty} [\eta(s,\omega)\sin i\lambda(h-x)$$
$$+\zeta(s,\omega)\sin i\lambda(h+x)] \frac{J(\lambda\mathfrak{R})}{\sin 2i\lambda h} \lambda\partial\lambda.$$

Wenn man bei der Prüfung $x = h$ oder $x = -h$ setzt, so darf man nicht übersehen, dass man dann die Grenze des fertigen dreifachen Integrals für $x = h$ oder $x = -h$ zu nehmen hat; würde man in dem Ausdruck, welcher dreimal zu integriren ist, x diese Werthe geben und erst dann integriren, so würde als Werth des Integrals zwar $2\pi\zeta(r, \psi)$ resp. $2\pi\eta(r, \psi)$ erhalten wenn $r < \mathfrak{r}$, aber nur die Hälfte wenn $r = \mathfrak{r}$ gesetzt wird, weil man den Werth 0 findet, sobald $r > \mathfrak{r}$ ist. M. vergl. S. 180.

Die Function $\mathfrak{v}_2$ verwandelt sich für $r = \mathfrak{r}$ in eine Function von x und ψ, die wir mit $\Phi(x, \psi)$ bezeichnen wollen. Diese Function Φ ist daher als bekannt anzusehen.

Hiernach bleibt noch übrig, die Function $\mathfrak{v}_1$ so zu bestimmen, dass sie im Cylinder die Eigenschaften eines Flächenpotentials besitzt, sich für $r = \mathfrak{r}$ in eine gegebene Function von x und ψ, nämlich in $F(x,\psi) - \Phi(x,\psi)$, endlich für $x = h$ und $x = -h$ in 0 verwandelt.

Man entwickele dazu $F - \Phi$, wie es in (22) mit F geschah, in eine trigonometrische Reihe

$$F(x,\psi) - \Phi(x,\psi) = \sum^{\infty}{}' f_\nu(x)\cos\nu\psi + \mathfrak{f}_\nu(x)\sin\nu\psi;$$

jede von diesen Functionen f und $\mathfrak{f}$, die für $x = -h$ und $x = h$ verschwinden, entwickele man in eine Sinusreihe, setze nämlich

$$f_\nu(x) = \sum_{\mu=1}^{\infty} c_{\mu\nu} \sin\frac{\mu(x+h)\pi}{2h}, \quad \mathfrak{f}_\nu(x) = \sum_{\mu=1}^{\infty} \mathfrak{c}_{\mu\nu} \sin\frac{\mu(x+h)\pi}{2h}.$$

Die gesuchte Function $\mathfrak{v}_1$ wird dann durch die Gleichung gegeben

$$\mathfrak{v}_1 = \sum_{\mu=1}^{\infty} \sin(x+h)\varkappa\mu\pi \sum^{\infty}{}' \frac{J_\nu(i\varkappa\mu\pi r)}{J_\nu(i\varkappa\mu\pi\mathfrak{r})}(c_{\mu\nu}\cos\nu\psi + \mathfrak{c}_{\mu\nu}\sin\nu\psi),$$

in welcher $\varkappa$, des bequemeren Druckes wegen, für $\frac{1}{2h}$ gesetzt ist.

Zweite Methode. Die Ausführung des obigen Verfahrens für bestimmte Functionen ζ und η verursacht dadurch Schwierigkeiten, dass in der Regel die Function Φ und damit $\mathfrak{v}_1$ ziemlich complicirt wird. Man kann aber ein Potential u_2 so bestimmen, dass es, wie oben $\mathfrak{v}_2$, sich für $x = h$ und $x = -h$ in die Functionen ζ und η verwandelt, dass es aber noch ausserdem für $r = \mathfrak{r}$ in 0, nicht wie oben in $\Phi(x, y)$ übergeht. Setzt man nun $\mathfrak{v} = u_1 + u_2$, so hat man u_1 so zu bestimmen, dass dies Potential sich für $r = \mathfrak{r}$ in die gegebene Function $F(x, \psi)$ verwandelt. Man findet also für u_1 denselben Ausdruck wie oben für $\mathfrak{v}_1$ mit dem einzigen Unterschiede, dass die c und $\mathfrak{c}$ sich nicht auf die Entwickelung von $F - \Phi$, sondern auf die unmittelbar gegebene Function F selbst beziehen.

Sonach ist nur noch statt der früheren Function $\mathfrak{v}_2$ eine neue u_2 zu bestimmen, die sich für $x = h$ in $\zeta(r, \psi)$, für $x = -h$ in $\eta(r, \psi)$, für $r = \mathfrak{r}$ in 0 verwandelt. Wir setzen sie aus partikulären Integralen

$$J_\nu(\lambda r) \sin i\lambda(x \pm h) \cos \nu(\psi - \omega)$$

zusammen, indem wir λ die positiven Werthe ertheilen, welche Wurzeln der Gleichung $J_\nu(\lambda \mathfrak{r}) = 0$ sind. Eine Summation in Bezug auf diese Wurzeln, deren Anzahl unendlich ist und die sämmtlich reell sind, wird unten durch ein vorgesetztes $\mathfrak{S}$ bezeichnet. Wir setzen, wenn e, z, $\mathfrak{e}$, $\mathfrak{z}$ Functionen von r vorstellen,

$$\eta(r, \psi) = \sum^{\infty}{}' e_\nu(r) \cos \nu\psi + \mathfrak{e}_\nu(r) \sin \nu\psi,$$

$$\zeta(r, \psi) = \sum^{\infty}{}' z_\nu(r) \cos \nu\psi + \mathfrak{z}_\nu(r) \sin \nu\psi,$$

$$e_\nu(r) = \mathfrak{S}\, c_{\nu\lambda} J_\nu(\lambda r), \qquad \mathfrak{e}_\nu(r) = \mathfrak{S}\, \mathfrak{c}_{\nu\lambda} J_\nu(\lambda r),$$

$$z_\nu(r) = \mathfrak{S}\, b_{\nu\lambda} J_\nu(\lambda r), \qquad \mathfrak{z}_\nu(r) = \mathfrak{S}\, \mathfrak{b}_{\nu\lambda} J_\nu(\lambda r).$$

Die Constanten c, $\mathfrak{c}$, b, $\mathfrak{b}$ werden bekanntlich *) durch eine Integration aus den Functionen e, $\mathfrak{e}$, z, $\mathfrak{z}$ gefunden; es ist nämlich

$$c_{\nu\lambda} = \frac{2}{[\mathfrak{r} J_{\nu+1}(\lambda \mathfrak{r})]^2} \int_0^{\mathfrak{r}} e_\nu(r) J_\nu(\lambda r) r\, \partial r.$$

Als die gesuchte Function, die allen Bedingungen genügt, findet man hieraus

$$u_2 = H + Z,$$

wenn gesetzt wird

$$H = \sum^{\infty}{}' \mathfrak{S} \frac{\sin \lambda i(h - x)}{\sin 2\lambda hi} J_\nu(\lambda r)(c_{\nu\lambda} \cos \nu\psi + \mathfrak{c}_{\nu\lambda} \sin \nu\psi),$$

und Z aus H durch Vertauschung von x mit $-x$ und von c und

---

*) S. den Zusatz zu diesem Kapitel.

$\mathfrak{c}$ mit b und $\mathfrak{b}$ entsteht. Das Summationszeichen $\mathfrak{S}$ bezieht sich, gemäss der Erklärung, für verschiedene Werthe von ν auch auf verschiedene Wurzeln λ.

Würde man u_2 nicht die Bedingung auferlegt haben, sich selbst für $r = \mathfrak{r}$ in 0 zu verwandeln, sondern, wie bei manchen Aufgaben der Wärmetheorie gefordert wird, statt dessen der Gleichung zu genügen

$$\frac{\partial u_2}{\partial r} + h u_2 = 0 \quad \text{für} \quad r = \mathfrak{r},$$

wo h eine gewisse von Fourier eingeführte Constante vorstellt, so würde die Methode nicht wesentlich zu modificiren sein, und das Resultat dieselbe Form behalten. Wie man oben die Wurzeln λ der Gleichung $J(\lambda\mathfrak{r}) = 0$ benutzte, so handelt es sich hier um die Wurzeln der Gleichung (M. vergl. § 82.)

$$\lambda J_{\nu+1}(\lambda\mathfrak{r}) - \left(h + \frac{\nu}{\mathfrak{r}}\right) J_\nu(\lambda\mathfrak{r}) = 0.$$

Entwickelt man eine Function von r, wie die obige $e_\nu(r)$ in eine Reihe

$$\mathfrak{S}\, c_{\nu\lambda} J_\nu(\lambda r),$$

wo sich die Summation auf jene Wurzeln λ bezieht, so erhält man

$$c_{\nu\lambda} = 2\left(\frac{\lambda}{J_\nu(\lambda\mathfrak{r})}\right)^2 \cdot \frac{1}{(\lambda^2 + h^2)\mathfrak{r}^2 - \nu^2} \int_0^{\mathfrak{r}} c_\nu(r) J_\nu(\lambda r) r\, dr.$$

§ 57. Auch den dritten Fall der Aufgabe aus § 54 ziehen wir in unsere Betrachtung, in welchem nämlich der Cylinder sich aus dem Endlichen in's Unendliche, d. i. in welchem die Axe des Cylinders sich von $x = 0$ bis $x = \infty$ erstreckt, und das Potential in dem inneren Raume, d. i. für alle positiven x, während $r < \mathfrak{r}$ ist, gefunden werden soll, wenn man sich v für $r = \mathfrak{r}$ gegeben denkt. Der gegebene Werth von v an der Begrenzung sei

$$\begin{aligned} v &= \eta(r, \psi) \quad \text{für} \quad x = 0, \\ v &= F(x, \psi) \quad\ \ \text{,,} \quad\ r = \mathfrak{r}, \end{aligned}$$

während man ausserdem setzen muss $v = 0$ für $x = \infty$.

Man zerlege wiederum v in die Summe $v = v_1 + v_2$. Nach Analogie des Verfahrens bei der ersten Methode im § 56 setze man für v_2 einen Ausdruck ähnlich dem unter *a*) im § 55, nämlich

$$2\pi \mathrm{v}_2 = \int_0^{\mathfrak{r}} s\partial s \int_0^{2\pi} \eta(s,\omega)\partial\omega \int_0^{\infty} e^{-\lambda x} J(\lambda \Re)\lambda\partial\lambda,$$

der im Innern des Cylinders die Eigenschaften eines Flächenpotentials besitzt und für $x = 0$ in $\eta(r, \psi)$ übergeht. Die Function, in welche er sich für $r = \mathfrak{r}$ verwandelt, heisse $\Phi(x, \psi)$.

Entwickelt man ferner nicht $F(x, \psi)$, sondern die Differenz $F - \Phi$, die für $x = 0$ verschwindet, in eine trigonometrische Reihe, und setzt, ähnlich wie in (22)

$$F(x,\psi) - \Phi(x,\psi) = \sum^{\infty}{}' f_\nu(x)\cos\nu\psi + \mathfrak{f}_\nu(x)\sin\nu\psi,$$

so wird v_1 mit v auf S. 186 nahe übereinstimmen, und man erhält

$$\mathrm{v}_1 = \frac{2}{\pi}\sum^{\infty}{}' \int_0^{\infty} \sin\lambda x \frac{J_\nu(\lambda r i)}{J_\nu(\lambda \mathfrak{r} i)}\partial\lambda \int_0^{\infty} [f_\nu(a)\cos\nu\psi + \mathfrak{f}_\nu(a)\sin\nu\psi]\sin\lambda a\partial a.$$

Auch die zweite Methode des § 56 bleibt in diesem Falle anwendbar; man findet hier offenbar, wenn man setzt $\mathrm{v} = \mathrm{u}_1 + \mathrm{u}_2$,

$$\mathrm{u}_2 = \sum^{\infty}{}' \mathop{\mathrm{S}} e^{-\lambda x} J_\nu(\lambda r)(c_{\nu\lambda}\cos\nu\psi + \mathfrak{c}_{\nu\lambda}\sin\nu\psi),$$

wo die Buchstaben c und $\mathfrak{c}$ dieselbe Bedeutung haben wie auf S. 194; für u_1 hat man das obige v_1 zu nehmen, wenn man nur bei der Entwickelung in die trigonometrische Reihe Φ gleich Null setzt.

Wir wenden die vorstehenden Formeln auf den Fall an, dass das Potential des unendlichen Cylinders an der Basis $x = 0$ die Constante 1, auf dem Mantel 0 sein soll. Man geht davon aus, dass das dreifache Integral v_2 des laufenden Paragraphen sich, ähnlich wie v auf S. 190, als Anziehungscomponente einer Flächenbelegung darstellen lässt. Man findet nämlich wie dort

$$2\pi\mathrm{v}_2 = -\frac{\partial}{\partial x}\int_0^{\mathfrak{r}}\int_0^{2\pi} \frac{\eta(s,\omega)s\partial s\partial\omega}{\sqrt{x^2+\Re^2}}.$$

Die rechte Seite ist aber die negative Anziehungscomponente nach der Richtung der x des Grundkreises mit dem Radius $\mathfrak{r}$, welcher mit Masse von der Dichtigkeit $\eta(s, \omega)$ belegt ist, im Punkte (x, r, ψ). Setzt man, was in unserem Falle geschehen soll, $\eta(s, \omega) = 1$, so ist das Integral auf der rechten Seite das Potential eines homogenen Kreises; wir kennen dasselbe bereits aus S. 183 in einer einfacheren Form, und haben daher

$$\pi \mathrm{v}_2 = \mathrm{r}^2 x \int_\sigma^\infty \frac{\partial s}{(\mathrm{r}^2+s)s\sqrt{s}\sqrt{1-\frac{x^2}{s}-\frac{r^2}{\mathrm{r}^2+s}}},$$

wo σ derjenige positive Werth von s ist, welcher den Nenner des Ausdrucks unter dem Integralzeichen zu Null macht, eventuell gleich 0. Dass v_2 sich wirklich in 1 für $x=0$ verwandelt, zeigt man sogleich, wenn man $s = x^2 u$ setzt. Für $s=\sigma$ wird dann u eine Wurzel v der Gleichung

$$x^2 v^2 + (\mathrm{r}^2 - r^2 - x^2)v - \mathrm{r}^2 = 0.$$

Ferner hat man nach dieser Substitution

$$\mathrm{v}_2 = \frac{\mathrm{r}^2}{\pi}\int_v^\infty \frac{\partial u}{(\mathrm{r}^2+x^2u)u\sqrt{u}\sqrt{1-\frac{1}{u}-\frac{r^2}{\mathrm{r}^2+x^2u}}},$$

also für $x=0$

$$v = \frac{\mathrm{r}^2}{\mathrm{r}^2-r^2}, \quad \mathrm{v}_2 = \frac{\mathrm{r}}{\pi}\int_v^\infty \frac{\partial u}{u\sqrt{(\mathrm{r}^2-r^2)u-\mathrm{r}^2}},$$

d. i. $\mathrm{v}_2 = 1$.

Da nun F auf dem Mantel gleich Null gegeben ist, $\Phi(x,\psi)$ aber den Werth v_2 hat, in dem man $r=\mathrm{r}$ machen muss, so ist $F-\Phi$, die Function $-\mathrm{v}_2$, von x allein und nicht mehr von ψ abhängig, also gleich $f_0(x)$ zu setzen, während alle übrigen f_ν und alle $\mathfrak{f}_\nu$ Null sind, so dass man erhält

$$\mathrm{v}_1 = -\frac{1}{\pi}\int_0^\infty \sin\lambda x \frac{J(i\lambda r)}{J(i\lambda \mathrm{r})}\partial\lambda \int_0^\infty f_0(a)\sin\lambda a\,\partial a.$$

Zum Zwecke einer weiteren Reduction des Ausdrucks von v_1 setzen wir für $\frac{1}{2}f_0(a)$ nicht den so eben aufgefundenen Werth von $-\mathrm{v}_2$, sondern den, welcher durch Differentiation nach x aus dem Ausdruck des Potentials v auf S. 180 stammt. Nennt man dort den Integrationsbuchstaben β, so hat man

$$\mathrm{v}_1 = -4\mathrm{r}\int_0^\infty\int_0^\infty \sin\lambda x J(\beta r)J_1(\beta\mathrm{r})\frac{J(i\lambda r)}{J(i\lambda\mathrm{r})}\partial\lambda\partial\beta\int_0^\infty e^{-a\beta}\sin a\lambda\,\partial a,$$

was sich auf das Doppelintegral reducirt

$$\mathrm{v}_1 = -4\mathrm{r}\int_0^\infty \sin\lambda x\frac{J(i\lambda r)}{J(i\lambda\mathrm{r})}\lambda\partial\lambda\int_0^\infty J(\beta r)J_1(\beta\mathrm{r})\frac{\partial\beta}{\beta^2+\lambda^2}.$$

Das Potential $\mathrm{v} = \mathrm{v}_1 + \mathrm{v}_2$ ist also durch die Summe eines elliptischen Integrals v_2 und eines Doppelintegrals v_1 ausgedrückt.

Die Lösung dieser Aufgabe bietet auch insofern einiges Interesse dar, als v zugleich den permanenten Wärmezustand in einem Cylinder von unendlicher Länge mit endlichem, nicht unendlich kleinem Querschnitt bedeutet, wenn die Basis des Cylinders, der im Endlichen liegende Kreis für welchen man hat $x = 0$, in der Temperatur 1, der Mantel in der Temperatur 0 erhalten wird. In diesem Sinne handeln wir hier noch speciell von der Temperatur oder dem Potential auf der Axe.

Man hat also r gleich Null zu setzen, und findet die Temperatur v in dem Punkte der Axe, welcher von dem Grundkreise um x entfernt ist, als Summe der entsprechenden Werthe von v_2 und v_1, nämlich von

$$1 - \frac{x}{\sqrt{\mathfrak{r}^2 + x^2}}$$

und von

$$4i\int_0^\infty \sin\frac{\alpha x}{\mathfrak{r}}\,\frac{K_1(i\alpha)}{J(i\alpha)}\,\partial\alpha - 4\int_0^\infty \sin\frac{\alpha x}{\mathfrak{r}}\,\frac{\partial\alpha}{\alpha J(i\alpha)}.$$

Auf den letzten Ausdruck reducirt sich nämlich v_1 nach einigen Transformationen, indem man für $r = 0$ zunächst erhält

$$v_1 = -4\int_0^\infty \sin\frac{\alpha x}{\mathfrak{r}}\,\frac{\partial\alpha}{J(\alpha i)}\int_0^\infty \frac{\alpha J_1(\beta)\partial\beta}{\alpha^2+\beta^2};$$

setzt man

$$\frac{\alpha}{\alpha^2+\beta} = \int_0^\infty e^{-\alpha z}\cos\beta z\,dz, \quad -J_1(\beta) = \frac{dJ(\beta)}{d\beta},$$

integrirt nach β durch Theile, und berücksichtigt I. 237, sowie, dass nach S. 192

$$\int_0^\infty J(\beta)\sin\beta z\,dz$$

gleich $(z^2-1)^{-\frac{1}{2}}$ oder 0 wird, je nachdem $z > 1$ oder $z < 1$ ist, so entsteht der angegebene Ausdruck für v_1.

Durch die zweite Methode erhält man ein Resultat von einfacherer Gestalt; hier ist $u_1 = 0$, also reducirt sich v auf u_2. Nach S. 194 hat man die Function $\frac{1}{2}e_0(r)$ gleich 1 zu setzen und in die Reihe

$$1 = \mathfrak{S}\, c_{0\lambda} J_\nu(\lambda r)$$

zu entwickeln; nach der dort gegebenen Formel findet man

$$c_{0\lambda} = -\frac{2}{\lambda \mathfrak{r} J'(\lambda \mathfrak{r})},$$

und hieraus die Temperatur in den Punkten mit den Coordinaten x und r im Cylinder, nämlich

$$\mathrm{v} = -\frac{2}{\mathfrak{r}} \mathsf{S} \frac{J(\lambda r)}{\lambda J'(\lambda \mathfrak{r})} e^{-\lambda x} = \frac{2}{\mathfrak{r}} \mathsf{S} \frac{J(\lambda r)}{\lambda J_1(\lambda \mathfrak{r})} e^{-\lambda x},$$

wenn die Summe sich wie oben auf alle positiven Wurzeln λ der Gleichung $J(\lambda \mathfrak{r}) = 0$ bezieht. Nach I. 247 wird, wenn nicht r gleich Null ist, für grosse λ angenähert

$$\frac{J(\lambda r)}{\lambda J'(\lambda \mathfrak{r})} = \frac{1}{\lambda} \sqrt{\frac{\mathfrak{r}}{r}} \frac{\cos\left(\frac{\pi}{4} - \lambda r\right)}{\cos\left(\frac{\pi}{4} + \lambda \mathfrak{r}\right)} = \pm \frac{1}{\lambda} \sqrt{\frac{\mathfrak{r}}{r}} \cos\left(\frac{\pi}{4} - \lambda r\right);$$

für $r = 0$ ist es leicht, den vorstehenden Ausdruck zu modificiren. In diesem Falle giebt die Formel das (selbstverständliche) Resultat, dass v eine Function vom Verhältnisse $x : \mathfrak{r}$ ist.

Was am Schlusse des § 56 über eine verwandte Untersuchung in der Wärmetheorie gesagt wurde, gilt auch hier: wenn für $r = \mathfrak{r}$ nicht v sondern

$$\frac{\partial \mathrm{v}}{\partial r} + h\mathrm{v}$$

Null sein soll, so ist eine nur geringe Modifikation in der Behandlung und im Resultate erforderlich.

Dass der gefundene Ausdruck von v für $r = \mathfrak{r}$ sich in 0 verwandelt, ist klar; auch ist leicht nachzuweisen, dass er im Innern den Bedingungen des Potentials genügt. Nach dem bekannten Fundamentalsatze von Abel über die Grenze der Convergenz für Potenzreihen verwandelt sich v für $x = 1$ in

$$\frac{2}{\mathfrak{r}} \mathsf{S} \frac{J(\lambda r)}{\lambda J_1(\lambda \mathfrak{r})},$$

vorausgesetzt, dass diese Reihe convergirt. Es ist also noch nachzuweisen, dass diese Reihe convergirt und ferner, dass sie den verlangten Werth 1 zur Summe hat, wozu der Nachweis des Letzteren allein genügt. Im Vorhergehenden ist dies in der That nur unter der Voraussetzung bewiesen, dass sich 1 in eine nach den $J(\lambda r)$

fortschreitende Reihe, die noch dazu in gleichem Grade convergirt, entwickeln lasse; wir tragen deshalb den Beweis nach.

Streng genommen wird aber noch mehr verlangt, da v als Potential nicht nur nach zwei Richtungen r und x, sondern nach jeder Richtung continuirlich sein muss.*) Dass der für v gefundene Werth bis in die Grundfläche nach jeder Richtung continuirlich sei, ist bis jetzt noch nicht nachgewiesen worden.

Um den Werth der obenstehenden Reihe, welche sich auf den Fall $x = 0$ bezieht, zu ermitteln, kann man von der Betrachtung des Integrales

$$\frac{1}{2i\pi}\int \frac{J(rz)}{zJ(\mathfrak{r}z)}\,dz$$

ausgehen, welches über alle Punkte z genommen wird, die auf der Peripherie eines unendlichen Kreises liegen. Dies ist Null, vorausgesetzt, dass, wie in unserem Falle, $r < \mathfrak{r}$ genommen wird. In der That setzt man

$$z = \varrho(\cos\varphi + i\sin\varphi), \qquad \varrho = \infty,$$

so ist $dz : z$ gleich $i d\varphi$, also endlich; aber $J(rz) : J(\mathfrak{r}z)$ wird nach I. 248 (ev. nach der dort angegebenen Methode, welche zeigen würde, dass $J_\nu(a + pi)$, wenn p eine positive unendliche Zahl ist, gleich

$$\frac{e^p e^{-ai\frac{1}{2}\nu}}{\sqrt{2p\pi}}$$

wird) überall auf dem Kreise unendlich klein mit Ausnahme des Stückes, welches einem unendlich kleinen Bogen φ entspricht, auf dem z reell, $= \pm\varrho$ wird. Dort ist aber (I. 247)

$$J(r\varrho) : J(\mathfrak{r}\varrho) = (\cos r\varrho + \sin r\varrho)\sqrt{\mathfrak{r}} : (\cos \mathfrak{r}\varrho + \sin \mathfrak{r}\varrho)\sqrt{r},$$

also endlich, wenn man ϱ nicht gerade einen solchen unendlichen Werth giebt, der $J(\mathfrak{r}\lambda)$ zu Null macht.

Setzt man für das Integral die Summe der Residua, und summirt durch das Zeichen $\mathfrak{S}$, wie oben, über die positiven λ, so entsteht sofort die gesuchte Gleichung

$$1 + 2\mathfrak{S}\frac{J(r\lambda)}{\mathfrak{r}\lambda J'(\mathfrak{r}\lambda)} = 0.$$

*) M. vergl. den § 6 meiner Abhandlung Ueber trigonometrische Reihen im 71. Bande von Borchardt's Journal.

Bei dieser Verifikation ist der Fall $r = 0$ auszuschliessen, dessen Behandlung eine selbstverständliche Modifikation nöthig macht.

Wie hier 1 in eine nach Functionen $J(\lambda r)$ fortschreitende Reihe entwickelt werden konnte, wenn λ alle Wurzeln der Gleichung $J(\lambda \mathfrak{r}) = 0$ durchläuft, so lässt sich nach der Regel auf S. 194 jede continuirliche Function $f(r)$ in eine Reihe

$$f(r) = \int c_\lambda J(\lambda r)$$

entwickeln, wo gesetzt ist

$$c_\lambda = \frac{2}{[\mathfrak{r} J_1(\lambda \mathfrak{r})]^2} \int_0^{\mathfrak{r}} f(r) J(\lambda r) r \, dr,$$

sobald die gefundene Reihe in gleichem Grade convergirt. Dies und noch allgemeinere Sätze habe ich im 89. Bande von Borchardt's Journal bewiesen. M. vergl. den nachfolgenden Zusatz zu diesem Kapitel.

Der kleinste Werth von $\lambda \mathfrak{r}$, durch welchen $J(\lambda \mathfrak{r})$ zu Null wird, ist angenähert

$$\lambda \mathfrak{r} = 2{,}4049$$

der nächste schon 5,521; die grösseren liegen zwischen 8,6 und 8,7, zwischen 11,7 und 11,8, zwischen 14,9 und 15, etc. und nähern sich immer mehr der Summe von $\frac{1}{4}\pi$ und je einem ungeraden Vielfachen von $\frac{1}{2}\pi$.

Nimmt man x so gross, dass für die angenäherte Berechnung von v das erste Glied der Reihe genügt, so findet man aus der Temperatur im Punkte x der Axe, die k sei, diejenige in den Punkten, welche ebenso weit vom Grundkreis entfernt sind (dasselbe x haben). Ein in der Entfernung r von der Axe gelegener Punkt hat dann offenbar die Temperatur

$$\mathrm{v} = kJ\left(2{,}4049 \cdot \frac{r}{\mathfrak{r}}\right).$$

So sind in den Punkten, in welchen $\frac{r}{\mathfrak{r}}$ gleich

$$0,\ \tfrac{1}{6},\ \tfrac{2}{6},\ \tfrac{3}{6},\ \tfrac{4}{6},\ \tfrac{5}{6},\ 1$$

wird, die Temperaturen gleich k multiplicirt resp. mit

1, 0,960, 0,846, 0,671, 0,455, 0,224, 0,000,

Zahlen die, wenn man von der Axe aus sich zum Mantel hin bewegt, zuerst langsamer, dann, etwa von der Mitte des Weges aus, schneller als $r : \mathfrak{r}$ zu Null abnehmen.

§ 58. Wir kommen nun zur Behandlung einiger Aufgaben über das Potential eines Cylinders, dessen Directrix eine Ellipse ist, deren Excentricität 1 sein möge.

Bezeichnung. Den Buchstaben r, ψ, s, ω in den vorigen Paragraphen sollen hier $\varrho, \varphi, \sigma, \varpi$ so entsprechen, dass man setzt

$$y = r\cos\psi = \varrho\cos\varphi, \qquad s\cos\omega = \sigma\cos\varpi, \qquad \varrho = \cos iu,$$
$$z = r\sin\psi = \sqrt{\varrho^2-1}\sin\varphi, \quad s\sin\omega = \sqrt{\sigma^2-1}\sin\varpi, \quad \sigma = \cos iv,$$

woraus die Gleichungen folgen

$$s\partial s\partial\omega = (\sigma^2-\cos^2\varpi)\partial\varpi\frac{\partial\sigma}{\sqrt{\sigma^2-1}} = \sin(\varpi+iv)\sin(\varpi-iv)\partial\varpi\partial v,$$
$$\begin{aligned}\Re^2 &= r^2-2rs\cos(\psi-\omega)+s^2\\ &= (\varrho\sigma-\cos\varphi\cos\varpi)^2-(\sqrt{\varrho^2-1}\sqrt{\sigma^2-1}-\sin\varphi\sin\varpi)^2\\ &= [\cos i(u+v)-\cos(\varphi-\varpi)][\cos i(u-v)-\cos(\varphi+\varpi)].\end{aligned}$$

Die vorstehende Zerfällung von $\Re$ in ein Produkt habe ich nur deshalb hierhergesetzt, weil sie von Wichtigkeit bei der Behandlung solcher Aufgaben über das Potential einer Ellipse ist, bei denen es auf die Entwickelung von $\log\Re$ in eine Reihe ankommt, wie bei der Untersuchung über den Durchgang eines constanten elektrischen Stromes durch eine Ellipse oder über das logarithmische Potential einer solchen. Man vergl. hierüber meine Bemerkungen im Monatsbericht der Akademie zu Berlin v. 5. März 1874 und meine Arbeit im 79. Bde von Borchardt's Journal.

Transformirt man die Gleichung $\Delta v = 0$, indem man die Coordinaten ϱ und φ statt y und z einführt, so erhält man (I. 308) zunächst als Ausdruck des Linienelements

$$\partial x^2+\partial y^2+\partial z^2 = \partial x^2+(\varrho^2-\cos^2\varphi)\left[\partial\varphi^2+\frac{\partial\varrho^2}{\varrho^2-1}\right],$$

und hieraus die transformirte Gleichung

$$\frac{\partial^2 v}{\partial\varphi^2}+\sqrt{\varrho^2-1}\frac{\partial}{\partial\varrho}\left(\sqrt{\varrho^2-1}\frac{\partial v}{\partial\varrho}\right)+(\varrho^2-\cos^2\varphi)\frac{\partial^2 v}{\partial x^2} = 0.$$

Particuläre Lösungen dieser Differentialgleichungen sind (I, §103)

$$U\cos\lambda x, \quad U\sin\lambda x, \quad Ue^{-\lambda x},$$

wo U, wenn man (S. o.)

$$u = \log(\varrho+\sqrt{\varrho^2-1}), \quad \varrho = \cos iu$$

statt ϱ einführt, der Gleichung

$$(a)\ \ldots \quad \frac{\partial^2 U}{\partial\varphi^2}+\frac{\partial^2 U}{\partial u^2}\pm\lambda^2(\cos^2\varphi-\cos^2 iu)U = 0,$$

in den beiden ersten von den drei Fällen mit dem oberen, in dem letzten mit unterem Vorzeichen genügen muss.

Wir behandeln für den elliptischen Cylinder die Aufgabe des § 56, suchen also, indem wir den dort bei der ersten Methode vorgenommenen Entwickelungen folgen, das Potential v im Innern eines Cylinders mit den Halbaxen $\mathfrak{r}$ und $\sqrt{\mathfrak{r}^2-1}$, und von der Höhe $2h$ auf, welches an den Begrenzungen $x=h$, $x=-h$ und $\varrho=\mathfrak{r}$ in gegebene Functionen ζ, η, F übergeht.

Erste Methode. Wir ermitteln zuerst ein Potential v_2, welches zwar für $x=h$ und $x=-h$ die vorgeschriebenen Werthe $\zeta(\varrho,\varphi)$ und $\eta(\varrho,\varphi)$ annimmt, dem aber für $\varrho=\mathfrak{r}$ ein Werth nicht vorgeschrieben ist. Ein solches wird wieder aus dem Ausdruck von v im § 55 unter b) gebildet, indem man dort anstatt der Kreiscoordinaten r, s, etc. die elliptischen ϱ, σ, etc. einführt, und für η und ζ ausserhalb der Integrationsgrenzen Null setzt. Dadurch entsteht

$$v_2=\int_0^{\mathfrak{r}}\frac{\partial\sigma}{\sqrt{\sigma^2-1}}\int_0^{2\pi}(\sigma^2-\cos^2\varpi)\partial\varpi\times$$

$$\int_0^{\infty}\frac{\eta(\sigma,\varpi)\sin i\lambda(h-x)+\zeta(\sigma,\varpi)\sin i\lambda(h+x)}{\sin(2i\lambda h)}J(\lambda\mathfrak{R})\lambda\partial\lambda.$$

Die Function, in welche sich dieser Ausdruck für $\varrho=\mathfrak{r}$ verwandelt, sei $\Phi(x,\varphi)$; sie wird, mit $F(x,\varphi)$ verbunden, wie auf S. 193 zur Bestimmung desjenigen Potentials v_1 verwandt, welches zu v_2 addirt v giebt.

Dort wurde v_1 aus Lösungen zusammengestellt von der Form

$$\sin\frac{\mu(x+h)\pi}{2h}U_\mu$$

wo U_μ der Differentialgleichung (b) aus I. 341 genügt

$$(b)\ \ldots\ \frac{\partial^2 U}{\partial\psi^2}+r^2\frac{\partial^2 U}{\partial r^2}+r\frac{\partial U}{\partial r}-\frac{\mu^2\pi^2 r^2}{4h^2}U=0,$$

während hier U eine Lösung der ähnlichen Gleichung (a) ist, wenn man in derselben nur

$$(c)\ \ldots\ \lambda=\frac{\mu\pi}{2h}$$

setzt. Die Lösung U von (b) wurde aus Aggregaten von vier Classen zusammengestellt, nämlich aus Produkten

$$J_\nu(\lambda ri)\cos\nu\psi,\quad J_\nu(\lambda ri)\sin\nu\psi$$

für gerade und für ungerade ν, wo ν die ganzen Zahlen von 0 bis ∞ durchläuft. Die Gleichung (a) wird durch ähnliche Aggregate $\mathfrak{E}(\varphi)\mathfrak{E}(iu)$ integrirt, wenn die $\mathfrak{E}$ jene Functionen erster Art des elliptischen Cylinders sind, über welche I, § 103—105 u. 109 ausführlich gehandelt wurde. An dieser Stelle wollen wir auch die Constante λ in die Bezeichnung aufnehmen, indem wir die im Endlichen überall endliche Lösung der Gleichung (M. vergl. I. 405)

$$\frac{d^2\mathfrak{E}}{d\varphi^2}+(\tfrac{1}{2}\lambda^2\cos 2\varphi+4z_\nu)\mathfrak{E}=0$$

durch $\mathfrak{E}_\nu(\lambda i, \varphi)$ bezeichnen.

Ich erinnere daran, dass die $\mathfrak{E}$ in vier Classen zerfallen, deren erste die Functionen von der Form

$$\mathfrak{E}(\lambda i, \varphi)=\tfrac{1}{2}\alpha_0+\alpha_1\cos 2\varphi+\alpha_2\cos 4\varphi+\cdots$$

enthält. Eine zweite Classe enthält nur die Cosinus der ungeraden Vielfachen von φ, während in den beiden anderen die Sinus statt der Cosinus vorkommen. Die Coefficienten α in der ersten Classe sind die Näherungszähler eines einfachen Kettenbruchs (I, (67)), nämlich von

$$-\tfrac{1}{2}bz-\cfrac{1}{b(1-z)-\cfrac{1}{b(4-z)-\text{etc.}}},$$

dessen Partialnenner sämmtlich von der Form $b(n^2-z)$ sind, wo b nur von λ abhängt, indem nämlich gesetzt wurde $b\lambda^2=16$. Für z hat man die verschiedenen Wurzeln der transcendenten Gleichung zu nehmen, welche der Ausdruck dafür ist, dass die unendlich entfernten Näherungszähler Null sind. Diese Wurzeln sind sämmtlich reell; die Methode, durch welche sie bis zu einer beliebigen Grösse mit beliebiger Näherung berechnet werden können, ist im I. Bde angegeben. Man weiss, dass

$$\frac{1}{\pi}\int_0^{2\pi}\mathfrak{E}_\nu(\varphi)\mathfrak{E}_\mu(\varphi)d\varphi$$

Null ist, wenn μ und ν verschieden sind, gleich einer Constanten, für die man 1 nehmen kann, wenn sie gleich sind.

Die Functionen $\mathfrak{E}$ konnten noch in einer zweiten Form dargestellt werden, nämlich I. **414** durch Reihen, die nach Functionen des Kreiscylinders fortschreiten, und die besonders bequem ist, wenn auch die Functionen der zweiten Art auftreten. Die dortigen Andeutungen vervollständigend mache ich darauf aufmerksam, dass die Differentialgleichung für $\mathfrak{E}$ und $\mathfrak{F}$ sich nicht ändert, wenn man φ und λ mit $\tfrac{1}{2}\pi-\varphi$ und λi vertauscht. Daher hat man, wenn eine Function der ersten Classe $\mathfrak{E}$ die dort durch (68, a) gegebene Form

$$2J_0(i\lambda\cos\varphi)-N_1J_2(i\lambda\cos\varphi)+N_2J_4(i\lambda\cos\varphi)-\text{etc.}$$

besitzt, dass Functionen einer zweiten Classe von der Form sind

$$2J_0(\lambda\sin\varphi)-N_1J_2(\lambda\sin\varphi)+N_2J(\lambda\sin\varphi)-\text{etc.},$$

während die dritte und vierte Classe statt der J mit geraden die mit ungeraden

Indices enthält. Die Functionen zweiter Art des elliptischen Cylinders $\mathfrak{F}$ entstehen aber aus den $\mathfrak{E}$ durch Vertauschung der J mit K.

Eine Function v_1, die allen Bedingungen, welche $v - v_2$ zu erfüllen hat, wirklich genügt, ist die Function

$$v_1 = \sum_{\mu=1}^{\infty} \sin \frac{\mu(x+h)\pi}{2h} \sum_{\nu=1}^{\infty} c_{\mu\nu} \mathfrak{E}_\nu(\lambda i, \varphi) \frac{\mathfrak{E}_\nu(\lambda i, ui)}{\mathfrak{E}_\nu(\lambda i, \mathfrak{u}i)},$$

wenn die Constanten c gehörig bestimmt sind, wenn ferner $\mathfrak{u}$ den Werth von u für $\varrho = \mathfrak{r}$ vorstellt, so dass man hat

$$\mathfrak{u} = \log(\mathfrak{r} + \sqrt{\mathfrak{r}^2 - 1}), \quad \lambda = \frac{\mu\pi}{2h}.$$

Man entwickele die Function $F - \Phi$ in eine Fourier'sche Reihe

$$\mathfrak{F}(x, \varphi) - \Phi(x, \varphi) = \sum_{\mu=1}^{\infty} f_\mu(\varphi) \sin \frac{\mu(x+h)\pi}{2h},$$

so dass die f als bekannte Functionen von φ zu betrachten sind. Ferner entwickele man jede dieser Functionen f in eine Reihe, die nach den $\mathfrak{E}$ geordnet ist. Man hat dann

$$f_\mu(\varphi) = \sum_{\nu=1}^{\infty} c_{\mu\nu} \mathfrak{E}_\nu(\lambda i, \varphi), \quad \lambda = \frac{\mu\pi}{2h},$$

$$c_{\mu\nu} = \frac{1}{\pi} \int_0^{2\pi} f_\mu(\varphi) \mathfrak{E}_\nu(\lambda i, \varphi) \partial\varphi.$$

Dies sind die Werthe von c, welche man in den vorstehenden Ausdruck für v_1 einzusetzen hat, damit er sich auf dem Mantel, für $u = \mathfrak{u}$, in die vorgeschriebene Function verwandele.

Zweite Methode. Wie auf S. 193—195 können wir auch hier eine zweite Methode anwenden, und v in $u_1 + u_2$ zerlegen, wo u_1 der vorstehende Ausdruck für v_1 ist, wenn man in demselben 0 statt Φ setzt. Der wesentliche Unterschied beider Methoden beruht auf der Bestimmung von u_2, welches sich, wie oben v_2, für $x = h$ in $\zeta(\varrho, \varphi)$, für $x = -h$ in $\eta(\varrho, \varphi)$, ausserdem sich aber für $\varrho = \mathfrak{r}$ (oder $u = \mathfrak{u}$) in 0 verwandeln soll. Die Lösung erfordert, dass man solche Werthe λ auffinde, für welche $\mathfrak{E}(\lambda, i\mathfrak{u})$ Null ist.

Ueber das Aufsuchen solcher Werthe von λ ist das Folgende zu bemerken: In die Function $\mathfrak{E}(\lambda, iu)$, die, wenn wir an dieser Stelle, des kürzeren Ausdrucks halber, nur von der ersten Classe handeln, eine convergente Reihe (I. 406) ist, von der Form

$$\mathfrak{E}(\lambda, iu) = \tfrac{1}{2}\alpha_0 + \alpha_1 \cos 2iu + \alpha_2 \cos 4iu + \cdots,$$

setze man für das Verhältniss von α_1, α_2, etc. zu α_0 ihre Werthe, die, wie der Kettenbruch oder I. 406 zeigt, bekannte ganze Functionen gleichen Grades von z und λ^{-2}, und zwar $\alpha_n : \alpha_0$ vom n^{ten} Grade, sind. Setzt man noch für u den festen Werth $\mathfrak{u}$ und nimmt eine ganze Zahl n gross genug, so wird $\mathfrak{E}(\lambda, i\mathfrak{u})$ durch α_0 mal einer ganzen Function n^{ten} Grades von z und λ^{-2} mit bekannten Coefficienten dargestellt, wo z und λ ausserdem so zusammenhängen, dass α_∞ (also angenähert α_{n+1} oder besser $\alpha_{n+1} : \alpha_0$, die ganze Function von λ^{-2} und z vom $n+1^{\text{ten}}$ Grade) Null sein muss. Aus den beiden Gleichungen n^{ten} und $n+1^{\text{ten}}$ Grades, die zwischen z und λ^{-2} bestehen, nämlich den Gleichungen $\mathfrak{E}(\lambda, i\mathfrak{u}) = 0$ und $\alpha_{n+1} = 0$, hat man die Wurzeln λ und z aufzusuchen; für jeden einzelnen Werth von λ werden alle dazu gehörenden Functionen $\mathfrak{E}_\nu(\lambda, iu)$ sich, wenn $u = \mathfrak{u}$ gesetzt wird, in Null verwandeln.

In einem anderen Falle kommt es darauf an, für ein gegebenes λ die Werthe von u oder φ zu finden, für welche resp. $\mathfrak{E}(\lambda, iu)$ oder $\mathfrak{E}(\lambda, \cos\varphi)$ Null werden. Nachdem man die Function $\mathfrak{E}(\lambda, \varphi)$ durch die ersten Glieder der Reihe ersetzt und dadurch zu einer ganzen Function n^{ten} Grades von $\cos 2\varphi$ gemacht hat, sucht man die Werthe von $\cos 2\varphi$ auf, welche sie zu Null machen. Diejenigen Wurzeln, welche reell und grösser als 1 sind, gleich $\cos 2iu$ gesetzt, geben die gesuchten u, während diejenigen, welche kleiner als 1 sind, die verlangten φ liefern.

Nachdem ich im I. Bande die Functionen des elliptischen Cylinders eingeführt und dort über einige Eigenschaften derselben gehandelt habe, werden diese Functionen hier zum ersten Male auf derartige Fragen angewandt, mit denen sich dieser zweite Theil beschäftigt, ohne dass das weite Gebiet von Fragen, welche diese Functionen, die Grenzen der von Lamé selbst eingeführten Functionen E, schon hinlänglich durchforscht wäre. Indem ich hier einen Mechanismus angab, durch welchen man die Wurzeln λ oder $\cos 2iu$ oder $\cos 2\varphi$ aufsuchen kann, fehlt zur Vollständigkeit noch die Angabe der Mittel, welche zeigen, wie gross man n wählen muss um den gewünschten Grad der Näherung zu erreichen, oder welche zeigen, dass die Gleichungen zur Ermittelung von $\cos 2\varphi$ oder $\cos 2iu$ wirklich reelle Wurzeln haben. Gehen die Produkte $\mathfrak{E}(\varphi)\mathfrak{E}(iu)$ in die bei dem Falle des Kreiscylinders vorkommenden $J_\nu(\lambda r)\cos\nu\psi$ über, wo ψ dem φ, $\log r$ dem u entspricht, so findet man, wie bekannt, für ein bestimmtes λ unendlich viel Werthe r, welche $J(\lambda r)$ zu Null und eine endliche Anzahl von Werthen $\cos\psi$, welche $\cos\nu\psi$ zu Null machen.

Macht man, wie auf S. 194, $\mathfrak{u}_2 = H + Z$, so hat man in unserem Falle

$$H = \mathfrak{S} \sum_{\nu=1}^{\infty} c_{\nu\lambda} \frac{\sin\lambda(h-x)i}{\sin 2\lambda hi} \mathfrak{E}_\nu(\lambda, \varphi)\mathfrak{E}_\nu(\lambda, iu),$$

wenn das Summenzeichen $\mathfrak{S}$ sich auf alle Werthe λ bezieht, welche bewirken, dass die zu ihnen gehörenden, in unendlicher Anzahl vorkommenden Functionen $\mathfrak{E}_\nu(\lambda, i\mathfrak{u})$ Null werden, und wenn zugleich die Constanten c so bestimmt sind, dass

$$\mathfrak{S} \sum_{\nu=1}^{\infty} c_{\nu\lambda} \mathfrak{E}_\nu(\lambda, \varphi)\mathfrak{E}_\nu(\lambda, iu)$$

gleich der gegebenen Function $\eta(\varrho, \varphi)$ wird. Wir zeigen hier, wie diese Bestimmung geschieht. Den Ausdruck für Z hierher zu setzen, würde überflüssig sein, da bereits S. 194 gezeigt wurde, durch welche Vertauschungen er aus H gewonnen wird.

Es mögen $\mathfrak{E}_\mu(\lambda, iu)$ und $\mathfrak{E}_\nu(l, iu)$ zwei Cylinderfunctionen sein, welche für $u = \mathfrak{u}$ sich in Null verwandeln. Von den beiden Aggregaten

$$\mathfrak{E}_\mu(\lambda, \varphi)\frac{\partial}{\partial\varphi}\mathfrak{E}_\nu(l, \varphi) - \mathfrak{E}_\nu(l, \varphi)\frac{\partial}{\partial\varphi}\mathfrak{E}_\mu(\lambda, \varphi),$$

$$\mathfrak{E}_\mu(\lambda, iu)\frac{\partial}{\partial u}\mathfrak{E}_\nu(l, iu) - \mathfrak{E}_\nu(l, iu)\frac{\partial}{\partial u}\mathfrak{E}_\mu(\lambda, iu),$$

hat das erste für $\varphi = 0$ und $\varphi = 2\pi$ gleiche Werthe, das letzte für $u = \mathfrak{u}$ und $u = -\mathfrak{u}$ den Werth Null. Setzt man

$$U = \mathfrak{E}_\mu(\lambda, \varphi)\mathfrak{E}_\mu(\lambda, iu), \quad W = \mathfrak{E}_\nu(l, \varphi)\mathfrak{E}_\nu(l, iu),$$

so folgt hieraus, dass

$$\int_0^{2\pi}\partial\varphi\int_{-\mathfrak{u}}^{\mathfrak{u}}(\cos 2iu - \cos 2\varphi)\, UW\,\partial u$$

Null ist, sobald nicht zugleich λ mit l und μ mit ν übereinstimmt. Sind nämlich λ und l verschieden, so schliesst man aus der partiellen Differentialgleichung (a) dieses Paragraphen, dass obiges Integral mit $\lambda^2 - l^2$ multiplicirt Null ist; bei gleichem λ und l zieht man aus der Differentialgleichung für $\mathfrak{E}$

$$\frac{\partial^2}{\partial\varphi^2}\mathfrak{E}_\nu(\lambda, \varphi) + (\tfrac{1}{2}\lambda^2\cos 2\varphi + 4\mathfrak{z}_\nu)\mathfrak{E}_\nu(\lambda, \varphi) = 0,$$

zunächst die folgende

$$\int_0^{2\pi}\mathfrak{E}_\mu(\lambda, \varphi)\mathfrak{E}_\nu(\lambda, \varphi)\partial\varphi = \int_{-\mathfrak{u}}^{\mathfrak{u}}\mathfrak{E}_\mu(\lambda, iu)\mathfrak{E}_\nu(\lambda, iu)\partial u = 0.$$

Hieraus folgt

$$\begin{aligned} 0 &= \int_0^{2\pi}\mathfrak{E}_\mu(\lambda, \varphi)\mathfrak{E}_\nu(\lambda, \varphi)\partial\varphi\int_{-\mathfrak{u}}^{\mathfrak{u}}\mathfrak{E}_\mu(\lambda, iu)\mathfrak{E}_\nu(\lambda, iu)\cos 2iu\,\partial u \\ &= \int_{-\mathfrak{u}}^{\mathfrak{u}}\mathfrak{E}_\mu(\lambda, iu)\mathfrak{E}_\nu(\lambda, iu)\partial u\int_0^{2\pi}\mathfrak{E}_\mu(\lambda, \varphi)\mathfrak{E}_\nu(\lambda, \varphi)\cos 2\varphi\,\partial\varphi, \end{aligned}$$

d. i. die zu beweisende Gleichung.

Wenn $\lambda = l$ und $\mu = \nu$ wird, so bleibt das Integral, für welches in den übrigen Fällen 0 als Werth gefunden war, von 0 verschieden. Setzt man den Ausdruck

$$\int_0^{2\pi} (\mathfrak{E}_\nu(\lambda,\varphi))^2 \cos 2\varphi\, \partial\varphi,$$

den man aus den Coefficienten α von $\mathfrak{E}$ bildet, gleich $2\pi.[\nu]$, und berücksichtigt, dass man hat

$$\int_0^{2\pi} (\mathfrak{E}_\nu(\lambda,\varphi))^2 \partial\varphi = \pi,$$

so wird

$$\int_0^{2\pi} \partial\varphi \int_{-\mathrm{u}}^{\mathrm{u}} [\mathfrak{E}(\lambda,\varphi)\mathfrak{E}(\lambda, iu)]^2 (\cos 2iu - \cos 2\varphi)\partial\varphi = 2\mathrm{u}\pi.[\nu],$$

und man findet den Coefficienten c in H schliesslich durch die Gleichung

$$c_{\nu\lambda} = \frac{1}{2\mathrm{u}\pi[\nu]} \int_0^{2\pi} \partial\varphi \int_{-\mathrm{u}}^{\mathrm{u}} (\cos 2iu - \cos 2\varphi)\eta(\varrho,\varphi)\mathfrak{E}_\nu(\lambda,\varphi)\mathfrak{E}_\nu(\lambda, iu)\partial u.$$

§ 59. Das Vorstehende wird genügen, um zu zeigen, wie die Lösung der Aufgaben, welche wir für den Cylinder mit kreisförmiger Directrix behandelten, sich gestaltet, wenn die Directrix eine Ellipse ist. Es soll schliesslich noch eine Frage, welche auf ähnliche Gleichungen führt wie die vorhergehenden, berührt werden, nämlich nach dem Gesetze der Schwingungen von gespannten Membranen. Die bekannte Gleichung, auf deren Lösung es ankommt,

$$\frac{\partial^2 w}{\partial t^2} = m^2\left(\frac{\partial^2 w}{\partial x^2} + \frac{\partial^2 w}{\partial y^2}\right),$$

integrirt man durch particuläre Lösungen, von denen z. B. solche, welche sich für $t = 0$ in Null verwandeln, sind

$$w = \mathrm{u} \sin m\lambda t,$$

wenn u der Gleichung

$$\frac{\partial^2 \mathrm{u}}{\partial x^2} + \frac{\partial^2 \mathrm{u}}{\partial y^2} + \lambda^2 \mathrm{u} = 0$$

genügt. Bei kreisförmigen Membranen mit dem Radius r erhält man particulare Lösungen für w von der Form

$$\sin m\lambda t \cos \nu\psi\, J_\nu(\lambda r), \quad \sin m\lambda t \sin \nu\psi\, J_\nu(\lambda r),$$

von denen jede einzelne einen Schwingungszustand darstellt, der einen bestimmten Ton begleitet. Soll w am Rande der Membrane mit dem gegebenen Radius r Null sein, so hat man in der ersten oder zweiten von den oben angegebenen particulären Lösungen λ

so zu bestimmen, dass diese Zahl eine Wurzel der transcendenten Gleichung $J_\nu(\lambda \mathfrak{r}) = 0$ ist, was also auf unendlich viele Arten geschehen kann. Nimmt man für λ irgend einen Werth, der dies leistet und sind λ', λ'', etc. die kleineren Werthe, so ist w nicht nur auf dem Kreise mit dem Radius $\mathfrak{r}$ Null, sondern auch auf den concentrischen mit den kleineren Radien $\frac{\lambda' \mathfrak{r}}{\lambda}$, $\frac{\lambda'' \mathfrak{r}}{\lambda}$, etc. Z. B. für $\nu = 0$ wird ein Kreis mit dem Radius $\mathfrak{r}$ sich in Ruhe befinden, wenn man $\lambda = \frac{149}{\mathfrak{r}}$ setzt; die concentrischen Kreise mit den Radien

$$\tfrac{117}{149}\mathfrak{r},\quad \tfrac{86}{149}\mathfrak{r},\quad \tfrac{55}{149}\mathfrak{r},\quad \tfrac{24}{149}\mathfrak{r}$$

werden dann gleichfalls in Ruhe bleiben.

Ein zweites System von Knotenlinien erhält man, je nachdem der Schwingungszustand der ersten oder zweiten Lösung entspricht, nämlich die geraden Linien, auf welchen $\cos \nu\psi$ resp. $\sin \nu\psi$ Null ist. Endlich würde auch der Schwingungszustand

$$w = (c \cos \nu\psi + k \sin \nu\psi) \sin m\lambda t J_\nu(\lambda r)$$

ein solcher sein, bei dem das erste System von Knotenlinien, die concentrischen Kreise, mit dem früheren übereinstimmt, während das zweite solchen Geraden entspricht, auf welchen $c \cos \nu\psi + k \sin \nu\psi$ Null ist.

Von der Gleichung, welche sich auf elliptische Membranen bezieht, erhält man particuläre Lösungen

$$\sin m\lambda t\, \mathfrak{E}_\nu(\lambda, \varphi) \mathfrak{E}_\nu(\lambda, iu),$$

welchen unteren Index ν man auch den $\mathfrak{E}$ ertheilt, d. h. für welche Wurzel z man auch die $\mathfrak{E}$ gebildet hat, und welcher von den vier Klassen diese Functionen auch angehören. Wird λ so bestimmt, dass $\mathfrak{E}(\lambda, iu)$ Null ist, so werden sämmtliche Zahlen u, welche die aus dem festen λ gebildete Function $\mathfrak{E}(\lambda, iu)$ zu Null machen, ein System von Knotenlinien geben. Anstatt diese Werthe u direct aufzusuchen, kann man nach den trigonometrischen Functionen derselben, nach $\cos iu$ auflösen. Diejenigen reellen positiven Wurzeln $\cos iu$, welche grösser als 1 sind und welche den Factor $\mathfrak{E}_\nu(\lambda, iu)$ zu Null machen, geben das erste System von Knotenlinien, die den concentrischen Kreisen im vorigen Falle entsprechen, welche durch Auflösung der Gleichung $J_\nu(\lambda \mathfrak{r})$ gewonnen wurden. Diejenigen Wurzeln $\cos iu$, welche kleiner als 1 sind, also einem imaginären

u entsprechen würden, setze man gleich $\cos\varphi$. Sie machen den Factor $\mathfrak{E}_\nu(\lambda, \varphi)$ zu Null, so dass hier, in dem allgemeinen Falle, beide Arten von Linien durch Auflösung derselben Gleichung gewonnen werden, die sich in dem specielleren Falle in zwei spaltet, in die Gleichung $J_\nu(\lambda\mathfrak{r}) = 0$ und, je nach der Klasse, in $\cos\nu\varphi = 0$ oder $\sin\nu\varphi = 0$.

Indem die Knotenlinien zum Theil einem constanten u oder ϱ, zum Theil einem constanten φ entsprechen, besteht also das eine System derselben aus Ellipsen, das andere aus Hyperbeln, welche sämmtlich confocal mit der Ellipse sind, welche die Membrane begrenzt.

Zusatz zum vierten Kapitel.

Ueber Entwickelungen nach Cylinderfunctionen.

(a) In dem vorstehenden Kapitel, ebenso wie in dem 2ten und 3ten des folgenden Theiles, treten Entwickelungen von continuirlichen Functionen einer Veränderlichen $f(r)$ nach Cylinderfunctionen erster Art, und zwar der zweiten und dritten Ordnung, auf. Man sucht nämlich Constante a so zu bestimmen, dass man für alle Werthe r von 0 bis $\mathfrak{r}$ hat

$$(1) \ldots \quad f(r) = \mathfrak{S}\, a_\lambda J_\nu(\lambda r),$$

die J mögen Functionen der zweiten oder dritten Ordnung sein. Hier ist ν irgend eine feste ganze Zahl, die Null eingerechnet, und der Buchstabe λ, nach dem summirt wird, stellt die sämmtlichen verschiedenen Wurzeln einer transcendenten Gleichung vor, entweder der Gleichung $J_\nu(\lambda\mathfrak{r}) = 0$ oder von

$$(2) \ldots \quad \lambda J'_\nu(\lambda\mathfrak{r}) + hJ_\nu(\lambda\mathfrak{r}) = 0,$$

wo h eine positive Constante bezeichnet. Diese Wurzeln sind sämmtlich reell; zu jeder positiven gehört eine gleiche negative, so dass es genügt, in (1) nur die positiven Wurzeln einzusetzen. Der Index λ von a in (1) bedeutet, dass diese Constante sich auf die Wurzel λ bezieht.

Wir handeln zunächst ausschliesslich von den Functionen J der zweiten Ordnung.

Dass die Wurzeln λ sämmtlich reell sind, zeigt sich unten; dass ihre Anzahl unendlich sei, folgt sofort aus dem Werthe, den $J_\nu(\theta)$ für $\theta = \infty$ einnimmt. Man hat nämlich nach I, 247, je nachdem ν gerade oder ungerade ist, für $\theta = \infty$ die erste resp. zweite der folgenden Formeln

$$i^\nu \sqrt{\pi\theta}\, J_\nu(\theta) = \cos\theta + \sin\theta, \quad i^{\nu+1} \sqrt{\pi\theta}\, J_\nu(\theta) = \cos\theta - \sin\theta.$$

Die Untersuchungen über die Vertheilung der Wurzeln im Endlichen für jedes ν sind noch so unvollkommen, dass ich über den Gegenstand hinweggehe, der bisher nur solche Resultate geliefert hat, welche auf der Hand liegen.

Aus den Tafeln, welche die Werthe von J_0 und J_1 enthalten*) könnte man J_ν durch die Recursionsformel I. 243 successive berechnen. Man würde dann eine ähnliche Gleichung finden, wie die, durch welche Poisson aus $\sin r$ und $\cos r$ die Cylinderform dritter Ordnung ψ_ν darstellt (M. vergl. unten § d); bequemer findet man sie durch Anwendung der Kettenbrüche, und erhält so aus der allgemeinen Formel I. 284 unmittelbar

$$2Z_\nu J_1(r) - rN_\nu J_0(r) = \frac{2}{\Pi(\nu+2)}\left(\frac{r}{2}\right)^{\nu+2} J_{\nu+1}(r),$$

wenn die Z und N, die Näherungs-Zähler und Nenner eines Kettenbruchs, folgende Reihen vorstellen, die man bei $r^{2\nu}$ abbricht:

$$Z_\nu = 1 - \frac{\nu}{\nu+1}\cdot\left(\frac{r}{2}\right)^2 + \frac{(\nu-1)(\nu-2)}{(\nu+1)\nu}\cdot\left(\frac{r^2}{2.4}\right)^2$$
$$- \frac{(\nu-2)(\nu-3)(\nu-4)}{(\nu+1)\nu(\nu-1)}\left(\frac{r^4}{2.4.6}\right)^2 + \text{etc.},$$

$$N_\nu = 1 - \frac{\nu-1}{\nu+1}\,\frac{r^2}{2.4} + \frac{(\nu-2)(\nu-3)}{(\nu+1)\nu}\,\frac{r^4}{2.4.4.6} - \text{etc.}$$

(b) Während der folgenden Rechnung setze man $f(r)$ statt $J_\nu(r)$. Dann genügt f nach I. 236 der Gleichung

$$\frac{d(rf'(r))}{dr} + \left(r - \frac{\nu^2}{r}\right)f(r) = 0.$$

Hier setze man αr für r und erhält

$$\frac{d}{dr}\left(r\frac{df(\alpha r)}{dr}\right) = \left(\frac{\nu^2}{r} - \alpha^2 r\right)f(\alpha r).$$

Hieraus entsteht

$$\int_0^{\mathfrak{r}}\left(\frac{\nu^2}{r} - \alpha^2 r\right)f(\alpha r)f(\lambda r)dr = \int_0^{\mathfrak{r}} f(\lambda r)\frac{d}{dr}\left(r\frac{df(\alpha r)}{dr}\right)dr.$$

Eine zweimalige Integration durch Theile verwandelt die rechte Seite in

$$\mathfrak{r}\left[\frac{df(\alpha r)}{dr}f(\lambda r) - f(\alpha r)\frac{df(\lambda r)}{dr}\right]_0^{\mathfrak{r}} + \int_0^{\mathfrak{r}} f(\alpha r)\frac{d}{dr}\left(r\frac{df(\lambda r)}{dr}\right)dr,$$

wo das letzte Integral mit

$$\int_0^{\mathfrak{r}}\left(\frac{\nu^2}{r} - \lambda^2 r\right)f(\alpha r)f(\lambda r)dr$$

vertauscht werden kann. So erhält man

$$(\lambda^2 - \alpha^2)\int_0^{\mathfrak{r}} f(\alpha r)f(\lambda r)r\,dr = \mathfrak{r}[\alpha f'(\alpha\mathfrak{r})f(\lambda\mathfrak{r}) - \lambda f'(\lambda\mathfrak{r})f(\alpha\mathfrak{r})].$$

*) Bessel hat solche Tafeln berechnet, Hansen sie erweitert; man findet sie auch in einem Aufsatze von Herrn Schlömilch, im 2. Bde seines Journals und in den Studien etc. des Herrn Lommel. M. vergl. die Angaben I. 189.

Es sei erstens λ eine Wurzel der Gleichung $J_\nu(\lambda \mathfrak{r}) = f(\lambda \mathfrak{r}) = 0$; dann verwandelt sich die rechte Seite in

$$-\mathfrak{r}\lambda f'(\lambda \mathfrak{r}) f(\alpha \mathfrak{r}).$$

Ist α eine andere Wurzel derselben Gleichung, so wird dieser Ausdruck Null, also

$$\int_0^{\mathfrak{r}} f(\alpha r) f(\lambda r) r\, dr = 0.$$

Ist aber $\alpha = \lambda$, so wird

$$\int_0^{\mathfrak{r}} [f(\lambda r)]^2 r\, dr$$

der wahre Werth von $\frac{0}{0}$, nämlich von

$$\frac{\mathfrak{r}\lambda f'(\lambda \mathfrak{r}) f(\alpha \mathfrak{r})}{\alpha^2 - \lambda^2} \quad \text{für} \quad \alpha = \lambda,$$

d. i. gleich

$$\tfrac{1}{2}(\mathfrak{r} f'(\lambda \mathfrak{r}))^2 = \tfrac{1}{2}[\mathfrak{r} J_\nu'(\lambda \mathfrak{r})]^2.$$

Diese Gleichung kann man noch durch I. 243, (a) transformiren; ist nämlich $J_\nu(\theta) = 0$, so wird $J_\nu'(\theta) = -J_{\nu+1}(\theta)$ und man hat den Satz: Das Integral

$$\int_0^{\mathfrak{r}} J_\nu(\alpha r) J_\nu(\lambda r) r\, dr$$

ist 0, wenn α und λ verschiedene Wurzeln der Gleichung $J_\nu(\lambda \mathfrak{r}) = 0$ sind. Wird aber $\alpha = \lambda$, so ist das Integral

$$= \tfrac{1}{2}[\mathfrak{r} J_{\nu+1}(\lambda \mathfrak{r})]^2.$$

Aus dem ersten Theil des Satzes folgt, dass die Wurzeln λ sämmtlich reell sind. Wäre nämlich λ eine complexe Wurzel, so nimmt man für α die conjugirte an. Dann würde $r J_\nu(\alpha r) J_\nu(\lambda r)$ positiv, also das Integral hiervon, nach r zwischen 0 und $\mathfrak{r}$ genommen, positiv sein, und nicht gleich Null, wie es nach dem obigen Satze sein sollte.

In ähnlicher Art findet man, wenn λ zweitens eine Wurzel von (2) vorstellt,

$$\int_0^{\mathfrak{r}} f(\alpha r) f(\lambda r) r\, dr = \mathfrak{r} f(\lambda \mathfrak{r}) \frac{\alpha f'(\alpha \mathfrak{r}) + h f(\alpha \mathfrak{r})}{\lambda^2 - \alpha^2},$$

also 0, wenn α eine von λ verschiedene Wurzel von (2) bedeutet, woraus wiederum folgt, dass sämmtliche Wurzeln λ reell sein müssen. Ist aber $\alpha = \lambda$, so sucht man den wahren Werth von $\frac{0}{0}$ auf. Die Differentialgleichung, welcher f genügt, zeigt, dass man hat

$$\lambda r f''(\lambda r) + f'(\lambda r) + \left(\lambda r - \frac{\nu^2}{\lambda r}\right) f(\lambda r) = 0;$$

eliminirt man beim Aufsuchen jenes wahren Werthes $f''(\lambda r)$ vermittelst dieser Gleichung, und $f'(\lambda \mathfrak{r})$ durch (2), so entsteht schliesslich

$$\int_0^{\mathfrak{r}} [J_\nu(\lambda r)]^2 r\, dr = \frac{(\lambda^2 + h^2)\mathfrak{r}^2 - \nu^2}{2\lambda^2} (J_\nu(\lambda \mathfrak{r}))^2.$$

(c) Vermittelst dieser Gleichungen kann man die Coefficienten a in (1) unter der Voraussetzung bestimmen, dass die Function f sich in eine derartige

Reihe entwickeln lasse, die im gleichen Grade convergirt. Man findet nämlich

$$(3) \ldots \quad a_\lambda = \frac{1}{b}\int_0^{\mathfrak{r}} f(r) J_\nu(\lambda r) r\, dr,$$

wo man, je nachdem λ eine Wurzel der Gleichung $J_\nu(\lambda\mathfrak{r}) = 0$ oder von (2) ist, die erste oder zweite von den Gleichungen zu nehmen hat

$$b = \tfrac{1}{2}[\mathfrak{r} J_{\nu+1}(\lambda\mathfrak{r})]^2, \quad b = \frac{(\lambda^2+h^2)\mathfrak{r}^2-\nu^2}{2\lambda^2}[J_\nu(\lambda\mathfrak{r})]^2.$$

Zum Abschlusse wiederhole ich hier, dass, wie bereits S. 201 gesagt wurde, in einer Arbeit *) „Einige Anwendungen der Residuenrechnung von Cauchy" sich allgemeine Untersuchungen über die Entwickelung einer continuirlichen Function nach Functionen finden, welche u. a. die Cylinderfunctionen und die Kreisfunctionen als specielle Fälle unter sich enthalten. Aus denselben folgt:

Wenn für eine gegebene continuirliche Function $f(r)$ die Reihe (1), in welche man für die a die Ausdrücke (3) einsetzt, in gleichem Grade von $r = 0$ bis $r = \mathfrak{r}$ convergirt, so stellt sie auch $f(r)$ in diesem Intervalle dar.

Z. B. hat man, wenn α eine Constante bezeichnet und man J statt J_ν setzt, als Entwickelung von $J(\alpha r)$ nach den Functionen $J(\lambda\mathfrak{r})$

$$\frac{J(\alpha r)}{J(\alpha\mathfrak{r})} = \frac{2}{\mathfrak{r}} \mathsf{S} \frac{\lambda}{\alpha^2-\lambda^2}\, \frac{J(\lambda r)}{J'(\lambda\mathfrak{r})},$$

wo λ eine Wurzel der Gleichung $J(\lambda\mathfrak{r}) = 0$ ist; $J'(\lambda\mathfrak{r})$ lässt sich mit $-J_{\nu+1}(\lambda\mathfrak{r})$ vertauschen. Ferner hat man

$$\frac{J(\alpha r)}{\alpha J'(\alpha\mathfrak{r}) + hJ(\alpha\mathfrak{r})} = 2\mathfrak{r}\, \mathsf{S} \frac{\lambda^2}{(\alpha^2-\lambda^2)[\nu^2-(\lambda^2+h^2)\mathfrak{r}^2]}\, \frac{J(\lambda r)}{J(\lambda\mathfrak{r})},$$

wenn λ der Gleichung (2) genügt.

(*d*) Ein ähnliches Verhalten zeigen die Cylinderfunctionen dritter Ordnung $\psi_\nu(r)$ (S. I. 240). Es wird sich auch hier um Entwickelungen nach Functionen $\psi_\nu(\lambda r)$ handeln, wo die λ Wurzeln der Gleichung $\psi_\nu(\lambda\mathfrak{r}) = 0$ oder der wie (2) gebildeten unten folgenden Gleich. (4) sind. Dass solche Wurzeln in unendlicher Anzahl vorkommen, zeigt man ebenso, wie das ähnliche Verhalten für die Wurzeln unter (*a*) nachgewiesen wurde, nämlich indem man für unendlich grosse θ, je nachdem ν gerade oder ungerade ist, die erste oder zweite Gleichung erhält

$$\psi_\nu(\theta) = (-i)^\nu \frac{2\sin\theta}{\theta}, \quad \psi_\nu(\theta) = (-i)^{\nu+1}\frac{2\cos\theta}{\theta}.$$

Man beweist dies auch I. 241, woraus man zunächst erhält

$$-i^{\nu-1}\theta\psi_\nu(z) = \int_{-1}^{1} P^{(n)}(z) e^{i\theta z} i\theta\, dz;$$

eine Integration durch Theile verwandelt die rechte Seite in die Summe von

$$e^{i\theta}P^{(n)}(1) - e^{-i\theta}P^{(n)}(-1),$$

) Borchardt, J. f. M. Bd. 89, S. 19—39. Man füge dort in (4) rechts den fehlenden Factor $-\frac{1}{\mathfrak{r}}$ hinzu, setze in (4) $-\varpi(\alpha)$ für $J(\alpha\mathfrak{r})$, in (5) $\psi_{\nu+1}(\lambda\mathfrak{r})$ statt $\psi_\nu(\lambda\mathfrak{r})$.

und einem Integrale, welches vernachlässigt wird, da es mit θ multiplicirt noch endlich bleibt. Hiermit ist der Beweis der obigen für $\theta = \infty$ geltenden Ausdrücke von $\psi(\theta)$ geliefert.

Die Functionen ψ_ν lassen sich aus ψ_0 und ψ_1, oder besser, wenn man den in (14, a), I. 240 vorkommenden Factor

$$3.5.7\ldots(2\nu+1)$$

mit

$$\frac{1}{\sqrt{\pi}}\, 2^{\nu+\frac{1}{2}}.\Pi(\nu+\tfrac{1}{2})$$

vertauscht, aus

$$\psi_0(r) = \frac{2\sin r}{r}, \quad \psi_{-1}(r) = \cos r,$$

durch eine Gleichung

$$Z_\nu \frac{\sin r}{r} - N_\nu \cos r = \frac{r^{\nu+1}}{2.1.3\ldots(2\nu+1)}\, \psi_{\nu+1}(r)$$

zusammensetzen, die ebenso wie die entsprechende im § a aus I. 284 unmittelbar folgt, und die Poisson im wesentlichen gegeben*) hat (Vergl. I. 83). Hier bedeuten Z und N folgende Reihen, die man bei $r^{2\nu}$ abbricht:

$$Z_\nu = 1 - \frac{\nu}{1}\cdot\frac{r^2}{1.(2\nu+1)} + \frac{(\nu-1)(\nu-2)}{1.2}\cdot\frac{r^4}{1.3.(2\nu+1)(2\nu-1)} - \text{etc.},$$

$$N_\nu = 1 - \frac{\nu-1}{1}\cdot\frac{r^2}{3.(2\nu+1)} + \frac{(\nu-2)(\nu-3)}{1.2}\cdot\frac{r^4}{3.5.(2\nu+1)(2\nu-1)} - \text{etc.}$$

(e) Aus der Differentialgleichung von $\psi_\nu(r)$ oder kürzer $\psi(r)$

$$\frac{dr^2\psi'(r)}{dr} + [r^2 - \nu(\nu+1)]\psi(r) = 0$$

findet man,

$$\int_0^{\mathfrak{r}} \psi(\alpha r)\psi(\lambda r) r^2 dr = \mathfrak{r}^2\,\frac{[\alpha\psi(\lambda\mathfrak{r})\psi'(\alpha\mathfrak{r}) - \lambda\psi(\alpha\mathfrak{r})\psi'(\lambda\mathfrak{r})]}{\lambda^2-\alpha^2}.$$

Ist erstens λ eine Wurzel der Gleichung $\psi_\nu(\lambda\mathfrak{r}) = 0$, so verwandelt sich die rechte Seite in

$$\frac{\lambda\mathfrak{r}^2\psi(\alpha\mathfrak{r})\psi'(\lambda\mathfrak{r})}{\alpha^2-\lambda^2},$$

verschwindet also, wenn α eine von λ verschiedene Wurzel der Gleichung $\psi(\alpha\mathfrak{r}) = 0$ ist. Setzt man aber $\alpha = \lambda$, so giebt der vorstehende Ausdruck

$$\tfrac{1}{2}\mathfrak{r}^3[\psi_\nu'(\lambda\mathfrak{r})]^2 = \tfrac{1}{2}\mathfrak{r}^3[\psi_{\nu+1}(\lambda\mathfrak{r})]^2.$$

Hieraus erhält man z. B.

$$\frac{\psi_\nu(\alpha r)}{\psi_\nu(\alpha\mathfrak{r})} = \frac{2}{\mathfrak{r}}\,\mathsf{S}\,\frac{\lambda}{\lambda^2-\alpha^2}\,\frac{\psi_\nu(\lambda r)}{\psi_{\nu+1}(\lambda\mathfrak{r})}.$$

Ist zweitens λ eine Wurzel der Gleichung

$$(4)\ldots\quad \lambda\psi_\nu'(\lambda\mathfrak{r}) + h\psi_\nu(\lambda\mathfrak{r}) = 0,$$

*) Théorie mathématique de la chaleur, Paris, 1835, No. 82, S. 161.

so wird ferner

$$\int_0^{\mathfrak{r}} \psi(\alpha r)\psi(\lambda r)r^2 dr = \mathfrak{r}^2 \frac{\alpha\psi'(\alpha\mathfrak{r}) + h\psi(\alpha\mathfrak{r})}{\lambda^2 - \alpha^2} \cdot \psi(\lambda\mathfrak{r}),$$

also 0, wenn man für α eine von λ verschiedene Wurzel von (4) setzt, aber

$$\frac{\mathfrak{r}}{2}\left[\frac{\psi(\lambda\mathfrak{r})}{\lambda}\right]^2 [h\mathfrak{r}(h\mathfrak{r}-1) + \lambda^2\mathfrak{r}^2 - \nu(\nu+1)]$$

für $\lambda = \mathfrak{r}$.

Mit Hülfe des erwähnten allgemeinen Satzes erhält man das Resultat:

Die Reihe

$$\mathsf{S}\, a_\lambda \psi_\nu(\lambda r),$$

in der man setzt

$$a_\lambda = \frac{1}{b}\int_0^{\mathfrak{r}} f(r)\psi_\nu(\lambda r) r^2 dr,$$

und durch b den ersten oder zweiten von den Werthen bezeichnet

$$b = \tfrac{1}{2}\mathfrak{r}^3[\psi_{\nu+1}(\lambda\mathfrak{r})]^2,$$

$$b = \frac{\mathfrak{r}}{2}\left[\frac{\psi_\nu(\lambda\mathfrak{r})}{\lambda}\right]^2 [h\mathfrak{r}(h\mathfrak{r}-1) + \lambda^2\mathfrak{r}^2 - \nu(\nu+1)],$$

je nachdem λ die positiven Wurzeln der Gleichung $\psi_\nu(\lambda\mathfrak{r}) = 0$ oder von (4) vorstellt, ist gleich der continuirlichen Function $f(r)$, zwischen $r = 0$ und $r = \mathfrak{r}$, sobald die Reihe in gleichem Grade von $r = 0$ bis $\mathfrak{r}$ convergirt.

Die Realität der Wurzeln wird hier ebenso wie im vorigen Falle, der sich auf die J bezog, bewiesen.

(f) Aehnliches lässt sich von Reihen sagen, die im 2. Kapitel des III. Theiles vorkommen werden, die nach Sinus oder Cosinus von λ-fachen Bogen r geordnet sind (wenn r zwischen 0 und $\mathfrak{r}$ liegt), wo λ aus Constanten h und $\mathfrak{r}$ durch die erste resp. zweite von den Gleichungen

$$h \operatorname{tang} \lambda\mathfrak{r} = -\lambda, \quad \lambda \operatorname{tang} \lambda\mathfrak{r} = h$$

bestimmt wird. Setzt man

$$b = \frac{2(h^2 + \lambda^2)}{\mathfrak{r}\lambda^2 + h(1 + \mathfrak{r}h)},$$

so werden die Reihen resp.

$$\mathsf{S}\, b \sin \lambda r \int_0^{\mathfrak{r}} f(r) \sin \lambda r\, dr,$$

$$\mathsf{S}\, b \cos \lambda r \int_0^{\mathfrak{r}} f(r) \cos \mu r\, dr,$$

wenn sie in gleichem Grade convergiren, gleich $f(r)$ sein, vorausgesetzt, dass die Function $f(r)$ von $r = 0$ bis $r = \mathfrak{r}$ continuirlich bleibt.

(g) Wir schliessen mit der Angabe des allgemeinen Resultates, welches in der erwähnten Abhandlung abgeleitet wurde.

Es handelt sich, wie in den vorhergehenden drei Fällen, um die Entwickelung einer von $r = 0$ bis $r = \mathfrak{r}$ continuirlichen Function $f(r)$.

Wie bisher die Entwickelung nach Functionen $J_\nu(\alpha r)$, $\psi_\nu(\alpha r)$, $\sin\alpha r$ oder $\cos\alpha r$ erfolgte, so soll sie allgemeiner nach gegebenen Functionen $\theta(\alpha, r)$ geschehen.

Bisher durchlief α die Werthe λ der Wurzeln einer transcendenten Gleichung $J_\nu(\lambda \mathfrak{r}) = 0$ oder $\psi_\nu(\lambda \mathfrak{r}) = 0$, oder von

$$\lambda J'_\nu(\lambda \mathfrak{r}) + hJ_\nu(\lambda \mathfrak{r}) = 0,$$

oder einer ähnlichen. Jetzt soll α allgemein die Wurzel einer Gleichung $\varpi(\lambda) = 0$ durchlaufen, wo $\varpi'(\alpha)$ mit $\varpi(\alpha)$ nicht zugleich 0, auch nicht im Endlichen unendlich wird.

Die θ sollen folgende Eigenschaften besitzen:

a) Es soll

$$\int \frac{\theta(z, r)dz}{(z-\alpha)\varpi(z)},$$

nach z auf einem Kreise mit unendlichem Radius integrirt, 0 werden. Geschieht dieses, so lässt sich $\theta(\alpha, r)$ in eine nach Functionen $\theta(\lambda, r)$ fortschreitende Reihe entwickeln. Diese Reihe, speciell für die Entwickelung von $J_\nu(\alpha r)$, findet man im § *c*, für $\psi_\nu(\alpha r)$ im § *d*. Für $\sin\alpha r$, wenn man

$$\varpi(\alpha) = \alpha\cos\alpha\mathfrak{r} + h\sin\alpha\mathfrak{r}$$

setzt, ist sie

$$\frac{\sin\alpha\mathfrak{r}}{\varpi(\alpha)} = 2\,\mathsf{S} \pm \frac{\lambda}{\lambda^2-\alpha^2}\,\frac{\sqrt{h^2+\mathfrak{r}^2}}{(h^2+\lambda^2)\mathfrak{r}+h}\sin\lambda r,$$

wo das Zeichen $\pm$ so zu verstehen ist, dass das Glied der Reihe mit dem kleinsten λ das positive Vorzeichen erhält und die Glieder abwechselnde Zeichen besitzen.

b) Die nach den $\theta(\lambda, r)$ fortschreitende Reihe für $\theta(\alpha, r)$ soll in gleichem Grade convergiren, wie das in den drei speciellen Fällen zutrifft.

c) Es soll eine endliche Function g von r existiren — in den drei speciellen Fällen ist sie resp. r, r^2, 1 — so dass

$$\int_0^{\mathfrak{r}} \theta(\lambda, r)\theta(\mu, r)g\,dr$$

Null ist, wenn μ eine von λ verschiedene Wurzel der Gleichung $\varpi(\alpha) = 0$ bezeichnet, nicht Null ist für $\mu = \lambda$.

d) Das Integral

$$\int_0^{\mathfrak{r}} \theta(\alpha, r)\chi(r)g\,dr$$

soll nicht für alle Werthe, die man α ertheilt, Null sein können, ohne dass die Function $\chi(r)$ Null ist.

Sind diese Bedingungen erfüllt, und convergirt die Reihe

$$\mathsf{S}\,\theta(\lambda, r)\frac{\int_0^{\mathfrak{r}} f(r)\theta(\lambda, r)g\,dr}{\int_0^{\mathfrak{r}} (\theta(\lambda, \mathfrak{r}))^2 g\,dr}$$

in gleichem Grade, so ist sie zugleich die Entwickelung von $f(r)$ nach den Functionen $\theta(\lambda, r)$.

Fünftes Kapitel.

Der Kegel.

§ 60. Der Scheitel eines Rotationskegels wird zum Anfangspunkt rechtwinkliger Coordinaten x, y, z gewählt, und die Rotationsaxe sei die Axe der X. Man führe Polarcoordinaten ein und setze

$$x = r\cos\theta, \qquad a = s\cos\eta,$$
$$y = r\sin\theta\cos\psi, \qquad b = s\sin\eta\cos\omega,$$
$$z = r\sin\theta\sin\psi, \qquad c = s\sin\eta\sin\omega,$$
$$\log r = \varrho, \quad \log s = \sigma, \quad \psi - \omega = \varphi,$$
$$r \geqq 0,\ 0 < \theta < \pi,\ -\pi < \psi < \pi; \quad s \geqq 0,\ 0 < \eta < \pi,\ -\pi < \omega < \pi.$$

Dann ist θ der Winkel, welchen der Radiusvector r vom Scheitelpunkte nach dem Punkte $[x, y, z]$ mit derjenigen Richtung der Rotationsaxe (der positiven) bildet, welche mit der positiven X-Axe übereinstimmt.

Die Aufgaben, zu deren Lösung das Material hier zusammengestellt wird, beziehen sich auf das Potential zunächst in einem Raume, welcher durch den Mantel eines (halben) Rotationskegels begrenzt wird. Bezeichnet θ_0 eine Constante zwischen 0 und $\frac{1}{2}\pi$, so ist die Gleichung eines solchen Mantels $\theta = \theta_0$. Durch die Festsetzung, dass θ_0 ein spitzer Winkel sein soll, ist zugleich die positive Richtung der X-Axe bestimmt; die Unbestimmtheit im Grenzfalle $\theta_0 = \frac{1}{2}\pi$ ist unerheblich.

Es handelt sich dann erstens um die Bestimmung des Potentials V in einem der beiden Räume $\theta \gtrless \theta_0$, welches sich auf eine Masse mit gegebener Dichtigkeit k bezieht, die im Raume resp. $\theta \lesseqgtr \theta_0$ vertheilt ist, zweitens um das Potential v einer Flächenbelegung des Mantels $\theta = \theta_0$ in den beiden Räumen $\theta < \theta_0$ und $\theta > \theta_0$. Aehnliche Aufgaben können auch für die drei und mehr Räume behandelt werden, in welche der ganze Raum durch zwei oder mehr Flächen $\theta = \theta_0$, $\theta = \theta_1$, etc. zerschnitten wird. Der Bogen θ_1, der (s. o.) unter π zu nehmen ist, kann dann selbstverständlich nicht immer unter $\frac{1}{2}\pi$ gewählt werden, wie es für θ_0 freistand. **Wir setzen fest, dass $\theta_0 < \theta_1 < \pi$ sei, während noch immer $\theta_0 < \frac{1}{2}\pi$ bleibt.** Ist Masse mit der Dichtigkeit k in dem Raume $\theta_0 < \theta < \theta_1$ vorhanden, so kann man das Potential V in den beiden Räumen $0 < \theta < \theta_0$, $\theta_1 < \theta < \pi$ auffinden; ferner ist das Flächenpotential v auf den beiden Mantelflächen $\theta = \theta_0$ und $\theta = \theta_1$ gegeben, so lässt es sich in den drei Räumen $\theta < \theta_0$, $\theta_0 < \theta < \theta_1$, $\theta_1 < \theta < \pi$ ermitteln.

Sind η und θ zwei Werthe der Coordinaten θ, welche Punkten angehören, die in demselben oder in verschiedenen von den beiden oder von den drei getrennten Räumen liegen, so kann man immer die positive Richtung der Axe der X so bestimmen, dass nicht beide Bogen η und θ zugleich, sondern höchstens einer von ihnen grösser als $\frac{1}{2}\pi$ wird. Dies wird mit Rücksicht auf das unten folgende Additionstheorem (25) bemerkt.

Die Gleichung $\Delta \mathrm{v} = 0$ verwandelt sich nach Einführung der Polarcoordinaten in die I. 303 für T gefundene, auch hier, im zweiten Bande, bereits auf S. 81 vorgekommene

$$r\frac{\partial^2(r\mathrm{v})}{\partial r^2} + \frac{1}{\sin\theta}\frac{\partial}{\partial\theta}\left(\sin\theta\frac{\partial \mathrm{v}}{\partial\theta}\right) + \frac{1}{\sin^2\theta}\frac{\partial^2\mathrm{v}}{\partial\psi^2} = 0.$$

Führt man $\varrho = \log r$ statt r ein, so entsteht aus ihr

$$\frac{\partial^2\mathrm{v}}{\partial\varrho^2} + \frac{\partial\mathrm{v}}{\partial\varrho} + \frac{\partial^2\mathrm{v}}{\partial\theta^2} + \operatorname{cotg}\theta\frac{\partial\mathrm{v}}{\partial\theta} + \frac{1}{\sin^2\theta}\frac{\partial^2\mathrm{v}}{\partial\psi^2} = 0.$$

Diese Gleichung kann hier nicht auf dieselbe Art integrirt werden wie bei den Untersuchungen über die Kugel. Dort hatte man nämlich Lösungen aufzufinden, welche zugleich mit ihren ersten Differentialquotienten nach θ und ψ, aber nicht nach r, im ganzen Raume zwischen zwei Kugeln, von denen eine event. den Radius 0 oder ∞ besitzt, continuirlich bleiben, während hier, ausser der Continuität der Function selbst noch die der Differentialquotienten nach r und ψ, nicht nach θ, in zusammenhängenden Räumen gefordert wird.

Wir suchen zunächst eine geeignete Entwickelung von T, der reciproken Entfernung von Punkten $[x, y, z]$ und $[a, b, c]$, oder von Punkten (r, θ, ψ) und (s, η, ω) auf. Man hat

$$T = \frac{1}{\sqrt{r^2 - 2rs\cos\gamma + s^2}} = e^{-\frac{1}{2}(\varrho+\sigma)}\frac{1}{\sqrt{2[\cos i(\varrho-\sigma) - \cos\gamma]}}.$$

Der Satz von Fourier giebt*)

$$T = \frac{\sqrt{2}}{\pi}e^{-\frac{1}{2}(\varrho+\sigma)}\int_0^\infty \cos\mu(\varrho-\sigma)\partial\mu\int_0^\infty \frac{\cos\alpha\mu\,\partial\alpha}{\sqrt{\cos\alpha i - \cos\gamma}}.$$

*) M. vergl. I. 300—301. Dort wurde bereits kurz über die Kegelfunctionen gehandelt, welche in diesem Kapitel ihre Anwendung finden; ebendaselbst sind die Arbeiten citirt, in welchen Herr Mehler diese Functionen einführte.

Bedeutet x irgend eine Zahl, so setzen wir

$$(23)\ \ldots\quad \mathfrak{K}^{(\mu)}(x) = \frac{\sqrt{2}}{\pi}\cos\mu\pi i\int_0^\infty \frac{\cos\alpha\mu\, d\alpha}{\sqrt{\cos\alpha i + x}},$$

wo die Quadratwurzeln positiv zu nehmen sind. Die Constante, welche das Integral multiplicirt, ist nach der Bestimmung des Herrn Mehler so gewählt worden, dass man hat $\mathfrak{K}^\mu(0) = 1$; unendlich wird das Integral nur für $x = -1$.

Unter der Kegelfunction $\mathfrak{k}^\mu(x)$ werde ich das arithmetische Mittel aus $\mathfrak{K}^\mu(x+0.i)$ und $\mathfrak{K}^\mu(x-0.i)$ verstehen*); im allgemeinen ist daher $\mathfrak{K}^\mu(x) = \mathfrak{k}^\mu(x)$, und nur dann unterscheidet sich $\mathfrak{k}$ von $\mathfrak{K}$ (und damit ändert die hier gegebene Definition der Kugelfunction die ursprüngliche in einem Falle ab), wenn x eine negative reelle Zahl und zugleich absolut grösser als 1 ist.

Nach der Festsetzung unter (23) wird, wenn man einen Buchstaben $\mathfrak{T}$ einführt, erhalten

$$T = e^{-\frac{1}{2}(\varrho+\sigma)}\mathfrak{T} = \frac{1}{\sqrt{r.s}}\mathfrak{T},$$

$$(24)\ \ldots\quad \mathfrak{T} = \int_0^\infty \frac{\cos\mu(\varrho-\sigma)}{\cos\mu\pi i}\mathfrak{k}^\mu(-\cos\gamma)d\mu.$$

Ehe wir zu weiteren Umformungen der rechten Seite dieser Gleichung übergehen, handeln wir über die verschiedenen Ausdrücke der Kegelfunction durch ein Integral, betrachten aber nur den Fall eines reellen x.

1) Wenn x positiv ist und

a) $x > 1$, so setze man $x = \cos\theta i$ und verstehe unter θ die positive Zahl. Dann lässt sich $\mathfrak{k}(\cos\theta i)$ oder, was dasselbe ist, $\mathfrak{K}(\cos\theta)$ durch folgende Integrale darstellen

$$\frac{\pi}{\sqrt{2}}\mathfrak{k}^\mu(\cos\theta i) = \cos\mu\pi i\int_0^\infty \frac{\cos\alpha\mu\, d\alpha}{\sqrt{\cos\alpha i + \cos\theta i}} = \int_0^\theta \frac{\cos\alpha\mu\, d\alpha}{\sqrt{\cos\theta i - \cos\alpha i}}$$
$$= i\operatorname{cotg}\mu\pi i\int_\theta^\infty \frac{\sin\alpha\mu\, d\alpha}{\sqrt{\cos\alpha i - \cos\theta i}}.$$

Diese von Herrn Mehler gefundenen Ausdrücke beweise ich im

*) Herr Mehler bemerkt in seinem Osterprogramm (Elbing 1870), dass die Kegelfunction ebenso wie beim Kegel sich auch beim Rotationshyperboloid verwenden lässt.

89. Bande von Borchardt's Journal*) durch die Methoden von Cauchy. Aus je einer von den Gleichungen

$$\int \frac{\cos \mu z \, dz}{\sqrt{\cos \theta i - \cos z i}} = 0, \quad \int \frac{\sin \mu z \, dz}{\sqrt{\cos \theta i - \cos z i}} = 0,$$

in denen die Integration nach der complexen Zahl z über das innere Ufer eines Rechtecks erfolgt, welches die vier Punkte

$$A = -\infty, \quad B = \infty, \quad C = \infty + \pi i, \quad D = -\infty - \pi i$$

zu Eckpunkten hat (wo unter ∞ das auf reellem Wege Wachsende zu verstehen ist), ergiebt sich nämlich fast ohne Rechnung, dass in der obigen viergliedrigen Gleichung für $\mathfrak{f}$ das erste Integral gleich dem zweiten, resp. dass es gleich dem dritten sei.

Jedes der obigen beiden Integrale nach z setzt sich nämlich aus vier Integralen zusammen, die successive über die Wege AB, BC, CD, DA zu nehmen sind. Die Integrale über BC und DA sind Null, da der Zähler der Function $\cos \mu z$ resp. $\sin \mu z$ und der Integrationsweg endlich, der Nenner, d. i. die Quadratwurzel, unendlich wird. Daher ist jedes der Integrale über DC gleich dem Integrale derselben Function über den inneren Rand von AB. Man beachte dass im ganzen Innern von $ABCD$ niemals $\cos \theta i - \cos z i$ negativ und reell wird; der reelle Theil der Quadratwurzel hieraus wechselt daher nicht das Zeichen, sondern bleibt positiv, wenn wir ihn für einen Werth von z positiv nehmen.

Der Weg DC umfasst die Punkte $z = x + \pi i$, wo x von $-\infty$ bis ∞ wächst; daher sind die beiden Integrale nach z auf dem Wege DA resp.

$$\cos \mu \pi i \int_{-\infty}^{\infty} \frac{\cos \mu x \, dx}{\sqrt{\cos \theta i + \cos x i}}, \quad \sin \mu \pi i \int_{-\infty}^{\infty} \frac{\cos \mu x \, dx}{\sqrt{\cos \theta i + \cos x i}},$$

d. i. nach (23) resp.

$$\pi \sqrt{2} \mathfrak{f}^{\mu}(\cos \theta i), \quad \pi \sqrt{2} \operatorname{tang} \mu \pi i \, \mathfrak{f}^{\mu}(\cos \theta i).$$

Wir kommen zu der Integration auf dem innern Rande von AB, so dass, wenn ε eine unendlich kleine positive Grösse bezeichnet, z die Gerade $z = x + \varepsilon i$ zu durchlaufen hat, wo x von $-\infty$ bis ∞ wächst. Wir haben die Quadratwurzel im Nenner der zu integrirenden Function auf diesem Wege zu verfolgen, auf dem wir noch die Punkte $-\theta + \pi i$ und $\theta + \pi i$ in's Auge fassen müssen. Man hat

$$\cos \theta i - \cos z i = (\cos i\theta - \cos ix . \cos \varepsilon) - i \sin ix \sin \varepsilon.$$

Der reelle Theil dieses Ausdrucks ist negativ von $x = -\infty$ bis $x = -\theta$, ferner von θ bis ∞; er ist positiv von $x = -\theta$ bis $x = \theta$. Der imaginäre Theil ist positiv für negative x, negativ für positive x. Ist q eine beliebige, p eine positive Zahl, so werden die mit positivem reellen Theile genommenen Wurzeln aus $-q \pm pi$ bekanntlich durch folgende Gleichungen gegeben

$$\sqrt{-q \pm pi} = \sqrt{-\tfrac{1}{2}q + \tfrac{1}{2}\sqrt{p^2+q^2}} \pm i \sqrt{\tfrac{1}{2}q + \tfrac{1}{2}\sqrt{p^2+q^2}}.$$

*) Einige Anwendungen der Residuenrechnung von Cauchy S. 23—27.

Bei uns wird p unendlich klein, also, je nachdem q positiv oder negativ ist, der reelle oder imaginäre Theil der rechten Seite unendlich klein und man findet, dass

$$\sqrt{\cos\theta i - \cos zi}$$

auf dem inneren Ufer von AB ist

$$\begin{array}{llll} i\sqrt{\cos xi - \cos\theta i} & \text{von} \quad x = -\infty & \text{bis} \quad x = -\theta, \\ \sqrt{\cos\theta i - \cos xi} & \quad ,, \quad x = -\theta & \quad ,, \quad x = \theta, \\ -i\sqrt{\cos xi - \cos\theta i} & \quad ,, \quad x = \theta & \quad ,, \quad x = \infty. \end{array}$$

Hieraus folgt unmittelbar, dass, wenn man nach z über den Weg AB integrirt, sei

$$\int \frac{\cos\mu z\, dz}{\sqrt{\cos\theta i - \cos zi}} = \int_{-\theta}^{\theta} \frac{\cos\mu x\, dx}{\sqrt{\cos\theta i - \cos xi}},$$

$$\int \frac{\sin\mu z\, dz}{\sqrt{\cos\theta i - \cos zi}} = 2i\int_{\theta}^{\infty} \frac{\sin\mu x\, dx}{\sqrt{\cos xi - \cos\theta i}}.$$

Hierdurch ist die viergliedrige Gleichung für $\mathfrak{f}(\cos\theta i)$ bewiesen.

b) Wenn aber $x < 1$ ist und man $x = \cos\theta$, $0 < \theta < \frac{1}{2}\pi$ setzt, so wird

$$\frac{\pi}{\sqrt{2}}\mathfrak{f}^{\mu}(\cos\theta) = \cos\mu\pi i\int_{0}^{\infty} \frac{\cos\alpha\mu\, d\alpha}{\sqrt{\cos\alpha i + \cos\theta}} = \int_{0}^{\theta} \frac{\cos\alpha\mu i\, d\alpha}{\sqrt{\cos\alpha - \cos\theta}}.$$

Man erkennt dies aus der Gleichung

$$\int \frac{\cos\mu zi\, dz}{\sqrt{\cos z - \cos\theta}} = 0,$$

in welcher die Integration auf dem inneren Ufer eines Rechtecks erfolgt, welches die vier Punkte

$$A = -\pi, \quad B = \pi, \quad C = \pi + \infty . i, \quad D = -\pi + \infty . i$$

zu Eckpunkten hat.

Man findet nämlich, wenn man wie oben verfährt, dass das Integral über CD Null wird, weil die zu integrirende Function verschwindet; ferner dass

$$\sqrt{\cos z - \cos\theta}$$

auf dem inneren Ufer von BC ist, für $z = \pi + yi$:

$$-i\sqrt{\cos yi + \cos\theta} \quad \text{von} \quad y = 0 \quad \text{bis} \quad y = \infty;$$

auf dem inneren Ufer von AD ist, für $z = -\pi + yi$:

$$i\sqrt{\cos iy + \cos\theta} \quad \text{von} \quad y = 0 \quad \text{bis} \quad y = \infty;$$

auf dem inneren Ufer von AB ist, für $z = x$:

$$\begin{array}{llll} i\sqrt{\cos\theta - \cos x} & \text{von} \quad x = -\pi & \text{bis} \quad x = -\theta, \\ \sqrt{\cos x - \cos\theta} & \quad ,, \quad x = -\theta & \quad ,, \quad x = \theta, \\ -i\sqrt{\cos\theta - \cos x} & \quad ,, \quad x = \theta & \quad ,, \quad x = \pi. \end{array}$$

Setzt man diese Ausdrücke in das Integral nach z ein, so erhält man sofort den angegebenen Ausdruck von $\mathfrak{f}(\cos\theta)$.

2) Wenn x negativ reell ist und

a) $x = -\cos\theta i$, d. h. x negativ und grösser als 1, so wird nach (23)

$$\mathfrak{K}^{\mu}(-\cos\theta i \pm 0.i)$$
$$= \frac{\sqrt{2}}{\pi}\cos\mu\pi i\left[\int_0^{\theta}\frac{\cos\alpha\mu\, d\alpha}{\sqrt{\cos\alpha i - \cos(\theta i \pm 0.i)}} + \int_{\theta}^{\infty}\frac{\cos\alpha\mu\, d\alpha}{\sqrt{\cos\alpha i - \cos\theta i}}\right].$$

In dem ersten Integrale hat man die Wurzel aus einem Ausdruck $-p \pm 0.i$ zu ziehen, wo p positiv ist; diese, wenn man den unendlich kleinen reellen Theil positiv nimmt und dann zur Grenze übergeht, verwandelt sich (s. o.) in $\pm i\sqrt{p}$. Demnach lässt sich das erste Integral nach der viergliedrigen Formel unter 1, *a*) durch $\mathfrak{f}(\cos\theta i)$ ausdrücken, so dass man erhält

$$\mathfrak{K}^{\mu}(-\cos\theta i \pm 0.i)$$
$$= \frac{\sqrt{2}}{\pi}\cos\mu\pi i\int_{\theta}^{\infty}\frac{\cos\alpha\mu\, d\alpha}{\sqrt{\cos\alpha i - \cos\theta i}} \mp i\cos\mu\pi i\,\mathfrak{f}^{\mu}(\cos\theta i).$$

Nimmt man das arithmetische Mittel aus den beiden vorstehenden Werthen, so erhält man schliesslich die Gleichung

$$\mathfrak{f}^{(\mu)}(-\cos\theta i) = \frac{\sqrt{2}}{\pi}\cos\pi\mu i\int_{\theta}^{\infty}\frac{\cos\alpha\mu\, d\alpha}{\sqrt{\cos\alpha i - \cos\theta i}}.$$

b) Setzt man für x eine negative Zahl, die kleiner als 1 ist, also $x = \cos\theta$, wo man $\frac{1}{2}\pi < \theta < \pi$ zu nehmen hat, so ist $\mathfrak{f} = \mathfrak{K}$ und $\mathfrak{f}(x)$ wird in diesem Falle durch die rechte Seite von (23) ausgedrückt; auch die Gleichung unter 1, *b*) bleibt in diesem Falle gültig.

Wir finden also u. a. das Resultat: Die Kegelfunction $\mathfrak{f}^{(\mu)}(x)$ lässt sich für alle Werthe von x, mit Ausnahme der Werthe $x = -\cos i\theta$, durch das Integral

$$\mathfrak{f}^{(\mu)}(x) = \frac{\sqrt{2}}{\pi}\cos\mu\pi i\int_0^{\infty}\frac{\cos\alpha\mu\, d\alpha}{\sqrt{\cos\alpha i + x}}$$

darstellen.

Durch die Substitution $\alpha = \log z$ nimmt dies die Form an

$$\mathfrak{f}^{\mu}(x) = \frac{\cos\mu\pi i}{\pi}\int_0^{\infty}\frac{z^{\mu i - \frac{1}{2}}\, dz}{\sqrt{1 + 2zx + z^2}}.$$

Versteht man unter θ eine positive Zahl, so ist ferner

$$\mathfrak{k}^{\mu}(-\cos\theta i) = \frac{\sqrt{2}}{\pi}\cos\mu\pi i\int_{\theta}^{\infty}\frac{\cos\alpha\mu\, d\alpha}{\sqrt{\cos\alpha i - \cos\theta i}}.$$

Anmerkung. Die Werthe von $\mathfrak{k}^{(\mu)}$ für ein unendliches μ erhält man durch die im I. Bande angegebenen Methoden. So findet man als angenäherten Werth erstens von $\mathfrak{k}^{\mu}(\cos\theta)$

$$\frac{1}{\pi\sqrt{2}}\int_{0}^{\theta} e^{\mu\alpha}\frac{d\alpha}{\sqrt{\cos\alpha - \cos\theta}},$$

und nach der Substitution $\alpha = \theta - \beta$

$$\frac{e^{\mu\theta}}{\pi\sqrt{2}}\int_{0}^{\theta} e^{-\mu\beta}\frac{d\beta}{\sqrt{2\sin(\theta - \frac{1}{2}\beta)\sin\frac{1}{2}\beta}}.$$

Man macht $\mu\beta = x$, wodurch die Grenzen von x Null und $\mu\theta$ werden, überzeugt sich aber leicht davon, dass es genügt, wenn man nur bis $\theta\sqrt{\mu}$ integrirt. Das Integral unterscheidet sich dann nur um einen von 1 unendlich wenig verschiedenen Factor von

$$\frac{1}{\sqrt{\mu\sin\theta}}\int_{0}^{\infty} e^{-x}x^{-\frac{1}{2}}dx = \frac{\sqrt{\pi}}{\sqrt{\mu\sin\theta}},$$

so dass man mit Herrn Mehler findet

$$\mathfrak{k}^{\mu}(\cos\theta) = \frac{e^{\mu\theta}}{\sqrt{2\mu\pi\sin\theta}}, \quad (\mu = \infty).$$

Um zweitens den angenäherten Werth von $\mathfrak{k}^{\mu}(\cos\theta i)$ zu erhalten, gehe man von der Formel aus

$$\mathfrak{k}^{\mu}(\cos\theta i) = \frac{\sqrt{2}}{\pi}\int_{0}^{\theta}\frac{\cos\alpha\mu\, d\alpha}{\sqrt{\cos\theta i - \cos\alpha i}}$$

$$= \frac{\sqrt{2}}{\pi}\int_{0}^{\theta}\frac{\cos\theta\mu\cos\beta\mu + \sin\theta\mu\sin\beta\mu}{\sqrt{\cos\theta i - \cos(\theta-\beta)i}}\,d\beta.$$

Setzt man statt des Nenners das Produkt

$$\frac{1}{\sqrt{\beta}}\cdot\sqrt{\frac{\beta}{\cos\theta i - \cos(\theta - \beta)i}},$$

und bemerkt, dass der zweite Factor für $\beta = 0$ in

$$\frac{1}{\sqrt{-i\sin\theta i}} = \sqrt{\frac{2}{e^{\theta} - e^{-\theta}}}$$

übergeht, so giebt der 4. Satz I. 62—63 sofort

$$\mathfrak{f}^{\mu}(\cos\theta i) = \frac{2}{\sqrt{\mu\pi}}\,\frac{\cos(\mu\theta - \frac{1}{4}\pi)}{\sqrt{e^{\theta} - e^{-\theta}}}, \quad (\mu = \infty).$$

Behandelt man **drittens** das Integral für $\mathfrak{f}^{\mu}(-\cos\theta i)$ auf gleiche Art, und bemerkt, dass es genügt, das Integral bis zu einem endlichen Werth, nicht bis ∞ zu nehmen, so erhält man

$$\mathfrak{f}^{\mu}(-\cos\theta i) = \frac{2\cos\mu\pi i}{\sqrt{\mu\pi}}\,\frac{\cos(\mu\theta + \frac{1}{4}\pi)}{\sqrt{e^{\theta} - e^{-\theta}}}, \quad \mu = \infty.$$

Aus den verschiedenen Formen für $\mathfrak{f}$ findet man, mit Herrn **Mehler**, wenn θ unendlich gross und μ endlich ist, ohne Schwierigkeit

$$\mathfrak{f}^{\mu}(\cos\theta i) = \frac{2ie^{-\frac{1}{2}\theta}}{\pi\operatorname{tang}(\mu\pi i)}\left[\cos\mu\theta\int_0^{\infty}\frac{\sin\mu\alpha\, d\alpha}{\sqrt{e^{\alpha}-1}} + \sin\mu\theta\int_0^{\infty}\frac{\cos\mu\alpha\, d\alpha}{\sqrt{e^{\alpha}-1}}\right],$$

und wenn μ unendlich gross aber θ unendlich klein, doch so beschaffen ist, dass $\mu\theta$ ein endlicher positiver Werth x wird

$$\mathfrak{f}^{\mu}\left(\cos\frac{ix}{\mu}\right) = J(x).$$

§ 61. Wenn die Kegelfunctionen auf diese Art definirt sind, so findet man, ähnlich wie bei den Kugelfunctionen (I, (52)), ein Additionstheorem für die Kegelfunctionen. Hier beschränke ich mich darauf, es in dem Falle anzugeben, dass die beiden Argumente x und y, auf die es sich bezieht, zugleich grösser oder zugleich kleiner als 1 sind. Es wird das **Additionstheorem für die Kegelfunctionen durch die Gleichungen ausgedrückt:**

$$(25)\ \ldots\quad z = xy - \sqrt{x^2-1}\sqrt{y^2-1}\cos\varphi,$$

$$\mathfrak{f}^{\mu}(z) = 2\sum_{0}^{\infty}{}'\frac{(4\sqrt{x^2-1}\sqrt{y^2-1})^{\nu}\cos\nu\varphi}{(4\mu^2+1)(4\mu^2+9)\ldots(4\mu^2+(2\nu-1)^2)}\,\frac{\partial^{\nu}\mathfrak{f}^{\mu}(x)}{\partial x^{\nu}}\,\frac{\partial^{\nu}\mathfrak{f}^{\mu}(y)}{\partial y^{\nu}}.$$

Hier kann man für beide Buchstaben x und y positive Zahlen setzen, oder für einen eine positive, für den anderen eine negative Zahl. Ist nämlich entweder $x > y > 1$ oder $x < y < 1$, so kann man x auch einen negativen Werth ertheilen. Die Quadratwurzeln $\sqrt{x^2-1}$ und $\sqrt{y^2-1}$ erhalten das Zeichen von x resp. y.

Für den Fall, dass x und y positiv und grösser als 1 sind, hat Herr **Mehler** diese Gleichungen im wesentlichen angegeben. Er findet nämlich durch eine Methode, welche allerdings eine unmittelbare Uebertragung auf andere Fälle nicht zulässt, für $K^{\mu}(z)$ in diesem Falle, d. i. also zugleich für $\mathfrak{k}^{\mu}(z)$, wenn wieder $x = \cos i\theta$ und $y = \cos i\eta$ gesetzt wird, die Formel

$$\mathfrak{k}^{\mu}(z) = 2\sum^{\infty}{}' A_{\nu} B_{\nu} \cos\nu\varphi,$$

wo man unter A folgende Function von x zu verstehen hat

$$A_{\nu} = \frac{1}{\pi}\int_0^{\pi} (\cos\theta i + i\sin\theta i\cos\varphi)^{-\frac{1}{2}+\mu i}\cos\nu\varphi\, d\varphi$$

$$= \sqrt{\frac{2}{\pi}}\cdot\frac{\Pi(\nu-\frac{1}{2}-\mu i)}{\Pi(\nu-\frac{1}{2})\Pi(-\frac{1}{2}-\mu i)}(-i\sin i\theta)^{-\nu}\int_0^{\theta}(\cos\theta i - \cos\alpha i)^{\nu-\frac{1}{2}}\cos\mu\alpha\, d\alpha.$$

Man erhält hieraus B_{ν} durch Vertauschung von θ und x mit η und y, und von μ mit $-\mu$.

Um den Beweis der Gleichungen (25) vorzubereiten, zeigen wir, dass die Kegelfunctionen nichts anderes sind als Kugelfunctionen, deren oberer Index n imaginär ist. Hierdurch ist der Gang unserer ferneren Untersuchungen vorgezeichnet, und man hat nur geringe Modificationen der früheren Entwickelungen zu erwarten.

Definirt man für positive x, wie I, (5), die Function erster Art P durch

$$\pi P^{n}(x) = \int_0^{\pi}(x + \cos\varphi\,.\sqrt{x^2-1})^{n}\, d\varphi,$$

wo rechts auch n mit $-n-1$ vertauscht werden darf*), und Q wie I. 161 (25, c) durch ein Glied der Doppelgleichung

$$Q^{n}(x) = \int_0^{\infty}\frac{du}{(x+\cos iu\,.\sqrt{x^2-1})^{n+1}} = \int_0^{v_0}(x - \cos iv\,.\sqrt{x^2-1})^{n}\, dv,$$

doch so, dass im Querschnitt (für ein x, welches kleiner als 1 ist) $Q^{n}(x)$ das arithmetische Mittel aus $Q^{n}(x+0.i)$ und $Q^{n}(x-0.i)$ bedeutet, so erhält man, wenn x eine positive Zahl bezeichnet, die beiden Gleichungen

$$(26)\ \ldots\quad \mathfrak{k}^{\mu}(x) = P^{-\frac{1}{2}+\mu i}(x) = P^{-\frac{1}{2}-\mu i}(x),$$

$$\mathfrak{k}^{\mu}(-x) = \frac{\cos\mu\pi i}{\pi}\,[Q^{-\frac{1}{2}+\mu i}(x) + Q^{-\frac{1}{2}-\mu i}(x)].$$

Die erste von ihnen hat Herr Mehler gefunden.

*) Unter einer n^{ten} Potenz von z hat man hier die (eindeutige) Hauptpotenz zu verstehen. Hauptpotenz z^{n}, wenn z nicht eine negative reelle Zahl bedeutet, ist die Exponentialreihe für $e^{n\log z}$, wenn man dem natürlichen Logarithmus $\log z$ einen imaginären Theil giebt, welcher zwischen $-\pi i$ und πi liegt.

Anmerkung. Wie allgemein $P_\nu^{-\frac{1}{2}+\mu i}$ mit $P_\nu^{-\frac{1}{2}-\mu i}$ zusammenhängt, zeigt die erste Gleichung auf I. 207.

§ 62. Zu diesen Beziehungen zwischen $\mathfrak{k}$, P und Q gelangt man, wenn man davon ausgeht, dass T derselben Gleichung wie $\mathfrak{v}$, also

$$\mathfrak{T} = [2(\cos i(\varrho-\sigma) - \cos\gamma)]^{-\frac{1}{2}}$$

der folgenden

$$\frac{\partial^2\mathfrak{T}}{\partial\varrho^2} + \frac{\partial^2\mathfrak{T}}{\partial\theta^2} + \operatorname{cotg}\theta\frac{\partial\mathfrak{T}}{\partial\theta} + \frac{1}{\sin^2\theta}\frac{\partial^2\mathfrak{T}}{\partial\psi^2} - \tfrac{1}{4}\mathfrak{T} = 0$$

genügt. Multiplicirt man dieselbe mit $\cos\mu(\varrho-\sigma)\partial\varrho$ und integrirt von $-\infty$ bis ∞, so folgt unmittelbar, dass das Integral, also nach (23), dass $\mathfrak{K}^\mu(\cos\gamma)$ ein Integral von

$$(27) \ldots \quad \frac{\partial^2\mathfrak{K}}{\partial\theta^2} + \operatorname{cotg}\theta\frac{\partial\mathfrak{K}}{\partial\theta} + \frac{1}{\sin^2\theta}\frac{\partial^2\mathfrak{K}}{\partial\psi^2} - (\mu^2+\tfrac{1}{4})\mathfrak{K} = 0$$

sei. Hier treten die in γ vorkommenden Bogen η und ω als Constante auf; setzt man $\eta = 0$, so verwandelt sich γ in θ und man findet, dass $\mathfrak{K}^\mu(\cos\theta)$ ein Integral von

$$(27, a) \ldots \quad \frac{d^2y}{d\theta^2} + \operatorname{cotg}\theta\frac{dy}{d\theta} - (\mu^2+\tfrac{1}{4})y = 0$$

ist, gleichgültig, ob θ einen reellen oder imaginären Bogen bezeichnet. Setzt man $\pi-\theta$ statt θ, so ändert sich die Gleichung nicht; da ferner $\mathfrak{K}(\cos\theta)$ für $\theta = 0$ endlich bleibt, während $\mathfrak{K}\cos(\pi-\theta)$ für $\theta = 0$ unendlich wird, so sind $\mathfrak{K}^\mu(\cos\theta)$ und $\mathfrak{K}^\mu(-\cos\theta)$ zwei verschiedene Integrale von (27, a).

Setzt man $-\frac{1}{2}+\mu i = n$ oder $-\frac{1}{2}-\mu i = n$, so geht (27, a) in (b) auf I. 49 und (27) in I, (51), die Gleichungen der Kugelfunctionen von $\cos\theta$ resp. $\cos\gamma$ über, und die Kegelfunctionen sind daher in der That nichts anderes als Kugelfunctionen mit imaginärem oberen Index $n = -\frac{1}{2}\pm\mu i$. Das Additionstheorem für die Kegelfunctionen erster Art lässt sich also, indem man durch die Differentiation von $\mathfrak{k}(x)$ nach x Zugeordnete bildet (welche für endliche x endlich bleiben, wenn nicht $x = -1$ gesetzt wird), genau auf dieselbe Art ableiten wie dies für die Kegelfunctionen auf der Seite 312 im ersten Bande geschah; nur die Bestimmung der dort auftretenden Constanten a würde eine besondere Betrachtung erfordern.

Wir beweisen nun die Gleichungen (26), und zwar **erstens** die erste derselben; hier sind zwei Fälle zu unterscheiden.

a) Es sei $x = \cos i\theta$ und θ reell und positiv.

Diesen Fall behandelt Herr **Mehler**, indem er in das Integral

$$P^n(x) = \frac{1}{\pi}\int_0^\pi (x + \cos\varphi . \sqrt{x^2-1})^n d\varphi$$

für φ eine neue Veränderliche α durch die Gleichung

$$x + \sqrt{x^2-1}.\cos\varphi = \cos i\theta - i \sin i\theta \cos\varphi = e^\alpha$$

einführt, so dass α, während φ von 0 bis π wächst, von θ bis $-\theta$ abnimmt. Man findet also

$$P^{-\frac{1}{2}\pm\mu i}(x) = \frac{1}{\pi\sqrt{2}}\int_{-\theta}^{\theta} \frac{e^{\pm\alpha\mu i}\, d\alpha}{\sqrt{\cos\theta i - \cos\alpha i}},$$

d. i. nach § 60, 1, *a*) gleich $\mathfrak{K}^\mu(x)$ und endlich gleich $\mathfrak{k}^\mu(x)$.

Anmerkung. Indem man dieselbe Transformation in dem Ausdrucke auf der rechten Seite von (35, *f*) in I. 215 anbringt, erhält man das dritte Glied der Gleichung des Herrn **Mehler** für A_ν im § 61.

b) Es sei $x = \cos\theta$, $0 < \theta < \frac{1}{2}\pi$.

Setzt man $\cos\theta - i \sin\theta \cos\varphi = z$, so hat man, um das Integral für P nach φ von 0 bis π zu nehmen, nach z über die Gerade zu integriren, welche die Punkte $a = \cos\theta - i\sin\theta$ und $b = \cos\theta + i\sin\theta$ verbindet. Diese ist parallel der Axe des Imaginären. Es wird

$$d\varphi = \frac{1}{\sin\theta \sin\varphi} \frac{dz}{i} = \frac{1}{i} \frac{dz}{\sqrt{1-2z\cos\theta+z^2}},$$

wo die Wurzel positiv zu nehmen ist; Null wird sie nur an den Endpunkten a und b. Das Integral, welches gleich $\pi P^n(\cos\theta)$ ist, wird also

$$= -i\int \frac{z^n\, dz}{\sqrt{1-2z\cos\theta+z^2}},$$

wenn das Integral über die Gerade ab genommen ist. Dafür kann man die Integration auch über den ganzen Bogen des Einheitskreises (des Kreises um den Anfangspunkt mit dem Radius 1), welcher a und b verbindet, ausführen. Denn die zu integrirende Function verschwindet nicht **in dem Innern** des Kreisabschnittes zwischen der Sehne ab und dem Bogen ab, verschwindet nur in den beiden Punkten des Randes a, b. Auch bleibt z^n im Abschnitte continuirlich und eindeutig, da z dort nicht negativ reell wird. Setzt man dann $z = e^{\alpha i}$, so durchläuft z den Bogen, wenn α von $-\theta$ bis θ wächst. Daher wird

$$P^{-\frac{1}{2}+\mu i}(\cos\theta) = \frac{1}{\pi\sqrt{2}}\int_{-\theta}^{\theta}\frac{e^{-\alpha\mu}\,d\alpha}{\sqrt{\cos\alpha-\cos\theta}}.$$

Nach § 60 unter 1, *b*) ist die rechte Seite $\mathfrak{k}^{\mu}(\cos\theta)$, und dadurch der Beweis von der ersten der Gleichungen (26) geliefert.

Zweitens beweisen wir die Gleichungen (26), welche sich auf Q beziehen.

a) Es sei $x = \cos\theta i$, und θ reell und positi .

Durch die Substitution

$$x + \cos iu.\sqrt{x^2-1} = e^{\alpha}$$

entsteht aus der ersten Gleichung für Q im § 61

$$\sqrt{2}.Q^{-\frac{1}{2}+\mu i}(\cos\theta i) = \int_{\theta}^{\infty}\frac{e^{-\alpha\mu i}\,d\alpha}{\sqrt{\cos\alpha i-\cos\theta i}}.$$

Nach § 60 unter 1, *a*) zieht man hieraus

$$\frac{2}{\pi}\cos\mu\pi i Q^{-\frac{1}{2}+\mu i}(\cos\theta i)$$

$$= \frac{\sqrt{2}}{\pi}\cos\mu\pi i\int_{\theta}^{\infty}\frac{\cos\alpha\mu\,d\alpha}{\sqrt{\cos\alpha i-\cos\theta i}} + i\sin\mu\pi i.\mathfrak{k}^{\mu}(\cos\theta i).$$

Vertauscht man hier μ mit $-\mu$, wodurch $\mathfrak{k}^{\mu}(\cos\theta i)$ sich (S. 219) nicht ändert, und addirt die so entstehende Gleichung zu der vorstehenden, so ergiebt sich (26). — Endlich ist der Beweis derselben Gleichung zu führen

b) wenn $x = \cos\theta$, $0 < \theta < \frac{1}{2}\pi$.

Da das Argument x hier im Querschnitt liegt, also $Q(x)$ das arithmetische Mittel aus $Q(x \pm 0.i)$ ist, so setze man, um beide Fälle gleichzeitig zu behandeln, je eines der beiden Paare von Gleichungen

$$\cos\theta \pm i\sin\theta\cos iu = e^{\alpha}, \quad \alpha = p \pm qi.$$

Während u von 0 bis ∞ wächst, wächst p von 0 bis ∞ ohne je abzunehmen, und q von θ asymptotisch zu $\frac{1}{2}\pi$. Man hat daher

$$\int_0^{\infty}(\cos\theta \pm i\sin\theta\cos iu)^{-\frac{1}{2}-\mu i}\,du = \pm\int\frac{e^{-\alpha\mu i}\,d\alpha}{\sin\theta\sin iu\, e^{-\frac{1}{2}\alpha}}.$$

Das Quadrat des Nenners auf der Rechten ist identisch $2(\cos\alpha i - \cos\theta)$, der Nenner selbst das Produkt der positiven Grösse

$$-i\sin\theta\sin iu\, e^{-\frac{1}{2}p}$$

mit $i(\cos\frac{1}{2}q \mp i\sin\frac{1}{2}q)$. Derselbe hat also auf dem Integrationswege, je nachdem die oberen oder unteren Zeichen genommen werden, das positive oder negative Zeichen, so dass in beiden Fällen die rechte Seite der obigen Gleichung

$$\int_{\pm\theta i}^{\infty\pm\frac{1}{2}\pi i} \frac{e^{-\alpha\mu i}\,d\alpha}{\pm\sqrt{2(\cos\alpha i-\cos\theta)}}$$

als Nenner einen Ausdruck mit positivem reellen Theile besitzt. Als Integrationsweg kann statt der vorgeschriebenen, von $\pm\theta i$ ausgehenden und nach $\infty+\frac{1}{2}\pi i$ geführten Curve eine andere diese beiden Punkte verbindende gewählt werden, die in dem Rechtecke bleibt, welches zu Eckpunkten hat

$$0,\quad \pm\tfrac{1}{2}\pi i,\quad \infty\pm\tfrac{1}{2}\pi i,\quad \infty.$$

Wir wählen, um die Punkte $\pm i\theta$ nicht zu umschliessen und die Linien auszuschliessen, welche in der Entfernung $\frac{1}{2}\pi$ der Axe des Reellen parallel laufen, als Weg das innere Ufer der drei Geraden von $\pm\theta i$ nach 0, von 0 nach ∞, von ∞ bis $\infty\pm\frac{1}{2}\pi i$. Da ferner das Integral nach α, von ∞ bis $\infty\pm\frac{1}{2}\pi i$, Null ist, so kann man statt des ursprünglich vorgeschriebenen Weges von α den geradlinigen von $\pm\theta$ zu 0 und darauf von 0 nach ∞ nehmen. Man erhält dadurch

$$\int_0^{\infty}(\cos\theta\pm i\sin\theta\cos iu)^{-\frac{1}{2}-\mu i}\,du$$

$$= -\int_0^{\pm\theta i}\frac{e^{-\alpha\mu i}\,d\alpha}{\sqrt{2(\cos\alpha i-\cos\theta)}} + \int_0^{\infty}\frac{e^{-\alpha\mu i}\,d\alpha}{\sqrt{2(\cos\alpha i-\cos\theta)}}.$$

Bildet man nun das arithmetische Mittel der beiden Integrale auf der Linken, führt auch im ersten Integral αi statt α als Veränderliche ein, so entsteht

$$Q^{-\frac{1}{2}+\mu i}(\cos\theta) = \int_0^{\infty}\frac{e^{-\alpha\mu i}\,d\alpha}{\sqrt{2(\cos\alpha i-\cos\theta)}} - \int_0^{\theta}\frac{\sin\alpha\mu i\,d\alpha}{\sqrt{2(\cos\alpha-\cos\theta)}}.$$

Aendert man schliesslich μ in $-\mu$ um und addirt die entstehende Gleichung zur obigen, so erhält man

$$\tfrac{1}{2}Q^{-\frac{1}{2}+\mu i}(\cos\theta)+\tfrac{1}{2}Q^{-\frac{1}{2}-\mu i}(\cos\theta) = \int_0^{\infty}\frac{\cos\alpha\mu\,d\alpha}{\sqrt{2(\cos\alpha i-\cos\theta)}},$$

und dies ist die zu beweisende Gleichung aus (26), da das Integral auf der Rechten, nach § 60, S. 222, gleich ist

$$\frac{1}{2}\frac{\pi}{\cos\mu\pi i}\mathfrak{f}^{\mu}(-\cos\theta).$$

Aus den Functionen $\mathfrak{f}(x)$ kann man, ähnlich wie aus den Kugelfunctionen, ν^{te} Zugeordnete bilden, indem man sie ν mal nach x differentiirt und mit der ν^{ten} Potenz von $\sqrt{x^2-1}$ multiplicirt. Diese Zugeordneten bleiben, ebenso wie jene Differentialquotienten, ausser für $x=-1$ endlich. Man bildet diese Differentialquotienten sofort, wenn x positiv ist, indem man den Ausdruck von $\mathfrak{f}^{\mu}(x)$

$$\frac{\sqrt{2}}{\pi}\cos\mu\pi i\int_0^{\infty}\frac{\cos\alpha\mu\, d\alpha}{\sqrt{\cos\alpha i+x}}$$

ν mal unter dem Integral differentiirt. Ist aber x negativ, so kommt man durch das so eben gewonnene Resultat zum Ziele, nach welchem $\mathfrak{f}(-x)$ (im wesentlichen) mit der Function $Q(x)$, also die zugeordnete Kegelfunction mit dem Ausdruck von $Q_{\nu}^{(n)}$ auf I. 224

$$\int_0^{v_0}(x-\cos iv.\sqrt{x^2-1})^n\cos i\nu v\, dv$$

übereinstimmt.

Den Ausdruck solcher Zugeordneten durch hypergeometrische Reihen findet man im § 64.

§ 63. Bedeutet z, wie in (25), den Ausdruck

$$z = xy-\sqrt{x^2-1}\sqrt{y^2-1}\cos\varphi,$$

so ist die Function $\mathfrak{f}^{\mu}(z)$ selbst, und mit ihren Differentialquotienten nach φ, (s. d. Schluss des § 62) endlich und continuirlich nach φ, wenn z für keinen Werth von φ zwischen $-\pi$ und π gleich -1 wird.

Es seien, bis die Bestimmung (in diesem Paragraphen unten) wieder aufgehoben wird, x und y positive reelle und ungleiche Zahlen, entweder beide grösser als 1 oder beide kleiner als 1. In dem ersten Falle bleibt z offenbar für jeden Werth von φ positiv. Im letzteren Falle, setzt man $x=\cos\theta$, $y=\cos\eta$, und nimmt θ und η zwischen 0 und $\frac{1}{2}\pi$, so bleibt z für alle Werthe von φ zwischen $-\pi$ und π positiv.

Da $\mathfrak{f}(z)$ und die Differentialquotienten von $\mathfrak{f}$ nach φ auch periodisch nach φ sind, so lassen sie sich nach dem Zusatze zu

Dirichlet's Satz über die Entwickelung von Functionen in trigonometrische Reihen, der sich auf die Entwickelung periodischer continuirlicher Functionen bezieht, (und, aus einer früheren Arbeit im Borchardt'schen Journal, I. 56 wiederholt wurde), in gleichmässig convergente Reihen entwickeln, woraus man beweisen kann, dass man den Differentialquotient von $\mathfrak{f}(z)$ erhält, indem man die Summe der Differentialquotienten aller Glieder der trigonometrischen Reihe für $\mathfrak{f}(z)$ bildet.

Setzt man $\psi-\omega$ für φ und $\cos\theta$ und $\cos\eta$ für x und y, so wird $\mathfrak{f}^{\mu}(z)$ der Gleich. (27) genügen. Entwickelt man ferner $\mathfrak{f}^{\mu}(z)$ in die trigonometrische Reihe

$$\mathfrak{f}^{\mu}(z) = \sum^{\infty}{}' u_\nu \cos\nu(\psi-\omega),$$

so wird u_ν eine Function von x und y, welche offenbar derselben Gleichung genügt, wie die Zugeordneten $P_\nu^n(x)$ und $Q_\nu^n(x)$ in Bezug auf x, oder wie $P_\nu^n(y)$ und $Q_\nu^n(y)$ in Bezug auf y, wenn man nur $n = -\frac{1}{2}+\mu i$ setzt, nämlich der Gleichung

$$(a) \ldots \quad (1-x^2)\frac{d^2u}{dx^2} - 2x\frac{du}{dx} - \left[\mu^2+\tfrac{1}{4}+\frac{\nu^2}{1-x^2}\right]u = 0.$$

Da $\mathfrak{f}^{\mu}(x)$ und $\mathfrak{f}^{\mu}(-x)$ zwei Lösungen derselben für $\nu=0$ sind, so ist aus den Untersuchungen des ersten Bandes klar, dass die Lösungen von (a) für ein beliebiges ganzzahliges ν Zugeordnete sind

$$(x^2-1)^{\frac{1}{2}\nu}\frac{d^\nu}{dx^\nu}\mathfrak{f}^{\mu}(x), \quad (x^2-1)^{\frac{1}{2}\nu}\frac{d^\nu}{dx^\nu}\mathfrak{f}^{\mu}(-x).$$

Aehnliches lässt sich über die Art sagen, auf welche y in u_ν eingeht.

Für $\mathfrak{f}^{\mu}(x)$ und $\mathfrak{f}^{\mu}(-x)$ setzen wir nunmehr ihre Werthe aus (26), drücken die ersteren also durch P und die letzteren durch Q aus. Man benutzt nun die für die Zugeordneten gefundenen Formeln aus I. 204 und 206

$$P_\nu^n(x) = \frac{2^n}{\pi}\frac{\Pi(n+\nu)\Pi(n-\nu)}{\Pi 2n}\int_0^\pi (x+\cos\varphi\sqrt{x^2-1})^n \cos\nu\varphi\, d\varphi$$

$$= 2^n\frac{\Pi n\, \Pi n-\nu}{\Pi 2n}\sqrt{x^2-1}^{\,\nu}\frac{d^\nu P^n(x)}{dx^\nu},$$

so wie die aus I. 224, I. 160 und (e) in I. 227 (in Bezug auf die Ableitung der letzteren vergl. m. die 1. Anmerkung zum laufenden Paragraphen)

$$Q_\nu^n(x) = \frac{\Pi(2n+1)}{2^n \Pi n \Pi n}\int_0^{v_0}(x - \cos iv.\sqrt{x^2-1})^n \cos i\nu v\, dv$$

$$= \frac{\Pi(2n+1).\cos\nu\pi}{2^n \Pi n\, \Pi(n+\nu)}\sqrt{x^2-1}^{\,\nu}\frac{d^\nu Q^n(x)}{dx^\nu},$$

$$\left(v_0 = \tfrac{1}{2}\log\frac{1+x}{1-x}\right).$$

Man setze diese Werthe zuerst in das Additionstheorem I, (52) für die Kugelfunctionen erster Art P ein und giebt dort $a_\nu^{(n)}$ die Form

$$a_\nu^{(n)} = \frac{2}{\pi}4^n\frac{\Pi(n-\frac{1}{2})\Pi(n-\frac{1}{2})}{\Pi(n+\nu)\Pi(n-\nu)}.$$

Dasselbe bleibt noch für $n = -\frac{1}{2}+\mu i$, wenigstens wenn z positiv ist, gültig, da die Ableitung desselben durch die zweite Methode I, § 76 in diesem Falle noch gestattet ist. Vergl. 2. Anm. zum laufenden Paragraphen. (Man sieht aus derselben, dass vorläufig, wenn x und y kleiner als 1 sind, η und θ unter $\frac{1}{4}\pi$ genommen werden mussten.) So entsteht die Gleichung

$$P^{-\frac{1}{2}+\mu i}(z)$$

$$= 2\sum^{\infty}{}' \frac{[4\sqrt{x^2-1}\sqrt{y^2-1}]^\nu \cos\nu\varphi}{(4\mu^2+1)(4\mu^2+9)\ldots(4\mu^2+(2\nu-1)^2)}\frac{\partial^\nu P^{-\frac{1}{2}+\mu i}(x)}{\partial x^\nu}\frac{\partial^\nu P^{-\frac{1}{2}+\mu i}(y)}{\partial y^\nu}.$$

Eine zweite Gleichung erhält man für die Kugelfunction zweiter Art aus der vorstehenden, wenn man in ihr gleichzeitig $P(z)$ und $P(x)$ mit $Q(z)$ und $Q(x)$ vertauscht, vorausgesetzt, dass x der Bedingung genügt (m. vergl. die I. 334 gegebenen nothwendigen Bedingungen)

$$M\frac{x+1}{x-1} < M\frac{y+1}{y-1}.$$

Es muss also für solche x und y, die grösser als 1 sind, $x > y$, für solche, die kleiner als 1 sind, $x < y$, also ($x = \cos\theta$, $y = \cos\eta$) der Bogen η kleiner als θ sein.

Benutzt man nun die erste der Gleich. (26), so ist die vorstehende Formel selbst das Additionstheorem (25), aber nur für positive x und y. Die zweite, Q enthaltende Formel liefert die Ergänzung, wenn man sie zu der addirt, welche aus ihr durch Vertauschung von μ mit $-\mu$ entsteht. Multiplicirt man nämlich die Summe noch mit $\cos\mu\pi i$ und dividirt durch π, so verwandelt sich nach (26) die linke Seite in

$$\mathfrak{k}^{\mu}(-z) = \mathfrak{k}^{\mu}(-xy + \sqrt{x^2-1}\sqrt{y^2-1}\cos\varphi),$$

während die rechte Seite, abgesehen von den numerischen Constanten, welche man aus (25) entnimmt, als Factor von $\cos\nu\varphi$ enthält

$$(\sqrt{x^2-1}\sqrt{y^2-1})^{\nu}\frac{\partial^{\nu}\mathfrak{k}^{\mu}(-x)}{\partial x^{\nu}}\frac{\partial^{\nu}\mathfrak{k}^{\mu}(y)}{\partial y^{\nu}}.$$

Versteht man jetzt unter y noch immer eine positive, unter x aber eine positive oder negative Grösse und giebt $\sqrt{x^2-1}$ das Zeichen von x, so hat man das Additionstheorem (25) mit den im § 61 angegebenen näheren Bestimmungen bewiesen, — vorläufig freilich, in dem Falle dass x und y kleiner als 1 sind, noch mit der Beschränkung für φ, dass $\cos\gamma$ positiv sei. So lange η und θ unter $\frac{1}{4}\pi$ liegen, ist diese von selbst erfüllt.

Von diesen Beschränkungen lässt die Formel sich jedoch befreien; man wird auch bemerken, dass im Falle $x < 1$, $y < 1$, eine der beiden Formeln genügen würde, indem man durch die folgenden Betrachtungen aus ihr auch die zweite gewinnen kann. Es ist nämlich sowohl $\mathfrak{k}(\cos\gamma)$ als der Differentialquotient dieser Function nach η oder θ eine continuirliche periodische Function von φ, so dass man nicht nur wie am Anfang dieses Paragraphen setzen kann

$$(b) \ldots \quad \mathfrak{k}^{\mu}(\cos\gamma) = \Sigma u_{\nu}\cos\nu\varphi,$$

sondern auch, wenn t eine Function von η und θ bezeichnet,

$$\frac{\partial}{\partial\theta}\mathfrak{k}^{\mu}(\cos\gamma) = \Sigma t_{\nu}\cos\nu\varphi.$$

Die letzte Reihe muss ebenso wie die erste in gleichem Grade convergiren; ihr Integral nach θ wird also genommen indem man sie gliedweise integrirt. Hieraus folgt, dass (b) nach φ, η oder θ dadurch differentiirt werden kann, dass man die Reihe auf der Rechten gliedweise differentiirt. M. vergl. die Bemerk. auf S. 231.

Da $\mathfrak{k}(\cos\gamma)$ und der Differentialquotient dieser Function nach η oder θ offenbar continuirlich bleiben, indem bei uns $\cos\gamma$ nicht -1 werden kann, so bleiben auch u und die Differentialquotienten von u continuirlich.

Wir bezeichnen hier, wo es sich um Werthe von x handelt, die kleiner als 1 sind, nicht ganz analog der Bezeichnung bei den

Kugelfunctionen, mit $\mathfrak{k}_\nu^\mu$, der Zugeordneten, den Ausdruck

$$\mathfrak{k}_\nu^\mu(x) = c\sqrt{1-x^2}^{\,\nu}\,\frac{d^\nu\mathfrak{k}^\mu(x)}{dx^\nu},$$

wo $\sqrt{1-x^2}$ das Zeichen von x erhält, und c eine hier gleichgültige Constante vorstellt. Man beachte, dass $\mathfrak{k}_\nu^\mu(x)$, wenn x vom Positiven zum Negativen übergeht, sich bei $x=0$ nicht in $\mathfrak{k}_\nu^\mu(-x)$, sondern in $\cos\nu\pi\,\mathfrak{k}_\nu^\mu(-x)$ continuirlich ändert. Es seien ferner a, b, g, h Constante. Dann wird u, weil es der Differentialgleichung (a) genügt, von der Form sein

$$u_\nu = [a\mathfrak{k}_\nu^\mu(\cos\theta) + b\mathfrak{k}_\nu^\mu(-\cos\theta)][g\mathfrak{k}_\nu^\mu(\cos\eta) + h\mathfrak{k}_\nu^\mu(-\cos\eta)].$$

Setzt man $\eta = 0$, so würde u_ν unendlich, also $\mathfrak{k}(\cos\gamma)$ nicht continuirlich sein, wenn nicht h gleich 0 wäre. Der Ausdruck u_ν muss aber im ganzen Verlauf dieselben Costanten g und h behalten, weil u und sein Differentialquotient nach η continuirlich bleiben. Folglich wird $h = 0$ bleiben für alle η von 0 bis an $\frac{1}{2}\pi$. Ebenso beweist man, dass b Null ist, dass also

$$u_\nu = ag\mathfrak{k}_\nu^\mu(\cos\eta)\mathfrak{k}_\nu^\mu(\cos\theta)$$

für alle η und θ sei, die in Frage kommen. Wählt man η und θ so, dass $\cos\gamma$ für alle φ positiv bleibt, so kennt man bereits die Constante ag; dieselbe hat man also für alle η und θ unter $\frac{1}{2}\pi$ festzuhalten.

Hätte man aber den zweiten Fall des Additionssatzes zu behandeln, also $\eta < \theta < \frac{1}{2}\pi$ zu nehmen und

$$\mathfrak{k}^\mu(-\cos\gamma) = \mathfrak{k}^\mu(-\cos\eta\cos\theta - \sin\eta\sin\theta\cos\varphi)$$

darzustellen, so würde man, um die Constanten in u_ν zu bestimmen, zuerst $\eta = 0$ setzen. Hierdurch zeigt sich, dass h Null ist, und man erhält

$$\mathfrak{k}^\mu(-\cos\theta\cos\eta - \sin\theta\sin\eta\cos\varphi)$$
$$= \Sigma g\mathfrak{k}_\nu^\mu(\cos\eta)[\alpha\mathfrak{k}_\nu^\mu(\cos\theta) + \beta\mathfrak{k}_\nu^\mu(-\cos\theta)]\cos\nu\varphi.$$

Nun lasse man θ wachsen, von einem Werth über η bis $\frac{1}{2}\pi$, und dann darüber hinaus bis $\pi-\zeta$, wo $\eta < \zeta < \frac{1}{2}\pi$. Da weder $\pm\cos\theta$ noch $-\cos\gamma$ durch -1 geht, so bleibt Alles auf beiden Seiten continuirlich und man erhält, wenn man noch φ in $\pi-\varphi$ umwandelt

$$\mathfrak{k}^\mu(\cos\eta\cos\zeta + \sin\eta\sin\zeta\cos\varphi)$$
$$= \Sigma g\mathfrak{k}_\nu^\mu(\cos\eta)[\alpha\mathfrak{k}_\nu^\mu(-\cos\zeta) + \beta\mathfrak{k}_\nu^\mu(\cos\zeta)]\cos\nu\varphi.$$

Diese Formel muss mit der früheren übereinstimmen; man hat daher $\alpha = 0$ und g gleich der früheren Constanten ag zu setzen. Setzt man dies ein, so findet man in der That

$$\mathfrak{k}^{\mu}(-\cos\gamma) = \Sigma ag\mathfrak{k}_{\nu}^{\mu}(\cos\eta)\mathfrak{k}_{\nu}^{\mu}(-\cos\theta)\cos\nu\varphi.$$

1. Anmerkung. Bei dem Beweise I. §. 53, dass Q_{ν}^{n} sich durch das bekannte Integral darstellen lasse, war S. 227 ausdrücklich vorausgesetzt worden, dass n einen positiven reellen Theil besitze. Dies ist hier nicht der Fall. Der Umstand aber, dass dieser reelle Theil ein negativer echter Bruch, hier $-\frac{1}{2}$ ist, erlaubt es, die Formel auch im vorliegenden Falle anzuwenden. Wir müssen dazu das Beweisverfahren, welches I. 225—228 angewandt wurde, dem vorliegenden Falle entsprechend abändern und zwar den Beweis von (b) in I. 226 modificiren.

Das dort S. 225 behandelte Integral w_{ν} giebt offenbar, wenn der Buchstabe x, wie bei uns, in der oberen Grenze des Integrals vorkommt, statt der dortigen Gleichung (a) eine solche, die man aus ihr erhält, wenn man die erste Zeile derselben unverändert lässt, ihre zweite Zeile aber durch

$$(-1)^{\nu} A(x^2-1)^{-\frac{1}{2}(\nu+1)}$$

ersetzt, wo A folgende Bedeutung hat

$$\begin{aligned} A &= r^{\alpha}\left[\sin(\nu+1)\varphi - \sin\nu\varphi\frac{x}{\sqrt{x^2-1}} + \cos\nu\varphi.\sqrt{x^2-1}\frac{\partial\varphi}{\partial x}\right] \\ &= r^{\alpha}\left[\cos\nu\varphi\left(\sin\varphi - \frac{\sqrt{x^2-1}}{\sin\varphi}\frac{d\cos\varphi}{dx}\right) - \frac{r\sin\nu\varphi}{\sqrt{x^2-1}}\right], \end{aligned}$$

wo φ den Werth dieser Veränderlichen an der oberen Grenze bezeichnet. Ist diese nicht die Grösse, für welche r verschwindet, sondern nur derselben sehr nahe, nämlich durch

$$\cos\varphi = \varepsilon + \frac{x}{\sqrt{x^2-1}}$$

gegeben, wo ε eine unendlich kleine Constante bezeichnet, so wird der Faktor von $\cos\nu\varphi$ gleich

$$\sin\varphi + \frac{1}{(x^2-1)\sin\varphi}$$

und daher

$$A = r^{\alpha+1}\frac{x\cos\nu\varphi + \sqrt{x^2-1}\cos(\nu+1)\varphi}{(x^2-1)\sin\varphi}.$$

Da in unserem Falle $\alpha+1=\frac{1}{2}+\mu i$ ist, so verschwindet also A für $\varepsilon=0$ mit r und die Gleich. (6) auf S. 226 ist bewiesen. Der übrige Theil des Beweises bleibt unverändert.

2. Anmerkung. Die Berechtigung zur Anwendung der Substitutionen, deren man sich beim Beweise des Additionstheorems für die P und Q bediente (I. 319 resp. 335 unter b), bedarf auch in dem vorliegenden Falle eines complexen n keiner weiteren Untersuchung, wenn die positiven Zahlen x und y, dort x und x_1, grösser als 1 sind. Die Entwickelungen auf S. 319 bedürfen aber einer Ergänzung, wenn die positiven Zahlen x und x_1 kleiner als 1 sind, indem dann eine imaginäre Substitution auftritt, welche für ganzzahlige n unbedenklich war.

Setzt man dort

$$x=\cos\theta,\quad x_1=\cos\zeta,\quad 0<\theta<\tfrac{1}{2}\pi;\quad 0<\zeta<\tfrac{1}{2}\pi,$$

so fragt es sich, welchen Weg χ durchläuft, während η auf reellem Wege von 0 bis π wächst. Man hat nach I. 39 zwischen χ und η, wenn man das Imaginäre aus dem Nenner durch Multiplikation fortschafft, die Beziehungen

$$e^{i\chi}=\frac{\cos\eta-i\sin\eta\cos\theta}{1+\sin\theta\sin\eta}.$$

Setzt man $\chi=-a+bi$, so wird a mit η von 0 bis π wachsen, und e^{-b} wird der Modulus der rechten Seite obiger Gleichung, also

$$e^{-2b}=\frac{1-\sin\theta\sin\eta}{1+\sin\theta\sin\eta}.$$

Hieraus folgt, dass b positiv bleibt, und nicht grösser wird als $\log\operatorname{cotg}\left(\frac{\pi}{4}-\frac{\theta}{2}\right)$.

Die Gleich. (34, a) in I. 211, welche unverändert gilt wenn n eine beliebige Zahl bezeichnet, zeigt, dass

$$(x_1+\cos(\varphi\pm\chi)\sqrt{x_1^2-1})^n,\quad (x+\cos\chi\sqrt{x^2-1})^{-n-1}$$

sich in eine nach Cosinus der Vielfachen von $\varphi\pm\chi$, resp. von χ fortschreitende Reihe entwickeln lassen, wenn x und x_1 positiv sind und der Modulus des imaginären Theiles von χ, d. i. wenn b kleiner bleibt als resp.

$$\tfrac{1}{2}\log\mathcal{M}\frac{x_1+1}{x_1-1},\quad \tfrac{1}{2}\log\mathcal{M}\frac{x+1}{x-1},$$

d. h. als $\log\operatorname{cotg}\frac{1}{2}\zeta$, resp. $\log\operatorname{cotg}\frac{1}{2}\theta$. Diese beiden Bedingungen sind bei uns sicher erfüllt, wenn

$$\log\operatorname{cotg}\left(\frac{\pi}{4}-\frac{\theta}{2}\right)<\log\operatorname{cotg}\tfrac{1}{2}\zeta,\quad \log\operatorname{cotg}\left(\frac{\pi}{4}-\frac{\theta}{2}\right)<\log\operatorname{cotg}\tfrac{1}{2}\theta.$$

Die Bogen, deren Cotangenten zu nehmen sind, liegen unter $\frac{\pi}{4}$; die Bedingungen lauten also

$$\frac{\pi}{2}>\theta+\zeta,\quad \frac{\pi}{4}>\theta.$$

Sind diese Bedingungen erfüllt, so giebt die Summe der beiden Integrale nach χ in I. 319 offenbar dasselbe, als ob χ auf reellem Wege von 0 bis π wächst.

In der That hat man nun

$$(x_1 + \cos(\varphi \pm \chi) . \sqrt{x_1^2 - 1})^n = \Sigma' a_\nu \cos\nu(\varphi \pm \chi).$$

$$(x + \cos\chi . \sqrt{x^2 - 1})^{-n-1} = \Sigma' b_\nu \cos\nu\chi,$$

wo a_ν und b_ν aus I. 211 bekannte Functionen von x_1 und x sind. Die Addition der beiden in der ersten von diesen zwei Gleichungen enthaltenen Ausdrücke giebt

$$2\Sigma' a_\nu \cos\nu\varphi \cos\nu\chi;$$

indem das Integral von $2\cos^2\nu\chi\, d\chi$ von 0 bis π gleich π wird, hat man das verlangte Resultat.

Das Integral I. 319

$$\int_0^\pi (a - b\cos\eta \mp c\sin\eta)^n d\eta,$$

in welchem nach η auf reellem Wege integrirt wird, lässt sich, wie ebendaselbst gezeigt ist, in

$$\int_0^\pi (z - \cos(\eta \mp \delta) . \sqrt{z^2 - 1})^n d\eta$$

verwandeln. Hier ist

$$z = \cos\theta \cos\zeta + \sin\theta \sin\zeta \cos\varphi,$$

also sicher positiv (da $\theta + \zeta < \frac{1}{2}\pi$). Aus den dortigen Gleichungen

$$-ib = \cos\zeta \sin\theta - \cos\varphi \sin\zeta \cos\theta = \cos\delta \sqrt{1 - z^2},$$

$$-ic = \sin\zeta \sin\varphi \qquad = \sin\delta \sqrt{1 - z^2}$$

ist klar, dass δ reell ist. Man darf also in dem obigen Integral 0 für δ setzen, wodurch es sich in $P^n(z)$ verwandelt.

Die Untersuchungen über Q, auf S. 335, bedürfen keiner Ergänzung.

§ 64. Von dieser Stelle an behandele ich ausschliesslich den Fall, der für das Folgende allein von Wichtigkeit ist, in welchem die in z vorkommenden x und y kleiner als 1 sind. In diesem Falle kann man die Gleichung der Zugeordneten zu $\mathfrak{k}$, nämlich Gleich. (a) des § 63, durch Reihen integriren. Setzt man in (a) vorübergehend $n(n+1)$ statt $\mu^2 + \frac{1}{4}$, so wird nach Legendre (I. 221) eine Lösung derselben durch eine hypergeometrische Reihe ausgedrückt, nämlich durch

$$(\alpha) \ldots \quad \left(\frac{1-x}{1+x}\right)^{\frac{1}{2}\nu} F\left(-n, n+1, 1+\nu, \frac{1-x}{2}\right).$$

Herr Hermite, ausgehend von seinen allgemeinen Untersuchungen*) über die Lamé'schen Functionen, zeigte, dass man durch Ver-

*) M. vergl. den am Schlusse dieses Bandes befindlichen Zusatz zu S. 221 des I. Bandes.

tauschung von x mit $-x$, wie in jenem allgemeinen Falle, wiederum eine Lösung derselben Differentialgleich. (a) erhalten müsse, nämlich

$$(\beta) \ldots \left(\frac{1+x}{1-x}\right)^{\frac{1}{2}\nu} F\left(-n, n+1, 1+\nu, \frac{1+x}{2}\right).$$

Bei Herrn Hermite stellt, in dem allgemeinen wie in dem speciellen Falle, n eine ganze positive Zahl vor, während ν dort eine beliebige positive Zahl wird, und dieser letztere Umstand gestattet, die Gleich. (a) durch die Lösungen (α) und (β) vollständig zu integriren. Denn es lässt sich zeigen, dass immer und nur für $\nu = 0$, 1, 2, etc. n diese beiden Lösungen gleich sind. Auch bei uns, wo für ν eine ganze Zahl, für n aber $-\frac{1}{2} + \mu i$ zu setzen ist, werden die Lösungen (α) und (β) verschieden.

Wir zeigen zunächst, dass die beiden Lösungen für alle ganzen positiven n und ν, die letztere Zahl nicht grösser als n genommen, gleich sind. Zuerst für $\nu = 0$ reduciren sie sich auf die Ausdrücke (b) und (c) in I. 18 für $P^n(x)$. Man hat demnach für alle ganzen n, wenn man $1 - x = 2v$ setzt,

$$(\gamma) \ldots \quad P^n(x) = F(-n, n+1, 1, v) = \cos n\pi . F(-n, n+1, 1, 1-v).$$

Integrirt man diese Gleichung ν mal nach v von 0 bis v, so wird die linke Seite

$$\frac{v^\nu}{\Pi\nu} F(-n, n+1, \nu+1, v).$$

So lange n eine ganze Zahl ist, besitzt diese Reihe eine endliche Anzahl Glieder, also auch eine endliche Summe für $v = 1$. Diese wird

$$F(-n, n+1, \nu+1, 1) = \frac{\Pi\nu\, \Pi(\nu-1)}{\Pi(\nu+n)\Pi(\nu-n-1)},$$

also, wegen des unendlich grossen $\Pi(\nu-n-1)$, Null so lange die ganze Zahl ν nicht n überschreitet. Daher ist das ν-fache Integral der rechten Seite von (γ) nach v gleich

$$\frac{\cos(n+\nu)\pi}{\Pi\nu}(1-v)^\nu F(-n, n+1, \nu+1, 1-v).$$

Die Functionen (α) und (β) sind aber in dem Falle des Herrn Hermite oder in dem unserigen verschiedene Integrale, da (α) für $x = 1$ Null, (β) aber ∞ wird.

In der That sind dann die Faktoren, welche die hypergeometrischen Reihen in (α) und (β) multipliciren resp. 0 und ∞, die Reihen selbst resp. 1 und $F(-n, n+1, \nu+1, 1)$. Ist $n = -\frac{1}{2} + \mu i$ und $\nu = 0$, so hat die letzte Reihe eine unendliche Summe (I. 108); ist ν eine grössere Zahl, so ist die Summe endlich und von Null verschieden. Aehnlich verhält es sich, wenn n eine ganze Zahl, ν eine gebrochene oder irrationale ist.

Man bemerke noch, dass die Differentialgleichung der hypergeometrischen Reihe, welche eine Lösung $F(\alpha, \beta, \gamma, x)$ besitzt, auch eine zweite, im allgemeinen verschiedene

$$(\delta) \ldots \quad x^{1-\gamma}(1-x)^{\gamma-\alpha-\beta} F(1-\alpha, 1-\beta, \gamma+1-\alpha-\beta, 1-x)$$

besitzt, woraus für $\alpha = -n$, $\beta = n+1$, $\gamma = \nu+1$ die beiden Lösungen im vorliegenden Falle entstehen, wenn man x mit $\frac{1}{2}(1+x)$ vertauscht. Gleich werden die Lösungen immer, wenn, wie in unserem speciellen Falle, von den Constanten

$$\frac{\Pi(\gamma-1)\Pi(\gamma-\alpha-\beta-1)}{\Pi(\gamma-\alpha-1)\Pi(\gamma-\beta-1)}, \quad \frac{\Pi(\gamma-1)\Pi(\alpha+\beta-\gamma-1)}{\Pi(\alpha-1)\Pi(\beta-1)}$$

die erste 0, die zweite endlich und von Null verschieden ist. Man überzeugt sich hiervon, wenn man $F(\alpha, \beta, \gamma, x)$ durch zwei andere Integrale der Differentialgleichung für die hypergeometrische ausdrückt, nämlich setzt

$$F(\alpha, \beta, \gamma, x) = aF(\alpha, \beta, \alpha+\beta+1-\gamma, 1-x)$$
$$+ bF(1-x)^{\gamma-\alpha-\beta} F(\gamma-\alpha, \gamma-\beta, \gamma+1-\alpha-\beta, 1-x),$$

und die Constanten a und b bestimmt, indem man x gleich 0 und darauf gleich 1 setzt. Der Faktor von b ist aber gleich dem Ausdruck (δ) nach der bekannten Gleichung

$$F(\alpha, \beta, \gamma, x) = (1-x)^{\gamma-\alpha-\beta} F(\gamma-\alpha, \gamma-\beta, \gamma, x).$$

Von den Functionen $\mathfrak{f}(x)$ und $\mathfrak{f}(-x)$ ist die erste endlich für $x = 1$ und unendlich für $x = -1$, die zweite unendlich für $x = 1$ und endlich für $x = -1$. Dasselbe gilt von den Produkten von $\sqrt{x^2-1}^{\,\nu}$ in die ν^{ten} Differentialquotienten von $\mathfrak{f}(x)$ resp. $\mathfrak{f}(-x)$. Der Ausdruck (α) verhält sich daher wie $\mathfrak{f}(x)$, und (β) wie $\mathfrak{f}(-x)$, so dass

$$\sqrt{x^2-1}^{\,\nu} \frac{d^\nu \mathfrak{f}(x)}{dx^\nu}, \quad \sqrt{x^2-1}^{\,\nu} \frac{d^\nu \mathfrak{f}(-x)}{dx^\nu}$$

sich nur durch einen constanten Faktor von (α) resp. (β) unterscheiden. Man hat also

$$(1-x^2)^{\frac{1}{2}\nu} \frac{d^\nu \mathfrak{f}(x)}{dx^\nu} = c\left(\frac{1-x}{1+x}\right)^{\frac{1}{2}\nu} F\left(-n, n+1, 1+\nu, \frac{1-x}{2}\right)$$

für positive Werthe von x, und dieselbe Gleichung, die nur statt c eine andere Constante c_1 enthalten könnte, für negative x. Nun ist aber nach S. 222, da x absolut genommen 1 nicht überschreitet,

$$\mathfrak{f}^\mu(x) = \frac{\sqrt{2}}{\pi} \cos\mu\pi i \int_0^\infty \frac{\cos\alpha\mu\, d\alpha}{\sqrt{\cos\alpha i + x}}.$$

Der Werth $x = 0$ gehört als Grenzfall dem Falle des positiven und des negativen x an. Für $x = 0$ reduciren sich die hypergeometrischen Reihen auf dieselbe Constante

$$F(-n, n+1, 1+\nu, \tfrac{1}{2});$$

es wird daher $c_1 = c$, und dieselbe Gleichung gilt für positive und negative x. Die Summe der hypergeometrischen Reihe mit dem letzten Element $\frac{1}{2}$, und hieraus c, findet man durch die Gleichung

$$F(\alpha, 1-\alpha, \gamma, x) = (1-x)^{\gamma-1} F\left(\frac{\gamma-\alpha}{2}, \frac{\gamma+\alpha-1}{2}, \gamma, 4x(1-x)\right);$$

die Summe ist nämlich gleich

$$(\tfrac{1}{2})^\nu F\left(\frac{1+n+\nu}{2}, \frac{\nu-n}{2}, 1+\nu, 1\right)$$
$$= \frac{\sqrt{\pi}}{2^\nu} \frac{\Pi\nu}{\Pi\frac{2\nu-1+2\mu i}{4}\,\Pi\frac{2\nu-1-2\mu i}{4}}.$$

Bequemer, nämlich ohne Benutzung der Hülfsgleichung, bestimmt man aber c aus dem Werthe $x = 1$, der die hypergeometrische Reihe zu 1 macht; man erhält nämlich

$$c = 2^\nu \cdot \frac{d^\nu \mathfrak{k}^\mu(x)}{dx^\nu}, \quad (x = 1).$$

Es kommt daher darauf an, den Werth des Integrals

$$\int_{-\infty}^{\infty} \frac{\cos\alpha\mu\, d\alpha}{(\cos\frac{1}{2}\alpha i)^{2\nu+1}}$$

zu finden, oder, was auf dasselbe hinauskommt, von

$$\int_0^\infty \frac{x^{\nu+\mu i-\frac{1}{2}}}{(1+x)^{2\nu+1}} = \frac{\Gamma(\nu+\frac{1}{2}+\mu i)\Gamma(\nu+\frac{1}{2}-\mu i)}{\Gamma(2\nu+1)}.$$

Das Produkt auf der Rechten reducirt man auf

$$\Gamma(\tfrac{1}{2}+\mu i)\Gamma(\tfrac{1}{2}-\mu i) = \frac{\pi}{\cos\mu\pi i}.$$

So erhält man einen einfachen Ausdruck für c, und daraus

$$(28) \ldots \quad (1-x^2)^{\frac{1}{2}\nu} \frac{d^\nu \mathfrak{k}^\mu(x)}{dx^\nu}$$
$$= (-\tfrac{1}{4})^\nu \cdot \frac{(4\mu^2+1)(4\mu^2+9)\ldots(4\mu^2+(2\nu-1)^2)}{\Pi\nu} \mathfrak{k}_\nu^\mu(x),$$

wenn man setzt

$$\mathfrak{k}_\nu^\mu(x) = \left(\frac{1-x}{1+x}\right)^{\frac{1}{2}\nu} F\left(\tfrac{1}{2}+\mu i, \tfrac{1}{2}-\mu i, 1+\nu, \frac{1-x}{2}\right).$$

Setzt man diesen Ausdruck in die Gleichung (25) des Additionstheorems ein, und macht ausserdem $x = \cos\theta$, $y = \cos\eta$, so findet man:

Sind η und θ zwei Bogen, entweder beide unter $\frac{1}{2}\pi$, oder der erste unter $\frac{1}{2}\pi$, der zweite zwischen η und $\pi-\eta$;

liegt ferner φ zwischen $-\pi$ und $+\pi$; setzt man endlich

$$\cos\gamma = \cos\eta\cos\theta + \sin\eta\sin\theta\cos\varphi,$$

$$\alpha_\nu = 2\,\frac{(4\mu^2+1)(4\mu^2+9)\ldots(4\mu^2+(2\nu-1)^2)}{[2.4.6\ldots(2\nu)]^2}, \quad \alpha_0 = 2,$$

$$\mathfrak{k}_\nu^\mu(\cos\theta) = \operatorname{tang}^\nu\tfrac{1}{2}\theta . F(\tfrac{1}{2}+\mu i, \tfrac{1}{2}-\mu i, 1+\nu, \sin^2\tfrac{1}{2}\theta),$$

so ist das Additionstheorem

$$(29) \ldots \quad \mathfrak{k}^\mu(\cos\gamma) = \sum^{\infty}{}' \alpha_\nu \mathfrak{k}_\nu^\mu(\cos\eta)\mathfrak{k}_\nu^\mu(\cos\theta)\cos\nu\pi\cos\nu\varphi.$$

Macht man $\eta = \theta = \frac{1}{2}\pi$, so wird $\mathfrak{k}_\nu^\mu(0)$ durch den Ausdruck gewonnen, der oben schon (S. 240), für den Werth $\frac{1}{2}$ des letzten Elementes, als Summe einer hypergeometrischen Reihe gefunden war. Man erhält dadurch

$$\mathfrak{k}_\nu^\mu(0) = \frac{\sqrt{\pi}}{2^\nu}\,\frac{\Pi\nu}{\Pi\frac{1}{4}(2\nu-1+2\mu i)\,\Pi\frac{1}{4}(2\nu-1-2\mu i)}.$$

Setzt man diesen Werth in die Additionsformel ein, so findet man die Darstellung von $\mathfrak{k}(\cos\varphi)$ durch eine trigonometrische Reihe

$$\mathfrak{k}^\mu(\cos\varphi) = a\left[\tfrac{1}{2} + \frac{4\mu^2+1}{4\mu^2+9}\cos 2\varphi + \frac{(4\mu^2+1)(4\mu^2+25)}{(4\mu^2+9)(4\mu^2+49)}\cos 4\varphi + \cdots\right]$$
$$- b\left[\cos\varphi + \frac{4\mu^2+9}{4\mu^2+25}\cos 3\varphi + \frac{(4\mu^2+9)(4\mu^2+49)}{(4\mu^2+25)(4\mu^2+81)}\cos 5\varphi + \cdots\right],$$

wo a und b durch die Gleichungen bestimmt werden

$$\frac{2\pi}{a} = (\Pi(-\tfrac{1}{4}+\tfrac{1}{2}\mu i)\Pi(-\tfrac{1}{4}-\tfrac{1}{2}\mu i))^2, \quad ab = \frac{16\cos^2\mu\pi i}{(1+4\mu^2)\pi^2}.$$

Der Ausdruck von ab ist hier zusammengezogen mit Hülfe der Formel

$$\Pi\tfrac{1}{2}a\,\Pi(\tfrac{1}{2}a-\tfrac{1}{2}) = \frac{\sqrt{\pi}}{2^a}\,\Pi a.$$

Bei der Angabe der vorhergehenden Formel sind der besseren Uebersicht halber die Glieder verschoben, während die Reihe, um $\mathfrak{k}$ für alle φ, also auch für $\varphi = 0$, zu geben, so umzustellen ist, dass die Vielfachen von φ in der Ordnung der natürlichen Zahlen aufeinander folgen. Uebrigens lässt sich der Coefficient von $\cos\nu\varphi$ auch u. a. in die Form bringen

$$\frac{\cos\nu\pi . \cos\mu\pi i}{\pi} \cdot \frac{\Pi\left(\frac{2\nu-3}{4}+\frac{\mu i}{2}\right)\Pi\left(\frac{2\nu-3}{4}-\frac{\mu i}{2}\right)}{\Pi\left(\frac{2\nu-1}{4}+\frac{\mu i}{2}\right)\Pi\left(\frac{2\nu-1}{4}-\frac{\mu i}{2}\right)},$$

wo für $\nu = 0$ die Hälfte zu nehmen ist.

§ 65. Vermittelst der im Vorhergehenden gefundenen Gleichungen findet man aus (24) die Entwickelung von T nach Kegelfunctionen.

In der That, setzt man in diese Gleichung den Ausdruck für $\mathfrak{k}^{\mu}(-\cos\gamma)$ aus (29) ein, so erhält man für die reciproke Entfernung zweier Punkte mit den Coordinaten r oder ϱ, θ, ψ und s oder σ, η, ω die schliessliche Form

$$T = \frac{1}{\sqrt{rs}} \sum^{\infty}{}' \cos\nu(\psi-\omega) \times$$
$$\int_0^{\infty} \alpha_\nu \mathfrak{k}_\nu^{\mu}(\cos(\pi-\theta))\mathfrak{k}_\nu^{\mu}(\cos\eta)\cos\mu(\varrho-\sigma)\frac{d\mu}{\cos\mu\pi i}.$$

Hier können η und θ zwischen 0 und π liegen, aber für η ist der kleinere von den beiden Bogen zu nehmen ($\eta < \theta$).

Den Quotienten von α_ν und $\cos\mu\pi i$ kann man auch durch die Formel umgestalten

$$\frac{\alpha_\nu}{\cos\mu\pi i} = \frac{2}{\pi}\frac{\Pi(\nu+\mu i-\frac{1}{2})\Pi(\nu-\mu i-\frac{1}{2})}{\Pi\nu\Pi\nu}.$$

Wir sind nunmehr im Stande, die Hauptaufgaben zu lösen, um welche es sich bei den Untersuchungen über das Potential für den Kegel handelt. Zur Abkürzung setzen wir in diesem Paragraphen überall $\mathfrak{k}$ ohne Index für $\mathfrak{k}_\nu^{\mu}$.

Das Potential v sei als Function von r und ψ, (oder von ϱ und ψ), auf dem Mantel eines Halb-Kegels $\theta = \theta_0$ oder zweier $\theta = \theta_0$ und $\theta = \theta_1$ gegeben; man soll es in den beiden resp. den drei Räumen aufsuchen, in welche der ganze Raum durch die eine oder die zwei Flächen getheilt wird.

a) Es soll v sich auf einer Fläche $\theta = \theta_0$ allein in eine gegebene Function, $\frac{1}{\sqrt{r}}f(\varrho, \psi)$ verwandeln, wo f für $r = 0$ von ψ unabhängig sein muss. Wird dieselbe dort unendlich, so findet man streng genommen nicht ein Potential v, sondern den Grenzfall eines solchen. Ebenso stellt v dann keinen Zustand des elektrischen Gleichgewichts dar. Die Dichtigkeit $\varkappa$ darf unendlich werden (M. vergl. S. 62), ohne dass die ganze Masse unendlich wird.

Man entwickele f in eine trigonometrische Reihe nach ψ

$$f(\varrho, \psi) = \sum^{\infty}{}' f^{(\nu)}(\varrho)\cos\nu\psi + \mathfrak{f}^{(\nu)}(\varrho)\sin\nu\psi.$$

Jede von diesen Functionen $f^{(\nu)}(\varrho)$ oder $\mathfrak{f}^{(\nu)}(\varrho)$, die zunächst schlechtweg durch $f(\varrho)$ bezeichnet werden mag, lässt sich durch ein Fourier'sches Integral darstellen, so dass man hat

$$f(\varrho) = \frac{1}{2\pi}\int_{-\infty}^{\infty}\partial\mu\int_{-\infty}^{\infty} f(\sigma)\cos\mu(\varrho-\sigma)\partial\sigma.$$

Da die Functionen

$$\mathfrak{k}(\cos\theta)\cos\mu(\varrho-\sigma)\cos\nu\psi,\quad \mathfrak{k}(\cos\theta)\cos\mu(\varrho-\sigma)\sin\nu\psi,$$

der Differentialgleichung für $\mathfrak{T}$ im § 62 genügen, so wird

$$\frac{1}{2\pi}\int_{-\infty}^{\infty}\partial\mu\frac{\mathfrak{k}(\cos\theta)}{\mathfrak{k}(\cos\theta_0)}\int_{-\infty}^{\infty} f(\sigma)\cos\mu(\varrho-\sigma)\partial\sigma$$

mal $\cos\nu\psi$ oder $\sin\nu\psi$ ein Ausdruck sein, welcher der Differentialgleichung für $\mathfrak{T}$ genügt, sich für $\theta = \theta_0$ in das Produkt von $\cos\nu\psi$ oder $\sin\nu\psi$ und $f(\varrho)$ verwandelt, und für $\theta < \theta_0$ endlich bleibt. Man hat demnach: Die Function

$$\mathrm{v}_i = \frac{1}{2\pi\sqrt{r}}\sum_{0}^{\infty}{}'\int_{-\infty}^{\infty}\partial\mu\times$$

$$\int_{-\infty}^{\infty}\frac{\mathfrak{k}(\cos\theta)}{\mathfrak{k}(\cos\theta_0)}(f^{(\nu)}(\sigma)\cos\nu\psi+\mathfrak{f}^{(\nu)}(\sigma)\sin\nu\psi)\cos\mu(\varrho-\sigma)\partial\sigma$$

ist das Potential, welches sich auf der Kegelfläche in die gegebene Function $f(\varrho,\psi)$ verwandelt und im Innern der Kegelfläche endlich bleibt. Vertauscht man den Quotienten $\mathfrak{k}(\cos\theta):\mathfrak{k}(\cos\theta_0)$ mit $\mathfrak{k}(-\cos\theta):\mathfrak{k}(-\cos\theta_0)$, so ist der entstehende Ausdruck v_a, das Potential im äusseren Raume.

Die obige Formel kann man offenbar mit

$$\mathrm{v}_i = \frac{1}{2\pi^2\sqrt{r}}\sum_{0}^{\infty}{}'\int_{-\pi}^{\pi}\partial\omega\int_{-\infty}^{\infty} f(\sigma,\omega)\partial\sigma\times$$

$$\int_{-\infty}^{\infty}\frac{\mathfrak{k}(\cos\theta)}{\mathfrak{k}(\cos\theta_0)}\cos\mu(\varrho-\sigma)\cos\nu(\psi-\omega)\partial\mu$$

vertauschen; für v_a erhält man den Ausdruck, welcher aus dem vorstehenden durch Vertauschung des Quotienten $\mathfrak{k}(\cos\theta):\mathfrak{k}(\cos\theta_0)$ mit $\mathfrak{k}(-\cos\theta):\mathfrak{k}(-\cos\theta_0)$ entsteht.

Diese Formen verschaffen uns unmittelbar $\varkappa_0$, die Dichtigkeit der Belegung des Kegelmantels für die Green'sche Function. Was S. 90 in Formel (6) durch $\mathrm{v}_0 do$ bezeichnet wurde, ist hier in einem Punkte (s,θ_0,ω) des Kegelmantels $\theta=\theta_0$ gleich $f(\sigma,\omega)s^{\frac{1}{2}}\partial\omega\partial s$, da das Oberflächenelement

$$s \sin\theta_0 \partial s \partial\omega = s^2 \sin\theta_0 \partial\omega \partial\sigma$$

wird; man hat daher als die Dichtigkeit derjenigen Belegung im Punkte (s, θ_0, ω) des Mantels, welche der Green'schen Function für den Pol (r, θ, ψ) im Innern des Kegels entspricht

$$\varkappa_0 = \frac{1}{2\pi^2 s\sqrt{rs}\sin\theta_0} \sum^{\infty}{}' \int_{-\infty}^{\infty} \frac{\mathfrak{k}(\cos\theta)}{\mathfrak{k}(\cos\theta_0)} \cos\mu(\varrho-\sigma)\cos\nu(\psi-\omega)d\mu.$$

Liegt der Pol im äusseren Raume, so giebt dieselbe Formel die Dichtigkeit, wenn man nur θ und θ_0 mit $\pi-\theta$ und $\pi-\theta_0$ vertauscht.

Die Green'sche Function selbst entnimmt man sofort dem Ausdrucke von T am Anfange dieses Paragraphen. Für den Pol im Innern, der hier durch (s, η, ω) zu bezeichnen ist, wird sie im Punkte (r, θ, ψ) des Inneren

$$G_i = \frac{1}{\sqrt{rs}} \sum^{\infty}{}' \alpha_\nu \cos\nu\pi \cos\nu(\psi-\omega) \times$$
$$\int_0^{\infty} \frac{\mathfrak{k}(-\cos\theta_0)\mathfrak{k}(\cos\eta)\mathfrak{k}(\cos\theta)\cos\mu(\varrho-\sigma)d\mu}{\mathfrak{k}(\cos\theta_0)\cos\mu\pi i}.$$

Liegt aber der Pol (s, η, ω) im Aeusseren, so hat man im Punkte (r, θ, ψ) des Aeusseren

$$G_a = \frac{1}{\sqrt{rs}} \sum^{\infty}{}' \alpha_\nu \cos\nu\pi \cos\nu(\psi-\omega) \times$$
$$\int_0^{\infty} \frac{\mathfrak{k}(\cos\theta_0)\mathfrak{k}(-\cos\eta)\mathfrak{k}(-\cos\theta)\cos\mu(\varrho-\sigma)d\mu}{\mathfrak{k}(-\cos\theta_0)\cos\mu\pi i}.$$

Endlich suchen wir die Dichtigkeit $\varkappa$ der Flächenbelegung des Mantels $\theta = \theta_0$ auf, welche die Potentiale v_i und v_a auf dem Mantel selbst zu $\frac{1}{\sqrt{r}} f(\varrho, \psi)$ macht. Diese ist nach S. 91

$$\varkappa = \frac{1}{4\pi r}\left(\frac{\partial \mathrm{v}_i}{\partial\theta} - \frac{\partial \mathrm{v}_a}{\partial\theta}\right) \quad \text{für} \quad \theta = \theta_0.$$

Um diesen Ausdruck zu vereinfachen, hat man

$$\frac{1}{\mathfrak{k}(\cos\theta_0)} \cdot \frac{\partial}{\partial\theta} \mathfrak{k}(\cos\theta) - \frac{1}{\mathfrak{k}(-\cos\theta_0)} \cdot \frac{\partial}{\partial\theta} \mathfrak{k}(-\cos\theta)$$

für $\theta = \theta_0$ zu bilden; man kennt aber das einfache Verfahren, welches den Werth einer solchen Verbindung von zwei Lösungen einer linearen Differentialgleichung zweiter Ordnung reducirt. Nachdem man die bei demselben eintretende Constante dadurch, dass man $\theta = 0$ macht, bestimmt hat, erhält man für das obige Aggregat

$$\frac{2}{\pi} \cdot \frac{\cos \mu\pi i}{\alpha_\nu \sin\theta_0 \mathfrak{k}(\cos\theta_0)\mathfrak{k}(-\cos\theta_0)}.$$

Setzt man dies ein, so findet man als Dichtigkeit im Punkte (r, θ_0, ψ)

$$\varkappa = \frac{1}{4\pi^4 r^{\frac{3}{2}} \sin\theta_0} \sum_{}^{\infty}{}' \int_{-\pi}^{\pi} \partial\omega \int_{-\infty}^{\infty} f(\sigma, \omega)\partial\sigma \times$$
$$\int_{-\infty}^{\infty} \frac{\cos\mu(\varrho-\sigma)\cos\nu(\psi-\omega)\cos\mu\pi i}{\alpha_\nu \mathfrak{k}(\cos\theta_0)\mathfrak{k}(-\cos\theta_0)} \partial\mu.$$

b) Nach denselben Prinzipien bildet man das Potential v_μ, welches sich an den beiden Flächen $\theta = \theta_0$ und $\theta = \theta_1$ in gegebene Functionen $r^{-\frac{1}{2}} f_0(\varrho, \psi)$ und $r^{-\frac{1}{2}} f_1(\varrho, \psi)$ verwandelt, und endlich bleibt, wenn $\theta_0 < \theta < \theta_1$ ist. Man findet

$$\mathrm{v}_\mu = \frac{1}{2\pi^2 \sqrt{r}} \sum_{}^{\infty}{}' \int_{-\pi}^{\pi} \partial\omega \int_{-\infty}^{\infty} \partial\sigma \times$$
$$\int_{-\infty}^{\infty} [f_0(\sigma, \omega)A_{01} + f_1(\sigma, \omega)A_{10}] \cos\mu(\varrho-\sigma)\cos\nu(\psi-\omega)\partial\mu,$$

wenn man setzt

$$A_{01} = \frac{\mathfrak{k}(\cos\theta)\mathfrak{k}(-\cos\theta_1) - \mathfrak{k}(-\cos\theta)\mathfrak{k}(\cos\theta_1)}{\mathfrak{k}(\cos\theta_0)\mathfrak{k}(-\cos\theta_1) - \mathfrak{k}(\cos\theta_1)\mathfrak{k}(-\cos\theta_0)},$$

wo ferner die fortgelassenen, den $\mathfrak{k}$ anzuhängenden oberen und unteren Indices μ und ν sind, und A_{10} aus A_{01}, durch Vertauschung der Indices 0 und 1 entsteht.

Hieraus findet man die Dichtigkeit, welche der Green'schen Function für den Pol (r, θ, ψ) entspricht, wo $\theta_0 < \theta < \theta_1$ ist. Man liest sie aus dem vorstehenden Werth von $\varkappa_0$ ab, indem man dort den Quotienten $\mathfrak{k}(\cos\theta):\mathfrak{k}(\cos\theta_0)$ durch A_{01} oder A_{10} ersetzt, je nachdem es sich um die Belegung des Mantels $\theta = \theta_0$ oder $\theta = \theta_1$ handelt.

Es wird überflüssig sein, die Resultate noch für andere Aufgaben derselben Art hier abzuleiten. Wir schliessen unsere Untersuchungen ab, indem wir näher auf ein oben, unter *a*) gewonnenes Resultat eingehen.

Der dort gefundene Ausdruck $\varkappa_0$ giebt die Dichtigkeit der idealen Vertheilung von Masse im Punkte (s, θ_0, ω) des Kegelmantels, welche die Wirkung des Poles (r, θ, ψ), mit der Masse 1, in den zusammenhängenden Theil des Raumes ersetzt, in welchem der Pol nicht liegt, oder er giebt die Dichtigkeit der Elektricität, welche auf dem Mantel des Kegels durch den im Pol befindlichen elektrischen Massenpunkt 1 erregt wird. Hier tritt nun der Fall ein, dass im Scheitel des Kegels die Dichtigkeit unendlich werden kann, während die ganze Masse, die auf irgend einem endlichen Theile des Mantels lagert, sogar auf solchem, in welchem der Scheitel sich befindet, endlich bleibt.

Wir behandeln nur den einfachsten Fall, in welchem der Pol auf der Axe, und zwar in der Entfernung 1 vom Scheitel liegt. Hier ist also $\theta = 0$ oder $\theta = \pi$, je nachdem der Pol sich auf der positiven oder negativen Seite des Kegels befindet, so dass von ihm aus gesehen der Kegel concav oder convex erscheint. Man hat also zu setzen $\varrho = 0$, $r = 1$, $\theta = 0$ oder π; θ_0 ist, wie schon im Eingange, S. 217, bestimmt wurde, nicht grösser als $\frac{1}{2}\pi$. Dadurch wird der Ausdruck der Dichtigkeit im Mantel, je nach der Lage des Poles, im ersten resp. zweiten Falle

$$\varkappa_0 = \frac{1}{4\pi^2\sqrt{s^3}.\sin\theta_0}\int_{-\infty}^{\infty}\frac{\cos\mu\sigma\, d\mu}{\mathfrak{k}^{\mu}(\cos\theta_0)},$$

$$\varkappa_0 = \frac{1}{4\pi^2\sqrt{s^3}.\sin\theta_0}\int_{-\infty}^{\infty}\frac{\cos\mu\sigma\, d\mu}{\mathfrak{k}^{\mu}(-\cos\theta_0)}.$$

Den Werth, welchen die vorstehenden Integrale für $s = 0$ oder $\sigma = -\infty$ annehmen, auf dessen Ermittelung es hier ankommt, findet man mit Herrn Mehler auf folgende Art:

Um die beiden Fälle nicht einzeln behandeln zu müssen, setzen wir im ersten θ_0, im zweiten $\pi - \theta_0$ gleich λ, und führen einen Buchstaben a durch die Gleichung $a\lambda = \pi$ ein. Man geht davon aus, dass (S. 221)

$$\mathfrak{k}^{\mu}(\cos\lambda) = \frac{\sqrt{2}}{\pi}\int_0^{\lambda}\frac{\cos\alpha\mu i\, d\alpha}{\sqrt{\cos\alpha - \cos\lambda}}$$

für ein reelles μ nicht Null werden kann, weil das Element des Integrales positiv bleibt. Dagegen verschwindet $\mathfrak{k}$ genau an einer Stelle, wenn μ die imaginären Werthe von 0 bis ai, oder bis $-ai$, durchläuft.

Es ist nämlich

$$\frac{\pi}{\sqrt{2}}\mathfrak{k}^{\frac{1}{2}ai}(\cos\lambda) = \int_0^{\lambda}\frac{\cos\frac{1}{2}a\alpha\, d\alpha}{\sqrt{\cos\alpha - \cos\lambda}}$$

offenbar positiv ($a\alpha$ bleibt nämlich unter π), während $\mathfrak{k}^{ai}(\cos\lambda)$ schon negativ sein muss, wie man sieht, wenn man das Integral von 0 bis λ in eines von 0 bis $\frac{1}{2}\lambda$, und eines von $\frac{1}{2}\lambda$ bis λ theilt, das letzte aber durch die Substitution $\lambda-\alpha=\beta$ umformt. Dadurch erhält man nämlich

$$\frac{\pi}{\sqrt{2}}\mathfrak{k}^{ai}(\cos\lambda)=\int_0^{\frac{1}{2}\lambda}\left[\frac{1}{\sqrt{\cos\alpha-\cos\lambda}}-\frac{1}{\sqrt{\cos(\alpha-\lambda)-\cos\lambda}}\right]\cos a\alpha\, d\alpha;$$

das Element des Integrales auf der rechten Seite ist hier negativ.

Daher geht $\mathfrak{k}^{\mu i}$, wenn μ von 0 bis a wächst, einmal durch 0, und zwar genau einmal und so, dass an dieser Stelle der Differentialquotient von $\mathfrak{k}^{\mu i}$ nach μ nicht verschwindet. Denn, abgesehen von einem positiven constanten Faktor, ist derselbe

$$-\int_0^\lambda \frac{\alpha\sin\alpha\mu\, d\alpha}{\sqrt{\cos\alpha-\cos\lambda}},$$

also negativ, da das Element des Integrals positiv bleibt. Die Function $\mathfrak{k}^{\mu i}$ selbst nimmt also ab, wenn μ von 0 bis a wächst.

Dieser Werth von μ, der $\mathfrak{k}^{\mu i}$ zu Null macht, heisse ε; er liegt, wie man sieht, zwischen $\frac{1}{2}a$ und a, und man hat daher

$$\tfrac{1}{2}\pi<\varepsilon\lambda<\pi.$$

Lässt man μ alle Punkte eines unendlichen Rechtecks durchlaufen, dessen vier Eckpunkte sind $-\infty$, ∞, $\infty+ai$, $-\infty+ai$, so wird $\mathfrak{k}^{\mu}$ nur für einen Werth von μ, nämlich für $\mu=\varepsilon i$, gleich Null.

In der That, bezeichnet man solche Punkte durch $g+hi$, wo h kleiner als a sein muss, so wird

$$\frac{\pi}{\sqrt{2}}\mathfrak{k}^{\mu}=\int_0^\lambda\frac{\cos g\alpha i\cos h\alpha\, d\alpha}{\sqrt{\cos\alpha-\cos\lambda}}+\int_0^\lambda\frac{\sin g\alpha i\sin h\alpha\, d\alpha}{\sqrt{\cos\alpha-\cos\lambda}}.$$

Soll die Function $\mathfrak{k}$ verschwinden, so muss auch ihr imaginärer Theil, d. i. das letzte Integral, Null werden, während doch das Element desselben sein Zeichen nicht wechselt.

Nach diesen Vorbereitungen transformirt man das oben in $\varkappa_0$ vorkommende Integral

$$\int_{-\infty}^{\infty}\frac{e^{-\mu\sigma i}\, d\mu}{\mathfrak{k}^{\mu}(\cos\lambda)},$$

indem man davon ausgeht, dass dieselbe Function nach μ nicht auf der Geraden von $-\infty$ bis ∞, sondern auf der ganzen Begrenzung des erwähnten Vierecks in positiver Richtung genommen, gleich ist dem Integrale der Function auf einem unendlich kleinen Kreise um den Mittelpunkt εi in positiver Richtung, d. i. in unserem Falle

$$= -\frac{2\pi e^{\varepsilon\sigma}}{A},$$

wo A den Differentialquotienten von $\mathfrak{k}^{\mu i}$ nach μ für $\mu = \varepsilon$ bezeichnet, wo also zu setzen ist

$$A = -\frac{\sqrt{2}}{\pi}\int_0^\lambda \frac{\alpha \sin \varepsilon\alpha\, d\alpha}{\sqrt{\cos\alpha - \cos\lambda}}.$$

Daher wird A eine endliche von 0 verschiedene Grösse, sobald man nicht $\lambda = 0$ nimmt, in welchem Falle der Kegel in seine Axe übergehen würde.

Das Integral über das Viereck zerfällt in die Summe von vier Integralen, von denen zwei Null sind, nämlich die von ∞ bis $\infty + ai$ und von $-\infty$ bis $-\infty + ai$. In der That ist

$$\int_g^{g+ai} \frac{e^{-\mu\sigma i}\, d\mu}{\mathfrak{k}^\mu(\cos\lambda)}$$

für $g = \pm\infty$ Null da, wenn man $\mu = g + xi$ setzt, wo x von 0 bis a wächst, das Integral in

$$i.e^{-g\sigma i}\int_0^a \frac{e^{\sigma x}\, dx}{\mathfrak{k}^{g+xi}(\cos\lambda)}$$

übergeht und die Function $\mathfrak{k}$ im Nenner wie $e^{g\lambda}$ in's Unendliche wächst, während der Zähler des Integrales, da σ gleich $-\infty$ wird, zu Null abnimmt.

Endlich das Integral von $-\infty + ai$ bis $\infty + ai$ ist gleich dem Produkte

$$e^{a\sigma}\int_{-\infty}^{\infty} \frac{e^{-x\sigma i}\, dx}{\mathfrak{k}^{ai+x}(\cos\lambda)},$$

in dem das Integral sicher nicht unendlich wird. Berücksichtigt man, dass $\varepsilon\lambda < \pi$ und $a\lambda = \pi$, also $\varepsilon < a$ ist, so ist klar, dass das Integral von $-\infty + ai$ bis $\infty + ai$ für $\sigma = -\infty$ noch stärker zu Null convergirt als das Integral über den unendlich kleinen Kreis um den Mittelpunkt εi, und man findet daher

$$\int_{-\infty}^{\infty} \frac{e^{-\mu\sigma i}\, d\mu}{\mathfrak{k}^\mu(\cos\lambda)} = be^{\varepsilon\sigma} = bs^\varepsilon$$

für $\sigma = -\infty$ oder $s = 0$, wenn b eine endliche Grösse vorstellt. Daher hat $\varkappa$ die Form

$$\varkappa_0 = \frac{b}{4\pi^2 . \sin\theta_0} \cdot s^{\varepsilon - \frac{3}{2}};$$

das Element der Masse, in welchem der Scheitel des Kegels liegt, ist ferner

$$\frac{b}{4\pi^2} s^{\varepsilon - \frac{1}{2}} \partial s \partial \omega.$$

Hier bezeichnet also ε die kleinste positive, zwischen $\frac{\pi}{2\lambda}$ und $\frac{\pi}{\lambda}$ liegende Wurzel der Gleichung $\mathfrak{P}^{\varepsilon i}(\cos\lambda) = 0$, d. i. von der Gleichung

$$1 + \frac{1-4\varepsilon^2}{2.2} \sin^2 \tfrac{1}{2}\lambda + \frac{(1-4\varepsilon^2)(9-4\varepsilon^2)}{2.2.4.4} \sin^4 \tfrac{1}{2}\lambda + \text{etc.} = 0.$$

Für den grössten Werth, den λ annehmen kann, nämlich $\lambda = \pi$, oder vielmehr, wenn λ unendlich nahe an π herankommt, wird ε gleich $\frac{1}{2}$, genauer unendlich wenig grösser als $\frac{1}{2}$. In der That folgt aus der vorstehenden Gleichung zunächst

$$\frac{9-4\varepsilon^2}{2.2.4} \sin^4 \tfrac{1}{2}\lambda + \text{etc.} = \frac{4}{(4\varepsilon^2-1)\sin^2\frac{1}{2}\lambda} - 1;$$

die Reihe auf der linken Seite wird für $\lambda = \pi$ unendlich, und zwar $+\infty$, wenn $\varepsilon < \frac{3}{2}$ ist, während der Ausdruck auf der rechten Seite zu $+\infty$ wächst, wenn man ε unendlich wenig über $\frac{1}{2}$ nimmt.

Lässt man λ abnehmen, so wird für $\lambda = \frac{1}{2}\pi$ die Wurzel ε gleich $\frac{3}{2}$; dies ist der Grenzfall, in welchem der Kegel in eine unendliche Ebene übergeht. Nimmt λ noch weiter ab, so wird, wenn man λ etwa gleich $0, 3.\pi$ nimmt, $\varepsilon = \frac{5}{2}$. Für ein unendlich kleines λ verwandelt sich unsere Gleichung in $J(\lambda\varepsilon) = 0$, und man hat daher ε etwa gleich $2, 4 \cdot \frac{1}{\lambda}$ zu setzen.

Hieraus geht hervor, dass die Dichtigkeit der Masse im Scheitel, wenn der Pol auf der convexen Seite (in der Entfernung 1 vom Scheitel, und auf der Axe des Kegels) liegt, unendlich wird; wenn der Pol auf der hohlen Seite liegt, Null wird; im Grenzfalle, beim Uebergange des Kegels in eine Ebene, endlich bleibt. Die Dichtigkeit $\varkappa_0$ in einem Punkte des Mantels, welcher vom Scheitel die Entfernung s besitzt, wird nämlich mit abnehmendem s ∞ oder 0 etwa von der Ordnung

wie s^{-1} für $\lambda = \pi$,
„ s^0 „ $\lambda = \frac{1}{2}\pi$,
„ s^1 „ $\lambda = 0, 3.\pi$,

wie $s^{\frac{24}{10\lambda}}$ für ein kleines λ. In allen Fällen bleibt also das Massenelement endlich, da dies in dem angegebenen Falle von derselben Ordnung ist wie eine Potenz von s mit dem Exponenten resp.

$$0,\ 1,\ 2,\ 1+\frac{24}{10\lambda}\,.$$

Zusatz zum fünften Kapitel. (M. vergl. S. 231 und 233.)

Unter $f(x)$ ist eine von $x = -\pi$ bis $x = \pi$ endlich bleibende, continuirliche und einwerthige Function zu verstehen, die nicht unendlich oft vom Wachsen zum Abnehmen übergeht. Ihr Differentialquotient nach x sei eine Function $f'(x)$ mit denselben Eigenschaften. Ferner sei $f(\pi) = f(-\pi)$.

Aus dem Zusatze „Ueber trigonometrische Reihen" im 1. Bande ist bekannt, dass jede von den beiden Functionen $f(x)$ und $f'(x)$ sich durch eine Fourier'sche Reihe

$$f(x) = \tfrac{1}{2}a_0 + \Sigma a_n \cos nx + \Sigma A_n \sin nx,$$
$$f'(x) = \tfrac{1}{2}b_0 + \Sigma b_n \cos nx + \Sigma B_n \sin nx$$

darstellen lässt, die in gleichem Grade convergirt. Von solchen einfachen Functionen $f(x)$, um die es sich gerade vorzugsweise bei den Anwendungen der Mathematik auf die Physik handelt, lässt sich beweisen, dass der Differentialquotient der ersten trigonometrischen Reihe die Summe der Differentialquotienten der einzelnen Glieder sei. Es ist also zu zeigen, dass man hat

$$b_n = nA_n,\quad B_n = -na_n,\quad b_0 = 0.$$

Beweis. Zunächst erhält man

$$\pi b_0 = \int_{-\pi}^{\pi} f'(x)dx = f(\pi) - f(-\pi) = 0.$$

Für die weitere Beweisführung sei daran erinnert, dass na_n, nb_n, nA_n und nB_n nie unendlich werden. Indem man nun $f'(x)$ von 0 bis x nach x integrirt, erhält man

$$f(x) = f(0) + \Sigma\frac{1}{n}B_n + \Sigma b_n \frac{\sin nx}{n} - \Sigma B_n \frac{\cos nx}{n}\,.$$

Diese trigonometrische Reihe muss mit der für $f(x)$ gegebenen übereinstimmen. Man hat daher, wenn $n > 0$, wirklich

$$b_n = nA_n,\quad B_n = -na_n.$$

Dieses Resultat modificirt sich, wenn $f(x)$ nicht mehr allen obigen Bedingungen genügt. War z. B. $f(-\pi)$ nicht gleich $f(\pi)$, sondern ist $f(\pi)-f(-\pi)$ eine von Null verschiedene Constante, die wir gleich $\pi\varkappa$ setzen, so wird $b_0 = \varkappa$. Ferner wird durch die Integration von $f'(x)$ nicht mehr $f(x)$ gleich der vorstehenden trigonometrischen Reihe, sondern ist gleich dieser vermehrt um $\frac{1}{2}\varkappa x$. Setzt man dies Glied in eine trigonometrische Reihe um, durch die Gleichung

$$\tfrac{1}{2}x = -\Sigma\frac{1}{n}\cos n\pi \sin nx,$$

so findet man also

$$f(x) = f(0)+\Sigma\frac{1}{n}B_n+\Sigma(b_n-\varkappa\cos n\pi)\frac{\sin nx}{n} - \Sigma B_n\frac{\cos nx}{n}.$$

Hieraus folgt, dass ausser der obigen Gleichung $b_0 = \varkappa$, noch, wenn $n > 0$ ist, die folgenden bestehen:

$$b_n - \varkappa\cos n\pi = nA_n, \quad B_n = -na_n.$$

Also wird der Differentialquotient von

$$f(x) = \tfrac{1}{2}a_0 + \Sigma a_n \cos nx + \Sigma A_n \sin nx$$

nicht mehr, wie im vorigen Falle, die (nicht nothwendig convergirende) Reihe

$$-\Sigma n a_n \sin nx + \Sigma n A_n \cos nx,$$

sondern es wird

$$f'(x) = \tfrac{1}{2}\varkappa - \Sigma n a_n \sin nx + \Sigma(nA_n + \varkappa\cos n\pi)\cos nx.$$

Es entsteht also $f'(x)$ nicht, wenn man die gegebene Reihe für $f(x)$ gliedweise differentiirt, sondern erst dann, wenn man die (offenbar) gleiche Reihe

$$f(x) = \tfrac{1}{2}a_0 + \tfrac{1}{2}\varkappa x + \Sigma a_n \cos nx + \Sigma\left(A_n + \frac{\varkappa}{n}\cos n\pi\right)\cos nx$$

gliedweise differentiirt. Aehnliche Sätze findet man für Entwickelungen nach Kugelfunctionen.

Sechstes Kapitel.

Die Methode der reciproken Radii vectores. Zwei Kugeln. Rotirendes Kreissegment.

§ 66. Die Methode, über welche hier gehandelt wird, rührt von Herrn William Thomson her. Im 10. Bde des Liouville'schen Journals*) entdeckt man schon die zu Grunde liegenden Gedanken, deren Ausführung sich in zwei Briefen des Verfassers**)

*) Extrait d'une lettre de M. W. Thomson à M. Liouville p. 364—367; datirt Cambridge, 8. October 1845.

**) Extraits de deux lettres adressées à M. Liouville par M. William Thomson. Liouville, J. d. M. T. 12 p. 256—264. M. vergl. auch Cambridge and Dublin math. Journal Vol. V, p. 1—9.

aus Cambridge, 26. Juni 1846 und Knock, 16. Sept. 1846 findet. In einer unmittelbar dieser Arbeit folgenden Abhandlung*) giebt Herr Liouville weitere Entwickelungen über diesen Gegenstand; ihm gebührt auch das Verdienst, „die ganze Wichtigkeit der Arbeit, von welcher der junge Mathematiker von Glasgow“ einen kurzen Auszug gegeben hat, sofort erkannt zu haben.

Prinzip der Abbildung. Von einem festen Punkte γ aus bildet man jeden Punkt p im Raume in einem Punkte $\mathfrak{p}$ ab, der auf der Geraden γp derartig liegt, dass $\gamma p . \gamma \mathfrak{p} = 1$ wird. Ist γ der Mittelpunkt eines Kreises mit dem Radius 1, und zieht man durch p einen Durchmesser, so sind die zwei Schnittpunkte des Durchmessers mit dem Kreise und das Punktenpaar p, $\mathfrak{p}$ vier harmonische Punkte, und zwar sind p und $\mathfrak{p}$ zugeordnet. Wesentlich nach Thomson, der den Radius allgemein lässt und nicht gleich 1 setzt, nennen wir p und $\mathfrak{p}$ reciproke Punkte und $\mathfrak{p}$ das Bild von p.

Bezeichnung. Wenn ein römischer Buchstabe verwendet wird, der sich auf den abzubildenden Gegenstand bezieht, so verwenden wir den entsprechenden deutschen für das Bild. So bezeichneten wir Punkte, die abgebildet werden mit p, die Bilder mit $\mathfrak{p}$. In ähnlicher Art setzen wir γp gleich r, und $\gamma \mathfrak{p} = \mathfrak{r}$.

Beziehung zwischen Gegenstand und Bild. Bildet man Punkte p und q, von γ aus, in $\mathfrak{p}$ und $\mathfrak{q}$ ab, so findet unter den geraden Linien pq und $\mathfrak{pq}$ die Beziehung statt

$$\mathfrak{pq} : pq = \mathfrak{p}\gamma : q\gamma = 1 : p\gamma . q\gamma.$$

Ist die Gerade pq unendlich klein, so findet man für die Grösse ihres Bildes, d. i. für die Gerade $\mathfrak{pq}$ die Gleichung

$$pq = \mathfrak{pq} . p\gamma^2.$$

Ebenso wird auch $pq = \mathfrak{pq} . q\gamma^2$. Daher ist das Bild der Geraden pq dieser unendlich kleinen Geraden parallel. Indem dasselbe, was für pq auch für jede von p ausgehende Gerade gilt, findet man:

Das Bild ($\mathfrak{f}$) einer unendlich kleinen Fläche (f), auf welcher ein Punkt p liegt, ist zu f parallel und man hat $f = \mathfrak{f} . p\gamma^4$.

Das Bild $\mathfrak{n}$ einer unendlich kleinen Geraden n, die auf einer Ebene, im Punkte p, senkrecht steht, ist auf dem Bilde der Ebene senkrecht, und man hat $n = \mathfrak{n} . p\gamma^2$.

---

*) S. 265—290: Note au sujet de l'article précédent.

Beziehung zwischen dem Potential des Gegenstandes und des Bildes. Zwischen dem Potential, welches sich auf eine Fläche, und dem, welches sich auf ihr Bild bezieht, findet ein Zusammenhang statt, der hier entwickelt wird.

Führt man statt der rechtwinkligen Coordinaten x, y, z wie früher (I. 302) Polarcoordinaten ein r, ζ, ψ, wo ζ (wie früher θ) der Bogen ist, welcher sich zwischen 0 und π bewegt, so ist die Differentialgleichung des Potentials v, wenn man sie so umformt, dass man nach $\log r$, statt wie in (50, *d*) nach r, differentiirt

$$\frac{\partial^2 \mathrm{v}}{(\partial \log r)^2} + \frac{\partial \mathrm{v}}{\partial \log r} + \frac{\partial^2 \mathrm{v}}{\partial \zeta^2} + \operatorname{cotg} \zeta \frac{\partial \mathrm{v}}{\partial \zeta} + \frac{1}{\sin^2 \zeta} \frac{\partial^2 \mathrm{v}}{\partial \psi^2} = 0.$$

Es sei $\mathrm{v} = F(r, \zeta, \psi)$ eine Lösung dieser Gleichung, welche, wenn der Punkt (r, ζ, ψ) oder p auf eine gegebene Fläche rückt, sich in eine gegebene Function von ζ und ψ verwandelt. Der Anfangspunkt der Coordinaten $(r = 0)$ sei der Punkt γ, von dem aus wir durch reciproke Radii vectores abbilden, und $\mathfrak{r}$ wird so bestimmt, dass man hat $\mathfrak{r} r = 1$.

Setzt man

$$\mathfrak{v} = \frac{1}{\mathfrak{r}} F\left(\frac{1}{\mathfrak{r}}, \zeta, \psi\right),$$

so wird $\mathfrak{v}$ derselben Differentialgleichung wie v genügen, wenn man dort den Buchstaben r mit dem Buchstaben $\mathfrak{r}$, rein formal, vertauscht. In der That, wenn man für r seinen Werth in $\mathfrak{r}$ setzt, also $-\log \mathfrak{r}$ statt $\log r$, so bleibt die Gleichung mit Ausnahme der ersten beiden Glieder ungeändert. Diese geben aber

$$\frac{\partial^2 \mathrm{v}}{(\partial \log \mathfrak{r})^2} - \frac{\partial \mathrm{v}}{\partial \log \mathfrak{r}},$$

und wenn man setzt $\mathrm{v} = \mathfrak{r}\mathfrak{v}$,

$$\mathfrak{r}\left[\frac{\partial^2 \mathfrak{v}}{(\partial \log \mathfrak{r})^2} + \frac{\partial \mathfrak{v}}{\partial \log \mathfrak{r}}\right].$$

Ferner verwandelt sich $\mathfrak{v}$ überall in dem Bild der gegebenen Fläche in den Werth, welchen $r\mathrm{v}$ in den entsprechenden Punkten der gegebenen Fläche annimmt.

Wir haben daher das Resultat:

1) Eine geschlossene Fläche ist gegeben. Man wählt einen beliebigen Punkt γ, von dem aus man abbildet, den man zugleich zum Anfangspunkt von Polarcoordinaten r, ζ, ψ macht. Jedem

Punkte $p = (r, \zeta, \psi)$ entspreche der Punkt $\mathfrak{p} = (\mathfrak{r}, \zeta, \psi)$, wo $r\mathfrak{r} = 1$. Liegt γ im inneren Raume, so entspricht jedem Punkte p des inneren resp. äusseren Raumes ein reciproker Punkt des äusseren resp. inneren Raumes, welcher durch die Bildfläche bestimmt wird; liegt aber γ im äusseren Raume, so gehören p und $\mathfrak{p}$ zugleich dem inneren und zugleich dem äusseren Raume des Bildes an.

Ein Punkt p auf der gegebenen Fläche wird mehrfach, wenn die Deutlichkeit dadurch gefördert wird, durch p_0, der ihm zugehörige Radiusvector durch r_0 bezeichnet; auf den entsprechenden Bildpunkt beziehen sich $\mathfrak{p}_0$ und $\mathfrak{r}_0$. Handelt es sich um zwei gegebene Flächen, so werden auf der zweiten die Veränderlichen mit dem Index 1 versehen.

Man will das Potential v finden, welches sich auf der gegebenen Fläche in eine gegebene Function $\mathrm{v}_0 = \chi(\zeta, \psi)$ verwandelt.

Dazu sucht man das Potential $\mathfrak{v}$, welches sich auf der Bildfläche in

$$\mathfrak{v}_0 = \frac{1}{\mathfrak{r}_0}\mathrm{v}_0 = \frac{1}{\mathfrak{r}_0}\chi(\zeta, \psi)$$

verwandelt. Ist dieses gefunden, und erhält man für dasselbe in dem Punkte $\mathfrak{p} = (\mathfrak{r}, \zeta, \psi)$ den Ausdruck

$$\mathfrak{v} = f(\mathfrak{r}, \zeta, \psi),$$

so wird das gesuchte Potential im Punkte p

$$\mathrm{v} = \frac{1}{r} f\left(\frac{1}{r}, \zeta, \psi\right) = \mathfrak{r}\mathfrak{v}.$$

Aehnlich verhält es sich, wenn statt einer mehrere Flächen gegeben sind, auf denen das Potential v vorgeschriebene Werthe v_0, v_1, etc. annehmen soll.

Ausser dem Potential v hat man in der Regel die Dichtigkeit der Masse $\varkappa$ zu ermitteln, mit der man die betreffende Fläche zu belegen hat, um das Potential zu erzeugen. Diese wird (S. 70) durch die Gleichung

$$(a) \ldots \quad -4\pi\varkappa = \frac{\partial \mathrm{v}}{\partial n} + \frac{\partial \mathrm{v}}{\partial n_1}$$

in dem Punkte einer Fläche gefunden, zu welchem die äussere und innere Normale n und n_1 gehören. Auch $\varkappa$ lässt sich ermitteln, wenn man für den entsprechenden Punkt des Bildes die Dichtigkeit

$\mathfrak{k}$ der Belegung des Bildes kennt, welche erforderlich ist, um $\mathfrak{v}$ als Potential zu erzeugen. Diese ist mit $\mathfrak{v}$ zugleich bekannt, da man hat

$$(b) \ldots \quad -4\pi\mathfrak{k} = \frac{\partial \mathfrak{v}}{\partial \mathfrak{n}} + \frac{\partial \mathfrak{v}}{\partial \mathfrak{n}_1}.$$

Setzt man in (a) für $\mathfrak{v}$ seinen Werth $\mathfrak{r}\mathfrak{v}$, so hat man

$$\frac{\partial \mathrm{v}}{\partial n} = \frac{\partial(\mathfrak{r}\mathfrak{v})}{\partial n} = \mathfrak{r}\frac{\partial \mathfrak{v}}{\partial n} + \mathfrak{v}\frac{\partial \mathfrak{r}}{\partial n},$$

und weil $\partial r : \partial n$ an der Fläche continuirlich bleibt, also gleich und entgegengesetzt $\partial r : \partial n_1$ ist,

$$\frac{\partial \mathrm{v}}{\partial n} + \frac{\partial \mathrm{v}}{\partial n_1} = \mathfrak{r}\left(\frac{\partial \mathfrak{v}}{\partial n} + \frac{\partial \mathfrak{v}}{\partial n_1}\right).$$

Berücksichtigt man die S. 252 gefundene Beziehung zwischen den unendlich kleinen Normalen ∂n und $\partial \mathfrak{n}$

$$\partial n = r^2 \partial \mathfrak{n}, \quad \partial n_1 = r^2 \partial \mathfrak{n}_1,$$

so ergiebt sich schliesslich

$$\frac{\partial \mathrm{v}}{\partial n} + \frac{\partial \mathrm{v}}{\partial n_1} = \mathfrak{r}^3\left(\frac{\partial \mathfrak{v}}{\partial \mathfrak{n}} + \frac{\partial \mathfrak{v}}{\partial \mathfrak{n}_1}\right) = -4\pi\mathfrak{r}^3\mathfrak{k}.$$

Man hat also $\varkappa = \mathfrak{r}^3\mathfrak{k}$, d. i. das Resultat:

2) Die Dichtigkeit der Flächenbelegung in Punkten p_0 der Oberfläche, welche daselbst ein Potential v_0 erzeugt, ist gleich $\mathfrak{r}_0^3$ mal der Dichtigkeit einer solchen Belegung des Bildes in den entsprechenden Punkten $\mathfrak{p}_0$ des Bildes der Fläche, welche daselbst ein Potential $\mathfrak{v}_0$ hervorbringt.

Auf diese Art ist das Aufsuchen des Potentials und der Dichtigkeit der Flächenbelegung einer Figur auf die Ermittelung des Potentials einer reciproken Figur zurückgebracht.

Aus dem Vorstehenden geht u. a. hervor, dass die Ermittelung der Green'schen Function, die sich auf einer gegebenen Fläche und einen Pol γ bezieht, gelingt, wenn man das Potential $\mathfrak{v}$ ermitteln kann, welches auf derjenigen Bildfläche, die bei der Abbildung von γ aus entsteht, sich in 1 verwandelt. Man hat dann nur $G = \mathfrak{r}\mathfrak{v}$. Ein Beispiel, die Anwendung dieses Resultats, welches auf S. 91 angegeben wurde, auf einen speciellen Fall, die Ermittelung der Green'schen Function für die Kugel, findet man im § 67.

§ 67. Wir wenden in diesem Kapitel die Thomson'sche Methode ausschliesslich zur Bestimmung des Potentials v und der

Dichtigkeit $\varkappa$ bei solchen Flächen an, welche, von einem passend gewählten festen Punkte γ aus abgebildet, sich in eine Fläche verwandeln, für welche man das entsprechende Potential $\mathfrak{v}$ und die Dichtigkeit $\mathfrak{k}$ bereits kennt, so dass die gesuchten Ausdrücke v und $\varkappa$ unmittelbar durch eine Substitution erhalten werden. Man kann diese Functionen z. B. sofort für eine Elasticitätsfläche bestimmen, auf welcher der Werth von v_0 gegeben ist, indem man sie von dem Mittelpunkte aus abbildet, weil das Bild der Elasticitätsfläche die Oberfläche eines dreiaxigen Ellipsoides ist, für welches wir aus dem III. Kapitel $\mathfrak{v}$ und $\mathfrak{k}$ kennen. Da die Formeln keine bemerkenswerthen Resultate ergaben, so führen wir die Rechnung nicht aus.

Wir behandeln hier einige Rotationskörper, auf welche die Resultate, wie bei dem bekannten Problem der zwei Kugeln, oder Schwierigkeiten, welche man lange Zeit nicht überwinden konnte, die Aufmerksamkeit gezogen haben. Für die Lösung derselben ist bei der Methode dieses Kapitels, welche eben nur in einem Substituiren in bekannte Formeln besteht, der Umstand, dass sie Rotationskörper sind, völlig unerheblich. Im folgenden Kapitel dagegen betrachten wir Rotationsflächen, die wir nicht von einem festen Punkte γ abbilden. Wir bilden dort vielmehr jede Meridianebene von einem in derselben liegenden Punkte γ ab, der also für die verschiedenen Meridianebenen seine Lage wechselt (verschiedene geographische Längen erhält). Wenngleich wir dort ebenfalls die Bestimmung von v und $\varkappa$ auf die von $\mathfrak{v}$ und $\mathfrak{k}$ für das Bild zurückführen, so geschieht dies nicht durch eine Substitution allein, sondern ausserdem durch eine Betrachtung, für welche es wesentlich ist, dass man den Körper durch Rotation erzeugen kann.

Die erste bedeutendere Aufgabe, die hier gelöst wird, betrifft das Potential v im ganzen Raume, wenn es auf der Oberfläche zweier Kugeln mit Radien a_0 und a_1 gegeben ist, erstens, von denen die eine die andere ganz einschliesst, zweitens, welche verschiedene Theile des Raumes einschliessen. In beiden Fällen ist auch der Grenzfall zu beachten, wenn die Kugeln sich berühren, was erstens von innen, zweitens von aussen geschehen kann. Der Fall, in welchem die Kugeln sich durchdringen, in welchem also ein Körper vorliegt, der durch zwei Kugelkalotten mit gemeinsamem Rande begrenzt wird (eine Linse), ist gleichfalls zu betrachten. Er findet im nächsten Kapitel seine Erledigung.

Die Aufgaben in den Fällen, in welchen die Kugeln sich nicht durchdringen, hat Thomson bereits im Jahre 1846 in dem ersten der erwähnten Schreiben (Liouville's Journal XII, S. 256—263) so weit geführt, dass man sie als von ihm gelöst betrachten kann. Die kurze Arbeit scheint in Deutschland nicht unmittelbar nach ihrem Erscheinen die Beachtung gefunden zu haben, die ihr gebührte und erst indirect, durch Dirichlet's Vorlesungen, bekannter geworden zu sein. Dieser zeigte gegen den Schluss seiner Vorlesungen über die Kräfte, welche im umgekehrten Verhältnisse des Quadrats der Entfernung wirken, aus dem Sommersemester 1856, wie ich einem Collegienhefte entnehme, welches von Herrn Dedekind herrührt*), wie die Aufgabe, durch die Methode der reciproken Radii vectores, sich auf den einfachen Fall zurückführen lässt, dass die beiden Kugeln concentrisch sind, indem, bei passender Wahl des Punktes γ, die Bilder der Kugeln concentrische Kugeln werden. Die hierher gehörenden Aufgaben für den Fall concentrischer Kugeln sind aber im I. Kapitel § 23, S. 72 und § 21, S. 56 und dadurch also auch die vorliegenden gelöst.

Den Grenzfall, den Fall der berührenden Kugeln, behandelt man bequemer direct, indem man ihn auf den Fall zurückführt, in welchem das Potential, statt auf zwei concentrischen Kugeln, auf zwei parallelen Ebenen bekannt ist.

Dirichlet hat in jener Vorlesung zwar alles für die Lösung Erforderliche, aber nicht die fertigen Endformeln gegeben. Diese finden sich erst in einer Arbeit**) des Herrn C. Neumann, der das fertige Resultat, und zwar durch die Coordinaten θ, ψ von Thomson ausgedrückt giebt.

Wir beginnen mit den Verhältnissen, welche bei der Abbildung einer einzigen Kugel in Betracht kommen. Die Kugel m, d. h. mit dem Mittelpunkte m und mit dem Radius a wird vom Punkte γ aus abgebildet, der in der Figur, ganz willkürlich, in das Innere

*) Derselbe hat die Güte mir die Benutzung des Heftes zu gestatten. Nach Dirichlet's Vortrag mache ich unten die Ermittelung des Punktes γ von einer quadratischen Gleichung abhängig.

**) Allgemeine Lösung des Problems über den stationären Temperaturzustand eines homogenen Körpers welcher von irgend zwei nichtconcentrischen Kugelflächen begrenzt wird. Halle, 1862.

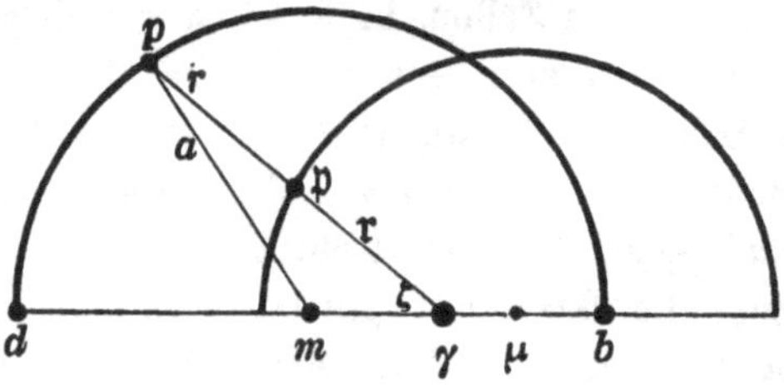

$\gamma m = x,\ \gamma p = r,\ \gamma\mathfrak{p} = \mathfrak{r},\ m\gamma p = \zeta,\ \gamma p . \gamma\mathfrak{p} = 1.$

der Kugel gelegt ist. Die Linie $m\gamma$ sei x, und der Winkel, den r, die von γ nach dem beliebigen Punkte p der Kugelfläche gezogene Gerade, mit γm bildet, heisse ζ. Das Bild von p, ein auf γp liegender Punkt, sei $\mathfrak{p}$. Es ist der geometrische Ort von $\mathfrak{p}$ zu ermitteln, wenn p auf der Oberfläche der Kugel fortrückt.

Wenn p fortrückt, so ändern sich r und ζ; sie sind durch die Gleichung verbunden

$$(\alpha) \ldots \quad a^2 = x^2 - 2xr\cos\zeta + r^2.$$

Man findet den Ort von $\mathfrak{p}$, wenn man nur $\mathfrak{r}$ an Stelle von r durch die Gleichung $r\mathfrak{r} = 1$ einführt. Dadurch erhält man

$$\mathfrak{r}^2 - \frac{2\mathfrak{r}x\cos\zeta}{x^2 - a^2} + \frac{1}{x^2 - a^2} = 0$$

und nach einer leichten Transformation

$$\left(\frac{a}{a^2 - x^2}\right)^2 = \left(\frac{x}{a^2 - x^2}\right)^2 + \frac{2x\mathfrak{r}\cos\zeta}{a^2 - x^2} + \mathfrak{r}^2.$$

Diese Form, verglichen mit (α), zeigt, dass der Ort von $\mathfrak{p}$ eine Kugel wird, deren Radius die positive Grösse

$$\varrho = \pm \frac{a}{a^2 - x^2}$$

ist, wo also das obere oder untere Zeichen genommen wird, je nachdem γ innerhalb oder ausserhalb der gegebenen Kugel liegt. Ferner wird die Entfernung des Mittelpunktes μ der abbildenden Kugel von γ

$$\gamma\mu = \frac{x}{a^2 - x^2},$$

wo ein positiver oder negativer Werth der rechten Seite anzeigt, dass man von γ aus zu μ gelangt, wenn man den Zahlwerth der rechten Seite, wie in der Figur, von γ aus auf der Verlängerung der Linie $m\gamma$ über γ hinaus resp. nach der entgegengesetzten Richtung abträgt. In ähnlicher Art ist das Zeichen in der Gleichung

$$m\mu = m\gamma + \gamma\mu = x + \frac{x}{a^2 - x^2}$$

zu deuten. Man beachte, dass der Mittelpunkt μ der abbildenden Kugel das Bild eines Punktes α wird, welcher der vierte harmonische, γ zugeordnete Punkt zu d, γ, b ist. Denn man hat

$$\frac{1}{\gamma\mu} = \frac{a^2}{x} - x.$$

Aber man setzte $x = m\gamma$ und hat $m\gamma . m\alpha = a^2$. Also ist die rechte Seite der vorstehenden Gleichung $m\alpha - m\gamma$ d. i. $\alpha\gamma$, daher wirklich α der reciproke Punkt zu μ.

Anmerkung. Bekanntlich findet man durch ganz elementare geometrische Betrachtungen, dass das Bild eines Kreises m bei der Abbildung von γ aus wiederum ein Kreis ist. Zieht man von einem Aehnlichkeitspunkte γ zweier Kreise m und μ aus Secanten, so sind deren vier Durchschnittspunkte mit den Kreisen paarweise potenzhaltend. Ist nur der eine Kreis m mit dem Radius a und ein Aehnlichkeitspunkt γ gegeben, ferner die gemeinschaftliche Potenz beider Kreise, — hier soll sie 1 sein — so ist der zweite Kreis μ mit seinem Radius ϱ bestimmt. Vermittelst der elementaren Sätze über Aehnlichkeit der Dreiecke erhält man auch die Ausdrücke von ϱ, μ, etc. durch die gegebenen Stücke, dieselben, welche man oben fand. Rückt p auf die Periphie des Kreises m fort, so bewegt sich der Potenz haltende Punkt $\mathfrak{p}$ auf der Peripherie des Kreises μ.

Beispiel. Nach den Prinzipien von Thomson suchen wir die Green'sche Function für eine Kugel m mit dem Radius a in Bezug auf einen Pol auf, der γ heisse. Wir bilden jeden Punkt p der Kugel vom Punkte γ aus in $\mathfrak{p}$ ab, und setzen wieder $\gamma p = r$, $\gamma\mathfrak{p} = \mathfrak{r}$. Man hat demnach eine solche Function $\mathfrak{v}$ für das Bild, die Kugel μ mit dem Radius ϱ, zu suchen, welche sich auf der Begrenzung in 1 verwandelt, also im Innern der Kugel μ constant 1 bleibt; in einem Punkte $\mathfrak{p}$ des äusseren Raumes der Kugel μ ist aber

$$\mathfrak{v} = \frac{\varrho}{\mu\mathfrak{p}}.$$

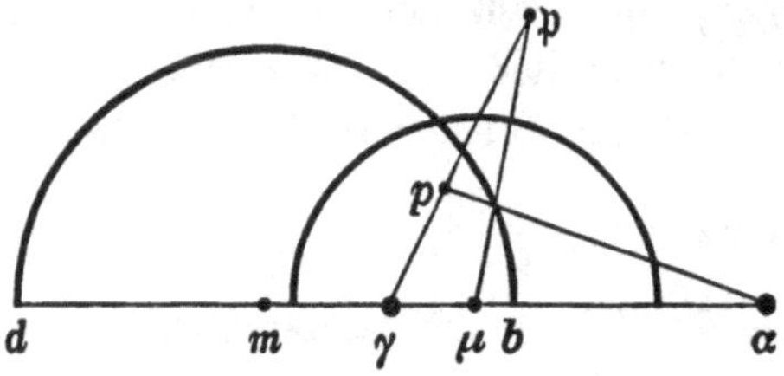

$\gamma p = r, \ \gamma\mathfrak{p} = \mathfrak{r}, \ \mu\mathfrak{p} = \varrho.$

Liegt, wie in der nebenstehenden Figur, der Pol γ im Innern der Kugel m, so wird für einen gleichfalls im Innern von m liegenden Punkt p, der reciproke $\mathfrak{p}$ ein äusserer der Kugel μ; also ist G in p

$$G = \frac{1}{\mathfrak{r}} \frac{\varrho}{\mu\mathfrak{p}} = \frac{\varrho}{\gamma\mathfrak{p} . \mu\mathfrak{p}},$$

während G, wenn p in den äusseren Raum von m übergeht, selbstverständlich $\frac{a}{r}$ wird.

Es hat keine Schwierigkeit, den vorstehenden Ausdruck von G so umzugestalten, dass er nur die unmittelbar gegebenen Stücke enthält. Um ihn aber in die bekannte einfache Form zu bringen, führt man den γ zugeordneten vierten harmonischen Punkt zu d, γ, b ein, der α heisse. Dann ist

$$\varrho = \frac{a}{x} \cdot \frac{x}{a^2 - x^2} = \frac{a}{m\gamma} \cdot \frac{1}{\alpha\gamma}.$$

Ferner ist $\Delta\mu\mathfrak{p}\gamma \backsim \Delta\alpha p\gamma$, da sowohl $\gamma p . \gamma\mathfrak{p}$ als auch $\gamma\mu . \gamma\alpha$ gleich 1 wird. Also wird

$$\mu\mathfrak{p} : \gamma\mathfrak{p} = \alpha p : \alpha\gamma,$$

und hieraus

$$G = \frac{a}{m\gamma} \cdot \frac{1}{\alpha\gamma} \cdot \frac{1}{\gamma p . \mu\mathfrak{p}} = \frac{1}{\gamma p . \gamma\mathfrak{p} . \alpha p} \cdot \frac{a}{m\gamma},$$

oder schliesslich

$$G = \frac{1}{\alpha p} \cdot \frac{a}{m\gamma}.$$

Die Green'sche Function im Punkte p für den Pol γ ist also das Potential einer Masse $a : m\gamma$, die im vierten harmonischen Punkt α wirkt, im Punkte p.

Dasselbe Resultat findet man, wenn γ und p zugleich im äusseren Raume liegen.

Derartige Aufgaben, welche sich auf die Kugel beziehen, kann man auch, wie es im § 71, in dem Falle der Kugeln die sich berühren, geschieht, auf Aufgaben über das Potential einer mit Masse belegten Ebene zurückführen, indem man von einem Punkt γ der

Kugeloberfläche selbst abbildet. Auch auf diesem Wege lässt sich z. B. die Green'sche Function für eine Kugel, mit Hülfe dieser Function für eine unendliche Ebene (§ 56, S. 190) bilden.

§ 68. Wir wenden uns nun zu dem Falle der zwei Kugeln, also zur Bestimmung des Potentials im ganzen Raume, wenn es auf der Oberfläche zweier Kugeln gegeben ist. Da wir an dieser Stelle die Fälle ausschliessen, in denen die Kugelflächen sich schneiden oder berühren, so kommen nur die zwei Fälle in Betracht, erstens, dass die eine Fläche die andere einschliesst, welcher vorzugsweise Interesse für die Anwendung auf die Wärmetheorie darbietet, und zweitens, dass die Kugeln verschiedene Räume einschliessen, der für die Anwendung auf die Vertheilung der Elektricität über zwei Kugeln von Wichtigkeit ist. Beide Fälle behandeln wir zugleich.

Bezeichnung. Für die beiden gegebenen Kugeln verwenden wir dieselben Buchstaben, denen wir bei der kleineren den Index 0, bei der grösseren 1 anhängen. Es ist m_0 der Mittelpunkt der kleineren, m_1 der grösseren, die Centrale $m_0 m_1 = c$; die Radien der Kugeln sind a_0 und a_1, wo $a_0 < a_1$. Die Axe $m_0 m_1$ schneidet die Kugeln in Punkten b und d, deren Anordnung, je nachdem eine Kugel in der anderen liegt oder sie auseinander liegen, die erste oder zweite Aufstellung zeigt. Man bemerke, dass die Buchstaben b bei der ersten Aufstellung so gewählt sind, dass die Linie $b_1 b_0$ kleiner ist als $d_0 d_1$.

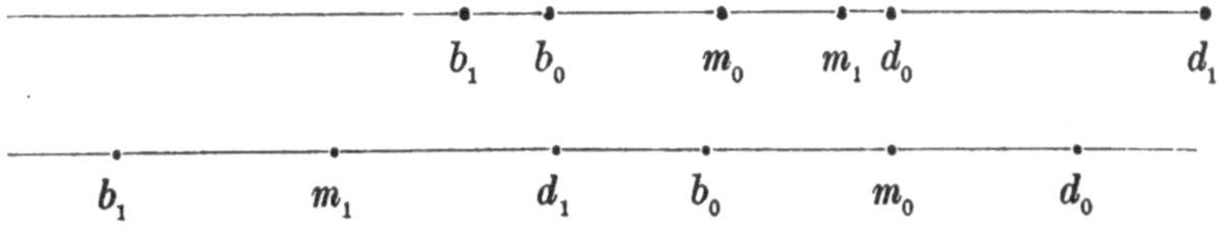

Die Richtung der Axe von b_1 nach d_1 soll die nördliche heissen.

Wir können einen Punkt γ auf der Axe so bestimmen, dass die Bilder der beiden Kugeln m_0 und m_1, die (s. o.) Kugeln sind, auch concentrisch werden.

Man sucht dazu das Punktenpaar α, γ, welches sowohl mit dem Punktenpaare b_1, d_1, als mit dem Punktenpaare b_0, d_0, harmonisch ist. Der nördlichere Punkt des Paares ist γ.

Bildet man nämlich die Kugeln von γ aus ab, und schneiden die Bilder die Axe in Punkten $\mathfrak{b}_0, \mathfrak{d}_0$; $\mathfrak{b}_1, \mathfrak{d}_1$; bezeichnet man die

Mittelpunkte der Bilder mit μ_0 und μ_1, so findet man, ebenso wie sich S. 259 für eine Kugel ergab $\gamma\alpha . \gamma\mu = 1$, jetzt für die beiden

$$\gamma\alpha . \gamma\mu_0 = 1, \quad \gamma\alpha . \gamma\mu_1 = 1,$$

so dass wirklich die Mittelpunkte der abbildenden Kugeln μ_0 und μ_1 in einen Punkt zusammenfallen. Ferner sagen die obigen zwei Gleichungen, dass dieser Punkt das Bild des Punktes α sei, wenn auch er von seinem zugeordneten Punkte γ aus abgebildet wird. Wir bezeichnen diesen Mittelpunkt der concentrischen Bilder durch μ.

Die Aufeinanderfolge der hier erwähnten Punkte im ersten Falle, in welchem $c > a_0 + a_1$ ist, und im zweiten, in dem $c < a_0 + a_1$ ist, zeigt sich in der ersten resp. zweiten von den folgenden Aufstellungen:

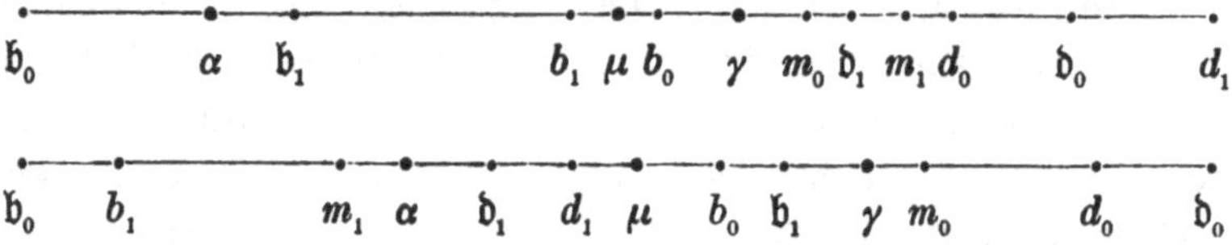

Man bestimmt nun jeden Punkt p im Raume:

a) durch den Winkel ψ, welchen der durch ihn gelegte Meridian mit einem festen macht. Der Winkel wird von 0 bis 2π gezählt.

b) durch das Verhältniss der Linien $\alpha p : \gamma p$. Wir setzen

$$\alpha p : \gamma p = e^{\sigma} : 1.$$

c) durch den Winkel $\alpha p \gamma$, den wir mit θ bezeichnen und von 0 bis π zählen. Wesentlich ist, dass dieser Winkel θ mit demjenigen übereinstimmt, welchen der Radiusvector von μ aus, nach dem Bilde $\mathfrak{p}$, mit der Centralen $m_0 m_1$ bildet. (S. u.)

Dies gilt für die Aufgabe der zwei Kugeln; bei der Untersuchung über den Ring, welcher durch eine Drehung um eine auf $m_0 m_1$ senkrechte Axe erzeugt wird, hat man diese Festsetzungen über θ und ψ ein wenig zu modificiren. Die Coordinaten σ und θ des Herrn Thomson nennt Herr C. Neumann, wegen der Beziehung zu den beiden Punkten α und γ, die dipolaren.

Die beiden Kugeln mögen, ihrer Grösse und Lage nach, vollständig gegeben sein, so dass man also ihre Radien a_0 und a_1, so wie ihre Centrale c kennt. Es kommt darauf an, die Lage von γ und α hieraus nicht nur, wie oben, geometrisch, sondern auch analytisch zu bestimmen. Dieses geschieht mit Hülfe der Gleichungen, welche wir S. 258 bei der Abbildung einer Kugel gefunden haben. Wir nehmen hier die Centrale zur Axe der X, m_0 zum Anfangspunkt und die Richtung von m_0 nach m_1, gleichgültig, ob sie die nördliche oder südliche ist, zur positiven Richtung. Ist nun x nicht mehr die Entfernung des Punktes γ von m, wie oben (S. 258), sondern die Abscisse von γ, so wird

$$m_0\mu_0 = x + \frac{x}{a_0^2 - x^2}.$$

Ferner hat m_1 zur x-Coordinate die positive Centrale c; daher hätte γ in Bezug auf den Anfangspunkt m_1 und dieselbe Richtung der x-Achse die Abscisse $\xi = x - c$, und es wäre

$$m_1\mu_1 = x - c + \frac{x - c}{a_1^2 - (x-c)^2}.$$

Die Bedingung dafür, dass die Punkte μ_0 und μ_1, wie hier verlangt wird, zusammenfallen, ist, dass sei

$$m_0\mu_0 - m_1\mu_1 = c.$$

Setzen wir die so eben gefundenen Werthe ein, so erhalten wir:

Die nothwendige und hinreichende Bedingung dafür, dass die Bilder der gegebenen Kugeln zusammenfallen, ist, dass man von einem Punkte abbildet, dessen Coordinate x, von m_0 als Anfangspunkt aus gerechnet, wenn $m_0 m_1$ die positive Richtung ist, der Gleichung genügt

$$cx^2 - (a_0^2 + c^2 - a_1^2)x + ca_0^2 = 0.$$

Wenn, wie hier, die Kugeln m_0 und m_1 sich nicht schneiden, also in den beiden Fällen, dass $c > a_0 + a_1$ oder dass $c < a_1 - a_0$ ist, hat diese Gleichung zwei reelle Wurzeln; im ersten Falle sind beide positiv, im zweiten beide negativ. Ihr Produkt ist a_0^2, so dass eine Wurzel kleiner, die andere grösser als a_0 wird. Die Wurzel, welche unter a_0 liegt, die also einen Punkt verschafft, welcher in die Kugel m_0 hineinfällt, sei γ; den anderen Punkt nennen wir α. Wir finden also:

Der Punkt γ, von dem aus abgebildet die Kugeln m_0 und m_1 concentrische Kugeln als Bilder geben, hat vom Punkte m_0 eine Entfernung, welche durch den Zahlwerth der kleinsten Wurzel der Gleichung

$$cx^2-(a_0^2+c^2-a_1^2)x+ca_0^2=0$$

gegeben wird. Je nachdem die Wurzeln positiv oder negativ sind, liegt γ von m_0 in der Richtung nach m_1 oder umgekehrt.

Der Zahlwerth der zweiten Wurzel dieser Gleichung ist die Entfernung des Punktes α, welcher der zugeordnete harmonische zu γ ist, von m_0. Dieser liegt auf derselben Seite von m_0 wie γ.

Die Radien der abbildenden concentrischen Kugeln sind (S. 260)

$$\varrho_0=\frac{a_0}{\alpha\gamma.\gamma m_0},\quad \varrho_1=\frac{a_1}{\alpha\gamma.\gamma m_1}.$$

Die Formeln für die Stücke, welche hier vorkommen, werden durch Einführung von Grössen σ wesentlich vereinfacht, welche man aus den gegebenen durch die Gleichungen berechnet

$$\cos\sigma_0 i=\pm\frac{a_0^2+c^2-a_1^2}{2ca_0},\quad \cos\sigma_1 i=\pm\frac{a_1^2+c^2-a_0^2}{2ca_1},$$

wo die doppelten Zeichen so zu verstehen sind, dass die rechten Seiten positiv genommen werden. Wir nehmen σ_0 immer positiv, σ_1 positiv oder negativ, je nachdem $c<a_1-a_0$ oder $c>a_1+a_0$ ist. Man hat dann

$$\gamma m_0=a_0e^{-\sigma_0},\quad \alpha m_0=a_0e^{\sigma_0};\quad \gamma m_1=a_1e^{-\sigma_1},\quad \alpha m_1=a_1e^{\sigma_1};$$
$$\alpha\gamma=a_0(e^{\sigma_0}-e^{-\sigma_0})=\pm a_1(e^{\sigma_1}-e^{-\sigma_1}),$$
$$\alpha b_0:\gamma b_0=e^{\sigma_0}:1=\alpha d_0:\gamma d_0.$$

Man setze $\alpha\gamma=2\mathfrak{k}$ und erhält dann für die Radien ϱ der abbildenden Kugeln

$$2\mathfrak{k}\varrho_0=e^{\sigma_0},\quad 2\mathfrak{k}\varrho_1=e^{\sigma_1}.$$

Durch die Berechnung der Constanten σ_0 und σ_1 aus den unmittelbar gegebenen Stücken werden zuerst die Punkte α und γ festgelegt. Ist dies geschehen, so bestimmt man jeden Punkt p im Raume durch die oben S. 262 unter a) bis c) angegebenen Coordinaten ψ, σ, θ. Der Winkel ψ ist also die Neigung der Meridianebene, in welcher p liegt (und zwar der halben Ebene, welche auf der einen Seite durch die Axe begrenzt wird), gegen eine feste Meridianebene ($0<\psi<2\pi$). Die Veränderliche σ wird durch die Gleichung

$$\log\alpha p-\log\gamma p=\sigma$$

eingeführt und es ist θ der Winkel, welchen die Radii vectores mit einander bilden, die von p nach α und γ gezogen werden $(0 < \theta < \pi)$. Bei festgehaltenem ψ ist der Ort von p eine halbe Meridianebene; hält man σ fest, so ist er eine Kugel, sein Durchschnitt mit dem Meridian ein Kreis, welcher die Axe in solchen Punkten b, d schneidet, die mit dem Punktenpaare α, γ harmonisch sind, also dieselbe Rolle in dieser Beziehung spielen, wie das Punktenpaar b_0, d_0 oder b_1, d_1. Bleibt endlich θ constant, so ist der Ort von p eine Kugel, in der Meridianebene ein Kreis, welcher durch die Punkte α, γ gehen und die Kugel des constanten σ orthogonal schneiden.

Die Coordinate σ durchläuft alle Werthe von $-\infty$ bis ∞. Im ersten Falle, d. i. wenn die Kugel m_1 die Kugel m_0 einschliesst, fällt p für $\sigma = -\infty$ in α; während σ bis σ_1 wächst, durchläuft p den ganzen Raum ausserhalb der Kugel m_1; wächst σ weiter, so

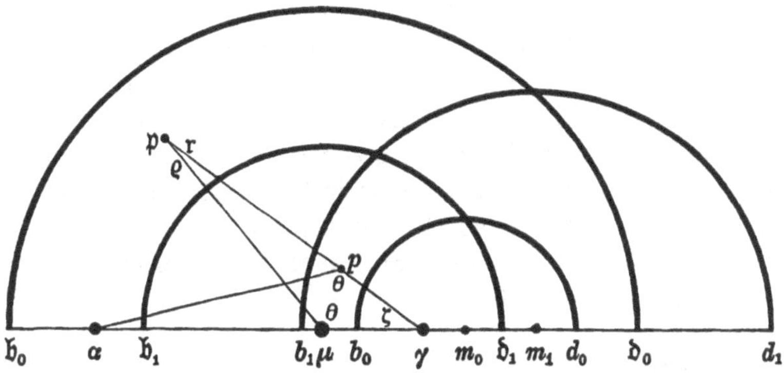

$\gamma p = r,\ \gamma \mathfrak{p} = \mathfrak{r},\ \mu \mathfrak{p} = \varrho,\ \angle \alpha p \gamma = \angle \mathfrak{p} \mu \gamma = \theta,\ b_0 m_0 = a_0,\ b_1 m_1 = a_1.$

tritt p in die Kugelschale ein, welche durch die Oberflächen von m_1 und m_0 begrenzt wird, und tritt endlich, wenn σ den Werth σ_0 überschreitet, in die kleinere Kugel m_0 ein, wo p für $\sigma = \infty$ mit γ zusammenfällt. In dem zweiten Falle liegt p für $\sigma = -\infty$ in α, also innerhalb der Kugel m_1, in welcher der Punkt p bleibt bis σ gleich der negativen Grösse σ_1 geworden ist. Dann tritt p ein in den unendlichen äusseren Raum jenseits dieser Kugel, überschreitet, während σ vom Negativen zum Positiven übergeht, die Ebene, welche senkrecht auf der Axe in dem Halbirungspunkte der Linie

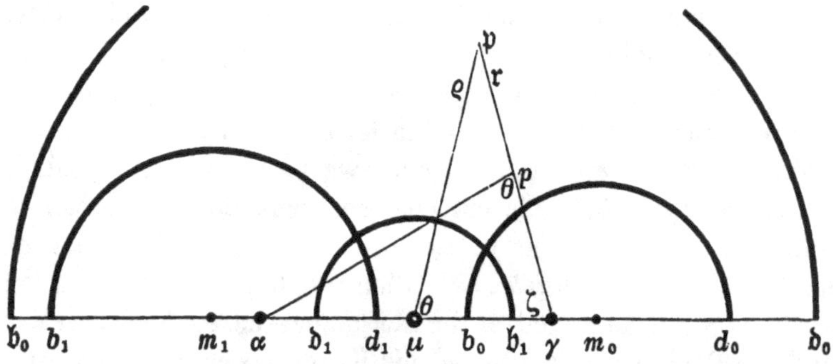

$\alpha\gamma$ steht, tritt bei $\sigma = \sigma_0$ in die Kugel m_0 ein, und fällt für $\sigma = \infty$ mit γ zusammen.

Bildet man, wie in den Figuren, p von γ aus in $\mathfrak{p}$ ab, so dass $\gamma p = r$, $\gamma\mathfrak{p} = \mathfrak{r}$ ist, so wird die Entfernung ϱ des Bildes $\mathfrak{p}$ vom Mittelpunkt μ der concentrischen Kugeln

$$\varrho = \frac{e^{\sigma}}{2\mathfrak{k}}.$$

Ferner ist der Winkel $\mathfrak{p}\mu\gamma$, welchen ϱ, von μ nach $\mathfrak{p}$ gezogen, mit der nördlichen Richtung der Axe bildet, gleich θ (s. S. 262, c). Denn die Dreiecke $\alpha p\gamma$ und $\gamma\mathfrak{p}\mu$ sind ähnlich. Weil nämlich μ das Bild von α ist, so wird $\alpha\gamma . \gamma\mu = 1$; ebenso hat man $\gamma p . \gamma\mathfrak{p} = 1$; der Winkel $p\gamma\alpha$ endlich, welcher auf S. 258 als Winkel ζ auftritt, ist beiden Dreiecken gemeinsam.

Wiederholend stelle ich einfache Beziehungen zusammen, welche oben gefunden wurden, füge auch einige anderen hinzu, welche sich sehr leicht ableiten lassen:

1) Gegeben sind die Mittelpunkte m_0, m_1 und die Radien a_0, a_1; die Centrale $m_0 m_1$ heisst c; $a_1 > a_0$.

2) Bestimmung der festen Punkte α, γ, μ.

Man setzt

$$\pm\frac{a_0^2 + c^2 - a_1^2}{2ca_0} = \cos\sigma_0 i, \quad \pm\frac{a_1^2 + c^2 - a_0^2}{2ca_1} = \cos\sigma_1 i;$$

σ_0 ist positiv, σ_1 im ersten Falle, d. i. wenn $c < a_1 - a_0$, positiv im zweiten, wenn $c > a_1 + a_0$, negativ.

$$\gamma m_0 = a_0 e^{-\sigma_0}, \quad \gamma m_1 = a_1 e^{-\sigma_1}; \quad \alpha m_0 = a_0 e^{\sigma_0}, \quad \alpha m_1 = a_1 e^{\sigma_1};$$
$$\alpha b_0 = \gamma b_0 . e^{\sigma_0}, \quad \alpha b_1 = \gamma b_1 . e^{\sigma_1}; \quad \alpha d_0 = \gamma d_0 . e^{\sigma_0}, \quad \alpha d_1 = \gamma d_1 . e^{\sigma_1};$$
$$2\mathfrak{k} = a_0(e^{\sigma_0} - e^{-\sigma_0}) = \pm a_1(e^{\sigma_1} - e^{-\sigma_1}), \quad \gamma\mu = \frac{1}{2\mathfrak{k}}, \quad \alpha\gamma = 2\mathfrak{k}.$$

3) Bestimmung der Punkte p und $\mathfrak{p}$, der Linien r, $\mathfrak{r}$, ϱ durch σ und θ.

$$r = \gamma p, \quad \mathfrak{r} = \gamma \mathfrak{p}, \quad r\mathfrak{r} = 1; \quad \varrho = \mu \mathfrak{p};$$
$$\sigma = \log \alpha p - \log \gamma p; \quad \angle \alpha p \gamma = \angle \mathfrak{p} \mu \gamma = \theta.$$

Man setzt

$$\sqrt{\cos\sigma i - \cos\theta} = (\sigma, \theta),$$
$$2\mathfrak{k}\varrho = e^{\sigma}, \quad r = \gamma p = \frac{\mathfrak{k}\sqrt{2}}{(\sigma, \theta)} e^{-\frac{1}{2}\sigma} = \frac{1}{(\sigma, \theta)} \sqrt{\frac{\mathfrak{k}}{\varrho}};$$
$$\mathfrak{r} = \frac{1}{r} = \frac{(\sigma, \theta)}{\mathfrak{k}\sqrt{2}} e^{\frac{1}{2}\sigma}.$$

4) Rechtwinklige Coordinaten ξ, η, ζ.

Der Anfangspunkt ist die Mitte zwischen α und γ. Die positive Richtung der Ξ-Axe ist die nördliche der Drehungsaxe; die Axe der H liegt in der halben Meridianebene, die $\psi = 0$, die Axe der Z in derjenigen, welche $\psi = \frac{1}{2}\pi$ entspricht.

$$\xi = -\frac{\mathfrak{k} i \sin i\sigma}{\cos i\sigma - \cos\theta}, \quad \eta = \frac{\mathfrak{k}\sin\theta\cos\psi}{\cos i\sigma - \cos\theta}, \quad \zeta = \frac{\mathfrak{k}\sin\theta\sin\psi}{\cos i\sigma - \cos\theta};$$
$$-\xi + i\sqrt{\eta^2 + \zeta^2} = \mathfrak{k} \cdot \frac{1 + e^{\sigma + i\theta}}{1 - e^{\sigma + i\theta}}.$$

§ 69. Das Problem der zwei Kugeln, die sich nicht berühren, wird nun nach § 66, Nr. 1 gelöst.

Das Potential v ist auf der Oberfläche der beiden Kugeln m_0 und m_1 bekannt; nachdem einmal die Punkte α und γ festgelegt sind, drückt man diese bekannten Functionen durch die Thomson'schen dipolaren Coordinaten jedes Punktes p_0 und p_1 der Flächen m_0 und m_1 als Functionen f_0 und f_1 aus, setzt nämlich

$$\mathrm{v} = f_0(\theta, \psi) \quad \text{für} \quad \sigma = \sigma_0,$$
$$\mathrm{v} = f_1(\theta, \psi) \quad \text{„} \quad \sigma = \sigma_1.$$

Man hat also erstens ein solches Potential $\mathfrak{v}$ aufzusuchen, welches auf den Bildern der Grenzflächen, d. i. auf den concentrischen Kugeln mit dem Mittelpunkte μ und den Radien

$$\varrho_0 = \frac{e^{\sigma_0}}{2\mathfrak{k}}, \quad \varrho_1 = \frac{e^{\sigma_1}}{2\mathfrak{k}},$$

sich resp. in

$$\mathfrak{v}_0 = \frac{1}{\mathfrak{r}_0} f_0(\theta, \psi) = \frac{\mathfrak{k}\sqrt{2}}{(\sigma_0, \theta)} f_0(\theta, \psi) e^{-\frac{1}{2}\sigma_0},$$
$$\mathfrak{v}_1 = \frac{1}{\mathfrak{r}_1} f_1(\theta, \psi) = \frac{\mathfrak{k}\sqrt{2}}{(\sigma_1, \theta)} f_1(\theta, \psi) e^{-\frac{1}{2}\sigma_1}$$

verwandelt. Ist der Ausdrück dieser Function $\mathfrak{v}$ in jedem Punkte $\mathfrak{p}$ gefunden, so hat man zweitens als Werth von v in jedem Punkte p

$$(a) \ldots \quad \mathrm{v} = \mathfrak{r}\mathfrak{v} = \frac{(\sigma, \theta)}{\mathfrak{k}\sqrt{2}} \mathfrak{v} e^{\frac{1}{2}\sigma}.$$

Es ist aber bereits im I. Kapitel unserer Untersuchungen über das Potential im § 26 die Aufgabe, „das Potential im ganzen Raume zu finden, wenn es auf den Oberflächen zweier concentrischen Kugeln gegeben ist", vollständig gelöst (m. vergl. die Formeln unter b) auf S. 72), und zwar wurden dort die gewöhnlichen Polarcoordinaten zu Grunde gelegt. Der Winkel θ, nämlich $\alpha p\gamma$, welcher hier bei den dipolaren Coordinaten eines der Bestimmungsstücke von p ist, stimmt mit dem überein, welcher bei den gewöhnlichen Polarcoordinaten zur Festlegung von $\mathfrak{p}$ dient, nämlich mit $\mathfrak{p}\mu\gamma$; ferner (in Bezug auf $\mathfrak{p}$) ist hier ϱ dasselbe was dort r, und ψ hat hier dieselbe Bedeutung wie dort. Daher erhalten wir $\mathfrak{v}$ durch eine einfache Substitution in die früheren Formeln, und dann v aus $\mathfrak{v}$ durch (a). Früher hatte man $f_0(\theta, \psi)$ und $f_1(\theta, \psi)$ nach Kugelfunctionen zu entwickeln; jetzt tritt aber als gegebener Werth an den Oberflächen ein Produkt auf, $r_0 f_0$ oder $r_1 f_1$, welches, abgesehen von Constanten, ist

$$\frac{f_0(\theta, \psi)}{(\sigma_0, \theta)}, \quad \frac{f_1(\theta, \psi)}{(\sigma_1, \theta)}.$$

Durch Substitution der neuen Coordinaten statt der alten erhält man sofort das Resultat:

Man entwickele $r_0 f_0(\theta, \psi)$ und $r_1 f_1(\theta, \psi)$ nach Kugelfunctionen, indem man setzt

$$(30) \ldots \quad f_0(\theta, \psi) = (\sigma_0, \theta) \sum_{n=0}^{\infty} Y_0^{(n)}(\theta, \psi),$$

$$f_1(\theta, \psi) = (\sigma_1, \theta) \sum_{n=0}^{\infty} Y_1^{(n)}(\theta, \psi).$$

Alsdann wird das Potential in dem Punkte p derjenigen Schale, welche durch die Flächen $\sigma = \sigma_0$ und $\sigma = \sigma_1$ begrenzt ist $(\sigma_1 < \sigma < \sigma_0)$, wenn man setzt $n + \frac{1}{2} = \nu$, ausgedrückt in den dipolaren Coordinaten $\sigma = \log \alpha p - \log \gamma p$, $\theta = \angle\, \alpha p \gamma$, und ψ

$$\mathrm{v} = (\sigma, \theta) \sum_{n=0}^{\infty} \frac{\sin(\sigma - \sigma_1)\nu i}{\sin(\sigma_0 - \sigma_1)\nu i} Y_0^{(n)}(\theta, \psi) + \frac{\sin(\sigma - \sigma_0)\nu i}{\sin(\sigma_1 - \sigma_0)\nu i} Y_1^{(n)}(\theta, \psi).$$

Offenbar bedarf es nicht der dipolaren Coordinaten, um die Fortsetzung des Potentials in die beiden Räume $\sigma < \sigma_1$ und $\sigma > \sigma_0$ (d. i. im ersten Falle in den Raum ausserhalb m_1 und innerhalb m_0, im zweiten innerhalb m_1 und m_0) anzugeben. Man entnimmt die Ausdrücke unmittelbar den Formeln S. 72, *b*). Für manche Zwecke, z. B. wenn man unten aus den Formeln die Dichtigkeit $\varkappa$ einer idealen Vertheilung von Masse auf den Kugelflächen ermitteln will, welche v zum Potential hat, ist es aber vortheilhaft, den Werth von v in den drei verschiedenen Räumen durch dieselben Coordinaten auszudrücken. Die Substitution ergiebt

$$(b) \ldots \quad \mathrm{v} = (\sigma, \theta) \sum_{n=0}^{\infty} Y_0^{(n)}(\theta, \psi) e^{\nu(\sigma_0 - \sigma)}, \qquad (\sigma > \sigma_0),$$

$$(c) \ldots \quad \mathrm{v} = (\sigma, \theta) \sum_{n=0}^{\infty} Y_1^{(n)}(\theta, \psi) e^{\nu(\sigma - \sigma_1)}, \qquad (\sigma < \sigma_1).$$

Wir bestimmen nunmehr die Dichtigkeit der Masse, mit welcher man die Kugelflächen m_0 und m_1 belegen muss, damit das Potential dieser idealen Belegung auf den Kugelflächen sich in die gegebenen Functionen f_0 und f_1 verwandelt. Die Dichtigkeit der erforderlichen Masse sei auf den Flächen $\varkappa_0$ und $\varkappa_1$. Diese kann man **erstens** aus der Formel des § 23, S. 73 mit Hülfe des Satzes § 66, 2 finden, wo gezeigt ist, dass die Belegung des abgebildeten Körpers eine Dichtigkeit auf den Oberflächen hat gleich $\mathfrak{r}_0^3$ resp. $\mathfrak{r}_1^3$ mal der Dichtigkeit auf der Oberfläche des Bildes. Man erhält also die gesuchte Dichtigkeit durch Multiplication der dort gefundenen resp. mit $\mathfrak{r}_0^3$ d. i. mit

$$\left[\frac{(\sigma_0, \theta)}{\mathfrak{k}\sqrt{2}} e^{\frac{1}{2}\sigma_0}\right]^3,$$

resp. mit $\mathfrak{r}_1^3$.

Ohne auf diese früheren Formeln für die Dichtigkeit zurück zu gehen, findet man die gesuchte Dichtigkeit $\varkappa_0$ oder $\varkappa_1$ auch direct durch Differentiation des Potentials v nach den beiden in einem Punkte der Grenzfläche errichteten Normalen. Benutzt man nämlich die auf S. 252 im § 66 gegebene Gleichung $n = \mathfrak{n}.p\gamma^2$, die besagt, das die unendlich kleine Normale im Punkte p gleich ist der unendlich kleinen Normalen in $\mathfrak{p}$, und das ist $d\varrho$, multiplicirt mit r^2, so ist also die unendlich kleine Normale in p, die wir des Zusammenhanges mit dem 1. Kapitel wegen nicht n wie im § 66, sondern dn oder, nach der entgegengesetzten Richtung, dn_1 nennen gleich

$$\pm\frac{e^{\sigma}}{2\mathfrak{k}}\cdot\frac{2\mathfrak{k}^2 e^{-\sigma}}{(\sigma,\theta)^2}\,d\sigma=\pm\frac{\mathfrak{k}\,d\sigma}{(\sigma,\theta)^2},$$

wo man die richtigen Vorzeichen zu wählen hat. Auf den Begrenzungen $\sigma=\sigma_1$ und $\sigma=\sigma_0$ werden die Normalen, welche in den Raum $\sigma_1<\sigma<\sigma_0$ hinein gerichtet sind, bei $\sigma=\sigma_1$ das positive, bei $\sigma=\sigma_0$ das negative Vorzeichen erhalten. Nennt man von den beiden Ausdrücken (b) und (c) für v den ersten v^0, den zweiten v', während v der erste Ausdruck sein mag, der im Raume $\sigma_1<\sigma<\sigma_0$ gilt, so hat man

$$-4\pi\varkappa_0=\frac{\partial\mathrm{v}}{\partial n}+\frac{\partial\mathrm{v}^0}{\partial n_1}=\frac{\partial(\mathrm{v}^0-\mathrm{v})}{\partial n_1},$$

also, wenn man den Werth für ∂n_1 setzt,

$$-4\pi\varkappa_0=\frac{(\sigma_0,\theta)^2}{\mathfrak{k}}\,\frac{\partial(\mathrm{v}^0-\mathrm{v})}{\partial\sigma}\quad\text{für}\quad\sigma=\sigma_0$$

$$-4\pi\varkappa_1=\frac{(\sigma_1,\theta)^2}{\mathfrak{k}}\,\frac{\partial(\mathrm{v}-\mathrm{v}')}{\partial\sigma}\quad\text{für}\quad\sigma=\sigma_1.$$

Führt man die Differentiation aus und reducirt, so entsteht

$$\varkappa_0=\frac{(\sigma_0,\theta)^3}{2\mathfrak{k}\pi}\sum_{n=0}^{\infty}\nu\,\frac{Y_1^n-Y_0^n e^{\nu(\sigma_1-\sigma_0)}}{e^{\nu(\sigma_1-\sigma_0)}-e^{\nu(\sigma_0-\sigma_1)}},$$

$$\varkappa_1=\frac{(\sigma_1,\theta)^3}{2\mathfrak{k}\pi}\sum_{n=0}^{\infty}\nu\,\frac{Y_0^n-e^{\nu(\sigma_0-\sigma_1)}Y_1^n}{e^{\nu(\sigma_1-\sigma_0)}-e^{\nu(\sigma_0-\sigma_1)}}.$$

§ 70. Wegen der Bedeutung, welche der Green'schen Function zukommt, wollen wir dieselbe aufsuchen. Es geschieht dies, indem wir in die allgemeinen Formeln (30) für f_0 und f_1 die ihnen zukommenden speciellen Werthe einsetzen, nämlich die reciproken Entfernungen des Poles der Green'schen Function von Punkten in den Kugelflächen m_0 und m_1. Hat dieser Pol der Green'schen Function, der p_τ heisse, die dipolaren Coordinaten τ, η und ω, so ist seine Entfernung von dem unbestimmten Punkte p mit den dipolaren Coordinaten σ, θ und ψ, nach § 66, gleich

$$\gamma p.\gamma p_\tau.\mathfrak{p}\mathfrak{p}_\tau=r.r_\tau.\mathfrak{p}\mathfrak{p}_\tau,$$

wenn man $\gamma p_\tau=r_\tau$ setzt. Die gewöhnlichen Polarcoordinaten der Bildpunkte $\mathfrak{p}$ und $\mathfrak{p}_\tau$ sind aber

$$\varrho=\frac{e^{\sigma}}{2\mathfrak{k}},\ \theta,\ \psi;\quad\frac{e^{\tau}}{2\mathfrak{k}},\ \eta,\ \omega.$$

Hieraus folgt

$$\mathfrak{p}\mathfrak{p}_\tau = \sqrt{e^{2\sigma} - 2e^{\sigma+\tau}\cos\gamma + e^{2\tau}},$$

wo γ wie früher durch die Gleichung

$$\cos\gamma = \cos\eta\cos\theta + \sin\eta\sin\theta\cos(\psi-\omega)$$

gegeben wird. Man hat daher

$$\frac{1}{pp_\tau} = \frac{2\mathfrak{k}}{rr_\tau}\cdot\frac{1}{\sqrt{e^{2\sigma}-2e^{\sigma+\tau}\cos\gamma+e^{2\tau}}} = \frac{(\sigma,\theta)(\tau,\eta)e^{\frac{1}{2}(\sigma+\tau)}}{\mathfrak{k}\sqrt{e^{2\sigma}-2e^{\sigma+\tau}\cos\gamma+e^{2\tau}}}.$$

Setzt man hier $\sigma = \sigma_0$, so ist dies der Ausdruck für $f_0(\theta, \psi)$, und wenn man $\sigma = \sigma_1$ macht, der Ausdruck von $f_1(\theta, \psi)$. Die Functionen f_0 und f_1 sollen nach Formel (30) entwickelt werden. Man hat also in dem vorliegenden speciellen Falle zu setzen

$$f_0(\theta,\psi) = \frac{1}{\mathfrak{k}}(\sigma_0,\theta)(\tau,\eta)\sum_{n=0}^{\infty} e^{\nu(\tau-\sigma_0)}P^n(\cos\gamma),$$

$$f_1(\theta,\psi) = \frac{1}{\mathfrak{k}}(\sigma_1,\theta)(\tau,\eta)\sum_{n=0}^{\infty} e^{\nu(\sigma_1-\tau)}P^n(\cos\gamma),$$

wo, wie oben, ν für $n+\frac{1}{2}$ gesetzt ist.

Indem man diese Ausdrücke in die erste Formel für v einsetzt, erhält man als Ausdruck der Green'schen Function für den Pol (τ, η, ω), der im Raume $\sigma_1 < \tau < \sigma_0$ liegt, im Punkte p desselben Raumes

$$G = \frac{1}{\mathfrak{k}}(\sigma,\theta)(\tau,\eta)\sum_{n=0}^{\infty}\frac{\sin i\nu(\sigma-\sigma_1)e^{\nu(\tau-\sigma_0)} - e^{\nu(\sigma_1-\tau)}\sin i\nu(\sigma-\sigma_0)}{\sin i\nu(\sigma_0-\sigma_1)}P^{(n)}(\cos\gamma).$$

Liegen die betreffenden Punkte (τ, η, ω) und (σ, θ, ψ) in einem von den beiden anderen Räumen, so lässt sich der Ausdruck summiren, welchen man erhält, wenn man die Entwickelung von f_0 oder f_1 in die beiden Gleichungen (b) und (c) für v einsetzt, und man findet für die Green'sche Function in diesen Räumen

$$G = \frac{(\tau,\eta)(\sigma,\theta)}{\mathfrak{k}\sqrt{2}}\cdot\frac{1}{\sqrt{\cos i(\tau-\sigma) - \cos\theta\cos\eta - \sin\theta\sin\eta\cos(\psi-\omega)}}.$$

Die Dichtigkeit einer Massenvertheilung auf den Oberflächen, welche die Green'sche Function als Potential hervorrufen würde, kann man, ähnlich wie im allgemeinen Falle, durch Differentiation von G nach den Normalen n und n_1 ermitteln, kann sie aber auch, nach den allgemein gültigen Regeln, aus dem oben gefundenen allgemeinen Werthe von v in einem Punkte (τ, η, ω) des Raumes

$\sigma_1 < \sigma < \sigma_0$ ablesen, ohne vorher G abzuleiten. Denn nach (b) auf S. 90 hat man, wenn $\varkappa_0$ und $\varkappa_1$ die gesuchten Dichtigkeiten bezeichnen, (dort erhielten beide denselben unteren Index $\mathfrak{o}$) wenn do_0 und do_1 die Oberflächenelemente, und f_0 und f_1 die willkürlich gegebenen Functionen sind in welche sich ein Potential v auf den Oberflächen verwandeln soll,

$$\mathrm{v} = \iint \varkappa_0 f_0(\theta, \psi)\, do_0 + \iint \varkappa_1 f_1(\theta, \psi)\, do_1.$$

Das Flächenelement do_0 ist aber gleich dem Flächenelement des Bildes mal r_0^4, d. i.

$$do_0 = r_0^4 \varrho_0^2 \sin\theta\, \partial\theta\, \partial\psi = \frac{\mathfrak{k}^2}{(\sigma_0, \theta)^4} \sin\theta\, \partial\theta\, \partial\psi,$$

so dass man hat

$$\mathrm{v} = \mathfrak{k}^2 \int_0^{\pi} \int_0^{2\pi} \left[\varkappa_0 \frac{f_0(\theta, \psi)}{(\sigma_0, \theta)^4} + \varkappa_1 \frac{f_1(\theta, \psi)}{(\sigma_1, \theta)^4} \right] \sin\theta\, \partial\theta\, \partial\psi.$$

Dieses muss mit dem Werthe von v in dem Punkte (τ, η, ω) desselben Raumes übereinstimmen, welcher im § 69. S. 268 gefunden war. Setzt man für Y_0^n das bekannte Doppelintegral, so wird der sich auf die Fläche m_0 beziehende Theil von v

$$(\tau, \eta) \int_0^{\pi} \int_0^{2\pi} \sum_{n=0}^{\infty} \frac{2n+1}{4\pi} f_0(\theta, \psi) P^n(\cos\gamma) \frac{\sin(\tau - \sigma_1)\nu i}{\sin(\sigma_0 - \sigma_1)\nu i} \cdot \frac{\sin\theta\, \partial\theta\, \partial\psi}{(\sigma_0, \theta)},$$

Hieraus folgt durch Vergleichung mit dem obenstehenden Ausdruck von v schliesslich als die gesuchte Dichtigkeit der Massenbelegung auf der Oberfläche der Kugeln m_0 und m_1 resp.

$$\varkappa_0 = \frac{(\tau, \eta)(\sigma_0, \theta)^3}{2\mathfrak{k}^2} \sum_{n=0}^{\infty} \nu \frac{\sin(\tau - \sigma_1)\nu i}{\sin(\sigma_0 - \sigma_1)\nu i} P^n(\cos\gamma),$$

$$\varkappa_1 = \frac{(\tau, \eta)(\sigma_1, \theta)^3}{2\mathfrak{k}^2} \sum_{n=0}^{\infty} \nu \frac{\sin(\sigma_0 - \tau)\nu i}{\sin(\sigma_0 - \sigma_1)\nu i} P^n(\cos\gamma).$$

§ 71. Nach Erledigung des im § 69 gestellten Problems gehen wir nunmehr zu dem Falle über, dass die beiden Kugeln m_0 und m_1 sich von innen oder von aussen berühren.

Man kann diesen Fall zunächst als Grenzfall desjenigen betrachten, welcher uns beschäftigte; der Punkt γ wird dann der Berührungspunkt der beiden Kugeln m_0 und m_1; es fällt α mit γ zusammen, ϱ wird unendlich und μ liegt in unendlicher Entfernung. Die Bilder der Kugeln sind unendliche Ebenen, welche auf der

Centralen senkrecht stehen und von γ die Entfernung besitzen $1:2a_0$ resp. $1:2a_1$.

Setzt man nämlich, je nachdem die Berührung von innen oder aussen stattfindet resp.

$$c = a_1 - a_0 - \tfrac{1}{2}\varepsilon^2, \quad c = a_1 + a_0 + \tfrac{1}{2}\varepsilon^2,$$

wo man unter ε eine unendlich kleine Grösse versteht, so wird, nach den Formeln auf S. 264, im ersten Falle

$$\sigma_0^2 = \frac{a_1 \varepsilon^2}{a_0(a_1 - a_0)}, \quad \sigma_1^2 = \frac{a_0 \varepsilon^2}{a_1(a_1 - a_0)},$$

im zweiten Falle

$$\sigma_0^2 = \frac{a_1 \varepsilon^2}{a_0(a_1 + a_0)}, \quad \sigma_1^2 = \frac{a_0 \varepsilon^2}{a_1(a_1 + a_0)}, \quad (\sigma_1 < 0).$$

Behandeln wir nur den ersten Fall, so haben wir

$$\mathfrak{k}^2 = \frac{a_0 a_1 \varepsilon^2}{a_1 - a_0}$$

zu setzen; σ bewegt sich zwischen σ_0 und σ_1, und $\mathfrak{r}$ wird unendlich, wenn θ nicht unendlich klein ist. Setzt man $\sigma = \varepsilon\tau$ und $\theta = \varepsilon\mathfrak{f}$, so wird

$$(\sigma, \theta) = \frac{\varepsilon}{\sqrt{2}} \sqrt{\tau^2 + \mathfrak{f}^2}, \quad \mathfrak{r} = \tfrac{1}{2} \sqrt{\frac{(a_1 - a_0)(\tau^2 + \mathfrak{f}^2)}{a_0 a_1}}.$$

Die letzte Formel zeigt, dass, während η von 0 an wächst, der Punkt $\mathfrak{p}$ sich auf einer Ebene bewegt, die von γ die Entfernung

$$\tfrac{1}{2}\tau \sqrt{\frac{1}{a_0} - \frac{1}{a_1}}$$

besitzt, und die Bilder der beiden berührenden Kugeln die oben angegebenen Ebenen sind.

Ohne den Grenzübergang zu machen können wir diesen Fall direkt behandeln, und beginnen dazu mit der Abbildung einer unendlichen Geraden aus einem Punkte γ. Fällt man von γ auf die Gerade ein Perpendikel $\gamma\mathfrak{b}$, welches wir die Axe nennen, und ist b das Bild von $\mathfrak{b}$, ist ferner p das Bild eines Punktes $\mathfrak{p}$ der Geraden, so liegt p auf dem über $b\gamma$ als Durchmesser beschriebenen Kreise. Denn $\triangle b p \gamma \sim \triangle \mathfrak{p}\mathfrak{b}\gamma$, da $\angle \mathfrak{p}\gamma\mathfrak{b}$ gemeinschaftlich und

$$\gamma\mathfrak{b}.\gamma b = 1 = \gamma\mathfrak{p}.\gamma p$$

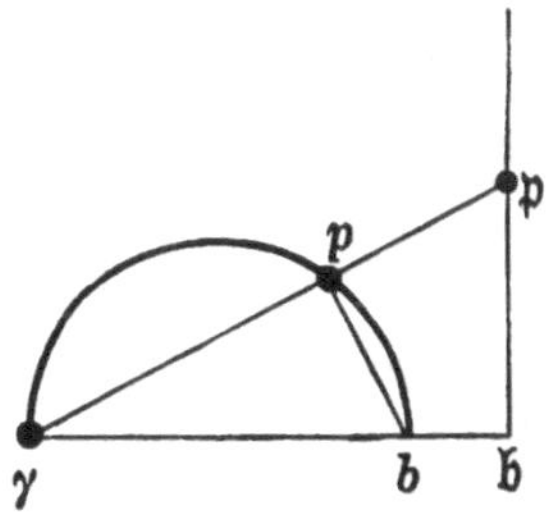

ist. Daher ist der Winkel bei p ein Rechter. Zu $\mathfrak{p}\mathfrak{b}$ parallele Linien $\mathfrak{p}_0\mathfrak{b}_0$ und $\mathfrak{p}_1\mathfrak{b}_1$ geben daher zu Bildern Kreise, die sich in γ berühren, von innen oder von aussen, je nachdem die Parallelen auf derselben Seite von γ liegen oder γ einschliessen.

Dreht man die ganze Figur als (halbe) Meridianebene um die Axe $\mathfrak{b}\gamma$, so entstehen aus den parallelen Geraden parallele Ebenen, aus den zwei Kreisen zwei sich in γ berührende Kugeln, welche die Ebenen abbilden. Umgekehrt sind auch die Ebenen die Bilder der Kugeln, und diesen Umstand verwerthen wir auf folgende Art zur Lösung unserer Aufgabe:

Es seien m_0 und m_1 die gegebenen Kugeln mit den Radien a_0 und a_1; die Kugeln berühren sich in einem Punkte γ. Von diesem aus bilden wir die verschiedenen Gegenstände ab.

Die folgenden Figuren stellen, wenn $m_0 m_1$ die Rotationsaxe ist, die halbe Meridianebene vor; diese wird durch den Winkel ψ, welcher der geographischen Lage entspricht, festgelegt. Die erste Figur bezieht sich auf den Fall, dass die Kreise sich in γ von innen berühren, welcher bei der Behandlung einer Frage über das Gleich-

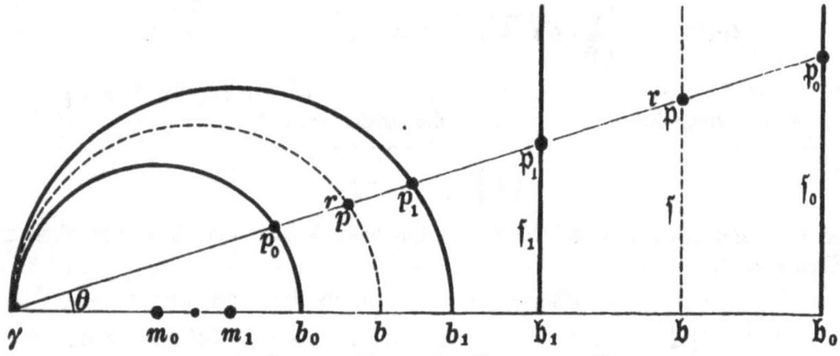

$$\gamma p = r,\ \gamma \mathfrak{b} = \sigma,\ \mathfrak{b}\mathfrak{p} = \mathfrak{f},\ \gamma \mathfrak{b}_0 = \sigma_0,\ \gamma \mathfrak{b}_1 = \sigma_1.$$

gewicht der Wärme von besonderer Wichtigkeit ist, während die zweite den Fall der Berührung von aussen betrifft, auf welchen die

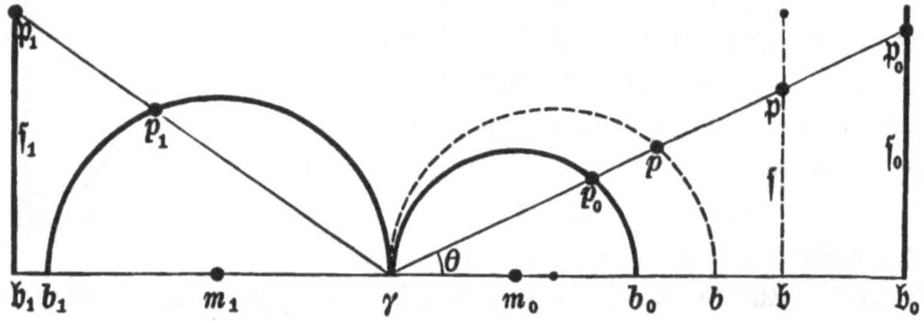

$$\gamma p = r,\ \gamma \mathfrak{b} = \sigma,\ \mathfrak{b}\mathfrak{p} = \mathfrak{f},\ \gamma \mathfrak{b}_0 = \sigma_0,\ \gamma \mathfrak{b}_1 = \sigma_1.$$

Frage nach der Vertheilung der Elektricität auf zwei Kugeln führt. In beiden Figuren stellen m_0, m_1, b_0, b_1, $\mathfrak{b}_0$, $\mathfrak{b}_1$, ebenso wie in den früheren Paragraphen die Mittelpunkte, die Durchschnitte der Kreise mit der Axe und deren Bilder vor. Irgend ein Punkt p sei durch die Polarcoordinaten $\gamma p = r$ und den Winkel $\theta = p\gamma m_0$ festgelegt, der zwischen 0 und π liegt; liegt p auf dem Kreise m_0 oder m_1, so wird dem p und den mit p in Verbindung stehenden Stücken der Index 0 oder 1 hinzugefügt. Das Bild von p ist $\mathfrak{p}$; die rechtwinkligen Coordinaten von $\mathfrak{p}$ in Bezug auf die Axe und eine im Anfangspunkt γ auf derselben Senkrechte sind $\gamma\mathfrak{b} = \sigma$ und $\mathfrak{b}\mathfrak{p} = \mathfrak{s}$, während die von p, die x und y sind, mit ihnen durch die Gleichung zusammenhängen

$$x + iy = \frac{1}{\sigma - i\mathfrak{s}}.$$

Die positive Richtung der Axe geht von γ nach m_0, die der Senkrechten ist von γ in die Halbebene hinein gerichtet. Der Ort des Punktes p bei festgehaltenem σ ist ein Kreis, welcher die gegebenen m_0 und m_1 in γ berührt. Weiter unten wird neben den Punkten p, p_0, p_1 noch ein Punkt, der Pol p_τ, auftreten, dem wir die r und θ entsprechenden Polarcoordinaten s und η geben, während den Veränderlichen $\mathfrak{s}$ und σ für den Pol die Coordinaten $\mathfrak{t}$ und τ entsprechen sollen. Die Coordinaten r, θ resp. s, η hängen also sehr einfach mit $\mathfrak{s}, \sigma$ resp. $\mathfrak{t}, \tau$ zusammen, und man kann sofort von den einen zu den anderen übergehen. Ich stelle zunächst einige in die Augen fallende Beziehungen zusammen:

$$\sigma = \frac{\cos\theta}{r}, \quad \mathfrak{s} = \frac{\sin\theta}{r}, \quad \tau = \frac{\cos\eta}{s}, \quad \mathfrak{t} = \frac{\sin\eta}{s};$$

$$\sigma_0 = \frac{\cos\theta_0}{r_0} = \frac{1}{2a_0}, \quad \sigma_1 = \frac{\cos\theta_1}{r_1}; \quad \mathfrak{s}^2 + \sigma^2 = \frac{1}{r^2}, \quad \mathfrak{t}^2 + \tau^2 = \frac{1}{s^2}.$$

Man setzt:

$$\Re^2 = \mathfrak{s}^2 - 2\mathfrak{s}\mathfrak{t}\cos(\psi - \omega) + \mathfrak{t}^2;$$

$$\frac{\Re^2}{(\mathfrak{s}^2 + \sigma^2)(\mathfrak{t}^2 + \tau^2)} = s^2\sin^2\theta - 2rs\sin\theta\sin\eta\cos(\psi - \omega) + r^2\sin^2\eta.$$

Während in der ersten Figur p den Raum im Innern des Kreises m_0, dann den Raum zwischen m_0 und m_1, endlich ausserhalb m_1 durchläuft, nimmt $\sigma = \gamma\mathfrak{b}$ die Werthe an von ∞ bis σ_0, von σ_0 bis σ_1, von σ_1 bis $-\infty$.

In der zweiten Figur möge p vom Innern des Kreises m_0 bis auf die Peripherie des Kreises m_0 rücken, dann den Raum auf der Halbebene ausserhalb der beiden Kreise durchlaufen, schliesslich in's Innere von m_1 dringen. Dann nimmt σ von ∞ bis σ_0 ab, von σ_0 bis zu (dem negativen) σ_1, von σ_1 bis $-\infty$.

Der Werth des Potentials auf den beiden Kugelflächen m_0 und m_1 sei zunächst als Function ausser von ψ auch von r und θ gegeben. Indem wir statt r und θ die Veränderlichen σ und θ durch die Gleichungen

$$\operatorname{tang}\theta = \frac{\sigma}{\mathfrak{f}}, \quad r = \frac{1}{\sqrt{\mathfrak{f}^2+\sigma^2}}$$

einführen, verwandeln sich jene Functionen, die gleichfalls als gegebene anzusehen sind, in Functionen von $\mathfrak{f}$ und ψ; sie seien $f_0(\mathfrak{f}, \psi)$ und $f_1(\mathfrak{f}, \psi)$. Das gesuchte Potential v in einem Punkte p mit den Polarcoordinaten r, θ, ψ wird also, ähnlich wie S. 268 im § 69, ausgedrückt durch

$$(a) \ldots \quad \mathrm{v} = \frac{1}{r}\mathfrak{v} = \mathfrak{v}\sqrt{\mathfrak{f}^2+\sigma^2},$$

wo $\mathfrak{v}$ eine Function von σ, $\mathfrak{f}$, ψ ist, ein Potential, welches für $\sigma = \sigma_0$ und $\sigma = \sigma_1$, d. i. auf den beiden unendlichen Ebenen, die auf der Axe in $\mathfrak{b}_0$ und $\mathfrak{b}_1$ senkrecht stehen, die gegebenen Werthe

$$\frac{f_0(\mathfrak{f}, \psi)}{\sqrt{\mathfrak{f}^2+\sigma_0^2}}, \quad \frac{f_1(\mathfrak{f}, \psi)}{\sqrt{\mathfrak{f}^2+\sigma_1^2}},$$

annimmt.

Man kennt eine solche Function $\mathfrak{v}$ bereits aus dem 4. Kapitel § 55; sie wird durch drei verschiedene analytische Ausdrücke gegeben, die gelten, je nachdem p in dem einen oder dem anderen von den drei Räumen $\infty > \sigma > \sigma_0$, $\sigma_0 > \sigma > \sigma_1$; $\sigma_1 > \sigma > -\infty$ liegt. Setzt man die dort gefundenen Werthe von $\mathfrak{v}$ in (a) ein und nennt den sich hieraus ergebenden Ausdruck für den zweiten Raum schlechtweg v, für den ersten und dritten v^0 und v', so findet man schliesslich das gesuchte Resultat:

Stellt $\mathfrak{t}$ hier einen Integrationsbuchstaben vor, der $\mathfrak{f}$ entspricht, und setzt man

$$(31) \ldots \quad \mathfrak{R} = \sqrt{\mathfrak{f}^2 - 2\mathfrak{f}\mathfrak{t}\cos(\psi-\omega) + \mathfrak{t}^2},$$

so wird im Raume $\sigma_1 < \sigma < \sigma_0$ das Potential v gleich

$$\frac{\sqrt{\mathfrak{f}^2+\sigma^2}}{2\pi}\int_0^{\infty}\frac{\mathfrak{t}\,\partial\mathfrak{t}}{\sqrt{\mathfrak{t}^2+\sigma_0^2}}\int_0^{2\pi} f_0(\mathfrak{t}, \omega)\,\partial\omega \int_0^{\infty}\frac{\sin\lambda i(\sigma-\sigma_1)}{\sin\lambda i(\sigma_0-\sigma_1)} J(\lambda\mathfrak{R})\,\lambda\,\partial\lambda + (1, 0),$$

wenn der zweite Theil der rechten Seite (1, 0) den Ausdruck bezeichnet, welcher aus dem ersten durch Vertauschung der Indices 0 und 1 untereinander entsteht.

Ferner findet man für den Raum $\sigma > \sigma_0$

$$v^0 = \frac{\sqrt{\mathfrak{f}^2+\sigma^2}}{2\pi}\int_0^\infty \frac{\mathfrak{t}\partial\mathfrak{t}}{\sqrt{\mathfrak{t}^2+\sigma_0^2}}\int_0^{2\pi} f_0(\mathfrak{t},\omega)\partial\omega\int_0^\infty e^{\lambda(\sigma_0-\sigma)}J(\lambda\Re)\lambda\partial\lambda;$$

man kann die rechte Seite auch, wie es im § 55, *a*) mit einem ähnlichen Integrale geschah, durch ein zweifaches Integral ersetzen und hat dann

$$v^0 = -\frac{\sqrt{\mathfrak{f}^2+\sigma^2}}{2\pi}\frac{\partial}{\partial\mathfrak{f}}\cdot\int_0^\infty \mathfrak{t}\partial\mathfrak{t}\int_0^{2\pi}\frac{f_0(\mathfrak{t},\omega)}{\sqrt{(\sigma_0-\sigma)^2+\Re^2}}\partial\omega.$$

Vertauscht man endlich in den beiden Ausdrücken für v^0 den Index 0 mit 1, so hat man v'.

Den Ausdruck von v verwerthen wir, wie am Schluss des § 70, um die Dichtigkeit $\varkappa_0$ und $\varkappa_1$ der Massenbelegung zu finden, welche der Wirkung eines im Raume $\sigma_1 < \sigma < \sigma_0$ befindlichen Poles entspricht. Da das Flächenelement des Bildes der Kugelfläche, welche einem bestimmten Werthe von σ angehört, d. i. der entsprechenden Ebene, $\mathfrak{f}\partial\mathfrak{f}\partial\psi$ ist, also das der Kugelfläche

$$r^4\mathfrak{f}\partial\mathfrak{f}\partial\psi = \frac{\mathfrak{f}\partial\mathfrak{f}\partial\psi}{(\mathfrak{f}^2+\sigma^2)^2},$$

so findet man, wenn der Pol p_τ (s. o.) die Coordinaten τ, t, ω hat, für die Dichtigkeit in Punkten $p_0 = (\sigma_0, \theta, \psi)$

$$2\pi\varkappa_0 = \sqrt{\mathfrak{t}^2+\tau^2}\left(\sqrt{\mathfrak{f}^2+\sigma_0^2}\right)^3\int_0^\infty \frac{\sin\lambda i(\tau-\sigma_1)}{\sin\lambda i(\sigma_0-\sigma_1)}\cdot J(\lambda\Re)\lambda\partial\lambda,$$

und die Dichtigkeit $\varkappa_1$ in Punkten (σ_1, θ, ψ), wenn man σ_0 mit σ_1 vertauscht.

Die Green'sche Function in einem Punkte $p = (\sigma, \mathfrak{f}, \psi)$ desselben Raumes $\sigma_1 < \sigma < \sigma_0$, wenn auch der Pol $p_\tau = (\tau, \mathfrak{t}, \omega)$ in eben demselben liegt, ist

$$G = \sqrt{\mathfrak{f}^2+\sigma^2}\sqrt{\mathfrak{t}^2+\tau^2}\times$$
$$\int_0^\infty\left(e^{\lambda(\sigma-\sigma_0)}\sin(\tau-\sigma_1)\lambda i + e^{\lambda(\sigma_1-\sigma)}\sin(\sigma_0-\tau)\lambda i\right)\frac{J(\lambda\Re)d\lambda}{\sin(\sigma_0-\sigma_1)\lambda i}.$$

Es zeigt sich dies durch eine einfache Rechnung, wenn man beachtet, wie die Entfernung zweier Punkte p und p' mit der ihrer

Bilder $\mathfrak{p}$ und $\mathfrak{p}'$ zusammenhängt. Man hat nämlich nach § 66

$$\mathfrak{p}\gamma.\mathfrak{p}'\gamma.pp' = \mathfrak{p}\mathfrak{p}',$$

und findet hieraus

$$\frac{1}{pp'} = \sqrt{\mathfrak{f}^2+\sigma^2}\sqrt{\mathfrak{f}'^2+\sigma'^2}\cdot\frac{1}{\mathfrak{p}\mathfrak{p}'},$$

während man zugleich hat

$$\mathfrak{p}\mathfrak{p}'^2 = (\sigma-\sigma')^2+\mathfrak{f}^2-2\mathfrak{f}\mathfrak{f}'\cos(\psi-\psi')+\mathfrak{f}'^2.$$

Wir handeln hier über den Zustand des elektrischen Gleichgewichts, welcher durch die Einwirkung eines Punktes p_τ mit der Masse 1 in einem Leiter hervorgebracht wird. Heisst der Leiter *K*, so ist (S. 61) das Gesammt-Potential, d. i. des Massenpunktes und der auf *K* vertheilten Elektricität, in *K* eine Constante. Verbindet man *K* durch den Leiter *L* mit der Erde, welche als unendlich gross betrachtet wird, so ist das Gesammt-Potential im Körper wiederum eine Constante, aber Null. Dies Potential ist jedoch nicht, wie früher, ein nur vom Massenpunkt p_τ und von *K* herrührendes, sondern noch um das des Leiters *L* und das der Erde zu vermehren. Nur mit Annäherung kann man, in geeigneten Fällen, das von *L* und der Erde herrührende Potential vernachlässigen; dann ist also die Summe des von p_τ und *K* herrührenden Potentials gleich Null zu setzen, und nur dann lässt sich — aber nur näherungsweise — die elektrische Dichtigkeit durch diejenige ersetzen, welche der Green'schen Function entspricht. So würde z. B. der angenäherte Werth der elektrischen Dichtigkeit auf einer nicht isolirten leitenden Kugel durch $\varkappa_0$ auf S. 95 ausgedrückt werden, wenn der Radius der Kugel gross, und der Leiter *L* an einem solchen Punkte der Oberfläche der Kugel *K* angebracht ist, welcher möglichst weit von p_τ entfernt liegt, und wenn endlich der Punkt der Kugelfläche für den man $\varkappa_0$ ermitteln will, sich möglichst nahe bei p_τ befindet.

Dass man (wenigstens in der Regel, S. u.) nicht die der Green'schen Function für *K* allein entsprechende Dichtigkeit mit der elektrischen verwechseln kann, sondern die Green'sche Function für *K, L* und die Erde zu Grunde legen muss, ist mehrfach übersehen worden, vielleicht in Folge einer Aeusserung von Green an einer Stelle*), an welcher er über die Existenz und Bedeutung der Green'-

---

*) Crelle, Journal f. M. Bd. 44, S. 366: An Essay on the application of mathematical analysis to the theories of Electricity and Magnetism, No. 5; oder Mathematical Papers of the late George Green, edited by Ferrers. London, 1871. S. 32.

schen Function handelt. M. vergl. S. 89. Wir haben bereits auch solche Körper K behandelt, in welchen die Dichtigkeit der Green'schen Function mit der elektrischen wirklich übereinstimmt, als nämlich K ein unendlicher Cylinder oder Kegel war. Dort muss die Summe $G-T$ gerade die Constante 0 sein, weil diesen Flächen unendlich entfernte Punkte angehören.

So auch werden wir hier die Aufgabe über die elektrische Dichtigkeit einer Kugel m_0, die eine unendliche ebene Platte berührt, und von dem Punkt p_τ mit der Masse -1 elektrisch erregt wird, genau lösen können, indem wir in unseren Formeln für $\varkappa_0$ und $\varkappa_1$ den Radius a_1 unendlich werden lassen. Die genaue Formel wird man dann mit dem oben erwähnten angenäherten Werthe für $\varkappa_0$ auf S. 95 vergleichen können, welcher gewöhnlich als Ausdruck der Dichtigkeit der elektrischen Masse für eine mit der Erde in Verbindung gesetzte Kugel gegeben wird. In den hier gebrauchten Zeichen ist dieser Näherungswerth

$$(b) \ldots \quad \varkappa_0 = \frac{1}{4\pi a_0} \frac{a_0^2 - m_0 p_\tau^2}{p p_\tau^3}.$$

In den obigen Formeln lassen wir den Radius a_1 dadurch unendlich werden, dass wir $\sigma_1 = 0$ setzen. Die Kugel m_0 berührt die unendliche Platte (die unendliche Kugel m_1) in γ; der elektrische Massenpunkt -1 ist, wie oben, der beliebig gelegene p_τ. Für die elektrische Dichtigkeit in einem Punkte $p_0 = (\sigma_0, \mathfrak{f}, \psi)$ der Kegelfläche m_0, resp. im Punkte $p_1 = (0, \mathfrak{f}, \psi)$ der Fläche m_1, d. i. der Platte, findet man daher

$$2\pi\varkappa_0 = \sqrt{\mathfrak{t}^2+\tau^2}\sqrt{\mathfrak{f}^2+\sigma_0^2}^3 \int_0^\infty \frac{\sin i\lambda\tau}{\sin i\lambda\sigma_0} J(\lambda\mathfrak{R})\lambda\, d\lambda,$$

$$2\pi\varkappa_1 = \mathfrak{f}^3 \sqrt{\mathfrak{t}^2+\tau^2} \int_0^\infty \frac{\sin i\lambda(\sigma_0-\tau)}{\sin i\lambda\sigma_0} J(\lambda\mathfrak{R})\lambda\, d\lambda.$$

Die Quotienten der Sinus unter dem Integrale lassen sich in die Reihen resp.

$$\sum_{n=0}^{\infty} e^{-\lambda[(2n+1)\sigma_0-\tau]} - e^{-\lambda[(2n+1)\sigma_0+\tau]},$$

$$\sum_{n=0}^{\infty} e^{-\lambda[2n\sigma_0+\tau]} \quad - e^{-\lambda[(2n+2)\sigma_0-\tau]}$$

verwandeln. Nach I. 197 (δ) ist aber

$$\int_0^\infty e^{-a\lambda} J(\lambda\mathfrak{R})\lambda\, d\lambda = \frac{a}{\sqrt{a^2+\mathfrak{R}^2}^3},$$

so dass man hat

$$2\pi\varkappa_0 = \sqrt{\mathfrak{t}^2+\tau^2}\sqrt{\mathfrak{s}^2+\sigma_0^2}^3 \sum_{-\infty}^{\infty} \frac{(2n+1)\sigma_0-\tau}{\sqrt{[(2n+1)\sigma_0-\tau]^2+\mathfrak{R}^2}^3},$$

$$2\pi\varkappa_1 = \mathfrak{s}^3\sqrt{\mathfrak{t}^2+\tau^2} \sum_{-\infty}^{\infty} \frac{2n\sigma_0+\tau}{\sqrt{(2n\sigma_0+\tau)^2+\mathfrak{R}^2}^3}.$$

Setzt man für die neuen Coordinaten $\mathfrak{s}$, σ, $\mathfrak{t}$, τ die Polarcoordinaten r, θ, s, η, so verwandelt sich das Glied der Summe Σ, für welches n Null ist, auf der rechten Seite des Ausdrucks von $2\pi\varkappa_0$, in dem speciellen Falle, dass der elektrische Massenpunkt p_τ auf der Axe selbst liegt, abgesehen von dem Vorzeichen, in den oben angegebenen Ausdruck (*b*), den wir als Näherungswerth in gewissen Fällen betrachten durften.

Die hier angegebenen vollständigen Werthe von $\varkappa_0$ und $\varkappa_\iota$ lassen erkennen, wie diese Ausdrücke auch durch eine Reihe von sogenannten Spiegelungen gefunden werden können.

§ 72. Bei dem Problem der zwei Kugeln waren ausser dem Winkel ψ, der die verschiedenen Meridianebenen bestimmt, noch zwei Coordinaten σ und θ einführt.

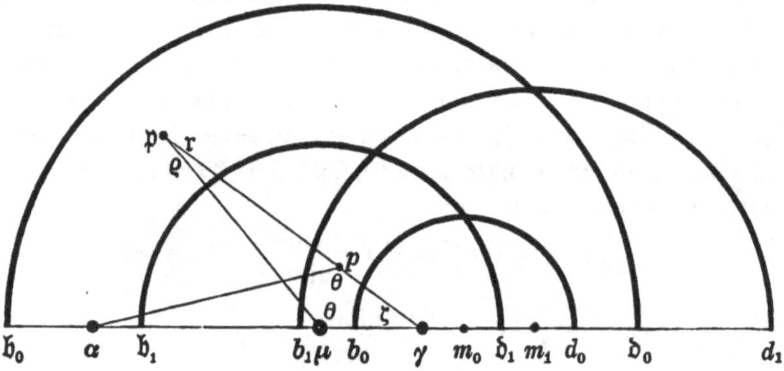

Der geometrische Ort aller Punkte p mit gleichem σ war in der Meridianebene ein Kreis, der dadurch bestimmt ist, dass man hat

$$\log \alpha p - \log \gamma p = \sigma.$$

Hält man dagegen θ fest, so ist im Meridian der Ort der Punkte p mit gleichem θ ein Kreis über der Sehne $\alpha\gamma$, der den $\angle\,\theta$ in der Art fasst, dass man hat $\angle\,\alpha p\gamma = \theta$. Das Bild $\mathfrak{p}$ dieser Punkte p durchläuft die unendliche Gerade $\mu\mathfrak{p}$, welche einen $\angle\,\theta$ mit $\mu\gamma$ bildet, wenn μ das Bild von α, bei der Abbildung von γ aus, bezeichnet. Dreht man die ganze Figur um die Axe $\alpha\gamma$, so erhält man zwei Flächen. Die erste, die wir in diesem Paragraphen schlechtweg die Rotationsfläche nennen, ist die Fläche, die durch Rotation eines Kreissegments, welches den $\angle\ \theta$ fasst, um die überspannende Sehne $\alpha\gamma$ erzeugt wird. Die andere ist ein Kegel, dessen Seite $\mu\mathfrak{p}$ einen $\angle\ \theta$ mit der Richtung $\mu\gamma$, der nördlichen, einschliesst. Der Rotationskörper, von γ abgebildet, hat daher den Kegel zum Bilde. Beide Flächen werden durch Rotation der nachstehenden Figur um $\alpha\gamma$ erzeugt ($\gamma\mu.\gamma\alpha = 1$).

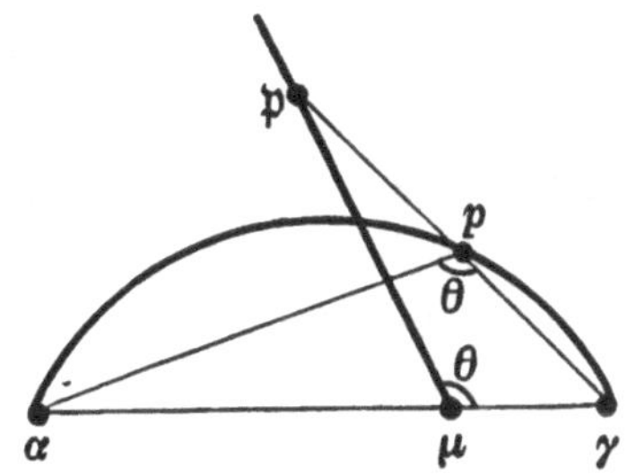

Dringt man von der Oberfläche des Rotationskörpers in's Innere hinein, so wächst θ bis π. Von einem Punkte sagen wir, er befinde sich im Innern eines Halbkegels, wenn er in dem Theile liegt, welcher die kleinere Oeffnung hat. In der vorliegenden Figur ist θ ein stumpfer Winkel, daher seine Axe nach Süden ($\mu\alpha$) gerichtet, die Oeffnung $\alpha\mu\mathfrak{p}$ gleich $\pi-\theta$. Wenn p in das Innere des Rotationskörpers dringt, so dringt das Bild $\mathfrak{p}$ gleichfalls in's Innere des Kegels. Anders verhält es sich, wenn θ ein spitzer Winkel wird. Die Axe des Kegels ist dann $\mu\gamma$, nach Norden gerichtet, die Oeffnung des Kegels $\gamma\mu\mathfrak{p}$ ist θ, und wenn p in's Innere des Rotationskörpers dringt, so geht das Bild $\mathfrak{p}$ in den äusseren Raum des Kegels. Des kürzeren Ausdrucks halber betrachten wir da, wo eine Trennung der beiden Fälle erforderlich wäre, nur den ersten, den Fall der Figur; wir beschränken uns auch auf die Untersuchung eines vollen Rotationskörpers, dem der bestimmte Werth θ_0 von θ angehöre, und übergehen die Behandlung der Schale, welche durch die Rotation von zwei Segmenten mit gemeinschaftlicher Sehne $\alpha\gamma$ um diese Sehne entsteht, deren Bild durch die Mäntel zweier Kegel mit gemeinsamer Axe und gleichem Scheitel gegeben wird.

Will man, nach Herrn Mehler, das Potential v des Rotationskörpers im Punkte p des Raumes aufsuchen, wenn es auf der Oberfläche dieses Körpers bekannt ist, so denke man sich v_0 in p_0 als Function von σ und ψ durch die Gleichung gegeben

$$\mathrm{v}_0 = F(\sigma, \psi).$$

Dann muss man (S. 254) das Potential $\mathfrak{v}$ für den Kegel in $\mathfrak{p}$ aufsuchen, wenn $\mathfrak{v}_0$ gleich $r_0 \mathrm{v}_0$ wird, d. i.

$$\mathfrak{v}_0 = \gamma p_0 . F(\sigma, \psi).$$

Schliesslich ist

$$\mathrm{v} = \gamma \mathfrak{p} . \mathfrak{v};$$

beschränken wir uns auf die Aufstellung des Potentials v im Punkte p des äusseren Raumes unseres Rotationskörpers, so haben wir daher (s. o.) auch $\mathfrak{v}$ nur für den äusseren Raum des Kegels zu suchen.

Diese Function wird durch § 65, S. 243 gegeben; die dortige Bezeichnung muss man, um sie mit der Bezeichnung dieses Kapitels in Einklang zu bringen, so abändern, dass was dort r, ϱ, σ heisst in unser ϱ oder $\gamma\mathfrak{p}$, $\log\varrho$ oder $\sigma - \log 2\mathfrak{k}$, und $\tau - \log 2\mathfrak{k}$ umgetauscht wird. Ferner ist die für die Oberfläche gegebene Function dort

$$\frac{1}{\sqrt{\varrho}} f(\log\varrho, \psi) = \frac{1}{\sqrt{\varrho}} f(\sigma - \log 2\mathfrak{k}, \psi)$$

bei uns $\gamma p_0 . F(\sigma, \psi)$. Setzt man diese Werthe ein und setzt wie dort $\mathfrak{k}$ für $\mathfrak{k}_\nu^\mu$, so giebt die am Schluss des § 68 befindliche Zusammenstellung uns folgenden Ausdruck für das Potential v des Rotationskörpers im äusseren Punkte (σ, θ, ψ):

$$\frac{(\sigma, \theta)}{2\pi^2} \sum^{\infty}{}' \int_{-\pi}^{\pi} \partial\omega \int_{-\infty}^{\infty} \frac{F(\tau, \omega)\, \partial\tau}{(\tau, \theta_0)} \int_{-\infty}^{\infty} \frac{\mathfrak{k}(\cos\theta)}{\mathfrak{k}(\cos\theta_0)} \cos\mu(\tau - \sigma) \cos\nu(\psi - \omega)\, \partial\mu.$$

Handelt es sich um die Green'sche Function für den Rotationskörper, so hat man für $F(\sigma, \psi)$ die reciproke Entfernung $p_0 p_\tau$, d. i. des Poles p_τ mit den Coordinaten τ, η, ω vom Punkte p_0 einzusetzen. Man kann aber diese und die entsprechende Dichtigkeit der Belegung auf der Rotationsfläche auch direct aus den im § 65 für die entsprechenden Stücke beim Kegel aufgefundenen Ausdrücke zurückführen. In der That ist, wenn man von γ aus abbildet (S. 252)

$$p p_\tau = \mathfrak{p}\mathfrak{p}_\tau . \gamma p . \gamma p_\tau, \quad r = \gamma p,$$

daher der Werth, den $\mathfrak{v}_0$ bei der Green'schen Function annimmt,

$$\mathfrak{v}_0 = \frac{\gamma p_0}{\mathfrak{p}\mathfrak{p}_\tau . \gamma p_0 . \gamma p_\tau} = \frac{1}{\gamma p_\tau} . \frac{1}{\mathfrak{p}\mathfrak{p}_\tau} .$$

Die Function $\mathfrak{v}$ ist also das Produkt von $\gamma\mathfrak{p}_\iota$ und der Green'schen Function des Kegels für den Pol $\mathfrak{p}_\tau$ in $\mathfrak{p}$. Setzt man den Werth ein, so wird die Green'sche Function für den Rotationskörper, wenn der Pol im äusseren Raume liegt,

$$\mathfrak{k}.G = (\sigma, \theta)(\tau, \eta)\sum^{\infty}{}' \alpha_\nu \cos\nu(\psi-\omega) \times$$
$$\int_0^\infty \frac{\mathfrak{k}(\cos\eta)\mathfrak{k}(\cos\theta)\mathfrak{k}(-\cos\theta_0).\cos\mu(\sigma-\tau)}{\mathfrak{k}(\cos\theta_0)\cos\mu\pi i} d\mu.$$

Die entsprechende Dichtigkeit ist nach S. 255 gleich dem Produkte von $(\gamma\mathfrak{p}_0)^3$ mal der, welche $\mathfrak{v}_0$ angehört, d. i. gleich dem Produkte von $(\gamma\mathfrak{p}_0)^3(\gamma\mathfrak{p}_\iota)$ mal der dem Kegel im Punkte $\mathfrak{p}_0$ für den Pol $\mathfrak{p}_\tau$ angehörenden. Dies giebt

$$\varkappa = \frac{(\tau, \eta)(\sigma, \theta)^3}{2\mathfrak{k}^2\pi^2\sin\theta_0} \sum^{\infty}{}' \int_{-\infty}^{\infty} \frac{\mathfrak{k}(\cos\eta)}{\mathfrak{k}(\cos\theta_0)} \cos\mu(\sigma-\tau)\cos\nu(\psi-\omega)\partial\mu.$$

Siebentes Kapitel.

Der Ring. Kugelkalotte.

§ 73. Herr **Carl Neumann** hat gezeigt *), wie man die Coordinaten von **Thomson** verwerthen kann, um Untersuchungen über das Potential, welche den früheren entsprechen, auch für einen Ring zu führen. Ein solcher Ring entsteht, wenn ein gegebener ganzer Kreis um eine gegebene Axe gedreht wird, welche sich in seiner Ebene, aber ausserhalb des Kreises, befindet.

In der Figur auf S. 265 ergänze man die Halbkreise zu ganzen Kreisen; m_1 sei der gegebene Kreis mit dem Radius a_1, den man um die gegebene Axe der Z dreht. Von m_1 fälle man auf diese Axe das Perpendikel $m_1 b_1$, welches die Axe Z in A trifft. Diese Linie sei die Axe Ξ. Die Linie wird positiv in der Richtung von A nach m_1 gezählt. Man wählt dann auf Am_1 zwei Punkte α, γ, so dass A sich in ihrer Mitte befindet und α, b_1, γ, d_1 harmonische Punkte sind. Bezeichnet man die gegebene Entfernung Am_1 mit e, die unbekannte Entfernung $A\alpha = A\gamma$ mit $\mathfrak{k}$, so hat man bekanntlich $(e+\mathfrak{k})(e-\mathfrak{k}) = a_1^2$, findet also $\mathfrak{k}$ und damit die Lage von α und γ durch die Gleichung

$$\mathfrak{k}^2 = e^2 - a_1^2.$$

---

*) Theorie der Elektricitäts- und Wärme-Vertheilung in einem Ringe. Halle, 1864; 51 S.

Die Linie $A\gamma m_1$ in der Lage, in welcher sie sich vor der Drehung befindet, sei die Axe der x, die Axe Z die der z. Wir drehen die halbe Meridianebene, d. h. die Halbebene, in welcher der ganze Kreis m_1 liegt und die durch die Axe Z begrenzt wird (oder für welche die ξ positiv sind), um die Axe Z. Der Drehungswinkel sei ψ; ist derselbe $\frac{1}{2}\pi$, so befindet sich die Axe Ξ in einer Lage, die wir als Axe Y bezeichnen.

Am Eingange des § 67 wurde bereits erwähnt, weshalb die einfache Anwendung der Methode der Abbildung hier nicht zum Ziele führt; man erreicht aber dasselbe, wenn man berücksichtigt, dass die Differentialgleichung $\Delta \mathrm{v} = 0$ sich wesentlich vereinfacht, wenn sie sich auf irgend welche Rotationskörper bezieht. Ist nämlich die Axe Z die Rotationsaxe, liegt wie bei uns die rotirende Figur in der Meridianebene ΞZ, so führt man für die rechtwinkligen Coordinaten x, y, z eines Punktes p des Rotationskörpers die rechtwinkligen ξ, ζ des Punktes in seiner Meridianebene ein, indem man setzt

$$x = \xi \cos\psi, \quad y = \xi \sin\psi, \quad z = \zeta.$$

Man hat dann für das Quadrat des Linienelementes, dessen Bedeutung für die Einführung neuer Coordinaten man aus I. 308 kennt

$$\partial x^2 + \partial y^2 + \partial z^2 = \xi^2 \partial\psi^2 + \partial\xi^2 + \partial\zeta^2.$$

Gelingt es für die rechtwinkligen Coordinaten ξ, ζ der Punkte in einer Ebene allein, der Meridianebene, orthogonale Coordinaten μ, ν einzuführen, so nimmt die Gleichung $\Delta \mathrm{v} = 0$ dieselbe einfache Form an, wie I. 308. Die dritte von den drei orthogonalen Coordinaten ist nämlich ψ. Setzt man

$$\partial\xi^2 + \partial\zeta^2 = \mathfrak{M}^2 \partial\mu^2 + \mathfrak{N}^2 \partial\nu^2,$$

so erhält man

$$\frac{\mathfrak{M}\mathfrak{N}}{\xi} \frac{\partial^2 \mathrm{v}}{\partial\psi^2} + \frac{\partial}{\partial\mu}\left(\frac{\xi\mathfrak{N}}{\mathfrak{M}} \frac{\partial \mathrm{v}}{\partial\mu}\right) + \frac{\partial}{\partial\nu}\left(\frac{\xi\mathfrak{M}}{\mathfrak{N}} \frac{\partial \mathrm{v}}{\partial\nu}\right) = 0.$$

In dem uns vorliegenden Falle kennt man bereits die geeigneten orthogonalen Coordinaten für ξ und ζ; sie sind σ und θ, und zwar hat man (vergl. den Schluss des § 68)

$$\xi = -\frac{\mathfrak{k} i \sin i\sigma}{\cos i\sigma - \cos\theta}, \quad \zeta = \frac{\mathfrak{k} \sin\theta}{\cos i\sigma - \cos\theta},$$

wenn man θ nicht mehr wie früher von 0 bis π zählt, sondern von $-\pi$ bis π, selbstverständlich von $-\pi$ bis 0 für negative ζ.

Dagegen wird man σ, wo wie früher

$$\log\sigma = \log \alpha p - \log \gamma p$$

ist, nicht mehr von $-\infty$ bis ∞, sondern von 0 bis ∞ zählen. Um die Bezeichnungen zusammenzustellen, sei hier sofort bemerkt, dass wir wieder das dem Punkte p_τ entsprechende σ und ψ mit τ und ω bezeichnen, und setzen

$$e^{-\sigma} = \lambda, \quad e^{-\tau} = \lambda_1.$$

In dem vorliegenden Falle ist das Quadrat des Linienelementes, wie die vollständige Differentiation von ξ und ζ nach σ und θ zeigt,

$$\frac{\mathfrak{k}^2}{(\cos i\sigma - \cos\theta)^2}[\partial\sigma^2 + \partial\theta^2 - \sin^2\sigma i . \partial\psi^2],$$

während man für den Fall der zwei auseinander liegenden Kugeln, der im vorigen Kapitel behandelt wurde, für dies Quadrat

$$\frac{\mathfrak{k}^2}{(\cos i\sigma - \cos\theta)^2}[\partial\sigma^2 + \partial\theta^2 + \sin^2\theta . \partial\psi^2]$$

gefunden hätte. Hiernach verwandelt sich die Gleichung $\Delta \mathrm{v} = 0$ im vorliegenden Falle in die folgende

$$\frac{\partial}{\partial\sigma}\left[\frac{\sin i\sigma}{(\sigma,\theta)^2}\frac{\partial \mathrm{v}}{\partial\sigma}\right] + \frac{\partial}{\partial\theta}\left[\frac{\sin i\sigma}{(\sigma,\theta)^2}\frac{\partial \mathrm{v}}{\partial\theta}\right] - \frac{1}{\sin\sigma i\,(\sigma,\theta)^2}\frac{\partial^2 \mathrm{v}}{\partial\psi^2} = 0.$$

Der leichteren Vergleichung halber füge ich die Gleichung hinzu, die man in dem Falle des vorigen Kapitels erhalten hätte,

$$\frac{\partial}{\partial\sigma}\left[\frac{\sin\theta}{(\sigma,\theta)^2}\frac{\partial \mathrm{v}}{\partial\sigma}\right] + \frac{\partial}{\partial\theta}\left[\frac{\sin\theta}{(\sigma,\theta)^2}\frac{\partial \mathrm{v}}{\partial\theta}\right] + \frac{1}{\sin\theta\,(\sigma,\theta)^2}\frac{\partial^2 \mathrm{v}}{\partial\psi^2} = 0.$$

§ 74. Wir entwickeln nun die reciproke Entfernung T zweier Punkte mit den dipolaren Coordinaten σ, θ, ψ und τ, η, ω in eine Reihe, deren Form für die ferneren Untersuchungen geeignet ist, nämlich nach Cosinus der Vielfachen von $\theta - \eta$ und zugleich nach Kugelfunctionen, aber nicht mit einem ganzzahligen, sondern mit einem gebrochenen oberen Index, der die Hälfte einer ungeraden Zahl ist.

Durch Einführung dieser Coordinaten erhält man offenbar

$$T = \frac{(\sigma,\theta)(\tau,\eta)}{\mathfrak{k}\sqrt{2}} \cdot \frac{1}{\sqrt{\mathfrak{z} - \cos(\theta-\eta)}};$$

wenn man zur Abkürzung setzt

$$\mathfrak{z} = \cos i\sigma \cos i\tau + \sin i\sigma \sin i\tau \cos(\psi - \omega).$$

Während die Entwickelung eines Ausdrucks

$$(1-2\lambda\cos\varphi+\lambda^2)^{-\frac{1}{2}}$$

nach aufsteigenden Potenzen von λ als Coefficienten von λ^ν eine Kugelfunction erster Art $P^\nu(\cos\varphi)$ giebt, so führt die Entwickelung desselben Ausdrucks nach Cosinus der Vielfachen von φ auf die Kugelfunction zweiter Art von $\cos i\sigma$. In der That hat man nach der bekannten Entwickelung von Gauss in der Abhandlung über die hypergeometrische Reihe (Werke III. 129), d. i. nach der ersten Formel I. 300, wenn man dort

$$\frac{a^2+b^2}{2ab}=\mathfrak{z}$$

setzt, eine Gleichung, die sich, nach Einführung der Kugelfunction zweiter Art (I, (19) und (38, b)) in

$$\frac{1}{\sqrt{\mathfrak{z}-\cos(\theta-\eta)}}=\frac{2\sqrt{2}}{\pi}\sum_0^\infty{}' Q^{\nu-\frac{1}{2}}(\mathfrak{z})\cos\nu(\theta-\eta)$$

verwandelt. Hier kann man auch $Q_0^{\nu-\frac{1}{2}}$ durch die Formel

$$Q^{\nu-\frac{1}{2}}(\mathfrak{z})=\frac{\pi}{2^{\nu+\frac{1}{2}}}\cdot\frac{1.3\ldots(2\nu-1)}{2.4\ldots(2\nu)}\,Q_0^{\nu-\frac{1}{2}}(\mathfrak{z})$$

einführen.

Man findet also die Entwickelung

$$T=2\frac{(\sigma,\theta)(\tau,\eta)}{\mathfrak{k}\pi}\sum_0^\infty{}' Q^{\nu-\frac{1}{2}}(\mathfrak{z})\cos\nu(\theta-\eta).$$

Dieselbe Formel für Q wie oben ergiebt sich, wenn man

$$\int_0^\pi\frac{\cos\nu\varphi\, d\varphi}{\sqrt{\mathfrak{z}-\cos\varphi}}$$

nach I. 157 in

$$\frac{(-1)^\nu}{1.3\ldots(2\nu-1)}\int_{-1}^{1}\frac{d^\nu(1-x^2)^{\nu-\frac{1}{2}}}{dx^\nu}\frac{dx}{\sqrt{\mathfrak{z}-x}}$$

verwandelt. Nach ν maliger Integration durch Theile geht dieser Ausdruck in

$$\frac{1}{2^\nu}\int_{-1}^{1}\frac{(1-x^2)^{\nu-\frac{1}{2}}}{(\mathfrak{z}-x)^{\nu+\frac{1}{2}}}dx=\int_0^1\frac{[u(1-u)]^{\nu-\frac{1}{2}}du}{(\mathfrak{z}-2u+1)^{\nu+\frac{1}{2}}}$$

über. Eine Entwickelung nach absteigenden Potenzen von $\mathfrak{z}$ verschafft sofort die früheren Formeln.

Diese Gleichung giebt $Q^{\nu-\frac{1}{2}}$ durch ein zwischen 0 und π genommenes Integral, nämlich

$$Q^{\nu-\frac{1}{2}}(\cos\sigma i) = \int_0^\pi \frac{\cos\nu\varphi\, d\varphi}{\sqrt{2\cos\sigma i - 2\cos\varphi}} = \sqrt{\lambda}\int_0^\pi \frac{\cos\nu\varphi\, d\varphi}{\sqrt{1-2\lambda\cos\varphi+\lambda^2}}.$$

Differentiirt man die vorstehende Gleichung μ mal nach $\cos\sigma i$, so hat man also $Q_\mu^{\nu-\frac{1}{2}}(\cos\sigma i)$ durch das Integral

$$\int_0^\pi \frac{\cos\nu\varphi\, d\varphi}{(1-2\lambda\cos\varphi+\lambda^2)^{\mu+\frac{1}{2}}}$$

ausgedrückt.

Schliesslich führt man für $Q(\mathfrak{z})$ seinen durch das Additionstheorem I, (55) gegebenen Ausdruck ein. Denkt man sich $\tau > \sigma$, so erhält man die gesuchte Entwickelung

$$\tfrac{1}{2}\mathfrak{k}\pi T = (\sigma, \theta)(\tau, \eta) \sum^{\infty}{}' \frac{\cos\nu(\theta-\eta)}{\nu} \times$$

$$\sum_{\mu=0}^{\infty}{}' P_\mu^{\nu-\frac{1}{2}}(\cos\sigma i) Q_\mu^{\nu-\frac{1}{2}}(\cos\tau i)\cos\mu(\psi-\omega).$$

Die Kugelfunctionen P und Q, welche hier auftreten, unterscheiden sich von den in den ersten Kapiteln vorkommenden dadurch, dass dort der obere Index eine ganze Zahl, hier eine halbe ungerade Zahl ist. Man kann dieselben nach den Formeln des ersten Bandes auf verschiedene Art ausdrücken. Z. B. hat man nach I, (38, b)

$$Q_\mu^{\nu-\frac{1}{2}}(\cos\tau i)$$
$$= \frac{2^{\nu+\frac{1}{2}}}{\pi} \cdot \frac{2.4\ldots 2\nu}{1.3.5\ldots(2\nu-1)} \int_0^{v_0} (\cos i\tau + i\sin i\tau\cos iv)^{\nu-\frac{1}{2}} \cos i\mu v\, dv,$$

wo $v_0 = \frac{1}{2}\log(\cos i\tau + 1) - \frac{1}{2}\log(\cos i\tau - 1)$ ist, und aus I, 207

$$P_\mu^{\nu-\frac{1}{2}}(\cos\sigma i) = \frac{1}{2^{\nu+\frac{1}{2}}} \frac{3.5\ldots(2\nu-1)}{2.4\ldots(2\nu-2)} \int_0^\pi \frac{\cos\mu\varphi\, d\varphi}{(\cos i\sigma + i\sin i\sigma\cos\varphi)^{\nu+\frac{1}{2}}}.$$

Man kann aber auch die zweite der I. 219 unter 3 gegebenen Reihen anwenden und hat

$$Q_\mu^{\nu-\frac{1}{2}}(\cos\tau i) = (2\lambda_1)^{\nu+\frac{1}{2}}(1-\lambda_1^2)^\mu F(\tfrac{1}{2}+\mu, \nu+\mu+\tfrac{1}{2}, \nu+1, \lambda_1^2).$$

Endlich erhält man auch eine ähnliche Reihe für P, nämlich

$$P_\mu^{\nu-\frac{1}{2}}(\cos\sigma i)$$
$$= \sqrt{2\pi}\, \frac{\Pi(\mu+\nu-\frac{1}{2})}{2^{2\mu+\nu}\Pi\mu\,\Pi(\nu-1)} \lambda^{\nu+\frac{1}{2}}(1-\lambda^2)^\mu F(\tfrac{1}{2}+\mu, \nu+\mu+\tfrac{1}{2}, 2\mu+1, 1-\lambda^2).$$

Die letzte Form findet man aus der Gleichung für Q, wenn man bemerkt, dass die Differentialgleichung der hypergeometrischen Reihe $F(\alpha, \beta, \gamma, x)$ allgemein auch ein Integral $F(\alpha, \beta, \alpha+\beta+1-\gamma, 1-x)$ besitzt. Dadurch erhält man aus

$$F(\tfrac{1}{2}+\mu,\ \nu+\mu+\tfrac{1}{2},\ \nu+1,\ \lambda^2)$$

die zweite Lösung

$$F(\tfrac{1}{2}+\mu,\ \nu+\mu+\tfrac{1}{2},\ \mu+1,\ 1-\lambda^2).$$

Dasselbe ergiebt sich durch eine directe Umformung aus dem vorstehenden Ausdruck von P durch ein Integral. Dieses ist (abgesehen von dem constanten Faktor vor dem Integral)

$$\lambda^{\nu+\frac{1}{2}} \int_0^{\pi} \frac{\cos\mu\varphi \, d\varphi}{(1-(1-\lambda^2)\cos^2\frac{1}{2}\varphi)^{\nu+\frac{1}{2}}}.$$

Entwickelt man den Nenner nach dem binomischen Lehrsatze und benutzt die Formel

$$\int_0^{\frac{1}{2}\pi} \cos^{2\alpha}\psi \cos 2\mu\psi \, d\psi = \frac{\pi}{2^{2\alpha+1}} \frac{\Pi 2\alpha}{\Pi(\alpha+\mu)\Pi(\alpha-\mu)},$$

die verlangt, dass von den (positiven) Zahlen α und μ die erstere die grössere sei, so erhält man sofort die Gleichung für P.

Auch die Reihe für Q lässt sich durch Transformation des Integrals finden. Andere Formen für die Functionen P_μ und Q_μ, die hier auftreten mit einem oberen Index $\nu-\frac{1}{2}$, findet man aus den im I. Baude angegebenen Ausdrücken für diese Functionen mit ganzzahligem oberen Index. So giebt die Form I. 221 im vorliegenden Falle die beiden Lösungen $P_\mu^{\nu-\frac{1}{2}}(\cos\sigma i)$ und $Q_\mu^{\nu-\frac{1}{2}}(\cos\sigma i)$ in der mit den oberen oder resp. mit den unteren Zeichen versehenen Lösung

$$\left(\frac{1\pm\lambda}{1\mp\lambda}\right)^{\mu} F\left(\tfrac{1}{2}-\nu,\ \tfrac{1}{2}+\nu,\ 1+\mu,\ \frac{(1\pm\lambda)^2}{4\lambda}\right).$$

Man findet als schliessliches Resultat T auch in der Form

$$T = \frac{4}{\mathfrak{k}}(\sigma,\theta)(\tau,\eta)\sum_{\nu=0}^{\infty}{}'\cos\nu(\theta-\eta)\sum_{\mu=0}^{\infty}\frac{1.3\ldots(2\mu+2\nu-1)}{2^{3\mu+\nu}\Pi\mu\,\Pi\nu}\cos\mu(\psi-\omega)\times$$
$$(\lambda\lambda_1)^{\nu+\frac{1}{2}}(1-\lambda^2)^{\mu}(1-\lambda_1^2)^{\nu}F(\mu+\tfrac{1}{2},\ \mu+\nu+\tfrac{1}{2},\ \nu+1,\ \lambda_1^2)\times$$
$$F(\mu+\tfrac{1}{2},\ \mu+\nu+\tfrac{1}{2},\ 2\mu+1,\ \lambda^2).$$

Hier ist gesetzt

$$e^{-\sigma}=\lambda,\quad e^{-\tau}=\lambda_1;\quad \lambda_1<\lambda<1;$$
$$(\sigma,\theta)=\sqrt{\cos\sigma i-\cos\theta},\quad (\tau,\eta)=\sqrt{\cos\tau i-\cos\eta}.$$

Wir wenden die vorstehenden Entwickelungen auf die Lösung von Aufgaben über das Potential an:

Führt man in die Gleichung des Potentials v, d. i. in $\Delta \mathrm{v}=0$, statt v eine neue Veränderliche $\mathfrak{v}$ durch die Gleichung

$$\mathrm{v}=(\sigma,\theta)\mathfrak{v}$$

ein, so erhält man (vergl. S. 285)

$$\frac{\partial^2 \mathfrak{v}}{\partial \sigma^2} + i \operatorname{cotg} \sigma i \frac{\partial \mathfrak{v}}{\partial \sigma} + \frac{\partial^2 \mathfrak{v}}{\partial \theta^2} - \frac{1}{\sin^2 \sigma i} \frac{\partial^2 \mathfrak{v}}{\partial \psi^2} + \tfrac{1}{4}\mathfrak{v} = 0.$$

Man entwickele $\mathfrak{v}$ in eine nach Sinus und Cosinus der Vielfachen von θ und ψ geordnete Reihe

$$\mathfrak{v} = \mathfrak{S} \sum_{\mu=0}^{\infty}{}' \sum_{\nu=0}^{\infty}{}' \cos\mu\psi \cos\nu\theta . s_{\mu\nu},$$

wo $s_{\mu\nu}$ eine Function von σ allein bezeichnet und das vor dem ganzen stehende $\mathfrak{S}$ bezeichnet, dass man zu der vorstehenden Doppelsumme noch die drei hinzufügen soll, welche aus derselben durch Vertauschung der Cosinus mit Sinus entstehen. Die Function $s_{\mu\nu}$ genügt der Gleichung

$$\frac{\partial^2 s}{\partial \sigma^2} + i \operatorname{cotg} \sigma i \cdot \frac{\partial s}{\partial \sigma} + \left[\frac{\mu^2}{\sin^2 \sigma i} - (\nu + \tfrac{1}{2})(\nu - \tfrac{1}{2})\right] s = 0,$$

deren allgemeines Integral von der Form

$$s_{\mu\nu} = a_{\mu\nu} P_{\mu}^{\nu-\frac{1}{2}}(\cos \sigma i) + b_{\mu\nu} Q_{\mu}^{\nu-\frac{1}{2}}(\cos \sigma i)$$

ist. Man hat demnach als allgemeinsten Ausdruck für das Potential des Ringes

$$\mathrm{v} = (\sigma, \theta) \mathfrak{S} \sum_{\mu=0,\nu=0}^{\infty}{}' [a_{\mu\nu} P_{\mu}^{\nu-\frac{1}{2}}(\cos \sigma i) + b_{\mu\nu} Q_{\mu}^{\nu-\frac{1}{2}}(\cos \sigma i)] \cos\mu\psi \cos\nu\theta,$$

Je nachdem der Punkt $p = (\sigma, \theta, \psi)$ im äusseren Raume, in welchem σ auch den Werth Null erhält, also λ gleich 1 wird, oder im inneren Raume, in welchem σ auch unendlich, also λ Null wird, liegt, fallen die P oder die Q aus dem Ausdrucke von v heraus. Beide hat man beizubehalten, wenn man das Potential in einem Raume betrachtet, den man als hohlen Ring bezeichnen kann, in welchem σ alle Werthe zwischen dem kleineren σ_1 an der äusseren, und dem grösseren σ_0 an der inneren Begrenzung annimmt. Ich behalte im Folgenden, um die Ausdehnung der Formeln zu beschränken, die Functionszeichen P und Q bei, ohne die Reihen oder Integralausdrücke, die man für sie S. 287 erhielt, einzusetzen.

Zunächst lösen wir die **Aufgabe, das Potential des ringförmigen Körpers aufzufinden,** wenn es auf der Begrenzung $\sigma = \sigma_1$ als Function von θ und ψ gegeben ist. Es sei diese gegebene Function

$$\mathrm{v} = f(\theta, \psi); \quad (\sigma = \sigma_1).$$

Man entwickele den Quotienten von f und (σ_1, θ) in eine trigonometrische Doppelreihe

$$\frac{f(\theta, \psi)}{\sqrt{\cos i\sigma_1 - \cos\theta}} = \mathsf{S} \sum_{\mu=0,\nu=0}^{\infty}{}' c_{\mu\nu} \cos\mu\psi \cos\nu\theta,$$

kann also annehmen, dass die c bekannt sind. Dann ist das Potential des Ringes in einem Punkte (σ, θ, ψ) des äusseren Raumes (v_a), oder des inneren (v_i)

$$\mathrm{v}_a = (\sigma, \theta) \mathsf{S} \sum_{\mu=0,\nu=0}^{\infty}{}' c_{\mu\nu} \frac{Q_\mu^{\nu-\frac{1}{2}}(\cos i\sigma)}{Q_\mu^{\nu-\frac{1}{2}}(\cos i\sigma_1)} \cos\mu\psi \cos\nu\theta,$$

$$\mathrm{v}_i = (\sigma, \theta) \mathsf{S} \sum_{\mu=0,\nu=0}^{\infty}{}' c_{\mu\nu} \frac{P_\mu^{\nu-\frac{1}{2}}(\cos i\sigma)}{P_\mu^{\nu-\frac{1}{2}}(\cos i\sigma_1)} \cos\mu\psi \cos\nu\theta.$$

Z. B. ist die Green'sche Function für einen im äusseren Raume liegenden Pol (τ, η, ω) in dem Punkte (σ, θ, ψ) des äusseren Raumes

$$G = 2\frac{(\sigma, \theta)(\tau, \eta)}{\mathfrak{k}\pi} \sum_{\mu=0,\nu=0}^{\infty}{}' \cos\mu(\psi-\omega)\cos\nu(\theta-\eta) \times$$

$$\frac{P_\mu^{\nu-\frac{1}{2}}(\cos i\sigma_1)}{\nu Q_\mu^{\nu-\frac{1}{2}}(\cos i\sigma_1)} Q_\mu^{\nu-\frac{1}{2}}(\cos\sigma i) Q_\mu^{\nu-\frac{1}{2}} \cos(\tau i).$$

Die Dichtigkeit der Masse, welche über die Oberfläche vertheilt G als Potential giebt, findet man nach (σ), indem man berücksichtigt, dass das Element der Oberfläche

$$\frac{-i\mathfrak{k}^2 \sin i\sigma_1 \,\partial\theta\,\partial\psi}{(\sigma_1, \theta)^4}$$

ist. Man erhält als Dichtigkeit im Punkte (σ_1, θ, ψ) der Oberfläche

$$\varkappa = \frac{2\lambda(\tau, \eta)(\sigma_1, \theta)^3}{\mathfrak{k}^2\pi^2(1-\lambda^2)} \sum_{\mu=0,\nu=0}^{\infty}{}' \frac{Q_\mu^{\nu-\frac{1}{2}}(\cos i\tau)}{Q_\mu^{\nu-\frac{1}{2}}(\cos i\sigma_1)} \cos\mu(\psi-\omega)\cos\nu(\theta-\eta).$$

Vertauscht man die Q mit den P, so erhält man den Ausdruck für die Dichtigkeit, welche einem im Innern des Ringes befindlichen Pole entspricht. Dieselben Formeln für $\varkappa$ hätte man ähnlich wie in den früheren Kapiteln auch hier durch Differentiation von $G-T$ nach dem Element der Normalen

$$\frac{\mathfrak{k}\,\partial\sigma}{(\sigma, \theta)^2}$$

erhalten können, wenn man in dem entstehenden Differentialquotienten $\sigma = \sigma_1$ oder σ_0 setzt und ihn dann, dem vorliegenden Falle entsprechend, durch $\pm 4\pi$ dividirt.

§ 75. Noch eine Art von Aufgaben ziehen wir in unsere Betrachtung; während wir uns im § 72 mit dem Körper beschäftigten, welcher entsteht, wenn ein Kreissegment um die Axe $\alpha\gamma$ rotirt, so behandeln wir hier die Kugelkalotte, welche dasselbe Segment erzeugt, wenn es sich um eine Axe Z dreht, welche im Mittelpunkte $'A$ von $\alpha\gamma$ senkrecht auf $\alpha\gamma$ steht und sich in der Ebene des Segments befindet. Da das Segment das Bild der Geraden $\mu\mathfrak{p}$ ist, so werden wiederum die Kegelfunctionen in die Lösung der betreffenden Aufgaben eintreten.

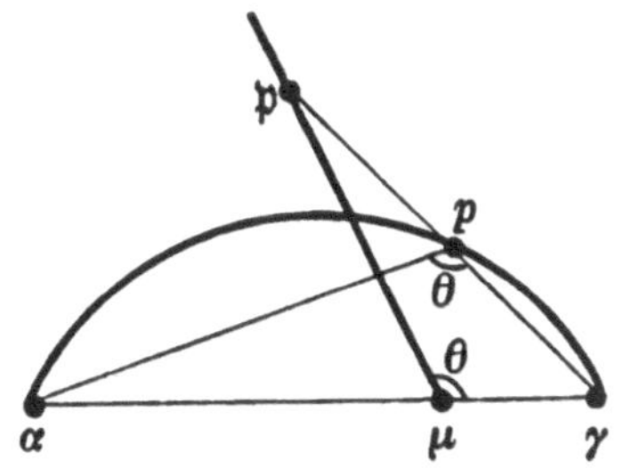

Ueber die Lage der Axen treffen wir dieselben Bestimmungen wie im § 73, nennen also $A\gamma$ die positive Axe der ξ und der x zugleich, die auf $\alpha\gamma$ senkrechte Drehungsaxe die Axe der ζ und z zugleich. Was die positive Richtung derselben anbelangt, so machen wir darüber Festsetzungen, welche sich dadurch empfehlen, dass man vermöge derselben das Potential in äusseren und inneren Punkten bei noch allgemeineren, nämlich linsenförmigen Körpern durch die gleichen Formeln bestimmt.

Ein solcher Körper entsteht, indem sich zwei in derselben Ebene liegende Kreissegmente, welche $\alpha\gamma$ zur gemeinsamen Sehne haben, oder vielmehr nur die halben Kreissegmente mit positiven ξ sich um die Axe Z drehen. Diese Segmente können entweder beide auf derselben Seite von $\alpha\gamma$ oder auf verschiedenen Seiten liegen; wir nennen den kleinsten der beiden Winkel, welchen je eines von den beiden Segmenten fasst θ_0, und die Seite, auf welcher es liegt, die der positiven z; für den grösseren Winkel setzen wir die Coordinate θ gleich θ_1, zählen aber die Coordinate θ, die auf $\alpha\gamma$ selbst π wird, auf der Seite der negativen z über π hinaus, so dass die Coordinate θ auf der negativen Seite, wenn sie einem Winkel α entspricht, gleich $2\pi-\alpha$ zu setzen ist. Im negativ Unendlichen wird daher $\theta = 2\pi$. Geht der Punkt dann zum positiv Unendlichen über und von dort bis zu dem Segment, welches den Winkel θ_0 enthält, so zählen wir die Coordinate θ von 2π bis $2\pi+\theta_0$. Es ist dies offenbar gestattet, da die rechtwinkligen Coordinaten

$$\xi = \frac{-\mathfrak{k} i \sin i\sigma}{\cos i\sigma - \cos\theta}, \quad \zeta = \frac{\mathfrak{k}\sin\theta}{\cos i\sigma - \cos\theta}$$

ihren Werth nicht ändern, wenn man θ um 2π wachsen lässt.

Nach diesen Festsetzungen liegt ein Punkt innerhalb oder ausserhalb der Linse, je nachdem man hat

$$\theta_0 < \theta < \theta_1 \quad \text{oder} \quad \theta_1 < \theta < 2\pi + \theta_0.$$

Für ψ hat man die Werthe von 0 bis 2π, für σ von 0 bis ∞ zu nehmen.

Der Fall der Kugelkalotte, welchen ich hier behandele, indem ich der Arbeit des Herrn Mehler im 68. Bande von Borchardt's Journal folge *), bildet einen Theil des Problems der zwei Kugeln; während wir im vorigen Kapitel die beiden Fälle betrachteten, dass die Kugeln aus einander liegen oder sich berühren, tritt hier der Fall ein, in welchem sie sich durchdringen und ein gemeinsames Stück besitzen.

Für die Kalotte hat man offenbar dieselbe partielle Differentialgleichung wie für den Ring zu integriren, nämlich (S. 285)

$$\frac{\partial}{\partial\sigma}\left[\frac{\sin i\sigma}{(\sigma,\theta)^2}\frac{\partial \mathrm{v}}{\partial\sigma}\right] + \frac{\partial}{\partial\theta}\left[\frac{\sin i\sigma}{(\sigma,\theta)^2}\frac{\partial \mathrm{v}}{\partial\theta}\right] - \frac{1}{\sin\sigma i.(\sigma,\theta)^2}\frac{\partial^2 \mathrm{v}}{\partial\psi^2} = 0.$$

Wir beginnen mit der Transformation der Function T, welche denselben Ausdruck giebt wie auf S. 285, nämlich

$$T = \frac{(\sigma,\theta)(\tau,\eta)}{\mathfrak{k}.\sqrt{2}} \cdot \frac{1}{\sqrt{\mathfrak{z} - \cos(\theta-\eta)}}.$$

*) Es sei noch an die Briefe von Herrn Thomson (Liouville J. d. M. XII, 263, so wie an die Abhandlung des Herrn Lipschitz im 58. Bande von Borchardt's Journal S. 152 „Ueber die Vertheilung der statischen Elektricität in einem kreisförmig begrenzten Segment einer Kugelfläche" erinnert. M. vergl. hierüber auch die Arbeit des Herrn Lipschitz im 61. Bande S. 1, und den von Green behandelten besonderen Fall Bd. 47, S. 174. Herr Mehler giebt im Programm von 1870 an, dass man mit Hülfe der Kegelfunctionen auch die entsprechenden Untersuchungen für das zweifache Rotationshyperboloid führen könne, während das Rotationsparaboloid und der durch Rotation der Cardioide um ihre Axe entstehende Körper die Cylinderfunction erfordere (S. 174). Die fertige Lösung der Potentialaufgaben für die letzteren beiden Arten von Körpern wird man in einer zur Zeit mir vorliegenden und nächstens im Druck erscheinenden Hallischen Inauguraldissertation des Herrn Carl Baer finden.

Die Monographie des Herrn C. Neumann (Leipzig) über „die Vertheilung der Elektricität auf einer Kugelkalotte" und über die bei der Untersuchung anzuwendenden Coordinaten, für die er den Namen der peripolaren einführt, erschien als dies Kapitel schon zum Druck fertig war im XII. Bde d. math. Klasse d. K. S. Ges. d. Wiss.

Während aber die dort gegebene Entwickelung von T sich auf die Darstellung von T für alle reellen Werthe von $\theta-\eta$ bezog, werden hier solche Umformungen vorgenommen, die für alle reellen Werthe von σ, τ und $\psi-\omega$, also auch für alle Werthe von

$$\mathfrak{z} = \cos i\sigma \cos i\tau + \sin i\sigma \sin i\tau \cos(\psi-\omega)$$

gelten, die grösser als 1 sind.

Die Differentialgleichung, welcher v, daher auch T genügt, giebt, wenn man $\mathrm{v} = (\sigma, \theta).w$ setzt,

$$\frac{1}{\sin i\sigma}\frac{\partial}{\partial\sigma}\left[\sin i\sigma \frac{\partial w}{\partial \sigma}\right] - \frac{1}{\sin^2 i\sigma}\frac{\partial^2 w}{\partial\psi^2} + \frac{\partial^2 w}{\partial\theta^2} + \tfrac{1}{4}w = 0.$$

Setzt man für w das Produkt von $\cos i\mu\theta$ oder $\sin i\mu\theta$ mal einer Function von σ und ψ allein, welche nicht mehr θ enthält, so genügt diese offenbar der bekannten Gleichung I, (51) der Kugelfunction P^n mit dem Index $n = -\frac{1}{2} + \mu i$, wenn man in derselben nur $i\sigma$ statt θ setzt. Daher ist eine partikuläre Lösung der Gleichung $\Delta \mathrm{v} = 0$

$$(\sigma, \theta)\mathfrak{t}^{\mu}(\mathfrak{z})(A\cos i\mu\theta + B\sin i\mu\theta),$$

wenn A und B Constanten nach θ, ψ, σ bezeichnen.

Durch eine Summe solcher partikulären Integrale lässt sich T ausdrücken. Man findet nämlich (s. u.) mit H. M.

$$(32)\ \ldots\quad \frac{1}{\sqrt{\mathfrak{z}-\cos\varphi}} = \sqrt{2}\int_0^\infty \frac{\cos(\varphi-\pi)\mu i}{\cos\mu\pi i}\,\mathfrak{t}^{\mu}(\mathfrak{z})\,d\mu,$$

wenn φ positiv und kleiner als 2π ist, und hieraus folgenden Ausdruck für die reciproke Entfernung T der Punkte (σ, θ, ψ) und (τ, η, ω)

$$(33)\ \ldots\quad \mathfrak{t}T = (\sigma, \theta)(\tau, \eta)\int_0^\infty \frac{\cos(\theta-\eta-\pi)\mu i}{\cos\mu\pi i}\,\mathfrak{t}^{\mu}(\mathfrak{z})\,d\mu,$$

wenn $\theta-\eta$ positiv ist und unter 2π liegt; ist aber $\eta-\theta$ positiv, so hat man unter dem Integrale $\theta-\eta$ durch $\eta-\theta$ zu ersetzen.

Zum Beweise von (32) geht man von der Gleichung aus

$$(\cos\sigma i - \cos\varphi)^{-\frac{1}{2}} = \frac{2}{\pi}\int_0^\infty \frac{du}{u^2 + \cos\sigma i - \cos\varphi}.$$

Macht man hier

$$u^2 + \cos\sigma i = \cos\alpha i,$$

so verwandelt sich die rechte Seite in

$$-\frac{i}{\pi}\int\limits_{\sigma}^{\infty}\frac{1}{\cos\alpha i-\cos\varphi}\cdot\frac{\sin\alpha i\,d\alpha}{\sqrt{\cos\alpha i-\cos\sigma i}}.$$

Den Ausdruck unter dem Integral transformirt man durch die Formel

$$\operatorname{cotg}\tfrac{1}{2}(\varphi-\alpha i)-\operatorname{cotg}\tfrac{1}{2}(\varphi+\alpha i)=\frac{2\sin\alpha i}{\cos\alpha i-\cos\varphi}.$$

Ferner drückt man die Cotangente durch die bekannte Gleichung aus, die mit den Eigenschaften der Functionen Ψ zusammenhängt (I. 112)

$$\pi\operatorname{cotg}\lambda\pi=\int\limits_0^1\frac{z^{\lambda-1}-z^{-\lambda}}{1-z}dz=2\pi\int\limits_0^{\infty}\frac{\sin(1-2\lambda)\mu\pi i}{\sin\mu\pi i}\partial\mu.$$

Hier ist aber der reelle Theil von λ positiv und kleiner als 1 zu nehmen. Macht man die angegebenen Substitutionen, dreht dann die Integrationsfolge um, so dass man zuerst nach α von σ bis ∞ integrirt, und setzt endlich für

$$\frac{i}{\sin\mu\pi i}\int\limits_{\sigma}^{\infty}\frac{\sin\alpha\mu\,d\alpha}{\sqrt{\cos\alpha i-\cos i\sigma}}$$

den Werth aus § 60, 1, a, nämlich

$$\frac{\pi}{\sqrt{2}}\cdot\frac{\mathfrak{k}^{\mu}(\cos i\sigma)}{\cos\mu\pi i},$$

so hat man (32) gewonnen.

Zugleich zeigt die Ableitung, dass man φ in (32) um eine beliebige rein imaginäre Zahl λi vermehren darf. Es ist daher

$$\sqrt{2}\int\limits_0^{\infty}\frac{\cos(\varphi-\pi)\mu i.\cos\lambda\mu}{\cos\mu\pi i}\mathfrak{k}^{\mu}(\mathfrak{z})\,d\mu$$

das arithmetische Mittel aus den beiden Ausdrücken

$$\frac{1}{\sqrt{\mathfrak{z}-\cos(\varphi\pm\lambda i)}}.$$

Um die Green'sche Function für den linsenförmigen Körper zu finden, geht man davon aus, dass der Ausdruck

$$\frac{1}{\mathfrak{k}}(\sigma,\theta)(\tau,\eta)\int\limits_0^{\infty}\frac{a\cos\theta\mu i+b\sin\theta\mu i}{\cos\mu\pi i}\mathfrak{k}^{\mu}(\mathfrak{z})d\mu,$$

wenn a und b Constante nach σ, θ, ψ sind, die μ enthalten, wie aus S. 293 erhellt, der Gleichung $\Delta\mathrm{v}=0$ genügt. Wenn man a und b gehörig bestimmt, so wird man leicht erreichen, dass dieser Ausdruck an den Begrenzungen sich in die Form (33) für T verwandelt, d. i. in die Reciproke der Entfernung eines Punktes der Oberfläche vom Pole (τ, η, ω). Geschieht dies, so ist er die Green'sche Function.

Erstens im äusseren Raume ist

$$\theta_1 < \theta < \theta_0 + 2\pi, \quad \theta_1 < \eta < \theta_0 + 2\pi.$$

Auf der oberen Kalotte hat man $\theta = \theta_0 + 2\pi$, an der unteren $\theta = \theta_1$ zu setzen; an der oberen ist $\theta - \eta > 0$, an der unteren $\theta - \eta < 0$. Im Zähler von (33) hat man daher $\cos(\theta - \eta - \pi)\mu i$ an den Oberflächen in $\cos(\theta_0 - \eta + \pi)\mu i$ resp. in $\cos(\theta_1 - \eta + \pi)\mu i$ zu verwandeln. Daher sind a und b durch die Gleichungen

$$\begin{aligned} a\cos(\theta_0+2\pi)\mu i + b\sin(\theta_0+2\pi)\mu i &= \cos(\theta_0-\eta+\pi)\mu i, \\ a\cos\theta_1\mu i \qquad\quad + b\sin\theta_1\mu i \qquad &= \cos(\theta_1-\eta+\pi)\mu i \end{aligned}$$

zu bestimmen. Setzt man die Werthe in den obigen Ausdruck ein, so findet man als Green'sche Function für den äusseren Pol (τ, η, ω) im äusseren Punkte (σ, θ, ψ)

$$(34) \ldots \quad G = \frac{(\sigma, \theta)(\tau, \eta)}{\mathfrak{k}} \int_0^\infty \frac{\mathfrak{k}^\mu(\mathfrak{z}) w \, d\mu}{\cos\mu\pi i . \sin(2\pi + \theta_0 - \theta_1)\mu i},$$

wenn man zur Abkürzung setzt

$$\begin{aligned} w = \sin(2\pi + \theta_0 - \theta)\mu i . \cos(\pi + \theta_1 - \eta)\mu i \\ + \sin(\theta - \theta_1)\mu i . \cos(\pi + \theta_0 - \eta)\mu i. \end{aligned}$$

Zweitens für den inneren Punkt ist in dem Zähler von (33) resp. zu setzen $\cos(\theta_0 + \pi - \eta)\mu i$ und $\cos(\eta + \pi - \theta_1)\mu i$, und man bestimmt a und b durch die Gleichungen

$$\begin{aligned} a\cos\theta_0\mu i + b\sin\theta_0\mu i &= \cos(\theta_0+\pi-\eta)\mu i, \\ a\cos\theta_1\mu i + b\sin\theta_1\mu i &= \cos(\eta+\pi-\theta_1)\mu i. \end{aligned}$$

Daraus entsteht

$$G = \frac{(\sigma, \theta)(\tau, \eta)}{\mathfrak{k}} \int_0^\infty \frac{\mathfrak{k}^\mu(\mathfrak{z}) w \, d\mu}{\cos\mu\pi i . \sin(\theta_1 - \theta_0)\mu i},$$

wenn man setzt

$$w = \sin(\theta_1 - \theta)\mu i . \cos(\theta_0 + \pi - \eta)\mu i + \sin(\theta - \theta_0)\mu i . \cos(\eta + \pi - \theta_1)\mu i.$$

Die Dichtigkeit $\varkappa_0$ und $\varkappa_1$ der Belegung auf den Begrenzungen, welche der Green'schen Function entspricht, findet man, indem man $G - T$ nach der Normalen auf der Fläche dn differentiirt (S. 90), die in unserem Falle ist

$$dn = \pm \frac{\mathfrak{k} \, d\theta}{(\sigma, \theta)^2}.$$

Reducirt man gehörig, so ergiebt sich für den Fall, dass der Pol (τ, η, ω) im äusseren Raume $(\theta_1 < \eta < \theta_0 + 2\pi)$ liegt, für die

Dichtigkeit an der Fläche $\theta = \theta_0 + 2\pi$

$$\varkappa_0 = \frac{i}{2\mathfrak{k}^2\pi}(\sigma, \theta_0)^3(\tau, \eta)\int_0^\infty \frac{\sin(\theta_1 - \eta)\mu i}{\sin(2\pi + \theta_0 - \theta_1)\mu i} \operatorname{tang}\mu\pi i . \mathfrak{k}^\mu(\mathfrak{z})\mu\, d\mu,$$

während der Ausdruck von $\varkappa_1$ entsteht, wenn man hier (σ, θ_0) mit (σ, θ_1) und $\sin(\eta - \theta_1)\mu i$ mit $\sin(2\pi + \theta_0 - \eta)\mu i$ vertauscht.

Auf diesen Ausdruck, in der Form, in welcher er auftritt, werden wir auf S. 297 zurückkommen. Hier wollen wir ihn weiter, in ein einfaches Integral, transformiren, in welchem unter dem Integralzeichen nicht mehr die Transcendente $\mathfrak{k}(z)$ vorkommt. Dazu setzen wir für $\operatorname{tang}\mu\pi i . \mathfrak{k}^\mu(\mathfrak{z})$ den Werth aus S. 219; macht man $\mathfrak{z} = \cos i\zeta$, so ist dieser

$$\frac{i\sqrt{2}}{\pi}\int_\zeta^\infty \frac{\sin\mu\alpha\, d\alpha}{\sqrt{\cos\alpha i - \cos\zeta i}}.$$

Man setze denselben in $\varkappa_0$ und für μ eine neue Veränderliche s ein, wobei man sich folgender Abkürzungen bediene

$$2\pi + \theta_0 - \theta_1 = \frac{\pi}{n}, \quad \mu = ns, \quad n(\eta - \theta_1) = \beta.$$

Alsdann wird

$$\varkappa_0 = \frac{(\sigma, \theta_0)^3(\tau, \eta)n^2}{\pi^2\mathfrak{k}^2\sqrt{2}}\int_\zeta^\infty \frac{\partial\alpha}{\sqrt{\cos\alpha i - \cos\zeta i}}\int_0^\infty \frac{\sin\beta s i}{\sin\pi s i}\sin\alpha n s . s\,\partial s.$$

Das innere Integral lässt sich ausführen, da die (positive) Zahl β kleiner als π ist. Die bekannte Formel *)

$$\tfrac{1}{2}\pi\frac{\sin\beta s i}{\sin\pi s i} = -\sum_{\nu=1}^{\infty}\frac{\nu\cos\nu\pi . \sin\nu\beta}{\nu^2 + s^2}$$

zeigt, dass dasselbe gleich ist

$$-\Sigma\nu\cos\nu\pi\sin\nu\beta e^{-\alpha n\nu} = -\frac{1}{2n}\sin\beta\frac{\partial}{\partial\alpha}\frac{1}{\cos\alpha n i + \cos\beta}.$$

So findet man schliesslich

$$\varkappa_0 = \frac{n^2(\tau, \eta)(\sigma, \theta_0)^3\sin n(\eta - \theta_1)}{2i\sqrt{2}\,\pi^2\mathfrak{k}^2}\int_\zeta^\infty \frac{(\cos\alpha i - \cos\zeta i)^{-\frac{1}{2}}\sin\alpha n i\, d\alpha}{[\cos\alpha n i + \cos n(\eta - \theta_1)]^2},$$

während $\varkappa_1$, die Dichtigkeit der Belegung auf der Fläche $\theta = \theta_1$, aus dieser Formel gewonnen wird, wenn man (σ, θ_0) mit (σ, θ_1) und

*) Cauchy, Exercices II, 1827. Usage du calcul des résidus pour la sommation ou la transformation des séries, Gleich. (90), S. 309.

im Nenner unter dem Integrale $\cos n(\eta - \theta_1)$ mit $-\cos n(\eta - \theta_1)$ vertauscht.

In dem speciellen Falle, dass n eine ganze Zahl ist, lässt sich sowohl in G als auch in $\varkappa$ die Integration ausführen, und man erhält für diese Functionen eine endliche Summe, deren Glieder keine höhere Transcendente als trigonometrische Functionen enthalten, und die hinreichend andeutet, wie man diese Resultate auch durch das Princip der Spiegelung hätte erhalten können.

Indem man einen Ausdruck

$$\frac{1 - r^{2n}}{1 + 2r^n \cos n\gamma + r^{2n}}$$

in die Summe

$$-1 + \frac{1}{1 + r^n e^{in\gamma}} + \frac{1}{1 + r^n e^{-in\gamma}},$$

und dann jeden von den beiden Brüchen in Partialbrüche zerlegt, findet man sofort

$$\frac{n \sin \alpha n i}{\cos \alpha n i + \cos n(\eta - \theta_1)} = \sum_{\nu=0}^{n-1} \frac{\sin \alpha i}{\cos \alpha i - \cos \gamma_\nu}, \quad \left(\gamma_\nu = \eta - \theta_0 + \frac{2\nu\pi}{n}\right).$$

Setzt man dies in den Ausdruck von G oder $\varkappa$ ein, so erhält man sogleich diese Gleichungen in der angegebenen Form, erhält z. B.

$$\varkappa_0 = \frac{(\tau, \eta)(\sigma, \theta_0)^3}{2\pi \sqrt{2}\, \mathfrak{k}^2} \frac{\partial}{\partial \eta} \sum_{\nu=0}^{n-1} \frac{1}{\sqrt{\mathfrak{z} - \cos \gamma_\nu}}.$$

Dieselben Mittel gestatten die Ausführung der Integration, wenn n die Hälfte einer ganzen Zahl wird, während die Integrale schon elliptische werden, wenn erst $3n$ eine ganze Zahl ist. Es wird überflüssig sein, hier, wo es sich um eine Uebersicht über die Anwendung der Methoden auf verschiedene Körper und nicht um eine Monographie der einzelnen handelt, die Formeln zu häufen. Ich übergehe deshalb den ganz ähnlichen Ausdruck für $\varkappa_1$, und ebenso die Formeln für die Dichtigkeit $\varkappa_0$ oder $\varkappa_1$ der idealen Masse, mit welcher die Grenzflächen zu belegen sind, um die Green'sche Function für einen im Innern gelegenen Pol (τ, η, ω) als Potential darzustellen.

Gehen wir auf die Formel für $\varkappa_0$ auf S. 296 zurück, in der $\mathfrak{k}^\mu(\mathfrak{z})$ noch nicht durch das Integral ersetzt war. Das Flächenelement der Fläche $\theta = \theta_0$ ist, wie man aus S. 285 weiss,

$$do = -\frac{i \mathfrak{k}^2 \sin \sigma i}{(\sigma, \theta_0)^4} \partial\sigma \partial\psi.$$

Hieraus folgt, mit Hülfe von (6) auf S. 90, als Ausdruck für dasjenige Potential v_a im äusseren Punkte (τ, η, ω), welches an den Grenzflächen $\theta = \theta_0$ und $\theta = \theta_1$ sich in $f_0(\sigma, \psi)$ resp. $f_1(\sigma, \psi)$ verwandelt

$$v_a = -i\mathfrak{k}^2 \int_0^\infty \sin\sigma i \partial\sigma \int_0^{2\pi} \left[\frac{\varkappa_0 f_0(\sigma, \psi)}{(\sigma, \theta_0)^4} + \frac{\varkappa_1 f_1(\sigma, \psi)}{(\sigma, \theta_1)^4}\right] \partial\psi.$$

Diese Formel lässt sich zusammenziehen, wenn man für $\varkappa_0$ und $\varkappa_1$ ihre Werthe einsetzt. Wir übergehen diese Umgestaltung ebenso wie einen ähnlichen Ausdruck für v_i, und betrachten das Resultat, welches man erhält, wenn man den Punkt (τ, η, ω) auf eine der Grenzflächen, sie sei $\theta = \theta_0$, rücken lässt, so dass man zu setzen hat $\eta = 2\pi + \theta_0$. In diesem Falle wird $\varkappa_1 = 0$ und $\varkappa_0$ nimmt den Werth an

$$\varkappa_0 = \frac{(\sigma, \theta_0)^3 (\tau, \theta_0)}{2\mathfrak{k}^2 \pi i} \int_0^\infty \operatorname{tang} \mu\pi i . \mathfrak{k}^\mu(\mathfrak{z}) . \mu \, d\mu,$$

während v_a in $f_0(\tau, \eta)$ übergeht. Führt man statt der Function f_0 eine andere φ durch die Gleichung ein

$$f_0(\sigma, \psi) = \sqrt{\cos i\sigma - \cos\theta_0}\, \varphi(\sigma, \psi),$$

so erhält man daher die zusammengehörenden Gleichungen

$$(36) \ldots \quad \mathfrak{z} = \cos\sigma i \cos\tau i + \sin\sigma i \sin\tau i \cos(\psi - \omega),$$

$$\varphi(\tau, \omega) = -\frac{1}{2\pi} \int_0^\infty \operatorname{tang} \mu\pi i . \mu \partial\mu \int_0^\infty \sin\sigma i \partial\sigma \int_0^{2\pi} \mathfrak{k}^\mu(\mathfrak{z}) \varphi(\sigma, \psi) \partial\psi.$$

Diese dienen ebenso zur Darstellung einer Function $\varphi(\tau, \omega)$, die für $\tau = \infty$ gleich 0 wird, und zwar so, dass sie mit $\sqrt{\cos i\tau}$ multiplicirt noch endlich bleibt, auf einer Kalotte wie die oft benutzte Gleichung von Laplace I. 433 zur Darstellung einer Function auf einer Kugelfläche.

Hier möge eine Anwendung von (36) Platz finden, welche analog derjenigen ist, welche man von den Formeln macht, nach denen man eine Function von zwei Veränderlichen durch Kugelfunctionen oder durch Cylinderfunctionen darstellt. Wird φ in (36) von ω unabhängig, so erhält man

$$\varphi(\tau) = -\int_0^\infty \mathfrak{k}^\mu(\cos\tau i) \operatorname{tang} \mu i . \mu \partial\mu \int_0^\infty \mathfrak{k}^\mu(\cos\sigma i) \varphi(\sigma) \sin\sigma i \partial\sigma.$$

Hier drücke man, im inneren Integrale, $\mathfrak{k}^\mu(\cos\sigma i)$ nach S. 219 als

Integral von 0 bis σ aus, kehre die Integrationsfolge um, so dass man zuerst nach σ von α bis ∞ und dann nach α von 0 bis ∞ integrirt. Dann findet man sofort

$$\varphi(\tau) = -\frac{\sqrt{2}}{\pi}\int_0^\infty \mathfrak{k}^\mu(\cos\tau i)\operatorname{tang}\mu i.\mu\,\partial\mu\int_0^\infty \cos\mu\alpha\,\partial\alpha\int_\alpha^\infty \frac{\sin\sigma i\varphi(\sigma)\partial\sigma}{\sqrt{\cos\sigma i - \cos\alpha i}}.$$

Man setze z. B.

$$\varphi(\sigma) = (\cos i\sigma - y)^{-\nu},$$

wo y kleiner als 1 und ν grösser als $\frac{1}{2}$ zu nehmen ist. Führt man für σ eine neue Veränderliche z durch die Gleichung

$$\cos\sigma i - \cos\alpha i = (\cos\alpha i - y)z$$

ein, so giebt das Doppelintegral nach σ und α

$$\frac{i\sqrt{\pi}\,\Gamma(\nu-\frac{1}{2})}{\Gamma\nu}\int_0^\infty \frac{\cos\mu\alpha\,\partial\alpha}{(\cos\alpha i - y)^{\nu-\frac{1}{2}}},$$

also im wesentlichen einen Differentialquotienten von $\mathfrak{k}^\mu(-y)$ nach y. Für $\nu = 1$ endlich erhält man, wenn man noch $\cos\tau i = x$ setzt, die Gleichung

$$(37)\ \ldots\ \frac{1}{x-y} = \pi\int_0^\infty \frac{\operatorname{tang}\mu\pi i}{i\cos\mu\pi i}\mathfrak{k}^\mu(x)\mathfrak{k}(-y).\mu\,d\mu,\quad (y<1<x),$$

welche der Gleichung I, (11) entspricht, durch die man den Ausdruck auf der linken Seite nach Kugelfunctionen entwickelt.

Die Formel welche (37) dann entspricht, wenn statt der $\mathfrak{k}$ die Cylinderfunctionen J und K auftreten, findet man auf demselben Wege aus I, (74); zunächst erhält man nämlich

$$\varphi(x) = \int_0^\infty J(\mu x)\mu\,\partial\mu\int_0^\infty J(\mu\alpha)\varphi(\alpha)\alpha\,\partial\alpha.$$

Setzt man schliesslich

$$\varphi(x) = \frac{1}{x^2+y^2}$$

und berücksichtigt den Ausdruck der Cylinderfunction zweiter Art K durch (ε) in I. 197, so findet man

$$(38)\ \ldots\ \frac{1}{x^2+y^2} = \int_0^\infty J(\mu x)K(\mu y i).\mu\,d\mu.$$

Selbstverständlich bedarf es noch einer genaueren Untersuchung, wie wir sie für die Entwickelung von Functionen zweier Veränderlichen nach Kugelfunctionen besitzen, um die näheren Bedingungen festzustellen, unter welchen die rechten Seiten von (36) und den daraus abgeleiteten Formeln die linken Seiten darstellen. Die Gleichungen 36—38 sind von Herrn Mehler gegeben.

Vermittelst des Satzes (36) über die Darstellung von Functionen durch das dreifache Integral findet man die schliessliche Form für das Potential v_i und v_a unserer Kalotte im Raume, wenn es an der Begrenzung als Function $f_0(\sigma, \psi)$ und $f_1(\sigma, \psi)$ gegeben ist. Man setze

$$f_0(\sigma, \psi) = (\sigma, \theta_0)\varphi_0(\sigma, \psi), \quad f_1(\sigma, \psi) = (\sigma, \theta_1)\varphi_1(\sigma, \psi).$$

Die Untersuchung über particuläre Lösungen von $\varDelta v = 0$ zeigt dann, dass

$$v = \frac{(\sigma, \theta)}{2\pi}\int_0^\infty \operatorname{tang}\mu\pi i.\,\mu\,\partial\mu \int_0^\infty \sin\tau i\,\partial\tau \times$$

$$\int_0^{2\pi} \mathfrak{k}^\mu(\mathfrak{z})(a\cos\mu\theta i + b\sin\mu\theta i)\partial\omega$$

der Gleichung $\varDelta v = 0$ genügt, wenn a und b von σ, θ, ψ unabhängig sind. Bestimmt man diese Constanten so, dass

$$a\cos\mu\theta_0 i + b\sin\mu\theta_0 i = -\varphi_0(\tau, \omega),$$
$$a\cos\mu\theta_1 i + b\sin\mu\theta_1 i = -\varphi_1(\tau, \omega)$$

wird, so ist v das gesuchte Potential v_i für den inneren Raum; es wird aber gleich v_a, dem Potential im äusseren Raume, wenn man die erste dieser linearen Gleichungen durch die folgende ersetzt

$$a\cos\mu i(\theta_0 + 2\pi) + b\sin\mu i(\theta_0 + 2\pi) = -\varphi_0(\tau, \omega).$$

Im ersten Falle z. B. ist

$$a\cos\mu\theta i + b\sin\mu\theta i = \frac{\sin(\theta_1 - \theta)\mu i.\varphi_0 + \sin(\theta - \theta_0)\mu i.\varphi_1}{\sin(\theta_0 - \theta_1)\mu i}.$$

§ 76. Die Integration der Differentialgleichung $\varDelta v = 0$, in der v zugleich gewissen gegebenen Bedingungen genügen sollte, gelang in den hier behandelten Fällen, wenn es sich um Rotationskörper handelte, indem man statt der rechtwinkligen Coordinaten x, y von Punkten der Meridianebene andere orthogonale einführte, welche die Integration nach derselben Methode gestatten, nach welcher die Gleichung für die Rotationsellipsoide im 26. Bde von Crelle's Journal integrirt wurde. Bezeichnet man die neuen Coordinaten durch t und u und durch a eine Constante, so hängen t und u mit x und y durch die nachfolgenden Gleichungen zusammen:

Bei dem Rotationsellipsoid wird gesetzt

$$x+iy = a\cos(t+iu);$$

bei dem von excentrischen Kugeln begrenzten Raume, dem Kreisringe, dem rotirenden Kreissegment und der Linse

$$x+iy = a\,\mathrm{cotg}\tfrac{1}{2}(t+iu);$$

bei dem Grenzfall der sich berührenden Kugeln

$$x+iy = \frac{1}{t-iu};$$

bei dem Cylinder und Kegel benutzt man die gewöhnlichen Polarcoordinaten

$$x+iy = te^{iu}.$$

Die Fürstlich Jablonowski'sche Gesellschaft der Wissenschaften hatte für das Jahr 1874 die Preisfrage gestellt: „Auf einem Rotationskörper, dessen Meridian durch die Lemniscate (Cassini'sche Curve)

$$(x^2+y^2)^2-2a^2(x^2-y^2) = b^4-a^4$$

dargestellt ist, soll die Vertheilung der Elektricität unter dem Einflusse gegebener äusserer Kräfte ermittelt werden."

Diese hat Herr Wangerin gelöst*), indem er x und y als elliptische Functionen von t und u darstellt, nämlich eine von folgenden Formen der Abbildungsfunction wählt:

$$x+iy = a\sin\mathrm{am}(t+iu),$$
$$x+iy = a\cos\mathrm{am}(t+iu),$$
$$x+iy = a\Delta\mathrm{am}(t+iu).$$

Nach Einführung der neuen Coordinaten gelingt es Herrn Wangerin die Integration der partiellen Differentialgleichung auf die von gewöhnlichen mit zwei, nämlich einer unabhängigen und einer abhängigen Veränderlichen zurückzuführen. Wenn alles allgemein bleibt, so haben ihre Lösungen den Charakter einer Lamé'schen Function dritter Ordnung. Die Absicht, über einige Einzelheiten später weitere Untersuchungen anzustellen, veranlasst mich, auf die interessante Arbeit des Herrn Wangerin nur hinzuweisen ohne hier auf ihren Inhalt näher einzugehen.

*) Preisschriften gekrönt und herausgegeben von der Fürstl. Jablon. Ges. zu Leipzig. Leipzig 1875. S. Hirzel.

III. Theil.
Analytische Theorie der Wärme.

Erstes Kapitel.
Allgemeines.

§ 77. Fourier handelt in seiner Théorie analytique de la chaleur *) über die Wärmebewegung in einem homogenen Körper, dessen Begrenzung, die auch aus mehreren getrennten Stücken bestehen kann, entweder selbst in einer gegebenen Temperatur erhalten wird oder von einem Gas umgeben ist, welches eine gegebene Temperatur besitzt. Die Aufgabe, die Temperatur des Körpers zu ermitteln, assimilirt er einer mathematischen Aufgabe, indem er Gesetze zu Grunde legt, welche nur eine Annäherung an den wahren Sachverhalt geben, so dass die Lösung des mathematischen Problems nur eine Annäherung für das physikalische verschafft.

Den Körper assimilirt man einem Aggregat materieller Punkte, die starr mit einander verbunden sind, so dass die Ausdehnung durch die Wärme nicht berücksichtigt wird. Eine directe Wärmewirkung findet, nach unseren Annahmen, nur zwischen unendlich nahen Punkten statt, und zwar denkt man sich, dass eine positive Wärmemenge von einem wärmeren zu dem kühleren Punkte in der Zeit dt fortschreitet, welche proportional ist dt und der Differenz der Temperaturen beider Punkte.

Wir sagen von einem Körper, die Wärme sei in ihm im Gleichgewicht, wenn er so viel Wärme in jeder beliebig kleinen Zeit empfängt, wie er in derselben Zeit an seine Umgebung abgiebt, so dass seine Temperatur sich nicht ändert. Wir handeln hier über diesen Zustand des Gleichgewichts.

a) Giebt man jedem Punkte eines Körpers mit den rechtwinkligen Coordinaten ξ, η, ζ eine Temperatur u, welche durch die Gleichung

$$u = A - \alpha\xi - \beta\eta - \gamma\zeta$$

*) Paris, 1822.

ausgedrückt wird, wo A, α, β, γ Constante bezeichnen, und erhält man die Punkte der Begrenzung in der nach diesem Gesetze ihnen zukommenden Temperatur, so ist dieser Zustand ein Zustand des Gleichgewichts. In der That kann man zu jedem Punkte $[\xi, \eta, \zeta]$ die Punkte paarweise so zuordnen, dass er von dem einen so viel Wärme empfängt, wie er an den zweiten abgiebt. Nimmt man als den ersten den Punkt $[\xi+h, \eta+k, \zeta+l]$, dessen Temperatur u_1 sei, so ist der zweite $[\xi-h, \eta-k, \zeta-l]$. Seine Temperatur sei u_2. In der That ist dann

$$u-u_1 = u_2-u = \alpha h+\beta k+\gamma l.$$

b) Wir bestimmen die Wärmemenge, welche durch ein Element do einer Ebene in der Zeit dt hindurchgeht.

Dazu gehen wir von dem speciellen Falle aus, dass dem vorliegenden Körper eine Temperatur

$$u = 1-\xi$$

ertheilt wird. Die Wärmemittheilung erfolgt dann nur in der Richtung der ξ, indem die Temperaturdifferenz von Punkten mit demselben ξ Null ist, und zwar strömt die Wärme in der Richtung der positiven ξ, so dass durch das Stück do der Ebene in der Zeit dt ein Wärmequantum

$$K do dt$$

hindurchgeht, wenn K eine von der Beschaffenheit des Stoffes, aus welchem der Körper gebildet ist, abhängende Constante bezeichnet, welche man die innere Leitungsfähigkeit des Körpers nennt.

Hätten wir dem Körper die Temperatur ertheilt, welche durch die Gleichung

$$u = A-\alpha\xi$$

ausgedrückt wird, so würde $\alpha K do dt$ die Wärmemenge gewesen sein, welche in der Zeit dt durch do geht. In der That ist die Temperaturdifferenz zwischen zwei Punkten $[\xi, \eta, \zeta]$ und $[\xi_1, \eta_1, \zeta_1]$ das erste Mal $\xi_1-\xi$, das zweite Mal $\alpha(\xi_1-\xi)$, also das zweite Mal die Wärmemenge das α-Fache der ersten Wärmemenge.

Ist endlich die Temperatur, wie im allgemeineren Falle,

$$u = A-\alpha\xi-\beta\eta-\gamma\zeta,$$

so lege man eine Ebene, parallel der Ebene der HZ, durch den Punkt $[\xi, \eta, \zeta]$. Jedem Punkte $[\xi+h, \eta+k, \zeta+l]$ ordne ich einen anderen $[\xi+h, \eta-k, \zeta-l]$ zu. Die Temperaturen der erwähnten drei Punkte seien u, u_1, u_2. Dann wird

$$u-u_1 = \alpha h+\beta k+\gamma l,$$
$$u-u_2 = \alpha h-\beta k-\gamma l,$$

so dass die Wärmemenge, welche u an u_1 und u_2 abgiebt, proportional ist $2\alpha h$, also dieselbe als ob die Temperatur $A-\alpha\xi$ gewesen wäre. Ueberträgt man die Untersuchung auch auf Ebenen, die auf der Axe H oder Z senkrecht stehen, so erhält man schliesslich das Resultat:

Haben die verschiedenen Punkte eines Körpers die Temperatur

$$u = A-\alpha\xi-\beta\eta-\gamma\zeta,$$

so ist dies ein Zustand des Gleichgewichts der Wärme und durch ein ebenes Stück do, welches senkrecht auf der Axe der Ξ, H oder Z steht, geht in der Zeit dt eine Wärmemenge resp.

$$\alpha K do dt, \quad \beta K do dt, \quad \gamma K do dt.$$

Diese Wärmemengen, von dem Faktor $do dt$ befreit, nennen wir den Wärmefluss durch die betreffenden Ebenen. Derselbe ist, bei dem obigen Zustand des Gleichgewichts, für parallele Ebenen der gleiche.

§ 78. Wir betrachten nun die veränderliche Wärmebewegung im Körper, also den Fall, in welchem das Gleichgewicht der Wärme nicht besteht.

a) Der Wärmefluss bei dem veränderlichen Wärmezustande.

Die Temperatur u in jedem Punkte des Körpers ist eine Function von den rechtwinkligen Coordinaten, die x, y, z heissen, und der Zeit t. Man nimmt an, dass die Temperatur im Innern des Körpers sich nicht continuirlich ändert, sondern dass sie in dem unendlich kleinen Zeitabschnitt von t bis $t+dt$ constant bleibt, und nach Verlauf dieser Zeit sich plötzlich ändert. Ist u oder $u[x, y, z, t]$ die Temperatur in einem bestimmten Punkte $[x, y, z]$, so wird

$$u[x+\xi,\ y+\eta,\ z+\zeta,\ t]$$

die Temperatur in Punkten

$$[x+\xi,\ y+\eta,\ z+\zeta].$$

In Punkten, welche dem ersten $[x, y, z]$ unendlich nahe liegen, deren Coordinaten in Bezug auf ein rechtwinkliges System (dessen Anfangspunkt in $[x, y, z]$ liegt) ξ, η, ζ sind, ist daher die Temperatur

$$u+\xi\frac{\partial u}{\partial x}+\eta\frac{\partial u}{\partial y}+\zeta\frac{\partial u}{\partial z}\cdot$$

Dieser Temperaturzustand ist aber, nach der zu Grunde liegenden Vorstellung von der Art wie die Temperaturänderung vor sich geht, ein Zustand des Gleichgewichts für die Zeit von t bis $t+dt$, und zugleich eine lineare Function der Coordinaten ξ, η, ζ. Wir wenden auf ihn die Sätze des vorigen Paragraphen an und erhalten:

Der Wärmefluss im Innern des Körpers durch drei im Punkte $[x, y, z]$ auf einander senkrechte, den Coordinatenebenen parallele Ebenen ist zur Zeit t resp.

$$-K\frac{\partial u}{\partial x}, \quad -K\frac{\partial u}{\partial y}, \quad -K\frac{\partial u}{\partial z}.$$

Hieraus folgt unmittelbar, durch eine Drehung des Axensystems, dass der Wärmefluss durch ein ebenes Stück, welches auf einer Richtung n senkrecht steht (M. vergl. § 17, S. 43), gleich ist

$$-K\frac{\partial u}{\partial n}.$$

b) Die Gleichung der Wärmebewegung im Innern des Körpers.

Um diese Gleichung, über deren Ableitung Einiges bereits I. 348 gesagt wurde, zu erhalten, mache man $[x, y, z]$ zum Eckpunkt eines unendlich kleinen Parallelepipedums, dessen Kanten den Coordinatenaxen parallel und gleich λ, μ, ν genommen werden. Durch die Fläche desselben, welche im Punkte $[x, y, z]$ parallel der Ebene YZ gelegt ist, geht in der Zeit dt in der Richtung der positiven x die Wärmemenge (s. o.)

$$-K\frac{\partial u}{\partial x}\mu\nu\, dt;$$

folglich geht durch die parallele Ebene, welche durch den Punkt $[x+\lambda, y, z]$ gelegt wurde, in derselben Richtung die Wärmemenge

$$-K\left(\frac{\partial u}{\partial x}+\lambda\frac{\partial^2 u}{\partial x^2}\right)\mu\nu\, dt,$$

so dass der Ueberschuss der in positiver Richtung durch die erste Ebene eintretenden Wärme über die durch die gegenüberliegende austretende

$$K\frac{\partial^2 u}{\partial x^2}\lambda\mu\nu\, dt$$

ist. Stellt man die entsprechende Betrachtung in Bezug auf die beiden anderen Ebenenpaare an, welche zur Begrenzung des Parallelepipedums gehören, so ergiebt sich, dass die Wärmemenge, die dasselbe in der Zeit dt gewinnt, gleich

$$K\lambda\mu\nu\, dt\left(\frac{\partial^2 u}{\partial x^2}+\frac{\partial^2 u}{\partial y^2}+\frac{\partial^2 u}{\partial z^2}\right)$$

ist. Dividirt man diese Wärmemenge durch das Volumen $\lambda\mu\nu$, die Dichtigkeit ϱ und die specifische Wärme C des Materiales aus dem der Körper besteht (die wir als von der Temperatur unabhängige Constante betrachten), und führt eine positive Constante a durch die Gleichung $K = a^2\varrho C$ ein, so ist der Temperaturzuwachs der Punkte des Parallelepipedums einerseits

$$a^2 \Delta u\, dt,$$

andererseits

$$dt\frac{\partial u}{\partial t},$$

so dass die Temperatur u im Punkte $[x, y, z]$ des Innern, zur Zeit t, der partiellen Differentialgleichung genügt

$$(1)\ \dots\quad \frac{\partial u}{\partial t} = a^2\left(\frac{\partial^2 u}{\partial x^2}+\frac{\partial^2 u}{\partial y^2}+\frac{\partial^2 u}{\partial z^2}\right).$$

c) Die vorstehende Gleichung allein reicht zur Bestimmung von u nicht aus; sie ist eine der Bedingungen, welche u erfüllen muss, und führt häufig den Namen der Hauptbedingung. Ich stelle hier noch andere Eigenschaften von u, die Nebenbedingungen, zusammen und zeige im § 79, dass sie, zu (1) hinzugefügt, eine einzige Function u eindeutig bestimmen.

Bei der Aufsuchung der Temperatur u, die zu einer beliebigen Zeit t im Körper herrscht, denken wir uns die anfänglichen Temperaturen gegeben, so dass die gesuchte Function u, von t und den Coordinaten, sich für $t = 0$ in eine gegebene Function der Coordinaten verwandelt und wir eine Nebenbedingung der Form

$$u = f(x, y, z), \quad (t = 0),$$

erhalten.

d) Ausserdem ist uns an der Begrenzung entweder u selbst oder die Temperatur des Gases, mit dem die Oberfläche in Berührung steht, gegeben.

Im ersten Falle hat man, wenn man durch u_0 die Temperatur an der Oberfläche bezeichnet, unmittelbar eine Nebenbedingung der Form

$$u_0 = \varphi(x, y, z, t),$$

wo φ eine gegebene [illegible]on vorstellt, und die Coordinaten x, y, z nicht völlig unabhängig, sondern durch die Gleichung, welche die Begrenzung auferlegt, verbunden sind.

Im zweiten Falle geht man von der Erwägung aus, dass der Wärmefluss in einem Punkte der unendlich nahe einem Punkte p der Oberfläche, auf der Normalen an der Oberfläche in p, liegt, insofern er als dem Innern angehörend betrachtet wird, $-K\frac{\partial u}{\partial n}$ ist, wenn n die nach aussen gerichtete Normale bezeichnet. Andererseits ist aber die Wärmemenge, welche von einem solchen Punkte, dessen Temperatur nahe u_0 gleich kommt, zu einem unendlich nahen Punkte des Gases von der gegebenen Temperatur $\varphi(x, y, z, t)$ übergeht, proportional $u_0 - \varphi$. Bedeutet H eine positive Constante, die äussere Leitungsfähigkeit genannt, so hat man als Gleichung für die Begrenzung*)

$$-K\frac{\partial u_0}{\partial n} = H(u_0 - \varphi).$$

Bezeichnet man die Constante $H:K$ durch h, so verwandelt sich dieselbe in

$$\frac{\partial u_0}{\partial n} + h\left[u_0 - \varphi(x, y, z, t)\right] = 0.$$

e) Die vorhergehenden Betrachtungen beruhen auf der Voraussetzung, dass u differentiirbar sei, und dass u und die Differentialquotienten von u nach jeder Richtung im ganzen Innern des Körpers, und zwar u bis in, die Differentialquotienten nur bis an die Begrenzung, endlich und stetig bleiben.

§ 79. Aus den Voraussetzungen, welche wir über die Wärmemittheilung machten, ergab sich, dass der Wärmezustand u den Bedingungen, die im vorigen Paragraphen unter (*b*)—(*e*) aufgestellt wurden, genügt. Wir beweisen nunmehr, dass diese Bedingungen eine Function u eindeutig bestimmen, indem wir uns einer Methode

*) Im Monatsbericht der Berliner Akademie d. W. Mai 1880, S. 457—478 macht Herr H. F. Weber eine Untersuchung bekannt, aus der er das Resultat zieht, dass das Verhältniss des Leitungsvermögens für Wärme und Elektricität nicht, wie man bisher annahm, für alle Metalle constant sei. Er legt hier die Annahme zu Grunde, dass die nach aussen abgegebene Wärmemenge nicht proportional $u_0 - \varphi$ sei, sondern durch einen Ausdruck von der Form $H(u_0 - \varphi) + H_1(u_0 - \varphi)^2$ dargestellt werde.

bedienen, welche derjenigen nachgebildet ist, die **Dirichlet** für die ähnliche Untersuchung bei dem Potential anwandte. Es ist also nachzuweisen für die erste Art von Problemen, dass u bestimmt sei durch die Bedingungen unter e) der Continuität etc., ferner durch die Hauptbedingung

$$(\alpha) \ldots \quad \frac{\partial u}{\partial t} = a^2\left(\frac{\partial^2 u}{\partial x^2} + \frac{\partial^2 u}{\partial y^2} + \frac{\partial^2 u}{\partial z^2}\right)$$

und die Nebenbedingungen

$$(\beta) \ldots \quad u = f(x, y, z) \quad \text{für} \quad t = 0,$$

$$(\gamma) \ldots \quad u_0 = \varphi(x, y, z, t),$$

während für die zweite Art von Problemen, wenn nämlich der feste Körper mit einem Gas umgeben ist, statt (γ) die Nebenbedingung

$$(\delta) \ldots \quad \frac{\partial u_0}{\partial n} + h[u_0 - \varphi[x, y, z, t]] = 0$$

auftritt.

Beweis. Würde noch eine zweite Function U existiren, welche denselben Bedingungen genügt, so würde, wenn man $U - u = w$ setzt, eine von 0 verschiedene Grösse w ausser e) noch den Bedingungen genügen

$$(\alpha_1) \ldots \quad \frac{\partial w}{\partial t} = a^2 \Delta w,$$

$$(\beta_1) \ldots \quad w = 0 \quad \text{für} \quad t = 0,$$

$$(\gamma_1) \ldots \quad w_0 = 0,$$

oder statt (γ_1) der Gleichung

$$(\delta_1) \ldots \quad \frac{\partial w_0}{\partial n} + h w_0 = 0.$$

Man multiplicire (α_1) mit w, und integrire die so entstehende Gleichung über den ganzen Körper, und ausserdem nach t von 0 an. Dadurch entsteht

$$\tfrac{1}{2}\iiint w^2 \partial x \partial y \partial z = \int_0^t \partial t \iint w \frac{\partial w}{\partial n} do$$

$$- \int_0^t \partial t \iiint \left[\left(\frac{\partial w}{\partial x}\right)^2 + \left(\frac{\partial w}{\partial y}\right)^2 + \left(\frac{\partial w}{\partial z}\right)^2\right] \partial x \partial y \partial z,$$

wenn die dreifachen Integrale nach x, y, z sich über den ganzen Körper erstrecken, das doppelte nach o über die Begrenzung ausgedehnt wird.

Erfüllt u zuerst die Bedingung (γ_1), so wird das Integral nach o Null, da w an der Begrenzung, nach (γ_1), Null und $\partial w : \partial n$ nach $e)$ endlich ist. Das dreifache Integral der Linken ist, der Natur der Sache nach, nicht negativ, das auf der Rechten mit dem Vorzeichen nicht positiv. Daher müssen ihre Elemente, also muss w im allgemeinen, und wegen der Continuität im ganzen Körper Null sein.

Würde u aber nicht (γ_1) sondern (δ_1) erfüllen, so wird das Flächenintegral nach o

$$= -h \int\!\!\int w_0^2 \, do,$$

also nicht positiv. Hieraus folgt, wie oben, dass w überall im Körper Null ist.

Diese Beweisführung muss gerade in den einfachsten Fällen modificirt werden, wenn es sich nämlich um Körper handelt, die nach einer oder mehreren Dimensionen sich in's Unendliche erstrecken. Hierher gehört, um ein sehr einfaches Beispiel zu nennen, die Aufgabe, den Wärmezustand des unendlichen Raumes zu bestimmen, wenn derselbe eine gegebene Anfangstemperatur hat, welche nur von der einen Coordinate x abhängt. Man hat also u so zu bestimmen, dass sei

$$(\alpha) \ldots \quad \frac{\partial u}{\partial t} = a^2 \frac{\partial^2 u}{\partial x^2},$$

$$(\beta) \ldots \quad u = f(x) \quad \text{für} \quad t = 0,$$

und zwar für alle Werthe von x, von $x = -\infty$ bis $x = \infty$. Schliesslich muss u den Bedingungen $e)$ der Endlichkeit etc. genügen. Der vorige Beweis lässt sich hier deshalb nicht anwenden, weil keine Bedingung vorliegt, welche den Werth von u in der Unendlichkeit, die hier der Begrenzung entspricht, giebt, so dass dort eine etwaige zweite Lösung U nicht mit u übereinstimmen, also w im Unendlichen nicht nothwendig Null sein muss. Während ein Potential im Unendlichen Null sein muss, so ist dies nicht mit u der Fall. In der That findet man eine den Bedingungen genügende Function u auch in Fällen, in denen die gegebene Anfangstemperatur $f(x)$ nicht im Unendlichen Null ist, sondern um Null oscillirt und unendlich viele Maxima und Minima besitzt. Setzt man $f(x) = \cos x$, so kann man überhaupt keinen Werth für u finden, wohl aber für $f(x) = \cos xx$. Im ersten Falle bleiben die Abscissen x der grössten und kleinsten Werthe von f immer um ein endliches Stück von einander entfernt, wie gross man auch x nimmt, während mit wachsendem x die Abscissen, welche $\cos xx$ zum Maximum oder Minimum machen, beliebig nahe zusammenrücken. Die Function u, welche dem Anfangszustand

$$u = \cos xx \quad \text{für} \quad t = 0$$

entspricht und den übrigen Bedingungen genügt, wird, wie man aus bekannten Formeln findet, durch die Gleichung gegeben

$$u = \sqrt{\cos\theta}\, e^{-\frac{1}{4}x^2 \sin 2\theta} \cos(x^2 \cos^2\theta + \tfrac{1}{2}\theta),$$

wenn man statt der Zeit t zur Abkürzung die Veränderliche θ durch die Gleichung

$$4a^2 t = \operatorname{tang}\theta$$

einführt.

Es wird genügen, wenn hier gezeigt wird, wie in einem der erwähnten Fälle der Beweis für die Einheit der Lösung geführt wird, z. B. in dem obigen Falle, wo es sich um einen nach allen drei Dimensionen in's Unendliche ausgedehnten Raum, speciell um die Bedingungen

$$\frac{\partial u}{\partial t} = a^2 \frac{\partial^2 u}{\partial x^2},$$
$$u = f(x) \quad \text{für} \quad t = 0$$

handelt. Es ist daher zu beweisen, dass w Null sei, wenn die Gleichungen bestehen sollen

$$\frac{\partial w}{\partial t} = a^2 \frac{\partial^2 w}{\partial x^2},$$
$$w = 0 \quad \text{für} \quad t = 0.$$

Multiplicirt man die erste von ihnen wiederum mit w und integrirt nach x von einem Werthe b bis c und nach t von 0 an, so erhält man

$$\tfrac{1}{2}\int_b^c w^2\, dx = a^2 \int_0^t \left[w \frac{\partial w}{\partial x}\right]_b^c - a^2 \int_0^t \partial t \int_b^c \left(\frac{\partial w}{\partial x}\right)^2 \partial x.$$

Bringt man das letzte Glied auf die linke Seite, so zeigt sich sofort, dass das nunmehr allein auf der Rechten befindliche Glied mit in's Unendliche wachsendem c oder zu $-\infty$ abnehmendem b unendlich wird, wenn nicht w für unendliche Werthe von x zu Null convergirt. (Es würde nämlich sonst

$$\int_{-\infty}^{\infty} w^2\, dx$$

unendlich sein.) Dann ist aber

$$\int_0^t \left[w \frac{\partial w}{\partial x}\right]_{-\infty}^{\infty} dt = 0,$$

weil, wie eben bewiesen, w im Unendlichen 0, und sein Differentialquotient (Bedingung e) nicht ∞ wird. Man hat also

$$\tfrac{1}{2}\int_{-\infty}^{\infty} w^2 dx = -a^2 \int_0^t dt \int_{-\infty}^{\infty} \left(\frac{\partial w}{\partial x}\right)^2 \partial x;$$

da die linke Seite nicht negativ, die rechte nicht positiv ist, so müssen beide Null sein. Also ist w im allgemeinen und, wegen der Bedingung der Stetigkeit, überall Null.

§ 80. Jede von den beiden Arten von Aufgaben, um die es sich handelt, sowohl die erste, bei welcher u aus (α), (β), (γ), als die zweite, bei welcher u aus (α), (β), (δ) bestimmt werden soll, lässt sich auf zwei einfachere Gattungen reduciren.

Wir beschäftigen uns zunächst mit der ersten Art, und setzen

$$u = v + w,$$

indem wir die Bedingungen, denen u unterworfen ist, auf v und w folgendermaassen vertheilen:

$$(\alpha) \ldots \quad \frac{\partial v}{\partial t} = a^2 \Delta v, \qquad \frac{\partial w}{\partial t} = a^2 \Delta w,$$

$$(\beta) \ldots \quad v = 0, \qquad w = f(x, y, z) \quad \text{für} \quad t = 0,$$

$$(\gamma) \ldots \quad v_0 = \varphi(x, y, z, t), \qquad w_0 = 0.$$

Die Aufgabe, die Temperatur w zu ermitteln, lässt sich nicht weiter reduciren, und bildet die eine von den soeben erwähnten beiden einfacheren Gattungen, wohl aber die andere, v zu ermitteln. Es genügt nämlich, wenn man letztere unter der Voraussetzung löst, dass φ von t unabhängig ist, in Worten, dass die Temperatur, in welcher man die Oberfläche erhält, zu allen Zeiten die gleiche, nämlich dieselbe bleibt wie sie zu einer Zeit λ ist, wo λ eine Zahl zwischen 0 und t bezeichnet. Ist nämlich

$$\mathfrak{v} = \chi(x, y, z, \lambda, t)$$

die Lösung der Aufgabe

$$\frac{\partial \mathfrak{v}}{\partial t} = a^2 \Delta \mathfrak{v},$$

$$\mathfrak{v} = 0 \quad \text{für} \quad t = 0,$$

$$\mathfrak{v}_0 = \varphi(x, y, z, \lambda),$$

so erhält man als Werth von v (s. d. unten folgende Anmerkung)

$$(2)\ldots\quad v=\int_0^t \frac{\partial\chi(x,y,z,\lambda,t-\lambda)}{\partial t}\,\partial\lambda.$$

Man bestimmt $\mathfrak{v}$, indem man diese Temperatur wieder in die Summe zweier zerlegt. Man setzt nämlich

$$\mathfrak{v}=\zeta+\mathrm{v},$$

$$0=\Delta\mathrm{v},\qquad \frac{\partial\zeta}{\partial t}=a^2\Delta\zeta,$$

$$\mathrm{v}_0=\varphi(x,y,z,\lambda),\qquad \zeta_0=0,$$

$$\zeta=-\mathrm{v}\quad\text{für}\quad t=0.$$

Die Function v ist demnach denselben Bedingungen unterworfen, wie ein Flächenpotential, welches sich an der Begrenzung in eine gegebene (von der Zeit unabhängige) Function $\varphi(x, y, z, \lambda)$ verwandeln soll. Ist v gefunden, so hat man die Function ζ zu ermitteln, welche denselben Bedingungen unterworfen ist wie oben w; es ist offenbar unwesentlich, dass der Werth von w für $t=0$ unmittelbar gegeben ist, gleich $f(x, y, z)$, und der von ζ erst mittelbar, nämlich gleich $-\mathrm{v}$, wo v die Lösung einer Potentialaufgabe bedeutet.

In der That ist also die Aufsuchung von u, welches den Bedingungen α, β, γ, genügen soll, auf zwei einfacheren Gattungen reducirt

1) ein Potential v zu finden,

2) eine Function w zu finden, welche den Bedingungen unterworfen ist

$$\frac{\partial w}{\partial t}=a^2\Delta w;\qquad w=f(x,y,z)\quad\text{für}\quad t=0;\qquad w_0=0,$$

wenn f eine beliebig gegebene continuirliche Function bezeichnet. Nur mit der zweiten Aufgabe haben wir uns in diesem III. Theile zu beschäftigen.

Anmerkung. Zum Beweise der Formel (2) theile man die Zeit t in n unendlich kleine (gleiche) Theile, deren jeder τ sei. Die Temperatur v zur Zeit t wird dann durch Superposition (Addition) von $n+1$ Temperaturen des Körpers

$$\mathfrak{v}_0,\ \mathfrak{v}_1,\ \mathfrak{v}_2,\ \ldots\ \mathfrak{v}_n$$

erhalten, von denen jede einzelne nach der Zeit $n\tau=t$ entsteht, wenn zur Zeit 0 seine Anfangstemperatur 0 war. Ferner wird, um die einzelnen Temperaturen $\mathfrak{v}_0$, $\mathfrak{v}_1$, etc. zu gewinnen, die Oberfläche *) erhalten

*) Wir unterdrücken im Folgenden, der Kürze wegen, hinter den Functionszeichen φ und χ die Buchstaben x, y, z, schreiben also $\varphi(\lambda)$, $\chi(\lambda, t)$ statt $\varphi(x, y, z, \lambda)$, $\chi(x, y, z, \lambda, t)$.

wegen $\mathfrak{v}_0$, die ganze Zeit von 0 bis t in der Temp. $\varphi(0)$;
wegen $\mathfrak{v}_1$, von 0 bis τ in Null, von τ bis t in $\varphi(\tau)-\varphi(0)$;
„ $\mathfrak{v}_2$, „ 0 „ 2τ „ „ „ 2τ „ t „ $\varphi(2\tau)-\varphi(\tau)$;
. . . .
wegen $\mathfrak{v}_{n-1}$, von 0 bis $(n-1)\tau$ in Null, von $(n-1)\tau$ bis t in $\varphi(n-1)\tau-\varphi(n-2)t$;
„ $\mathfrak{v}_n$, „ 0 „ $n\tau$?, „ .

Wenn aber die Oberfläche eines Körpers von der Anfangstemperatur 0 eine Zeit $m\tau$ hindurch in der Temperatur 0, dann die Zeit $t-m\tau$ in einer anderen Temperatur erhalten wird, so kommt es auf dasselbe hinaus, wenn man den ersten Akt übergeht und von Anfang an die Oberflächentemperatur die Zeit $t-m\tau$ wirken lässt. Man hat daher

$$\begin{aligned}
\mathfrak{v}_0 &= \chi(0,\ t),\\
\mathfrak{v}_1 &= \chi(\tau,\ t-\tau)-\chi(0,\ t-\tau),\\
\mathfrak{v}_2 &= \chi(2\tau,\ t-2\tau)-\chi(\tau,\ t-2\tau),\\
&\dots\dots\dots\dots\dots\\
\mathfrak{v}_{n-1} &= \chi((n-1)\tau,\ t-(n-1)\tau)-\chi((n-2)\tau,\ t-(n-2)\tau),\\
\mathfrak{v}_n &= \chi(n\tau,\ t-n\tau) = \chi(t,\ 0).
\end{aligned}$$

Offenbar ist $\chi(t, 0)$ in dem ganzen inneren Raume des Körpers gleich Null. Die Summe der Ausdrücke $\mathfrak{v}_0$ bis $\mathfrak{v}_n$ giebt für v die Gleichung (2), wenn man $n = \infty$ nimmt.

Die Reduction der zweiten Art von Aufgaben, wenn nämlich die Bedingung (δ) statt (γ) erfüllt werden soll, gestaltet sich ähnlich. Man setzt

$$u = v + w$$

und vertheilt die Bedingungen auf folgende Art

$$\begin{aligned}
&(\alpha)\dots\quad \frac{\partial v}{\partial t} = a^2\Delta v, && \frac{\partial w}{\partial t} = a^2\Delta w,\\
&(\beta)\dots\quad v = 0, && w = f(x, y, z) \text{ für } t = 0,\\
&(\delta)\dots\quad \frac{\partial v_0}{\partial n} + h[v_0 - \varphi(x, y, z, t)] = 0, && \frac{\partial w_0}{\partial n} + hw_0 = 0.
\end{aligned}$$

Auch hier wird die Aufgabe, w zu bestimmen, nicht weiter reducirt, während man v durch (2) aus einem Werthe $\mathfrak{v}$ findet, der den Bedingungen für v, nachdem t mit λ vertauscht ist, genügt. Man zerlegt wieder $\mathfrak{v}$, indem man setzt

$$\mathfrak{v} = \zeta + \mathrm{v},$$

$$\begin{aligned}
&0 = \Delta\mathrm{v}, && \frac{\partial\zeta}{\partial t} = a^2\Delta\zeta,\\
&\frac{\partial \mathrm{v}_0}{\partial n} + h(\mathrm{v}_0 - \varphi(\lambda)) = 0, && \frac{\partial\zeta_0}{\partial n} + h\zeta_0 = 0,\\
& && \zeta = -\mathrm{v} \quad \text{für} \quad t = 0.
\end{aligned}$$

Die Function v ist von der Zeit unabhängig und spielt eine Rolle, die man mit der des Potentials vergleichen kann, während ζ derselben Art von Bedingungen wie w genügt. Wie im vorigen Falle ist also auch hier die Aufgabe, u zu bestimmen, auf die beiden einfacheren zurückgeführt, v und w zu ermitteln.

Die folgenden Kapitel enthalten die Anwendung der allgemeinen Sätze auf die Untersuchung der Wärmebewegung im Cylinder, welcher durch Rotation eines Rechtecks um eine Seite erzeugt ist, in der Kugel und dem Rotationsellipsoid. Es kam hier wesentlich darauf an, die Methoden auseinander zu setzen und zu zeigen, dass man zum Ziele gelangt. Ich habe, um diese Arbeiten nicht zu weit auszudehnen, nicht überall das schliessliche Resultat entwickelt und nicht solche Fälle verfolgt, in welchen besondere Annahmen über die gegebenen Functionen eine Vereinfachung gestatten. Es werden auch nur die beiden extremen Fälle behandelt, in welchen entweder die ganze Oberfläche in einer gegebenen Temperatur erhalten wird oder mit einem Gas in Berührung ist. Solche Fälle, in welchen für einen Theil der Oberfläche das Erste, für den anderen das Zweite eintritt, übergehe ich. So behandeln wir beim Cylinder nicht den Fall noch besonders, in welchem der Mantel und die eine begrenzende Ebene mit einem Gas in Berührung ist, die andere Ebene aber in einer gegebenen Temperatur erhalten wird, die übrigens eine etwas einfachere Behandlung gestattet als der Fall, in welchem der ganze Körper sich in einem Gase befindet. Die weitere Ausführung und strenge Untersuchungen über die Möglichkeit der verschiedenen Entwickelungen in Reihen, eine Anzahl interessanter Aufgaben, muss ich, um endlich zum Abschluss meiner Arbeit zu gelangen, anderen Forschern überlassen.

Zweites Kapitel.

Der Cylinder.

§ 81. Die Bewegung der Wärme wird in diesem Kapitel, um die Untersuchungen nicht zu weit auszudehnen, nur in einem vollen Cylinder untersucht. Wir denken uns, dass seine Begrenzung, d. i.

der Mantel und die begrenzenden parallelen Kreise, deren x-Coordinaten $x = h$ und $x = -h$ sind, in einer gegebenen Temperatur erhalten wird. Da wir die Potentialaufgabe für den Cylinder bereits im IV. Kapitel des II. Theiles, § 56 gelöst haben, so handelt es sich nach § 80, S. 311 nur noch um den Wärmezustand, der dort mit w bezeichnet wurde. Dieser wird bestimmt

1) durch die Hauptbedingung

$$\frac{\partial w}{\partial t} = a^2 \Delta w,$$

oder, wenn man für y und z die Polarcoordinaten r und ψ vermittelst der Formeln

$$y = r\cos\psi, \quad z = r\sin\psi, \quad (0 < r < \mathfrak{r})$$

einführt, durch die Gleichung

$$\frac{\partial w}{\partial t} = a^2\left[\frac{\partial^2 w}{\partial x^2} + \frac{\partial^2 w}{\partial r^2} + \frac{1}{r}\frac{\partial w}{\partial r} + \frac{1}{r^2}\frac{\partial^2 w}{\partial \psi^2}\right];$$

2) durch die Nebenbedingung

$$w = f(x, r, \psi) \quad \text{für} \quad t = 0,$$

wenn f eine gegebene Function bezeichnet;

3) durch die Nebenbedingung, dass w an der Begrenzung Null sein soll, welche in die drei zerfällt

$$\begin{aligned} &(a) \ldots \quad w = 0 \quad \text{für} \quad z = h, \\ &(b) \ldots \quad w = 0 \quad\ \ " \quad\ \ z = -h, \\ &(c) \ldots \quad w = 0 \quad\ \ " \quad\ \ r = \mathfrak{r}. \end{aligned}$$

Particuläre Integrale der partiellen Differentialgleichung sind Ausdrücke von der Form

$$e^{-a^2\alpha^2 t + \beta x} J_\nu(r\sqrt{\alpha^2 + \beta^2}) \cos\nu(\psi - \gamma),$$

wenn α, β, γ irgend welche Constante, ν positive ganze Zahlen oder Null sind. Hieraus kann man ein particuläres Integral bilden

$$(b\cos\nu\psi + \mathfrak{b}\sin\nu\psi)\sin\frac{(x+h)n\pi}{2h} J_\nu(\lambda r) e^{-a^2\left[\lambda^2 + \frac{n^2\pi^2}{4h^2}\right]t},$$

in welchem ausser ν auch n eine positive ganze Zahl bezeichnet, λ aber eine Wurzel der Gleichung $J_\nu(\lambda\mathfrak{r}) = 0$, b und $\mathfrak{b}$ Constante sind. Diese Lösung genügt den Bedingungen unter 1) und 3).

Man entwickele nun $f(x, r, \psi)$ in eine Reihe, die nach Cosinus und Sinus der Vielfachen von ψ, und nach Sinus der Vielfachen von $\frac{(x+h)\pi}{2h}$ fortschreitet. Die Coefficienten, welche noch r enthalten, entwickele man nach Cylinderfunctionen und zwar so, dass man den Coefficienten von $\cos\nu\psi$ und den von $\sin\nu\psi$ nach Cylinderfunctionen mit dem unteren Index ν entwickelt, nach Functionen $J_\nu(\lambda r)$, wo die λ die Wurzeln der Gleichung $J_\nu(\lambda\mathfrak{r}) = 0$ vorstellen. Dadurch findet man

$$f(x, r, \psi) = \sum^{\infty}{}' \sum_{n=1}^{\infty} \mathfrak{S} (b\cos\nu\psi + \mathfrak{b}\sin\nu\psi)\sin\frac{(x+h)n\pi}{2h} J_\nu(\lambda r),$$

wo die Summe $\mathfrak{S}$ sich auf alle λ bezieht und die b und $\mathfrak{b}$ bekannte numerische Constante vorstellen, die von drei Indices n, ν, λ abhängen. Der gesuchte Wärmezustand w ist dann

$$w = \sum^{\infty}{}' \sum_{n=1}^{\infty} \mathfrak{S} (b\cos\nu\psi + \mathfrak{b}\sin\nu\psi)\sin\frac{(x+h)n\pi}{2h} J_\nu(\lambda r) e^{-a^2\left[\lambda^2+\frac{n^2\pi^2}{4h^2}\right]t}.$$

Unter den verschiedenen specielleren Fällen, die in diesem allgemeineren enthalten sind, sei derjenige erwähnt, in welchem h unendlich ist, also der Fall der Wärmebewegung in einem unendlichen Cylinder. Der Theil der Lösung, welcher ein Potential v_ι giebt, ist bereits im § 54 (m. vergl. dort den Werth von U_ι und $\mathfrak{U}_\iota$) gegeben; es handelt sich also auch hier nur darum, die Function w, den Grenzfall des vorstehenden Ausdrucks für $h = \infty$, zu ermitteln. Man findet denselben leicht direct, indem man zunächst $f(x, r, \psi)$ in eine trigonometrische Reihe in Bezug auf ψ entwickelt. Sie sei

$$f(x, r, \psi) = \sum^{\infty}{}' \cos\nu\psi F_\nu(x, r) + \sin\nu\psi \mathfrak{F}_\nu(x, r).$$

Die beiden Functionen F und $\mathfrak{F}$ entwickele man nach Functionen $J_\nu(\lambda r)$ mit festgehaltenem Index ν, wo λ die Wurzeln der Gleichung $J_\nu(\lambda\mathfrak{r}) = 0$ vorstellt. Dadurch erhält man

$$f(x, r, \psi) = \sum^{\infty}{}' \mathfrak{S} [\cos\nu\psi F_{\lambda\nu}(x) + \sin\nu\psi \mathfrak{F}_{\lambda\nu}(x)] J_\nu(\lambda r),$$

wenn F und $\mathfrak{F}$ von den zwei Indices abhängige Functionen von x sind. Diese drückt man durch das Fourier'sche Doppelintegral aus und erhält dann einen Ausdruck

$$w = \frac{1}{2\pi} \sum^{\infty}{}' \mathfrak{S} \int_{-\infty}^{\infty}\int_{-\infty}^{\infty} [\cos\nu\psi F_{\lambda\nu}(\beta) + \sin\nu\psi \mathfrak{F}_{\lambda\nu}(\beta)] \times$$
$$\cos\alpha(x-\beta) J_\nu(\lambda r) e^{-a^2(\alpha^2+\lambda^2)t} \partial\alpha\, \partial\beta,$$

der allen Bedingungen 1) bis 3) genügt. Von den zwei Integrationen lässt sich die nach α ausführen, indem man hat

$$\int_{-\infty}^{\infty} e^{-a^2\alpha^2 t}\cos\alpha(x-\beta)d\alpha = \frac{1}{a}\sqrt{\frac{\pi}{t}}\cdot e^{-\frac{(x-\beta)^2}{4a^2t}}.$$

§ 82. Der Cylinder sei mit einem Gas in Berührung. Statt des Potentials ist dann, nach S. 313, **zuerst** eine ähnliche Function durch die Bedingungen $\Delta \mathfrak{v} = 0$ und

$$\frac{\partial \mathfrak{v}_0}{\partial n} + h[\mathfrak{v}_0 - \varphi(x, y, z)] = 0$$

zu ermitteln, wenn φ eine gegebene Function der Coordinaten allein bedeutet, die dort als $\varphi(\lambda)$ oder $\varphi(x, y, z, \lambda)$ auftrat, weil sie noch einen Parameter λ enthielt. Eine solche Function findet man zwar nicht fertig gebildet im IV. Kapitel; doch kann sie durch ein Verfahren gebildet werden, welches der dort angewandten Methode sehr ähnlich ist.

Zunächst führe man in φ die Coordinaten r und ψ statt y und z ein. Ohne uns eines neuen Functionszeichens zu bedienen, nennen wir die so transformirte Function $\varphi(x, r, \psi)$. Es soll dann $\mathfrak{v}$ ausser der Bedingung $\Delta \mathfrak{v} = 0$ noch der einen für die Oberfläche genügen, welche nunmehr in folgende drei zerfällt *)

$$\frac{\partial \mathfrak{v}}{\partial r} + h\mathfrak{v} = \varphi(x, \mathfrak{r}, \psi) \quad \text{für} \quad r = \mathfrak{r},$$

$$\frac{\partial \mathfrak{v}}{\partial x} + h\mathfrak{v} = \varphi(\varkappa, r, \psi) \quad \text{"} \quad x = \varkappa,$$

$$\frac{\partial \mathfrak{v}}{\partial x} - h\mathfrak{v} = \varphi(-\varkappa, r, \psi) \quad \text{"} \quad x = -\varkappa.$$

Wir stellen $\mathfrak{v}$ als Summe von zwei ähnlichen Functionen X und Y dar, die nämlich den Gleichungen $\Delta X = 0$ und $\Delta Y = 0$ genügen. Der ersten schreiben wir die Bedingung vor

$$(a) \ldots \quad \frac{\partial X}{\partial r} + hX = \varphi(x, \mathfrak{r}, \psi) \quad \text{für} \quad r = \mathfrak{r}.$$

Denken wir uns die Aufgabe gelöst, eine solche Function X zu finden, so geht diese Function X von x, r und ψ für $x = \varkappa$ und $x = -\varkappa$ in Functionen über, die bekannt sind und die vorüber-

*) Um Verwechselungen zu vermeiden nennen wir hier die Höhe des Cylinders nicht mehr $2h$ sondern $2\varkappa$, und setzen daneben zur Vereinfachung der Schreibung unserer Formeln k für $1:\varkappa$.

gehend mit $f(r, \psi)$ und $f_1(r, \psi)$ bezeichnet werden mögen. Wir bestimmen dann die Function Y so, dass man erhält

$$(\alpha) \ldots \quad \frac{\partial Y}{\partial r} + hY = 0 \quad \text{für} \quad r = \mathfrak{r},$$

$$(\beta) \ldots \quad \frac{\partial Y}{\partial x} + hY = \varphi(\varkappa, r, \psi) \quad - f(r, \psi) \quad \text{für} \quad x = \varkappa,$$

$$(\gamma) \ldots \quad \frac{\partial Y}{\partial x} - hY = \varphi(-\varkappa, r, \psi) - f_1(r, \psi) \quad \text{"} \quad x = -\varkappa,$$

dass also die linken Seiten sich bei der ersten in 0, bei den beiden anderen in gegebene Functionen von r und ψ verwandeln. Dies hier Angedeutete wird folgendermaassen ausgeführt.

Wir bestimmen **erstens** X. Der Ausdruck

$$\xi = (a \cos n\pi k x + \mathfrak{a} \sin n\pi k x) \cos \nu\psi \frac{J_\nu(in\pi k r)}{hJ_\nu(in\pi k \mathfrak{r}) + in\pi k J'(in\pi k \mathfrak{r})},$$

worin n und ν ganze Zahlen (incl. 0) vorstellen, a und $\mathfrak{a}$ aber beliebige Constante, die n und ν enthalten, giebt für $r = \mathfrak{r}$

$$\frac{\partial \xi}{\partial r} + h\xi = (a \cos n\pi k x + \mathfrak{a} \sin n\pi k x) \cos \nu\psi.$$

Ferner ist $\Delta \xi = 0$. Vertauscht man in ξ den $\cos \nu\psi$ mit $\sin \nu\psi$, so enthält auch das Vorstehende $\sin \nu\psi$ statt $\cos \nu\psi$. Hieraus ist klar, dass, durch Summation nach n und ν über alle ganzen Zahlen, aus den Ausdrücken ξ und den ähnlichen $\sin \nu\psi$ enthaltenden ein Ausdruck X entsteht, bei dem, wie verlangt wird,

$$\frac{\partial X}{\partial r} + hX \quad \text{für} \quad r = \mathfrak{r}$$

eine trigonometrische Doppelreihe giebt, die, wenn man die a und $\mathfrak{a}$ gehörig, nach bekannten Regeln, wählt, die Function $\varphi(x, \mathfrak{r}, \psi)$ als Summe hat.

Man kennt daher X, und hieraus $f(r, \psi)$ und $f_1(r, \psi)$.

Wir bestimmen **zweitens** Y. Als Ausgangspunkt dient ein Glied

$$\eta = (a \cos i\lambda x + \mathfrak{a} \sin i\lambda x) \cos \nu\psi J_\nu(\lambda r).$$

Nimmt man für λ die Wurzeln der Gleichung

$$\lambda J'_\nu(\lambda \mathfrak{r}) + hJ_\nu(\lambda \mathfrak{r}) = 0,$$

so wird η einer Gleichung wie (α), nämlich der Gleichung

$$\frac{\partial \eta}{\partial r} + h\eta = 0 \quad \text{für} \quad r = \mathfrak{r}$$

genügen, während für $x = \pm\varkappa$ wird

$$\frac{\partial\eta}{\partial x} \pm h\eta = [\mathfrak{a}(i\lambda\cos ik\lambda + h\sin ik\lambda) \pm a(h\cos ik\lambda - i\lambda\sin ik\lambda)]\cos\nu\psi J_\nu(\lambda r).$$

Indem man den Constanten a und $\mathfrak{a}$ für die verschiedenen λ und ν geeignete Werthe beilegt, kann man den Ausdruck in der eckigen Parenthese mit dem oberen und mit dem unteren Zeichen gleich jeder beliebig gegebenen Constanten $2e_{\lambda\nu}$ resp. $2g_{\lambda\nu}$ machen; man setzt dazu (wenn man die Indices fortlässt)

$$\mathfrak{a} = \frac{e+g}{i\lambda\cos ik\lambda + h\sin ik\lambda},$$

$$a = \frac{e-g}{h\cos ik\lambda - i\lambda\sin ik\lambda}.$$

Der auf der rechten Seite von (β) befindliche Ausdruck, die gegebene Function, lässt sich aber nach Cosinus und Sinus der Vielfachen von ψ und nach den Cylinderfunctionen in eine Reihe

$$2\sum^{\infty}{}' \mathbf{S}(e_{\lambda\nu}\cos\nu\psi + \mathfrak{e}_{\lambda\nu}\sin\nu\psi)J_\nu(\lambda r)$$

entwickeln, und der auf der rechten Seite von (γ) befindliche in einen ähnlichen, der aus dem obigen entsteht, wenn man in ihm e und $\mathfrak{e}$ mit anderen Constanten g und $\mathfrak{g}$ vertauscht. Man findet also als Werth von Y die Summe von

$$\sum^{\infty}{}' \mathbf{S}(a_{\lambda\nu}\cos i\lambda x + \mathfrak{a}_{\lambda\nu}\sin i\lambda x)\cos\nu\psi J_\nu(\lambda r)$$

und einer Reihe, die $\sin\nu\psi$ statt $\cos\nu\psi$ enthält, und statt a und $\mathfrak{a}$ andere Constanten b und $\mathfrak{b}$, die ebenso aus g und $\mathfrak{g}$ gebildet werden, wie die ersteren aus e und $\mathfrak{e}$.

§ 83. Nachdem wir v gefunden haben, bleibt noch übrig (s. § 82), zweitens auch w zu bestimmen. Es ist diese Function den Bedingungen unterworfen

$$(a) \ldots \quad \frac{\partial w}{\partial t} = a^2 \Delta w,$$

$$(b) \ldots \quad w = f(x, r, \psi) \quad \text{für} \quad t = 0,$$

$$(c) \ldots \quad \frac{\partial w}{\partial r} + hw = 0 \quad \text{„} \quad r = \mathfrak{r},$$

$$(d) \ldots \quad \frac{\partial w}{\partial x} + hw = 0 \quad \text{„} \quad x = \varkappa,$$

$$(e) \ldots \quad \frac{\partial w}{\partial x} - hw = 0 \quad \text{„} \quad x = -\varkappa.$$

Den Zustand w findet man, indem man $w = X + Y$ setzt, durch Superposition der beiden X und Y, von denen jeder denselben Bedingungen wie w, mit Ausnahme von (b), genügen soll. An die Stelle von (b) sollen aber die Bedingungen treten

$$X = \tfrac{1}{2}[f(x, r, \psi) - f(-x, r, \psi)] \quad \text{für} \quad t = 0,$$
$$Y = \tfrac{1}{2}[f(x, r, \psi) + f(-x, r, \psi)] \quad \text{„} \quad t = 0.$$

Um X zu finden, geht man von dem partikulären Integral aus

$$\xi = \sin\mu x \cos\nu\psi \, J_\nu(\lambda r) e^{-a^2(\lambda^2+\mu^2)t}.$$

Dieses genügt der Bedingung (a), ferner (c), wenn man für λ die Wurzeln der Gleichung

$$(f) \ldots \quad \lambda J'_\nu(\lambda \mathrm{r}) + h J_\nu(\lambda \mathrm{r}) = 0$$

setzt. Ferner genügt es (d) und (e), wenn man μ gleich macht den Wurzeln der Gleichung

$$(g) \ldots \quad \mu \cos \varkappa\mu + h \sin \varkappa\mu = 0.$$

Dieselben Eigenschaften hat eine Function, die aus ξ durch Vertauschung von $\cos\nu\psi$ mit $\sin\nu\psi$ entsteht.

Man entwickele nun

$$\tfrac{1}{2}[f(x, r, \psi) - f(-x, r, \psi)]$$

in eine Reihe, die nach Cosinus und Sinus der ganzen Vielfachen von ψ geordnet ist. Den Faktor von $\cos\nu\psi$ und den von $\sin\nu\psi$ entwickele man nach Cylinderfunctionen $J_\nu(\lambda r)$ mit festgehaltenem ν, wo λ jede Wurzel von (f) vorstellt, und die entstehenden Faktoren entwickele man nach Sinus der μ-fachen x, wo μ jede Wurzel von (g) bedeutet. Man erhält dann für jene Function eine Reihe

$$\sum_{}^{\infty}{}' \mathfrak{S}\mathfrak{S} (a_{\lambda\mu\nu} \cos\nu\psi + \mathfrak{a}_{\lambda\mu\nu} \sin\nu\psi) \sin\mu x \, J_\nu(\lambda r),$$

wo die a und $\mathfrak{a}$ bekannte von den Zahlen λ, μ, ν abhängende Zahlen sind, das Zeichen Σ', wie früher, eine Summation über die ganzen Zahlen ν, die $\mathfrak{S}$ über alle λ und μ anzeigen. Der Wärmezustand X, der allen Bedingungen genügt, ist der, welcher entsteht, wenn man dem allgemeinen Gliede der obenstehenden dreifachen Summe den Faktor

$$e^{-a^2(\lambda^2+\mu^2)t}$$

hinzufügt.

Um schliesslich auch Y zu finden, geht man von einem particulären Integrale η aus, welches $\cos\mu x$ enthält statt des Faktors $\sin\mu x$ in ξ. Hier muss aber μ nicht durch (g) sondern durch

$$h\cos\varkappa\mu - \mu\sin\varkappa\mu = 0$$

bestimmt werden. Schliesslich findet man

$$Y = \sum^{\infty}{}' \mathfrak{S}\mathfrak{S}(b_{\lambda\mu\nu}\cos\nu\psi + \mathfrak{b}_{\lambda\mu\nu}\sin\nu\psi)\cos\mu x J_\nu(\lambda r)e^{-a^2(\lambda^2+\mu^2)t},$$

wenn die Constanten b und $\mathfrak{b}$ so gewählt werden, dass der für $t = 0$ entstehende Ausdruck eine Entwickelung von

$$\tfrac{1}{2}[f(x, r, \psi) + f(-x, r, \psi)]$$

giebt.

Drittes Kapitel.

Die Kugel.

§ 84. Die Gleichung für die Bewegung der Wärme im Innern einer Kugel geht nach Einführung der Polarcoordinaten r, θ, ψ in

$$(3) \ldots \quad r^2\frac{\partial u}{\partial t} = a^2\left[\frac{\partial\left(r^2\frac{\partial u}{\partial r}\right)}{\partial r} + \frac{1}{\sin\theta}\frac{\partial\left(\sin\theta\frac{\partial u}{\partial\theta}\right)}{\partial\theta} + \frac{1}{\sin^2\theta}\frac{\partial^2 u}{\partial\psi^2}\right]$$

über. Ist die Kugel ganz mit (homogener) Masse erfüllt, so ist ihre Begrenzung eine zusammenhängende Kugelfläche $r = \mathfrak{r}$, und die Nebenbedingungen werden sein

$$(\beta) \ldots \quad u = f(r, \theta, \psi) \quad \text{für} \quad t = 0$$

und entweder die erste oder zweite von den folgenden

$$(\gamma) \ldots \quad u = \varphi(\theta, \psi, t) \quad \text{für} \quad r = \mathfrak{r},$$

$$(\delta) \ldots \quad \frac{\partial u}{\partial r} + h[u - \varphi(\theta, \psi, t)] \quad \text{für} \quad r = \mathfrak{r}.$$

Hier bezeichnen f und φ gegebene Functionen.

Die Aufgabe, u zu bestimmen, wird nach § 80 auf die Bestimmung erstens einer Function v, zweitens einer Function w zurückgeführt.

Erstens, Bestimmung von v. Nennt man die Function $\varphi(\theta, \psi, t)$, wenn man t mit einer Constanten vertauscht $\varphi(\theta, \psi)$, so sind die Bedingungen für v, je nachdem die Oberfläche in der Temperatur $\varphi(\theta, \psi)$ erhalten wird, oder mit einem Gas in Berührung ist, ausser $\Delta \mathrm{v} = 0$ noch für $r = \mathrm{r}$ die erste resp. zweite der folgenden

$$\mathrm{v} = \varphi(\theta, \psi), \quad \frac{\partial \mathrm{v}}{\partial r} + h[\mathrm{v} - \varphi(\theta, \psi)].$$

Im ersten Falle ist v denselben Bedingungen wie ein Potential der Kugel unterworfen, daher nach § 26 die Reihe

$$\sum_{n=0}^{\infty} \frac{2n+1}{4\pi} \left(\frac{r}{\mathrm{r}}\right)^n \int_0^{\pi} \sin\eta\, \partial\eta \int_0^{2\pi} \varphi(\eta, \omega) P^{(n)}(\cos\gamma) \partial\omega,$$

oder wenn man summirt

$$\mathrm{v} = \frac{\mathrm{r}(\mathrm{r}^2 - r^2)}{4\pi} \int_0^{\pi} \sin\eta\, \partial\eta \int_0^{2\pi} \frac{\varphi(\eta, \omega)\partial\omega}{(r^2 - 2r\mathrm{r}\cos\gamma + \mathrm{r}^2)^{\frac{3}{2}}}.$$

Um v auch im zweiten Falle aufzusuchen, setze man, indem man v und φ nach Kugelfunctionen entwickelt

$$\mathrm{v} = \sum_{n=0}^{\infty} r^n X^{(n)}, \quad \varphi(\theta, \psi) = \sum_{n=0}^{\infty} Y^{(n)};$$

um dann $X^{(n)}$ aus dem bekannten $Y^{(n)}$ zu finden, bedient man sich der Gleichung für die Oberfläche und erhält

$$(n + h\mathrm{r})\mathrm{r}^{n-1} X^{(n)} = h Y^{(n)}$$

und hieraus schliesslich

$$\mathrm{v} = \frac{h\mathrm{r}}{4\pi} \sum_{n=0}^{\infty} \frac{2n+1}{n+h\mathrm{r}} \left(\frac{r}{\mathrm{r}}\right)^n \int_0^{\pi} \sin\eta\, \partial\eta \int_0^{2\pi} \varphi(\eta, \omega) P^{(n)}(\cos\gamma) \partial\omega.$$

§ 85. **Zweitens, Bestimmung von w.** Es bleibt noch übrig, die Temperatur w aufzusuchen, welche der Gleichung (3) genügen soll, nachdem in derselben u mit w vertauscht ist, und den Nebenbedingungen

$$(\beta) \ldots \quad w = f(r, \theta, \psi) \quad \text{für} \quad t = 0,$$

so wie einer der folgenden Bedingungen (γ) oder (δ), nämlich der Bedingung

$$(\gamma) \ldots \quad w = 0 \quad \text{für} \quad r = \mathrm{r},$$

wenn die Oberfläche selbst der Kugel in einer gegebenen Temperatur erhalten wird, und

$$(\delta) \ldots \quad \frac{\partial w}{\partial r} + hw = 0 \quad \text{für} \quad r = \mathrm{r},$$

wenn sie sich in einem Gase von gegebener Temperatur befindet.

Man denkt sich w in eine Reihe von Kugelfunctionen in Bezug auf θ und ψ entwickelt

$$(a) \ldots \quad w = \sum_{n=0}^{\infty} X^{(n)},$$

in der also t und $\mathfrak{r}$ die Rolle von Constanten spielen. Unsere Aufgabe ist gelöst, wenn wir $X^{(n)}$ bestimmt haben.

Nach (β) soll w sich für $r = \mathfrak{r}$ in die bekannte Function f verwandeln, die wir nach Kugelfunctionen Y in Bezug auf θ und ψ entwickelt denken. Die Y, in welchen r die Rolle einer Constanten spielt, sind bekannt; wir haben nämlich

$$(b) \ldots \quad Y^{(n)} = \frac{2n+1}{4\pi} \int_0^{\pi} \sin\eta \,\partial\eta \int_0^{2\pi} f(r, \eta, \omega) P^n(\cos\gamma) \partial\omega.$$

Bezeichnet man, wie I. 320, die Kugelfunctionen

$$P_\nu^n(\cos\theta)\cos\nu\psi, \quad P_\nu^n(\cos\theta)\sin\nu\psi$$

durch $C_\nu^n(\theta, \psi)$ und $S_\nu^n(\theta, \psi)$, und gewisse bekannte Functionen von r mit R und $\mathfrak{R}$, so hat Y die Form (I. 323)

$$(c) \ldots \quad Y^{(n)} = \sum^{n}{}' R_\nu^{(n)} C_\nu^{(n)} + \mathfrak{R}_\nu^{(n)} S_\nu^{(n)}.$$

In der That, löst man P in (b) nach dem Additionstheoreme I. 312 auf, so findet man

$$R_\nu^{(n)} = \frac{2n+1}{4\pi} a_\nu^{(n)} \int_0^{\pi} P_\nu^{(n)}(\cos\eta)\sin\eta\,\partial\eta \int_0^{2\pi} f(r, \eta, \omega)\cos\nu\omega\,\partial\omega,$$

und $\mathfrak{R}$, wenn man rechts $\cos\nu\omega$ durch $\sin\nu\omega$ ersetzt.

Die Bedingung (β) stellt also die Forderung, dass sich $X^{(n)}$ für $r = \mathfrak{r}$ in $Y^{(n)}$ verwandeln solle.

Setzt man (a) in die partielle Differentialgleichung für w ein, so kann man den entstehenden Ausdruck durch die Differentialgleichung der Kugelfunctionen I, (51) reduciren. Nach derselben hat man

$$\frac{1}{\sin\theta} \frac{\partial\left(\sin\theta \frac{\partial X^{(n)}}{\partial\theta}\right)}{\partial\theta} + \frac{1}{\sin^2\theta} \cdot \frac{\partial^2 X^{(n)}}{\partial\psi^2} = -n(n+1)X^{(n)},$$

und erhält daher

$$\sum_{n=0}^{\infty} r^2 \frac{\partial X^{(n)}}{\partial t} = a^2 \left(\sum_{n=0}^{\infty} \frac{\partial\left(r^2 \frac{\partial X^{(n)}}{\partial r}\right)}{\partial r} - n(n+1) X^{(n)} \right).$$

Da die n^{ten} Glieder unter dem Summationszeichen Σ auf der linken und auf der rechten Seite Kugelfunctionen n^{ten} Grades sind, so sind nicht nur die Summen, sondern auch die n^{ten} Glieder selbst einander gleich, und die Kugelfunction $X^{(n)}$ genügt daher zugleich der Gleichung

$$(d) \ldots \quad r^2 \frac{\partial^2 X^{(n)}}{\partial r^2} + 2r \frac{\partial X^{(n)}}{\partial r} - n(n+1) X^{(n)} = \frac{r^2}{a^2} \frac{\partial X^{(n)}}{\partial t}.$$

Particuläre Integrale dieser Gleichung finden wir, indem wir versuchen, diese Gleichung durch das Produkt einer Function von r allein, die R heisse, und einer von t allein, die T sei, zu integriren. Dann muss

$$\frac{a^2}{r^2 R}\left[r^2 \frac{\partial^2 R}{\partial r^2} + 2r \frac{\partial R}{\partial r} - n(n+1) R\right] = \frac{1}{T} \frac{\partial T}{\partial t},$$

also zugleich eine Constante sein, die wir $-a^2\lambda^2$ nennen. Daher ist ein particuläres Integral

$$e^{-a^2\lambda^2 t} . R,$$

wenn λ eine beliebige Constante und R eine von t unabhängige Function bezeichnet, welche der Gleichung genügt

$$r^2 \frac{\partial^2 R}{\partial r^2} + 2r \frac{\partial R}{\partial r} + [\lambda^2 r^2 - n(n+1)] R = 0.$$

Nach I. 240 ist die allgemeine Lösung derselben eine Cylinderfunction erster und zweiter Art von der dritten Ordnung

$$c\psi_n(\lambda r) + c_1 \Psi_n(\lambda r),$$

und wenn sie, wie das hier, bei der Vollkugel, der Fall sein muss, auch für $r = 0$ endlich bleiben soll, $c\psi_n(\lambda r)$, wo c eine Constante in Bezug auf r und t vorstellt. Es soll aber

$$c\psi_n(\lambda r) e^{-a^2\lambda^2 t}$$

nicht nur (d) genügen, sondern auch eine Kugelfunction n^{ten} Grades sein; setzen wir dazu c gleich einer solchen von θ und ψ, die $Z^{(n)}$ heisse, übrigens noch den Buchstaben λ enthalten darf, den wir deshalb als Index anhängen, so ist

$$\psi_n(\lambda r) e^{-a^2\lambda^2 t} Z_\lambda^{(n)}$$

eine Lösung, die der Forderung genügt, erstens eine Kugelfunction n^{ten} Grades, zweitens ein Integral von (d) zu sein. Indem wir λ verschiedene Werthe beilegen und eine Summation nach λ durch $\mathfrak{S}$ andeuten, ergiebt sich also:

Der Differentialgleichung

$$\frac{\partial w}{\partial t} = a^2 \Delta w$$

genügt

$$(a) \ldots \quad w = \sum_{n=0}^{\infty} X^{(n)},$$

wo $X^{(n)}$ einen Ausdruck vorstellt

$$(e) \ldots \quad X^{(n)} = \mathfrak{S}\, \psi_n(\lambda r) e^{-a^2\lambda^2 t} Z_\lambda^{(n)},$$

wenn Z irgend eine Kugelfunction von θ und ψ vom n^{ten} Grade, und die λ beliebige Constante bezeichnen.

Die Bedingung (γ) wird durch X erfüllt, wenn man für λ die Wurzeln der Gleichung $\psi_n(\lambda \mathfrak{r}) = 0$ nimmt, die Bedingung (δ), für die andere Art von Problemen, wenn man die Wurzeln von

$$(f) \ldots \quad \lambda \psi_n'(\lambda \mathfrak{r}) + h \psi_n(\lambda \mathfrak{r}) = 0$$

für λ setzt.

Um noch der letzten Bedingung (β) zu genügen, bestimmt man Z so, dass die Gleichung erfüllt wird

$$\mathfrak{S}\, \psi_n(\lambda r) Z_\lambda^{(n)} = Y^{(n)}.$$

Dies geschieht nach dem, was in diesem Bande im Zusatze S. 215 gesagt wurde, wenn man Z_λ^n den Werth ertheilt

$$\frac{1}{b} \int_0^{\mathfrak{r}} Y^{(n)} \psi_n(\lambda r) . r^2 dr,$$

wo zu setzen ist

$$(g) \ldots \quad b = \tfrac{1}{2} \mathfrak{r}^3 [\psi_{n+1}(\lambda \mathfrak{r})]^2$$

in dem Falle, dass λ eine Wurzel von $\psi_n(\lambda \mathfrak{r}) = 0$ vorstellt, aber

$$(g') \ldots \quad b = \frac{\mathfrak{r}}{2} \left[\frac{\psi_n(\lambda \mathfrak{r})}{\lambda}\right]^2 [h\mathfrak{r}(h\mathfrak{r} - 1) + \lambda^2 \mathfrak{r}^2 - n(n+1)]$$

wenn für λ eine Wurzel der transcendenten Gleichung (f) genommen wird.

Wir erhalten schliesslich für $X^{(n)}$ den Ausdruck

$$(4) \ldots \quad X^{(n)} = \mathfrak{S}\, \frac{\psi_n(\lambda r) e^{-a^2\lambda^2 t}}{b} \int_0^{\mathfrak{r}} Y^{(n)} \psi_n(\lambda r) r^2 dr,$$

wo Y durch (b) gegeben ist, (b) durch (g) oder (g'). Aus $X^{(n)}$ erhält man durch (a), also durch eine Summation nach n, den gesuchten Wärmezustand w.

§ 86. Die Temperatur in jedem Punkte der Kugel tritt hier, in (4), als Function der Polarcoordinaten r, θ, ψ auf, nämlich als eine Summe von Gliedern, deren jedes, abgesehen von einem einfachen die Zeit enthaltenden Factor, das Produkt einer transcendenten Function von r allein, und einer ganzen Function von $\cos\theta$, $\sin\theta\cos\psi$, $\sin\theta\sin\psi$ ist. Derselbe Ausdruck lässt sich aber auch als Function der rechtwinkligen Coordinaten x, y, z darstellen und zwar als Summe von Gliedern, die für u gesetzt einzeln die Gleichung

$$\frac{\partial u}{\partial t} = a^2 \Delta u$$

erfüllen. In der That kann man zeigen, dass die rechte Seite in ein Aggregat von Gliedern zerfällt, deren jedes das Produkt von

$$e^{-a^2\lambda^2 t} \cdot e^{-i\lambda(\mathfrak{a}x+\mathfrak{b}y+\mathfrak{c}z)}$$

in eine Function von $\mathfrak{a}$, $\mathfrak{b}$, $\mathfrak{c}$ ist. Diese Buchstaben bedeuten aber solche von x, y, z unabhängige Constante, für die man hat

$$\mathfrak{a}^2+\mathfrak{b}^2+\mathfrak{c}^2 = 1.$$

Dass in der That jedes von diesen Gliedern ein particuläres Integral der partiellen Differentialgleichung sei, ist klar.

Den Nachweis für die Möglichkeit der Umformung hat man nur für ein einziges Glied

$$(h) \ldots \quad \psi_n(\lambda r) P^{(n)}(\cos\gamma)$$

zu führen, wenn γ, wie im Vorhergehenden, die dritte Seite des sphärischen Dreiecks ist, dessen beide anderen Seiten η und θ sind und welche dem Winkel $\psi-\omega$ gegenübersteht. Denn das allgemeine Glied in (4) ist, abgesehen von dem Faktor der t allein enthält, das Produkt einer Function von r allein, nämlich von $\psi_n(\lambda r)$, und einer Kugelfunction $Z^{(n)}$ der beiden Veränderlichen θ und ψ. Nach I. 328 erzeugt man aber ein solches Z aus $P(\cos\gamma)$ durch eine doppelte Integration nach den Buchstaben η und ω, welche Constante in Bezug auf r, θ, ψ sind. (M. vergl. auch die Gleichung (c) in I. 322, und in der Einleitung I. 4 die hervorgehobenen Worte.)

Die Transformation des Gliedes (h) in die angegebene Form, welche die rechtwinkligen Coordinaten enthält, geschieht mit Hülfe der Formel I. 346

$$\psi_n(\lambda r) P^n(\cos\gamma) = \frac{i^n}{2\pi} \int_0^\pi P^{(n)}(\cos\theta') \sin\theta' \,\partial\theta' \int_0^{2\pi} e^{-i\lambda r \cos\gamma_1} \partial\varphi',$$

wenn man setzt

$$\cos\gamma_1 = \cos\gamma\cos\theta' + \sin\gamma\sin\theta'\cos\varphi'.$$

Es kommt darauf an, in den Ausdruck $r\cos\gamma_1$, der sich unter dem Integrale nach φ' befindet, statt r, θ, ψ die rechtwinkligen Coordinaten x, y, z einzuführen. Dahin führen die Formeln (a) in I. 309. Dort wurde ein Bogen δ bestimmt durch die Gleichungen

$$\begin{aligned}\cos\gamma &= \cos\theta\cos\eta + \sin\theta\sin\eta\cos(\psi-\omega),\\ \sin\gamma\cos\delta &= \cos\theta\sin\eta - \sin\theta\cos\eta\cos(\psi-\omega),\\ \sin\gamma\sin\delta &= \sin\theta\sin(\psi-\omega).\end{aligned}$$

In dem erwähnten Integrale nach φ' führe man statt φ' die Veränderliche $\varphi'-\delta$ ein, wodurch es in

$$\int_0^{2\pi} e^{-i\lambda r\cos\gamma_2}\,\partial\varphi'$$

übergeht, wo γ_2 aus dem Ausdruck von γ_1 durch Vertauschung von φ' mit $\varphi'-\delta$ entsteht. Man hat demnach

$$r\cos\gamma_2 = (r\cos\gamma)\cos\theta' + (r\sin\gamma\cos\delta)\sin\theta'\cos\varphi' + (r\sin\gamma\sin\delta)\sin\theta'\sin\varphi'.$$

Nun ist, in Folge des obenstehenden Systems der drei Gleichungen,

$$\begin{aligned}r\cos\gamma &= x\cos\eta + y\sin\eta\cos\omega + z\sin\eta\sin\omega,\\ r\sin\gamma\cos\delta &= x\sin\eta - y\cos\eta\cos\omega - z\cos\eta\sin\omega,\\ r\sin\gamma\sin\delta &= \qquad\quad -y\sin\omega \qquad + z\cos\omega.\end{aligned}$$

Setzt man diese Ausdrücke ein, so erhält man

$$r\cos\gamma_2 = \mathfrak{a}x + \mathfrak{b}y + \mathfrak{c}z,$$

wo $\mathfrak{a}$, $\mathfrak{b}$, $\mathfrak{c}$ folgende von x, y, z unabhängigen Constanten vorstellen

$$\begin{aligned}\mathfrak{a} &= \cos\eta\cos\theta' + \sin\eta\sin\theta'\cos\varphi',\\ \mathfrak{b} &= \sin\eta\cos\omega\cos\theta' - \cos\eta\cos\omega\sin\theta'\cos\varphi' - \sin\omega\sin\theta'\sin\varphi',\\ \mathfrak{c} &= \sin\eta\sin\omega\cos\theta' - \cos\eta\sin\omega\sin\theta'\cos\varphi' + \cos\omega\sin\theta'\cos\varphi'.\end{aligned}$$

Daher geht in der That der Ausdruck

$$\psi_n(\lambda r)e^{-a^2\lambda^2 t}P^{(n)}(\cos\gamma)$$

in eine Function von t, x, y, z über, nämlich in

$$(k)\ \ldots\quad e^{-a^2\lambda^2 t}\int_0^{\pi} P^{(n)}(\cos\theta')\sin\theta'\,\partial\theta'\int_0^{2\pi} e^{-i\lambda(\mathfrak{a}x+\mathfrak{b}y+\mathfrak{c}z)}\,\partial\varphi',$$

und der Ausdruck $X^{(n)}$ in (4), also auch w, wird in der That eine Summe, in der Regel von unendlich vielen Summanden, deren allgemeines Glied der vorstehende Ausdruck multiplicirt mit Functionen von η und ω ist, wenn die Summation sich auf Glieder mit verschiedenen η und ω bezieht.

Viertes Kapitel.

Ueber das Rotationsellipsoid.

§ 87. Die Gleichung für die Temperatur u im Innern eines Rotationsellipsoides mit den Halbaxen $h\mathfrak{r}$ und $h.\sqrt{\mathfrak{r}^2-1}$ bringt man in eine bequeme Form, indem man statt der rechtwinkligen Coordinaten diejenigen einführt, welche in diesem Bande bereits im II. Theil, 2. Kapitel S. 98 vorkamen. Wir setzen also

$$x = hr\cos\theta, \quad y = h\sqrt{r^2-1}\sin\theta\cos\psi, \quad z = h\sqrt{r^2-1}\sin\theta\sin\psi,$$

und transformiren die bekannte Gleichung für die Wärmebewegung im Innern mit Hülfe von I, § 71. Dasselbe Resultat erhält man selbstverständlich, wenn man in (3) neue Coordinaten ϱ und φ statt der dort vorkommenden r und θ einführt, indem man dort setzt

$$r\cos\theta = \varrho\cos\varphi, \quad r\sin\theta = \sqrt{\varrho^2-1}\sin\varphi;$$

schliesslich hat man noch ϱ und φ durch die Buchstaben r und θ, rein formell, zu ersetzen. Man erhält dann die Gleichung

$$(5)\ \ldots\quad \frac{r^2-\cos^2\theta}{a^2}\frac{\partial u}{\partial t} = \frac{1}{\sin\theta}\frac{\partial}{\partial\theta}\left[\sin\theta\frac{\partial u}{\partial\theta}\right] + \frac{1}{\sin^2\theta}\frac{\partial^2 u}{\partial\psi^2}$$
$$+\frac{\partial}{\partial r}\left[(r^2-1)\frac{\partial u}{\partial r}\right] + \frac{1}{r^2-1}\frac{\partial^2 u}{\partial\psi^2}.$$

Wir handeln von dem Wärmezustande, der nach der Zeit t eintritt, wenn die Oberfläche des Ellipsoides nicht mit einem Gas umgeben ist, sondern in einer gegebenen Temperatur erhalten wird. Man weiss aus dem 1. Kapitel, dass dann u in die Summe von v und w zerfällt, wo v der Gleichung $\Delta\mathrm{v} = 0$ genügt und an der Oberfläche gegeben ist. Man kann daher v nach den Regeln des 2. Kapitels im vorigen Theile bestimmen, so dass es sich nur um die Ermittelung einer Function w handelt, die derselben Gleichung (5) wie u genügt, sich zweitens für $t = 0$ in eine gegebene Function $f(r, \theta, \psi)$ verwandelt und die für $r = \mathfrak{r}$ verschwindet.

Das übliche Verfahren, durch welches man eine derartige Function w aufzusuchen pflegt, besteht darin, dass man sie aus solchen particulären Lösungen der partiellen Differentialgleichung zusammensetzt, von denen jede das Produkt einer Function von t allein, die T heisse, und einer Function der Coordinaten wird, die ζ heisse.

Das bekannte Verfahren zeigt, dass dann

$$\frac{1}{T}\frac{\partial T}{\partial t} = \frac{\partial \log T}{\partial t}$$

eine Constante sein muss. Setzen wir diese gleich $-a^2\lambda^2$, so hat man

$$T = e^{-a^2\lambda^2 t},$$

indem es überflüssig wäre, dem T einen constanten Faktor hinzuzufügen. Setzt man $T\zeta$ statt u in (5) hinein, so ergiebt sich, dass ζ folgender Gleichung genügen muss:

$$\frac{\partial}{\partial r}\left[(1-r^2)\frac{\partial \zeta}{\partial r}\right] + \frac{1}{1-r^2}\frac{\partial^2 \zeta}{\partial \psi^2} + \lambda^2(1-r^2)\zeta$$
$$= \frac{1}{\sin\theta}\frac{\partial}{\partial \theta}\left[\sin\theta \frac{\partial \zeta}{\partial \theta}\right] + \frac{1}{\sin^2\theta}\frac{\partial^2 \zeta}{\partial \psi^2} + \lambda^2 \sin^2\theta . \zeta.$$

Entwickelt man ζ in eine trigonometrische, nach Cosinus und Sinus der ganzen Vielfachen von ψ fortschreitende Reihe

$$\zeta = \sum_{m=0}^{\infty}(u_m \cos m\psi + \mathfrak{u}_m \sin m\psi),$$

so müssen u und $\mathfrak{u}$, jedes für sich, einer Differentialgleichung mit den beiden unabhängigen Veränderlichen r und θ genügen, die aus der vorstehenden hervorgeht, wenn man in ihr ζ mit u resp. $\mathfrak{u}$, den zweiten Differentialquotienten von ζ nach ψ aber mit $-m^2 u$ resp. $-m^2\mathfrak{u}$ versucht. Man versucht endlich, diese durch das Produkt einer Function R_m von r allein und Θ_m von θ allein zu lösen, so dass man hat

$$(6) \ldots \quad \zeta = \sum_{m=0}^{\infty} R_m \Theta_m (a_m \cos m\psi + \mathfrak{a}_m \sin m\psi),$$

wo a und $\mathfrak{a}$ Constante bezeichnen, die allerdings auch von den Indices n und λ abhängen können. Damit aber u in ein solches Produkt zerfallen könne, muss, wenn μ eine Constante bezeichnet, R_m eine endlich bleibende Lösung der Gleichung

$$(7) \ldots \quad \frac{\partial}{\partial r}\left[(r^2-1)\frac{\partial R}{\partial r}\right] + \left[\lambda^2(r^2-1) - \mu - \frac{m^2}{r^2-1}\right]R = 0$$

sein, und Θ_m von derjenigen, welche aus ihr durch Vertauschung von r mit $\cos\theta$ entsteht.

Die Function R ist also eine Cylinderfunction dritter Ordnung (I. 448), aber eine specielle, jedoch noch allgemeiner als eine Function ψ_n, in der (I. 445) drei Constante a_1, a_2, a_3 einander gleich geworden sind. Denn hier nehmen nur zwei von ihnen denselben Werth an. Um von den allgemeinen Lamé'schen Functionen dritter Functionen auf die hier auftretende Gattung zu kommen, hat man in

$$du = \tfrac{1}{2}\frac{dx}{\sqrt{x-a_0}\sqrt{x-a_1}\sqrt{x-a_2}\sqrt{x-a_3}}$$

a_0 gleich -1 zu machen, ferner

$$a_1 = 0,\quad a_2 = \frac{b^2}{n^2},\quad a_3 = \frac{c^2}{n^2},\quad x = \frac{z}{n^2}$$

zu setzen. Dann wird mit wachsendem n

$$\frac{1}{n}\,du = \tfrac{1}{2}\frac{dz}{\sqrt{z}\sqrt{z-b^2}\sqrt{z-c^2}}.$$

Daher verwandelt sich die Gleichung der allgemeinen Lamé'schen Function dritter Ordnung I, (75)

$$\frac{d^2W}{du^2} - W[n(n+2)x^2 + \varkappa_1 x + \varkappa_2] = 0,$$

für $n = \infty$, in die Form

$$4\sqrt{z(z-b^2)(z-c^2)}\frac{d}{dz}\left[\sqrt{z(z-b^2)(z-c^2)}\frac{dW}{dz}\right] - W[z^2 + c_1 z + c_2] = 0.$$

Setzt man $i\lambda x$ für $\sqrt{z}$ und lässt $b = 0 = i\lambda$ werden, so entsteht (7).

Aus den allgemeinen Untersuchungen I. 450 ersieht man, dass diese Differentialgleichung auf eine einfachere reducirt werden kann. Während nämlich in (7), wenn man die Coefficienten von R und seinen Differentialquotienten durch Multiplication mit r^2-1 zu ganzen Functionen von r macht, der Faktor von R und R'' auf den vierten Grad steigt, nämlich r^0, r^2, r^4 enthält, so kann man r^4 aus ihnen fortschaffen, indem man

$$R_m = s_m(r^2-1)^{\frac{1}{2}m}$$

setzt. Dann genügt s_m der Gleichung

$$(8)\ldots\quad (r^2-1)\frac{d^2s}{dr^2} + 2(m+1)r\frac{ds}{dr} + [\lambda^2(r^2-1) - \mu + m(m+1)]s = 0,$$

die man auch, wenn $r^2-1 = \varrho$ gesetzt wird, in die Form bringen kann

$$4\varrho(\varrho+1)\frac{d^2s}{d\varrho^2} + 2[\varrho + (2m+2)(\varrho+1)]\frac{ds}{d\varrho} + [\lambda^2\varrho + m(m+1) - \mu)s = 0.$$

Noch gelang es nicht alle Schwierigkeiten zu überwinden, auf welche der Versuch stiess, für diese Gleichungen Resultate zu gewinnen, wie die, welche man I, § 103—106 für die Functionen des elliptischen Cylinders erhielt. Es bleibt also noch nachzuweisen, dass man für jedes λ eine oder mehrere Zahlen μ bestimmen kann, welche ein endliches Integral s oder R_m verschaffen. Ferner, setzt man $r = \cos\theta$, so muss diese Function R_m oder (s. o.) Θ_m eine periodische von θ sein. Im vorigen Bande habe ich derartige Untersuchungen geführt, indem ich mich der Integration durch Reihen bediente und nachwies, dass bei gehöriger Wahl der μ entsprechenden Constanten das Integral sich durch eine convergente trigonometrische Reihe, die nach ganzen Vielfachen des Winkels fortschreitet, darstellen lasse. Dieser Weg führte hier bisher nicht zum Ziele. Die Untersuchungen des Herrn Hermite über die Lamé'schen Functionen, und die Fälle, in welchen sie sich in periodische Functionen der Veränderlichen verwandeln, an die sich dann die Entwickelungen des Herrn Fuchs schlossen, haben vielleicht den Weg zur Behandlung der Integrale unserer Gleichung, eines Grenzfalles der Gleichung für die Lamé'schen Functionen bereits eröffnet.

Hat man R_m als Function von r dargestellt, als $\chi_m(r)$, wo χ ausser der Veränderlichen r noch die Constanten λ und μ enthält, so wird λ als Wurzel der Gleichung $\chi_m(\mathfrak{r}) = 0$ bestimmt. Es wird dann

$$w = \sum_{m=0}^{\infty} \mathfrak{S}\, e^{-a^2\lambda^2 t}\chi_m(r)\chi_m(\cos\theta)(a_m \cos m\psi + \mathfrak{a}_m \sin m\psi),$$

wo das Zeichen $\mathfrak{S}$ eine Summation über alle λ und μ andeutet, der Differentialgleichung (5) genügen und sich für $r = \mathfrak{r}$, wie verlangt wurde, in 0 verwandeln. Die Constanten a und $\mathfrak{a}$ sind schliesslich so zu bestimmen, dass w sich für $t = 0$ in $f(r, \theta, \psi)$ verwandelt.

Dies geschieht durch die bekannte Methode mit Hülfe des Satzes, dass

$$\int^{\mathfrak{r}}\int_0^{\pi}(r^2 - \cos^2\theta)\chi_m(r)\chi_m(\cos\theta)\chi'_m(r)\chi'_m(\cos\theta)\partial r \sin\theta\, \partial\theta$$

Null ist, wenn χ' eine Lösung bezeichnet, in der die Indices λ, μ von denen, welche in χ vorkommen, entweder beide verschieden sind oder wenigstens nicht zugleich mit beiden übereinstimmen. Ist aber $\chi' = \chi$, so wird das Doppelintegral eine von 0 verschiedene

Constante. Das Integral nach r wird, je nachdem $\mathfrak{r}$ reell oder imaginär ist, von 1 oder von Null an genommen. Das Verfahren, durch welches man zeigt, dass das Doppelintegral verschwindet, wenn nicht $\chi' = \chi$ ist, ist das bekannte, welches man im § 58 dieses Bandes bei den ähnlichen Untersuchungen über die Functionen des elliptischen Cylinders findet.

IV. Theil.

Zur Hydrodynamik.

§ 88. Die Arbeiten Dirichlet's über Hydrodynamik werden durch seine Mittheilung in den Monatsberichten der Berliner Akademie*) eröffnet. Er handelt dort über den Widerstand, den eine in einer unendlichen ruhenden Flüssigkeit fortbewegte Kugel von dieser erleidet, indem er die Euler'schen Gleichungen der Hydrodynamik zu Grunde legt, welche die Reibung unberücksichtigt lassen, und gelangt so zu völlig unerwarteten Resultaten, die wesentlich modificirt werden, wenn man den Widerstand, den die Reibung verursacht, nicht vernachlässigt. Dirichlet giebt zwar nur für die Kugel das Resultat an, sagt aber (S. 13), dass das Problem auch für ein bewegtes Ellipsoid sich vollständig behandeln lasse. Im Crelle'schen Journal Bd. 52, S. 103—132 und Bd. 53, S. 287—291 hat Clebsch die Rechnung für das Ellipsoid angestellt; wenn auch wir hier das Problem, und zwar im engsten Anschluss an die Mittheilung von Dirichlet, lösen, so geschieht dies, weil es in dieser Darstellung ein sehr einfaches Beispiel für die Anwendung der Kugelfunctionen und der Lamé'schen Functionen darbietet.

§ 89. Mit Dirichlet denken wir uns nicht die Flüssigkeit ruhend und den festen Körper, also zunächst die Kugel bewegt,

*) Ueber einige Fälle, in welchen sich die Bewegung eines festen Körpers in einem incompressibeln flüssigen Medium theoretisch bestimmen lässt; 8. Januar 1852, S. 12—17.

sondern, was auf dasselbe hinauskommt, die Kugel ruhend und die Flüssigkeit bewegt. Der Mittelpunkt der Kugel sei der Anfangspunkt rechtwinkliger Coordinaten x, y, z, ihr Radius sei c. Auf die anfänglich ruhende homogene unendliche Flüssigkeit, deren Dichtigkeit mit δ bezeichnet werden soll, wirke eine beschleunigende Kraft σ, die zu derselben Zeit t überall dieselbe Intensität und Richtung habe, sich aber mit der Zeit beliebig ändern kann, so dass ihre Componenten α, β, γ beliebige Functionen von t sind. Wir bezeichnen mit p den zur Zeit t im Punkte (x, y, z) stattfindenden Druck und mit u, v, w die Componenten der Geschwindigkeit, und nehmen an, dass ein Geschwindigkeitspotential φ existire, d. i. eine Function φ der Coordinaten, die nach x, y, z differentiirt resp. u, v, w giebt. Es handelt sich hauptsächlich um dessen Auffindung.

Die Bedingungen, welchen derselbe unterworfen ist, sind:

1) Es muss $\Delta\varphi(x, y, z) = 0$ sein.

2) Da wir annehmen, es sei keine Reibung vorhanden und die Flüssigkeit gleite an der Oberfläche der Kugel, so hat man

$$\frac{\partial\varphi(x, y, z)}{\partial r} = 0 \quad \text{für} \quad r = c,$$

wenn $r = \sqrt{x^2 + y^2 + z^2}$, also r die Entfernung eines Punktes vom Mittelpunkte der Kugel ist.

3) Die drei Differentialquotienten

$$\frac{\partial\varphi}{\partial x}, \quad \frac{\partial\varphi}{\partial y}, \quad \frac{\partial\varphi}{\partial z}$$

sind für die unendlich entfernten Punkte gegeben, da die Bewegung dieser Punkte offenbar durch das Eintauchen der in der Endlichkeit befindlichen Kugel nicht modificirt wird. Unter der Wirkung der beschleunigenden Kraft σ bewegen sich aber Punkte x, y, z, so dass man hat

$$\frac{d^2x}{dt^2} = \alpha, \quad \frac{d^2y}{dt^2} = \beta, \quad \frac{d^2z}{dt^2} = \gamma.$$

Setzt man

$$\int_0^t \alpha\, dt = \mathfrak{l}, \quad \int_0^t \beta\, dt = \mathfrak{m}, \quad \int_0^t \gamma\, dt = \mathfrak{n},$$

so wird daher im Unendlichen

$$\frac{\partial\varphi}{\partial x} = \mathfrak{l}, \quad \frac{\partial\varphi}{\partial y} = \mathfrak{m}, \quad \frac{\partial\varphi}{\partial z} = \mathfrak{n}.$$

§ 90. Um die Function φ zu bestimmen, führe man in $\Delta\varphi = 0$ Polarcoordinaten ein, r, θ, ψ. Alsdann hat man

$$r^2 \frac{\partial^2 \varphi}{\partial r^2} + 2r \frac{\partial \varphi}{\partial r} + \frac{1}{\sin\theta} \frac{\partial\left(\sin\theta \frac{\partial u}{\partial \theta}\right)}{\partial \theta} + \frac{1}{\sin\theta} \frac{\partial^2 \varphi}{\partial \psi^2} = 0.$$

Diese Differentialgleichung braucht aber nicht schon von $r = 0$ an, sondern erst von $r = c$ an erfüllt zu werden. Daher hat φ die Form

$$\varphi = \sum_{n=0}^{\infty} r^n X^{(n)} + r^{-n-1} Y^{(n)},$$

wenn X und Y Kugelfunctionen von θ und ψ bezeichnen.

Aus der zweiten Bedingung findet man

$$\sum_{n=0}^{\infty} n c^{n-1} X^{(n)} - (n+1) c^{-n-2} Y^{(n)} = 0,$$

eine Gleichung, die auch ohne das Summenzeichen bestehen muss, da das unter dem Summenzeichen befindliche allgemeine Glied selbst eine Kugelfunction ist. Man hat also

$$\varphi = \sum_{n=0}^{\infty} X^{(n)} \left(r^n + \frac{n}{n+1} c^{2n+1} r^{-n-1} \right).$$

Die dritte Bedingung verlangt, dass die Differentialquotienten von φ nach x, y, z im Unendlichen gleich $\mathfrak{l}, \mathfrak{m}, \mathfrak{n}$, also gleich Ausdrücken werden, die keine andere Veränderliche als t enthalten, daher im Unendlichen zunächst endlich bleiben. Ohne die Differentiationen wirklich auszuführen, kann man hieraus schliessen, dass die Summe Σ in φ nur aus zwei Gliedern besteht, nämlich dem Gliede, in dem $n = 0$, d. i. gleich einer Constanten ist, welche man fortlassen kann, und dem Gliede, wo $n = 1$ ist, d. i.

$$X^{(1)} \left(r + \tfrac{1}{2} \frac{c^3}{r^2} \right).$$

In der That, differentiirt man nur in der Richtung r, die man als eine Axe annehmen kann, so würde ein späteres Glied, welches die $n-1^{\text{te}}$ Potenz von r enthält, für $r = \infty$ unendlich werden. Man hat also zunächst für φ die Form

$$\left[1 + \frac{c^3}{2r^3} \right] r X^{(1)};$$

das Glied $rX^{(1)}$ ist aber von der Form

$$\varkappa x + \varkappa_1 y + \varkappa_2 z,$$

wenn die $\varkappa$ Constante bezeichnen, und hieraus erkennt man, dass für ein unendliches x, y oder z sein muss

$$\frac{\partial \varphi}{\partial x} = \varkappa, \quad \frac{\partial \varphi}{\partial y} = \varkappa_1, \quad \frac{\partial \varphi}{\partial z} = \varkappa_2.$$

Andererseits sollen diese Differentialquotienten $\mathfrak{l}$, $\mathfrak{m}$, $\mathfrak{n}$ werden; also findet man

$$(1) \ldots \quad \varphi(x, y, z) = \left(1 + \frac{c^3}{2r^3}\right)(\mathfrak{l}x + \mathfrak{m}y + \mathfrak{n}z).$$

Hieraus erhält man durch Differentiation nach x, y und z

$$u = \mathfrak{l}\left(1 + \frac{c^3}{2r^3}\right) - \frac{3xc^3}{2r^5}(\mathfrak{l}x + \mathfrak{m}y + \mathfrak{n}z),$$

$$v = \mathfrak{m}\left(1 + \frac{c^3}{2r^3}\right) - \frac{3yc^3}{2r^5}(\mathfrak{l}x + \mathfrak{m}y + \mathfrak{n}z),$$

$$w = \mathfrak{n}\left(1 + \frac{c^3}{2r^3}\right) - \frac{3zc^3}{2r^5}(\mathfrak{l}x + \mathfrak{m}y + \mathfrak{n}z).$$

Endlich findet man den Druck p aus der bekannten Formel

$$\frac{p}{\delta} = T + V - \frac{\partial \varphi}{\partial t} - \tfrac{1}{2}(u^2 + v^2 + w^2),$$

wo T eine Constante nach x, y, z bedeutet und nur die Zeit enthalten kann, V aber das Kräfte-Potential, also bei uns

$$\alpha x + \beta y + \gamma z$$

ist. Setzt man für φ seinen Werth aus (1) ein, so erhält man

$$\frac{p}{\delta} = T - \frac{c^3}{2r^3}(\alpha x + \beta y + \gamma z) - \tfrac{1}{2}(u^2 + v^2 + w^2).$$

Die Druckkräfte, welche auf die einzelnen Punkte der Kugel ausgeübt werden, setzen sich selbstverständlich zu einer einzigen Kraft zusammen, welche im Mittelpunkte der Kugel wirkt. In diametral gegenüberliegenden Punkten hat $u^2+v^2+w^2$ denselben Werth, kann also in dem Ausdruck von p bei der Berechnung des gesammten Druckes fortgelassen werden, ebenso wie T. Es bleibt demnach nur das Glied

$$-\tfrac{1}{2}(\alpha x + \beta y + \gamma z)$$

im Ausdrucke für p zu berücksichtigen; die Componenten dieses Theiles sind das Produkt des vorstehenden Gliedes resp. in $\cos\theta$, $\sin\theta\cos\psi$, $\sin\theta\sin\psi$. Multiplicirt man noch mit dem Flächenelement $c^2\sin\theta\,\partial\theta\,\partial\psi$ und integrirt nach θ von 0 bis π, nach ψ von 0 bis

2π, so erhält man als Componenten des gesammten Druckes

$$-\frac{2\pi}{3}\alpha\delta c^3, \quad -\frac{2\pi}{3}\beta\delta c^3, \quad -\frac{2\pi}{3}\gamma\delta c^3,$$

also für den ganzen Druck $-\frac{2\pi}{3}\delta\sigma c^3$. Dieser ist daher, ausser von Constanten, nur noch von der augenblicklich wirkenden beschleunigenden Kraft abhängig, und dieser parallel. Hört die beschleunigende Kraft auf zu wirken, ist also $\sigma = 0$, so wird $\mathfrak{l}, \mathfrak{m}, \mathfrak{n}$ constant und damit u, v, w von der Zeit unabhängig, also die Bewegung eine permanente, und man hat durch Elimination aus den Gleichungen für u, v, w

$$\begin{aligned} \mathfrak{m}u - \mathfrak{l}v &= -h(\mathfrak{m}x - \mathfrak{l}y), \\ \mathfrak{n}v - \mathfrak{m}w &= -h(\mathfrak{n}y - \mathfrak{m}z), \end{aligned}$$

wenn man zur Abkürzung setzt

$$h = \frac{3xc^3}{2r^5}(\mathfrak{l}x + \mathfrak{m}y + \mathfrak{n}z).$$

Hieraus folgt

$$\frac{d}{dt}\log(\mathfrak{m}x - \mathfrak{l}y) = \frac{d}{dt}\log(\mathfrak{n}y - \mathfrak{m}z)$$

und, wenn k eine Constante bedeutet,

$$\mathfrak{m}x - \mathfrak{l}y = k(\mathfrak{n}y - \mathfrak{m}z).$$

Die einzelnen Punkte bewegen sich also in ebenen Curven, deren Ebenen sämmtlich durch die Gerade

$$x:y:z = \mathfrak{l}:\mathfrak{m}:\mathfrak{n}$$

hindurchgehen. Nimmt man diese Gerade, — Dirichlet nennt sie die Axe, — zur Axe der z, so sind λ und μ gleich 0. Dreht man die Ebene der Curve um die Axe, so werden die Coordinaten x, y, z eines Punktes der Curve, wenn der Drehungswinkel χ heisst,

$$x\cos\chi + y\sin\chi, \quad x\sin\chi - y\cos\chi, \quad z;$$

die Coordinaten der so entstandenen Curve genügen also gleichfalls den Gleichungen für u, v, w und den Bedingungsgleichungen des Problems, und man findet alle Curven, auf welchen sich Theilchen bewegen, wenn man die in einer beliebigen Ebene liegenden um die (in derselben Ebene liegende) Axe drehte.

Wir suchen die Gleichung dieser Curven auf, wobei es also hinreichend ist, die Gleichung derjenigen zu ermitteln, welche in der XZ-Ebene liegen. Wir haben daher zu setzen

$$\mathfrak{l} = \mathfrak{m} = 0, \quad y = 0,$$

und finden

$$u = \frac{dx}{dt} = -\frac{3\mathfrak{n}c^3}{2r^5} xz,$$

$$w = \frac{dz}{dt} = -\frac{3\mathfrak{n}c^3}{2r^5} z^2 + \left(1 + \frac{c^3}{2r^3}\right)\mathfrak{n}.$$

Statt der rechtwinkligen Coordinaten x und z führt man Polarcoordinaten ein, nämlich ausser r den Winkel η, den r mit der Axe der Z bildet, setzt also

$$x = r\sin\eta, \quad z = r\cos\eta.$$

Bildet man aus den Gleichungen für u und w die Combinationen

$$x\,dx + z\,dz = r\,dr, \quad z\,dx - x\,dz = r^2 d\eta,$$

so erhält man

$$r\,dr = \nu z \frac{r^3 - c^3}{r^3}, \quad r^2 d\eta = -\nu x \frac{2r^3 + c^3}{2r^3},$$

und hieraus sofort

$$\operatorname{cotg}\eta\, d\eta + \tfrac{1}{2} d\left(\log \frac{r^3 - c^3}{r}\right) = 0.$$

Die Gleichung der Curven ist also

$$(r^3 - c^3)\sin^2\eta = \varkappa r,$$

wenn $\varkappa$ eine Constante bezeichnet, die alle positiven Werthe von 0 bis ∞ annehmen muss, um alle Curven in der Ebene XZ zu geben.

§ 91. Die Untersuchung, welche bisher für den Fall einer eingetauchten Kugel geführt war, wird jetzt auf den Fall eines eingetauchten Ellipsoides übertragen. Die rechtwinkligen Coordinatenaxen legen wir in die Hauptaxen des Ellipsoides, die der Grösse nach $2\mathfrak{r}$, $2\sqrt{\mathfrak{r}^2 - b^2}$, $2\sqrt{\mathfrak{r}^2 - c^2}$ sein mögen. Neben den rechtwinkligen Coordinaten bedienen wir uns auch der elliptischen ϱ, μ, ν wie I, 352 u. f.

Von den Bedingungen, welche für das Geschwindigkeits-Potential φ im § 89 aufgestellt sind, bedarf die zweite einer Modification, indem φ, nach der Richtung der Normalen auf dem Ellipsoid differentiirt, Null sein muss. Da das Element der Normalen

$$\partial\varrho \sqrt{\frac{(\varrho^2 - \mu^2)(\varrho^2 - \nu^2)}{(\varrho^2 - b^2)(\varrho^2 - c^2)}}$$

ist, so hat man statt der früheren Bedingung jetzt zu setzen

$$\frac{\partial \varphi}{\partial \varrho} = 0 \quad \text{für} \quad \varrho = \mathfrak{r}.$$

Die Function φ muss, nach der ersten Bedingung, der Gleichung (I. 361; m. vergl. in diesem Bande § 48)

$$(\varrho^2 - \nu^2)\frac{\partial^2 \varphi}{\partial \varepsilon^2} + (\varrho^2 - \mu^2)\frac{\partial^2 \varphi}{\partial \zeta^2} + (\mu^2 - \nu^2)\frac{\partial^2 \varphi}{\partial \xi^2} = 0$$

genügen. Entwickelt man die Function φ in eine Reihe von Kugelfunctionen in Bezug auf θ und ψ

$$\varphi = \Sigma Z^{(n)},$$

so ist Z von der Form

$$Z^{(n)} = \sum_{s=0}^{2n} (a_s E_s^{(n)}(\varrho) + b_s F_s^{(n)}(\varrho)) E_s^{(n)}(\mu) E_s^{(n)}(\nu),$$

wo a und b Constante nach μ, ν, ϱ bezeichnen, die nur noch t enthalten können.

Die zweite Bedingung bestimmt das Verhältniss der Constanten a und b zu einander; differentiirt man nämlich nach ϱ, so bleiben die Differentialquotienten von $Z^{(n)}$ Kugelfunctionen von θ und ψ, müssen also für sich Null werden, wenn die Summe 0 sein soll. Daher hat man

$$Z^{(n)} = \sum_{s=0}^{2n} b_s (F_s(\varrho) E_s'(\mathfrak{r}) - E_s(\varrho) F_s'(\mathfrak{r})) E_s(\mu) E_s(\nu),$$

wenn in F und allen E der obere Index n ist und das Zeichen $'$ eine Differentiation nach dem Argumente andeutet.

Diesen Ausdruck transformiren wir mit Hülfe von I, (62). Setzen wir nämlich

$$(a) \ldots \int_{\varrho}^{\infty} \frac{d\varrho}{[E_s(\varrho)]^2 \sqrt{\varrho^2 - b^2}\sqrt{\varrho^2 - c^2}} = f_s(\varrho),$$

so wird, abgesehen von constanten Faktoren,

$$F_s(\varrho) = E_s(\varrho) f_s(\varrho)$$

und daher für jeden Index s

$$F'(\varrho) = E'(\varrho) f(\varrho) - \frac{1}{E(\varrho)\sqrt{\varrho^2 - b^2}\sqrt{\varrho^2 - c^2}}.$$

Bedeutet c eine Constante wie b, so wird

$$Z^{(n)} = \sum_{s=0}^{2n} c E(\varrho) E(\mu) E(\nu) \left[E'(\mathfrak{r})(f(\varrho) - f(\mathfrak{r})) + \frac{1}{E(\mathfrak{r})\sqrt{\mathfrak{r}^2 - b^2}\sqrt{\mathfrak{r}^2 - c^2}} \right],$$

wo sämmtliche E, f und c den unteren Index s erhalten.

Ferner sagt die dritte Bedingung, dass für unendlich entfernte Punkte die Differentialquotienten von φ nach x, y, z endlich, und zwar gleich $\mathfrak{l}, \mathfrak{m}, \mathfrak{n}$ sind. Diese Differentialquotienten bildet man, indem man die Differentialquotienten von φ nach ϱ mit

$$\frac{\partial \varrho}{\partial x}, \quad \frac{\partial \varrho}{\partial y}, \quad \frac{\partial \varrho}{\partial z}$$

multiplicirt. Diese erhält man aus der Gleichung

$$(b) \ldots \quad \frac{x^2}{\varrho^2} + \frac{y^2}{\varrho^2 - b^2} + \frac{z^2}{\varrho^2 - c^2} = 1.$$

Setzt man zur Abkürzung

$$\frac{x^2}{\varrho^4} + \frac{y^2}{(\varrho^2 - b^2)^2} + \frac{z^2}{(\varrho^2 - c^2)^2} = \frac{1}{h^2}$$

(wo h die Entfernung des Mittelpunktes von der Tangentialebene bedeutet, welche an das Ellipsoid (b) im Punkte x, y, z gelegt ist; die Normale daselbst sei N), so wird

$$\varrho \frac{\partial \varrho}{\partial x} = h^2 . \frac{x}{\varrho^2},$$

$$\varrho \frac{\partial \varrho}{\partial y} = h^2 . \frac{y}{\varrho^2 - b^2},$$

$$\varrho \frac{\partial \varrho}{\partial z} = h^2 . \frac{z}{\varrho^2 - c^2},$$

so dass die drei Differentialquotienten von ϱ nach x, y, z für $\varrho = \infty$ endlich bleiben, nämlich $\cos\theta$, $\sin\theta \cos\psi$, $\sin\theta \sin\psi$ geben. Es kommt also darauf an, dass $Z^{(n)}$ nach ϱ differentiirt endlich bleibt; $E(\varrho)$ ist von der n^{ten} Dimension. Das Glied der höchsten Dimension in $\partial Z^{(n)} : \partial \varrho$ ist

$$-cf(\mathfrak{r})E(\mu)E(\nu)E'(\mathfrak{r}).E'(\varrho);$$

dies hat die $n-1^{\text{te}}$ Dimension. Diese muss Null, also $n = 1$ sein, also $\varphi = Z^{(1)}$.

Man setzt nun für E und F, oder vielmehr f, ihre Werthe. Die drei, dem Falle $n = 1$ angehörenden Werthe von E sind (I. 365 u. 367)

$$\varrho, \quad \sqrt{\varrho^2 - b^2}, \quad \sqrt{\varrho^2 - c^2}.$$

Wir setzen ferner

$$(2) \ldots \quad \int_\varrho^\infty \frac{d\varrho}{\varrho^2 \sqrt{\varrho^2 - b^2} \sqrt{\varrho^2 - c^2}} = P_0,$$

$$\int_\varrho^\infty \frac{d\varrho}{\sqrt{\varrho^2 - b^2}^3 \sqrt{\varrho^2 - c^2}} = P_1, \quad \int_\varrho^\infty \frac{d\varrho}{\sqrt{\varrho^2 - b^2} (\sqrt{\varrho^2 - c^2})^3} = P_2,$$

und diese Integrale von $\varrho = \mathfrak{r}$ an genommen gleich $\mathfrak{R}_0$, $\mathfrak{R}_1$, $\mathfrak{R}_2$. Zwischen den P bestehen, wie man sofort durch Differentiation nach ϱ zeigt, die Gleichungen

$$(c) \ldots \quad P_0 + P_1 + P_2 = \frac{1}{\varrho\sqrt{\varrho^2 - b^2}\sqrt{\varrho^2 - c^2}},$$

$$\varrho^2 P_0 + (\varrho^2 - b^2) P_1 + (\varrho^2 - c^2) P_2 = \int_\varrho^\infty \frac{d\varrho}{\sqrt{\varrho^2 - b^2}\sqrt{\varrho^2 - c^2}},$$

welche dazu dienen, P_1 und P_2 durch das elliptische Integral erster Gattung auf der Rechten und das zweiter Gattung P_0 auszudrücken. Wir behalten aber in unseren Formeln die drei Integrale sämmtlich bei.

Nach (a) setzt man für $f(\varrho)$ und $f(\mathfrak{r})$ die P und $\mathfrak{R}$, berücksichtigt auch, dass die drei Aggregate $E(\mu)E(\nu)E(\varrho)$ sich nur durch eine (gleichgültige) Constante von x, y, z unterscheiden. Sind $\mathfrak{a}, \mathfrak{b}, \mathfrak{c}$ Constante, so hat man aus $\varphi = Z_1$

$$\varphi(x, y, z) = \frac{1}{\sqrt{\mathfrak{r}^2 - b^2}\sqrt{\mathfrak{r}^2 - c^2}} \left[\frac{\mathfrak{a}x}{\mathfrak{r}} + \frac{\mathfrak{b}y}{\sqrt{\mathfrak{r}^2 - b^2}} + \frac{\mathfrak{c}y}{\sqrt{\mathfrak{r}^2 - c^2}}\right]$$

$$+ \mathfrak{a}x(P_0 - \mathfrak{R}_0) + \frac{\mathfrak{b}\mathfrak{r}y}{\sqrt{\mathfrak{r}^2 - \mathfrak{b}^2}}(P_1 - \mathfrak{R}_1) + \frac{\mathfrak{c}\mathfrak{r}z}{\sqrt{\mathfrak{r}^2 - \mathfrak{c}^2}}(P_2 - \mathfrak{R}_2).$$

In dieser Form findet man leicht die Differentialquotienten von φ nach x, y, z für $\varrho = \infty$, welche man gleich $\mathfrak{l}, \mathfrak{m}, \mathfrak{n}$ zu setzen hat. Macht man (vorübergehend)

$$\mathfrak{r}\sqrt{\mathfrak{r}^2 - b^2}\sqrt{\mathfrak{r}^2 - c^2} = \frac{1}{p},$$

so wird

$$\mathfrak{a}(p - \mathfrak{R}_0) = \mathfrak{l},$$

$$\mathfrak{b}(p - \mathfrak{R}_1) = \mathfrak{m}\frac{\sqrt{\mathfrak{r}^2 - b^2}}{\mathfrak{r}},$$

$$\mathfrak{c}(p - \mathfrak{R}_2) = \mathfrak{n}\frac{\sqrt{\mathfrak{r}^2 - c^2}}{\mathfrak{r}}.$$

Benutzt man noch (c) um p zu entfernen, so **erhält man schliesslich**

$$(3) \ldots \quad \varphi(x, y, z) = \mathfrak{l}x\left(1 + \frac{P_0}{\mathfrak{R}_1 + \mathfrak{R}_2}\right) + \mathfrak{m}y\left(1 + \frac{P_1}{\mathfrak{R}_2 + \mathfrak{R}_0}\right)$$

$$+ \mathfrak{n}z\left(1 + \frac{P_2}{\mathfrak{R}_0 + \mathfrak{R}_1}\right),$$

wo die P durch (2) gegeben werden, und die $\mathfrak{R}$ aus den P durch

Vertauschung von ϱ mit r entstehen. Das Geschwindigkeitspotential ist demnach in Bezug auf ϱ ein Aggregat, welches ein elliptisches Integral erster und zweiter Art enthält, zugleich eine lineare Function von $\cos\theta$, $\sin\theta\cos\psi$, $\sin\theta\sin\psi$.

§ 92. Durch Differentiation von φ nach x, y, z entstehen u, v, w. Mit Benutzung des Ausdrucks von h auf S. 339 erhält man

$$u = \mathfrak{l}\left(1+\frac{P_0}{\mathfrak{R}_1+\mathfrak{R}_2}\right)-\frac{hx}{\varrho^2}\zeta,$$

$$v = \mathfrak{m}\left(1+\frac{P_1}{\mathfrak{R}_2+\mathfrak{R}_0}\right)-\frac{hy}{\varrho^2-b^2}\zeta,$$

$$w = \mathfrak{n}\left(1+\frac{P_2}{\mathfrak{R}_0+\mathfrak{R}_1}\right)-\frac{hz}{\varrho^2-c^2}\zeta,$$

wenn man unter ζ den Ausdruck versteht

$$\frac{1}{\varrho\sqrt{\varrho^2-b^2}\sqrt{\varrho^2-c^2}}\left[\frac{\mathfrak{l}}{\mathfrak{R}_1+\mathfrak{R}_2}\cdot\frac{hx}{\varrho^2}+\frac{\mathfrak{m}}{\mathfrak{R}_2+\mathfrak{R}_0}\cdot\frac{hy}{\varrho^2-b^2}+\frac{\mathfrak{n}}{\mathfrak{R}_0+\mathfrak{R}_1}\cdot\frac{hz}{\varrho^2-c^2}\right].$$

Indem man, wie oben, die Normale N an das Ellipsoid einführt, welches dem gegebenen confocal ist und durch den Punkt (x, y, z) geht, kann man die Ausdrücke für u, v, w auch mit den folgenden vertauschen:

$$u = \mathfrak{l}\left(1+\frac{P_0}{\mathfrak{R}_1+\mathfrak{R}_2}\right)-\zeta\cos(N, X),$$

$$v = \mathfrak{m}\left(1+\frac{P_1}{\mathfrak{R}_2+\mathfrak{R}_0}\right)-\zeta\cos(N, Y),$$

$$w = \mathfrak{n}\left(1+\frac{P_2}{\mathfrak{R}_0+\mathfrak{R}_1}\right)-\zeta\cos(N, Z),$$

$$\zeta = \frac{1}{\varrho\sqrt{\varrho^2-b^2}\sqrt{\varrho^2-c^2}}\left[\frac{\mathfrak{l}\cos(N, X)}{\mathfrak{R}_1+\mathfrak{R}_2}+\frac{\mathfrak{m}\cos(N, Y)}{\mathfrak{R}_2+\mathfrak{R}_0}+\frac{\mathfrak{n}\cos(N, Z)}{\mathfrak{R}_0+\mathfrak{R}_1}\right].$$

Den Druck, welcher auf ein Element der Oberfläche des Ellipsoides ausgeübt wird, findet man durch die Gleichung

$$\frac{p}{\delta} = T-\left(\frac{\alpha\mathfrak{R}_0}{\mathfrak{R}_1+\mathfrak{R}_2}x+\frac{\beta\mathfrak{R}_1}{\mathfrak{R}_2+\mathfrak{R}_0}y+\frac{\gamma\mathfrak{R}_2}{\mathfrak{R}_0+\mathfrak{R}_1}z\right)-\tfrac{1}{2}(u^2+v^2+w^2).$$

Wir schliessen die Untersuchung mit diesen Formeln ab, die sich allerdings in speciellen Fällen, z. B. wenn der eingetauchte Körper ein Rotationsellipsoid ist, noch vereinfachen. Der besondere Fall, welcher für jetzt das grösste Interesse in Anspruch nimmt, scheint der in § 89—90 behandelte zu sein, in welchem die drei Axen des Ellipsoides gleich werden, das Ellipsoid sich also in eine Kugel verwandelt.

Zusätze zum ersten Bande.

Zu S. 1—2 und S. 188.

Auf S. 1—2 wurde die **Einführung des Potentials**, wie es bisher gewöhnlich geschah, auf eine Arbeit von **Laplace** aus dem Jahre 1782 zurückgeführt. In der That gehört aber der wichtige Satz über das Potential, um den es sich handelt, **Lagrange** an, der ihn fünf Jahre vor **Laplace** bekannt machte. Man findet ihn in den Nouveaux Mémoires de l'Académie des Sciences et belles Lettres, de Berlin, année 1777. Remarques générales sur le mouvement de plusieurs corps, qui s'attirent mutuellement en raison inverse des carrés des distances. Lu le 2. Octobre 1777.

Dort liest man:

No. 1. Soient $M, M', M'', \ldots$ les masses des corps qui composent le système donné; x, y, z les coordonnées rectangles de M, x', y', z' celles de $M', \ldots.$ Qu'on fasse, pour abréger,

$$\Omega = \frac{MM'}{\sqrt{(x-x')^2+(y-y')^2+(z-z')^2}} + \frac{MM''}{\sqrt{(x-x'')^2+(y-y'')^2+(z-z'')^2}}$$
$$+ \frac{M'M''}{\sqrt{(x'-x'')^2+(y'-y'')^2+(z'-z'')^2}} + \cdots$$

on aura

$$\frac{1}{M}\,\frac{d\Omega}{dx},\quad \frac{1}{M}\,\frac{d\Omega}{dy},\quad \frac{1}{M}\,\frac{d\Omega}{dz}$$

pour les forces avec les quelles le corps M est attiré par les autres corps $M', M'', \ldots$ suivant les directions des trois coordonnées x, y, z, de même

$$\frac{1}{M'}\,\frac{d\Omega}{dx'},\quad \frac{1}{M'}\,\frac{d\Omega}{dy'},\quad \frac{1}{M'}\,\frac{d\Omega}{dz'},$$

. . . .

Cette manière de représenter les forces est, comme l'on voit, extrêmement commode par sa simplicité et par sa généralité; ....

Die Herren Baltzer und Schering hatten die Güte, mich auf diese Stelle in der Arbeit von Lagrange aufmerksam zu machen. M. vergl. die seitdem erschienene Arbeit des Herrn Baltzer in Borchardt's Journal, Bd. 86, S. 213—216: Zur Geschichte des Potentials.

In Betreff der Einführung der Cylinderfunctionen ist zu bemerken, dass Herr Gian Antonio Maggi *) die Function $J_0(x)$ bereits in einer Arbeit von Daniel Bernoulli, Theoremata de oscillationibus corporum filo flexili connexorum et catenae verticaliter suspensae **) gefunden hat. Es kommen dort auch schon die angenäherten numerischen Werthe der beiden kleinsten Wurzeln von $J_0(x) = 0$ vor. Herr Maggi erwähnt und beleuchtet dann die ferneren Untersuchungen von D. Bernoulli im VII. Bde, sowie die ebendaselbst befindlichen und späteren (M. vergl. z. B. Acta Acad. Petrop. 1781) von Euler über die J, welche die Entdeckungen von Fourier über dieselben, den Satz über die Entwickelungen nach Cylinderfunctionen, vorbereiteten.

Zu S. 37 und 38.

Die Function $P^n(x)$ wurde zwar eingeführt als n^{ter} Coefficient in der Entwickelung einer Quadratwurzel nach Potenzen einer Veränderlichen α, dann aber auf S. 37 allgemein, nicht nur für ganze positive Zahlen n, sondern für beliebige Zahlen n, durch das Integral von Laplace (Méc. cél. T. V, Livre XI, No. 3, S. 33 der Ausgabe von 1825) definirt

$$(a) \ldots \quad P^n(x) = \frac{1}{\pi}\int_0^\pi (x + \cos\varphi . \sqrt{x^2-1})^n d\varphi.$$

Dies Integral hat die durch die Gleichung

$$P^n(x) = P^{-n-1}(x)$$

ausgedrückte Eigenschaft.

---

*) Sulla storia delle funzioni cilindriche; Reale Accademia dei Lincei, Vol. IV°, Serie 3ª, 1880.

**) Commentarii Ac. Sc. Imp. Petrop. anni 1732—33, T. VI.

Auf S. 38 wurde erwähnt, dass man auch andere Ausdrücke, welche für ganze positive n denselben Werth P^n geben, als Definition der Function P^n für beliebige Werthe von n betrachten könne. Diese Ausdrücke, welche, wenn n aufhört eine ganze positive Zahl vorzustellen, unendliche Reihen werden, könne man freilich nur anwenden, wenn sie für den betreffenden Werth von x convergiren, womit aber nicht gesagt sein soll, dass die auf verschiedene Art definirten Functionen im ganzen Verlaufe die gleichen Functionen darstellen. Die Form (a) wird nur für ein rein imaginäres x, und auch für ein solches nur dann, wenn n einen negativen reellen Theil besitzt, unendlich. Ueber diesen Gegenstand, welcher auch für die Entwickelungen auf S. 203 von Interesse ist, werde ich hier etwas ausführlicher handeln.

Die mit (d) und (e) bezeichneten auf S. 19 angegebenen Formen für P^n sind

$$(b) \ldots \quad x^n F\left(-\tfrac{1}{2}n,\ \tfrac{1}{2}-\tfrac{1}{2}n,\ 1,\ \frac{x^2-1}{x^2}\right),$$

$$(c) \ldots \quad \left(\frac{1+x}{2}\right)^n F\left(-n,\ -n,\ 1,\ \frac{x-1}{x+1}\right).$$

Beide Functionen von n stimmen, die Convergenz vorausgesetzt, für alle n mit $P^n(x)$, wie es durch (a) definirt ist, überein. Bei (b) ist dies unmittelbar klar durch die Ableitung dieser Formel; dass aber (c) mit (b) und daher mit (a) übereinkommt, folgt aus einer Gleichung, die sich in der Abhandlung des Herrn Kummer über die hypergeometrische Reihe*) findet, nämlich aus

$$F(\alpha, \beta, \alpha-\beta+1, z) = (1+z)^{-\alpha} F\left(\tfrac{1}{2}\alpha,\ \tfrac{1}{2}\alpha+\tfrac{1}{2},\ \alpha-\beta+1,\ \frac{4z}{(1+z)^2}\right),$$

für $\alpha = \beta = -n$, $\gamma = 1$, $z = \dfrac{x-1}{x+1}$. Uebrigens zeigt die Euler'sche Gleichung

$$F(\alpha, \beta, \gamma, x) = (1-x)^{\gamma-\alpha-\beta} F(\gamma-\alpha, \gamma-\beta, \gamma, x)$$

sofort, dass (b) und (c) sich nicht ändern, wenn man in diesen Reihen n mit $-n-1$ vertauscht.

Anders würde es sich verhalten, wenn man als Definition der Function P die dritte der auf S. 38 erwähnten

*) Crelle, Journal f. M. Bd. XV, § 19. Gleich. 50.

Reihen, die Reihe (2) wählen würde, d. i.

$$(d) \ldots \quad \frac{\Pi(n-\frac{1}{2})}{\Pi\frac{1}{2}n\,\Pi(\frac{1}{2}n-\frac{1}{2})}\,x^n F\Big(-\tfrac{1}{2}n,\ \tfrac{1}{2}-\tfrac{1}{2}n,\ \tfrac{1}{2}-n,\ \frac{1}{x^2}\Big).$$

Diese, welche wir hier der Deutlichkeit wegen $p^n(x)$ nennen wollen, stimmt in der That nur für positive ganze n mit der von uns (durch (a)) definirten Function $P^n(x)$ überein. Sehen wir davon ab, dass (d) für solche n unendlich wird, welche die Hälfte einer ungeraden positiven Zahl sind, so erkennt man sofort, dass p^{-n-1} hier nicht mehr dieselbe Function von x wie P^n ist; man hat vielmehr

$$p^{-n-1}(x) = \frac{1}{\pi}\operatorname{tang} n\pi . q^n(x),$$

wenn man diejenige Function mit q^n bezeichnet, welche für ein ganzes positives n gleich Q^n, der Function zweiter Art war, d. i.

$$q^n(x) = \frac{\Pi\frac{1}{2}n\,\Pi(\frac{1}{2}n-\frac{1}{2})}{2\Pi(n+\frac{1}{2})}\,x^{-n-1}F\Big(\tfrac{1}{2}n+\tfrac{1}{2},\ \tfrac{1}{2}n+1,\ n+\tfrac{3}{2},\ \frac{1}{x^2}\Big).$$

Man wird diese Eigenschaft der Reihe (d) bei der Integration von Differentialgleichungen für die Produkte von zwei Kugelfunctionen verwerthen können (M. vergl. § 4 im Zusatz zu S. 259), ebenso (I. 258—259) um von den Recursionsformeln für die P auf die für die Q zu gelangen.

Zu S. 40.

Herr Schering hat schon in seiner Preisschrift vom 4. Juni 1858 „Ueber die conforme Abbildung des Ellipsoids auf der Ebene" im Art. VII bemerkt, dass wenn der imaginäre Theil iQ von $\arccos x$ eine Constante ist, die complexe Zahl x durch die Punkte einer Ellipse mit der halben grossen Axe $\cos iQ$ und mit der Excentricität 1 dargestellt wird.

Zu S. 50.

Der Eingang des Zusatzes über Eisenstein's Satz wird klarer durch die bestimmtere Fassung: es solle eine solche „ganze" Zahl $\varkappa$ existiren, dass die Coefficienten von xy durch Vertauschung von x mit „$\varkappa x$" ganze Zahlen werden.

Zu S. 57—64.

1) Eine continuirliche Function $f(x)$ die zwischen zwei Grenzen einmal, für $x = a$, vom Wachsen zum Abnehmen übergeht, oder umgekehrt vom Abnehmen zum Wachsen, lässt sich als Summe zweier continuirlichen Functionen darstellen, von denen die eine zwischen den Grenzen nicht zunimmt, die andere nicht abnimmt.

In der That kann man $f(x)$ in die Summe zweier continuirlichen Functionen zerlegen

$$f(x) = \varphi(x) + \psi(x),$$

wo $\varphi(x)$ und $\psi(x)$ durch folgende Festsetzungen bestimmt sind: Es ist

$$\begin{array}{ll} \text{für } x \leqq a & \text{für } x \geqq a \\ \varphi(x) = f(x) - f(a), & \varphi(x) = 0, \\ \psi(x) = f(a), & \psi(x) = f(x). \end{array}$$

Besitzt $f(x)$ p Punkte, in welchen ein Wechsel vom Abnehmen zum Zunehmen oder umgekehrt eintritt, so kann man daher $f(x)$ in die Summe von $p+1$ solcher continuirlichen Functionen zerlegen, die nicht abnehmen oder nicht zunehmen.

2) Eine zwischen den Grenzen $x = g$ und $x = h$ endlich bleibende Function $F(x)$, die für $x = a$ unstetig ist, lässt sich in die Summe einer stetigen Function $f(x)$ und der Function

$$[F(a-0) - F(a+0)]\chi(x)$$

zerlegen, wo $\chi(x)$ von $x = g$ bis $x = a$ gleich 1 wird, von $x = a$ bis $x = h$ aber Null. Geometrisch wird $\chi(x)$ von $x = g$ bis $x = a$ durch eine der Abscissenaxe parallele Gerade, von a bis h durch die Abscissenaxe selbst dargestellt.

In der That kann man setzen

$$f(x) = F(x) + [F(a+0) - F(a-0)]\chi(x),$$

wo offenbar $f(x)$ continuirlich ist.

3) Aus 2) erhält man: Wenn $F(x)$ eine von g bis h endliche Function bedeutet, welche für $x = a$, $x = a_1$, etc. unstetig wird; nennt man ferner $\chi(x)$, $\chi_1(x)$, etc. Functionen, die von $x = g$ bis $x = a$, resp. bis $x = a_1$, etc. gleich 1, von $x = a$, resp. von $x = a_1$, etc. bis $x = h$ gleich 0 werden, so ist

$$f(x) = F(x) + [F(a+0) - F(a-0)]\chi(x) + [F(a_1+0) - F(a_1-0)]\chi_1(x) + \text{etc.}$$

eine von g bis h stetige Function von x. Man kann also eine gegebene endliche unstetige Function $F(x)$ zerlegen in die Summe einer stetigen Function $f(x)$ und einer endlichen Anzahl von unstetigen Functionen derselben Art, deren ν^{te}, d. h. mit dem Index ν versehene, das Produkt der Constanten $F(a_\nu - 0) - F(a_\nu + 0)$ mal $\chi_\nu(x)$ ist, wo χ die Function bedeutet, welche von $x = g$ bis $x = a_\nu$ gleich 1 ist, dann zu Null springt und von $x = a_\nu$ bis h Null bleibt.

4) Dies, angewandt auf den Fall wo $g = -\pi$, $h = \pi$ ist, zeigt, wie eine Fourier'sche Reihe, für eine endliche unstetige Function F mit einer endlichen Anzahl von Maxima und Minima und von Unstetigkeitspunkten, sich von der Reihe für eine stetige Function $f(x)$ unterscheidet (wobei man sich des Satzes erinnern mag, welcher aussagt, dass eine solche Function $f(x)$ eine zwischen $x = -\pi$ und $x = \pi$ in gleichem Grade convergente Reihe giebt), und wie sie aus einer solchen Reihe entsteht. Dieser Reihe für $f(x)$ hat man nämlich, um $F(x)$ zu gewinnen, eine endliche Zahl von Reihen hinzu zu addiren, welche sämmtlich von derselben Art sind, deren ν^{te} nämlich aus dem Produkt der Constanten

$$F(a_\nu - 0) - F(a_\nu + 0)$$

mit der Reihe

$$\chi_\nu(x) = \frac{\pi + a_\nu}{2\pi} + \sum_{n=1}^{\infty} \frac{\sin n(a_\nu - x)}{n\pi} + (-1)^n \frac{\sin nx}{n\pi}$$

besteht. Dies ist nämlich die Reihe, welche von $x = -\pi$ bis a_ν gleich 1, von da an 0 wird.

5) Die vorstehenden sehr nahe liegenden Bemerkungen klären nicht nur die Beschaffenheit solcher Fourier'schen Reihen auf, welche endliche Functionen (hier und im Folgenden sind nur solche mit einer endlichen Anzahl der Maxima und Minima gemeint) darstellen, sondern erleichtern auch nicht unerheblich die Redaction der Beweise des 1. und vorzugsweise des 2. Satzes auf S. 58, um die es sich in dem ganzen Abschnitte von S. 57—64 handelt. Von vorn herein sind Bedenken beseitigt, wie sie Herr Schläfli*) äusserte, ob die Sätze ihre Gültigkeit in der Umgebung derjenigen Punkte behalten, in welchen ein Maximum oder Minimum stattfindet.

Der 1. Satz besagt, dass die Fourier'sche Reihe für eine endliche Function $f(x)$ zur Summe

---

*) Einige Zweifel an der allgemeinen Darstellbarkeit durch eine trigonometrische Reihe. Universitätsprogramm. Bern, 1874.

$$\tfrac{1}{2}f(x+0)+\tfrac{1}{2}f(x-0)$$

hat; für $x=\pm\pi$ ist es, wie S. 63 bemerkt wurde, nicht erforderlich, den Satz zu modificiren, wenn man, bei Betrachtung dieser Stellen, $f(x)$ ausserhalb der Grenzen $-\pi$ und π periodisch so fortsetzt, dass $f(x+2\pi)=f(x)$ wird, so dass $f(\pi+0)$ mit $f(-\pi+0)$ und $f(-\pi-0)$ mit $f(\pi-0)$ übereinstimmt. Indem man dann das Coordinatensystem, etwa um π, verschiebt, also y für x durch die Gleichung $y=x\pm\pi$ einführt, fasst man die Function als Function von y auf, und der Punkt für den $x=\mp\pi$ war, mit den Punkten $\mp\pi+0$ und $\mp\pi-0$, tritt jetzt in Bezug auf y als der Punkt 0 mit seiner Umgebung auf, bedarf also keiner besonderen Untersuchung.

In dem Beweise des 1. Satzes, den Dirichlet gegeben hat, und ebenso in dem, welcher an der betreffenden Stelle des Handbuchs vorliegt, hat man, nach unserer Bemerkung, unter 1) nicht mehr nöthig, in den zu behandelnden Integralen, die zu integrirende Function noch in solche Theile zu zerlegen, welche entweder nicht abnehmen oder nicht zunehmen und den Beweis für jeden einzelnen Theil zu führen; man zerlegt vielmehr die Function $f(x)$ sofort in die Summe solcher Functionen, die zwischen $x=-\pi$ und $x=\pi$ weder ein Maximum noch ein Minimum besitzen und führt den ganzen Beweis nur für diese Functionen. So ist z. B. bei uns auf S. 59 und 60 das überflüssig geworden, was sich auf solche Zerlegung bezieht, und der 3. Satz S. 60 ist nunmehr bereits am Schluss von S. 59 bewiesen.

Wesentlicher als die erste Bemerkung in diesem Nachtrag zur Kürzung im Beweise des 1. Satzes tragen die erste und zweite Bemerkung zur Vereinfachung des Beweises für den 2. Satz bei, welcher sich auf die Convergenz in gleichem Grade bezieht. Die Schwierigkeit, bei der Anzahl der zu unterscheidenden Fälle, den Beweis so zu redigiren, dass die Darstellung nicht einen Umfang erfordert, welcher wenig mit der Einfachheit der Sache harmonirt, hatte mich veranlasst, an einzelnen Stellen, z. B. beim 4. Satz S. 62, den Beweis nicht vollständig durchzuführen, sondern die Fortführung dem kundigen Leser zu überlassen. Ich werde hier nunmehr den Beweis des 2. Satzes vervollständigen.

Im 71. Bde von Borchardt's Journal stellte ich den 2. Satz in der Form auf: Die Fourier'sche Reihe für die endliche Function $f(x)$ convergirt in gleichem Grade, wenn $f(x)$ von $-\pi$ bis π continuirlich ist; in allen anderen Fällen ist sie nur „im allgemeinen“ in gleichem Grade convergent — nämlich selbstverständlich mit Ausnahme der Discontinuitätsstellen event. der Stellen $x = \pm\pi$. Im Handbuch wählte ich die Einkleidung, welche dasselbe besagt, aber für derartige Beweise zuweilen bequemer ist (z. B. wählte ich eine ähnliche auch in dem folgenden Zusatz zu S. 67), es lasse sich n so gross nehmen, dass $s - s_n$ (d. h. die continuirliche Summe der unendlichen Reihe weniger der Summe von n Gliedern der Reihe) kleiner bleibt, als eine gegebene Grösse, während x die Werthe von $-\pi$ bis π durchläuft, selbstverständlich mit Auslassung der Umgebungen von Discontinuitätsstellen, die man von vorn herein in einer beliebigen, dann aber festgehaltenen Entfernung von der Ordinate durch zwei Ordinaten abschliesst. Da s gleich $f(x)$ ist, so soll also, wenn man die gegebene Grösse $2\gamma c$ nennt (nämlich wie früher mit γ den grössten Werth von $f(x)$ bezeichnet, mit c aber eine vorgegebene kleine Grösse), nachgewiesen werden, dass für hinlänglich grosse n sei

$$f(x) - s_n < 2\gamma c.$$

Nach der obigen Bemerkung über die Behandlung der Stellen, für welche $x = \pm\pi$ ist, genügt es, den Beweis für die Curve mit Ausschluss dieser Stellen und ihrer Umgebung zu führen; der Beweis für den ausgeschiedenen Theil, dem man nur noch benachbarte Stücken hinzuzufügen hat, wird dann ebenso geführt, als ob es sich um die Umgebung des Punktes, für den $x = 0$ ist, handelte.

Wir haben, nach 4), den Satz nur in zwei Fällen zu beweisen:

a) wenn $f(x)$ continuirlich bleibt und nie wächst oder nie abnimmt. Zur Bequemlichkeit nehmen wir beim Beweise an, $f(x)$ sei positiv und nehme nie zu;

b) wenn $f(x)$ eine Function wie $\chi(x)$ in 2), also geometrisch eine gewisse gebrochene Gerade vorstellt. Wir behandeln zunächst den Fall

a) Es bleibt $f(x)$ continuirlich (ist positiv und nimmt nicht zu). Man beachte, dass der Beweis nicht für ein x in der von vorn herein ausgeschiedenen Umgebung von $x = \pm\pi$ zu führen ist! Nach (2) auf S. 58 ist πs_n die Summe der zwei Ausdrücke

$$\int_0^{\frac{1}{2}(\pi - x)} f(x + 2\alpha) \frac{\sin(2n+1)\alpha}{\sin\alpha}\, d\alpha, \quad \int_0^{\frac{1}{2}(\pi + x)} f(x - 2\alpha) \frac{\sin(2n+1)\alpha}{\sin\alpha}\, d\alpha,$$

deren jeder, nach S. 63, für $n = \infty$, gleich $\frac{1}{2}\pi f(x)$ wird.

Ich zeige, dass der erste bei hinlänglich grossem n sich von $\frac{1}{2}\pi f(x)$ um weniger als γc unterscheidet. Von dem zweiten gilt dasselbe.

Man nehme eine Zahl η so klein, dass $f(x+2\eta)$ sich von $f(x)$ gleichmässig für alle Werthe von x, die in Frage kommen, um weniger als $0{,}1\,\gamma c$ unterscheidet. Dies kann geschehen (und hierauf beruht die Beweiskraft unserer Schlüsse), weil f eine continuirliche Function ist. Nach der Gleich. (3) auf S. 61, die wir hier für den speciellen Fall $\nu=1$ anwenden $\left(\text{man setzt } \eta \text{ für } \frac{m}{n}\right)$ unterscheiden sich die Integrale

$$\int_0^{\frac{1}{2}(\pi-x)} f(x+2\alpha)\frac{\sin(2n+1)\alpha}{\sin\alpha}\,d\alpha,\quad \int_0^{\eta} f(x+2\alpha)\frac{\sin(2n+1)\alpha}{\sin\alpha}\,d\alpha,$$

die wir hier mit σ_n und τ_n bezeichnen wollen, von einander um weniger als

$$\frac{\varepsilon\gamma}{\eta n},$$

wo ε eine feste Zahl, die nach S. 59 unter 6 liegt, bezeichnet. Nehmen wir zunächst n so gross, dass

$$\frac{\varepsilon}{\eta n} < c$$

wird, so hat man $\sigma_n - \tau_n < 0{,}1\,\gamma c$. War die Grenze $\frac{1}{2}(\pi - x)$ schon hinlänglich klein, um unsere Forderung zu erfüllen, so ist die Einführung von τ überflüssig und man setzt σ selbst für τ.

Man beachte, dass

$$\mathrm{Gr}\,\sigma_n = \mathrm{Gr}\,\tau_n = \tfrac{1}{2}\pi f(x)$$

in Folge des 1. Satzes ist; zu beweisen hat man, dass sei

$$\tfrac{1}{2}\pi f(x) - \sigma_n < \gamma c.$$

Drückt man σ durch die obige Ungleichheit in τ aus, so zieht man hieraus, es genüge auch, wenn die Ungleichheit

$$(\alpha)\ \ldots\ \tfrac{1}{2}\pi f(x) - \tau_n < 0{,}9\,\gamma c$$

erfüllt wird. Nach dem zweiten Mittelwerthsatz hat man aber (S. 62)

$$\tau_n = f(x)\int_0^{\eta}\frac{\sin(2n+1)\alpha}{\sin\alpha}\,d\alpha + [f(x+2\eta)-f(x+2\xi)]\int_{\xi}^{\eta}\frac{\sin(2n+1)\alpha}{\sin\alpha}\,d\alpha,$$

wenn ξ einen Werth zwischen 0 und η, der eventuell auch 0 oder η selbst sein kann, vorstellt. Es ist durch Dirichlet bekannt, und wir wiederholen zum Schluss das Wesentliche von Dirichlet's Beweis, dass das erste Integral für $n = \infty$ die Zahl $\frac{1}{2}\pi$ vorstellt, für ein hinreichend grosses n aber beliebig nahe an $\frac{1}{2}\pi$ kommt, sich von $\frac{1}{2}\pi$ um weniger als $0,1\,c$ unterscheidet. Ferner war η so gewählt, dass $f(x) - f(x + 2\eta)$ kleiner als $0,1\,\gamma c$ wird. Daher unterscheidet sich die rechte Seite des Ausdrucks für τ_n um weniger als $0,3\,\gamma c$ von $\frac{1}{2}\pi f(x)$, während nach (α) schon der Nachweis genügte, dass τ_n sich um $0,9\,\gamma c$ von $\frac{1}{2}\pi f(x)$ unterscheide. Somit ist der Beweis im ersten Falle geführt.

b) Den Beweis der Convergenz in gleichem Grade (ausserhalb der Unstetigkeitsstelle) müssen wir noch für eine Function $f(x)$ führen, welche von $x = -\pi$ bis a gleich 1, von a bis π gleich 0 ist. Für eine solche reducirt sich das Integral πs_n (offenbar), je nachdem $x < a$ oder $x > a$ ist, auf den ersten oder zweiten Ausdruck

$$(x < a) \qquad \int_0^{\frac{1}{2}(a-x)} \frac{\sin(2n+1)\alpha}{\sin\alpha}\,d\alpha + \int_0^{\frac{1}{2}(\pi+x)} \frac{\sin(2n+1)\alpha}{\sin\alpha}\,d\alpha,$$

$$(x > a) \qquad \int_0^{\frac{1}{2}(\pi+x)} \frac{\sin(2n+1)\alpha}{\sin\alpha}\,d\alpha - \int_0^{\frac{1}{2}(x-a)} \frac{\sin(2n+1)\alpha}{\sin\alpha}\,d\alpha.$$

Jedes einzelne von den vier Integralen kann man aber (s. u.), wenn n gross genug genommen wird, gleichmässig für dasselbe n und alle x, die in Frage kommen, also mit Ausschluss der vorher abgegrenzten Umgebung von Punkten, für die $x = a$ oder $\pm\pi$ ist, beliebig nahe an $\frac{1}{2}\pi$ bringen; daher kommt der erste Ausdruck, gleichmässig von $x = -\pi$ bis $x = a$, beliebig nahe an π, der zweite für dasselbe n von $x = a$ bis $x = \pi$, beliebig nahe an 0, wie zu zeigen war.

Es bleibt noch übrig, nachzuweisen, dass alle diese Integrale, deren obere Grenze für kein x unter eine feste Grösse η herabsinkt, die durch das Stück bestimmt wird, welches man auf beiden Seiten des Punktes der Discontinuität und bei $x = \pm\pi$ abgeschnitten hat, beliebig nahe an $\frac{1}{2}\pi$ kommen, wenn man n denselben Werth ertheilt: Ein jedes von den vier Integralen unterscheidet sich von dem Integral bis η um ein beliebig kleines Stück. Setzt man nämlich

$$\frac{\sin(2n+1)\alpha}{\sin\alpha} = \frac{\sin(2n+1)\alpha}{\alpha} \cdot \frac{\alpha}{\sin\alpha}$$

und in Formel (3) auf S. 61

$$\varphi(\alpha) = \frac{\alpha}{\sin\alpha}, \quad \nu = 1,$$

so zeigt sich, dass das Integral mit der grösseren Grenze sich von

$$\int_0^\eta \frac{\sin(2n+1)\alpha}{\sin\alpha}\, d\alpha$$

höchstens um

$$\frac{\varepsilon\gamma}{n\eta}$$

unterscheidet, wo γ der grösste Werth von $\alpha : \sin\alpha$ zwischen 0 und $\frac{1}{2}\pi$, also $\frac{1}{2}\pi$ ist, daher bei hinreichend grossem n, welchen Werth man auch x ertheilt, dem Integrale zwischen 0 und η beliebig nahe kommt.

Dass das Integral nahe $\frac{1}{2}\pi$ ist, zeigt man, indem man $2n+1$ mit k bezeichnet, und das Integral von 0 bis η in eine Reihe von Integralen

$$\varrho_1 - \varrho_2 + \varrho_3 \pm \cdots \pm \varrho_\mu$$

zerlegt, wo die positive Grösse ϱ_ν gleich

$$\pm \int_{(\nu-1)\frac{\pi}{k}}^{\frac{\nu\pi}{k}} \frac{\sin k\alpha}{\sin\alpha}\, d\alpha$$

gesetzt wird, während ϱ_μ als obere Grenze η hat. Dann ist offenbar

$$\frac{2}{k}\cdot\frac{1}{\sin\frac{\nu\pi}{k}} < \varrho_\nu < \frac{2}{k}\cdot\frac{1}{\sin\frac{(\nu-1)\pi}{k}},$$

also $\varrho_\nu < \varrho_{\nu-1}$, und wenn $2m+1$ unter μ liegt,

$$\int_0^\eta \frac{\sin k\alpha}{\sin\alpha}\, d\alpha > \varrho_1 - \varrho_2 + \varrho_3 - \cdots - \varrho_{2m},$$

$$< \varrho_1 - \varrho_2 + \varrho_3 - \cdots - \varrho_{2m} + \varrho_{2m+1}.$$

Durch die Betrachtung, dass das Integral

$$\int_0^{\frac{1}{2}\pi} \frac{\sin k\alpha}{\sin\alpha}\, d\alpha$$

gleich $\frac{1}{2}\pi$ ist, und dass dasselbe, dass also $\frac{1}{2}\pi$ eine unendliche Reihe $\varrho_1 - \varrho_2 + \varrho_3 -$ etc. giebt, erhält man

$$\tfrac{1}{2}\pi > \varrho_1 - \varrho_2 - \cdots - \varrho_{2m},$$

$$< \varrho_1 - \varrho_2 - \cdots - \varrho_{2m} + \varrho_{2m+1}.$$

Offenbar wird ϱ_{2m+1}, wenn m auch nur eine hinlänglich grosse Zahl bedeutet, die endlich bleibt und nicht mit n zugleich in's Unendliche wächst, beliebig klein, wenn n hinlänglich gross ist (für $n=\infty$ wäre ϱ_{2m+1} gleich $1:m\pi$); die Summen $\varrho_1 - \cdots - \varrho_{2m}$ und $\varrho_1 - \cdots + \varrho_{2m+1}$ können sich von $\frac{1}{2}\pi$ noch nicht um ϱ_{2m+1} unterscheiden, also wird das Integral von 0 bis η sich von $\frac{1}{2}\pi$ noch nicht um die Grösse ϱ_{2m+1} entfernen, die man durch gehörige Wahl des k oder n beliebig klein machen kann.

Da die Grenze, der sich ϱ_1 für $n=\infty$ nähert, zuweilen in Frage kommt, so bemerke ich schliesslich, dass

$$\varrho_1 = \int_0^{\frac{\pi}{k}} \frac{\sin k\alpha}{\sin\alpha}\, d\alpha,$$

gleich dem Produkte eines Mittelwerths von $\frac{\alpha}{\sin\alpha}$ zwischen den Grenzen $\alpha = 0$ und $\alpha = \frac{\pi}{k}$ mal

$$\int_0^{\frac{\pi}{k}} \frac{\sin k\alpha}{\alpha}\, d\alpha = \int_0^{\pi} \frac{\sin\beta}{\beta}\, d\beta$$

wird. Der erstere wird für $n=\infty$ gleich 1, also ϱ_1 für $n=\infty$ gleich

$$\int_0^{\pi} \frac{\sin\beta}{\beta}\, d\beta.$$

Zur 2. Anmerkung auf S. 67.

Dort wurde der Satz bewiesen: „Eine Reihe, die nach Potenzen der Veränderlichen x geordnet ist, convergirt sicher von $x=0$ bis zu der Grenze der Convergenz, die Umgebung der Grenze ausgeschlossen, in gleichem Grade." Diese Fassung hat mehrfach zu der Deutung veranlasst, dass die Reihe entweder nicht mehr bis in die Grenze in gleichem Grade convergire oder dass wenigstens der Nachweis für diese Art der Convergenz sich nicht führen lasse, während ich die oben hervorgehobenen Worte nur deshalb hinzufügte und dem Satze durch ihre Fortlassung nicht die ganze Allgemeinheit gab, weil der Beweis für den vollständigen

Satz einen grösseren Apparat erfordert, den ich bei der nebensächlichen Untersuchung über die Convergenz einer Potenzreihe zu vermeiden wünschte. Ich bewies deshalb den Satz nur in der Allgemeinheit, in welcher er im Handbuche angewandt werden sollte. Da sich dem Gegenstande aber das Interesse Einiger zugewandt hat, so gebe ich den Satz nachträglich in seiner Vollständigkeit.

Lehrsatz. Eine für $x = \alpha$ convergirende Potenzreihe convergirt von $x = 0$ nicht nur bis an, sondern noch bis in $x = \alpha$ in gleichem Grade.

Man hat nicht ausdrücklich die Annahme hinzuzufügen, dass die Reihe bis $x = \alpha$ convergiren solle, da diese Convergenz aus der für $x = \alpha$ von selbst folgt. Ist nämlich die vorliegende Reihe

$$S = a_0 + a_1 x + a_2 x^2 + \cdots,$$

so muss $a_n \alpha^n$ für ein unendliches n Null werden, also für jedes n unter einer endlichen Grösse g bleiben, die, wenn n gross genug genommen wird, beliebig klein genommen werden kann. Setzt man

$$a_0 + a_1 x + a_2 x^2 + \cdots + a_n x^n = S_n,$$

so wird daher

$$S_{n+\nu} - S_n < g\left[\left(\frac{x}{\alpha}\right)^n + \left(\frac{x}{\alpha}\right)^{n+1} + \cdots + \left(\frac{x}{\alpha}\right)^{n+\nu}\right],$$

und demnach, so lange $x < \alpha$ bleibt,

$$S_{n+\nu} - S_n < \frac{\alpha}{\alpha - x}\, g \cdot \left(\frac{x}{\alpha}\right)^n,$$

also mit wachsendem n für jedes ν beliebig klein. Folglich (M. vergl. S. 64, I Definition) convergirt die Reihe S, sobald $x \leqq \alpha$.

Bei dem (nun folgenden) Beweise des Satzes, den ich durch eine Bemerkung von Herrn Cantor noch kürzen konnte, nehmen wir, ohne dadurch die Allgemeinheit zu beschränken, an, es sei $\alpha = 1$.

Beweis des Lehrsatzes:

Angenommen wurde, dass die Reihe der a convergire; wir setzen

$$s = a_0 + a_1 + a_2 + \cdots,$$
$$s_n = a_0 + a_1 + \cdots + a_n.$$

Wenn jetzt von S und S_n gehandelt wird, so sind hierunter die oben so bezeichneten Reihen unter der ausdrücklichen Voraussetzung verstanden, dass man für x einen von 1 verschiedenen Werth, der also kleiner als 1 zu nehmen ist, setzt.

Man hat

$$a_0 = s_1 - s_0, \quad a_1 = s_2 - s_1, \quad \ldots, \quad a_n = s_n - s_{n-1}, \quad \ldots,$$

also die Gleichung

$$S_n = (1-x)(s_0 + s_1 x + \cdots + s_{n-1} x^{n-1}) + s_n x^n.$$

Hieraus folgt, da man für x irgend einen bestimmten Werth gesetzt hat, der kleiner als 1 ist,

$$S = (1-x)(s_0 + s_1 x + s_2 x^2 + \cdots \text{ in inf.}),$$
$$S - S_n = (1-x)(s_n x^n + s_{n+1} x^{n+1} + \cdots) - s_n x^n.$$

Da die Reihe der a convergirt, so werden die aufeinanderfolgenden Grössen s_n mit wachsendem n sich immer mehr nähern und unter einer festen Grösse bleiben; es wird also ein Mittelwerth M_n zwischen der oberen und unteren Grenze der Zahlen

$$s_n, \quad s_{n+1}, \quad s_{n+2}, \quad \ldots$$

existiren von der Beschaffenheit, dass man hat

$$(1-x)(s_n x^n + s_{n+1} x^{n+1} + \cdots) = M_n (1-x)(x^n + x^{n+1} + \cdots)$$
$$= M_n x^n.$$

Daher ist

$$S - S_n = x^n (M_n - s_n),$$

also gewiss kleiner als $M_n - s_n$.

Unser Satz fordert den Beweis der folgenden Behauptung: Wie klein auch die Grösse ε gegeben sei, man kann n so gross nehmen, dass für jedes x von 0 bis 1 incl.

$$(a_0 + a_1 x + a_2 x^2 + \cdots) - (a_0 + a_1 x + \cdots + a_n x^n)$$

kleiner wird als ε, und für noch grössere n auch $< \varepsilon$ bleibt.

Die obige Differenz stimmt für $x = 1$ mit $s - s_n$, und wenn $x < 1$ ist, mit $S - S_n$ überein. Da die Reihe der a convergirt, so wird **erstens** von einem hinlänglich grossen n an, $s - s_n$ kleiner als ε, **zweitens** $s_{n+\nu} - s_n$ für jedes positive ν, also auch $M_n - s_n$, kleiner als ε.

Hiermit ist unser Satz bewiesen.

Wir ziehen aber hieraus einen Satz von **Abel**, der mehrfach im Handbuche erwähnt wird. Weil die unendliche Reihe mit jeder beliebigen Näherung ε durch eine ganze Function von einem Grade

n (der durch ε bestimmt wird)

$$a_0 + a_1 x + a_2 x^2 + \cdots + a_n x^n$$

dargestellt wird, so ist die unendliche Reihe eine continuirliche Function von x, oder, wie man gewöhnlich sagt, die Grenze, welcher sich die Function

$$a_0 + a_1 x + a_2 x^2 + \cdots$$

für $x = 1$ nähert, ist $a_0 + a_1 + a_2 + \cdots$, wenn die Reihe der a convergirt.

Einen einfachen Beweis dieses Abel'schen Satzes, welchen Abel im I. Bande des Crelle'schen Journals*) aufstellt und beweist, hat Dirichlet gegeben**). Bei dem Beweise unseres Lehrsatzes habe ich mich einer Transformation bedient, die bei Dirichlet vorkommt.

Zu S. 85.

Wir führen das weiter aus, was dort am Schlusse des § 18 angedeutet wurde:

Wenn k eine beliebige gebrochene positive Zahl bedeutet, so lässt sich x^k nicht mehr allgemein für jedes x in eine Reihe von Kugelfunctionen entwickeln, wohl aber noch dann, wenn x (positiv ist und) zwischen 0 und 1 liegt. Dass dies wirklich geschehen kann, erkennt man aus dem allgemeinen Satze über die Entwickelung von Functionen zweier Veränderlichen nach Kugelfunctionen, wenn man ihn auf den Fall anwendet, dass die Functionen von einer der beiden Veränderlichen, der Länge ψ, unabhängig werden.

Die Entwickelung ist aber keine bestimmte, sondern hängt von dem Werthe ab, den die Reihe für negative Werthe von x an-

*) Untersuchungen über die Reihe $1 + \frac{m}{1} x + \frac{m(m-1)}{1.2} x^2 + \text{etc.}$ S. 311—339.

**) Démonstration d'un théorème d'Abel; Note de M. Lejeune-Dirichlet. Communiquée par M. Liouville. Liouville, J. de Math. Deuxième Série. T. VII, 1862. S. 253—255. Liouville leitet seine Mittheilung mit den Worten ein: ... Causant un jour avec mon excellent et si regrettable ami Lejeune-Dirichlet, je lui disais que je trouvais assez difficile à exposer (et même comprendre) la démonstration qu'Abel a donnée de ce théorème important. Dirichlet se mit sur-le-champ à écrire sous mes yeux, dans le seul but de me venir en aide, la Note ci-après, qui m'a été d'un grand secours et qu'on me saura gré de livrer au public...

nehmen soll. Schreibt man z. B. vor, dass die Reihe für negative x dasselbe wie für positive darstellen soll, nämlich die k^{te} Potenz des Zahlenwerths von x, so stellt die erste von den vorstehenden Reihen, wenn man in ihr $2n$ durch k ersetzt, für positive x noch immer die Potenz dar, und man hat

$$x^k = \frac{1}{k+1} X^0 + 5 \frac{k}{(k+1)(k+3)} X^2 + 9 \frac{k(k-2)}{(k+1)(k+3)(k+5)} X^4 + \cdots,$$

während, wenn die Reihe für negative x den negativen Zahlwerth von x^k geben soll, die zweite Reihe diese Potenz für positive x darstellt, man also hat

$$x^k = \frac{3}{k+2} X^1 + 7 \frac{(k-1)}{(k+2)(k+4)} X^3 + 11 \frac{(k-1)(k-3)}{(k+2)(k+4)(k+5)} X^5 + \cdots.$$

Soll endlich die Reihe sich für negative x in Null verwandeln, so wird x^k für positive x durch das arithmetische Mittel aus den beiden Reihen dargestellt.

Zu S. 97—125.

Die Verallgemeinerung der Gaussischen hypergeometrischen Reihe durch einen Buchstaben q, über welche in dem Zusatze zum 2. Kapitel gehandelt wurde, hat Herrn Appell in Dijon zu einer Reihe interessanter Untersuchungen veranlasst, die er in den Comptes Rendus de l'Académie des Sciences, Tome LXXXIX, S. 841 und 1031 mittheilt. In diesem Nachtrage will ich auf dieselben nur hinweisen, und einige von den weiteren Resultaten erwähnen, die Herr Appell in den Comptes Rendus aus dem Jahre 1880, nämlich im XC. Bande S. 296, 731, 977 und im folgenden Bande am 16. August gewonnen hat.

Euler und Pfaff haben sich schon mit hypergeometrischen Reihen höherer Ordnung beschäftigt, d. h. mit solchen, welche statt der beiden Elemente α und β im Zähler und dem einen γ im Nenner, welche bei der Reihe von Gauss vorkommen, noch eine grössere Anzahl von Elementen im Zähler und Nenner enthalten, die dort ebenso auftreten wie α, β, resp. γ, so dass sich durch Vertauschung der Elemente im Zähler und ebenso der im Nenner befindlichen die Reihe nicht ändert. Diese Reihen dienen zur Integration von linearen Differentialgleichungen höherer Ordnungen, in derselben

Art, wie die Gaussischen zur Integration derer zweiter Ordnung, und nehmen also einen bestimmten Platz in der Analysis ein.*) Sie zeichnen sich ferner durch manche interessante Eigenschaft aus; z. B. sind die zwei Arbeiten von Clausen im III. Bde des Crelle'schen Journals zu erwähnen. In der ersten zeigt der Verfasser, dass die hypergeometrische Reihe $F(\alpha, \beta, \gamma, x)$ ein Quadrat besitzt, welches eine hypergeometrische Reihe der nächst höheren Ordnung ist, wenn die Bedingung erfüllt wird

$$\gamma = \alpha + \beta + \tfrac{1}{2}.$$

Die drei Elemente im Zähler so wie die zwei im Nenner der höheren Reihe sind dann

$$2\alpha, \quad 2\beta, \quad \alpha + \beta; \quad \gamma, \quad 2\gamma - 1.$$

In der zweiten Abhandlung findet er als Bedingungen, unter welchen das Produkt

$$F(\alpha, \beta, \gamma, x) . F(\alpha', \beta', \gamma', x)$$

eine hypergeometrische Reihe der nächst höheren Ordnung giebt, ausser den im vorigen speciellen Falle angeführten, die neuen

$$\gamma = \alpha + \beta + \tfrac{1}{2},$$
$$\alpha + \alpha' = \tfrac{1}{2}, \quad \beta + \beta' = \tfrac{1}{2}, \quad \gamma + \gamma' = 2.$$

Die Elemente der Reihe, welche gleich dem Produkte ist, sind ferner

$$\tfrac{1}{2}, \quad \tfrac{1}{2} + \alpha - \beta, \quad \tfrac{1}{2} - \alpha + \beta; \quad \gamma, \quad 2 - \gamma.$$

M. vergl. hierüber noch den unten folgenden Nachtrag zu S. 259.

Ein Beispiel hierfür geben die Kugelfunctionen; mit Hülfe von I. 218 findet man hieraus neue Formeln. Wenn man setzt $\varrho^2 = x^2 - 1$, und mit F eine hypergeometrische Reihe (der zweiten Ordnung) mit drei Elementen im Zähler und zweien im Nenner bezeichnet, so entsteht nämlich

$$[P_\nu^n(x)]^2 = \varrho^{2n} F(-n-\nu, \; -n+\nu, \; -n; \; \tfrac{1}{2}-n, \; -2n; \; -\varrho^{-2}),$$
$$[Q_n^\nu(x)]^2 = \varrho^{-2n-2} F(n+1-\nu, \; n+\nu+1, \; n+1; \; n+\tfrac{3}{2}, \; 2n+2; \; -\varrho^2),$$
$$P_\nu^n(x) Q_\nu^n(x) = F(\tfrac{1}{2}, \; \tfrac{1}{2}-\nu, \; \tfrac{1}{2}+\nu; \; n+\tfrac{3}{2}, \; \tfrac{1}{2}-n; \; -\varrho^{-2}).$$

Neues Licht verbreitete dieser Uebergang zu höheren Ordnungen nicht.

---

*) M. vergl. Thomae, Ueber die höheren hypergeometrischen Reihen, insbesondere über die Reihe $1 + \frac{a_0 a_1 a_2}{1 . b_1 b_2} x +$ etc. Math. Annalen, Bd. II.

Dagegen veranlasste mich der Umstand, dass die Θ-Functionen als specielle Fälle in den durch q verallgemeinerten Reihen enthalten sind, dass aber die Θ der höheren Ordnungen mehrere Veränderliche enthalten, eine solche Verallgemeinerung der Gaussischen Reihe zu der nächst höheren Ordnung aufzusuchen, welche zugleich zwei Veränderliche enthält, ohne doch die wesentlichen Eigenschaften der ursprünglichen Reihe zu verlieren. Eine solche Erweiterung hat aber Herr Appell gefunden, und an den erwähnten Stellen berichtet er über seine Resultate, deren Bedeutung der nachfolgende kurze Auszug zeigen wird.

Bezeichnet man mit ihm

$$\lambda(\lambda+1)\ldots(\lambda+k-1)$$

mit (λ, k), und setzt $(\lambda, 0) = 1$, so sind vier Functionen einzuführen

$$F_1(\alpha, \beta, \beta', \gamma, x, y) \quad = \Sigma \frac{(\alpha, m+n)(\beta, m)(\beta', n)}{(\gamma, m+n)(1, m)(1, n)} x^m y^n,$$

$$F_2(\alpha, \beta, \beta', \gamma, \gamma', x, y) = \Sigma \frac{(\alpha, m+n)(\beta, m)(\beta', n)}{(\gamma, m)(\gamma', n)(1, m)(1, n)} x^m y^n,$$

$$F_3(\alpha, \alpha', \beta, \beta', \gamma, x, y) = \Sigma \frac{(\alpha, m)(\alpha', n)(\beta, m)(\beta', n)}{(\gamma, m+n)(1, m)(1, n)} x^m y^n,$$

$$F_4(\alpha, \beta, \gamma, \gamma', x, y) \quad = \Sigma \frac{(\alpha, m+n)(\beta, m+n)}{(\gamma, m)(\gamma', n)(1, m)(1, n)} x^m y^n,$$

wenn die Summen von m und n gleich 0 bis ∞ genommen werden.

Jede dieser Functionen genügt einer partiellen Differentialgleichung nach x und y; setzt man z. B.

$$\frac{\partial F_1}{\partial x} = p, \quad \frac{\partial F_1}{\partial y} = q, \quad \frac{\partial^2 F_1}{\partial x^2} = r, \quad \frac{\partial^2 F_1}{\partial x \partial y} = s, \quad \frac{\partial^2 F_1}{\partial y^2} = t,$$

so werden die Gleichungen für F_1

$$(1-x)xr + (1-x)ys + [\gamma - (\alpha+\beta+1)x]p - \beta yq \ - \alpha\beta F_1 \ = 0,$$

$$(1-y)\,yt + (1-y)xs + [\gamma - (\alpha+\beta'+1)y]q - \beta' xp - \alpha\beta' F_1 = 0.$$

Aehnliche findet man für F_2, F_3 und F_4. Addirt man die für F_2 bestehenden, indem man dieselben Buchstaben p, q, etc. für die partiellen Differentialquotienten von F_2 setzt, so findet man, wenn man $\beta + \beta' = \delta$ macht,

$$(1-x)xr + (1-y)yt - 2xys + [\gamma - (\alpha+\delta+1)x]p \cdot$$
$$+ [\gamma' - (\alpha+\delta+1)y]q - \alpha\delta F_2 = 0.$$

Es mag z ein Integral dieser Gleichung sein, z_1 ein solches, welches derselben nach Vertauschung von α und δ mit $\alpha-\lambda$ und $\delta+\lambda$ genügt. Sind dann z und z_1 Polynome und sind γ, γ', $1+\alpha+\delta-\gamma-\gamma'$ positiv, λ und $\delta-\alpha+\lambda$ nicht Null, so wird

$$\iint x^{\gamma-1} y^{\gamma'-1} (1-x-y)^{\alpha+\delta-\gamma-\gamma'} z z' \partial x \partial y = 0,$$

wenn das Integral über den Flächeninhalt eines Dreiecks ausgedehnt wird, welches durch Gerade mit den Gleichungen

$$x=0, \quad y=0, \quad x+y-1=0$$

gebildet ist.

Macht man

$$U_{m,n} = x^{1-\gamma} y^{1-\gamma'} \partial^{m+n} \frac{[x^{m+\gamma-1} y^{n+\gamma'-1} (1-x-y)^{m+n}]}{\partial x^m \partial y^n},$$

so ist diese Function eine ganze Function

$$U_{m,n} = (\gamma, m)(\gamma', n) F_2(-m-n, m+\gamma, n+\gamma', \gamma, \gamma', x, y),$$

und wenn man setzt

$$[m, n, \mu, \nu] = \iint x^{\gamma-1} y^{\gamma'-1} U_{m,n} U_{\mu,\nu} \partial x \partial y,$$

wo die Integration wie oben zu verstehen ist, so findet man $[m, n, \mu, \nu] = 0$, wenn $m+n$ und $\mu+\nu$ verschieden sind, aber

$$= \frac{\Gamma^2(m+n+1)\Gamma(\gamma+\mu+m)\Gamma(\gamma'+\nu+n)}{\Gamma(2m+2n+\gamma+\gamma'+1)},$$

wenn $m+n=\mu+\nu$.

Setzt man endlich

$$f(u, v) = u^{\alpha-1} v^{\alpha'-1} (1-u-v)^{\gamma-\alpha-\alpha'-1},$$

$$\alpha > 0, \quad \alpha' > 0, \quad \gamma-\alpha-\alpha' > 0,$$

so kann man F_3 durch folgendes Doppelintegral ausdrücken

$$\iint f(u, v)(1-ux)^{-\beta}(1-vy)^{-\beta'} \partial u \partial v$$

$$= \frac{\Gamma\alpha\,\Gamma\alpha'\,\Gamma(\gamma-\alpha-\alpha')}{\Gamma\gamma} F_3(\alpha, \alpha', \beta, \beta', \gamma, x, y);$$

die Integration ist über den Raum auszuführen, wo $u>0$, $v>0$, $1-u-v>0$. Aehnliche Formeln stellt Herr Appell auch für F_2 auf, giebt ferner Formeln zur Transformation von F_1 in F_3, von F_3 in F_2, und andere merkwürdige Beziehungen zwischen solchen allgemeineren hypergeometrischen Reihen. Eine grössere Abhandlung über diesen Gegenstand wird er, wie er mir mittheilt, im Journal f. reine und angewandte Mathematik veröffentlichen.

Zu S. 101.

Nach dem ersten Absatze schalte man ein:

Ist aber a_2 nicht Null, so setze man $y = zx^n$, und nehme für n eine Wurzel der Gleichung

$$a_0 n^2 + a_1 n + a_2 = 0.$$

Dann genügt z einer Differentialgleichung von derselben Form wie y, in welcher aber der a_2 entsprechende Faktor Null ist. Es wird also y, wenn es nicht selbst gleich einer hypergeometrischen Reihe ist, sich durch ein oder zwei Aggregate ausdrücken lassen, deren jedes durch das Produkt einer solchen Reihe und einer Potenz von x gebildet wird.

Zu S. 155 und 201.

Die Formel (f) ist nicht zuerst von Jacobi, sondern schon von Rodrigues angegeben. M. vergl. S. 20.

Zu S. 183.

1) An dieser Stelle habe ich den Satz aufgestellt und bewiesen, dass $P^{(n)}(\cos\gamma)$ mit wachsendem n nicht nur dann zu Null convergirt, wenn γ eine feste reelle Zahl ist, sondern auch dann, wenn γ von der Form ist $\theta . n^{-\alpha}$, wo θ eine feste Grösse, α eine positive Zahl unter $\frac{1}{2}$ ist, während P zu $J(\theta)$ convergirt, wenn $\alpha = 1$ gesetzt wird. Herr Bruns hat neuerdings diesen Satz noch verallgemeinert *),

---

*) Borchardt, Journal f. Math. Bd. 90, S. 322 - 328. Herr Dini hatte den Theil des Beweises für den Satz über die Entwickelung einer Function von zwei Veränderlichen, welcher durch Dirichlet nicht ganz erledigt war, auf die Untersuchung der Grenze eines anderen Integrales als Dirichlet, nämlich von

$$\int_0^{\pi} F(\vartheta) \frac{dP^n(\cos\vartheta)}{d\vartheta} d\vartheta$$

für $n = \infty$ zurückgeführt. Trotz des zu Grunde liegenden glücklichen Gedankens gelang es ihm jedoch nicht, die Untersuchung zum völligen Abschluss zu bringen, indem er seine eigene fernere Beweisführung auf einem Satz über den Werth der Kugelfunction $P^n(\cos\gamma)$ für $n = \infty$ aufbaute, den er entlehnt hatte, der aber zu Bedenken Anlass gab. M. vergl. hierüber I. 171 und 178—179. Nachdem ich den Satz von indem er nachwies, dass $P^{(n)}(\cos\gamma)$ für $n=\infty$ Null wird, sobald γ so beschaffen ist, dass $\gamma < \pi$ und $n\gamma$ unendlich wird. Für diesen Satz gebe ich unter 2) einen Beweis, der sich den Entwickelungen des Handbuchs anschliesst.

Stellt man den Satz mit ganz bekannten Eigenschaften der P zusammen, so kennt man daher den Grenzwerth für $n=\infty$ von $P^{(n)}(\cos\gamma)$ für jedes reelle γ. Derselbe ist nämlich, wenn γ zwischen 0 und $\frac{1}{2}\pi$ liegt, gleich

$$0,\quad J(\theta),\quad 1,$$

je nachdem $n\gamma$ resp. unendlich wird, oder gleich einem endlichen festen von 0 verschiedenen Werthe θ, oder gleich 0.

2) Es soll γ für $n=\infty$ verschwinden und $n\gamma$ unendlich werden; man kann also setzen

$$\gamma = \frac{\theta h}{n},$$

wo h mit n unendlich wird, aber so, dass der Bruch $\frac{h}{n}$, den wir abgekürzt durch 2ε bezeichnen, als Grenze 0 giebt. Man hat (7, b)

$$\pi P^{(n)}(\cos\gamma) = \int_0^\gamma \frac{\cos(n+\frac{1}{2})\varphi\, d\varphi}{\sqrt{\sin^2\frac{1}{2}\gamma - \sin^2\frac{1}{2}\varphi}},$$

und hieraus, wenn man statt φ eine Veränderliche ψ durch die Gleichung $n\varphi = h\psi$ einführt,

$$(a)\ \ldots\quad \tfrac{1}{2}\pi P^{(n)}(\cos\gamma) = \int_0^\theta \frac{\varepsilon}{\sqrt{\sin^2\varepsilon\theta - \sin^2\varepsilon\psi}} \cos(\psi h + \psi\varepsilon)\, d\psi.$$

Man multiplicirt unter dem Integrale im Zähler und Nenner mit $\sqrt{\theta^2-\psi^2}$. Der Ausdruck unter dem Integrale auf der Rechten ist gleich dem Produkte aus

$$\sqrt{\frac{\theta^2-\psi^2}{\left(\frac{\sin\varepsilon\theta}{\varepsilon}\right)^2 - \left(\frac{\sin\varepsilon\psi}{\varepsilon}\right)^2}},$$

S. 183 aufgefunden hatte, konnte ich den Beweis des Herrn Dini von einer gewissen Stelle an aufnehmen und zum Schluss bringen, wobei der Mittelwerthsatz des Herrn du Bois-Reymond eine wesentliche Rolle spielte. M. vergl. I. 435—437. Diese Bemerkungen stelle ich hier zusammen, um die Einleitung der Arbeit des Herrn Bruns zu ergänzen, aus deren Wortlaut der Sachverhalt sich wohl nicht leicht entnehmen lässt. Der gegenwärtige Beweis des viel umworbenen Satzes von Laplace, unter den Beschränkungen, welche ich der zu entwickelnden Function auferlegte, hat, so viel ich weiss, nicht zu Bedenken Anlass gegeben.

— und dieser Faktor wird mit wachsendem n unendlich nahe gleich 1 — und aus der Function

$$\frac{\cos(\psi h+\psi\varepsilon)}{\sqrt{\theta^2-\psi^2}}.$$

Daher wird $\frac{1}{2}\pi P^{(n)}(\cos\gamma)$ unendlich nahe gleich

$$\int_0^{\theta}\frac{\cos(\psi h+\psi\varepsilon)}{\sqrt{\theta^2-\psi^2}}\,d\psi;$$

durch die Substitution $\psi=\theta-\eta$ geht dies Integral in

$$\int_0^{\theta}\cos[(h+\varepsilon)(\theta-\eta)]\frac{d\eta}{\sqrt{2\theta-\eta}\cdot\sqrt{\eta}}$$

über, und wird nach dem 4. Satz auf S. 62, da h, folglich $h+\varepsilon$ mit wachsendem n in's Unendliche wächst, zu Null, und zwar zu derselben Ordnung wie $h^{-\frac{1}{2}}$.

3) Die am Schluss von 1) angegebenen weiteren Eigenschaften von P kann man gleichfalls aus (a) in 2) ableiten. Es wird erstens $n\gamma$ auch noch unendlich, und zwar ohne dass γ, wie es in 2) geschah, Null wird, wenn $h=n$ ist, zweitens $n\gamma$ endlich und nicht Null, wenn $h=1$, drittens $n\gamma$ endlich und Null, wenn $h=0$ für $n=\infty$ genommen wird. Im ersten Falle folgt aus (a)

$$\pi P^n(\cos\gamma)=\int_0^{\theta}\frac{\cos(n+\frac{1}{2})\psi\,d\psi}{\sqrt{\sin^2\frac{1}{2}\theta-\sin^2\frac{1}{2}\psi}};$$

also wird P Null von derselben Ordnung wie $n^{-\frac{1}{2}}$; im zweiten Falle geht $P^n(\cos\gamma)$, nach (a), für $n=\infty$ in

$$\frac{2}{\pi}\int_0^{\theta}\frac{\cos\psi\,d\psi}{\sqrt{\theta^2-\psi^2}}$$

über, und dieser Ausdruck stimmt mit $J(\theta)$ überein (S. 184). Im dritten Falle endlich, wenn h für ein unendliches n sich in Null verwandelt, hat man aus (a) für $n=\infty$

$$P^{(n)}(\cos\gamma)=\frac{2}{\pi}\int_0^{\theta}\frac{d\psi}{\sqrt{\theta^2-\psi^2}}=1.$$

Hierdurch ist zugleich der Beweis des Hülfssatzes für den § 117 vereinfacht.

Zu S. 221.

Herr Hermite hat im Eingange seiner Abhandlungen, welche in den Comptes rendus unter dem Titel Sur quelques applications des Fonctions elliptiques erschienen sind, bemerkt, dass wenn $F(x)$ eine Lösung der Lamé'schen Differentialgleichung

$$\frac{d^2y}{dx^2} = [n(n+1)k^2\mathrm{sn}^2 x + h]y$$

ist, in welcher n eine ganze positive Zahl vorstellt, das allgemeine Integral sei

$$y = CF(x) + C'F(-x).$$

Die Function $F(x)$ ist, wenn n eine positive ganze Zahl bezeichnet, eine solche welche (I. 398) die Gleichungen

$$F(x+2K) = \mu F(x), \quad F(x+2iK') = \mu' F(x)$$

erfüllt, wenn μ und μ' Constante bezeichnen. Während man im allgemeinen zwei Lösungen von ähnlicher Form $F(x)$ und $F(-x)$ besitzt, die nicht periodisch sind, nehmen die Lösungen in dem Grenzfalle, der gerade der Gegenstand unserer Untersuchungen über die Lamé'schen Functionen war, eine verschiedene Gestalt an; man weiss, dass die eine Lösung eine ganze Function von $\mathrm{sn}\,x$, $\mathrm{cn}\,x$ und $\mathrm{dn}\,x$ wird, während die zweite noch elliptische Integrale der beiden ersten Gattungen enthält. Die Untersuchungen, welche die allgemeine Lamé'sche Gleichung betreffen, hat Herr Hermite in einer besonderen Arbeit*) auf den speciellen Fall übertragen, in welchem Lamé's Differentialgleichung in die der Kugelfunctionen übergeht. Diejenigen Resultate, welche mit den Entwickelungen auf S. 221 in Verbindung stehen, sollen hier mitgetheilt werden.

Aus S. 221 folgt, dass die Differentialgleichung für die Kugelfunctionen

$$(36) \ldots \quad \frac{d}{dx}\left[(1-x^2)\frac{dy}{dx}\right] + \left[n(n+1) - \frac{\nu^2}{1-x^2}\right]y = 0$$

ein Integral besitzt

$$P_\nu^{(n)}(x) = \frac{\Pi(n+\nu)}{1.3\ldots(2n-1).\Pi\nu}\left(\frac{x-1}{x+1}\right)^{\frac{1}{2}\nu} F\left(-n,\ n+1,\ \nu+1,\ \frac{1-x}{2}\right).$$

---

*) Sur l'intégration de l'équation différentielle de Lamé, Borchardt's Journal Bd. 89, S. 9—18.

Die rechte Seite dieser Gleichung ist nicht nur dann eine Lösung, wenn, ausser n, auch ν eine positive ganze Zahl wird, vielmehr auch dann noch, wenn man für ν eine beliebige Zahl ausser -1 nimmt, also für ν die nicht negative Wurzel aus ν^2.

Wenn man x in der Gleichung (36) mit $-x$ vertauscht, so bleibt die Gleichung ungeändert und es ist daher

$$R = \frac{\Pi(n+\nu)}{1.3\ldots(2n-1)\Pi\nu}\left(\frac{x+1}{x-1}\right)^{\frac{1}{2}\nu} F\left(-n,\ n+1,\ \nu+1,\ \frac{1+x}{2}\right)$$

gleichfalls eine Lösung von (36). Vorausgesetzt, dass P und R verschiedene Lösungen sind, ist also das allgemeine Integral von (36)

$$y = CP_\nu^{(n)}(x) + C'R.$$

Dies ist eine algebraische Function von x von sehr einfacher Gestalt, da die hypergeometrischen Reihen, die in P und R vorkommen, ganze Functionen von x sind.

So lange $\pm\nu$ nicht eine von den Zahlen 0, 1, 2, ... n, übrigens aber eine beliebige Zahl bedeutet, sind die Integrale P und R in der That verschieden, ist aber ν eine von diesen Zahlen, so sind die Lösungen gleich. Durch eine Combination von P und R, welche man häufig in dem Falle des Gleichwerdens zweier Lösungen anwendet, findet man dennoch in diesem Falle eine zweite Lösung, welche dann unsere Lösung $Q_\nu^n(x)$ giebt.

Dass P und R für ein ganzes positives n dieselben Lösungen geben, wenn ν eine von den Zahlen 0, 1, 2, etc., n bedeutet, wurde bereits im V. Kapitel S. 238 gezeigt. Wir beweisen, dass die Lösungen verschieden bleiben, wenn ν eine andere Zahl vorstellt.

Wären sie nämlich gleich, so wäre das Produkt von $(x+1)^\nu$ in eine für $x=1$ nicht verschwindende Function, nämlich in

$$F(-n,\ n+1,\ \nu+1,\ 1) = \frac{\Pi\nu\,\Pi(\nu-1)}{\Pi(\nu+n)\,\Pi(\nu-n-1)},$$

gleich dem Produkt von $(x-1)^\nu$ mit einer endlichen Function, was unmöglich ist, da das letzte Produkt für $x=1$ Null wird.

Drückt man $F\left(-n, n+1, \nu+1, \frac{1-x}{2}\right)$ nach I. 158, (24) durch einen ν^{ten} Differentialquotienten aus, so erhält man das vollständige Integral im allgemeinen, d. i., wenn nicht $\nu = 0, 1, 2, \ldots, n$ ist, als algebraische Function in der Form

$$C\left(\frac{1+x}{1-x}\right)^{\frac{1}{2}\nu}\frac{d^n}{dx^n}[(1-x)^{n+\nu}(1+x)^{n-\nu}]$$
$$+C'\left(\frac{1-x}{1+x}\right)^{\frac{1}{2}\nu}\frac{d^n}{dx^n}[(1+x)^{n+\nu}(1-x)^{n-\nu}].$$

Um von dem allgemeinen Falle auf den speciellen eines positiven ganzen ν, welches $< n+1$ ist, zu kommen, geht man davon aus, dass ausser dem ersten Integral $P_\nu^n(x)$ auch die Verbindung der beiden Lösungen

$$(b)\ \dots\quad P_\nu^{(n)}+(-1)^{n+1}R$$

eine Lösung ist; während die erstere aber für ein ganzzahliges ν die Kugelfunction erster Art in ihrer gewöhnlichen Gestalt ist, wird der vorstehende Ausdruck 0, so dass seine Variation nach ν für $\nu=0, 1, 2, \dots, n$, die zweite, $Q_\nu^{(n)}$ entsprechende Lösung giebt. Man bilde die Variation von

$$\left(\frac{x-1}{x+1}\right)^{\frac{1}{2}\nu}F\left(-n, n+1, \nu+1, \frac{1-x}{2}\right)+(-1)^{n+1}\left(\frac{x+1}{x-1}\right)^{\frac{1}{2}\nu}F\left(-n, n+1, \nu+1, \frac{1-x}{2}\right).$$

Variirt man zunächst die Factoren

$$\left(\frac{x-1}{x+1}\right)^{\pm\frac{1}{2}\nu},$$

so tritt vor dieselben der Factor

$$\pm\tfrac{1}{2}\log\frac{x-1}{x+1}.$$

Berücksichtigt man, dass der erste und zweite Summand für die in Rede stehenden Werthe von ν gleich und entgegengesetzt werden, so giebt also die Variation von (b), im vorliegenden besonderen Falle, die zweite Lösung in der Form

$$P_\nu^{(n)}(x)\log\frac{x-1}{x+1}+\left(\frac{x-1}{x+1}\right)^{\frac{1}{2}\nu}\Phi(\nu, x)+(-1)^{n+1}\left(\frac{x+1}{x-1}\right)^{\frac{1}{2}\nu}\Phi(\nu, -x),$$

wo die ganze Function von x, die hier mit der Bezeichnung Φ eingeführt wird, ein Differentialquotient nach ν ist, nämlich

$$\Phi(\nu, x)=\frac{\Pi(n+\nu)}{1.3\dots(2n-1)\Pi\nu}\frac{d}{d\nu}\left[F\left(-n, n+1, \nu+1, \frac{1-x}{2}\right)\right].$$

Man vergleiche diese Form für die zweite Lösung mit den früher gefundenen Formen von Q_ν^n, für den Fall $\nu=0$ mit (20, c) auf S. 141, für grössere Werthe von ν mit den Gleichungen § 54 auf S. 230. Mit Hülfe der von Gauss eingeführten Functionen Ψ lässt sich übrigens Φ als endliche Reihe leicht angeben. Es ist nämlich $\Phi(\nu, x)$, wenn man von dem numerischen Faktor absieht, der dem Differentialquotienten vorausgeht, gleich

$$\Psi(\nu).F\left(-n, n+1, \nu+1, \frac{1-x}{2}\right) -$$

$$\left[1.\Psi(\nu) - \frac{(n+1)n}{2(n+1)}\Psi(\nu+1)(1-x) + \frac{(n+2)\ldots(n-1)}{2.4.(n+1)(n+2)}\Psi(\nu+2)(1-x)^2 - \text{etc.}\right].$$

Schliesslich bemerke ich, dass die Reihen für die beiden Lösungen der Differentialgleichung (36) durch Umkehrung, d. i. statt nach aufsteigenden nach absteigenden Potenzen von $1-x$ geordnet, geben

$$P_\nu^{(n)}(x) = \left(\frac{x-1}{x+1}\right)^{\frac{1}{2}\nu}(x-1)^n F\left(-n, -n-\nu, -2n, \frac{2}{1-x}\right),$$

$$R = \left(\frac{x+1}{x-1}\right)^{\frac{1}{2}\nu}(x+1)^n F\left(-n, -n-\nu, -2n, \frac{2}{1+x}\right);$$

die beiden Lösungen sind selbstverständlich, da sie mit den früheren übereinstimmen, nur dann verschieden, wenn ν nicht eine von den Zahlen $0, 1, 2, \ldots, n$ bedeutet.

Der Fall, dass n nicht mehr gleich einer ganzen Zahl gesetzt wird, giebt zu ähnlichen Untersuchungen Anlass. Er wurde bereits bei der Theorie der Kegelfunctionen im § 64 des zweiten Bandes, soweit es dort erforderlich war, behandelt.

Zu S. 248.

Den dort entwickelten Formeln füge ich noch die folgenden hinzu:

Wenn q eine positive Zahl bezeichnet, so ist für ein unendliches q

$$J_\nu(p+qi) = \frac{i^\nu e^{q-pi}}{\sqrt{2q\pi}},$$

$$K_\nu(p+qi) = (-i)^\nu e^{-q+pi}\sqrt{\frac{\pi}{2q}}.$$

Zu S. 258—259.

Die Gleichung (48) kommt schon in den Leçons sur les fonctions inverses etc. von Lamé (Paris 1857) vor, im § 170, Gleich. (28).

Man füge ferner zu der Recursionsformel für $2\sqrt{x^2-1}\,\frac{dP_\nu}{dx}$ auf S. 259 (es ist dort der Faktor 2 ausgelassen) noch die entsprechende hinzu:

$$2\sqrt{x^2-1}\,\frac{dQ_\nu}{dx} = -(n+\nu+1)Q_{\nu+1}-(n-\nu+1)Q_{\nu-1}.$$

Zum 4. Kapitel des I. Theiles.

Die Kugelfunctionen P und Q und ihre Differentialquotienten sind hypergeometrische Reihen und genügen als solche der bekannten linearen Differentialgleichung zweiter Ordnung. In dem Zusatze zu S. 97—125 war bereits gezeigt, dass Clausen's Untersuchungen über die Fälle, in welchen das Produkt zweier Gauss'schen hypergeometrischen Reihen eine Reihe der nächst höheren (zweiten) Ordnung giebt, uns für die Quadrate der Kugelfunctionen P_ν^n und Q_ν^n, und ebenso für das Produkt dieser Functionen $P_\nu^n . Q_\nu^n$, eine hypergeometrische Reihe zweiter Ordnung verschaffen. Herr F. Neumann (Königsberg) hat in seinen Beiträgen zur Theorie der Kugelfunctionen*) gezeigt, dass das Produkt zweier Kugelfunctionen mit verschiedenen Indices und gleichem Argument x,

$$P^{(m)}P^{(n)},\quad Q^{(m)}Q^{(n)},\quad P^{(m)}Q^{(n)},$$

einer linearen Differentialgleichung vierter Ordnung genügt, welche auf die dritte Ordnung hinabsinkt, wenn die Indices m und n einander gleich werden. Dasselbe zeigt Herr F. Neumann von den Zugeordneten $P_1^{(n)}$ und Q_1^n. Ferner entwickelt er die erwähnten Produkte in Reihen von Kugelfunctionen. Endlich erweitert er die Resultate indem er Produkte aus einer grösseren Anzahl von Kugelfunctionen bildet. Um das Handbuch zu vervollständigen, theile ich den Gang der Untersuchung und einige Resultate mit, die sich in der 2. Abtheilung S. 81—156 bei Herrn Neumann finden.

§ 1. Zunächst stellen wir die erwähnten linearen Differentialgleichungen 4. resp. 3. Ordnung auf.

Man setze

$$P^{(m)}(x)P^n(x) = Y,\quad \frac{dP^m(x)}{dx}\,\frac{dP^n(x)}{dx} = Z;$$

$$1-x^2 = f,\quad m(m+1) = M,\quad n(n+1) = N.$$

*) Erste und zweite Abtheilung. Leipzig 1878. S. 1—156, 4°.

Dann sind die Gleichungen für P^m und P^n

$$\frac{d(f.P^m(x))}{dx} + MP^m(x) = 0,$$

$$\frac{d(f.P^n(x))}{dx} = NP^n(x) = 0.$$

Da aber durch Differentiirung von Y nach x sich ergiebt

$$f\frac{dY}{dx} = P^n \cdot f\frac{dP^m}{dx} + P^m \cdot f\frac{dP^n}{dx},$$

so erhält man durch eine fernere Differentiation

$$(a) \ldots \quad \frac{d}{dx}\left(f\frac{dY}{dx}\right) + (M+N)Y - 2fZ = 0.$$

Andererseits hat man, wenn man

$$f^2Z = f\frac{dP^m}{dx} \cdot f\frac{dP^n}{dx}$$

nach x differentiirt,

$$\frac{d(f^2Z)}{dx} = -fMP^m\frac{dP^n}{dx} - fNP^n\frac{dP^m}{dx}$$

und durch nochmalige Differentiation

$$(b) \ldots \quad \frac{d^2(f^2Z)}{dx^2} = 2MNY - (M+N)fZ.$$

Aus (a) und (b) eliminirt man Z und findet

$$\frac{d^2}{dx^2}\left[f\frac{d}{dx}\left(f\frac{dY}{dx}\right)\right] + (M+N)\frac{d}{dx}\left[2f\frac{dY}{dx} + Y\frac{df}{dx}\right] + (M-N)^2Y = 0.$$

Setzt man statt f, Y, etc. ihre Werthe ein, so erhält man für das Produkt

$$Y = P^{(m)}(x)P^{(n)}(x)$$

die Differentialgleichung vierter Ordnung

$$\frac{d^2}{dx^2}\left[(1-x^2)\frac{d}{dx}\left((1-x^2)\frac{dY}{dx}\right)\right]$$

$$+2[m(m+1)+n(n+1)]\frac{d}{dx}\left[(1-x^2)\frac{dY}{dx} - xY\right] + (m-n)^2(m+n+1)^2Y = 0.$$

Derselben Differentialgleichung würden offenbar die Produkte P^mQ^n oder Q^mQ^n genügen.

Diese Differentialgleichung vierter Ordnung verwandelt sich, wenn $m = n$ gesetzt wird, indem man nach x integrirt, in die folgende dritter Ordnung:

$$\frac{d}{dx}\left[(1-x^2)\frac{d}{dx}\left((1-x^2)\frac{dY}{dx}\right)\right]+4m(m+1)\left[(1-x^2)\frac{dY}{dx}-xY\right]=0.$$

Die rechte Seite ist nämlich 0 und nicht eine andere Constante; man zeigt dies sofort für den Fall $Y=P^m P^n$, indem man, zur Bestimmung der Constanten, $x=1$ setzt und bemerkt, dass dann $P^m=1$, und dass, wegen der Differentialgleichung welcher die Kugelfunction P genügt, der Differentialquotient von P^m nach x gleich $\frac{1}{2}m(m+1)$ wird. Würde man die Rechnung, welche uns die Differentialgleichung vierter Ordnung verschaffte, mit der Vereinfachung ausführen, welche dadurch entsteht, dass man $m=n$ setzt, so würde man daher diese specielle Gleichung, und zwar gleichgültig welches von den drei Produkten $Q^m P^m$, $P^m Q^m$, $Q^m Q^m$ gleich Y gesetzt war, erhalten. Daher genügt jedes der drei Produkte der obigen Differentialgleichung dritter Ordnung.

Eine Differentialgleichung für Z ergiebt sich unmittelbar aus den obigen Formeln.

§ 2. Herr F. Neumann hat die Differentialgleichung 4. Ordnung, und zugleich auch die der dritten durch Reihen integrirt, welche nach Kugelfunctionen fortschreiten.

Zuerst handeln wir von dem Produkte der Kugelfunctionen erster Art $P^m(x)P^n(x)$; aus den bekanntesten Eigenschaften der Kugelfunctionen geht hervor, dass sich dies in der That durch eine Reihe

$$(c) \ldots \quad P^m(x)P^n(x)=\Sigma a_p P^p(x)$$

darstellen lasse, wo p, wenn $n \geqq m$ ist, alle Werthe $n-m$, $n-m+2$, $n-m+4$, etc., $n+m$ durchläuft, also alle Werthe von $n-m$ bis $n+m$, welche diesen Zahlen gleichartig sind. Die Coefficienten a der Entwickelung findet man durch ein ähnliches Verfahren wie bei der Integration durch Potenzreihen. Hier reducirt man durch (8) und (16), d. i. durch die Gleichungen

$$\frac{d}{dx}\left[(1-x^2)\frac{dP^\nu}{dx}\right]=-\nu(\nu+1)P^\nu;$$

$$(2\nu+1)xP^\nu=(\nu+1)P^{\nu+1}-\nu P^{\nu-1}, \quad P^1=xP^0.$$

Das Resultat des Herrn F. Neumann gebe ich in folgender Form:

Setzt man

$$\frac{1.3.5\ldots(2q-1)}{2.4.6\ldots(2q)} = \psi(q),$$

$$m+n+p = 2\sigma,$$

wo σ eine ganze Zahl wird, so findet man a_p durch die Gleichung

$$(d) \ldots \quad a_p = \frac{2p+1}{2\sigma+1} \frac{\psi(\sigma-m)\psi(\sigma-n)\psi(\sigma-p)}{\psi(\sigma)}.$$

Hieraus folgt unter andern auch die Gleichung

$$(e) \ldots \int_{-1}^{1} P^m(x)P^n(x)P^p(x)dx = \frac{2}{2\sigma+1} \frac{\psi(\sigma-m)\psi(\sigma-n)\psi(\sigma-p)}{\psi(\sigma)},$$

wenn m, n, p ganze Zahlen sind, deren Summe $m+n+p$ eine gerade Zahl ist, und von denen jede kleiner ist als die Summe der beiden anderen.

Aus der Gleich. (e) würde sich umgekehrt auch unmittelbar (d) und damit die Entwickelung des Herrn Neumann für das Produkt $P^m P^n$, ergeben. Die Gleichung (e) findet sich bereits*) in Ferrer's Spherical Harmonics, London 1877, S. 156 ohne Beweis. Durch Recursion hat Herr Adams den Beweis derselben in den Proceedings of the Royal Society Vol. XXVII (10. Januar bis 20. Juni) 1878 geführt (S. 63—71).

§ 3. Nach den Gleichungen (20, b und c) auf S. 141 des I. Bandes ist

$$\tfrac{1}{2}P^n(x)\log\frac{x+1}{x-1} = Z^n(x)+Q^n(x),$$

wo Z^n eine ganze Function $n-1^{\text{ten}}$ Grades von x bezeichnet. Multiplicirt man beide Seiten von (c) mit dem halben Logarithmus, so zerfällt die linke Seite, auf der wieder $n \geqq m$ angenommen wird, in $P^m Q^n + P^m Z^n$. Auch das allgemeine Glied der rechten Seite zerlegt sich in die Summe zweier, $a_p Q^p + a_p Z^p$, so dass man erhält

$$P^m Q^n - \sum_p a_p Q^p = \sum_p a_p Z^p - P^m Z^n.$$

Die rechte Seite ist eine ganze Function von x, wird also unendlich für $x = \infty$, wenn sie nicht eine Constante wird. Da $n > m$, so wird aber die linke Seite 0 für $x = \infty$, also ist die rechte Seite eine Constante und zwar 0. Wir haben daher die Entwickelung

*) Herrn Cayley verdanke ich diese Citate.

eines zweiten Produktes

$$(f) \ldots \quad P^m(x)Q^n(x) = \Sigma a_p Q^p(x),$$

wenn die Summe sich wie oben von $p = n-m$ bis $n+m$ über alle gleichartigen Werthe erstreckt und die a die früheren, durch (d) gegebenen Constanten sind.

§ 4. Die Integration der Differentialgleichung vierter Ordnung zeigt, dass das Produkt der Functionen zweiter Art $Q^m Q^n$, abgesehen von einem constanten Faktor, mit der Entwickelung des Produktes $P^m P^n$ übereinstimmt, wenn man m und n mit $-m-1$ und $-n-1$ vertauscht und Q^{m+1} für P^{-m-2} setzt. Die Entwickelung ist dann drittens, es mag $n \geqq m$ oder $n < m$ sein

$$(g) \ldots \quad Q^m(x)Q^n(x) = \Sigma b_p Q^p(x),$$

wenn von $p = m+n+1$ bis in's Unendliche über alle gleichartigen p summirt wird. Die von Herrn Neumann gefundenen Werthe von b bringe ich in die Form

$$(h) \ldots \quad b_p = \frac{2p+1}{2\sigma+1} \cdot \frac{\sigma+1}{(\sigma-m)(\sigma-n)} \cdot \frac{\psi(p-\sigma)\psi(\sigma+1)}{\psi(\sigma-m)\psi(\sigma-n)},$$

wo gesetzt ist

$$m+n+p+1 = 2\sigma.$$

§ 5. Es bleibt noch das Produkt $P^n(x)Q^m(x)$ zu behandeln, wenn $n > m$ ist. In diesem vierten Falle multipliciren wir $P^m P^n$ wiederum mit der Hälfte von $\log(x+1) - \log(x-1)$, und erhalten sowohl $P^n(Q^m + Z^m)$ als auch $P^m(Q^n + Z^n)$. Diese Ausdrücke sind daher gleich und wir erhalten demnach

$$P^n Q^m - P^m Q^n = P^m Z^n - P^n Z^m.$$

Da Z eine ganze Function von x ist, nämlich die bei P^1 oder P^0 abbrechende Reihe

$$Z^n = \frac{2n-1}{1.n} P^{n-1} + \frac{2n-5}{3.(n-1)} P^{n-3} + \cdots,$$

so ist auch die linke Seite der vorhergehenden Gleichung eine Function, die sich in eine endliche Reihe von Kugelfunctionen erster Art entwickeln lässt. Man erhält daher, wenn $n > m$ ist, für ein ungerades $n-m$, indem man setzt $n-m-1 = 2\delta$,

$$P^n(x)Q^m(x) = P^m(x)Q^n(x) + \sum_{\nu=0}^{\delta} c_\nu P^{2\nu}(x),$$

und wenn $n-m$ gerade ist und man $n-m=2\varepsilon$ setzt,

$$P^n(x)Q^m(x) = P^m(x)Q^n(x) + \sum_{\nu=1}^{\varepsilon} e_\nu P^{2\nu-1}(x).$$

Herr Neumann hat auch die Coefficienten c und e angegeben; man hat

$$c_\nu = \frac{4\nu+1}{(m+n-2\nu)(\delta+\nu+1)} \cdot \frac{\psi(\delta-\nu)}{\psi(m+\delta-\nu)} \cdot \frac{\psi(\delta+m+\nu+1)}{\psi(\delta+\nu+1)},$$

$$e_\nu = \frac{4\nu+3}{(2\varepsilon+2\nu+1)(\varepsilon+m-\nu)} \cdot \frac{\psi(\varepsilon-\nu-1)}{\psi(\varepsilon+m-\nu)} \cdot \frac{\psi(\varepsilon+m+\nu+1)}{\psi(\varepsilon+\nu)}.$$

Zu S. 311—313, § 73.

1) In dem § 73 findet man das Additionstheorem von Laplace, die Entwickelung der Function $P^n(\cos\gamma)$, wo gesetzt ist,

$$\cos\gamma = \cos\theta\cos\theta_1 + \sin\theta\sin\theta_1\cos(\psi_1-\psi),$$

nach Cosinus der ganzen Vielfachen von $(\psi_1-\psi)$ und nach ganzen Potenzen von Sinus und Cosinus der Bogen θ und θ_1. Eine solche Entwickelung findet man also auch für die Function

$$T = \frac{1}{\sqrt{a^2-2aa'\cos\gamma+a'^2}},$$

während es für die Störungsrechnungen von besonderer Wichtigkeit ist, T, gerade umgekehrt, nach Cosinus und Sinus der ganzen Vielfachen von θ und θ_1, und zugleich nach Potenzen der Sinus und Cosinus von $\psi_1-\psi$ in schnell convergirende Reihen zu entwickeln, oder wie es im Folgenden geschieht, nach Potenzen von $\sin^2\frac{1}{2}(\psi_1-\psi)$ und $\cos^2\frac{1}{2}(\psi_1-\psi)$. Solche Reihen für T hat Hansen im IV. Bande der Abhandlungen der Sächs. Ges. der Wissenschaften *) abgeleitet und durch zahlreiche hinzugefügte Tafeln für die Berechnung brauchbar gemacht. In der neuesten Zeit hat Herr Tisserand dieselbe Aufgabe in den Comptes rendus de l'Ac. des Sciences **) vom Jahre 1879 behandelt und zu einer Lösung von grösster Ele-

---

*) Entwickelung der negativen und ungeraden Potenzen der Quadratwurzel der Function $r^2+r'^2-2rr'(\cos U\cos U'+\sin U\sin U'\cos J)$.

**) Gelesen sind die Arbeiten in den Sitzungen vom 20. und 27. Januar, 3. Februar, 16. Juni, 29. September und 6. October. In einer neuen Redaction werden sie in den Annales de l'Observatoire de Paris erscheinen.

ganz geführt. Die analytischen Ausdrücke, zu denen er gelangt, sind von einer ganz unerwarteten Einfachheit.

Herr Tisserand schliesst sich der Bezeichnung von Le Verrier an, in welcher der von uns mit $\cos\gamma$ bezeichnete Ausdruck, sein V, ist

$$\cos\gamma = \cos(l'-\lambda) - 2\eta^2 \sin(l'-\tau')\sin(\lambda-\tau'),$$

wo $\eta = \sin\frac{1}{2}J$ die Neigung zweier Planetenbahnen ausdrückt. Um dies mit unserer Bezeichnung in Einklang zu bringen, hat man zu setzen

$$\lambda-\tau' = \theta, \quad l'-\tau' = \theta_1, \quad \eta = \sin\tfrac{1}{2}(\psi_1-\psi).$$

Macht man

$$\cos^2\tfrac{1}{2}(\psi_1-\psi) = \mu, \quad \sin^2\tfrac{1}{2}(\psi_1-\psi) = \nu, \quad 2\theta = y-x, \quad 2\theta_1 = y+x,$$

so dass $\mu+\nu = 1$ ist, so geht $\cos\gamma$ über in

$$\cos\gamma = \mu\cos x + \nu\cos y,$$

und die Aufgabe besteht darin, T nach Cosinus der ganzen Vielfachen von x und y, nach ganzen Potenzen von μ und ν zu entwickeln.

2) Zu ihrer Lösung entwickelt Herr Tisserand T nach Cosinus der ganzen Vielfachen von γ in die Reihe

$$A^{(0)} + 2A^{(1)}\cos\gamma + 2A^{(2)}\cos 2\gamma + \text{etc.},$$

wo die A Constante nach γ sind und auf ganz bekannte Art von a und a' abhängen. Das Verfahren des Herrn Tisserand bleibt noch fast ohne Abänderung anwendbar, wenn man statt T eine beliebige Potenz von T nach Cosinus der Vielfachen von x und y und Potenzen von μ und ν entwickeln soll. Man findet nämlich bei Gauss in Nr. 6 der Disquis. gen. circa ser. inf. die Entwickelung von

$$(a^2 - 2aa'\cos\gamma + a'^2)^{-n}$$

in eine nach Cosinus der Vielfachen von $\cos\gamma$ fortschreitende Reihe, und verschiedene einfache Formen für den Ausdruck $A_n^{(s)}$, der als Faktor von $2\cos s\gamma$ resp. von $\cos o\gamma$ auftritt. M. findet diese Entwickelung I, § 69.

Die Aufgabe der Nr. 1 ist nunmehr darauf zurückgeführt, es solle $\cos n\gamma$ für jede ganze Zahl n in eine Reihe, die nach Cosinus der Vielfachen von x und y, nach Potenzen von μ und ν fortschreitet, entwickelt werden.

Man erkennt aus den ersten Abhandlungen des Herrn Tisserand, mit welchen Schwierigkeiten man zu kämpfen hat, wenn man diese Aufgabe direct angreift. Die Laplace'sche Entwickelung von $P^n(\cos\gamma)$, der Kugelfunction zweiter Ordnung, fordert zu der Entwickelung nicht von $\cos n\gamma$, sondern der Kugelfunction dritter Ordnung (I. 452), nämlich von

$$\frac{1}{\sqrt{\pi}}\,\frac{\sin(n+1)\gamma}{\sin\gamma}$$

auf. Existirt doch für solche bereits ein Additionstheorem, welches dem von Laplace für die zweite Ordnung gefundenen entspricht, nämlich (I. 457, (80, a))

$$\frac{\sin(n+1)\gamma}{\sin\gamma} = \sum_{\nu=0}^{n} \frac{(2\nu+1)\Pi(n-\nu)}{\Pi(n+\nu+1)} \times$$

$$\frac{d^\nu\left(\frac{\sin(n+1)\theta}{\sin\theta}\right)}{(d\cos\theta)^\nu}\;\frac{d^\nu\left(\frac{\sin(n+1)\theta'}{\sin\theta'}\right)}{(d\cos\theta')^\nu}\,(\sin\theta\sin\theta')^\nu P^\nu(\cos(\psi_1-\psi)).$$

Da man hat

$$\frac{\sin(n+1)\gamma}{\sin\gamma} - \frac{\sin(n-1)\gamma}{\sin\gamma} = 2\cos n\gamma,$$

so erhält man die gesuchte Entwickelung von $\cos n\gamma$ sofort durch Subtraction zweier Glieder, wenn man eine solche für ein jedes von den beiden Gliedern der linken Seite besitzt.

Wir suchen daher eine Entwickelung

$$\frac{\sin(n+1)\gamma}{\sin\gamma} = R_{00} + 2\Sigma R_{i0}\cos ix + 2\Sigma R_{0j}\cos jy + 4\Sigma R_{ij}\cos ix\cos jy$$

auf, wo die R ganze Potenzen von μ und ν enthalten und die erste Summation sich von $i=1$, die zweite von $j=1$ bis n erstreckt, die letzte Summe eine Doppelsumme ist von $i=1$, $j=1$ bis $i+j=n$. Es sind aber nur solche Werthe für i und j in jedem Gliede zu nehmen, welche bewirken, dass $i+j$ mit n zugleich gerade oder zugleich ungerade wird.

Es ist das Verdienst des Herrn Tisserand, die schönen analytischen Ausdrücke für die R entdeckt zu haben. Er findet nämlich

$$R_{ij} = \mu^i\nu^j\frac{[(n-i-j+2)(n-i-j+4)\ldots(n-i+j)][(n+i-j+2)(n+i-j+4)\ldots(n+i+j)]}{(2.4.6\ldots2j)^2}$$

$$\times\left[F\left(\frac{i+j-n}{2},\ \frac{i+j+n+2}{2},\ j+1,\ \nu\right)\right]^2.$$

Für grosse Werthe von n findet Herr Tisserand mit Hülfe einer Arbeit von Herrn Darboux im Journal de Math., 3. série, t. IV (Sur l'approximation des fonctions de très grands nombres)

$$R_{ij} = \frac{2}{n\pi \sin(\psi_1 - \psi)} [1 + (-1)^j \sin(n+1)(\psi_1 - \psi)].$$

Zu S. 381, § 99.

Im § 99 zeigte sich, dass die Wurzeln der Gleichung

$$[\lambda \sqrt{\lambda^2 - b^2} \sqrt{\lambda^2 - c^2}]^{-1} E(\lambda) = 0, \qquad (b < c),$$

reell, ungleich, kleiner als c und weder 0 noch b sind. In einer Abhandlung, welche im XVIII. Bande der Annalen erscheinen wird, zeigt Herr F. Klein, mit Hülfe einer auch abgesehen von dem vorliegenden Zwecke interessanten geometrischen Betrachtung, wie jene Wurzeln λ sich auf die beiden Intervalle von 0 bis b und von b bis c vertheilen.

Die Functionen E zerfallen für jeden Index n in vier Klassen, die zusammen $2n+1$ Individuen enthalten (S. 376). Jede Function E ist, abgesehen von einem etwa vorkommenden Faktor λ, $\sqrt{\lambda^2 - b^2}$ oder $\sqrt{\lambda^2 - c^2}$, eine ganze Function von λ^2 und zwar vom Grade τ, wenn die Klasse $\tau + 1$ Individuen besitzt. Bezeichnet man durch s eine beliebige unter den $\tau + 1$ Zahlen von 0 bis τ, so zeigt Herr Klein, dass immer eine und nur eine Function E der Klasse existirt, welche s mal von $\lambda = 0$ bis $\lambda = b$ und $\tau - s$ mal von $\lambda = b$ bis $\lambda = c$ verschwindet, so dass also das Individuum durch die Vertheilung der Nullwerthe auf die Intervalle 0 bis b und b bis c vollständig bestimmt wird.

Herr Klein findet das entsprechende Resultat auch für die im dritten Theile von § 121 an auftretenden allgemeineren Lamé'schen Functionen p^{ter} Ordnung; im § 99 war $p = 2$ zu setzen. Jede Klasse besitzt, wie bekannt, von denjenigen E, bei denen die entsprechende ganze Function nach λ^2 den Grad τ hat, genau

$$\frac{(\tau+1)(\tau+2)\dots(\tau+p-1)}{1.2\dots(p-1)}$$

Individuen. Dieselbe Zahl zeigt aber an, auf wie viel verschiedene Arten τ Punkte über p Intervalle vertheilt werden können. Herr

Klein zeigt, dass jede von den möglichen Vertheilungen der Wurzeln über die Intervalle, die im Handbuch $\sqrt{a_0}$ bis $\sqrt{a_1}$, $\sqrt{a_1}$ bis $\sqrt{a_2}$, schliesslich $\sqrt{a_{p-1}}$ bis $\sqrt{a_p}$ heissen, auch wirklich vorkommt.

Zu S. 437.

Auf dieser Seite wurde der Mittelwerthsatz von Herrn du Bois-Reymond angewandt, während ich ihn in einer Note unter dem Texte angab. Statt der Forderung, dass die eine Function „weder vom Zunehmen zum Abnehmen, noch vom Abnehmen zum Zunehmen übergeht", ist durch ein Versehen gefordert worden, dass sie „weder ihr Zeichen ändert, noch vom Abnehmen zum Zunehmen übergeht". Wegen der Bedeutung des Satzes berichtige ich das Versehen an dieser Stelle.

Zu S. 463, § 129.

Die Untersuchungen über die Lamé'schen Functionen mit einer beliebigen Anzahl von Veränderlichen habe ich, ausser den hier erwähnten Abhandlungen, vorzugsweise meinen eigenen älteren, vor etwa 20 Jahren erschienenen Arbeiten entnommen. Ich bedauere, dass mir bei ihrer Abfassung Green's memoir „On the Attraction of Ellipsoids", erschienen in den Cambridge Philosophical Transactions, 1835 *), noch nicht bekannt war. Dort sind diese Functionen behandelt, ohne dass statt der rechtwinkligen andere Coordinaten eingeführt werden.

Erst nach der Vollendung des ersten Bandes habe ich die Arbeit des Herrn Cayley in den Philosophical Transactions of the Royal Society, vol. 165, 1875 kennen lernen „A Memoir on Prepotentials", in welcher er die Untersuchungen von Green fortführt und erweitert.

In derselben finden sich selbstverständlich manche Berührungspunkte mit den Entwickelungen an dieser Stelle des Handbuchs. In diesem Nachtrage muss ich mich damit begnügen, auf die interessante Arbeit verwiesen zu haben.

*) Man findet dasselbe in den Mathematical Papers of the late George Green, London, 1871.

Druckfehler im I. Bande.

Seite 19 Zeile 3 v. u. statt 1 l. m. x.
„ 20 „ 5 v. o. „ $2n-1$ im Nenner l. m. $2n$.
„ 26 „ 10 v. u. im letzten Integrale statt $d\psi$ l. m. $d\varphi$.
„ „ „ 4 v. u. statt < 1 l. m. $< a$.
„ 37 „ 11 v. o. „ n l. m. $-n-1$ im Exponenten von α.
„ 40 „ 10 v. o. „ von p und q l. m. von b und q.
„ 41 „ 5 v. u. „ imaginären l. m. reellen.
„ 42 „ 2 v. o. „ $\cos\varepsilon \cos\zeta i$ und statt C l. m. $\cos\varphi \cos\varrho i$ und $-C$.
„ 48 „ 14 v. o. im zweiten Gliede statt $2(\nu+1)$ l. m. $2(\nu+1)x$.
„ 49 „ 1 v. o. statt $-(n+1)$ und statt $-2xP^n$ l. m. $-n(n+1)$ und $-2x\frac{dP^n}{dx}$.
„ 60 „ 17 v. o. statt $< n$ l. m. $< k$.
„ 68 „ 9 v. u. „ X und 2^{n+1} l. m. X^n und 2^{2n+1}.
„ 73 „ 15 v. o. „ $n+\nu-2$ im Nenner l. m. $n+\nu-3$.
„ 76 „ 7 v. o. in $1.3.5.(2n-1)$ fehlen nach 5 mehrere Punkte.
„ 87 Gleichung (15) streiche man $\frac{1}{\pi}$, vertausche m. Zeile 5 v. o. ν mit m, Zeile 7 und 4 v. u. x mit θ und ν mit m.
„ 98 Zeile 17 v. o. statt $\log x$ l. m. $q \log x$, und Zeile 10 v. u. statt $F(\alpha, \beta, \gamma, q, z)$ l. m. $F(\alpha, \beta, \gamma, z)$.
„ 99 Zeile 12 und 13 v. o. statt ( ) setze man dreimal [ ].
„ 141 Gleichung (21) in der unteren Grenze statt $=1$ l. m. -1.
„ 147 „ (22) statt $2n$ im Nenner l. m. n.
„ 149 Zeile 9 v. o. statt $(1-x^2)d^2y$ l. m. $(1-x^2)^2 d^2y$ und statt m^2 l. m. ν^2.
„ 152 Zeile 10 v. u. statt $dz^{(n)}$ l. m. $x\,dz^{(n)}$.
„ 153 „ 8 v. o. und Gleich. (23) statt $dz^{(n+1)}$ und $dz^{(\nu)}$ l. m. $x\,dz^{(n+1)}$ und $x\,dz^{\nu}$.
„ 155 Zeile 2 v. o. statt $(1-x^2)^n$ l. m. $(1-x^2)^{-n-1}$ und Z. 6 v. o. statt ∞ l. m. x.
„ 156 Zeile 13 v. u. statt $x=0$ l. m. $x=1$.

Seite 157 Zeile 4 v. u. statt $(\alpha+n)(\beta+n)$ l. m. $(\alpha+\nu)(\beta+\nu)$.

„ 158 „ 17 v. o. „ $x^{\gamma-1}$ l. m. $x^{1-\gamma}$.

„ 159 „ 8 v. o. „ $\sqrt{x^2+1}$ l. m. $\sqrt{x^2-1}$.

„ 161 „ 10 v. u. „ $\operatorname{cotg}\frac{1}{2}\theta$ l. m. $\operatorname{cotg}\theta$.

„ 170 „ 4 v. o. „ $\sin iu$ und Zeile 14 v. u. statt $\cos\psi$ l. m. $\cos iu$ und $\sin\psi_0$.

„ 184 Zeile 5 und 6 v. o. statt a l. m. a^2.

„ 197 Gleichung (ε) ist $\frac{1}{\pi}$ zu streichen, Gleichung (11) statt ν zu setzen n.

„ 198 Zeile 12 v. o. statt $Q^n(x)$ l. m. $Q^n(y)$.

„ 201 Gleichung (32, c) statt 2^{n-1} l. m. 2^n.

„ 207 Zeile 12 v. o. statt $\cos\alpha\varphi$ l. m. $\cos^\alpha\varphi$.

„ 215 fehlt auf der rechten Seite von (35, g) der Faktor $(\sqrt{x^2-1})^\nu$.

„ 216 Gleichung (a) statt $\sin\theta$ l. m. $\sin^2\theta$.

„ 217 Zeile 8 v. o. statt $\nu-n+1$ l. m. $\nu-n-1$.

„ 220 „ 9 v. o. erhält das zweite Glied rechts das Zeichen $-$.

„ 224 „ 7 und 12 v. o. statt des Exponenten $n+\nu$ l. m. $n-\nu$.

„ 226 Gleichung (c) verbinde man die zwei Glieder in der Parenthese mit $-$ statt mit $+$.

„ 229 in Gleichung (a) statt Πn l. m. $\Pi\nu$ und in (b) statt $\mathfrak{Q}^n_\nu$ l. m. $\mathfrak{Q}^n_{-\nu}$, Zeile 2 v. u. statt $x-y$ l. m. $y-x$.

„ 235 Zeile 14 und 17 v. o. statt $\sin iv$ l. m. $\sin iu$, und in (41, b) füge man rechts den Faktor π hinzu.

„ 237 Zeile 8 v. u. statt $K_\nu(\theta\pm0.i)$ l. m. $K_n(\pm\theta+0.i)$.

„ 240 „ 3 v. o. in Gleichung (44, c) und (44, d) statt j l. m. πj; Zeile 10 und 17 v. o. statt n l. m. ν.

„ 244 Zeile 16 v. u. statt $-3J_6$ l. m. $+3J_6$.

„ 247 „ 10 v. u. im ersten Integrale für $K_0(\theta)$ statt $\cos\theta$ l. m. $\cos\theta x$.

„ 248 „ 6 v. o. statt x l. m. z; Zeile 8 v. u. unter dem Integrale statt des Exponenten ν l. m. $\nu-\frac{1}{2}$; im Nenner von Gleichung (45, b) statt $\sqrt{2\pi}\,\theta$ l. m. $\sqrt{2\pi\theta}$.

„ 255 Zeile 4 v. u. statt $\int_0^1$ l. m. $\int_0^\infty$.

„ 259 „ 15 v. o. ist die linke Seite zu verdoppeln.

„ 261 „ 14 v. o. l. m. $Z_1=\lambda_1\lambda_0-\mu_1$.

„ 276 Gleichung (h) statt x l. m. y.

„ 280 letzte Zeile des 5. Kapitels statt ι l. m. ν.

„ 281 Zeile 3 v. o. statt $\iota-\gamma-2\iota$ l. m. $1-\gamma-2\iota$.

„ 299 „ 1 und 5 in $2\nu+1$ und $\nu-\frac{1}{2}$ l. m. n statt ν.

„ 300 „ 2 ist der Exponent von a^2+b^2 nicht $-n-\nu-1$ sondern $-n-\nu$; Zeile 4 der von $a\pm b$ nicht $2n-2\nu$ sondern $-2n-2\nu$.

„ 317 Zeile 12 und 13 v. u. fehlt vor $\sqrt{x_1^2-1}$ der Faktor α.

„ 318 „ 2 v. o. setze man $(-1)^\nu$ vor P^n_ν.

„ 328 „ 13 fehlt vor der Parenthese $\sum_\nu$; Zeile 9 v. u. statt p l. m. μ.

„ 339 „ 5 v. u. statt $\pm i$ l. m. $\pm 2i$.

Seite 356 Zeile 8 v. u. statt $\sqrt{\frac{\nu^2}{c^2}-1}.\cos\eta$ l. m. $\sqrt{\frac{\nu^2}{c^2}-1}.\cos\zeta$.

„ 384 „ 18 v. o. „ $E(\mu)=0$ l. m. $[\sqrt{\mu^2-b^2}\sqrt{\mu^2-c^2}]^{-1}E(\mu)=0$. 0.

„ 418 in Gleichung (69, b) statt $c_{\iota\varkappa}$ l. m. $c_{\varkappa\iota}$.

„ 420 Zeile 4 statt $c_{\iota\varkappa}$ l. m. $c_{\varkappa\iota}$, und vertausche Zeile 18 v. u. in beiden :n Gleichungen x_0 und x_1 mit y_0 und y_1.

„ 435 Zeile 10 v. o. sind die Grenzen des Integrals 0 und π, nicht -1 u. 1. 1.

„ 437 „ 19 v. o. statt $(-1)^n$ l. m. $(-1)^{n+1}$, und Zeile 2 v. u. stattıtt ihr Zeichen ändert l. m. vom Zunehmen zum Abnehmen.

„ 443 letzte Zeile statt $\int_0^h$ l. m. $\int_g^h$.

„ 444 Zeile 7 v. o. statt $\sin\frac{\mu(\beta-y)}{\beta-y}$ l. m. $\frac{\sin\mu(\beta-y)}{\beta-y}$.

„ 447 „ 4 v. o. „ θ und $\varkappa_p$ l. m. ϑ und $\varkappa_{p-1}$.

„ 448 „ 9 v. u. „ $n\sqrt{x}$ l. m. $n\sqrt{x-a_\iota}$.

„ 452 in (β) statt des Nenners $\nu\Pi(n+\nu-1)$ l. m. $n\Pi(n+\nu-1)$.

„ 455 Zeile 12 v. o. statt $P^n(z)$ l. m. $P^\nu(z)$; Zeile 8 v. u. statt $P_\nu^{n+1}(p+1, x)x)$ l. m. $P_\nu^{n+1}(p, x)$.

„ 481 Zeile 9 v. u. statt w_0 l. m. w_1.